**Barbara Schneider**

# In den Tiefen des Tropenwaldes

Eine politisch-ökologische Betrachtung
des Gold- und Diamantenbergbaus
im Südosten Venezuelas

Inaugural-Dissertation zur Erlangung des Doktorgrades am Institut für Kulturgeographie der Geowissenschaftlichen Fakultät[1] der Albert-Ludwigs-Universität Freiburg / Br.

Referenten: Prof. Dr. Thomas Krings (Freiburg)
PD Dr. Martin Coy (Tübingen)

Dekan: Prof. Dr. Jan Behrmann

Tag der Promotion: 17.12.2001

[1] seit dem 01.10.2002 Fakultät für Forst- und Umweltwissenschaften

Barbara Schneider

# IN DEN TIEFEN DES TROPENWALDES

Eine politisch-ökologische Betrachtung
des Gold- und Diamantenbergbaus
im Südosten Venezuelas

*ibidem*-Verlag
Stuttgart

**Bibliografische Information Der Deutschen Bibliothek**

Die Deutsche Bibliothek verzeichnet diese Publikation in der Deutschen Nationalbibliografie; detaillierte bibliografische Daten sind im Internet über <http://dnb.ddb.de> abrufbar.

∞

Gedruckt auf alterungsbeständigem, säurefreien Papier
Printed on acid-free paper

ISBN: 3-89821-228-9


Printed in Germany

## Vorwort und Danksagung

> "Vielleicht gibt es auf der Welt nur zwei Arten von Fragen. Die einen, die sie in der Schule stellen, auf die die Antwort im voraus bekannt ist, und die nicht gestellt werden, damit irgend jemand klüger wird, sondern aus anderen Gründen. Und dann die anderen, .... Auf die man die Antworten nicht kennt, und oft nicht einmal die Frage, bevor man sie stellt. ... Fragen, die zu stellen ziemlich weh tut. ... Das eben haben wir mit Wissenschaft gemeint. Daß das Fragen wie das Antworten mit Ungewißheit verbunden ist und daß beides weh tut. Doch daß es keinen Weg drumherum gibt. Und daß man nichts verbirgt, sondern daß alles offen ans Licht kommt." (Peter HOEG 1993)

Wissenschaft selektiert, verwirft, abstrahiert und setzt neu zusammen und so ist auch die folgende (als Dissertation am Institut für Kulturgeographie der Universität Freiburg vorgelegte) Analyse des Gold- und Diamantenbergbau in den Wäldern des südlichen Venezuelas generell selektiv, oft abstrakt, aber hier und da auch zu detailliert. Für Pragmatiker ist die Arbeit in Abschnitte unterteilt, die in sich weitgehend abgeschlossen sind und es ermöglichen, einzelne Kapitel zu überspringen. Die grundlegende These, dass der Bergbau kein lokales Phänomen ist, sondern nur im Kontext übergeordneter Prozesse, Diskurse und Ordnungen zu erklären ist, könnte dabei freilich verloren gehen. Vielleicht bietet sich ein Zugang zu dem (ausnahmsweise) goldenen Faden der Arbeit aber auch im Anschluss an einen fokussierten Einstieg an.

Angesichts der Vielzahl spezifischer sozioökonomisch-kultureller Kontexte zeichnen sich Bergbaukonflikte sowohl weltweit als auch auf der historischen Achse durch eine auffallende Konstanz der Pro- und Contra-Argumente aus. Bereits in den ältesten schriftlichen Darstellungen des Bergbaus lässt sich das bunte Gemisch ökologischer, ideologischer, kultureller und ökonomischer Diskurselemente nachzeichnen, die heute Kontroversen um das Für und Wider des Bergbaus kennzeichnen. So inszeniert NIAVIS um 1500 eine fiktive Gerichtsverhandlung, in der der bergbaubetreibende Mensch von der Erde - "in einem vielfach durchbohrten Leib, einem grünen, zerrissenen Gewand und mit Tränen in den Augen vor das Gericht tretend" - des Muttermordes bezichtigt wird (vgl. BÖGE 1997: 39 ff). Gegen den Vorwurf der Zerstörung von Wäldern, Flüssen und Böden aus dem niederen Motiv der Gier nach Reichtum argumentiert der solchermaßen Bezichtigte, dass der Bergbau in landwirtschaftlich nicht nutzbaren und leeren Gebieten betrieben werde, dass Erze zum Nutzen der Menschen wüchsen und dass die im Bergbau geförderten Erze für viele Wirtschaftszweige und so für die Entwicklung der menschlichen Gesellschaft unverzichtbar seien. Der göttliche Schiedsspruch fällt zugunsten des Menschen aus. Der Bergbau wird als Notwendigkeit für den Fortschritt betrachtet; Verletzungen von "Mutter Erde" sind als unvermeidbare Begleiterscheinung in Kauf zu nehmen. Gleichsam erkennt der Begründer der Montanwissenschaften GEORGIUS AGRICOLA in seiner *De re metallica libri XII*, dass "für das Schmelzen und Schürfen der Erze Felder verwüstet, Wälder und Haine umgehauen werden", dass durch "das Niederlegen der Wälder und Haine Vögel und andere Tiere ausgerottet werden, von denen viele den Menschen als feine und angenehme Speise dienen" und dass "durch das Waschen der Erze, weil es die Bäche und Flüsse vergiftet, die Fische entweder aus ihnen vertrieben oder getötet werden" (vgl. AGRICOLA 1556/1977: 4). Aber auch AGRICOLA ordnet den Schutz der Natur dem Bedürfnis der menschlichen Gesellschaft nach Entwicklung unter (ebd. 10 ff).

Sehr früh hat sich also der ökonomisch-ökologische Diskurs herausgebildet, der heute sowohl weltweit Kontroversen um bergbauliche Aktivitäten als auch die Diskussionen um den Bergbau in Venezuela durchzieht. Im Kontext der Wirtschaftskrise wird in Venezuela neben dem bereits früh begonnenen Erdöl-, Eisen- und Bauxitabbau zunehmend die Erschließung der nationalökonomisch bisher vernachlässigten Gold- und Diamantenvorkommen in den großflächigen Waldarealen der südlichen Landesteile anvisiert. Während die Regierung die Bodenschätze als einen Ressourcenvorteil und einen Kapitalstock zur Finanzierung der "nachholenden Entwicklung" betrachtet, stellt sich die staatlich angestrebte "Inwertsetzung" des Goldes und der Diamanten für Umweltschützer als Bedrohung für eines der "letzten Paradiese der Welt" dar.

Aber handelt es sich wirklich in erster Linie um den klassischen Konflikt Ökonomie versus Ökologie? Obwohl Imperialismus- und Dependenztheorien sowie die viel diskutierte Rolle von transnationalen (Bergbau)konzernen längst darauf aufmerksam gemacht haben, dass auch bergbauinduzierte ökologischen Transformationen im Kontext der globalen Ausweitung kapitalistischer Vergesellschaftung und Produktionsweisen betrachtet werden müssen (vgl. u.a. BÖGE 1998), konzentrieren sich sowohl politische als auch wissenschaftliche Kontroversen um den Bergbau weitgehend auf Fragen nach ökonomischer Rentabilität und ökologischen Auswirkungen. Am Beispiel des Gold- und Diamantenbergbaus in Venezuela wird in der vorliegenden Arbeit gezeigt, dass der dominante Diskursstrang Ökologie - Ökonomie andere Themenblöcke verschleiert oder gar ausblendet. Technokratische und funktionalistische Fragen nur am Rande behandelnd, liegt der Schwerpunkt dieser Arbeit auf Fragen nach den Akteuren, die in den Gold- und Diamantenbergbau involviert sind, nach ihren Interessen, Legitimationssträngen und Handlungsspielräumen.

Die Bedeutung, die dabei "versteckten" Akteuren zukommt, zeigt sich nicht nur am Inhalt dieser Arbeit, sondern auch an ihrem Entstehungsprozess. Denn auch wenn ich für diese Arbeit sowie eventuelle Defizite allein verantwortlich bin, ist ihre Fertigstellung einer Vielzahl von Beteiligten zu verdanken. Zunächst danke ich Herrn Prof. Dr. Thomas KRINGS (Freiburg) und Herrn PD Dr. Martin COY (Tübingen) für die Betreuung meiner Dissertation am Institut für Kulturgeographie der Universität Freiburg. Insbesondere Herrn KRINGS verdanke ich, dass es mir hin und wieder gelungen ist, komplizierte Gedankengänge etwas klarer auszudrücken und wichtige Ergebnisse meiner Arbeit nicht vollständig in der Fülle der Empirie oder im Dschungel akademischer Worthülsen untergehen zu lassen.

So dann sei das Graduiertenkolleg *Sozio-Ökonomie der Waldnutzung in den Tropen und Subtropen* genannt. Dieser Gemeinschaftseinrichtung der Universitäten Freiburg, Hohenheim und Tharandt unter Leitung von Prof. Dr. Gerhard OESTEN (Institut für Forstökonomie der Universität Freiburg) verdanke ich nicht nur ein dreijähriges Stipendium der Deutschen Forschungsgemeinschaft (DFG), sondern v.a. einen inhaltlichen Austausch mit einem multidisziplinären, immer konstruktiv diskussionsfreudigen und manchmal chaotischen Doktorandenteam während des gesamten Promotionlebensabschnitts. Insbesondere Martina GRIMMIG hat mich mit ihrem Blick fürs Detail und ihrer nachfassenden Kritik z.T. an den Rand des Wahnsinns getrieben. Aber auch wenn ich mich mit Händen und Füßen gewehrt habe: meistens hatte sie irgendwie Recht.

Dr. Michael FLITNER hat das Graduiertenkolleg nicht nur menschlich, disziplinübergreifend und fachlich einfach klasse koordiniert, sondern auch immer wieder Argumentationsfehler in meiner Arbeit ausfindig gemacht und mich zu weiterem Denken angespornt. Seine Fähigkeit, sich in andere Arbeiten reinzudenken, hat meine Arbeit um Zusammenhänge und Gedankengänge bereichert, die ich übersehen hätte. Teile, in denen Argumentationsfehler auftreten oder falsche Begrifflichkeiten verwendet werden, hat er entweder nicht gelesen oder ich bin Korrekturen aus pragmatischen Gründen ausgewichen.

In Venezuela waren es v.a. Bastian und Dorothea KAISER, die mir in den verzweifelten Momenten einer Feldforschung Ruheinseln geboten und inhaltlich weitergeholfen haben. Mariano FAZIO hat für mich Bilder des Bergbaus in Venezuela gezeichnet, von denen das Titelbild zwei widergibt. Seiner Familie, und noch vielen anderen VENEZOLANERN werde ich die freundliche, z.T. familiäre Aufnahme in ihre Lebenswelten nicht vergessen.

Auch wenn scheinbar jeder der 100 Kürzungsversuche an mir gescheitert ist - der Kommentar von Anne MENSE-STEFAN, dass nicht alles in ein Buch passt, war nicht ganz vergebens. Vor so mancher grammatikalischen Peinlichkeit haben mich die tagelangen Korrekturlesungen von Frau Gold, Martin BÄR, Anja BONGERS, Petra SAUER und Birgit PIEPER bewahrt. Einem Hochzeitsgeschenk von Andreas EITEL (einem eigens für meine Arbeit geschriebenem EDV-Programm) ist es zu verdanken, dass die Arbeit im jetzigen Layout erscheinen konnte. Nicht nur, aber vor allem Birgt PIEPER danke ich zudem für ihre unerschütterliche finanzielle und moralische Unterstützung.

Die erwähnten Personen stehen für eine Vielzahl weiterer "versteckter Akteure", ohne die meine Arbeit so nicht zustande gekommen wäre und denen ich mich zutiefst verpflichtet fühle. Aber widmen möchte ich meine Arbeit meinem Mann Helmut SCHNEIDER. Ohne seine Geduld mit meinem Umgang mit der Zeit, seine ruhige Sachlichkeit bei meinen unsäglichen Kämpfen mit dem PC, und ohne die vielen Luftlöcher, die er zur Lösung meiner Probleme mit dieser Arbeit geguckt hat, hätte ich aufgegeben.

Barbara Schneider

> "Noch eines muß ich sagen, ehe ich mit meiner Geschichte beginne. Ich habe im kindlichen Glauben, daß es sie gibt und daß sie unteilbar ist, immer nach der Wahrheit gestrebt. Erst als sie in Hunderte verschiedene Wahrheiten zerfiel, wurde mir das Denken schwer."
> (Marianne FREDERIKSSON 2000)

## Inhalt

## Tabellenverzeichnis

## Abbildungsverzeichnis

## Kartenverzeichnis

## Verzeichnis der wichtigsten Abkürzungen

| | | |
|---|---|---|
| **ABRAE** | Area Bajo Régimen de Administración Especial | (Schutz-)Gebiet unter spezieller Verwaltung |
| **AD** | Acción Democrática | "sozialdemokratische" Partei in Venezuela |
| **AVO** | Asociación Venezolana del Oro | Venezolanischer Dachverband des (industriellen) Bergbaus |
| **BCV** | Banco Central de Venezuela | Venezolanische Zentralbank |
| **Bs.** | Bolívares | Venezolanische Währung |
| **Cd.** | Ciudad | Stadt (wird in Venezuela id.R. mit dem Eigennamen der Stadt gennant) |
| **CENDES** | Centro de Estudios del Desarrollo | Institut der UCV |
| **CEPAL** | Comisión Económica para América Latina y el Caribe | Wirtschaftskomission der UN für Lateinamerika und die Karibik |
| **CIERFI** | Comisión Interna Especial de la Reserva Forestal de Imataca | |
| **CODESUR** | Comisión para el Desarrollo del Sur de Venezuela (Conquista del Sur) | Kommission für die Entwicklung des venezolanischen Südens (auch: 'Eroberung des Südens' genannt) |
| **CONAMIN** | Coordinadora Nacional de Minería | Dachverband des informellen Bergbau |
| **CONAPRI** | Consejo Nacional de Promoción de Inversiones | Nationaler Investitionsrat Venezuelas |
| **CONICIT** | Consejo Nacional de Desarrollo Científico y Tecnológico | Venezolanischer Wissenschaftsbeirat |
| **COPEI** | Comité de Organización Politica Electoral Independiente | "christdemokratische" Partei |
| **COPRE** | Comisión Presidencial para la Reforma del Estado | Präsidiale Kommission für staatliche Reformen |
| **CORDIPLAN** | Oficina Central de Coordinación y Planificación | Oberste Planungsbehörde |
| **CVG** | Corporación Venezolana de Guayana | Regionale (autonome) Planungsbehörde für Guayana / Venezuela |
| **EDELCA** | Electrificación del Caroní | Für Elektrizitätsgewinnung zuständiges Tochterunternehmen der CVG |
| **FIB** | Fundación Indígena del Estado Bolivar | Indigener Dachverband im Bundesstaat Bolívar |
| **IAMOT** | Instituto Ambiente, Minería y Ordenación del Territorio | Regionales Institut für Umwelt, Bergbau und Raumordnung (Bundesstaat Bolívar) |
| **IAN** | Instituto Agrario Nacional | Nationales Agrarinstitut |
| **in Bearb.** | | in Bearbeitung |
| **INPARQUES** | Instituto Nacional de Parques | Nationalparkbehörde |
| **LOA** | Ley Orgánica del Ambiente | Nationales Umweltgesetz |
| **LOD** | Ley Orgánica de Decentralización | Nationales Dezentralisierungsgesetz |
| **LOPOT** | Ley Orgánica para la Administración del Territorio | Nationales Gesetz für die Verwaltung des Staatsterritoriums |
| **LORM** | Ley Orgánica del Régimen Municipial | Kommunalverfassungsgesetz |
| **MARNR** | Ministerio del Ambiente y Recursos Naturales | Ministerium für Umwelt und erneuerbare Ressourcen |
| **MEM** | Ministerio de Energía y Minas | Ministerium für Energie- und Bergbau |
| **OCCEI** | Oficina Central de Estadística e Informática | Bundesbehörde für Statistik und Information |
| **ORCOPLAN** | Oficina Regional de Coordinación y Planificación | Regionalentwicklungsbehörde der regionalen Ebene |

| | | |
|---|---|---|
| **PERE** | Programa de Estabilización y Recuperación | Programm zur Stabilisierung und Erholung der Wirtschaft (1994) |
| **PNOT** | Plan Nacional de Ordenación del Territorio | Nationaler Raumordnungsplan |
| **POT** | Plan de Ordenación Territorial | Raumordnungsplan |
| **PRODESSUR** | Proyecto de Desarrollo Sustentable del Sur | Projekt zur nachhaltigen Entwicklung des südlichen Venezuelas |
| **RFI** | Reserva Forestal Imataca | Forstreserve Imataca |
| **SEFORVEN** | Servicio Forestal de Venezuela | Venezolanischer Forstdienst |
| **SIEX** | Superintendencia de Inversiones Extranjeras | Nationale Kontrollbehörde für ausländische Investitionen |
| **UCV** | Universidad Central de Venezuela | (Zentral-)Universität in Caracas |
| **UDO** | Universidad del Oriente | Universität des Ostens (Ciudad Bolívar) |
| **ULA** | Universidad de los Andes | Universität in Merída |
| **UNEG** | Universidad Nacional Experimental de Guayana | Universität in Ciudad Bolívar |
| **v. J.** | | Verschiedene Jahre |

Anmerk.: Auf die Erläuterung gängiger Akronyme oder allgemein bekannter Abkürzungen für transnationale Organisationen wurde verzichtet.

## Verzeichnis der wichtigsten spanischen Ausdrücke

| | |
|---|---|
| **Alcaldia** | Bürgermeisteramt |
| **Apertura minera** | Öffnung des Bundesstaates Bolívar für den transnationalen Bergbau |
| **Barranco** | Bergstollen |
| **Batea** | Holzpfanne zum Goldwaschen |
| **Bulla** | (lokal begrenzter) Goldrausch |
| **Campamentos** | Einfache Holzhütte / Ansammlung einfacher Holzhütten |
| **Caraqueños** | Bewohner der venezolanischen Hauptstadt Caracas |
| **Caudillisimo** | Politsches System der "starken, charismatischen" Männer |
| **Caudillos** | "starke" Männer, charismatische Führer |
| **Cerro** | Berg |
| **Ciudad** | Stadt |
| **Chupadora** | hydraulische Hochdruckpumpe zum Ausspülen oberer Sedimentschichten |
| **Ciudad** | Stadt |
| **Criollos** | Einwohner Venezuelas |
| **Estado (Edo.)** | Bundesstaat |
| **Gaceta oficial** | Bundesamtsblatt |
| **Minería** | Bergbau |
| **Minero** | "Gold- und Diamantengräber", Akteur des informellen Bergbaus |
| **Molinero** | Goldmühlenbesitzer - bzw. Arbeiter in einer Goldmühle |
| **Municipios** | Land- / Stadtgemeinde |
| **Pequeña Minería** | Informeller Bergbau |
| **Pueblo** | Dorf |
| **Reserva Forestal** | Schutzgebiete zur Sicherung der nationalen Holzproduktion |
| **Río** | Fluss |
| **Suruka** | Diamantensieb |
| **Terrenos / Tierras baldíos** | ungenutztes Staatsland |
| **Veta** | Goldader |

# I Inhaltlicher, konzeptioneller und methodischer Rahmen

## 1. Einführung in den regionalen Kontext und die thematische Problemstellung

Vor dem Hintergrund der ökonomischen und sozialen Krise, mit der Venezuela seit den 1980er Jahren konfrontiert ist, mehren sich staatliche Bestrebungen, die bisher einseitig auf Erdöl konzentrierte Wirtschaft zu diversifizieren und andere Rohstoffe in größerem Umfang zu exploitieren. Staatliche Entwicklungspläne[1], die die forcierte Entwicklung der wald- und mineralienreichen südlichen Landesteile als Rohstoffquelle vorsehen, lassen für den Bundesstaat Bolívar im Südosten Venezuelas Entwicklungen erwarten, die sich massiv auf den Wald auswirken werden.

*Staatliche Interessen, den Gold- und Diamantenbergbau zu industrialisieren*

Insbesondere die Forstreserve Imataca ist seit der Verabschiedung eines Raumordnungsplans für die 3.6 Mio. Hektar große Waldfläche im Bundesstaat Bolívar im Mai 1997 zum *hot spot* nationaler und internationaler Umwelt- und Entwicklungsdebatten geworden. Nationale und internationale NGOs (vgl. u.a. MIRANDA ET AL. 1998; WWF/IUCN 1999) kritisieren, dass der Raumordnungsplan bis dato verbotene Bergbauaktivitäten in dem - 1962 originär für die industrielle Holzproduktion unter Schutz gestellten - Waldgebiet zulässt und damit bergbauinduzierte Umweltauswirkungen (Walddegradation, Flusssedimentation, Zyanid- und Quecksilberimmissionen, usw.) legalisiert. Die Regierung sieht sich dagegen sozioökonomischen Sachzwängen ausgesetzt, die sich in dem Vergleich des Planungsministers zuspitzen, dass die Bergbaugegner wie Hindus seien, die die Kühe aus ethisch-religiösen Gründen eher sterben ließen als sie zu essen, da sie es anscheinend vorzögen, vor Hunger zu sterben als von den Reichtümern der *Reserva Forestal Imataca* zu profitieren (Theodor Petkoff in: EL NACIONAL 13.09.1997). So ist die venezolanische Regierung bemüht, die (aus Sicht des politischen, demographischen und wirtschaftlichen Zentrum des Landes) peripheren Landesteile südlich des Orinoco für die Nationalökonomie inwertzusetzen, indem sie den bisher weitgehend außerhalb des staatlichen Zugriffs stehenden Gold- und Diamantenabbau mit Hilfe (trans)nationaler Bergbaukonzerne und moderner Abbautechniken in einen "rationellen, geordneten und nachhaltigen Bergbau" transformiert (Arietta, Energie- und Bergbauministers in MINAS HOY 1995).

[1] Zu nennen sind u.a. PRODESSUR (*Proyecto de Desarrollo Sustentable del Sur* 1994) und PERE (*Programa para la Estabilización y Recuperación de la Economía* 1994/1995)

Das Problem der *Reserva Forestal Imataca* ist nicht neu. Schon bei der Ausweisung der Forstreserve in den 1960er Jahren waren die Goldvorkommen bekannt und in den 1980er Jahren wurde bereits die Frage diskutiert, ob die Wälder zu schützen oder das Gold abzubauen sei:

> "Leben oder Reichtum, Holz oder Gold, Gegenwart oder Zukunft, romantisches Ideal oder Realität, das Gold abbauen oder die Wälder schützen, oder, was dasselbe ist: Was sollen wir tun angesichts solcher Fragen?" (ASDRUBAL 1989: 11)

Neu ist allerdings die Intensität, mit der die Goldvorkommen mit Hilfe ausländischer Investoren und moderner Technologie erschlossen werden sollen. Der zum Teil schon vollzogene, zum Teil in Planung befindliche Modernisierungsschub widerspricht nicht nur Bemühungen, eine der größten Forstreserven des Landes zu schützen, sondern führt - z.B. bei der Vergabe großer Konzessionsgebiete für (trans)nationale Bergbauunternehmen - auch zu Konflikten mit der regionalen Bevölkerung, die vorwiegend von der Landwirtschaft lebt sowie informell Gold und Diamanten abbaut. Aus dieser kurzen Darstellung der Untersuchungsregion lassen sich zwei Konfliktfelder extrahieren, die im Zentrum der Arbeit stehen:

*Zentrale Konfliktfelder*

1. Waldschutz versus (?) Erschließung der Gold- und Edelsteinvorkommen
2. Staatlich gelenkte Regionalentwicklung versus (?) ungelenkt gewachsene Strukturen des Sozialraums[2]

*Akteursorientierte Mehrebenenanalyse*

Beide Konfliktbereiche betreffen nicht nur die *Reserva Forestal Imataca*, sondern treten im gesamten Bundesstaat Bolívar auf. Von daher beschränkt sich die vorliegende Arbeit nicht auf die *Reserva Forestal Imataca,* sondern verfolgt einen regionalen Ansatz. Die Kombination lokaler Fallstudien mit der Analyse regionaler, nationaler und internationaler Rahmenbedingungen zielt auf die Herausarbeitung der sozio-ökonomischen Hintergründe für die inselhafte Erschließung der Wälder des Bundesstaates Bolívar durch den Gold- und Diamantenbergbau. In Hinblick darauf, dass der Staat verstärktes Interesse zeigt, die periphere Region zu entwickeln (in Nationalplänen als "Integration in die Nationalökonomie" proklamiert), erscheint eine zielgerichtete Analyse der staatlichen Planungsvorgaben und raumwirksamer Staatstätigkeiten notwendig. Gleichzeitig bedarf es einer Analyse der Ist-Situation in der Region, die nicht nur die zu schützenden Vegetationsformationen beschreibt, sondern auch die regionale Bevölkerung wahrnimmt. Weil insbesondere der handwerklich betriebene Bergbau eine wichtige Rolle in der Region spielt, ist ihm ein großer Teil der Arbeit gewidmet.

[2] Zum Begriff des Sozialraums siehe Kap. I-7

**Da gesellschaftsimmanente Interessen und Machtverhältnisse als entscheidende Parameter für Raumnutzungsmuster interpretiert werden, stellen Interessenskonflikte um die Raum- bzw. Wald(flächen)-nutzung im Bundesstaat Bolívar den zentralen Forschungsgegenstand der Dissertation dar. Zentrale Fragen sind, wer, welche soziale oder wirtschaftliche Gruppe bzw. Institution aufgrund seiner/ ihrer sozialen, politischen und/oder ökonomischen Position seine/ihre Interessen wie und mit welchen Folgen für den Wald durchsetzt**[3].

## 2. Aufbau der Arbeit

Die Arbeit ist in sieben Abschnitte unterteilt (I - VII). Im ersten Abschnitt (I) wird der inhaltliche, konzeptionelle und methodische Rahmen dargelegt. Beginnend mit einer kurzen Skizzierung der aktuellen Entwicklungen des Gold- und Diamantenbergbaus im Bundesstaat Bolívar im Südosten Venezuelas(1) wird ein erster Einblick in die Region, in der diese Arbeit angesiedelt ist, sowie die thematische Problemstellung gegeben. Die sich anschließende komprimierte Zusammenfassung der Arbeit (2) hat Orientierungs- und Übersichtscharakter, lässt aber auch bereits zentrale Aussagen und Thesen der Arbeit erkennen. Nach der Erörterung der Anregungen, Motive und Rahmenbedingungen, die zur Entstehung dieser Studie beigetragen und sie in der Auswahl der Region, des Themas und der spezifischen Herangehensweise entscheidend beeinflusst haben (3), folgt die konzeptionelle Einordnung (4). Aus der Verortung der Studie in die Forschungsperspektive der *Political Ecology* werden konkrete Fragen und Zielsetzungen abgeleitet (5). Der Darstellung der Vorgehensweise und der angewandten Methoden (6) schließen sich Erläuterungen zentraler methodologischer Begriffe (7), die Aufzählung der wichtigsten Forschungspartner und Schlüsselpersonen *(Exkurs 1)* sowie die Diskussion der Literatur- und Datengrundlagen (8) an.

**Abschnitt 1:** *Inhalt, Konzept und Methodik*

Von der These ausgehend, dass der Gold- und Diamantenbergbau ein Phänomen ist, das sich nicht intrasektoral, lokal oder auf seine materiellen Komponenten hin begrenzen lässt, sondern sektorenübergreifenden, regionalen und kognitiven Rahmungen unterliegt, steht der materielle und symbolische Ressourcenreichtum des Bundesstaates Bolívar im Zentrum von Abschnitt II.

**Abschnitt 2:** *Regionaler Kontext und akteursspezifische Zugriffe*

[3] Diese Fragen wurden bereits von Vertretern der *Welfare Geography* (vgl. u.a. COSGROVE 1987, 1989; LÜHRING 1985; SCHMIDT-WULFFEN 1979) aufgeworfen. Der hier verfolgte Ansatz (vgl. Kapitel 4) zeigt tatsächlich viele Parallelen zur *Welfare Geography*, unterscheidet sich aber von ihr durch die Umweltbezogenheit der Fragestellungen.

Die Akteursorientierung, die dieser Arbeit mit dem Konzept der *Political Ecology* zugrunde liegt, bedingt, dass die Beschreibungen der naturräumlichen Ausstattung des Bundesstaates Bolívar zugunsten der Analyse akteursspezifischer Zugriffe auf den Wald- und Mineralienreichtum der Region bewusst kurz gehalten werden (1;2). Da der Gold- und Diamantenbergbau in der Region v.a. deshalb konfliktiv diskutiert wird, weil er in vermeintlich unberührte "Primärwälder" vordringt, schließt sich der geschichtlichen Skizzierung des Gold- und Diamantenbergbaus (3) eine Diskussion der wissenschaftlichen Konzeptionalisierung von "Pionierfronten" im allgemeinen sowie speziell in Venezuela an (4).

**Abschnitt 3:** *Staatliche Entwicklungs- und Raumplanung*

In Abschnitt III wird die venezolanische Entwicklungs- und Raumplanung, wie sie in nationalstaatlichen und regionalen Entwicklungsplänen für den Bundesstaat Bolívar ausgewiesen ist, analysiert. Der Diskussion raumplanerischer Leitvorstellungen sowohl im zeitlichen Wandel als auch innerhalb der derzeit gültigen Raumordnung wird ein breiter Raum gegeben, um zu zeigen, wie mannigfaltig und zum Teil sehr subtil nationalstaatliche Prägungen, Leitziele, Vorgaben und Rahmungen die Wahrnehmung und Entwicklung des Gold- und Diamantenbergbaus beeinflussen. Die kognitiven Entwürfe der Regionalentwicklung werden dabei v.a. daraufhin hinterfragt, wessen und welche Interessen zum Ausdruck kommen und wie die akteursspezifischen Effekte aussehen. Ausgehend von der frühen Entstehung eines zentralistischen Raum- und Naturbildes wird die tiefe Verwurzelung der Venezuela-spezifischen Entwicklungsparadigmen und funktionalen Raumdefinitionen in historischen Denkräumen und Diskursen beleuchtet (1). Anschließend werden die Einflüsse der historisch verfestigten Dimensionen auf die gegenwärtige nationalstaatliche Wirtschafts- und Raumplanung (2) sowie die regionale Raumplanung (3) in ihren Bezügen zum Gold- und Diamantenbergbau herausgearbeitet. In Kapitel III-4 schließt sich eine kurze Darstellung der sektoralen Gesetzgebung an.

**Abschnitt IV:** *Der informelle Bergbau*

Die Abschnitte IV und V geben die Feldforschungsergebnisse auf der lokalen Ebene wieder. Zunächst wird der informelle Bergbau (IV) dargestellt. Mit einem etwas "anderen Blick" auf diesen "Überlebenssektor" werden dominierende Bewertungszuschreibungen des informellen Bergbaus kritisch hinterfragt und um bisher wenig berücksichtigte Entwicklungen und Merkmale ergänzt. Da mit der Formulierung von Begriffen bzw. der Einordnung der Empirie in bestimmte Begriffsraster gleichzeitig "Tatsachen" formuliert, werden, werden zunächst die Begriffe *informeller Sektor* und *Kleinbergbau* (*Pequeña Minería*) diskutiert.

Annäherungen an die Größenordnung des Gold- und Diamantenbergbaus in Venezuela zeigen wichtige sozialräumliche Aspekte der Mythologisierung, denen der informelle Bergbau unterliegt (1). Anschließend wird der informelle Bergbau (IV) anhand einer einführenden Typologie (2) und der Darstellung verschiedener Verfahren der Edelsteingewinnung (3) dargestellt. Beide Systematisierungsversuche müssen sich den Vorwurf theoretisch-analytischer Vereinfachung der Realität gefallen lassen. Sie sind aber Voraussetzung für das Verständnis der sich anschließenden Kapitel, da aus ihnen grundlegende Terminologie- und Definitionsverwendungen abgeleitet werden. Ein tieferer Einblick in die Heterogenität und Komplexität des Phänomens 'informeller Bergbau' wird anschließend an vier Fallbeispielen (5-8) vermittelt. Der empirisch-deskriptiven Darstellung schließt sich eine zusammenführende Analyse (9) an, die Zusammenhänge zwischen der venezolanischen Volkswirtschaft und der Entwicklung des Bergbaus im Bundesstaat Bolívar, Sozialstrukturen von *Minero*gesellschaften sowie Wechselwirkungen des informellen Bergbaus mit der Umwelt beleuchtet.

***Abschnitt V:*** *Der industrielle Bergbau*

Abschnitt V beschäftigt sich mit der industriellen Form des Abbaus von Bodenschätzen. Auch wenn der Zugriff auf die materielle Komponente der Ressource Gold immer wieder einfließt, stehen die technologischen Möglichkeiten des Bodenschätzeabbaus nicht im Vordergrund. Vielmehr werden die soziale Organisation der Ressourcennutzung, die Vielfalt privilegierter Zugänge zu den Bodenschätzen sowie die Legitimierungsstrategien (trans)nationaler Bergbaukonzerne fokussiert. Zunächst wird versucht, die Bergbauunternehmen, die seit den 1980er Jahren im Bundesstaat Bolívar aktiv sind, näher zu fassen. Dabei rücken Widersprüche und Informationsdefizite als ein charakteristisches Merkmal der (trans)nationalen Bergbauindustrie in den Vordergrund (1). Anschließend wird die Vielfalt ihrer Zugänge zu den Bodenschätzen spezifiziert (2). Anhand von vier Fallbeispielen werden dann die lokale Raumnutzung, Handlungs- und Argumentationslogiken der Akteure des industriellen Bergbaus differenzierter betrachtet (3-6). In der Zusammenfassung (6) werden die Legitimations- und Aneignungsstrategien der Akteure des industriellen Bergbaus v.a. auf ihre sozialräumlichen Wirkungen hinterfragt.

***Abschnitt VI:*** *Konkurrierende Waldnutzungsinteressen*

Kapitel VI befasst sich mit Akteuren, die nicht unmittelbar in die Flächen- und Ressourcennutzungskonflikte im Bundesstaat Bolívar beteiligt sind, aber als Akteure jenseits der unmittelbaren Raumnutzung die bergbaulichen Erschließungsprozesse der Waldregionen im Süden Venezuelas mit beeinflussen.

Hierzu gehören z.B. staatliche Funktionäre, Umweltgruppen und Mitglieder der *scientific community*. Am Beispiel eines Raumausschnitts des Bundesstaates Bolívar, nämlich der *Reserva Forestal Imataca,* wird gleichzeitig konkretisiert, wie bestimmte Raum-, Natur- und Waldbilder (Abschnitt II), Aspekte der nationalstaatlichen Entwicklungs- und Raumordnung (Abschnitt III) und mythologische und stereotypische Wahrnehmungsmuster des Bergbaus (Abschnitt IV und V) sich in regionalen Ressourcennutzungskonflikten niederschlagen. Von einem im Mai 1997 verabschiedeten Raumordnungsplan ausgehend, der bergbauliche Nutzungsareale in dem 3,6 Mio. Hektar großen Waldgebiet ausweist (1), werden die Argumente, Strategien und Rahmungen der Planbefürworter und -gegner analysiert (2,3). Dabei zeigt sich erstens, dass die *Reserva Forestal Imataca* nicht nur eine materielle Anhäufung biologischer Biomasse ist, sondern in aller erster Linie ein heterogenes Bündel sozialer Konstrukte darstellt, und dass auch der perzeptorische Zugriff auf den Bergbau häufig weniger von empirischen Erfahrungen auf der lokalen Ebene als von lokalitätsfernen Ideologien und Weltbildern bestimmt wird. Zweitens zeigt sich, dass insbesondere der informelle Bergbau aus den dominanten Ökologie- und Ökonomiediskursen herausfällt.

**Abschnitt VII:** *Zusammenfassung und Schlussfolgerungen*

Im siebten Abschnitt (VII) wird von einer zusammenfassenden Darstellung der empirischen Ergebnisse ausgehend versucht, herauszuarbeiten, welche Bedeutung der staatlichen Raumplanung bzw. dem nationalen Rahmen und welche Bedeutung nicht-staatlichen Aktivitäten und Prozessen für die Waldflächen des Bundesstaates Bolívar zukommt (1). Fragestellungen, die diese Arbeit nicht beantworten konnte bzw. erst durch diese Arbeit aufgeworfen wurden, sowie mögliche Ansatzpunkte zur Verbesserung der Situation, beenden die Zusammenfassung der Empirie (2). Da dieser Arbeit aber mit der *Political Ecology* ein analytisches Forschungskonzept zugrundegelegt wurde, das bis dato im deutschen Sprachraum selten empirisch angewandt wurde, liegt der Schwerpunkt dieses Abschnitts v.a. auf der wissenschaftstheoretischen Diskussion dieses Ansatzes (3).

## 3. Der Entstehungshintergrund der Arbeit

Am Anfang einer wissenschaftlichen Arbeit steht der sog. *Entdeckungszusammenhang*, unter dem der Anlass oder die Motivation einer wissenschaftlichen Studie zu verstehen ist. FRIEDRICHS (1985) differenziert in seinem *Modell des forschungslogischen Ablaufs empirischer Untersuchungen* zwischen Forschungsaufträgen, empirischen Problemen und theoriegeleiteten Fragestellungen, die ein Forschungsprojekt initiieren können. In der Praxis lassen sich die drei Kategorien selten explizit voneinander trennen, da wissenschaftliche Projekte selten auf monokausale Überlegungen zurückgehen. So lassen sich auch in der vorliegenden Arbeit Wurzeln nachweisen, die zu allen drei von FRIEDRICHS genannten Motiven für die wissenschaftliche Auseinandersetzung mit einem Thema führen und sowohl die Spezifizierung des Themas als auch die Herangehensweise entscheidend beeinflusst haben.

### *3.1* Das Graduiertenkolleg *Sozio-Ökonomie der Waldnutzung in den Tropen und Subtropen*

Als Forschungsauftrag im Sinne von FRIEDRICHS ist das Graduiertenkolleg *Sozio-Ökonomie der Waldnutzung in den Tropen und Subtropen* zu nennen. Dieses wurde im Oktober 1995 als Gemeinschaftsprojekt der Universitäten Freiburg, Hohenheim und Dresden mit dem Ziel gegründet, sozioökonomische Aspekte der Tropenwaldnutzung innerhalb interdisziplinärer Doktorandenteams zu analysieren. Im Antrag auf Einrichtung und Förderung des Kollegs durch die Deutsche Forschungsgemeinschaft (DFG) heißt es, dass die Forschungen des Kollegs dazu beitragen sollen

> "...neue Erkenntnisse zur Dynamik der Waldzerstörung in den Tropen und Subtropen zu gewinnen und geeignete Maßnahmen zur Erhaltung und nachhaltigen Nutzung des Waldes bzw. zum Schutz der Waldressourcen abzuleiten und zu erproben. Hierfür erweist sich neben ökologischen Untersuchungen zunehmend auch die Analyse politischer, wirtschaftlicher, sozialer, ethnischer und ethischer Zusammenhänge als vordringlich. Dabei liegt der besondere Wert des Kollegs in der problemorientierten Zusammenarbeit zwischen verschiedenen Disziplinen, wodurch ein ganzheitlicher Forschungsansatz umgesetzt werden soll."

Damit wurden vom "Auftraggeber" ein Problem und zwei Herangehensweisen festgelegt: die thematische Ausrichtung auf Tropenwälder sowie deren sozialwissenschaftliche und interdisziplinäre Betrachtung. Als Länder wurden Venezuela und Thailand ausgewählt, wobei die vorliegende Studie in Venezuela verortet ist. Innerhalb dieses gegebenen Rahmens erfolgte die Konkretisierung des Promotionsthemas problemorientiert.

## 3.2 Waldproblematiken in Venezuela

1995 betrug die waldbedeckte Fläche Venezuelas rund 44 Mio. Hektar, was 48,3 %[4] der Landesfläche entspricht. Die jährliche Entwaldungsrate liegt bei 1,1 % und bedeutet in absoluten Zahlen den jährlichen Verlust von rund 503.000 ha Wald (FAO 1997)[5]. Damit ist Venezuela als ein Tropenland mit noch großer Waldbedeckung und - im internationalen Vergleich gesehen - geringen absoluten Waldverlusten, aber hohen Entwaldungsraten, zu charakterisieren (vgl. Tab. 1).

**Tab. 1: Waldbedeckung und Waldverluste nach Ländergruppen**

| Ländergruppe | Waldbestand 1995 (1000 ha) | Waldverlust total 1990 - 1995 (1000 ha) | Jährlicher Waldverlust 1990 - 1995 (1000 ha) | Jährliche Entwaldungsrate |
|---|---|---|---|---|
| Afrika | 520.237 | 18.741 | 3.748 | 0,7 |
| Asien | 474.172 | 16.640 | 3.328 | 0,7 |
| Ozeanien | 90.695 | 454 | 91 | 0,1 |
| Europa | 145.988 | 1.944 | 389 | 0,3 |
| Frühere UDSSR | 816.167 | 2.786 | 557 | 0,1 |
| Nordamerika | 457.086 | 3.816 | 763 | 0,2 |
| Zentralamerika | 75018 | 4.794 | 959 | 1,2 |
| Karibik | 4.425 | 391 | 78 | 1,7 |
| Südamerika | 870.594 | 23.872 | 4.774 | 0,5 |
| Total | 3.454 382 | 56.346 | 11.269 | 0,3 |

Quelle: FAO 1997

*Devastierte, fraktionierte Sekundärwälder im Norden Venezuelas*

Venezuelas Wälder weisen eine deutliche Zweiteilung auf, die sowohl die Vegetationsausstattung als auch die Stadien der anthropogenen Eingriffe in die Waldsysteme anbetrifft. Nördlich des Orinoco treten laubabwerfende Wälder auf, die nordwärts in Trockenwälder übergehen. Aufgrund der Bevölkerungskonzentration in den nördlichen Landesteilen sind die anthropogenen Eingriffe sehr hoch. Besonders groß ist der Druck auf die Wälder in der Küstenregion, der Zentralregion, dem mittleren Westen, dem Maracaibo-Becken und in den Anden. Wegen der Ausweitung des Agrarraums findet man hier meist nur noch fraktionierte, devastierte Sekundärwälder (vgl. CENTENO 199; AMELUNG 1992).

[4] Die FAO geht für ihre Berechnungen von einer 88 205 km² großen Landesfläche aus, da sie die Maracaibo-Bucht von der Staatsfläche abzieht, und kommt daher auf den geringfügig höheren Prozentsatz von 49,9% (FAO 1997).

[5] Vgl. auch: CENTENO 1995; FAO 1995; MARNR 1993.

Südlich des Orinoco sind große Areale des Landes mit immergrünen bzw. halb-immergrünen Quasi-Primärwäldern[6] bedeckt. Die anthropogenen Eingriffe sind wegen der extrem niedrigen Bevölkerungsdichte (4 E/km²) relativ gering. Als die wichtigsten Entwaldungsfaktoren nennt das WORLD RESOURCES INSTITUTE Holzeinschlag, Bergbau (Gold und Diamanten) und Erdölexplorationen (BRYANT ET AL. 1997: 25). Für einige Regionen sind auch flächenintensive Viehwirtschaft, Bauxit- und Eisenerzabbau zu nennen. Aber insbesondere der Gold- und Diamantenabbau führt sowohl entlang der Entwicklungsachsen als auch in peripheren Lagen zu - in der Summe - massiven Waldverlusten. Hinzu kommt, dass die staatlichen Bestrebungen, die Landesteiles südlich des Orinoco in die nationale Ökonomie zu integrieren, zukünftig die Bedeutung des Bergbaus im Bundesstaat Bolívar massiv erhöhen werden. Zahlreiche NGOs weisen bereits auf die Expansion des Gold- und Diamantenbergbaus und die Notwendigkeit nationaler und internationaler Schutzmaßnahmen für die Wälder hin (vgl. ELLENBROECK 1996, IUCN & WWF 1999; MIRANDA ET AL. 1998).

*Große zusammenhängende Quasi-Primärwälder im Süden Venezuelas*

Auch wenn Venezuela zu den Tropenländern mit (noch) großflächigem Waldbestand gehört, mehren sich also alte und neue Raumnutzungsinteressen, die diesen Bestand gefährden. Während die nördlichen Sekundärwälder von der Ausweitung landwirtschaftlicher Flächen bedroht werden, sind die südlichen Waldflächen v.a. von staatlichen und bergbaulichen Inwertsetzungsinteressen betroffen. Damit zeigt sich, dass das, was REPETTO & GILLIS (1988: 32 ff) als Fazit ihrer Analysen globaler Waldzerstörungsprozesse feststellen, auch für Venezuela gilt: **Die Ursachen der Waldzerstörung liegen in beträchtlichem Umfang außerhalb des Forstsektors - und erfordern somit von wissenschaftlicher Seite auch eine multidisziplinäre Betrachtung.**

[6] Der Begriff *Primärwald* wird nur eingeschränkt genutzt, weil er streng genommen nur Wälder meint, die unberührt vom Menschen in ihrem ("natürlichen") Urzustand sind. Seine Verwendung würde entweder die in den Wäldern lebende indigene Bevölkerung (sowie im Fall von Venezuela rund 100 Jahre zurückliegende, punktuelle Eingriffe durch Kautschuksammler und mineralische Ressourcenextraktionen) ausblenden oder eine Erläuterung der impliziten Differenzierung von anthropogenen Einflüssen durch "Ureinwohner" und Einflüssen durch "moderne" Gesellschaften erfordern (vgl. u.a. SOMMER ET AL 1990; Hecht & COCKBURN 1989). Der Ausdruck *naturnahe Wälder,* der z.T. statt *Primärwälder* benutzt wird, enthält ein Naturverständnis, nach dem der Mensch nicht als Teil der Natur begriffen wird. Denn sonst wären alle Wälder auch nach anthropogenen Eingriffen als naturnah zu bezeichnen. Um mit derartigen akademisch-philosophischen Überlegungen nicht Gefahr zu laufen, reelle Waldzerstörung und massive ökologische Fehlentwicklung zu negieren, wird hier der Begriff *Quasi-Primärwälder* benutzt, womit Wälder gemeint sind, deren Physiognomie und floristische Zusammensetzung relativ gering anthropogen beeinflusst sind (vgl. DEUTSCHER BUNDESTAG 1990: 160). Als empirische Kategorie wird die Definitionsunschärfe in Kauf genommen.

## 3.3 Multidisziplinäre und interkulturelle Annäherungen

In zahlreichen Diskussionen sowohl innerhalb des Graduiertenkollegs als auch mit venezolanischen Wissenschaftlern wurde versucht, mit der Auswahl der Themen für die Doktorarbeiten sowohl den räumlichen Differenzierungen als auch der Vielfalt der involvierten Akteure gerecht zu werden (vgl. Tab. 2).

**Tab. 2: Dissertationen des Graduiertenkollegs *Sozio-Ökonomie der Waldnutzung in den Tropen und Subtropen* in Venezuela**

| Doktorand | Titel / Thema |
|---|---|
| LUX, Martin (Forstwissenschaftler) | • Sekundärwälder und Agroforstsysteme in der Regionalentwicklung des Staates Sucre, Venezuela: Aktuelle Nutzung, Potentiale und Innovationen |
| VALQUI-HAASE, Alexis (Agrarwissenschaftler) | • Rationalität der Waldnutzung und -zerstörung durch Kleinbauern im Bundesstaat Sucre, Venezuela |
| SILVA, Argelia (Biologin) | • Vegetation der halbimmergrünen submontanen Wälder, landwirtschaftlich genutzten Flächen und ihrer Brachestadien auf der Halbinsel Paria, Venezuela |
| AICHER, Christoph (Forstwissenschaftler / Politologe) | • Forstpolitik in Venezuela. Vom Misserfolg erfolgreicher Politik |
| SCHNEIDER, Barbara (Geographin) | • In den Tiefen des Tropenwaldes: Eine politisch-ökologische Betrachtung des Gold- und Diamantenbergbaus im Südosten Venezuelas |
| GRIMMIG, Martina (Ethnologin) | • Die Kariña von Imataca: Eine politische Ethnologie der Ressourcen |

Auch wenn der angestrebte Anspruch der Interdisziplinarität nicht in vollem Umfang realisiert werden konnte, lässt sich die letztlich umgesetzte Zusammenarbeit als multi- und transdisziplinär bezeichnen[7].

Besonders enge Verbindungen der vorliegenden Studie ergeben sich zu der Arbeit von M. GRIMMIG, die sich mit der Rolle indigener Bevölkerung in Ressourcenkonflikten beschäftigt und der Arbeit von C. AICHER, der sich mit forstpolitischen Fragestellungen auseinandersetzt. Verzahnungen resultierten nicht nur aus den Überschneidungen der Forschungsregionen und der sich daraus abgeleiteten partiellen Zusammenarbeit in der Feldforschung, sondern berühren auch die Formulierung zentraler Fragestellungen und Hypothesen sowie die Auswahl akteurs- und konfliktorientierter Ansätze.

[7] Zu den Begriffen und Unterschieden von Interdisziplinarität, Multidisziplinarität und Transdisziplinarität sowie Umsetzungsmöglichkeiten und -grenzen siehe v.a. FLITNER & OESTEN (i.E.); HECKHAUSEN (1987) sowie KLEIN (1996). Zur Diskussion interdisziplinärer Ansätze in der Entwicklungsländerforschung siehe u.a. BRONGER (1985).

Alle drei Arbeiten greifen den Konflikt um die *Reserva Forestal Imataca* auf, so dass in die Analyse forstpolitische, ethnologische und geographische Überlegungen einfließen. Da jede Wissenschaftsdisziplin andere Fragestellungen produziert und zur Ausprägung spezieller Wahrnehmungsraster führt, zwang die gemeinsame Diskussion von Fragestellungen, Hypothesen, Methoden und Teilergebnissen immer wieder zur Hinterfragung der eigenen - scheinbar objektiven - Methodologie.

> "Indeed, the ideas of rationality and objectivity, generally seen as constitutive of scientific thought, are seen as products of discourse rather than as absolute and universal standards for knowledge. The 'truth' of knowledge is relative to discourse, as it is the rules of a particular discourse that specify what is to count as 'truth' and 'falsity'." (SCOTT 1995: 187)

Die Venezuela-spezifische Problemorientierung[8] der drei Arbeiten spiegelt sich sowohl in der Auswahl der Forschungsregion als auch der Themen wider, die in Absprache mit venezolanischen Wissenschaftlern und ausländischen Landeskennern erfolgten. In Venezuela konzentrieren sich sozialwissenschaftliche Analysen auf den Norden (vgl. u.a.: BORCHERDT 1985), während die südlichen Landesteile bisher fast nur das Interesse von Biologen und Ethnologen geweckt haben. Übergreifende Arbeiten, die sich mit dem Thema Entwicklung und Umwelt in Zusammenhang mit der landesweiten Entwicklung Venezuelas beschäftigen, fehlen nahezu vollständig für den Süden[9]. Der Mangel an sozialwissenschaftlichen Analysen für die südliche Peripherie Venezuelas ist mit den staatlichen Bestrebungen, Holz- und Bodenschätze der südlichen Landesteile Venezuelas zu erschließen, offen zutage getreten. Die vom Staat als Integration proklamierte Erschließung des Bundesstaates Bolívar wird insbesondere im Zusammenhang mit der Zerstörung von indigenem Lebensraum von vielen NGOs und wissenschaftlichen Einrichtungen (UNEG, CENAMB) in Venezuela kritisch diskutiert. Die zumeist institutionell, personell und finanziell prekäre Situation der Organisationen schränkt sowohl ihre Möglichkeiten, sich vertiefend mit den aktuellen Entwicklungen auseinander zusetzen als auch ihren Aktionsradius in vielen Fällen deutlich ein. Von daher wurde in Venezuela die Kooperation mit dem Graduiertenkolleg im allgemeinen, sowie speziell eine sozialwissenschaftliche Analyse der Entwicklungen im Bundesstaat Bolívar begrüßt.

[8] Entwicklungsländerforschung darf nicht nur auf eine "akademische Selbstbefriedigung" (BRONGER 1975: 120) hinauslaufen, sondern sollte sich über den wissenschaftstheoretischen Anspruch hinaus an den Bedürfnissen und Problemen des betreffenden Landes orientieren.

[9] Ausnahmen sind z.B. die Arbeiten von LACABANA (1995a, 1995b, 1995c) und MIRANDA ET AL. (1998).

Bei wiederholten Präsentationen und Diskussionen von Teilergebnissen in Venezuela zeigten sich aber auch widersprüchliche Erwartungen. Während von venezolanischer Seite praxisnahe und umsetzbare Ergebnisse erwartet wurden, gehen die im Bundesstaat Bolívar verorteten Arbeiten gesellschaftstheoretischen Fragestellungen nach, die sich nicht unmittelbar in praktische Lösungsstrategien umsetzen lassen. Abgesehen davon, dass jede wissenschaftliche und nicht praxisorientierte Arbeit in einem Entwicklungsland diesem Zielkonflikt ausgesetzt ist, muss aber darauf verwiesen werden, dass gesellschaftliche Interessens- und Machtkonstellationen wichtige Erklärungsvariablen für Umweltveränderungen sind. Waldnutzung und -zerstörung geht von Individuen, Gruppen und/oder Institutionen aus, die unterschiedliche Interessen am Wald verfolgen, unterschiedliche Strategien einsetzen, um ihre Interessen zu realisieren, und unterschiedliche Möglichkeiten haben, ihre Interessen durchzusetzen. **Statt direkt harmonisierende und Status quo erhaltende Monitoring- und Managementsysteme zu entwickeln, werden in allen drei Arbeiten Gesellschaft und Umwelt konfliktiv begriffen. Für die effektive Realisierung von Waldschutzprogrammen gilt es deshalb, waldrelevante Akteure auf den verschiedenen Maßstabsebenen zu erkennen, ihre Interessen, Ideologien und Strategien kritisch zu hinterfragen sowie die Auswirkungen auf den Wald herauszuarbeiten.** Durch die Schwerpunktsetzung der drei Arbeiten auf staatliche Regionalpolitik, staatliche Sektoralpolitik und lokale Waldnutzungsstrategien und Möglichkeiten der Interessensartikulation sowie die Verbindungen bzw. Nicht-Verbindungen dieser Ebenen soll versucht werden, Aussagen darüber abzuleiten, welche Institutionen oder sozialen Gruppen in Zukunft mehr Beachtung finden sollten, um "nachhaltige" Waldnutzungen zu gewähren, womit die Frage der Kompetenzverteilung und Kontrollmacht thematisiert wird.

## 4. Die Forschungsperspektive der *Third World Political Ecology*

*Gesellschafts- und erkenntniskritischer Ansatz*

Skepsis dem Neutralitätsanspruch der Wissenschaft und der analytisch-nomologischen Wissenschaftsmethodologie gegenüber bedingt einen erkenntniskritischen Ansatz, in dem erstens die Subjektivität der Themen-, Methoden- und Theorieauswahl durch den Forschenden wahrgenommen und thematisiert wird und zweitens die Meinung vertreten wird, dass der positivistische Theoriebegriff und quantitative Methoden nicht ausreichen, um gesellschaftliche Prozesse zu analysieren. Die unkritische Übernahme naturwissenschaftlicher Methoden mag zwar zu jederzeit nachvollziehbaren Analysen von Teilbereichen der Gesellschaft führen, läuft aber Gefahr, bestehende Gesellschaftsstrukturen zu festigen, statt sie kritisch zu hinterfragen.

"Wissenschaften, die auf Gesellschaftserkenntnis zielen, müssen aber, wenn sie mehr sein wollen als bloße Technik, Widersprüche in gegebenen Gesellschaften bewußt machen und dazu beitragen, richtige Gesellschaftskonzeptionen zu entwerfen". (ADORNO 1962: 260)

Mit der *Third World Political Ecology* (im Weiteren kurz *Political Ecology* genannt) wird dieser Arbeit ein analytisch-empirisches Konzept zugrunde gelegt, das entgegen der Tendenz des "entwicklungspolitischen Gedächtnisschwundes" (SENGHAAS 1996), die mit der These des "Scheiterns der großen Entwicklungstheorien" (MENZEL 1991) verbunden ist, gesellschaftskritische Fragen der Entwicklungsländerforschung aufgenommen hat und sie bezogen auf die Umweltforschung gegenwärtig weiterentwickelt. Der Begriff *Political Ecology* findet in verschiedenen Kontexten Anwendung[10]. Hier ist eine Vielzahl von Ansätzen gemeint, die seit Anfang der 1980er Jahre v.a. im angloamerikanischen Raum für die Analyse der Wechselwirkungen zwischen Umwelt und Gesellschaft entwickelt wurden und differenziert nach Akteuren, Interessen und Möglichkeiten der Interessendurchsetzung sowie deren Auswirkungen auf die Umwelt fragen. Wegen ihrer Skepsis gegenüber evolutionären Entwicklungsmodellen und gesamtgesellschaftlichen Wohlfahrtseffekten sowie ihrer Suche nach Abhängigkeitshierarchien zwischen Makro-, Meso- und Mikroebene, kann man die *Political Ecology* als Ökologisierung der Dependenztheorien bzw. als Politisierung naturwissenschaftlicher Umweltanalysen begreifen (vgl. BECKER 1997: 10f). Hinzu kommen Einflüsse aus postmodernen Sozialtheorien, die aber nicht zu einer Nivellierung ungleicher Machtverhältnisse führen, sondern vielmehr ihre differenziertere Herausarbeitung ermöglichen.

## 4.1 Wissenschaftstheoretische Wurzeln

*Dilemma der entwicklungspolitischen Diskussion*

Eine Vielzahl von Wissenschaftsdisziplinen setzt sich mit Erklärungs- und Lösungsansätzen von Umweltzerstörung und gesellschaftlicher Entwicklung in der Dritten Welt auseinander (vgl. HECHT & COCKBURN 1989: 95ff). Bis heute gibt es aber weder eine allgemein anerkannte Theorie, noch hat sich in nur einer Wissenschaftsdisziplin ein Erklärungsansatz durchsetzen können. Weiterhin herrscht Uneinigkeit hinsichtlich der geographisch-politischen Betrachtungsebene, der Gewichtung endogener und exogener Erklärungsfaktoren und möglichen Lösungsansätzen. Ein bisher wenig diskutiertes Thema in diesem Dilemma der entwicklungspolitischen Diskussion ist die Unvereinbarkeit der erkenntnistheoretischen Systeme, die hinter den Entwicklungstheorien stehen.

[10] Ein Beispiel für die babylonische Verwendungsvielfalt der Begriffe 'Politische Ökologie', 'politische Ökologie' oder '*Political Ecology*' ist das 'Wörterbuch der Politischen Ökologie' von MAYER-TASCH (1985). MAYER-TASCH bezieht sich weder in seinen Ausführungen noch in seiner Literaturliste auf die Vordenker des Ansatzes, der hier mit *Political Ecology* bezeichnet wird. Umgekehrt greifen diese auch nicht auf MAYER-TASCH zurück.

Da bereits Uneinigkeit z.B. darüber herrscht, was eine Theorie ist, ob Deduktion oder Induktion empirische Phänomene besser erklären kann, ob Objektivität notwendig oder eher hinderlich ist, kann die *scientific community* in der entwicklungspolitischen Debatte nicht zu einer Einigung finden.

*Human- und Kulturökologie*

In der geographischen Entwicklungsländerforschung setzen sich insbesondere die Human- und Kulturökologie mit dem Verhältnis von Umwelt und Gesellschaft auseinander, wobei sich unterschiedliche Richtungen differenzieren lassen, die einmal die Kultur und einmal die Umwelt als bestimmende Determinante ausweisen. Die nach dem 2. Weltkrieg aufkommenden systemökologischen Strömungen der Humanökologie lassen sich - da sie die vorher vorherrschende Einseitigkeit von Ursache und Wirkung zugunsten von Wechselwirkungen aufgeben - nicht immer eindeutig zuordnen, zeigen aber nach STEINER (1992: 199) häufig umweltdeterministische Züge. Gleichzeitig verlagert sich der Schwerpunkt kulturökologischer Ansätze von der Frage, ob Kultur oder Umwelt primär sind, zu dem

> "...Problem der Bewahrung noch existierender oder aber um die Gestaltung neuer Strukturen, die eine ökologisch sinnvolle Verbindung zwischen Kultur und Umwelt ermöglichen. Sofern Bewahrung nicht möglich ist, stellt sich also die Frage nach der Gestaltbarkeit." (STEINER 1992: 215)

*Systemökologische Humanökologie*

Die systemökologische Humanökologie, wie sie z.B. von RAPPAPORT (1979) entwickelt wurde, betrachtet die Umwelt-Mensch-Beziehung in Anlehnung an kybernetisch-biologische Systemanalysen als ein geschlossenes System, das aus einer Hierarchie von Subsystemen besteht, die jeweils vom übergeordneten System reguliert werden und selbstregulierend wirkt. Angesichts der Brisanz globaler Umweltprobleme, die i.d.R. in Zusammenhang mit der Wirtschaftsentwicklung der Industrieländer stehen, muss sowohl die Konzentration humanökologischer Arbeiten auf Beziehungen zwischen traditionellen Ethnien und Umwelt als auch die häufig vorherrschende These von der Anpassung menschlicher Gesellschaften an die Umwelt kritisch hinterfragt werden.

*Kybernetische Systemlehre*

Ebenso diskussionswürdig sind die Anschauung und Bezeichnung der Mensch-Umwelt-Beziehung als "Ökosystem" sowie die Berufung auf die kybernetische Systemlehre. Die Kybernetik untersucht Gesetzmäßigkeiten im Ablauf von Steuerungs - und Regelungsvorgängen, wobei Steuerungs- und Manipulationsinteressen kaum voneinander zu trennen sind. Das Verhältnis Mensch-Natur aus dem kybernetischen Blickwinkel zu betrachten, läuft i.d.R. darauf hinaus, Regelmechanismen zu suchen und die Stabilisierungsfähigkeit der Natur zu erhalten bzw. wieder herzustellen. Somit handelt es sich um einen Ansatz, der weit davon entfernt ist, Entwicklung und ihre Folgen auf die Umwelt zu hinterfragen.

> "Mit der Verdinglichung des menschlichen Produktes Gesellschaft und der Austreibung des Subjekts aus dieser interessiert nur noch ihre Organisation als konkret gegenwärtig bestehende, die damit in ihrer Funktion der Systemaufrechterhaltung zum alleinigen Ausgangspunkt aller Betrachtungen gemacht wird. [...] Indem als forschungsrelevant also bloß noch die Frage gilt, welche Operationen zur Aufrechterhaltung des Systems beitragen und welche nicht, wird die Systemtheorie apologetisch; indem sie sich nur am Gegebenen orientiert, pragmatisch." (FÜRNKRANZ 1994: 157)

*Die Political Ecology*

Vor allem aus dieser Kritik an humanökologischen und systemtheoretischen Ansätzen heraus, entwickelten angelsächsische Geographen Anfang der 1980er Jahre die Forschungsperspektive der *Political Ecology* (vgl. WATTS 1993; BLAIKIE 1985), deren Forschungsobjekte ebenfalls Mensch-Umwelt-Beziehungen sind, die aber aus einem gesellschaftskritischen Blickwinkel betrachtet werden.

> "Finally, political ecologists argue that the differentiated social and economic impact of environmental change also has political implications on terms of the altered power of actors in relation to other actors. Thus, environmental change not only signifies wealth creation for some and impoverishment for other actors. A striking illustration of this point relates to the ubiquity of conflict over environmental resources in the Third World. The existence of such conflict highlights the importance that diverse actors attach to those resources, as well as their recognition that changing environmental conditions hold political (as well as economic) opportunities and consequences." (BRYANT & BAILEY 1997: 29)

*Fließende Grenzen verschiedener Forschungsperspektiven*

Parallel werden auch die Human - und die Kulturökologie weiterentwickelt. Angesichts der drastischen Zunahme von Umweltveränderungen, die in Zusammenhang mit industriell-kapitalistischen Produktionsweisen stehen, geben zahlreiche ihrer Vertreter die frühere Konzentration auf "traditionelle" Gesellschaften sowie die a-historische Annahme funktionierender Gleichgewichtsprozesse auf und räumen übergeordneten Rahmenbedingungen mehr Raum ein. Arbeiten, die sich durchaus der politisch-ökologischen Forschungsperspektive zuordnen lassen, von den Autoren selbst aber in der human- bzw. kulturökologischen Tradition verankert werden, zeigen, wie fließend die Übergänge zwischen den Ansätzen sind (vgl. SCHUHMANN & PATRIDGE 1989).

*Der Neo-Malthusianismus*

Aufgrund terminologischer Ähnlichkeiten kann die *Political Ecology* leicht mit der entwicklungspolitischen Theorie assoziiert werden, deren Ablehnung die zweite Wurzel der *Political Ecology* darstellt: dem Neo-Malthusianismus. Da Autoren wie EHRLICH & EHRLICH (1972) und MEADOWS (1972) mit ihrem Rückgriff auf malthusianische Überbevölkerungstheorien in der Dritten Welt und der Darstellung des hohen Ressourcenkonsums in den Industrieländern Bezüge zwischen Umweltdegradierung und politisch-ökonomischen Rahmenbedingungen herstellten, wird dieser Diskussionsstrang z.T. als *Politische Ökologie* bezeichnet (vgl. ENZENSBERGER 1973).

Sowohl in der in erster Linie quantitativen Bewertung ressourcenzerstörender Faktoren und der Ausblendung von Machtstrukturen als auch in ihren Forderungen nach internationalen Regulationsmechanismen und Nationalstaaten übergeordneten, globalen Autoritätsinstitutionen, unterscheiden sie sich von den politisch-ökologischen Ansätzen, auf die sich diese Arbeit bezieht.

> "By the late 1970s, the work of this 'political ecology school' had been largely discredited, and attention thereafter turned - via a 'red-green' debate (...) - to the possibility of a convergence between a 'radicalised' political ecology and socialism." (BRYANT & BAILEY 1997: 11)

*Die Politische Ökonomie*

Rückgriffe auf Ansätze der politischen Ökonomie[11] bilden den dritten Diskussionsstrang, aus dem heraus die *Political Ecology* entwickelt wurde. Umweltzerstörung in der Dritten Welt wird zunehmend im Zusammenhang mit kapitalistischen Produktionsstrukturen und der globalen Arbeitsteilung diskutiert (BLAIKIE 1985; REDCLIFFT 1984). In den Anfängen wird die Deformierung traditioneller Gesellschafts- und Wirtschaftsstrukturen in Kolonien bzw. formal unabhängigen Ländern durch das Eindringen des Kapitalismus allerdings so stark in das Zentrum der Analysen gerückt, dass kaum Raum für eine differenzierte Wahrnehmung regionaler und lokaler Akteure blieb.

> "The role of local politics in mediating resource access and conflict was thereby often largely neglected, and discussion of different actors (i.e. states, businesses, farmers) verged at times on the simplistic (...). The state, for example, was typically seen as being little more than an agent of capital, thereby obscuring both the potential autonomy of this actor vis-à-vis capital, and the diversity of bureaucratic interests that the state often encompasses." (BRYANT & BAILEY 1997: 13)

*Dependenztheoretische Einflüsse*

Auch dependenztheoretische Positionen, nach denen Unterentwicklung und Entwicklung - im Gegensatz zur modernisierungstheoretischen Auffassung - nicht als aufeinander folgende Stadien, sondern als synchrone Prozesse erklärt werden, lassen sich in der *Political Ecology* nicht übersehen. Aber das Konzept der *Political Ecology* erhebt im Gegensatz zur *Dependencia* nicht den Anspruch auf eine allgemein gültige Globaltheorie. Vielmehr geht es darum, landes- bzw. gesellschaftsspezifisch - und konkret auf das dialektische Verhältnis von Umwelt und Gesellschaft bezogen - herauszuarbeiten, welche Rolle gesellschaftliche Interessenvielfalt sowie die Fähigkeit, Interessen durchzusetzen, für die Nutzung natürlicher Ressourcen spielt.

---

[11] Dem Begriff *Politische Ökonomie* werden ebenfalls unterschiedliche Inhalte zugesprochen. Hier sind mit *Politischer Ökonomie* weder merkantilistische Vorstellungen eines auf den Feudalstaat ausgerichteten Staatsdirigismus noch physiokratische Ansätze gemeint, nach denen wirtschaftspolitische Abstinenz des Staates die freie Entfaltung aller Produktivkräfte zur "natürlichen" Gesellschaft mit Vorteilen und Gewinnen für alle Beteiligten gewähren soll (vgl. GABLER Wirtschafts-Lexikon 1988: 911ff). Im Mittelpunkt der *politisch-ökonomischen Ansätze*, auf die Verteter der *Political Ecology* Bezug nehmen, stehen Machtverhältnisse und Marginalisierungsprozesse sowie Abhängigkeiten innerhalb von Produktionsbeziehungen (vgl. PEET & THRIFT 1989; PEET & WATTS 1993), die in den merkantilistischen und klassischen Varianten ausgeklammert werden.

Ende der 1980er Jahre wenden sich Vertreter der *Political Ecology* einerseits zunehmend der differenzierten Analyse von regionalen und lokalen Akteuren, Interessen und Strategien in der Mensch-Umweltbeziehung zu (BLAIKIE & BROOKFIELD 1987; HECHT & COCKBURN 1989; GUHA 1989). Andererseits werden einzelne Studien mit einer Vielzahl von unterschiedlichen, zumeist soziologischen Ansätzen verbunden (vgl. BRYANT & BAILEY 1997: 14). In den 1990er Jahren finden schließlich der Poststrukturalismus und Diskurstheorien (ESCOBAR 1995, vgl. BLAIKIE 1999) Eingang in die *Political Ecology*.

*Poststrukturalismus und Diskurstheorien*

Abbildung 1 fasst die entwicklungstheoretischen Einflüsse der *Political Ecology*, die von Entwicklungstheorien mit globalem Erklärungsanspruch über Staatsklassentheorien und Ökosystemtheorien bis hin zu Theorien mittlerer Reichweite wie den Bielefelder Verflechtungsansatz (vgl. KRINGS 1996: 162f; BLAIKIE 1999) reichen, graphisch zusammen. Deutlich wird die inhaltliche Nähe der *Political Ecology* zu sozialwissenschaftlichen und gesellschaftskritischen Theorien von Unterentwicklung, aus deren Kritik und Weiterentwicklung die *Political Ecology* deutlich prägnanter abgeleitet wurde als von ökologischen Ansätzen. Durch die gestrichelte Linie um die *Political Ecology* in Abb. 1 wird der fließende Übergang zu anderen Ansätzen angedeutet. So erschweren nicht nur terminologische Überschneidungen und der Rückgriff auf eine Vielzahl existierender Theorien aus verschiedenen Wissenschaftsdisziplinen eine klare Abgrenzung politisch-ökologischer Arbeiten (vgl. BRYANT & BAILEY 1997: 14ff). Letztlich kombinieren selbst einzelne Forscher verschiedene Forschungsperspektiven. Wie BRYANT (1999) illustrativ aufzeigt, fördert das Forschungsprogramm der *Political Ecology* multidisziplinäre Zusammenarbeit und somit wechselseitige Beeinflussungen. Da die Verbindung unterschiedlicher Ansätze durchaus dem integrativen Anspruch der geographischen Wissenschaftsdisziplin entspricht, soll hier über eine analytisch zu verstehende Positionierung der *Political Ecology* in gegebene Entwicklungs- und Umwelttheoreme hinaus, auch nicht das unfruchtbare Unterfangen unternommen werden, die *Political Ecology* definitiv gegen andere Ansätze abzugrenzen (vgl. BLAIKIE 1999, PEET & WATTS 1993).

In diesem Zusammenhang soll auch erwähnt werden, dass die *Political Ecology* zwar von vielen Geographen initiiert bzw. weiterentwickelt wurde, aber es ist kein explizit geographischer Ansatz. Begründer und zentrale Vertreter der *Political Ecology*, die aus der geographischen Disziplin kommen, sind u.a. BAILEY, BLAIKIE, BRYANT, WATTS und ZIMMERER. Aber die Vielzahl politisch-ökologischer Veröffentlichungen von anthropologischer Seite (vgl. u.a. COLCHESTER; HECHT) spiegelt die engen Beziehungen zur Anthropologie wider. Als die wichtigsten Vertreter mit soziologischer Ausbildung sind BUNKER, GUHA, PELUSO und REDCLIFT zu nennen.

**Abb. 1: Die *Political Ecology* in Relation zu relevanten Ansätzen der kulturgeographischen Entwicklungsländerforschung**

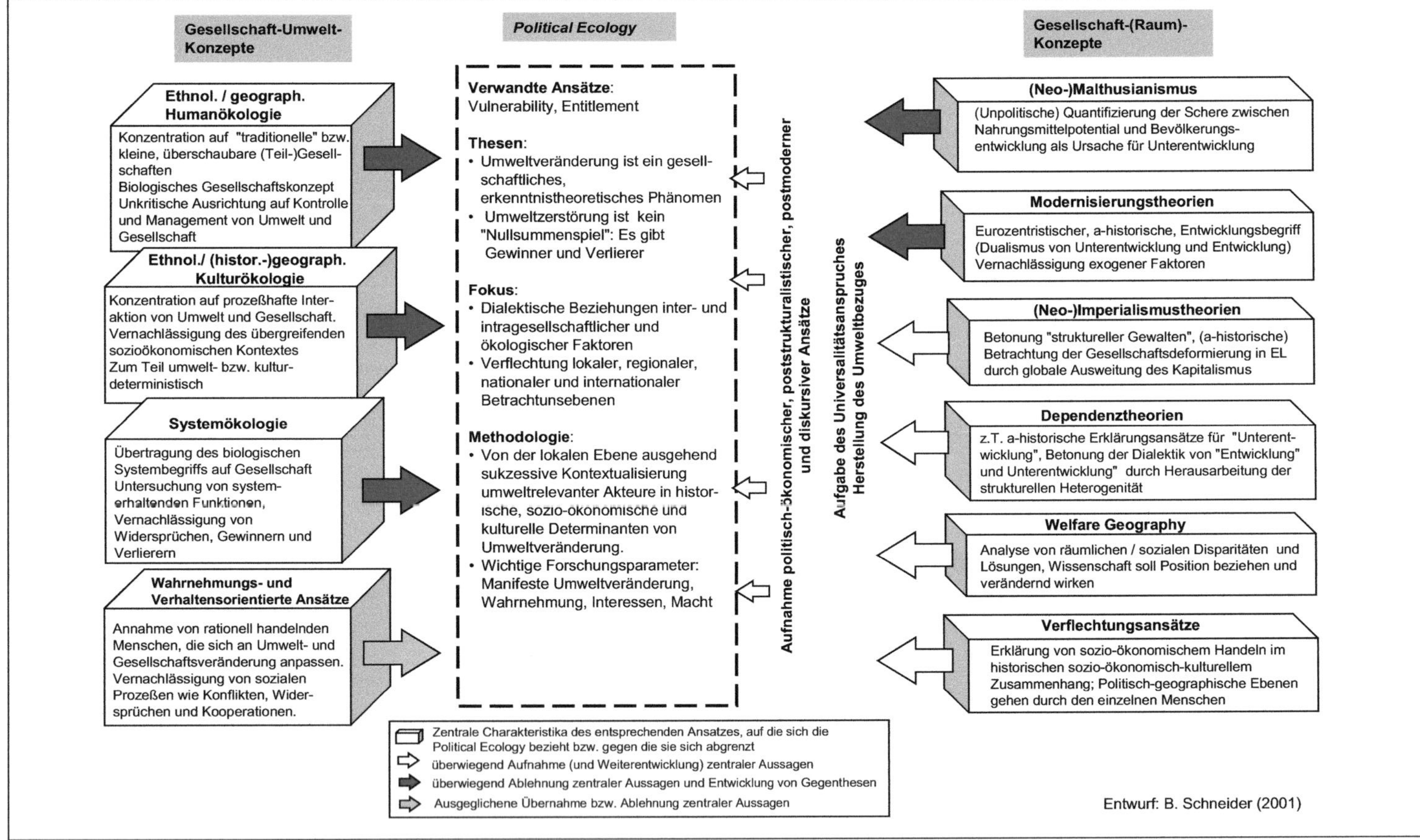

## 4.2 Positionsbestimmung: Das Hypothesengebäude der *Political Ecology*

Ebenso wenig wie es nur *einen* humanökologischen Ansatz gibt, gibt es *den* Ansatz der *Political Ecology*. Vielmehr existiert eine Vielzahl verschiedener Ansätze, deren Verbindung in bestimmten Positionen, Fragen und Herangehensweisen an das Mensch-Umwelt-Theorem liegt.

> "...political ecology seems grounded less in a coherent theory than in similar area of inquiry." (PEET & WATTS 1993: 239)

Aber auch wenn die *Political Ecology* nicht den Anspruch auf eine geschlossenen Theorie erhebt, stehen ihr innerer Aufbau (also die Wahl zentraler Thesen und Begriffe), Methoden und die externen Bezüge zu gegebenen gesellschaftlichen "Realitäten" in einem logischen Wechselverhältnis zueinander, so dass z.B. GEIST (1992) in ihr

> "das politisch-ökologische Modell [sieht], das als theoretisch absolut taugliche Plattform für eine umweltorientierte geographische Entwicklungsforschung gelten kann."

Dieses *politisch-ökologische Modell* ist gekennzeichnet durch fünf zentrale Hypothesen, die deutlich machen, welche Fragen die *Political Ecology* aufwirft und welche Methodologie sich daraus ableiten lässt.

*Umwelt: Forschungsobjekt der Gesellschaftswissen*

**Erstens** betont die *Political Ecology*, dass in dem Begriff *Nutzung natürlicher Ressourcen* die Notwendigkeit einer gesellschaftswissenschaftlichen Herangehensweise an einen Gegenstand, der bis in die 1980er Jahre Domäne des naturwissenschaftlichen Forschungszweiges war, zum Ausdruck kommt (vgl. u.a. BLAIKIE 1987: 81). Dabei wird das Verhältnis von Umwelt und Gesellschaft als eine dialektische Wechselbeziehung begriffen, bei der sowohl die Gesellschaft als auch die Umwelt ständigen, gegenseitig bedingten Veränderungen unterliegen.

> "One of the most productive ways political ecology can approach environment-society relations is to treat the environment as "enabling", in the sense of providing resources and services as they are defined and redefined by a constantly changing society. Environment therefore is constantly in a state of being conceived of, learned about, acted upon, created and recreated and modified, thus providing a constantly shifting "action space", both productive and ideational for different players, as they create and recreate their own history. At each moment in these histories then, the environment is in a reflexive relation to these different players in which it offers both opportunity and constraints. These are socially patterned through access use and control of elements in the environment and environmentally patterned by physical limits, which themselves are subject to available and differentiated knowledge, technologies, labor and capital." (BLAIKIE 1994: 6)

*Umwelt im Schnittfeld der politisch-geographischen Maßstabsebenen*

Da die *Political Ecology* **zweitens** davon ausgeht, dass umweltrelevante Aktivitäten des Menschen nicht auf individueller oder ausschließlich lokaler Ebene betrachtet werden dürfen, sondern soziale und ökonomische Merkmale und kulturelle Sichtweisen einer Gesellschaft den Umgang mit der Umwelt und die Auswirkungen auf die Umwelt bedingen, setzt sie die Verbindungen zwischen der lokalen, regionalen, nationalen und internationalen Ebene viel deutlicher ins Zentrum ihrer Untersuchungen als z.B. die Humanökologie. Nicht zu Unrecht weist GEIST (1992: 291) darauf hin, dass sich hier Analogien zum Bielefelder Verflechtungsansatz auftun, da es in beiden Ansätzen darum geht, die "Scharniere" oder "Gelenkverbindungen" zwischen Mikro- und Makroebene zu suchen, "die Hierarchie der Abhängigkeit darzulegen und zugleich nicht zu unterschlagen, dass die Grenze der Produktionssektoren mitten durch den einzelnen Menschen gehen kann". Kritisch anzumerken ist lediglich, dass die Begriffe "Scharniere" und "Gelenkverbindungen" die Verflechtungen lokaler, nationaler und internationaler Betrachtungsebenen zwar plastisch umschreiben, aber wegen der ihnen anhaftenden funktionell-mechanischen Assoziationen nicht in die Terminologie der *Political Ecology* passen, da diese alles andere als ein funktionalistisches Gesellschaftsbild vertritt.

*Ursachen und Folgen von Umweltveränderungen differieren akteursspezifisch*

Vielmehr lehnt die *Political Ecology* ein funktionalistisches Gesellschaftsbild als Analyserahmen für gesellschaftliche Prozesse ab, wenn sie **drittens** die These vertritt, dass eine Gesellschaft kein homogenes, widerspruchsfreies System ist, sondern dass auch in Hinsicht auf die Nutzung natürlicher Ressourcen zahlreiche Interessensdivergenzen auftreten.

> "In diesem Ansatz wird z.B. die Frage nach den politischen und ökonomischen Machtstrukturen einer Gesellschaft angesprochen, nach den "Verlierern", aber auch nach den "Gewinnern" von Entwicklungsprozessen. Insofern werden schwerpunktmäßig Fragen von gesellschaftlichen Konflikten und Marginalisierungsprozessen, von Kriegen, Krisen und Konjunkturen behandelt." (BOHLE 1994: 403)

Da verschiedene Teile einer Gesellschaft (Institutionen, Gruppen, Individuen) sehr unterschiedlich in spezifische Umweltveränderungen involviert sind und verschiedenen soziale Gruppierungen Umweltveränderungen in unterschiedlichem Maße ausgesetzt sind (BLAIKIE et al. 1994) - oder was für den Bergbausektor das zentralere Problem ist, von ihnen ausgeschlossen werden - sind weder die Ursachen bzw. spezifischen Ausprägungen von Umweltveränderungen noch ihre Auswirkungen gesamtgesellschaftlich betrachtbar. Folglich müssen Akteure, Interessen und Durchsetzungsstrategien eine Schlüsselrolle in der Analyse von Umweltveränderungen einnehmen.

Mit einer differenzierten Akteursanalyse soll dabei das Schwarz-Weiß-Schema von "umweltschützenden" und "-destruktiven" Akteuren bzw. Handlungen durchbrochen werden.

> "In the process, we seek to go beyond the stereotypes that bedevil much environmental research, including Third World political ecology. Thus, descriptions of ecologically 'predatory' states and transnational corporations, 'eco-friendly' non-governmental organisations or grassroot actors (e.g. poor farmers or shifting cultivators) are common in the literature, but tend to obscure the complexities and contradictions associated with the actions of all actors. Our goal is to provide a more reasoned appreciation of those complexities and contradictions than has hitherto been the case in Third World political ecology" (BRYANT & BAILEY 1997: 25).

Das Besondere an dieser Art der Akteursanalyse ist, dass nicht analysiert wird, wie ein Gesamtsystem in seinen Bezügen zur Umwelt funktioniert, sondern untersucht wird in wessen Interesse Umweltveränderung toleriert oder verboten wird - zu wessen Gewinn, zu welchen Konditionen, mit welchen sozialen und ökologischen Folgen?

Gesellschaft und Umweltveränderungen werden konfliktiv in Privilegierungs- und Marginalisierungsprozessen gedacht, die es aufzuzeigen und zu artikulieren gilt. D.h., dass es nicht um die Suche harmonisierender Regelmechanismen und die Reduzierung von Konfliktpotenzialen, sondern um eine Stellung beziehende Hinterfragung des Status quo geht. In der daraus resultierenden Akteursorientierung wird Gesellschaft folgerichtig weder auf individuelle Blickwinkel noch unitarische Subjekte reduziert. Vielmehr geht es um die vielschichtige Eingebundenheit von sozialen Akteuren in übergeordnete Strukturen, die von Individuen zwar z.T. beeinflusst, aber nicht gezielt angegangen werden können. Mit diesem Gesellschafts- und Akteursverständnis nimmt die *Political Ecology* letztlich eine Zwitterstellung zwischen akteursorientierten und strukturellen Ansätzen ein.

Der **vierte** zentrale Gedanken in der politisch-ökologischen Betrachtung von Umweltveränderungen ist, dass nicht generell von der Begrenztheit natürlicher Ressourcen ausgegangen wird. Ausgangspunkt der Betrachtung ist vielmehr die gesellschaftsbedingte Knappheit von Ressourcen[12].

[12] In der sozialwissenschaftlichen Umwelt-Debatte stehen sich zwei grundsätzlich gegensätzliche Interpretationsmuster gegenüber. Während einige Autoren von der Begrenztheit natürlicher Ressourcen und Tragfähigkeitsgrenzen ausgehen (MEADOWS 1972) und ein "nachhaltiges" Management (knapper) natürlicher Ressourcen fordern, lehnt die *Political Ecology* diese naturdeterministische Sichtweise ab. In der Fokussierung der *Political Ecology* auf die gesellschaftliche Dimensionen von Ressourcen ergeben sich ebenso wie in ihrer Forderung nach fallspezifischen Akteursdifferenzierungen und detaillierten Analysen von ökonomischen, soziokulturellen und politischen Handlungsrestriktionen und -möglichkeiten, methodologische Überlappungen mit *Entitlement*- und *Vulnerability*ansätzen (vgl. BOHLE 1993; CHAMBERS 1989, KRINGS 1997, LEACH ET AL. 1997; SEN 1981).

*Ressourcenmangel ist nicht natürlich bedingt, sondern gesellschaftlich definiert*

Deswegen rückt die *Political Ecology* die Abhängigkeit des Menschen von der Umwelt, die Suche nach Regelhaftigkeiten und Planbarkeit oder das Management knapper Ressourcen, die im Zentrum human- bzw. kulturökologischer Arbeiten oder der klassischen kulturgeographischen Pionierfrontenforschung standen, zugunsten der Untersuchung von der Inbesitznahme und dem Zugang zu natürlichen Ressourcen in den Hintergrund (vgl. u.a. BRYANT 1992: 21f).

*Umwelt ist ein gesellschaftliches Konstrukt*

**Fünftens** lässt sich aus der gesellschaftlichen Bedingtheit des Verhältnisses von Natur und Mensch ableiten, dass auch der "Stellenwert" von Umwelt und welche Art von Umweltveränderung toleriert oder nicht toleriert wird, gesellschaftlichen Leitbildern unterliegt, die wiederum von Interessen geprägt werden. Auf abstrakter Ebene sprechen Vertreter der *Political Ecology* etwas martialisch von "Umwelt als Schlachtfeld gesellschaftlicher Interessen" (BLAIKIE 1995: 205). Hier stellt sich die Frage nach Wahrnehmung und Ideologie. Die *Political Ecology* sieht in der Umwelt ein gesellschaftliches Konstrukt, das durch Interessen geprägt wird. Sich durchsetzende gesellschaftliche Leitbilder legen z.B. einerseits fest, was "Natur" ist und welche "Natur schützenswert ist". Andererseits bedingen sie die Akzeptanz bzw. Nicht-Akzeptanz, mit der verschiedene Gesellschaftsgruppen Umweltrisiken in besonderem Maße ausgesetzt sind (vgl. BLAIKIE 1985).

Innerhalb der gemeinsamen Grundannahmen, die einen Analyserahmen hinsichtlich des Forschungsthemas und der Forschungsperspektive festlegen, ist die *Political Ecology* durch einen großen Handlungsspielraum hinsichtlich konkreter Forschungsschwerpunkte und Fragestellungen sowie methodischer Herangehensweisen gekennzeichnet. In der Puzzlestruktur (siehe Abb. 2) kommt erstens der gemeinsame Hintergrund politisch-ökologischer Arbeiten mit offenen Grenzen für andere Ansätze, zweitens die Pluralität politisch-ökologischer Ansätze und drittens die Kompatibilität der Ansätze zum Ausdruck. Die Grenzen zwischen den verschiedenen Ansätzen sind offen und werden i.d.R. fall- bzw. problemspezifisch kombiniert.

> "Also, the geometry of these links and the direction and type of explanatory link may also be altered. The 'chain of explanation' does not lead in one direction only, nor is unilinear. In any political ecology study, some levels may be unimportant or inappropriate altogether." (BLAIKIE 1994: 13)

**Abb. 2: Das Puzzle der *Political Ecology*: Kohärenz und Pluralität politisch-ökologischer Ansätze**

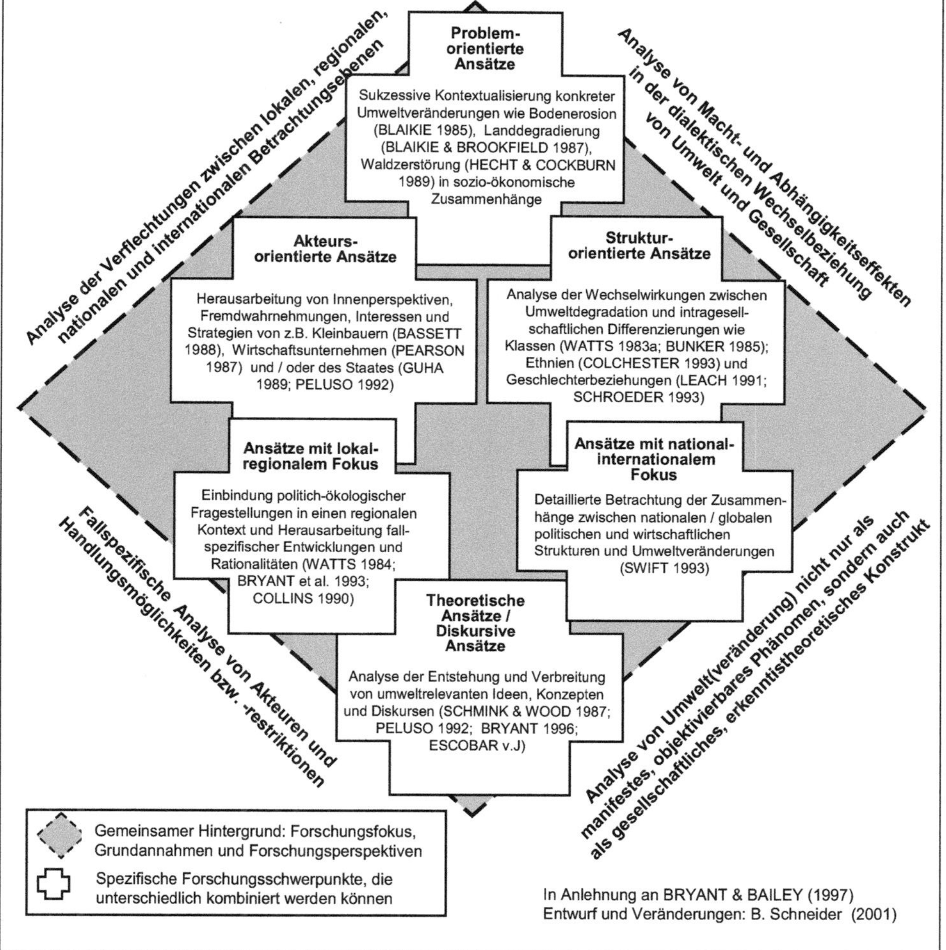


## 4.3 Methoden und Methodologie

Der skizzierten Pluralität politisch-ökologischer Ansätze, die Themen wie Verteilungskämpfe um Ressourcen auf verschiedenen geographisch-politischen Ebenen, die Rolle von Staat, Markt und lokalen Bevölkerungen beim Ressourcenmanagement, Wahrnehmung und Interpretation von Umweltzerstörung und Umweltpolitik sowie die historische Entwicklung von langfristigem Umweltwandel (vgl. BLAIKIE 1994; PEET & WATTS 1993) umfasst, entspricht eine offene Methodenpluralität. Je nach Wissenschaftsdisziplin, Forschungsfokus und Fragestellung variieren sowohl Vorgehensweise als auch die Wahl der Methoden.

Die *Political Ecology* kennzeichnet ein Methodenpluralismus aus, der quantifizierende, naturwissenschaftliche Messverfahren, Satellitenbild- und Luftbildauswertungen ebenso akzeptiert wie die unterschiedlichen Methoden der qualitativen empirischen und regionalen Sozialforschung.

Die klassisch-traditionellen Ansätze - verwiesen sei hier auf das *Modell der Erklärungsketten* von BLAIKIE (1985; 1994) - konzentrieren sich noch sehr stark auf das Forschungsobjekt "natürliche Umwelt". Ausgangspunkt dieser politisch-ökologischen Arbeiten ist die detaillierte, naturwissenschaftliche bzw. physisch-geographische Beschreibung empirisch feststellbarer Umweltveränderung in einem bestimmten Raum.

> "To identify physical changes in soil and vegetation at a specific place usually requires good time series data. Satellite imagery and aerial photography along with travellers' records and oral testimony (usually of the aged) are typical sources. However, physical changes in soil are usually more difficult to identify. It is unusual for comparable soil samples to be taken over a long time period, although changes in morphological characteristics of soil can sometimes be identified from the same sources as above. The issue of whether these changes amount to degradation is a difficult technical and ideological issue, and may entail the acceptance of a pluralist and multiple definition." (BLAIKIE 1994: 13)

Anschließend gilt es, ökonomische Symptome (z.B. sinkende Ernteerträge, Viehschwund) der Umweltveränderung im Untersuchungsraum sowie Wechselwirkungen zwischen lokalen Landnutzungspraktiken und der Umweltdegradierung (Bracheverkürzungen, Überstockung, Waldzerstörung) herauszuarbeiten.

> "This link requires good experimental data and is an area where "normal" natural science (hydrology, geomorphology and soil science) has a central role to play." (BLAIKIE 1994: 15)

Im vierten Schritt der Erklärungskette, die von BLAIKIE (1994: 16) als der Dreh- und Angelpunkt des Modells bezeichnet wird, werden Ressourcenzugang und -management auf der lokalen Ebene untersucht. Die letzten zwei Untersuchungsebenen beziehen schließlich die nationale Ebene (insbesondere staatliche Regulationsmechanismen) und internationale Einflüsse (z.B. Verschuldungskrisen und IWF-Austeritätsprogramme) in die Analyse ein.

Radikalere Vertreter neuerer politisch-ökologischer Ansätze kritisieren die Verhaftung der traditionellen Ansätze an manifesten Wechselwirkungen von Umwelt und Gesellschaft. PEET & WATTS (1993) argumentieren z.B. in ihrer Kritik an BLAIKIE & BROOKFIELD (1987), dass die *Political Ecology* ihren sozialkritischen Anspruch erst durch die Verlagerung des Forschungsfokus auf die sozioökonomischen Betrachtungsebene erfüllen kann.

Statt voyeuristischen Empirismus zu betreiben, solle die *Political Ecology* viel deutlicher die "politischen Arenen" betreten, in denen sich Auseinandersetzungen um Umwelt und Umweltveränderungen abspielen.

> "...Blaikie and Brookfield try to tie political ecology to an integration of what they refer to as Marxism and behavioralism. This attempts to: (1) link nature and society dialectically; (2) explain degradation through chains of explanatory factors; and (3) link resource managers to "external structures". At this point their conception of political economy appears woolly (...) and dispersed. Their emphasis on plurality comes perilously close to voluntarism; similarly, their chains of explanation seem incapable of explaining how factors become causes. Particularly striking is the fact that *political* ecology has very little politics - there is no serious attempt at treating the means by which control and access of resources or property right are defined, negotiated, and contested within the political arena of the household, the workplace, and the state - and they adopt a rather old-fashioned view of ecology rooted in stability, resilience, and systems theory ....." (PEET & WATTS 1993: 239)

Stringenter von der Überlegung ausgehend, dass Umweltveränderung ein soziales Phänomen ist, wird der Forschungsschwerpunkt von der Untersuchung der "natürlichen" Umwelt auf das Forschungsobjekt Gesellschaft verlagert. Von postmodernen Diskussionen beeinflusst, dass bereits Umwelt ein soziales Konstrukt ist, werden Wahrnehmung, Ideologie, Interessen, Politik, Macht, Diskurse und Institutionen in diesen Ansätzen (PEET & WATTS 1993; 1996; ESCOBAR 1996) zu zentralen Untersuchungsobjekten definiert. Mit dieser Schwerpunktverlagerung ist z.T. auch die Hinwendung zu mehr Theorie und die Vernachlässigung lokaler Studien verbunden (vgl. u.a. SWIFT 1993).

> "By the mid-1990's, scholars seemed largely content to explore the politics of the locality as the field moved away from 'political ecology's structural legacy' [...].Yet we would argue that this trend represents an over-reaction to earlier developments. Instead, we suggest that, in an era of 'globalization', Third World political ecology must develop 'rigorous analyses which link local level production processes and decision making with larger political economy to explain these different experiences' [...] - keeping in mind, all the while, the need for contingency and flexibility in explanation [...]." (BRYANT & BAILEY 1997)

Es herrscht längst keine Einigkeit mehr darüber, dass lokale Studien im Zentrum politisch-ökologischer Arbeiten stehen müssen. Einige Autoren favorisieren weiterhin die Fokussierung auf lokale Ressourcenkonflikte, andere betonen die Bedeutung staatlicher Politiken oder stellen die Analyse umweltrelevanter Akteure in das Zentrum der Analysen.

Gemeinsam ist neueren Ansätzen der *Political Ecology* die Beeinflussung durch postmoderne Themen und Erkenntnisse (vgl. u.a. ZIMMERER 1996) sowie die von Lokal- bzw. Regionalstudien ausgehende Einbindung lokaler Umweltveränderung in übergeordnete regionale, nationale und internationale Zusammenhänge. Dabei wird die politisch-ökologische Analyse übergeordneter Ebenen nicht auf ökonomische Fragen reduziert (vgl. u.a. BRYANT 1992: 13f), sondern versucht, die Vielfältigkeit sozialer Machtstrukturen und -effekte zu erfassen. Bei der sukzessiven Kontextualisierung lokaler Umweltzerstörung in übergeordnete Zusammenhänge (BASSETT 1988; ZIMMERER 1996) kommen neben quantitativen Datenerhebungsverfahren verstärkt qualitative Methoden der empirischen Sozialforschung zum Tragen, da sich zentrale Forschungsaspekte wie z.B. "Wahrnehmung", "Interessen" und Macht" mit positivistischen Methoden nicht erfassen lassen. Weil diese Ansätze der *Political Ecology* weniger an der "Geographie der Dinge" interessiert sind, sondern sehr stark auf der sozialen Seite von Umweltveränderung forschen, haben qualitative und interpretative Methoden einen höheren Stellenwert als "objektivistische, quantitative Methoden". Da Akteure, Sichtweisen und Interessen im Mittelpunkt stehen, sind handlungs- und wahrnehmungstheoretische Ansätze von besonderer Relevanz.

Im Gegensatz zur Vielfalt der Methoden, wurde die Methodologie der *Political Ecology* zwar radikalisiert, vom Grundprinzip zieht sie sich aber - wenn auch in unterschiedlicher gradueller Ausprägung - relativ stabil durch alle Ansätze. Während mit "Methoden" das praktische Handwerkszeug wie Fragebögen, Kartierungen, Beobachtung, etc. gemeint sind, umfasst die Methodologie viele Methoden, die eingebunden in ein wissenschaftsphilosophisches Paradigma dazu dienen, in einem erkenntnistheoretisch-logischen Begründungszusammenhang "Wirklichkeit" zu erfassen. Es geht also um die theoretisch-erkennende Vorgehensweise, die hinter den praktischen Tätigkeiten des Forschers steht und sich wie ein roter Faden durch die einzelnen Erhebungstechniken ziehen sollte. Und hier ist der rote Faden der *Political Ecology*, Umweltveränderung nach ihrer sozialen Bedingtheit aufzulösen, d.h. die soziale Bedingtheit für Umweltveränderung, die soziale Bedingtheit der Auswirkungen und die soziale Bedingtheit der Erklärungen zu hinterfragen. Quer zu allen Analysen liegt somit eine gesellschaftskritische Untersuchungsperspektive, in der

> "als (problematische Folgewirkungen des gesellschaftlichen Umgangs mit Ressourcen [...] nicht nur umweltzerstörerische Prozesse (z.B. Bodendegradation, Gewässerverschmutzung, Tropenwaldzerstörung) identifiziert, sondern auch Marginalisierungs- und Akkumulationsprozesse vornehmlich auf der lokalen Ebene erklärt und analysiert und deren Auswirkungen auf die Umwelt untersucht [werden]." (KRINGS 1996: 163f)

## 5. Fragestellungen und Zielsetzung der Arbeit

Aus den dargestellten Positionen der *Political Ecology*, an die sich diese Arbeit anlehnt, lässt sich ableiten, dass weder eine quantifizierende Erfassung der Waldverluste durch den Bergbau auf der lokalen Ebene anvisiert wird noch eine Berechnung der nationalökonomischen Wertschöpfung des Gold- und Diamantenbergbaus. Vielmehr handelt es sich um eine interessen- und konfliktorientierte Arbeit, in der folgenden **Hypothesen** nachgegangen wird:

1. Lokale Waldzerstörung durch Bergbauaktivitäten ist in beträchtlichem Umfang die Folge makro-ökonomischer Determinanten und des Mangels an einer kohärenten, transparenten nationalen Umwelt-, Regional- und Bergbaupolitik. Das heißt: Die Waldzerstörung auf der lokalen Ebene ist vor allem als Manifestation ungelöster Probleme auf der regionalen, nationalen und internationalen Ebene zu verstehen.
2. Akteure auf der Makro-/Mesoebene (wo u.a. Regulationsmechanismen des Bergbausektors und Umweltgesetze gemacht werden) artikulieren und verfolgen andere Interessen am Wald als Akteure auf der lokalen Ebene (wo Umweltzerstörung konkret stattfindet).
3. In der Diskussion um Bergbau und Waldzerstörung nehmen die Akteure die zentralen Probleme, der jeweils "anderen Welt" sowie potenzielle Ansatzmöglichkeiten, einige Konflikte zu lösen, nicht wahr. Eine "Entmystifizierung" der waldrelevanten Rollen der Akteure und die Analyse ihrer Waldkonzepte und Waldnutzungsformen ist notwendig, um Waldnutzungsansprüche und gegebene sowie geplante Waldnutzung zu verstehen und sich einem Interessensausgleich annähern zu können..

Oberflächlich betrachtet zerfällt die Arbeit in zwei Untersuchungsebenen. Auf der **Makro- bzw. Mesoebene** (die sich nicht immer trennen lassen) werden die **Instanzen des venezolanischen Staates sowie deren Regulationsinstrumentarium betrachtet, deren Objekte der Wald und/ oder der Gold- und Diamantenbergbau im Bundesstaat Bolívar sind.** Auf der **Meso- bzw. Lokalebene** (deren Trennung ebenfalls analytischer Art ist) **werden Lebenssituationen, Interessen und Handlungslogiken von industriellen Bergbauunternehmen und informellen Gold- bzw. Diamantensuchern untesucht.** Verbindungen der Ebenen, die sich in Realität eben nicht gegenüber stehen, liegen in konkurrierenden Nutzungs- bzw. Entscheidungsansprüchen am gleichen Objekt (den Wälder und Mineralien im Bundesstaates Bolívar), in staatlichen Bestrebungen, die Nutzung des Staatsraumes zu organisieren und Regeln fest zulegen, die bis in die Mikroebene Handlungsmöglichkeiten bzw. grenzen definieren und in der Beeinflussung staatlicher Entscheidungen durch Akteure des Bergbausektors.

**Frühere und gegenwärtige Regionalpläne, Gesetze und andere staatliche Interventionsmechanismen werden auf die Fragen analysiert,**

- wie sehen die Grundelemente der raumwirksamen Tätigkeiten des venezolanischen Staates in einer peripheren Region aus?
- welchem zeitlichen Wandel sind staatliche Planungskonzepte für den Bundesstaat Bolívar unterworfen, wo liegen die Logiken bzw. Widersprüche?
- wo liegen Interessensallianzen und wo Interessensdivergenzen zu nicht-staatlichen Gruppen?
- welche Bedeutung hat der gesellschaftliche Rahmen sowie die staatliche Regionalplanung für den Bergbau und die Waldflächen des Bundesstaates Bolívar?

**Im Anschluss an die Aufarbeitung der Planungsdimensionen[13] werden die bergbauliche Formen der Wald(flächen)nutzung auf der lokalen Ebene untersucht.** Neben der Ermittlung des Ist-Zustandes des regionalen Bergbaus wird die historische Entwicklung rekonstruiert, um zu ermitteln, in welchen Etappen die Walderschließung erfolgt ist und wie sich Einflüsse des gesellschaftlich-nationalen Rahmens und der staatlichen Regionalplanung bemerkbar machen. Die verfolgten Fragen sollen Aufschluss darüber geben, welche Akteure und welche Prozesse Auswirkungen auf die Waldflächen zeigen, und inwieweit der Staat bzw. seine untergeordneten Behörden Einfluss auf die entsprechenden Akteure bzw. Prozesse haben.

- Wer sind die Akteure des Bergbausektors, die in die Wälder eindringen, und wie nutzen sie die Waldflächen?
- Lassen sich unmittelbare Bezüge zur Raumordnung nachweisen oder orientieren sich Waldnutzungsentscheidungen und Formen des Bergbaus an anderen Parametern?
- Welche Gruppen und Prozesse gehen auf die Regionalplanung zurück und welche Gruppen agieren (warum?) weitgehend unabhängig von der staatlich vorgesehenen Raumplanung?

**In einem dritten Fragenkomplex werden die Analyseergebnisse der staatlichen Regionalplanung sowie die Untersuchung der Akteure und Veränderungsprozesse, die vor Ort nachgewiesen wurden, verglichen.**

---

[13] Tatsächlich wurde während des einjährigen Aufenthaltes in Venezuela (Oktober 1996 - Oktober 1997) abwechselnd auf der regionalen und auf der lokalen Ebene gearbeitet. Aus klimatischen Gründen (Wechsel von Trocken- und Regenzeit) wurde auf der lokalen Ebene begonnen und später mit den dort neu gewonnenen Erkenntnissen die regionale Ebene erneut hinterfragt. Die 2. Phase, in der Schwerpunkt auf der regionalen Ebene lag, wurde immer wieder durch Feldforschungen auf lokaler Ebene unterbrochen.

- Wo liegen Widersprüche zwischen der realen Raumnutzung und staatlichen Regionalplanungskonzepten?
- Führt die These, dass Raumnutzungen, die den regionalplanerischen Flächenausweisungen von Schutzgebieten widersprechen, aus geostrategischen oder wirtschaftlichen Gründen von staatlicher Seite toleriert und gefördert werden, zu neuen Erkenntnissen hinsichtlich der Beurteilung von direkten Waldnutzern und der Entwicklung von effektiveren Schutzstrategien?
- Sind aus den Akteurs- und Prozessanalysen Ergebnisse hervorgegangen, die unter dem Aspekt des Waldschutzes, zukünftig in der Regionalplanung Berücksichtigung finden sollten? Wo liegen umwelt- und sozialverträgliche Interventionsmöglichkeiten?

Da untersucht wird, welche Bedeutung den Akteuren bzw. Prozessen hinsichtlich der Wald(flächen)nutzung zukommt, kann im Rahmen dieser Arbeit nur beschreibend und interpretierend vorgegangen werden. Die Quantifizierung der Waldflächenverluste im Bundesstaat Bolívar ist nicht das Ziel dieser Arbeit, da es nicht um die Ermittlung von "harten" ökologischen Daten geht, sondern um die Erfassung der sozioökonomischen Bedingungen, die zu Waldverlust führen. Das heißt, nicht die Objektivierung der Waldverluste steht im Zentrum dieser Arbeit, sondern die Rahmenbedingungen, die die Waldnutzung und Waldzerstörung charakterisieren. Dementsprechend können also in erster Linie qualitative Ergebnisse über Waldveränderungsdynamiken sowie deren Verhältnis zu den Vorgaben einer sich wandelnden Regionalplanung erwartet werden.

## 6. Methodik der Informations- und Datengewinnung

Mit *Methodik der Informations- und Datengewinnung* sind nicht nur Techniken der Datengewinnung im Gelände gemeint, sondern i.S. von BOHLE (1988: 144), der sich wiederum an BARTELS & HARD (1975) anlehnt, sind auch die Formulierung und Berücksichtigung der Forschungsperspektive angesprochen. BOHLEs Begriffsauffassung von Feldforschung, die er auf die Tätigkeiten des Forschers "vor Ort im Gelände" reduziert, auf alle forschungsbezogene Aktivitäten ausweitend - und damit z.B. Befragungen in staatlichen Behörden, Literaturrecherchen und Interviews auf der nationalen Ebene einbeziehend -, sollen hier die drei von ihm aufgeworfenen Fragen und Probleme geographischer Feldforschung aufgenommen werden: **Warum und mit welcher Zielsetzung sammelt ein Geograph/eine Geographin bestimmte Daten über einen bestimmten Gegenstand, während er/sie andere Forschungsobjekte und Fragestellungen für nicht relevant befindet?**

**Unter welchen Bedingungen gewinnt ein Geograph/eine Geographin Daten, mit welchen Schwierigkeiten wird er/sie konfrontiert? Welche Techniken der Datengewinnung setzt er/sie für welche Fragen ein?**

> "Damit ist das Problem angesprochen, daß der Feldforscher aus der Fülle der Wahrnehmungen, die ihn gerade in tropischen Entwicklungsländern zu überwältigen droht, einzelne Beobachtungstatbestände herauszulösen hat, sie unter bestimmten Gesichtspunkten isolieren muß, um sie danach gedanklich wieder mit anderen Tatbeständen zu verknüpfen und schließlich zu erklären. Dieser Prozeß von Selektion, Isolierung und Verknüpfung ist immer - wenn auch nicht immer ausdrücklich - ziel- und zweckgerichtet. Auch beinhaltet dieser Prozeß - implizit oder explizit - immer die Vorgabe bestimmter Vermutungen, Hypothesen und Theorien von Seiten des Forschers." (BOHLE 1988: 144)

Formal lässt sich der Arbeitsablauf des Forschungsprojekts in drei Phasen unterteilen: eine einjährige Vorbereitungsphase in Deutschland (mit einer einmonatigen Vorreise nach Venezuela), den Forschungsaufenthalt in Venezuela von Oktober 1996 bis November 1997 und die sich anschließende Ausarbeitungsphase in Deutschland. In der Vorbereitungsphase erfolgte die Einarbeitung in die Waldproblematiken Venezuelas und in theoretische Grundlagen mittels Literatursichtungen und in Gesprächen mit Experten. Sowohl die Region als auch das Thema wurden von venezolanischen Wissenschaftlern (insbesondere von der *Universidad Experimental de Guayana* und dem *Centro de Investigaciones Ambientales*) vorgeschlagen (siehe Kap. 3.2).

Die Wahl der *Political Ecology* als Analyserahmen und die damit verbundene Auswahl und Formulierung der konkreten Fragestellungen geht auf Anregungen des Betreuers dieser Arbeit, Prof. Dr. Thomas KRINGS sowie Diskussionen innerhalb des Graduiertenkollegs *Sozio-Ökonomie der Waldnutzung in den Tropen und Subtropen* zurück; sie wirft aber auch ein Licht auf den Stand der geographischen Entwicklungsländerforschung und lässt Präferenzen für gesellschaftskritische Aspekte der Umwelt-Mensch-Debatte erkennen.

Forschung prinzipiell als ein Kommunikationsprozess und schrittweise Annäherung an verschiedene Realitäten begreifend, wurden die zu erhebenden und erhobenen Daten bzw. Informationen regelmäßig überprüft, mit Forschungspartnern (z.T. auch mit den Forschungssubjekten) diskutiert und Fragestellungen und die Methoden fortlaufend angepasst und spezifiziert.

Für die Datengewinnung wurde der Methodenvielfalt politisch-ökologischer Arbeiten entsprechend ein umfangreiches Set gängiger Methoden der empirischen Sozial- und Regionalforschung angewandt[14]:

- Literatur- und Dokumentensichtungen zielten auf die Identifizierung und Analyse wald- und bergbaubezogener Konflikte im Bundesstaat Bolívar sowie raumwirksamer Staatstätigkeiten, die Auswirkungen auf die regionale Waldsituation haben. Staatliche Regionalentwicklungspläne, Gesetzestexte, Zeitungsartikel, etc. wurden sowohl auf ihre manifesten aber auch in Hinsicht auf ihre latenten Aussagen (wie wird was warum von wem geschrieben?) hin analysiert.
- Interviews und Befragungen, in denen persönliche Daten, Erfahrungen und Meinungen ermittelt wurden, erfolgten mündlich. Bis auf wenige gekennzeichnete Ausnahmen wurden alle Daten persönlich erhoben. Ein Befragungsteam konnte aufgrund der extrem schweren geographischen und soziologischen Zugänglichkeit zu den *Minero*-gesellschaften nicht eingesetzt werden. In der ersten Explorationsphase (bis März 1997) wurden offene Gespräche zum gegenseitigen Kennenlernen und wenig strukturierte Befragungsformen (Leitfadeninterviews) vorgezogen. Daneben wurden 30 Pre-Tests mit standardisierten Fragebögen durchgeführt, die in einer überarbeiteten Version in der zweiten Explorationsphase (ab März '97) zum Einsatz kamen. Insgesamt wurden jeweils 50 standardisierte Befragungen in fünf Bergbauzentren durchgeführt. Zudem wurden 400 *Mineros* in zwei Bergbauzentren in einem demographischen Teilzensus erfasst. Auf lokaler Ebene kamen Individual- und Gruppendiskussionen zum Tragen. Offene Tiefeninterviews zur Ermittlung familiärer Biographien und individueller Lebensläufe wurden zum besseren Verständnis direkter Wald(flächen)nutzer und ihrer Waldnutzungsformen angewandt. Experteninterviews umfassten Befragungen von Fachkräften, einheimischen Wissenschaftlern sowie Entscheidungsträgern öffentlicher und privater Institutionen.

[14] Auf Methoden partizipativer Feldstudien wurde nur bedingt zurückgegriffen. Erstens verfolgt die vorliegende Studie einen regionalen Ansatz, der die Methoden aus den Methodenpools von *Participatory Rapid Appraisals* oder *Rapid Rural Appraisals* ausschließt, die eher für die lokale Ebene geeignet sind. Zweitens verlangen partizipative Studien viel Zeit und Engagement von den "untersuchten" Bevölkerungsgruppen. Da die vorliegende Studie aber weder in ein praktisches Entwicklungsprojekt eingebunden war noch eines in Aussicht gestellt werden konnte, sollte vermieden werden, durch umfangreiche partizipative Erhebungen falsche Hoffnungen zu wecken. Trotz dieser Einschränkungen wurde selektiv auf das Methodenset partizipativer Forschung zurückgegriffen. Neben der permanenten Diskussion und Identifizierung von Problemen mit in den Bergbau involvierten Akteuren, bei denen "zuhören, zusehen und nachdenken" (GAGL 1994: 24) eine zentrale Rolle einnahmen, und wiederholten öffentlichen Repräsentationen von Zwischenergebnissen, kamen v.a. die traditionellen Methoden (Kartierungen, verschiedene Interviewformen) des Methodenpools partizipativer Ansätze zum Tragen.

- Kartierungen wurden auf der Basis von vorhandenen Karten und Geländebeobachtungen durchgeführt. Ziele der Kartierungen waren insbesondere die Lokalisation und räumliche Darstellung konfliktträchtiger Regionen sowie die Erfassung der Auswirkungen wald(flächen)-nutzender Akteure und ihrer Waldnutzungsformen.

*Zugang zu den Minero-gesellschaften*

Neben dem für Dritte-Welt-Forschungen charakteristischen Mangel an Kartenmaterial und Sekundärdaten (sie Kap. I-8) müssen als wichtige Restriktion dieser Arbeit die besonderen Forschungsbedingungen im Gelände genannt werden. Vor Beginn der Arbeit bestanden keine Kontakte zu industriellen Bergbauunternehmen oder informellen Gold- bzw. Diamantensuchern, so dass die lokalen Fallbeispiele erst vor Ort bestimmt werden konnten. Auch über die Möglichkeiten des räumlichen und sozialen Zugangs bestanden erhebliche Unsicherheiten, so dass die konkreten Forschungsfragen erst vor Ort formuliert werden konnten. Der Gold- und Diamantenabbau erfolgt z.T. in extrem peripheren Orten, die je nach Lage nur mit kleinen Flugzeugen bzw. Hubschraubern, kleinen Booten oder zu Fuß zu erreichen sind. Drei Versuche, mit venezolanischen Forstwissenschaftlern für die Vegetationskartierungen bzw. mit Geographen zur Erweiterung des Befragungsumfangs in Zentren des informellen Bergbaus zu gehen, scheiterten in erster Linie aus organisatorischen Gründen, stießen aber auch bei den zu untersuchenden Gesellschaften auf Skepsis. Außer logistischen Schwierigkeiten hinsichtlich der Anreise, Unterkunft und Versorgung, stellten sich spezifische Akzeptanz- und Vertrauensprobleme. Zwar sind *Minero*gesellschaften im Vergleich zu vielen indigenen Gesellschaften (vgl. BARLEY 1990; SMITH BOWEN 1984; GRIMMIG in Bearb.) als "offen" zu bezeichnen; aber aufgrund ihrer gesellschaftlichen Position und zahlreichen Konflikten mit dem Staat bzw. (trans)nationalen Konzernen, sind sie besonders bei Fragen nach den Umweltauswirkungen ihrer Tätigkeiten gegenüber Fremden misstrauisch.

In einigen Dörfern wurden mir anfangs z.B. Begleiter zur Seite gestellt, die mich nicht nur herumführen, sondern auch beobachten und kontrollieren sollten - wie später offen zugegeben wurde. Des Öfteren wurden mir Informationen nur mit dem Hinweis gegeben, den Informanten nicht zu nennen. Im Nachhinein betrachtet, spielten für diese Offenheit drei Faktoren eine wichtige Rolle: Erstens wurde mehrmals von mir offen geäußerte Kritik als "ehrlich" empfunden und somit die Begründungen für die vorgesehene Forschung als vertrauenswürdig bewertet. Zweitens war es wichtig, sich von bereits häufig durchgeführten technischen und ökologischen Evaluierungen zu distanzieren und deutlich zu machen, dass die soziale Situation der *Mineros* im Mittelpunkt der Erhebungen standen.

Drittens öffneten sich *Mineros* besonders dann, wenn sie merkten, dass ich ihnen nicht mit Angst, Ekel oder Abwehr begegnete. Dabei kam mir meine Ausbildung als Krankenschwester zugute. Nach Geburtshilfen und der Versorgung kleiner Wunden nahmen *Mineros* mich oft mit in ihre Hütten, stellten mich anderen *Mineros* vor und erzählten mit abnehmender Distanz von ihrem Leben. Das Interesse für ihre Sicht der Dinge führte dazu, dass auch illegale Handlungen beschrieben wurden, weil ihnen auch Raum für Begründungen eingeräumt wurde.

Die Kontaktaufnahme erfolgte zunächst über regionale *Minero*-Kooperativen, später konnten die Arbeitsgebiete auch alleine betreten werden. Da *Mineros* zumindestens auf lokaler Ebene in *face-to-face*-Gesellschaften[15] leben und die Migration zwischen verschiedenen Dörfern sehr hoch ist, gab es immer jemanden, der mich schon kannte und half, anfängliche Skepsis abzubauen. Schwieriger gestaltete sich der Zugang zu industriellen Bergbauunternehmen, da hier der "Vorteil des exotischen Fremdlings" nicht zum Tragen kam und Führungskräfte aufgrund der weltweiten Kritik an transnationalen Konzernen misstrauisch sind. Trotz der Einführung durch Bekannte wurden nicht alle angestrebten Untersuchungen zugelassen.

***Exkurs: Forschungspartner und Schlüsselinformanten***

*Die **UNEG** (Universidad Experimental de Guayana) mit den Instituten **CIAG** (Centro de Investigaciones Antropológicas de Guayana) und **CIEG** (Centro de Investigaciones Ecológicas de Guayana) waren zentrale Forschungspartner für die Feldforschungen im Bundesstaat Bolívar. Von Mitarbeitern der UNEG (Mansutti, Sila, Hernandez, Castellano) wurden die Studien zu den Themen indigene Bevölkerung, Bergbau und Forstwirtschaft angeregt. Neben wissenschaftlichem Austausch wurde logistische Unterstützung (Nutzung der Bibliotheken, der PC's, usw.) gewährt.*

***CENDES** (Centro de Estudios del Desarrollo) ist ein Institut, das der **UCV** (Universidad Central Venezuela) in Caracas angegliedert ist und sich kritisch mit sozio-ökonomischen Fragestellungen auseinandersetzt. Hilfreiche Hinweise von Beate Jungemann (Politologin) und Miguel Lacabane (Soziologe) haben zur theoretischen Fundierung der Arbeit beigetragen*

*Die **CVG** (Cooperación Venezolana de Guayana) ist ein staatliches Unternehmen, das für die Regionalentwicklung des Bundesstaates Bolívar zuständig ist. Insbesondere John Madero (Viceprecidencia Minería) und seine Mitarbeiter gaben zahlreiche Auskünfte und waren auch kritischen Fragen gegenüber nicht verschlossen.*

[15] Unter *face-to-face*-Gesellschaften werden in der Ethnologie soziale Gruppen wie Familien, Horden, Dorf- oder Nachbarschaftsgruppen verstanden, die relativ klar umgrenzt sind, sich gegenseitig weitgehend kennen sowie allgemein anerkannten Regeln und Führern folgen (vgl. FISCHER 1988: 178). Insbesondere anerkannte Führer und koordiniertes Gruppenhandeln sind nicht in allen *Minero*gruppen gegeben, der Faktor des "Sich-Kennens" spielt dagegen eine wichtige Rolle in den hier untersuchten *Minero*gesellschaften (vgl. Kap. IV).

***Elsa Graffe, Pedro Vielma, Sergio Astudillo*** *und* ***Felix Leal*** *- ehemalige Mitarbeiter des Umweltministeriums (MARNR), des Ministeriums für Energie und Bergbau (MEM) bzw. der CVG - führen private Consulting-Unternehmen für den Bergbau. Ihre umfangreichen Bibliotheken und zahlreiche Diskussionen haben wesentlich zum Gelingen dieser Arbeit beigetragen.* ***Luis Herrera*** *(Geologe) war durch seine Feldassistenz und zahlreiche Literaturhinweise sehr hilfreich.*

*Mitarbeiter von großen Bergbauunternehmen, die offen mit Informationen umgingen und Untersuchungen in diesem Bereich ermöglichten sind z.B. John Malysa (**GREENWICH**) und Eduardo Cartaya (**PLACER DOME**). Mitarbeiter von **MONARCH** waren z.T. auch sehr hilfsbereit, sollen aber hier nicht mit Namen genannt werden.*

*Politische Führer des informellen Bergbaus wie **Nelson Lezama**, **William Padilla** und **Luis Guillen** überließen mir nach anfänglicher Zurückhaltung auch sensible Informationen und ermöglichten den freien Zugang zu allen Bergbaudörfern und -flächen.*

***Zahlreiche Mineros und Mineras*** *teilten ihr immenses bergbauliches und regionsbezogenes Wissen mit mir und ermöglichten mir erst durch ihre Gastfreundlichkeit und Offenheit die Durchführung der Feldarbeit und wichtige Einblicke in ihre Lebens- und Erfahrungswelt.*

## 7. Terminologie und Definitionsgrundlagen

*Dritte Welt Entwicklungsländer*

Bisher wurden zahlreiche Begriffe, die innerhalb der entwicklungspolitischen Diskussion oder der geographischen Fachdisziplin nicht unumstritten sind, ohne Erläuterungen benutzt. Da es über den Rahmen dieser Arbeit hinausgehen würde, alle fragwürdigen und missverständlichen Begriffe der entwicklungstheoretischen Diskussion (vgl. NOHLEN & NUSCHELER 1992: 55) umfassend zu erläutern, werden hier nur die Begriffe, die für das Verständnis dieser spezifischen Arbeit notwendig sind, schlagwortartig beleuchtet und ansonsten auf existierende Erläuterungen in der einschlägigen Literatur verwiesen. In Ermangelung weniger problembehafteter Alternativen werden die Synonyme Dritte Welt und Entwicklungsländer benutzt, wobei darauf verzichtet wird, das distanzierende Problembewusstsein durch Kursivschreibung bzw. durch die Verwendung von Anführungsstrichen zum Ausdruck zu bringen.

Obwohl alle Versuche *Entwicklung* bzw. *Unterentwicklung* analytisch zu fassen, an der inhaltlichen und normativen Komplexität der Begriffe scheitern, kann eine Arbeit, die in der Dritten Welt angesiedelt ist, nicht auf ihre Verwendung verzichten. Um sich einer Inhaltsbestimmung empirisch anzunähern, greift diese Arbeit auf das von NOHLEN & NUSCHELER (1992) entwickelte *magische Fünfeck von Entwicklung* zurück.

In Ablehnung der modernisierungstheoretischen, eurozentristischen und ökonomisch reduktionistischen Begriffsauffassung von Entwicklung, werden hier qualitatives, armutsverhinderndes und umweltschonendes Wirtschaftswachstum, Arbeit (als individuelle und gesellschaftliche Entwicklungsmöglichkeit für Marginalisierte), Gleichheit/Gerechtigkeit, Partizipation und Unabhängigkeit/Eigenständigkeit in ein Mittel-Zielgefüge gesetzt, um der Dynamik und Heterogenität von (Unter)Entwicklung gerecht zu werden. Sich der Kritik ihres Modells durchaus bewußt, weisen die Autoren auf die Notwendigkeit hin, an einem nicht immer realisierbaren Entwicklungsbegriff festzuhalten:

*Entwicklung*

> "Die 'Magie' des [...] Fünfecks mag an einzelnen Ecken und in der Summe zum Höhenflug einer kaum noch konkreten Utopie abheben, die sich weit von den z.Zt. vorstellbaren Realisierungschancen entfernt. Aber auch das kurzfristig Notwendige und Machbare bedarf des normativ-kritischen Maßstabs und der Langzeitperspektive, um nicht in einem ziel- und normblinden Pragmatismus zu verkümmern." (NOHLEN & NUSCHELER 1992: 66)

Analog zum Entwicklungsbegriff werden die analytisch schwer fassbaren Begriffe wie Ungleichheit, Abhängigkeit und Macht im Gegensatz zu den systemtheoretischen Entwicklungstheorien der 1960er und 1970er Jahre weder eindimensional bzw. monokausal auf ökonomische Disparitäten reduziert noch als einseitige Macht- und Abhängigkeitsverhältnisse begriffen, sondern als analytisch nur partiell erfassbare Komplexitäten verstanden (vgl. BRYANT 1997).

*Ungleichheit Abhängigkeit/ Macht*

Wie KNIGHT (1997: 45) zu Recht schreibt, existieren gute Gründe, mit der Einbeziehung von Machtasymmetrien vorsichtig zu sein, da diese oft zu *ex post* Rationalisierungen gesellschaftlicher Ergebnisse führen, indem Machtvorteile im Nachhinein denen zugeschrieben werden, die bei der Erreichung ihrer Ziele erfolgreich waren. Wenn Machtverhältnisse eine Erklärungsfunktion in gesellschaftlichen Analysen haben sollen, ist jedoch eine *ex ante* Identifizierung erforderlich. Ohne hier verschiedene Machtbegriffe in soziologischen Debatten vertiefend darzustellen (vgl. hierzu v.a. SCOTT 1995), sei angemerkt, dass eliteorientierte Auffassungen von Macht im Denkmodell der *Political Ecology* ebenso wie der klassisch strukturelle Machtbegriff abgelehnt werden (vgl. BRYANT & BAILEY 1997: 39ff; OBENBRÜGGE 1983, S. 60 ff).

Bereits von GALTUNG (1972) wurde der Begriff der *strukturellen Gewalt* geprägt, mit dem der Auffassung widersprochen wird, dass Macht von Individuen ausgeht. Ebenso hat er die Vielfalt ökonomischer, ökologischer, kultureller und militärischer Macht herausgearbeitet.

Auch der post-strukturalistische Machtbegriff wie er z.B. von FOUCAULT (1996) entwickelt wurde, betont, dass Macht das Resultat von individuell nicht beeinflußbaren Mechanismen ist. Noch prägnanter als der GALTUNG'sche Machtbegriff bringt er die alles umfassende, in allen gesellschaftlichen Bereichen verankerte, kaum wahrnehmbare Subtilität und Vielschichtigkeit von Macht und Abhängigkeit zum Ausdruck. Indem FOUCAULT statt *Macht* die Kombination von 'power/knowledge' bevorzugt, deutet er Wechselwirkungen zwischen Macht, die Diskurse produziert und transformiert und Diskursen, die Macht produzieren und reproduzieren, an. Das heißt: Macht kann sich erstens sowohl aus der ökonomischen, der politischen und/oder aus der kulturellen Sphäre generieren sowie dort ausbreiten. Zweitens kann Macht normative, soziale und materielle Aspekte umfassen (vgl. MOORE 1996). Drittens ist Macht selten unipolar, sondern geht in verschiedenen Varianten und Stärken von verschieden Akteuren aus. Und viertens kann Macht sich in räumlichen Veränderungen niederschlagen, umgekehrt der Raum (bzw. Raumausschnitte) aber auch für Machtgewinnung, Machterhalt oder Machtausbau herangezogen werden.

Wenn KNIGHT (1997: 46) vorschlägt 'Macht' als die Fähigkeit eines Akteurs zu definieren, Alternativen, die einem anderen Akteur oder einer Gruppe offen stehen, zu beeinflussen, so muss im Sinne der *Political Ecology* ergänzt werden, **dass es hier nicht nur um die direkte Macht von Akteuren über andere Akteure geht, sondern auch um die machtproduzierende Funktionalisierung von Umwelt bzw. die instrumentelle Aneignung des Umweltdiskurses.**

> "Finally, political ecologists argue that the differentiated social and economic impact of environmental change also has political implications on terms of the altered power of actors in relation to other actors. Thus, environmental change not only signifies wealth creation for some and impoverishment for other actors. A striking illustration of this point relates to the ubiquity of conflict over environmental resources in the Third World. The existence of such conflict highlights the importance that diverse actors attach to those resources, as well as their recognition that changing environmental conditions hold political (as well as economic) opportunities and consequences." (BRYANT & BAILEY 1997: 29)

Die bisherige Positionierung in der gesellschafts- bzw. entwicklungspolitischen Debatte kommt auch in der geographischen Standortbestimmung zum Ausdruck. Begriffe wie Raum und Region meinen nie nur physisch konkret existierende Phänomene, sondern auch abstrakte, gesellschaftliche Dimensionen. Versteht man z.B. allgemein in der Geographie unter *Raum* Gebiete, die naturräumlich, genetisch, strukturell oder funktionell zusammenhängen, wird der Begriff hier um seine gesellschaftliche und konstruktivistische Bedingtheit erweitert. Raum ist nichts statisch, objektiv Gegebenes, sondern wird durch (Raum)wahrnehmung und -bewertung sowie räumliche Differenzierungsprozesse der Akteure, die in ihm agieren, immer wieder neu bestimmt.

*Raum / Region*

Der Begriff Raum wird in der Konzeption des Sozialraums begriffen, der von COY & LÜCKER (1993) als ein, durch soziale Systeme, Kommunikation, soziales Handeln, politische Entscheidungen oder gesellschaftliche Prozesse, produzierter Raum definiert wird.

> "Sozialräume haben eine konkret räumliche Dimension, die sich im Einfluß unterschiedlicher Raumfaktoren, seien dies physisch-geographische oder wirtschaftsgeographische Faktoren, und räumlicher verorteter Kommunikationssysteme, in den Verteilungsstrukturen sozialer Gruppen, in ihrer Durchmischung oder Segregation niederschlägt. [...] Ebenso haben Sozialräume aber auch eine eher abstrakte und vom konkreten, physischen Raum losgelöste Dimension, die sich jedoch über raumrelevante Entscheidungen und raumwirksames Handeln wiederum konkret räumlich niederschlagen kann. [...] Sozialräume sind Produkte - Abbilder - jeweils herrschender oder konkurrierender Produktionsweisen; sie sind also in einem weiten Sinne durch gesellschaftliche Bedingung, durch Organisation und Zielsetzung des Wirtschaftens entstanden. Sozialräume werden durch die sozialen Beziehungen der Produktion und der Reproduktion geprägt. Ihre Ausprägung wird durch kulturelle Faktoren - Bildung, Religion etc. - sowie durch gesellschaftliche Normen und Wertvorstellungen beeinflußt. " (COY & LÜCKER 1993: 14)

Dem Begriff *Region* liegt ebenso wenig wie dem *Raum* ein naturräumliches, sondern ein konstruktivistische Verständnis zugrunde, und bezieht sich auf einen Raumausschnitt, der maßstabsmäßig zwischen der lokalen und der nationalen Ebene liegt.

*Verwendung lateinamerikanischer Begriffe*

Zum Schluss sei darauf hingewiesen, dass einige Begriffe in der spanischen Sprache verwendet werden, da ihre Übersetzung und die damit verbundene Herausnahme aus dem emischen Kontext falsche Assoziationen mit sich führen würde. Diese Begriffe sind kursiv gesetzt und werden entweder in einer Fußnote oder im Verzeichnis der verwendeten lateinamerikanischen Ausdrücke erläutert. Der Terminus *Minero* läßt sich z.B. zwar mit *Bergmann* übersetzen, aber die im deutschsprachigen Raum verbundene Assoziation vom "Kumpel im Ruhrgebiet" oder mit dem Untertagebau hat wenig Bezug zu den Gold- und Diamantenschürfern, die illegal oder semilegal, ohne staatliche oder privatwirtschaftliche Sozial- oder Arbeitsverträge unter einfachsten Lebensbedingungen in den Wäldern Venezuelas arbeiten.

Der Begriff *Minero* meint im übrigen nicht nur Menschen, die unmittelbar in den Edelsteinabbau involviert sind, sondern alle Personen, die im informellen Bergbau tätig sind. An räumlichen Kriterien orientiert und unabhängig von der ausgeübten Wirtschaftstätigkeit, umfasst er z.B. auch Steinmühlenbesitzer, Händler und Köchinnen, die in den Standorten und unter den sozialen Bedingungen des informellen Bergbaus leben. Weitere Begriffe, die missverständlich oder problematisch erscheinen, werden im Laufe der Arbeit im entsprechenden Kontext aufgegriffen und definiert.

# II Der Bundesstaat Bolívar: Ein naturgeprägtes Sozialkonstrukt

*Natural resource dependent areas*

Wie viele Vertreter des postmodernen Konstruktivismus (vgl. MACNAGTHEN & URRY 1998), lehnen auch PELUSO ET AL. (1994) ein dualistisches Verhältnis von Natur und Kultur ab. Beide Dimensionen stehen vielmehr in einem gegeseitigen Wechselverhältnis. Natur, Umwelt und Raum stehen der menschlichen Wahrnehmung und gesellschaftlichen Verhältnissen nicht gegenüber, sondern werden von diesen konstituiert. Um aber den physisch konkreten Raum bzw. die natürliche Raumausstattung nicht als eine Kategorie zur Analyse von Armut auszuschließen, sprechen PELUSO ET AL. (1994) von *natural resource dependent areas* (NRDAs), womit Regionen gemeint sind, in denen natürliche Ressourcen entweder die Ökonomie und/oder demographische Verschiebungen substantiell konstituieren.

> "This provides us with three categories of NRDAs that are not mutually exclusive but share dependence on a natural resource. The first, extractive NRDAs, are places where the local economy is based on the extraction of renewable resources (timber, fish, rechargeable water) or nonrenewable resources (minerals and fossil water). The second, nonconsumptive NRDAs, have local economies based on nonconsumptive natural resource uses such as tourism. The third, backdrop NRDAs, have natural resources serving as an aesthetic backdrop, luring residents whose income generally originates elsewhere." (PELUSO ET AL. 1994: 24)

In diesem Sinne lässt sich der Süden Venezuelas als ein naturgepägtes Sozialkonstrukt bzw. eine *natural resource dependent area* bezeichnen, deren Wahrnehmung und Entwicklung nicht losgelöst vom natürlichen Rohstoffpotenzial betrachtet werden kann. Die physische Raumausstattung legt aber keineswegs die Entwicklungstendenzen fest, sondern es kommt auf Wechselbeziehungen zwischen dem physisch-konkreten Raum und der Organisation durch die Gesellschaft an (ebd.: 26).

*Allokative und autoritative Ressourcen*

Gegen einen naturdeterministischen Ressourcenbegriff argumentiert auch GIDDENS (1995), wenn er den Ressourcenbegriff um die anthropogene Dimension erweitert, indem er zwischen allokativen und autoritativen Ressourcen unterscheidet. Mit **allokativen Ressourcen** - unterteilt in materielle Aspekte der Umwelt (z.B. Rohstoffe), Produktions-/Reproduktionsmittel und produzierte Güter - ist die Verfügungsmacht über materielle Mittel/ Bedingungen gemeint. **Autoritative Ressourcen** beziehen sich auf die Verfügungsmacht über Menschen und umfassen die gesellschaftliche Konstitution von Raum und Zeit, die Organisation menschlicher Gemeinschaften sowie die Organisation von Lebenschancen. In GIDDENS Zugriff auf den Begriff Ressourcen, geht es also sowohl um die Herrschaft des Menschen über physisch-materielle Ressourcen als auch um vielfältige Formen der Macht von Akteuren über andere Akteure.

Während entwicklungstheoretische Modernisierungstheorien dazu tendieren die Transformation allokativer Ressourcen zu fokussieren, sehen Vertreter der *Political Ecology* nicht in "den Veränderungen der materiellen Welt die schlechthinnige Antriebskraft der menschlichen Gesellschaft", sondern betrachten die Hinterfragung autoritativer Ressourcen als einen wichtigen "Hebel des sozialen Wandels" (vgl. GIDDENS 1995: 316f).

In Anlehnung an das Raumverständnis von PELUSO ET AL. (1994) und den GIDDENS'schen Ressourcenbegriff beschränkt sich die folgende Darstellung des Bundesstaates Bolívar nicht auf die physisch-materielle Rohstoffausstattung, sondern bezieht die gesellschaftliche Dimension ein. Der analytisch begrenzende Faktor ist dabei die Fokussierung auf den Gold- und Diamantenbergbau in seinen Bezügen zum Wald.

## 1. Wälder im Bundesstaat Bolívar

### 1.1 Vegetationsgeographischer Überblick

*Großlandschaft Guayana*

Die südlich des Orinoco gelegenen Landesteile Venezuelas werden in der naturräumlichen Großlandschaft **Guayana** zusammengefasst, die sich politisch-administrativ aus den Bundesstaaten Amazonas, Bolívar und Delta Amacuro zusammensetzt (Karte 1).

**Karte 1: Venezuela: Politische Gliederung, Guayana und der Bundesstaat Bolívar**

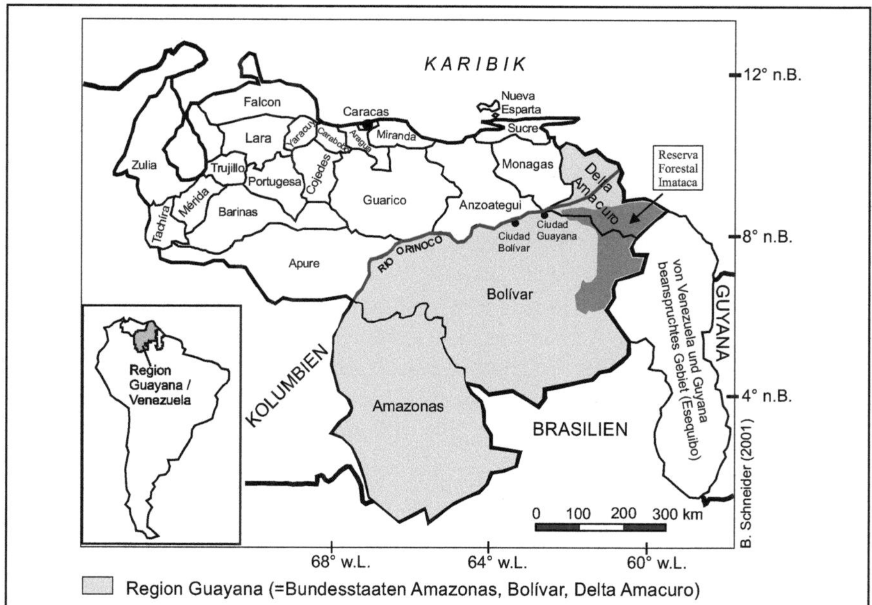

Guayana liegt größtenteils in den inneren Tropen. Die nördlichen Bereiche gehen in die sommerfeuchten Tropen über. Großräumlich betrachtet, sind die Gebiete südlich 6,5$^0$ n.B den Af-Klimaten, die Teilgebiete nördlich 6,5$^0$ n.B. den Aw-Klimaten zuzuordnen. Im Nordosten Guayanas nimmt das Orinoco Delta mit Am-Klima eine Mittelform zwischen immerfeuchten Af- und winter-trockenen Aw-Klimaten ein. Den Af- und Am-Klimaten entspricht tropische Regenwaldvegetation, dem Aw-Klima Savannenvegetation. Von dieser idealtypischen zonalen Anordnung weichen - orographisch und edaphisch bedingt - insbesondere das Hochplateau der *Gran Sabana* im Süden sowie isolierte Tafelberge (*Tepuis*) ab (vgl. HUBER & ALACRON 1988; PDVSA 1993: 38f).

*"Last Frontier Forests"*

Mit einer durchschnittlichen Vegetationsbedeckung von 98% (MARNR 1992c: 20) weisen die drei Bundesstaaten großräumig zusammenhängende Faunen- und Florenregionen auf, die bei einer mittleren Bevölkerungsdichte von 3 Einwohnern/km$^2$ (OCCEI 1990) extrem gering anthropogen verändert sind. Nach der Bestandsaufnahme der "Last Frontier Forests" des World Ressources Institute (WRI) gehören die Wälder im Süden Venezuelas zu den größten zusammenhängenden Regenwaldgebieten der Erde (BRYANT ET AL. 1997: 25). Absolut betrachtet, erstrecken sich die größten Waldflächen (172. 670 km$^2$) im Bundesstaat Bolívar, was einer Bewaldungsrate von 72% entspricht. Auf die Fläche bezogen, weisen die Bundesstaaten Amazonas (93 %) und Delta Amacuro (76%) aber höhere Bewaldungsraten auf (MARNR 1992c: 22). Dieses Verhältnis erklärt sich erstens durch die größere Verbreitung von Savannen im Bundesstaat Bolívar (ca. 66.300 km$^2$). Zweitens ist dieser Bundesstaat der Teilraum der Region Guayana, der am massivsten anthropogenen Veränderungen unterliegt[16].

*Vegetationsformationen im Bundessstaat Bolívar*

Die tropischen Quasi-Primärwälder (vgl. Fußnote 6) des Bundesstaates Bolívar werden auf Karten häufig als homogene Vegetationsformationen dargestellt und z.T. aufgrund struktureller und floristischer Ähnlichkeiten dem Amazonas-Regenwald zugeordnet (vgl. u.a. HARCOURT & SAYER 1995: 65; LIETH & WERGER 1989: 105ff). Die Hylaea des Amazonasbeckens geht zwar im Südwesten in den Orinoco-Casiquiare-Regenwald. Aber bereits in den 1960er Jahren weist HUECK darauf hin, dass die beiden Waldformationen sich in der floristischen Zusammensetzung und dem Auftreten z.T. endemischer Arten deutlich unterscheiden (vgl. auch BOAS 1996; HUBER 1995b).

[16] In den Statistiken des MARNR (1992; 1995) decken Wald- und Savannenvegetation sowie landwirtschaftliche Nutzflächen (ca. 126 km$^2$) bereits die Gesamtfläche des Bundesstaates Bolívar ab. Straßen, Städte, Stauseen und Bergbauflächen werden nicht erwähnt, obwohl neben großflächigen Stauseen (alleine der Guri-Stausee bedeckt 4.250 km$^2$) und flächenintensiver Viehwirtschaft, insbesondere von der Entdeckung und Nutzung der mineralischen Lagerstätten massiver Erschließungsdruck auf die regionalen Wälder ausgeht.

Die Vegetationskarte der CVG-EDELCA (1995) [17] im Maßstab 1: 2.000.000 zeigt dagegen wie wenig es sich um ein homogenes Waldgebiet, sondern um kleinräumig sehr heterogene Ökosysteme handelt. Deutlich wird ein Mosaik aus Savannen, regengrünem und immergrünem Tropenwald, submontanem und montanem Regenwald sowie Tropenwald auf Sonderstandorten.

*Biodiversität und Endemismus*

Die hohe Artenzahl, die sich innerhalb dieser vielfältigen Vegetationsformationen herausgebildet hat, lässt sich daran ablesen, dass Venezuela an vierter Stelle der Länder mit der größten Biodiversität steht. Das World Ressources Institute (WRI) nennt eine Anzahl von 15.000 Pflanzenarten, die im Süden Venezuelas bekannt sind, was 75% aller Arten des Landes entspricht (BRYANT ET AL. 1997: 21). BERRY ET AL. (1995: 165) weisen 230 Familien mit 9411 Arten nach, von denen 2136 Arten (22,7%) in Guayana und 3763 Arten (40%) im venezolanischen Teil des Guayanaschildes endemisch auftreten[18]. Dabei treten im Bundesstaat Amazonas nahezu doppelt soviel endemische Arten auf wie im Bundesstaat Bolívar. Und auch innerhalb des Bundesstaates Bolívar verteilen sich die endemischen Arten ungleich. Die höchsten Endemismusraten wiesen die Tepuis der Pantepui-Provinz im Südosten des Bundesstaates Bolívar auf, während die Savannen und Waldgebiete im Zentrum und Osten artenärmer sind und geringere Endemismusraten aufweisen (vgl. BERRY ET AL. 1995: 161 - 191). Bestrebungen die naturräumliche Ressourcenausstattung, die Artenvielfalt und die endemische Biodiversität zu erhalten, haben dazu geführt, dass rund 45% der Fläche des Bundesstaates Bolívar als Schutzgebiete ausgewiesen sind, in denen die Nutzung stark reglementiert ist (vgl MARNR 1983, 1992c). Unter Sonderverwaltung mit konservierendem Schutzcharakter stehen u.a. das Biosphärenreservat im Südosten, der Nationalpark Canaima sowie die zu Nationalmonumenten erklärten Tepuis (Karte 2).

[17] Bei der Karte handelt es sich um einen mit neueren Daten ergänzten Ausschnitt aus der Vegetationskarte von Venezuela (HUBER & ALACRON 1988). Da die Besprechung der 54 ausgewiesenen Waldtypen zu weit führen würde, sei auf die ausführlichen Erläuterungen auf der Karte, auf HUBER (1995) sowie auf HUECK (1961) verwiesen.

[18] Die Artenzahl bei BERRY ET AL (1995) weicht von der Angabe des WRI (BRYANT ET AL 1997) ab, weil beim WRI kleinere Waldflächen nördlich des Orinoco in die Berechnung einfließen.

**Karte 2: Schutzgebiete und *Reservas Forestales* in Venezuela**

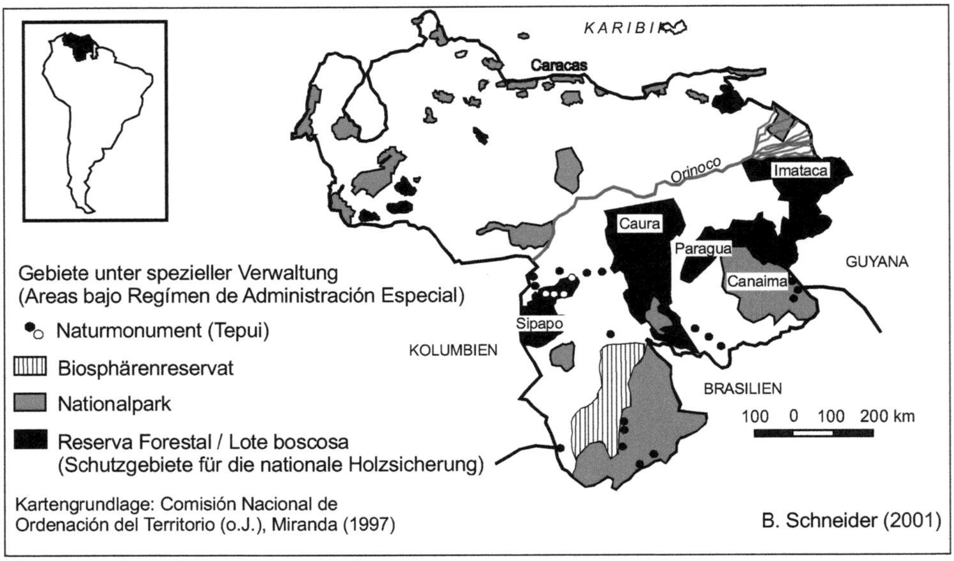

KARIBIK
Caracas
Orinoco
Imataca
Caura
Paragua
Canaima
GUYANA
Sipapo
KOLUMBIEN
BRASILIEN
100 0 100 200 km

Gebiete unter spezieller Verwaltung
(Areas bajo Regímen de Administración Especial)
Naturmonument (Tepui)
Biosphärenreservat
Nationalpark
Reserva Forestal / Lote boscosa
(Schutzgebiete für die nationale Holzsicherung)

Kartengrundlage: Comisión Nacional de Ordenación del Territorio (o.J.), Miranda (1997)

B. Schneider (2001)

## 1.2 Ökonomische und ökologische Interessen als zentrale Raumkonstitutive

*Der Bundesstaat Bolívar: "unberührter und schützenswerter Naturraum"?*

Bisher wurde ein Bild des Bundesstaates Bolívar nachgezeichnet, das die Region als einen "heilen Naturraum" darstellt. **Obwohl die biologisch-taxonomische Charakterisierung der Region im positivistischen Wissenschaftsverständnis nach objektiven Kriterien erfolgt, ist sie weder hinsichtlich der Wahrnehmungs- und Reproduktionsperspektiven noch hinsichtlich ihrer sozialen Folgen neutral.** Nach fachdiziplinärdefinierten Methoden und Indikatoren wird der Raum seziert, klassifiziert und auf Karten projiziert, die ein naturwissenschaftliches Bild der Region wiedergeben und festigen. Die thematische Beschränkung ist aus einer vorher definierten Forschungsperspektive verständlich und notwendig. Problematisch ist jedoch, dass sowohl Vegetationsinventur als auch die auf ihr basierende politische Entscheidung für die Ausweisung von Schutzgebieten nur **eine** Perspektive der Region wiedergeben - und zwar mit dem "wisseschaftlich-ökologischen" Blickwinkel eine sehr wirkungsmächtige. Wenn internationale Umweltgruppen - sich auf vegetationsgeographische und biologische Bestandsaufnahmen berufend - an die Weltgemeinschaft appellieren, die

> "globalen Funktionen dieser Region für die Regulation des Weltklimas, des globalen Wasserkreislaufen, als Genpool für die Landwirtschaft und die Entwicklung von Pharmaka" (ELLENBROECK 1996: 11; vgl. auch GAWORA & MOSER 1993)

zu schützen, dann betten diese Bilder, die Region nicht nur in die Metapher von der "lebensspendenden Mutter Erde ein".

Die vogelperspektivischen Bilder definieren die Region gleichzeitig zu einem Funktionsraum für internationale (Umwelt)Interessen (vgl. Kap. VI). Mit Blick auf die die gegebenen Entwicklungen in der Region (s.u.), stellt sich jedoch die Frage, ob

> "... nicht auch die Bilder vom majestätischen, üppigen, die Natur als archetypische Mutter versinnbildlichenden Urwald, der nach Hunderttausenden von Jahren der Evolution auf äußerst differenzierte Weise das vielfältigste Leben, das auf der Erde existiert, trotz der Kargheit des Bodens hervorgebracht hat, mehr [ist] als eine naturwissenschaftliche Bestandsaufnahme von Biomasse wie auf jedem andern Standort der Erde?" (NITSCH 1992: 45)

*Instrumentalisierung der naturräumlichen Ausstattung und des Raums für geostrategische und ökonomische Interessen*

Geostrategische, forstökonomische und bergbauliche Interessen haben andere Wahrnehmungen der naturräumlichen Ausstattung des Bundesstaates Bolívar sowie differierende Handlungsintentionen zur Folge und konstituieren andere räumliche Zusammenhänge. Dabei sind zahlreiche Überschneidungen und Widersprüche gegeben. Geostrategische Interessen an den grenznahen Regionen des Bundesstaates Bolívar greifen einmal auf das "heile", organistische Naturbild zurück, indem die physisch-geographische Rauausstattung z.B. als "essenziell für die Existenz und Souveränität der Republik" bezeichnet und die Zerstörung des regionalen Ökosystems mit der "Ausrottung des Vaterlandes" gleichgesetzt wird (ANDRÉS VELASQUEZ, ehemaliger Gouverneur des Bundesstaates Bolívar, in: MiSión 1995: 8).

*Forstökonomische Perspektiven*

Ein anderes Mal wird die Auffassung von Natur als integrales Ganzes zugunsten ihrer Zerlegung in wirtschaftlich nutzbare Ressourcen aufgegeben, und die Inwertsetzung von Raum und Ressourcen für die Nationalökonomie gefordert (vgl. kap. VI). Aus der forstökonomischen Sicht stehen z.B. statt floristischer Einzigartigkeit, Endemismusraten, Biodiversitätspotenzialen oder des intrinsischen Wertes der Natur, die Lokalisierung wirtschaftlich nutzbarer Hölzer im Vordergrund. Eine Aufzählung der "wichtigsten und hauptsächlichsten Baumarten des Regenwaldes wird sich dann auf wirtschaftlich nutzbare Arten beschränken" (HUECK 1961: 30). Abgesehen davon, dass hier andere Variablen als wichtig für die Beschreibung der Region definiert werden, und somit andere Bilder der Region produziert werden, wirken sich die anders gewichteten Bedeutungszuschreibungen auch verändernd auf den physisch-geographischen Raum aus.

Im Bundesstaat Bolívar ist mit ca. 100.000 km$^2$ mehr als ein Drittel der Gesamtfläche für die industrielle Holznutzung ausgewiesen (siehe Karte 2). Während die Forstreserven *El Caura* (51.340 km$^2$) und *La Paragua* (7820 km$^2$) noch weitgehend "unberührt" sind (Erschließungspläne für den kommerziellen Holzeinschlag liegen aber vor), wird in der *Reserva Forestal Imataca* (32.032 km$^2$) bereits Holz extrahiert. Für die Zukunft ist mit einer Ausweitung der Holzkonzessionen zu rechnen, da die venezolanische Regierung eine Erhöhung der - im nationalökonomischen Maßstab bisher vernachlässigenswert geringen - Holzeinschlagszahlen und Holzexporte vorsieht und dem Holzsektor im 9. Nationalplan die Rolle eines führenden Wirtschaftssektors zuspricht (vgl. AICHER 2002; CORDIPLAN 1995).

*Indigene "Waldbilder"*

Träger z.T. nicht wahrgenommener, z.T. idealisierter Waldbilder ist die indigene Bevölkerung.

> "Given the intense social fragmentation and marginalization of the remaining indigenous communities, it is not surprising that the Venezuelean State could later claim, relatively unchallenged, legitimate authority over these vast and seemingly inhabited frontier forests and legally sanction it through the creation of national parks, forest reserves and other protective zones under state-controlled administration. It is of certain irony, that on one side, indigenous people's exclusion from national and regional developments has contributed to the maintenance of these peripherical forest regions. [...] On the other side, this same marginality has now come to mark an ecological profile that thrusts indigenous people into the glare of international environmental discourses and which is simultaneously used by indigenous people as a strategic argument in the present struggle waged over resources and meanings in Imataca." (AICHER ET AL. 1998: 15)

*Vielfalt sozialer Raum- und Waldbilder*

Die forstpolitischen bzw. indigenen Perspektiven und Effekte der Ressourcenkonflikten im Südosten Venezuelas werden von AICHER (2002) bzw. GRIMMIG (in Bearb.) ausführlich dargestellt und werden deshalb hier nur kurz angerissen. Auch andere "Waldbilder", die sich z.B. aus ihrem Tourismuspotenzial (vgl. MIRANDA ET AL. 1998) oder aus der Funktion der flussnahen Waldareale als Wasserspeicher für die Stauseen zur Energiegewinnung ableiten lassen, können nur kurz erwähnt werden[19]. **Zentral für die Argumentation dieser Arbeit ist, dass jedes Raum- oder Waldbild des Bundesstaates Bolívar nur einen selektiven Teilaspekt der Region bzw. der sie stark prägenden Wälder präsentiert, die in ihrer Gesamtheit weder erfasst noch objektiv beschrieben werden können.**

[19] Da insbesondere das biologisch-ökologische Waldbild konträr zu dem in dieser Arbeit thematisierten Verständnis der Waldgebiete als mineralische Extraktionsräume steht, wurde dieses Bild ausführlicher skizziert, was aber nicht heißen soll, dass es "wahrer" oder "unwahrer" als andere Waldperzeptionen ist.

> "The position taken here is that, while the "real" environment must be considered to be socially constructed, and while its scientific study (even by "normal" so-called objectivist science) is also socially constructed, there are aspects of that environment that are, as it where, more socially constructed than others. In other words, we can identify a continuum of natural phenomena and processes from, at one end, the unambiguous and uncontested to, at the other, the contested and socially constructed." (BLAIKIE 1994: 3)

Im Laufe dieser Arbeit wird vertiefend auf die "Waldbilder" eingegangen, in denen den Wäldern als Migrationsräume, als Extraktionsräume für mineralische Ressourcen und/oder als (temporäre) Lebensräume ihre zentrale Bedeutung zugesprochen wird. In zahlreichen Nutzungskonkurrenzen kommen aber auch die Waldbilder, die bisher nachgezeichnet wurden, zum Tragen.

## 2. Geologische Grundlagen des Untersuchungsraums

### 2.1 Mineralische Diversität und die Ressource Gold

*Das Guayanaschild*

Der Bundesstaat Bolívar deckt sich mit Teilen des präkambrischen Guayanaschildes, das 46% des venezolanischen Staatsraums ausmacht. Der für Kontinentalschilde charakteristische Mineralienreichtum und die Vielfalt der Bodenschätze, gehen sowohl auf geologische Ausgangsbedingungen, tektonische Prozesse und tropische Verwitterungsbedingungen als auch auf Wechselbeziehungen zwischen den petrologischen Einheiten (metamorphe Tiefengesteine des Gebirgssockels, jüngere Intrusivkörper und meso-/känozoische Sedimentschichten) zurück. Als charakteristische Gesteinsformation des Archaikums sind Grünsteingürtel mit intrudierten Graniten und Gneisen verbreitet. Mit dem Eindringen der Tiefengesteine waren Faltungs- und Metamorphoseprozesse verbunden, die hydrothermale Mineralbildungen zur Folge hatten, so dass die Grünsteingürtel

> "als potentielle Träger von Chrom, Nickel, Asbest, Magnesit, Talk, Gold, Silber, Kupfer und Zink in den vulkanischen Gesteinen sowie Lithium, Tantal, Beryllium, Molybdän, Wismuth u.a. in der Granitgefolgschaft [...] weltweit interessante Prospektionsziele [sind]." (HOPPE 1990: 27)

Nach dem Ende der wichtigsten orogenetischen Prozesse vor rund 900 Mio. Jahre wurden die gefalteten und metamorphisierten Schichten des kristallinen Grundgebirges mit Sandstein-; Tonstein- und Konglomeratsedimenten überlagert. Mit dem wiederholten Eindringen von sauren Lava-Ergüssen, Tuffen, basischen Vulkaniten und Tiefengesteinen in Klüfte und Gänge waren Vererzungen verbunden. In der Folgezeit abgelagerte Quarzsedimente mit Mächtigkeiten bis zu 2500 Metern bildeten ausgedehnte Hochflächen und Tafelberge, wie z.B. die im Süden Venezuelas liegende Gran Sabana.

In den randlichen Senkungsräumen des Guayanaschildes lagerten im Ordovizium und Oberkarbon in Flachmeeren Sande, Tone, Karbonate und Salze ab, von denen Mineralevaporite zurückblieben, die heute in kleinem Maßstab abgebaut werden. Im späten Paläozoikum zerfiel der südliche Ur-Kontinent Gondwana, die südamerikanische und afrikanische Kontinentalplatte trennten sich. Parallel zum Auseinanderdriften der Kontinentalplatten förderte basischer Vulkanismus Peridodite an die Erdoberfläche. Diese Kimberlite bilden das Muttergestein für Platin-, Chrom- und Diamantenseifen. Im Meso- und Känozoikum fanden in erster Linie Abtragungs- und Sedimentationsprozesse statt. Gold, das in den Primärlagerstätten an Grünschiefer gebunden ist und v.a. in Milchquarz, in chalzedonischem Quarz und in sulfidischen Erzen auftritt, wurde durch natürliche Verwitterungsprozesse z.T. aus dem Nebengestein gelöst und nach der Ausschwemmung in elluvialen, alluvialen oder fluviatilen Sekundärlagerstätten ablagert. Mit dem Einsetzen tropischer Klima- und Verwitterungsbedingungen im Tertiärs bildeten sich mächtige Lateritdecken auf dem Gebirgssockel heraus, in denen sich Eisen- und Aluminiumoxide anreicherten.

*Stilisierung zum Eldorado*

Die Orinoco-Wälder bedecken also einen geologischen Untergrund, dessen Mineralienreichtum an Eisen, Gold, Diamanten, Kupfer, Zinn, Uran, Niobio (ein Metall, das aufgrund seiner hohen Walz- und Schmiedbarkeit für die Metallindustrie von hohem Wert ist), Quecksilber Titan, Wolfram, Magnesium, Marmor, u.v.a. seit jeher anthropogene Verwertungsinteressen geweckt hat. Somit steht der botanischen Biodiversität eine mineralische Diversität gegenüber, die es notwendig macht, die regionalen Wälder nicht isoliert zu betrachten, sondern Geologie und Mineralienreichtum einzubeziehen, denn

> "Amazonien appelliert [...] nicht nur an unsere Träume von Unberührtheit und Urzustand bei Mensch und Natur, sondern seine "unermesslichen Reichtümer" nehmen auch unsere Phantasie mit dem "El Dorado" gefangen. [...] Seit der frühen Kolonialzeit wird nicht nur eine Vielzahl von Seen und Flüssen in Süd- und Mittelamerika mit dieser Legende in Verbindung gebracht, sondern "El Dorado" ist als "das Eldorado" generell zum sagenhaften Goldland und zum Synonym für Reichtum durch Naturaneignung geworden." (NITSCH 1992: 45)

Waren es in der Kolonialzeit v.a. Edelsteine, die regionalfremde Akteure in den Süden Venezuelas lockten, sind heute aus der nationalökonomischen Perspektive Bauxit und Eisenerz die wichtigsten Bodenschätze, die um *Pijiguaos* (Bauxit), am *Cerro Bolívar* und um *San Isidro* (Eisen) im industriellen Tagebau von para-staatlichen Unternehmen abgebaut und in der Eisenverhüttungsindustrie in *Ciudad* Guayana verarbeitet bzw. exportiert werden.

Erst die venezolanische Wirtschaftskrise, steigende Weltmarktpreise und neue Technologien belebten in den 1980er Jahren den Mythos des regionalen Gold- und Diamantenreichtums. Möglichen Einwänden, dass bei einer Realisierung der staatlichen Planungen die vermuteten Lagerstätten in ca. 10 bis 15 Jahren abgebaut seien, muss entgegnet werden, dass die soziale Funktion von Ressourcen die entscheidende Komponente konstituiert. **Unabhängig von der natürlichen Ressourcenausstattung ist offen, ob technologische Fortschritte weitere Zugangs- und Verwertungsmöglichkeiten eröffnen, ob die Gold und Diamanten in der Zukunft ökonomisch relevant sind und so eine Funktion der sozialen Wahrnehmung ausüben oder ob gesellschaftliche Interessen an anderen Naturelementen, den Bodenschätzen den "Status einer Ressource" nicht wieder entziehen** (vgl. auch Kap. V-2). Dem Hinweis, dass das zentrale Problem, die ökologischen Auswirkungen des Gold- und Diamantenbergbaus auf andere Ressourcen seien, ist zu begegnen, dass auch deren "Knappheit" sozial definiert ist. Erst die Verwertungs- oder Schutzinteressen globaler Akteure definieren z.B. Waldverluste zu einem Problem der nationalen Ebene. Angesichts des regionalen Waldreichtums verwudert es nicht, dass nur 37% von 213 befragten *Mineros* die Wälder des Bundesstaates Bolívar als gefährdet betrachten, während 48% keine Gefährdung des Waldbestandes sehen und 15 % sich einer Meinung enthielten (eigene Erhebungen 1997). Den Mineralienreichtum der Tropen betrachtend, setzt HOPPE (1990: 51) der von WEISCHET (1980) formulierten Charakterisierung von der "ökologischen Benachteiligung der Tropen", die "ökonomische Bevorteilung der Tropen" entgegen.

*Sozioökonomische Dimensionen des Ressourcenreichtums*

> "Dieses Rohstoffpotential könnte den Regenwald sogar in seinem Bestand schützen, sofern man sich auf den Abbau in flächenmäßig kleinen Gebieten beschränken und die Weiterverarbeitung außerhalb der Feuchtwälder besorgen würde, da der Erlös aus diesen Rohstoffen zu einer Minderung der ökonomischen Probleme südamerikanischer Länder beitragen könnte." (HOPPE 1990: 19)

HOPPE sieht durchaus die mit der Erschließung der Bodenschätze verbundenen Auswirkungen auf den Wald, vertritt aber die These, dass unter der Voraussetzung, dass

> "...sich bei Politikern die Einsicht durchsetzen [würde], dass land- und/oder forstwirtschaftliche Nutzung langfristig keine Gewinne für die Allgemeinheit erbringen kann, der Regenwald über die Lagerstätten dennoch wirtschaftlich genutzt werden könnte, ohne ihn und sein immenses Arten- und Genpotential [...] dabei zerstören zu müssen." (ebd.: 51f)

Sowohl die These von der "Nichtzerstörung des Arten- und Genpotenzials" durch den Bergbau" als auch die These, dass sich die Mineralienreichtümer der Tropen angesichts der eingeschränkten land- und forstwirtschaftlichen Nutzung der Tropenwälder, eine potenzielle Ressourcenquelle für die Dritte Welt darstellen, können kontrovers diskutiert werden. Unter politisch-ökologischen Gesichtspunkten interessiert insbesondere die Frage nach den "Gewinnen für die Allgemeinheit". Zu hinterfragen bleibt wer "von Unberührtheit und Urzustand bei Mensch und Natur" träumt, für wen "El Dorado" in welchem historischen Prozess zum "Synonym für Reichtum" geworden ist und wie die Form der "Naturaneignung" im konkret Fall aussieht?

## 2.2 Intraregionale Differenzierung und akteursspezifische Zugriffe auf "Eldorado"

*Cuchivero*

Nach petrologischen und tektonischen Charakteristika wird der venezolanische Teil des Guayanaschildes in vier geologische Formationen unterteilt (vgl. Karte 3). In der Formation *Cuchivero* bildet ein granitischer Batholith das Ausgangsmaterial für Bauxitvorkommen, die im Industriekomplex von Los Pijiguacs abgebaut werden. Abbau und merzialisierung erfolgt durch *Bauxiven*, eine Tochtergesellschaft der staatlichen CVG. Goldfunde spielen eine untergeordnete Rolle. Diamanten sind dagegen weit verbreitet. Fundorte liegen um Guaniamo, am hohen und mittleren Caroní und um Paragua (MARNR & PNUD 1983: 174). Der Abbau erfolgt ausschließlich individuell oder durch in Kooperativen organisierte *Mineros*.

*Roraima*

Das zweite Gebiet mit gehäuften Diamantenvorkommen liegt im Süden der Gran Sabana in der geologischen Formation Roraima. Bei den Diamantenvorkommen und seltenen Goldmineralisationen handelt es sich meist um fluviatile und alluviale Sekundärlagerstätten. Der handwerkliche Abbau der Diamanten durch informelle *Mineros* (vgl. Kap. IV-3) erstreckt sich bis in den Nationalpark *Canaima*, so dass massive Raumnutzungskonkurrenzen mit Naturschutzbestrebungen bestehen.

*Imataca*

In den stark metamorphierten Gneisen und eisenhaltigen Granuliten der ältesten Provinz *Imataca* finden sich nur vereinzelt Grünsteinareale. Schätzungen gehen aber davon aus, dass in einem 80 km breiten Gürtel südlich des Orinocos, der vom Zufluss des Apure bis zum Delta reicht, 2000 Mio. Tonnen Erze mit hohem Eisengehalt (47-67%) und 10.000 Mio. Tonnen mit niedrigem Erzgehalt lagern (MARNR & PNUD 1983: 163). Seit der Verstaatlichung des Erzabbaus 1974 werden die Erze am *Cerro* Bolívar und um San Isidro ausschließlich im industriellen Tageabbau von der staatlichen CVG-*Ferrominería del Orinoco* abgebaut.

**Karte 3: Geologische Formationen im Bundesstaat Bolívar**

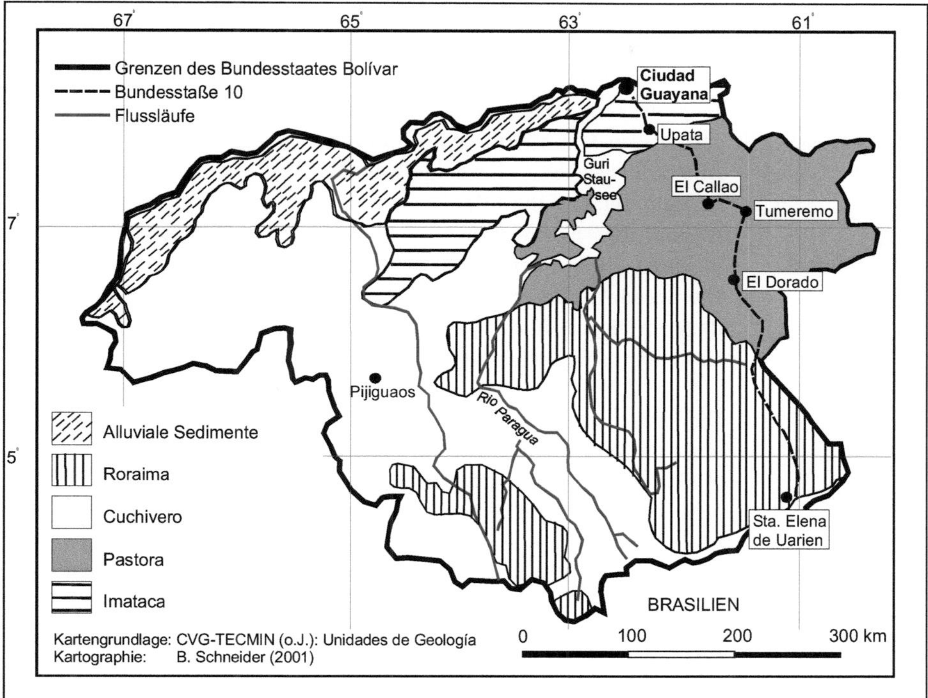


Mit großräumigen Grünsteinmassiven, die von goldführenden Quarzadern durchzogen sind, und zahlreichen Sekundärlagerstätten weist die 50.000 km² umfassende Provinz *Pastora* das wichtigste Goldpotenzial im venezolanischen Teil des Guayanaschildes auf. Von 250 vermuteten Goldadern um El Callao sind bis heute mehr als 88 erschlossen, wobei rund 160 Tonnen Gold abgebaut wurden. Weitere 600 Tonnen werden vermutet.

*Pastora*

Der für die Region El Callao offiziell angegebene mittlere Goldgehalt von 20 gr Gold pro Tonne Abraum (CVG & INTERPLANCONSULT 1989: 11) liegt nicht nur über dem Landesdurchschnitt, sondern ist auch im internationalen Vergleich[20] beträchtlich. Wichtigste Unternehmen vor Ort sind die CVG Gruppe *Minerven*, die im Untertagebau rund sechs Tonnen Gold im Jahr fördert und *Revemin*, eine Goldscheideanlage, die zu 49 % *Minerven* und zu 51% dem kanadischen Konzern *Monarch* (siehe Kap. V-3) gehört.

[20] Die zitierten Angaben des Goldgehaltes pro Tonne sind vermutlich zu hoch angesetzt. In Südafrika, dessen Goldreichtum auf ähnliche geologische Ausgangsbedingungen und Charakteristika wie im Guayanaschild zurückgeht, liegen Mittelwerte bei sechs Gramm Gold pro Tonne Abraum (vgl. SZ vom 05.05.1998).

*Standorte des Goldbergbaus differenziert nach Akteuren*

Während sich die älteren und staatlichen Standorte des Goldabbaus in den goldreichen Arealen um El Callao konzentrieren, liegen heute rund 87% aller registrierten privatwirtschaftlichen Unternehmen in den Grünsteinarealen um Tumeremo, El Dorado und KM 88. **Karte 4 zeigt, dass die Konzessionen industrieller Bergbauunternehmen[21] in erzhaltigen Grünstein- und Granitarealen liegen, während in den Alluvialbereichen nur wenige Konzessionen eingezeichnet sind. Innerhalb der erzführenden Areale ist darüber hinaus, eine Konzentration der Konzessionen an tektonischen Bruchstellen auszumachen, die für den Mineralienabbau besonders interessant sind. Die Standorte des informellen Gold- und Diamantenbergbaus sind dagegen dispers in der (Wald)fläche verstreut und lassen sich nicht eindeutig geologischen Strukturen zuordnen.**

Die ungleichen Zugriffsmöglichkeiten auf die Goldressourcen sind nicht nur dadurch bedingt, dass (trans)nationale Bergbauunternehmen mit kapitalintensiven Radaraufnahmen und Probebohrungen mehr Möglichkeiten der Prospektion und Exploration als traditionelle Goldgräber haben. Sie haben auch mehr Zugang zu Literaturquellen, aus denen sich profitversprechende Standorte aus dem letzten Jahrhundert recherchieren lassen sowie zu geologischen Karten, die ihnen in Kombination mit geologischen und petrologischen Fachkenntnissen das Auffinden potenzieller Lagerstätten erleichtern. Hinzu kommt, dass der industrielle Bergbau sowohl durch seine Finanzressourcen und räumliche Mobilität als auch durch den Diskurs um einen "nachhaltigen, geordneten" Bergbau bei der Vergabe staatlicher Konzessionen begünstigt wird (vgl. Kapitel V). Denn bei den Arealen, für die informellen *Mineros* von staatlicher Seite Zugangsrechte zugestanden werden, handelt es sich z.T. um sterile Flächen, was vereinzelt selbst in zuständigen Behörden kritisch angesprochen wurde.

**Ein Teil der massiven Ressourcenkonflikte, die die Region kennzeichnen, gehen so nicht auf eine naturdeterministische Ressourcenknappheit zurück, sondern auf Wissenssysteme (hinsichtlich der Explorations- und Exploitationsmethoden) sowie gesellschaftliche Regelungen hinsichtlich des Zugangs und der Nutzung der Bodenschätze.**

[21] Die Spezifizierung erfolgt in Kapitel V.

**Karte 4: Geologie und Bergbaukonzessionen im Osten des Bundesstaates Bolívar**

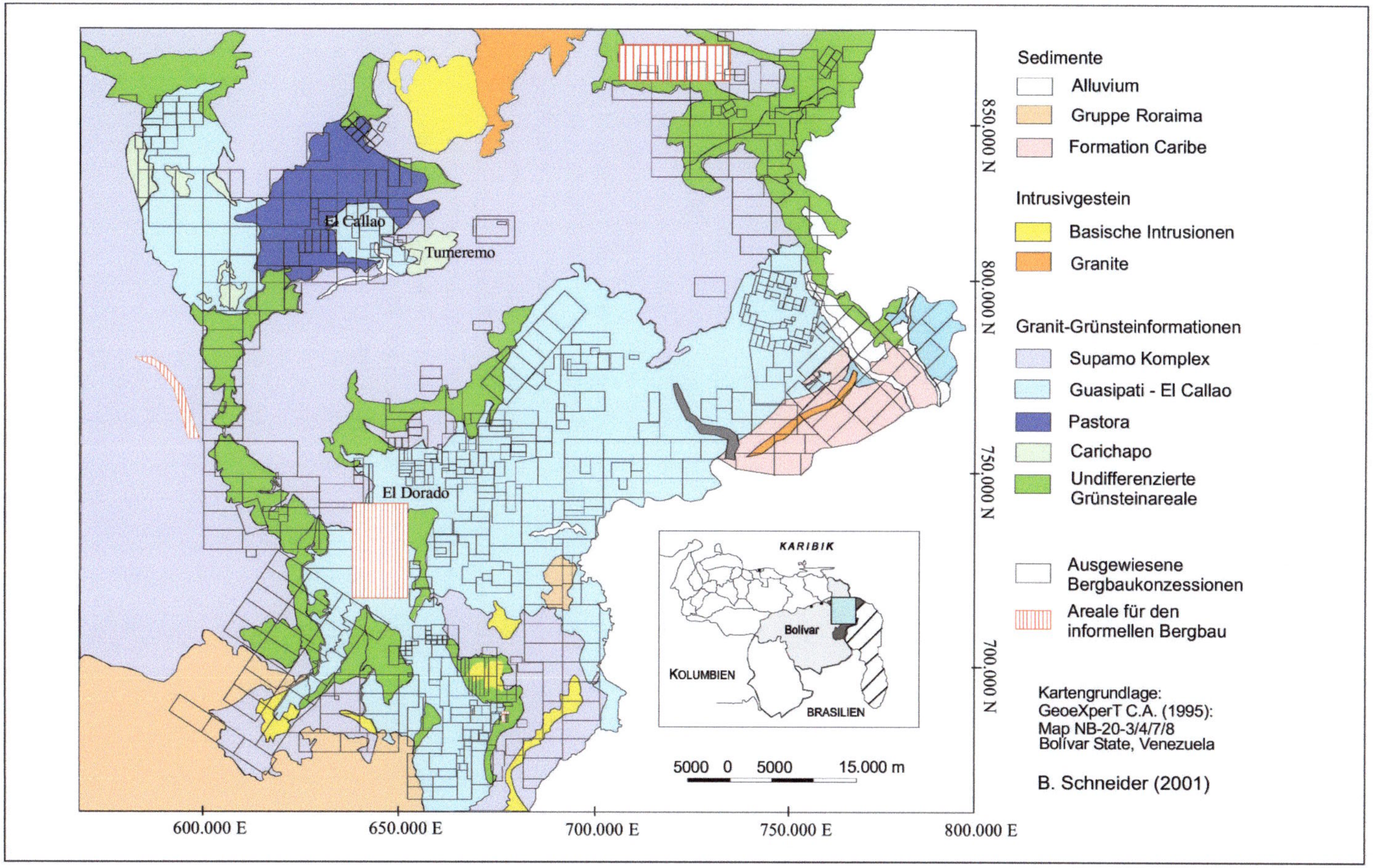

*Kartographisches "Raummachen"*

In Realität ist der informelle Bergbau allerdings viel verbreiteter als es auf Karte 4 erscheint, wohingegen der industrielle Bergbau viel verbreiteter dargestellt wird als es der Realität entspricht. Die Mehrzahl der Konzessionen sind zwar ausgewiesen, befinden sich aber erst in der Spekulations- bzw. Explorationsphase. Nachfragen bei der GeoeXperT T.R.X. Consulting, auf deren Karten[22] die abgebildete Karte zurückgeht, wurden mit dem Hinweis beantwortet, dass der informelle Bergbau nicht legal ist und damit auch nicht einzuzeichnen sei. Mit dieser Begründung wird die Existenz des informellen Bergbaus in der kartographischen Darstellung nicht nur verschwiegen bzw. unsichtbar gemacht, es werden auch die massiven sozioökonomischen Konflikte zwischen den Trägern des informellen und industriellen Bergbaus graphisch ausradiert.

Die Karten der T.R.X.-Consulting stehen exemplarisch für eine Vielzahl von geologischen Studien, *feasability studies*, und Lagerstättenkarten, die den Bundesstaat Bolívar in petrologische Formationen, in nichtrentable Erzvorkommen und abbauwürdige Lagerstätten sezieren. Nicht nur, dass hier ein Raum nach bergbaulich-utilitaristischen Kriterien erforscht und widergegeben wird, der nur für neu eindringende Akteure unbekannt, unerschlossen und bis dato wertlos ist; die spezifischen Wahrnehmungskriterien wirken auch verändernd auf die Region. Geologische Karten und infrastrukturelle Erschließungsmaßnahmen (wie z.B. der Bau von Transport-, Kommunikations- bzw. Energiewegen und Bergbauindustrien) verdichten das alte Raumbild der zum "El Dorado" stilisierten Region und transformieren die "periphere Urwaldregion" durch die Entregionalisierung und Transnationalisierung der Bodenschätze gleichzeitig zu einem "nationalen und globalen Rohstofflager". (vgl. ALTVATER 1987: 81). **Bereits mit der Ausweisung großflächiger Konzessionsflächen für (trans)nationale Bergbauunternehmen wird nicht nur der Raum neu konstituiert, sondern auch die soziale Organisation des Bergbaus sowie kollektive und individuelle Lebenschancen in der Region beeinträchtigt und somit die autoritativen Ressourcen im Sinne von GIDDENS (1995) berührt** (siehe insb. Kap. IV und VI).

[22] T.R.X. (1995): Venzeuela Bolivar State. SLAR Geological and Structural Interpretation Map. NB 20 3/4 /7/8 (1: 250.000) und T.R.X. (1997): Venezuela Bolivar State. CVG - MEM Conseccions (1: 250.000).

## 3. Die historische Raumdimension (15. bis 20. Jahrhundert)

Rund 90% der nicht-indigenen Bevölkerung des Bundesstaates Bolívar konzentriert sich in den Verwaltungs- und Industriestädten *Ciudad Bolívar* und *Ciudad Guayana*, während der größte Teil der indigenen Bevölkerung in den südlichen Wald- und Savannengebieten lebt. In den indigenen Lebensraum dringen jedoch zunehmend Holzkonzessionäre, Bergbauunternehmen, Gold- und Diamantensucher ein. Während Forstkonzessionen weitgehend außerhalb der öffentlichen Diskussion stehen (siehe Kap. VI) und Eisen- bzw. Bauxitabbau sich auf begrenzte Flächen konzentrieren, wird der Gold- und Diamantenbergbau sehr stark im Zusammenhang mit der Zerstörung von indigenem Lebensraum thematisiert. Da Gründe hierfür in seiner diffusen, unkontrollierten räumlichen Verbreitung und den Einsatz von Quecksilber liegen, findet seine räumliche Verbreitung in der historischen Skizzierung des Gold- und Diamantenbergbaus besondere Berücksichtigung. Der Quecksilbereinsatz wird in Kap. IV erörtert.

*Ein- und Ausschlüsse in der Literatur*

Von Veröffentlichungen verschiedener NGO's abgesehen, zeichnen sich fast alle Literaturquellen, die für dieses Kapitel herangezogen wurden, durch eine extreme thematische Konzentration auf den Bergbau aus. Außersektorale Bezüge werden selten hergestellt, das heißt z.B., dass Umweltwirkungen des Bergbaus oder die indigene Bevölkerung selten erwähnt werden. Insbesondere in den Artikeln der von der CVG herausgegebenen Zeitschrift *El Minero* wird i.d.R. unterschlagen, dass der Bergbau sich in indigenen Lebensräumen ausbreitet. Aber auch andere Autoren (vgl. BAPTISTA O.J.; MURGUEY 1989) geben eine auf den Bergbau eingeengte Raumwahrnehmung wider. Zum Teil mag sich diese Nichterwähnung aus thematischen Begrenzungen ergeben, z.T. spiegelt es aber auch Nichtwahrnehmung wieder. Auffallend ist auch, dass die Auseinandersetzung der *Mineros* mit der noch unerschlossenen Natur in historischen Betrachtungen des Bergbaus als besondere Leistung gewürdigt wird. In der Heroisierung des Abenteuergeistes und Mutes der in die Wildnis vordringenden Pioniere wird ein positives Bild der *Minero*gesellschaften entworfen, das im Gegensatz zu ihrem zeitgenössischen Image steht.

### 3.1 Raumerschließung durch koloniale Expeditionen, Goldgräber und erste ausländische Unternehmer

Im 15. und 16. Jahrhundert führen zahlreiche Expeditionen der spanischen Conquista auf der Suche nach dem sagenumwobenen "El Dorado" ins Landesinnere Venezuelas. Einer der wichtigsten Abenteurer war Antonio Berrío, der Ende des 15 Jahrhunderts mit drei Expeditionen zum Orinoco Legenden begründete, auf deren Spuren Goldsucher bis heute wandeln.

*Koloniale Zugriffe und geostrategische Raumfunktionen*

Im 15. und 16. Jahrhundert führen zahlreiche Expeditionen der spanischen Konquista auf der Suche nach dem sagenumwobenen "El Dorado" ins Landesinnere Venezuelas. Einer der wichtigsten Abenteurer ist Antonio Berrío, der Ende des 15. Jahrhunderts mit drei Expeditionen zum Orinoco Legenden begründete, auf deren Spuren Goldsucher bis heute wandeln. Mit der Gründung von Santo de Tomé de Guayana (heute: *Ciudad Bolívar*), konsolidiert er 1595 Besitzansprüche der spanischen Krone an der Region und eröffnet eine Eingangspforte zu den noch unerschlossenen Gebieten südlich des Orinoco.

Parallel diente Santo de Tomé dazu, den Zugriff der englischen Krone auf die Region zu verhindern. Der bekannteste englische Abenteurer war Sir Walter Raleigh, der Ende des 16 Jahrhunderts auf der Suche nach dem "El Dorado" nach Guayana vordrang und das Interesse der englischen Krone an der Region weckte (vgl. GRILLET 1987: 82; WILLIS 1971: 41ff). Auch die holländische Kolonialmacht versuchte von Guyana kommend, die vermuteten Goldvorkommen der Region für sich zu sichern. Die konkurrierenden Zugriffsversuche der Kolonialmächte auf die regionalen Bodenschätze ziehen sich bis heute in noch existierenden Grenzkonflikten durch, die die Region zwischen Guyana und Venezuela (*Zona en reclamación, Esequibo*) betreffen und die Entwicklung der venezolanischen Region Guayana v.a. in Hinsicht auf ihre Zuschreibung als geostrategisch wichtigen Raum bis in die Gegenwart beeinflussen (vgl. Kap. III).

*Siedlungsgründungen und Raumerschließung durch Missionare*

Bei den kolonialen Vorstößen in den Süden Venezuelas handelte es sich meist um Expeditionen, die ohne regionale Kenntnisse und Erfahrung in unwegsame Gebiete vorstießen. Erst nachdem sich die drei Religionsgemeinschaften der Kapuziner, Jesuiten und Franziskaner die Region 1729 unter sich aufgeteilt hatten, kam es zu einer ersten nicht-indigenen Besiedlung der Region. Siedlungsgrünungen (San Félix, Upata, El Palmar, Guasipati, El Miamo, Tupuquén, Tumeremo, El Dorado) waren zwangsläufig mit Missionarstätigkeiten verbunden (vgl. FERNANDEZ 1995; GRILLET 1987):

> "In these ways, then, did the missions serve as frontier agencies of Spain. As their first and primary task, the missionaries, spread the Faith. But in addition, designedly or incidentally, they explored the frontiers, promoted their occupation, defended them and the interior settlements, taught the Indians the Spanish language, and disciplined them in good manners, in the rudiments of European crafts, of agriculture, and even of self-government. Moreover, the missions were a force which made for the preservation of the Indians, as opposed to their destruction, so characteristic of the Anglo-American frontier. In the English colony the only good Indians were dead Indians. In the Spanish colonies it was thought worth while to improve the natives for this life as well as for the next." (BOLTON 1917: 61)

Bei BOLTON deutet sich bereits die Unterscheidung einer ***frontier of inclusion*** in Lateinamerika[23] und der ***frontier of exclusion*** in Nordamerika an, die später von HENNESSY (1978: 19) explizit herausgearbeitet wird. Da Indigene jedoch auch in Lateinamerika lediglich als Heiden wahrgenommen werden, die es zu "zivilisieren" gilt, spricht MIKESELL (1960: 65) treffender von ***frontier of assimilation***.

Während der Kolonialzeit unterlag die Regelung der Goldexploitation und -vermarktung der spanischen Krone, die sich aber mehr auf ihre Kolonien im heutigen Peru, Bolivien und Mexiko konzentrierte und nur wenig aktives Interesse an der Region Guayana zeigte. 1829 ersetzte Simon Bolívar die koloniale Gesetzgebung durch Gesetze der neu gegründeten Republik Venezuela. Die Regelungen des Bergbaus wurden weitgehend unverändert übernommen. Das staatliche Desinteresse an den Goldvorkommen war v.a. darin begründet, dass die bis Mitte des 19. Jahrhunderts ohnehin geringe Goldproduktion während der Unabhängigkeitskriege (ausgehendes 18 Jh. - 1821) und den darauf folgenden Bürgerkriegen weiter abnahm (ROBINSON 1968).

*Pull-Faktor Gold: Zunehmende Bedeutung Guayanas im 19. Jahrhundert*

Ein neuer Goldboom wird durch den Brasilianer Pedro Joaquín Ayres ausgelöst, der 1842 in Nähe der Missionarssiedlung Tupuquén (12 km östlich von El Callao) auf ertragreiche Goldfunde stößt. Nach einer Geländebesichtigung des Gouverneurs werden die Goldvorkommen 1849 offiziell bestätigt und in Venezuela und außerhalb des Landes bekanntgegeben. Goldfunde an den Ufern des Flusses Yuruari und in den Gebieten um Tumeremo locken Goldsucher aus Guyana, Brasilien, Peru, Kolumbien, Europa usw. ins Land. Mit Pike, Schaufeln und Holzpfannen wird in Flussbetten und an Flussufern nach Gold geschürft. Bis 1859 hält diese Phase intensiver, spontaner Zuwanderung an, die die Missionssiedlungen explosionsartig anwachsen lässt und schließlich auch das staatliche Interesse an den Gold- und Diamantenvorkommen weckt. 1854 wird der erste ***Código de Minas*** verabschiedet, in dem festgehalten wird, dass die Bodenschätze in Guayana staatlichen Regelungen unterliegen und sich die Regierung die Vergabe von Konzessionsrechten vorbehält. Soweit es sich *terrenos baldíos* (ungenutztes staatliches Land) handelt, sind keine weiteren Autorisationen notwendig.

[23] Die Funktion der spanischen "outposts of civilization" (BOLTON 1917: 46) als kirchlich-religiöse und staatliche "Institutionen der Moderne" lässt sich in Venezuela in modifizierter Form bis in die Gegenwart nachzeichnen. Kirchlich-religiöse Argumente sind politisch-ökonomischen Motiven wie Grenzsicherung und Ausbreitung der "Zivilisation" durch nationalökonomische Inwertsetzung der Ressourcen gewichen. Während Missionare als Träger der Entwicklung im Zuge globaler und nationaler Säkularisierungstendenzen einen Bedeutungsverlust erfahren haben, werden diese Funktionen heute ökonomischen Aktivitäten wie z.B. dem Bergbau oder staatlichen Besiedlungsprojekten zugesprochen.

Diese Regelung wird in späteren Gesetzen (1904, 1925, 1943) mit geringfügigen Veränderungen wiederholt (vgl. AMORER 1991: 13). Indigene Territorialansprüche finden keine Erwähnung.

Bis 1860/70 bleibt der Goldabbau durch geringe Investitionen, geringe Produktion und die Abwesenheit größerer Unternehmen gekennzeichnet. Aber Goldlegenden und -funde haben sich bereits zu einem raumprägenden Faktor stabilisiert, zur Stilisierung der Region als "*Minero*-Land" und zu demographischen Verschiebungen in der Region geführt:

*Raumwirkungen realer und fiktiver Goldfunde*

> "Um 1870 hatte die Minero-Landschaft der südwestlichen Region von Guayana es erreicht, ein integrierter Teil der humanisierten Welt zu sein. Die Bevölkerungskarte von Guayana hatte innerhalb einer Dekade das Aufsteigen einer neuen Bevölkerungskonzentration im Einzugsbereich des Yuruari erlebt. Nueva Providencia, der neue Bergbausektor, konkurrierte jetzt mit Upata, einem Dorf mit einer mehr als einhundertjährigen Geschichte. Guasipati, Tumeremo und Guri hatten alle von der steigenden Nachfrage nach Lebensmitteln, speziell nach Fleisch, dem Anstieg des Verkehrs von und nach den Minen, und der Immigration sowohl aus anderen venezolanischen Regionen als auch aus benachbarten Territorien in die Region profitiert." (ROBINSON 1968: 69[24], Hervorhebungen: B.S.)

*Bergbauzentrum El Callao*

1863 werden erste Verträge zur Erschließung der 1853 entdeckten Goldvorkommen in El Callao - eine der bis heute wichtigsten Primärlagerstätten - abgeschlossen und 1870 die *Compañia Nacional Anónima Minera de El Callao* gegründet[25]. Gründer sind die Franzosen Antonio Liccioni und Jean Cagninacci, die die Mine mit Hilfe englischer Ingenieure zum wichtigsten Unternehmen der Region aufbauen. Die Gewinne werden zur Risikostreuung und für wechselseitige Bürgschaften in eine Vielzahl neuer Unternehmen investiert. In der Folgezeit lassen sich zahlreiche in- und ausländische Unternehmer[26] aus England, Frankreich und den USA in der Region nieder.

---

[24] Abgesehen von kleineren Satzumstellungen, die aus Gründen der Verständlichkeit vorgenommen wurden, sind spanische Zitate weitgehend wortgetreu übersetzt. Da sich der venezolanische Sprach- bzw. Schreibstil durch z.T. sehr prosaische, spielerische oder "geblümte" Wortkombinationen von der deutschen Sprache unterscheidet, mögen die Zitate z.T. sehr eigenartig wirken. Sie demonstrieren aber deutlich die emotionale Aufladung der Region bzw. der Ressourcen, um die es in dieser Arbeit geht. Im obigen Zitat kommt z.B. die Bedeutung zum Ausdruck, die der bergbaulichen Entwicklung der Region als "Zivilisationsschub" beigemessen wird.

[25] Nahezu alle Beschreibungen zur Geschichte des Goldabbaus in Guayana konzentrieren sich auf dieses Unternehmen (vgl. MURGUEY 1989, div. Ausg. EL MINERO), so dass hier auf eine ausführliche Darstellung verzichtet wird. Konzessionen, die mit Aktien der *Compañia Nacional Anónima Minera de El Callao* gegründet werden und heute z.T. noch existieren, sind z.B. Potosí, Callao Bis, Venezuelan Austin Co., Santa Rosa, Bolívar Hill, Panamá, Hansa, Union Winchester, Choco, Tigre, Colombia, Victoria, Amparo, Lo Increible, La Experiencia und México. Als Gründer und Teilhaber erscheinen in staatlichen Registern Namen, die noch heute in der Region Legende sind: Ramón Isidro Montes, Antonio Liccioni, Victor Grillet, Alfredo Dalla Costa, Samuel Picard usw. (vgl. u.a. CABRERA SIFONTES 1983, CARREÑO 1976, MDF 1891, 1893).

[26] Wenn hier von *Unternehmern* und *Unternehmen* die Rede ist, sind diese Begriffe nicht im heutigen Sinne gemeint. Oft handelt es sich um einzelne Abenteurer und Geschäftsmänner. Im Gegensatz zu den traditionellen Goldgräbern, setzen sie weniger ihre eigene Körperkraft ein, sondern investieren Kapital in den betrieblich organisierten Goldabbau.

Sie führen Kapital und neue Technologien (z.B. Wasserpumpen, Dampfmaschinen zur Zerkleinerung goldführender Quarzite und Eisenbahnloren) in Guayana ein (MURGUEY 1989: 17). Neben den Konzessionsflächen sichern sie sich große Ländereien für die Holz- und Wasserversorgung. Als Arbeiter werden zunächst Indigene, später Immigranten aus anderen Gebieten Venezuelas und aus Nachbarstaaten herangezogen.

*Push-Effkete auf der internationalen Ebene: Weltwirtschaftskrise und Gold-Standard*

**Das neu erwachte internationale Interesse an den Goldvorkommen in Venezuela nur auf die *Pull-Effekte* von realen und fiktiven Goldfunden zurückzuführen, würde aber Wechselwirkungen mit der internationalen Ebene ausblenden.** Neben der Weltwirtschaftskrise von 1870 ist als wichtiger *Push-Faktor* der *Coinage Act* zu nennen, mit dem Großbritannien 1816/17 als erstes Land den Gold-Standard einführte. 1871 bindet Deutschland seine Währung an einen fixen Goldwert. Bis 1900 garantieren auch andere europäische Länder und die USA die Goldkonvertibilität ihrer Währungen. Nur vor dem Hintergrund der neu definierten Funktion des Goldes als internationale Leitwährung ist die Ende des 19. Jahrhunderts weltweit einsetzende Expansion des Goldsektors zu verstehen (vgl. ALLY 1994).

*Frühe Wissens- und Technologietransfers*

Zu den ökonomischen Einflüssen kommt die Neudefiniton der geologischen Ressourcen und ihrer Nutzungspotenziale durch europäische Wissenschaftler hinzu - von SOJA (1989:16) wegen ihrer wissenschaftlich-epistemologischen und regionalen Fremdheit als *space invaders* bezeichnet: Zwischen 1527 bis 1530 transferieren z.B. im Auftrag der Welser rund 100 Bergleute europäisches *Know-how* und Technologien nach Lateinamerika. So scheint das heute so umstrittene Verfahren der Quecksilberamalgation von deutschen Bergleuten in Lateinamerika eingeführt worden zu sein[27] (LIESEGANG 1949: 14ff). Unter den Deutschen, die im 18./19. Jahrhundert den Bergbau in Lateinamerika beeinflusst haben, ist auch Alexander von HUMBOLDT zu nennen, der geologische und mineralische Untersuchungen durchführte, vor allem aber

> "...die wissenschaftlichen, industriellen und kaufmännischen Kreise Europas auf die wirtschaftliche Erschließung des spanischen Amerikas hingewiesen, die Richtlinien angegeben und die Wegweiser aufgestellt (hat), denen im 19. Jahrhundert viele Männer nach ihm, Gelehrte und Praktiker, Geologen und Bergleute, Hütteningenieure und Chemiker nachgehen konnten, um die großen, bis dahin nur wenig bekannten Gebiete weiter zu erforschen und insbesondere die mineralischen Bodenschätze durch Sachverständige aus Europa oder durch die auf deutschen Schulen und Hochschulen erzogenen und ausgebildeten Männer des eigenen Landes besser als bisher bergmännisch aufzuschließen, zu gewinnen und wirtschaftlich nutzbar zu machen." (LIESEGANG 1949: 33)

[27] Zum Beitrag deutscher Bergleute auf die Entwicklung des Bergbaus in Lateinamerika siehe auch WASZKIS (1994). Eine besondere Rolle spielten die Bergakademie in Freiberg sowie die Clausthaler Bergakademie, die viele Fachleute ausbildeten, die später nach Lateinamerika gingen, und *Colegios de minas* in Lateinamerika gründeten.

Bis die Mehrzahl der Bergbauunternehmen Venezuela wegen politischer Unruhen, infrastruktureller und technischer Probleme um die Jahrhundertwende wieder verlässt[28] (CARREÑO 1976), entwickelt sich Venezuela zwischen 1882 und 1886 zum wichtigsten Goldproduzenten der Welt.

*Kulturelle Einflüsse*

Trotz der relativ kurzen Zeitspanne der Einbindung in die internationale Wirtschaft, haben sich die sozialräumlichen Strukturen im Bundesstaat Bolívar verändert. Neben der Entwicklung von El Callao zum regionalen Handels- und Bergbauzentrum, der Einführung neuer Technologien und neuer wirtschaftlicher Organisationsformen (betrieblicher Goldabbau, Aktiengesellschaften) schlagen sich neue kulturelle Einflüsse in der Region nieder.

> "Eine große Zahl Franzosen von Martinique kam mit ihren stattlichen Frauen an und vermischte den französischen Patuá-Dialekt mit dem Spanischen und Englischen. [So entstand ein] neuer Dialekt als soziale Andeutung der Präsenz von Gold. [...] Die englische Sprache erreichte ihren Höhepunkt und das Französische gebrauchte man als geläufige Umgangssprache, da im Handel einflussreiche Korsen vertreten waren, die sich letzten Endes mit der venezolanischen Familie verknüpften. [...] El Callao wurde kosmopolitisch. Für die oberen Schichten traf der Walzer ein und für die farbigen Immigranten der christliche Gesangsdialog - komplett unterschiedlich von den original afrikanischen Trommelrhythmen." (CABRERA SIFONTES 1983: 19)

*Flächenhafte Expansion des Bergbaus*

Die (nach der kolonialen Konquista) zweite Phase der Goldsuche durch ausländische Abenteurer und Unternehmer verändert auch das räumliche Erschließungsmuster der Wälder. Da ab 1840 Namen für Parzellen vergeben werden, lassen sich die frühen Bergbaustandorte z.T. rekonstruieren. In Archiven des *Ministerio de Fomento* (MdF 1891, 1893) lässt sich recherchieren, dass im *Territorio Yuruari*[29] Ende des letzten Jahrhunderts rund 35.000 ha Konzessionsflächen vergeben waren. Auch wenn sich nicht alle 200 Konzessionen, die recherchiert werden konnten, räumlich zu lokalisieren lassen[30], zeigt die auf der Auswertung verschiedener Archive und Berichte basierende Karte 5 trotzdem, dass El Callao um 1900 der regionale Schwerpunkt des Goldabbaus ist, dass sich aber bereits wichtige Erschließungsachsen entlang der Flüsse bis weit in den Süden und Osten ziehen[31].

---

[28] Verschiedentlich wird auch argumentiert, dass die ausländischen Unternehmer, Venezuela auf Grund staatlicher Auflagen (MURGUEY 1989: 112ff) bzw. aufgrund des Konkurrenzdruckes durch die *Compañia Nacional Anónima Minera de El Callao* (LOCHER o.J.: 563) verlassen haben.

[29] Das *Territorio Yuruari* ist eine historisch-administrative Einheit, die ungefähr 2/3 des heutigen Bundesstaates Bolívar abdeckt und die wichtigsten Goldlagerstätten umfasst.

[30] Zum Bespiel sind in historischen Beschreibungen abwechselnd Konzessionsflächen, einzelne Minen oder Besitzer genannt, so dass Angaben nicht immer auseinander gehalten werden können. Oft werden Orte des Bergbaus genannt, aber weder auf einer Karte verzeichnet noch geographische Koordinaten angegeben.

[31] Bei den eingezeichneten bergbaulichen Erschließungen handelt es sich in der Mehrzahl der Fälle um erste Explorationen und kleinmaßstäbige Schürfungen.

**Karte 5: Goldkonzessionen im Bundesstaat Bolívar um 1900**

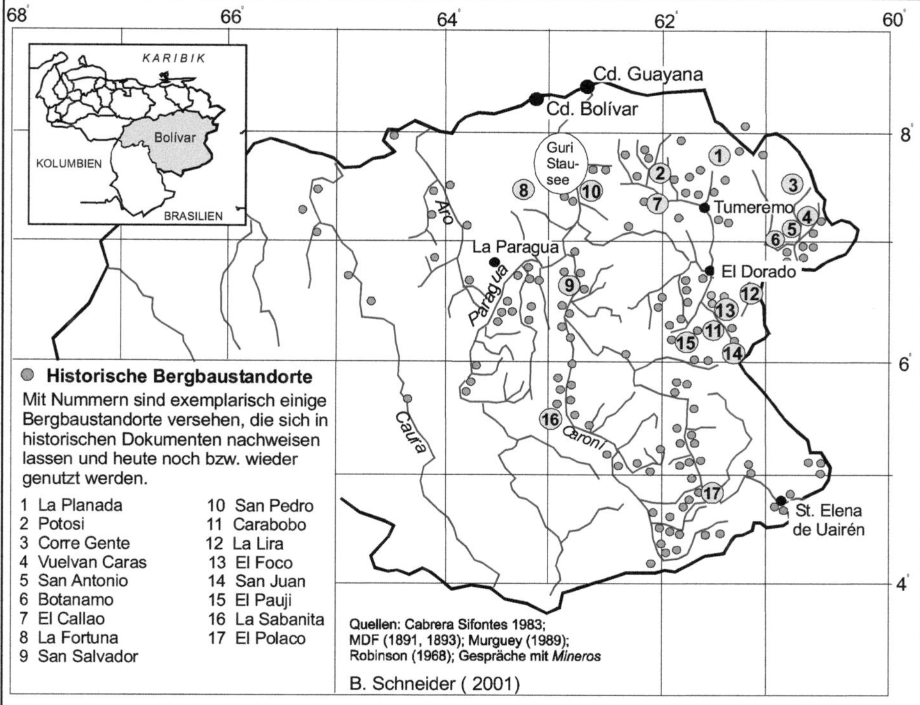


Viele Orte, in denen der informelle Bergbau heute zu finden ist, liegen entlang der historischen Entwicklungsachsen und häufig handelt es sich bei heutigen Schürfstellen um aufgelassene Minen aus dem letzten Jahrhundert. **Das heißt, dass die Akteure des informellen Bergbaus nicht so unkontrolliert und diffus in die regionalen Wälder eindringen wie allgemein angenommen wird. Häufig orientieren sie sich an historischen Schürfstätten.** Dies erklärt auch, warum in Befragungen vor Ort von *Mineros* oft angegeben wurde, dass sie Lagerstätten von ihren Großvätern und Vätern kennen (vgl. Kap. IV).

*20. Jahrhundert: Guayana im Blickfeld staatlicher Inwertsetzungsinteressen*

Ab den 1920er und 1930er Jahren (siehe Kap. III-2) wird die Region Guayana vom venezolanischen Zentralstaat zunehmend als Teil des Nationalterritoriums wahrgenommen wird. Insbesondere unter dem Militärdiktator Pérez Jiménez (1952-1958) stellt der Vorstoß in den bis dato unerschlossenen Süden Venezuelas ein erklärtes Regierungsziel dar, "dessen zivilisatorischer Tatendrang sich im Bau von Bewässerungskanälen, Stromleitungen und Straßen manifestiert." (GERDES 1992: 172).

*Auswirkungen des internationalen Finanzsystem*

Trotz der frühen Einführung der Zyanidlaugung als neues Goldscheideverfahren (um 1930), konzentriert sich der Staat zunächst aber weitgehend auf den Eisenbergbau. Neben landesinternen Faktoren, wie z.B. der Konzentration auf den Erdölsektor, spielen auch internationale Prozesse eine Rolle für die langjährige staatliche Vernachlässigung des Goldbergbaus. Bereits 1934 hatte die USA mit dem ***Gold Reserve Act*** die Einlösung von Gold in US-Dollar garantiert, worauf ausländische Zentralbanken weltweit dazu übergingen ihre Reservewährung in Dollars statt in Gold anzulegen. Zum einen konnte die weltweite Goldproduktion die internationale Nachfrage nicht decken, zum andern ließen sich Dollarreserven verzinsen und gewinnbringender investieren. In Bretton Woods wird das System fester Wechselkurse und einem durch Gold abgesicherten US-Dollar 1944 festgeschrieben. Mit spekulativen Dollaraufkäufen und US-amerikanischen Zahlungsbilanzdefiziten verbundene Vertrauensverluste führen 1960 aber wieder zur Aufwertung von Gold und zu neuen Goldaufkäufen. Der Zusammenbruch des Finanzsystems von Bretton Woods in den 1970er Jahren bedingt sowohl die Auflösung des faktischen Gold-Dollar-Standards als auch die Aufhebung der US-amerikanischen Goldeinlösegarantie, was die internationale Gold-Nachfrage Anfang der 1970er Jahre um 12% pro Jahr ansteigen lässt (vgl. WESTON 1983: 17).

*Parallelentwicklungen des industriellen und informellen Bergbaus*

In die 1960er/70er Jahre fällt in Venezuela auch der Beginn der staatlichen Förderung des Goldbergbaus im großen Stil und führt 1974 zur Gründung des staatlichen Unternehmens Minerven, dem bis heute die Erschließung der Goldlagerstätten um El Callao unterliegt. Parallel zu staatlich gelenkten Sektoral- und Regionalentwicklungsmaßnahmen wächst in Venezuela der informelle Bergbau. Im Gegensatz zum eher großmaßstäblichen Bergbau in El Callao konsolidieren sich Tumeremo und El Dorado zu Zentren des informellen Bergbaus. Diese Entwicklungen finden ohne größere öffentliche Diskussion statt.Erst mit dem Ende des Erdölbooms und der wirtschaftlichen Krise Venezuelas rückt der Goldbergbau in den 1980er Jahren ins Zentrum konfliktiver Interessen. Während der venezolanische Staat - um wirtschaftlicher Diversifizierung und Effizienzsteigerung von Regional- und Umweltpolitik bemüht - den Bergbausektor durch (trans)-nationale Bergbauunternehmen modernisieren möchte, beginnt der informelle Bergbau sich gegen die Entregionalisierung und Transnationalisierung der regionalen Lagerstätten politisch zu organisieren. **Mit der zahlenmäßigen Zunahme der Gold- und Diamantengräber** (siehe Kap. IV) **und der gleichzeitigen Verabschiedung neuer Richtlinien zur Förderung des industriellen Bergbaus durch die Regierung** (vgl. Kap. III) **entwickelt sich eine Konfliktdynamik, die in ihrer Massivität eine neue Erscheinung im Bundesstaat Bolívar ist.**

### 3.2 Der Diamantenbergbau

Diamantengenese und - vorkommen sind in Venezuela noch nicht eindeutig geklärt. Es wird vermutet, dass primäre Lagerstätten an die Formation Roraima gebunden sind, von wo die Diamanten über Flüsse weit nach Norden transportiert wurden. Somit sind Diamantenfunde und -abbau viel deutlicher als Gold in alluvialen Sedimentbereichen sowie in vorzeitlichen und rezenten Flussläufen lokalisiert. Von unsystematischen Expeditionen und einzelnen Glücksfunden abgesehen, fängt der Diamantenabbau in größerem Umfang um 1923 in der Gran Sabana und in der Region Yuruari an. Nach der angewandten Abbautechnik lassen sich drei Phasen ausweisen:

**1935 - 1955** Mit dem Sieb (*Suruka*) werden Diamanten aus sedimentären Uferbereichen der Flüsse gesiebt sowie in Tauchgängen bis zu 6m Wassertiefe aus den Flussbetten aufgesammelt.

**1953 - 1963** Die Einführung von Sauerstoffgeräten ermöglicht Tauchgänge auf 20 Meter Wassertiefe. Später werden die Tauchgänge durch auf Flößen (*Balsas*) montierte Motoren ersetzt, die diamantenhaltige Sedimente vom Flussbett zur Oberfläche pumpen. Diese Abbaumethode wird bis heute im fluviatialen Diamantenabbau praktiziert.

**1963 -** Anfang der 60er Jahre werden Wasserdruckpumpen (*Chupadores*) für den alluvialen Abbau eingesetzt. Bis heute werden Diamanten aber auch weiterhin mit dem *Suruka* aus Sedimenten herausgesiebt.

Im Gegensatz zum Goldabbau, der zunehmend industrialisiert wird, werden Diamanten bis heute in erster Linie von *Mineros* manuell (*Suruka*) oder semi-mechanisiert mit hohen Wasserstrahldruck (*Balsas/Chupadores,* vgl. Kapitel IV-2) abgebaut.

> "Das System der *chupadoras* ist bis heute das rationellste und das produktivste Verfahren. Die Extraktionsindustrie des Diamanten verdankt viele seiner Erfolge dieser sehr einfach zu realisierenden Semi-Mechanisierung. Das schwierige jetzt ist der Übergang zur kompletten Mechanisierung um einen wirklich rationellen Abbau zu erreichen." (BAPTISTA o.J.: 2530)

Der terrestrische Abbau konzentriert sich um Icabarú, Guaniamo und La Paragua. Fluviatiler Abbau mittels Flößen und Saugpumpen erfolgt im Caroní, Paragua, Cuyuní, Venamo, Caura, Cuchivero, Aro und im oberen Orinoco sowie in Nebenflüssen der genannten Flussläufe.

### 3.3 Historische *Minero*-Perspektiven

*Historische Legitimations-diskurse des informellen Bergbaus*

Seit der Kolonialzeit überlappt sich die sog. *last forest frontier* mit der - mal kontrahierenden, mal expandierenden - "Grenze der Hoffnungen", die den Aktivitätsraum von ca. 50.000 Gold- und Diamantensuchern (siehe Kap. IV-1) darstellt. Bezüge der *Mineros* zu ihrer eigenen Geschichte sind oft mit einem nationalen Diskurs verbunden, der zur Legitimierung ihrer Existenz herangezogen werden (vgl. Kap. IV-6). Als Antwort auf staatliche Zugangsbeschränkungen zu den allokativen und autoritativen Ressourcen, die mit staatlich definierten Raumfunktionen als Schutzgebiete oder Konzessionen (trans)nationaler Unternehmen für Akteure des informellen Bergbaus einhergehen, berufen sich die *Mineros* u.a. auf ihre nationalen und historischen Wurzeln:

> "Das Ergebnis [der staatlichen Politik ist], dass wir plötzlich Fremde sind, dass die Erde, wo wir geboren sind, nicht mehr unsere ist. Wir haben weder einen Ort zum Arbeiten, noch einen wo wir hingehen können. In Valla Honde [ein Areal im Südosten der *Reserva Forestal Imataca*, zu dem *Mineros* durch Konzessionen des kanadischen Bergbauunternehmens Tombstone der Zugang verwehrt wird], bitten 300 venezolanische Familien um 100 oder 200 Hektar, in denen sie seit sechs Jahren gearbeitet haben - was ihnen verwehrt wird. Sie seien illegal, zerstören die Umwelt und zahlen keine Steuern, lauten die Argumente der Regierung." (HERRERA, L. - Geologe und Aktivist der Protestbewegung der *pequeña minería* auf einer Demonstration in Tumeremo/Venezuela, Mai 1997)

*Weitere Motive für das Interesse der Mineros an der Geschichte des informellen Bergbaus*

Neben der Heranziehung von Geschichte als Legitimierungsinstrument gibt es unter den *Mineros* aber auch ein unpolitisches Interesse an der Rekonstruktion der geschichtlichen Entwicklung des informellen Bergbaus. Legenden und Mythen dienen sowohl dazu, die Abende spannender zu gestalten, als auch ihrer Weitergabe an jüngere Generationen. Schriftliche Publikationen übernehmen z.T. die Funktion, die Vielfalt der Erfahrungen als *Mineros* festzuhalten und weiterzugeben, dienen aber auch wie im Fall von José MEZQUITA (1996) als Ausdruck des Protestes gegen die staatliche Bergbaupolitik. Ramon Soto, ein *Minero* in Pista Colina (siehe Kap. IV-7), schreibt nach seinen Aussagen dagegen aus rein persönlichen Gründen eine Chronik des informellen Bergbaus. Nach zahlreichen Gesprächen mit Zeitzeugen vertritt er die These, dass sich die Gründungszeit vieler Bergbaustandorte über den Namen rekonstruieren lässt. In Tabelle 3 sind einige seiner Orts- und Namenrecherchen widergegeben.

**So zeigt sich, dass die geschichtlichen Entwicklung des Bergbaus nicht nur von "außen" (z.B. aus einer sozialgeographischen Perspektive) Interesse weckt. Auch für die Akteure des informellen Bergbaus stellt Geschichte keine 'abgeschlossene Vergangenheit' dar, sondern fließt z.T. als symbolische Ressource in aktuelle Identifikations- und Legitimationsmuster ein.**

**Tab. 3: Historische Einordnung der Standorte des informellen Bergbaus nach ihrem Namen**

| Zeitraum | Charakteristika | Beispiele | Übersetzung |
|---|---|---|---|
| **bis 1890** | Religiöse Namen und Elemente<br><br><br>Frauennamen, besonders von Ausländern (Amerikanern) häufig benutzt | La Virgen<br>San Pedro<br>San Luis<br>San Miguel<br>Carmen<br>Las Cristinas<br>Las Alicias<br>La Esperanza<br>Esmeralda | Die Jungfrau<br>Heiligenname<br>- dito -<br>- dito - |
| **1890 - 1925** | Utopische Namen oder Elemente | La Fortuna<br>La Deseada<br>El Dorado<br>El Triunfo<br>El Tesero<br>Zapata | Das Glück<br>Das Erwünschte<br>Goldland/Goldmann<br>Der Triumph, der Sieg<br>Der Schatz<br>Bauernführer und Symbolfigur der mexik. Revolution |
| **1925 - 1960** | Poetische Namen / Elemente | Sol de Abril<br>Afenix<br>El Observatorio | Die Aprilsonne<br>Phönix<br>Der Beobachter |
| **1960 -** | Vulgäre Namen / Elemente (meist mit sexueller Konnotation) | Pantaleta<br>Mamma Fruta<br>La Cuca<br>Pelo Patras<br>Perro Puyando<br><br>La Bulla de Amorados<br>La Rechera<br>La Salvación | Vulgäre Bezeichung für weibl. Geschlechtsorgane<br>- dito -<br>falsches Haar<br>Vulgäre Bezeichung männl. Geschlechtsorgane<br>Rausch der Liebenden<br><br>Zurückweisung, Rückstoß<br>Die Erlösung |
| **ohne klare zeitliche Zuordnung** | Namen mit Referenz zum Abbauort | Manarito<br>Pista Colina | alter, indigener Name<br>Hügel, hügeliges Gelände |

Quelle: Gespräch mit Ramon SOTO, *Minero* in Pista Colina (Juli 1997)

## 4. "Pionierfronten" und Inseln der Waldzerstörung

### 4.1 Die wissenschaftliche Pionierfronten-Genealogie

Landerschließungen an der "Grenze der Ökomene" und die Ausweitung von Siedlungsgrenzen, die mit dem Vordringen des Bergbaus in die Tropenwälder Venezuelas verbunden sind, sind aufgrund des Raumbezuges genuin geographische Themen. Bereits in *The Significance of the frontier in American history* (TURNER 1893) wird aber deutlich, dass es sich beim Vordringen "agrarer, industrieller oder sonstiger Wirtschaftsformen in die Semi- oder Subökumene" (NITZ 1976: 11) weder um ein Phänomen handelt, das sich regional auf die Siedlungsgrenzräume noch thematisch auf physisch-räumliche Aspekte beschränkt.

*Das TURNERsche Pionierfront-konzept*

Kennzeichnenderweise ist das erste Standardwerk zur Pionierfrontenthematik von einem Historiker geschrieben, dessen Interesse nicht räumlichen Erschließungsmustern, sondern sozialen und politischen Institutionen an der Grenze des expandierenden amerikanischen Kulturraumes und der Entwicklung der amerikanischen Gesellschaft gilt. TURNER überträgt den (der militärischen Terminologie entstammden) Begriff *Pionier*, der "Pfadfinder", "Kundschafter", "Wegbereiter" bedeutet, auf die Menschen, die als erste in "unberührtes Land" vordringen, es der "Zivilisation" (sprich der eigenen Gesellschaft) zugänglich machen und beginnen die "Grenze zur Wildnis" zu verschieben. Der Begriff *frontier* bezieht sich dabei nicht wie im europäischen Sprachgebrauch auf eine politische Grenze, sondern meint die Zone zwischen besiedelten und nicht bzw. sehr dünn besiedelten Gebieten. In der deutschen Literatur setzen sich parallel zum *frontier*-Begriff die Synonyme *Pionierzone, Pionierfront* und *Siedlungsgrenze* durch.

*Ontologische Dimensionen der Pionierfront*

Trotz früher und zahlreicher Kritiken[32] an TURNERS metaphernreichen Konzeptionalisierung der Pionierfront als Jungbrunnen für die amerikanische Demokratie und seiner These, dass die amerikanische *frontier* nicht nur Siedelland für die amerikanische Nation erschließe, sondern, dass ihr auch Entwicklung und Ausbreitung amerikanisch-demokratischen Bewusstseins (in Abgrenzung zur europäischen Gesellschaft) inhärent seien, ziehen sich sowohl sein historisch-genetischer als auch ontologischer Erklärungsansatz bis heute durch viele Arbeiten, die sich mit Pionierzonen beschäftigen. Trotz zahlreicher Diskontinuitäten und Weiterentwicklungen des Pionierfrontbegriffs lassen sich auch **Kontinuitäten eines wissenschaftlichen "Pionierfrontenmythos"** nachzeichnen, **die die Ergebnisse einer Regionalanalyse nicht unerheblich mitprägen.** Während in frühen Arbeiten die Pionierfront mal umweltdeterministisch, mal kulturmaterialistisch zur Erklärung und z.T. Idealisierung der eigenen Gesellschaft herangezogen wird[33], nutzen Autoren späterer Arbeiten sie als Kritik an den umwelt- und kulturzerstörerischen Effekten der "modernen" Gesellschaft (vgl. MARGOLIS & CARTER 1979; STERNBERG 1988).

[32] Zur Kritik der TURNER'schen Thesen siehe v.a.: GULLEY (1959); HENNESSY (1978); MIKESELL (1960).

[33] In der umweltdeterministischen Variante wird die "Walderschließung durch die Vielseitigkeit ihrer Anforderungen" als "Lehrmeister einer Reihe von Völkern" interpretiert, "das Leben an der Waldgrenze der Ökomene" gilt als "kulturschöpferisch" und die westliche moderne Zivilisation wird auf die "innige Verschmelzung der materiellen und geistigen Errungenschaften, die sowohl an der Trocken- wie an der Waldgrenze erreicht worden sind" zurückgeführt (CZAJKA 1935: 81). Sehr pointiert kommt das umweltdeterministische Pionierfrontverständnis auch bei WEBB (1960: 93) zum Ausdruck, wenn er schreibt: "I stood in the wilderness and tried to observe what it did to the invaders." Mit der kulturhistorischen Schule der SAUER'schen Prägung, verändert sich in der Geographie der Blickwinkel: Die Pionierfront wird nicht mehr - von der "Naturlandschaft" denkend - als prägend für den Menschen gesehen, sondern als ein Raum betrachtet, in dem die Gesellschaft die Naturlandschaft formt. 1930 antwortet Carl O. SAUER auf die These der Gesellschaftsentwicklung durch die Auseinandersetzung mit der Natur: "'No groups coming from different civilizations and animated by different social ideals have reacted to frontier life in identical fashion.' Therefore, 'the kind of frontier that develops is determinded by the kind of people found on it.'" (SAUER 1930 - zit. n. MIKESELL 1960: 63)

In planungsbezogenen Arbeiten löst sich dieser Gegensatz z.T. auf, da zerstörerische Auswirkungen der Neulanderschließung zwar wahrgenommen werden, aber durch Errungenschaften der modernen Gesellschaft (Technik und Planung) gelenkt und reduziert werden sollen (vgl. u.a. WAGLEY 1974; KOHLHEPP 1989; 1991). Auch wenn das Motiv heute i.d.R. nicht mehr in der Fortschrittseuphorie liegt, sondern es sich angesichts großflächiger Waldverluste häufig um pragmatische Notwendigkeiten handelt, legitimiert der Planer bzw. Wissenschaftler dabei die Landnahme der modernen Gesellschaft sowie seine eigene Tätigkeit. Vor allem wird der Pionierfront bereits in der Formulierung der Forschungsfragen der Sinn beigelegt, der die gesellschaftskritische bzw. -konforme Haltung des Wissenschaftlers bzw. der wissenschaftstheoretischen Schule spiegelt.

*Wissenschaftliche Pionierfront-konzepte: soziale Konstrukte mit sozialen Funktionen*

> "The culture of a new land could be fed from at least three sources: the milieu from which the frontiersman came, the components of that way of life he managed to bring with him and maintain there, the new environment that he entered. From ancient times to the present, scholars have given different weights to these varying factors, depending upon the basic sympathies of the writer and the type of frontier involved. The protection of the borderland from encroachment by enemies of the same cultural level is a different matter from the experiences of humble folk who hew out a home in an uninhabited wilderness. The pioneer may be pictured variously as protector of old values such as Christianity, as a creator of new institutions such as democratic government, or as a destroyer of old ways of life to make way for progress." (WYMAN & KROEBER 1957: XIV)

Pionierfronten sind offensichtlich nicht nur räumliche Erscheinungen, sondern müssen auf ihre soziale Konstruktion und soziale Funktion hinterfragt werden. Trotzdem hat sich die Beschäftigung mit Pionierfronten lange Zeit auf der regionalen Ebene auf das physische Nutzungspotenzial von Grenzräumen (BOWMAN 1937; PELZER 1945), kulturlandschaftsgenetische Aspekte (SCHMIEDER 1928; 1932, 1943) sowie Typologisieren und die Herausarbeitung von Sukzessionsstadien konzentriert (EHLERS 1984). In der Tradition von WAIBEL und SCHMIEDER bleiben deren Schüler (vgl. u.a. KOHLHEPP 1989, 1991; SANDNER & NUHN 1971) dem kulturlandschaftlichen bzw. planungsrelevanten Ansätzen verhaftet, beziehen aber rechtliche und politischen Aspekte, die mit der Landnahme verknüpft sind, in ihre Analysen ein. Untersuchungen zum räumlichen und sozialen Mobilitätsverhalten in den neu erschlossenen Gebieten werden um Analysen des Staates als Träger der Kolonisation und Konfliktpotenziale ergänzt.

Heute werden die sozialen Prozesse und funktionalen Zusammenhänge zur nationalen Ebene, übergeordnete gesellschaftliche Verflechtungen und Marginalisierungsprozesse zwar prinzipiell wahrgenommen.

Aber die sozialen und funktionellen Zusammenhänge entsprechen in der deutschsprachigen Geographie selten dem Forschungsfokus[34], und wenn sie im Zentrum der Untersuchung stehen, geht es um den funktionellen Zusammenhang zur Nationalebene und Fragen nach Inwertsetzungsrestrinktionen und - möglichkeiten. Trotz zahlreicher Äußerungen zu Marginalisierungsprozessen in den Siedlungsgrenzräumen, werden genau diese Fragen selten stringent thematisiert. In diesem Zusammenhang ist auch die Kontinuität, mit der sich die Unterscheidung in "Natur- und Kulturlandschaft" (trotz des Wahrnehmens der *Vorbevölkerung* der "Semi- bzw. Anökumene") hält, kritisch zu hinterfragen. Im implizit enthaltenen Natur-Kultur-Dualismus werden physisch-geographischen Faktoren als die konstitutiven Elemente einer Pionierfront begriffen. So erfolgt die Typologisierung der Grenzen der Ökumene in der deutschsprachigen Geographie selten nach sozioökonomischen sondern nach physischgeographischen Kriterien (vgl. CZAJKA 1935; EHLERS 1984; NITZ 1976). Diese Gruppierung ist je nach Fragestellung gerechtfertigt, drängt aber die im angloamerikanischen Raum eher zum Tragen kommenden sozioökonomischen Konstitutive einer Pionierfront in den Hintergrund.

## 4.2 Politisch-ökologische Begriffsbestimmung der "Pionierfront"

Greift man die zahlreichen Hinweise auf die soziale Dynamik an Pionierfronten und die konstitutiven Beziehungen zu überregionalen Gesellschaftsebenen auf und stellt nicht die Suche nach Regelhaftigkeiten und Planbarkeit in den Mittelpunkt der Untersuchung, sondern sucht nach Erklärungen für intra- und intergesellschaftliche Marginalisierungsprozesse und deren Auswirkungen auf die Umwelt, muss der Raumbezug z.T. zugunsten einer sozial-orientierten Forschungsperspektive gelockert werden. Eine Pionierfront ist nicht nur eine lokal begrenzte physische Raumeinheit, sondern konstituiert sich auch durch ihre sozioökonomischen Bezüge zur nationalen und globalen Ebene (vgl. ALTVATER 1987a, 1992; FEARNSIDE 1986; HALL 1989).

[34] Seit den 1970er Jahren weicht dagegen in der anglo-amerikanischen Literatur die TURNERsche Vorstellung eines einheitlichen Organismus von Nationalstaat und Pionierfront, nach der die Pionierfront als politische Strukturierungslokalität für Nationalbewusstsein und amerikanische Demokratie fungiert, einer Fokussierung auf ökonomische Abhängigkeitsverhältnisse. Mit kleinen Begriffs- und Definitionsunterschieden differenzieren KATZMANN (1975) und der Brasilianer MARTINS (1975) zwischen subsistenz- und marktorientierten Landerschließungen und weisen auf die Funktion der Pionierfront als demographischen Zuwanderungs- und Extraktionsraum für extra-regionale Märkte hin. MUELLER (1983) und SAWYER (1983) erweitern diese Systematik um die spekulative Form einer Pionierzone. Zunehmend wird herausgearbeitet, dass die Existenz von Pionierfronten einen übergeordneten Rahmen bzw. einen Kernraum als Bezugseinheit voraussetzt (vgl. COY 1988, 1993).

In der deutschsprachigen Geographie zeigt sich diese Wendung zu einer mehr sozialwissenschaftlich orientierten Pionierfrontenforschung bei COY, wenn er

> "unter Berücksichtigung dieser Interdependenzen die Pionierfront als einen spezifischen Wirtschafts- und Sozialraum [definiert], der einerseits durch eine besondere Entwicklungsdynamik, in sozialer Hinsicht durch die Vorherrschaft regionsfremder Akteure, andererseits aber auch durch typische Konflikte zwischen verschiedenen Nutzungsansprüchen und durch rasche sozio-ökonomische und räumliche Veränderungsprozesse geprägt ist." (vgl. COY 1988: 19)

Im Sinne der Political Ecology lässt sich die soziale Bedingtheit einer Pionierfront noch weiter fassen. Wenn man sowohl die strikte Akteursorientierung der *Political Eocology* als auch die von ihr vertretende Auffassung, dass Umwelt und Umweltveränderungen keine objektiv fassbaren Außenwelten sind, sondern wahrnehmungs- und ideologische Komponenten enthalten, auf die Pionierfrontthematik überträgt, heißt das zunächst, dass die Synonyme *Pionierfront* bzw. *Pionierzone* endgültig ersetzt werden müssen. *Pionier* i.S. von "Pfadfinder", "Wegbereiter" usw. gibt nur die Sicht der eindringenden Gesellschaften wieder, worauf schon viele Autoren aufmerksam gemacht haben, dann aber doch an diesem Begriff festhalten. Hinzu kommt, dass der Begriff *Pionier* mit dem Bild des nordamerikanischen Siedlers verbunden ist, mit dem die Erschließung lateinamerikanischer Wälder wenig gemein hat (vgl. HENNESSY 1978; MIKESELL 1960). Drittens birgt das *Frontier*-Paradigma wenn auch z.T. unbewusst die Vorstellung,

*Aufgabe des Pionierfrontbegriffs*

> "....that forests, cultivable land, and other natural resources are essentially limitless and can therefore be used without restraint." (LEDEC & GOODLAND 1989: 451)

Auch wenn die Aufgabe eines (in diesem Fall in der Geographie) seit langem situierten und "handlichen" Begriffs nicht unproblematisch ist, wird der Terminus *Pionierfront* durch **Expansionsraum** ersetzt. Dieser Begriff birgt implizit den polständigen Begriff **Kontraktionsraum**[35] in sich, womit in der Begriffsverwendung nicht mehr nur die Perspektive der landnehmenden Gesellschaft angelegt ist. Die Bevorzugung des Begriffs Expansionsraum ergibt sich aus dem Fokus der vorliegenden Arbeit, die die Walderschließung durch den Bergbau aus der Perspektive der neu in den Raum expandierenden Gesellschaft untersucht. Deutlich wird jedoch, dass - je nachdem wie das Begriffspaar im spezifischen Fall angewendet wird - es sich immer um eine perspektivische Darstellung und nicht um eine objektiven Begriff handelt.

[35] EHLERS (1984) verwendet ebenfalls die Begriffe Expansions- und Kontraktionsraum, meint aber Sukzessionsstadien einer Pionierfront, die sich in den Naturraum vorschiebt und sich zumindest partiell wieder zurückzieht. Im Gegensatz zu EHLERS werden Expansion und Kontraktion hier nicht als zeitlich aufeinander folgende Entwicklungsstadien, sondern als zeitgleiche Entwicklungen begriffen.

Die seit TURNER mit dem Begriff der Pionierfront verbundene Vorstellung einer in die Natur vordringenden Kultur wird ebenfalls aufgegeben, da ein Expansionsraum nicht als ein Raum begriffen wird, in dem sich Natur und Kultur gegenüberstehen und übergeordnete Zusammenhänge sich auf ökonomische Ausbeutungsverhältnisse oder kulturelle Auswirkungen beschränken. In enger Anlehnung an die Pionierfronten-Definition von COY (1988: 19; 1993: 14) wird unter einem **Expansions-/Kontraktionsraum**

*Expansions-/ Kontraktionsräume*

> ein Sozialgefüge verstanden, das durch eine Vielzahl von sozioökonomischen Konflikten und Transformationsprozessen auf der gesellschaftlichen und der physisch-manifesten Ebene gekennzeichnet ist. Charakteristisch für einen Expansions-/Kontraktionsraum sind divergierende Nutzungsansprüche an natürlichen Ressourcen, die Vorherrschaft regionsfremder Akteure sowie die Gleichzeitigkeit von Marginalisierungs- bzw. Verdrängungsprozessen und der Verbesserung individueller Lebenschancen bzw. Gewinnmöglichkeiten. Dabei definieren gesellschaftliche Leitbilder, welche Bedeutung einem Expansions- bzw. Kontraktionsraum beigemessen wird, legen fest, ob es sich um eine konstruktive oder destruktive sozialräumliche Erscheinung handelt und bestimmen den Rahmen für weitere Entwicklungen.

Diese Definition birgt in sich, dass z.B. die Untersuchung des Kulturlandschaftswandels anderen Fragestellungen untergeordnet wird. Erstens geht es um die Herausarbeitung der politischen, wirtschaftlichen und wissenschaftlichen Instanzen und Mechanismen, die die sozial konstruierten Abbilder von Erschließungsräumen reproduzieren, zweitens um die Vielfalt von Macht- und Abhängigkeitsverhältnissen und drittens um physisch-manifeste Umweltveränderung. Expansion und Kontraktion beziehen sich sowohl auf die physisch-materielle Ebene als auch auf soziokulturelle Aspekte. So handelt es sich bei einem Expansionsraum um ein räumliches Phänomen, das durch die Kombination manifester und kognitive Prozesse konstituiert wird. Abb. 3 stellt die Vielfalt der Verflechtungen zwischen verschiedenen geographisch-politischen Ebenen (die über ökonomische Aspekte hinausgehen), die Heterogenität lokal agierender Akteure und die dialektische Wechselbeziehung zwischen materieller Umwelt und Gesellschaft dar.

**Diese Konstitution einer Pionierfront, die auf zentrale Thesen der *Political Ecology* (vgl. Kap. I-4) zurückgeht, gewinnt im Fall des Gold- und Diamantenbergbaus in Venezuela Bedeutung, weil sie den Versuch darstellt, Akteure und Raumkonstitutive des bergbaulichen Expansionsraums differenzierter zu betrachten und aus gängigen Bewertungszuschreibungen einer sich in "jungfräuliche Primärwälder" vorschiebenden bergbaulichen "Pionierfront" auszubrechen.**

**Abb. 3: Politisch-ökologisches Modell eines Expansions-/Kontraktionsraums**

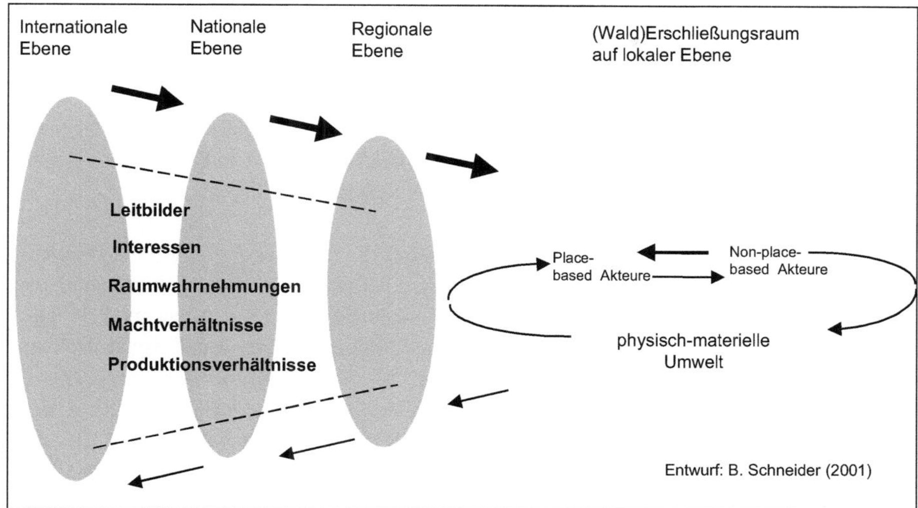


## 4.3 Bergbauinduzierte Waldkontraktionsräumen in Venezuela

**Der Bergbau als ein besonderer Typus eines Expansionsraums und wichtiger Faktor für die Kontraktion von Wäldern findet erst in neuerer Zeit Beachtung** (vgl. u.a ALTVATER V.J.; BÖGE 1998, FIAN V.J.; MINEWATCH 1992 sowie PASCA 1995). Sowohl weltweit als auch in Venezuela lässt sich in der Untersuchung der Tropenwaldvernichtung eine Konzentration auf den landwirtschaftlichen Sektor konstatieren.

In Venezuela kommt die langjährige Konzentration auf die nördlichen Landesteile hinzu. Die Autoren, die sich überhaupt mit der Erschließung des südlichen Venezuelas beschäftigt haben, konzentrieren sich auf staatliche Großprojekte (wie den Guri-Staudamm, den Bauxitabbau um Pijiguaos oder den Eisenabbau um Piar bzw. San Isidro), auf den Entwicklungspol Ciudad Guayana (BORCHERDT 1988; DILLNER 1961; ODELL 1974) oder den landwirtschaftlichen Sektor (CRIST & NISSLY 1973). Das Erkenntnisinteresse der zumeist deskriptiven Arbeiten (vgl. GRILLET 1987) ist i.d.R. auf die Potenziale der südlichen Regionen für die Nationalökonomie, auf Entwicklungspole und mögliche Technologieinnovationen ausgerichtet. Die Mehrzahl der Arbeiten werden von der modernisierungstheoretische These durchzogen, dass wirtschaftliche Entwicklung mit gesellschaftlicher Integration einhergeht, während Marginalisierungsprozesse mit dem Verharren in traditionellen Strukturen erklärt werden. So schreiben CRIST & NISSLY (1973: 4) zum Beispiel:

> "The crux of the whole problem of settlement is to convince pioneers that by accepting innovations and the winds of change, thus moving into new areas and with new technology, they will alter the pattern of their daily lives so to be able to live a more abundant life, spiritually as well as materially."

Nur wenige Autoren weisen wie BORCHERDT (1988) auf innerstädtische Differenzierungsprozesse des Entwicklungspols Ciudad Guayana sowie den Mangel regionale und soziale Sickereffekte hin.

*LACABANA (1995)*

Obwohl OTREMBA bereits 1954 auf die Existenz des Gold- und Diamantenbergbaus aufmerksam gemacht hat, wird er - vermutlich aufgrund der fehlenden Bedeutung für die Nationalwirtschaft - selten erwähnt. Die erste umfassende Arbeit zum Goldbergbau im Bundesstaat Bolívar kommt aus Venezuela selbst. In *Subsistema aurífero venezolano. Complejización económica y deterioro ambiental* veröffentlicht der Soziologe Miguel LACABANA (1995a) erste Ergebnisse seiner Dissertation, in der er den Goldbergbau in Guayana analysiert. Von der These ausgehend, dass sich das Subsystem Goldbergbau (*subsistema aurífero*) in unmittelbarer Wechselwirkung zu soziopolitischen Veränderungen auf der Nationalebene herauskristallisiert hat, zeigt er differenziert die vielfältigen Beziehungen zwischen verschiedenen Akteuren des Goldbergbaus sowie intrasystemische Interessenkonflikte auf. Dabei geht es ihm darum, Regelmechanismen aufzuzeigen, um negative soziale und ökologische Auswirkungen des Goldbergbaus zu verhindern bzw. zu vermindern. Aufgrund seines systemorientierten Ansatzes und des hohen Abstraktionsniveaus ist die Analyse sehr theoretisch und funktionalistisch ausgerichtet. In seiner Konzentration auf analytische Kategorien (Systeme) kommen empirische Unregelmäßigkeiten, Brüche und Übergänge zwischen den Systemen sowie empirische Details der regional-lokalen Ebene kaum zum Tragen. Beispielsweise werden personelle Verflechtungen zwischen staatlichen Institutionen oder zwischen dem informellen Bergbau und dem industriellen Bergbau ebenso wenig erwähnt wie Differenzierungen innerhalb der Subsysteme. Die Feststellung, dass er den Goldsektor - mit gut recherchierten Informationen - aus der Außenperspektive von Caracas analysiert, korrespondiert mit eigenen Aussagen des Soziologen, dass er nur wenig Zeit in der Region verbracht hat (pers. Gespräch, Oktober 1997).

Weitere Arbeiten zum Bergbau und zur Walderschließung im Süden Venezuelas, beschäftigen sich insbesondere mit Folgen für die indigene Bevölkerung (vgl. COUSINS 1991; FIP 1991; MANSUTTI 1981) oder es handelt sich um kleinräumige Auftragsstudien.

## 4.4 Bergbauinduzierte Inseln der Waldzerstörung im Südosten Venezuelas

1869 schreibt FOSTER (1869, zit. n. ROBINSON 1968: 67) über El Callao: "das, was heute das Szenarium einer aktiven [Bergbau]industrie darstellt, war vor wenigen Jahren noch Wald." Gleiches gilt heute für eine Vielzahl von kleinstädtischen Bevölkerungsagglomerationen entlang der Bundesstraße 10 sowie - wenn man die Aussage auf Savannenvegetation erweitert - für Siedlungen an der B16 und B19. Bis heute liegen keine Berechnungen der Fläche vor, die der Gold- und Diamantenbergbau auf regionaler Ebene beansprucht. Da Flächenangaben auf der lokalen Ebene nur Teilgebiete des gesamten Flächenbedarfs abdecken und sich häufig widersprechen, lässt sich auch aus der Addierung der lokalen Bergbauareale keine Gesamtsumme berechnen. So ist nur eine ungefähre Annäherung an den Flächenanspruch des Gold- und Diamantenbergbaus im Bundesstaat Bolívar möglich.

*Zentren des Gold- und Diamantenbergbaus*

Ein Großteil der *Mineros* konzentriert sich in und um die Bergbausiedlungen **El Callao, Las Claritas** und **Sta. Elena de Uaríen** (vgl. Karte 3). **Tumeremo** und **El Dorado** sind keine Bergbausiedlungen in dem Sinne, dass Mineralien abgebaut werden, aber als Residenzen für viele *Mineros* gehören sie zu den Bergbauzentren. **Caicara de Orinoco** und **La Paragua** sind in erster Linie landwirtschaftliche Zentren, aber auch sie sind Ausgangspunkte informellen Bergbaus. Ciudad Piar geht auf den Erzabbau am *Cerro Bolívar* zurück. Tumeremo, El Dorado und Las Claritas / KM 88 sind Bergbauzentren, die in Standorten des tropischen Regenwaldes liegen. Sie umfassen zusammen 24,4 km² (UDO 1997). Während es sich in Tumeremo (12 km²) in erster Linie um besiedelte, landwirtschaftlich genutzte oder für weitere Bebauungsmaßnahmen ausgewiesene Flächen handelt, besteht Las Claritas/KM 88 (5 km²), nahezu vollständig aus devastierten Bergbauflächen. Flächenangaben über die zerstörten Waldflächen um Las Claritas schwanken zwischen 120 bis 150 ha (BREWER-Carias 1990; CVG 1996) und 500 ha (UDO 1997). Der Kahlschlag der Vegetation beschränkt sich aber nicht nur auf die kleinstädtischen Bergbausiedlungen.

In den ländlichen Regionen um **Icabarú** und **Guaniamo** sowie südlich von La Paragua sind große Flächen der Savannenvegetation durch alluvialen Diamantenbergbau vernichtet. Tabelle 4 gibt die Größe der wichtigsten aktuell genutzten Bergbauareale wieder. Illegal genutzte Flächen sind z.T. eingeschlossen.

**Tab. 4: Bergbauflächen im Bundesstaat Bolívar**

| Zone | Fläche mit abbauwürdigem Material (ha) | Gegenwärtig genutzte Fläche (ha) | Geplante Nutzung nach Typ des Bergbaus in % (1993) | | |
|---|---|---|---|---|---|
| **Goldbergbau** | | | P[3] | M[3] | G[3] |
| El Callao | 221.100 | - | 0 | 80 | 20 |
| Playa Blanca | 3.475 | 1040 | | | |
| Rio Claro | 3.350 | 670 | | | |
| Chicanán / El Foco / KM 88 | 43.750 | - | 1 | 80 | 19 |
| Las Flores | 27.000 | - | 0 | 80 | 20 |
| Anacoco Río Botanamo | 26.200 | - | 0 | 80 | 20 |
| Santa Rosa | 200 | 60 | | | |
| Rio Claro | 3.350 | 670 | | | |
| El Dorado- Cuyuní[1] | 104.500 | 400 | 1 | 80 | 19 |
| Río Cuyuni[1] | 21.756 | 100 | | | |
| Supamo Parapapoy | 35.600 | 160 | 2 | 80 | 18 |
| Bochinche | 43.300 | 150 | 2 | 70 | 18 |
| Bajo Caroni[2] | 118.360 | - | 0 | 100 | 0 |
| Aro-Carapo | 216.250 | - | 0 | 75 | 25 |
| Las Claritas - KM 88 | 400 | 240 | | | |
| Venamo Valla Hondo | 8.750 | - | 0 | 80 | 20 |
| Marwani | 88.880 | - | 2 | 79 | 18 |
| Hacha-Icabarú Trompa Zapata | 1.350 | - | 20 | 80 | 0 |
| Súa Súa- Yuaruán Yuruari | 10.600 | - | 5 | 70 | 25 |
| Piar | 184.700 | - | 0 | 85 | 15 |
| **Total** | **1.162.871** | **3.490** | | | |
| **Diamantenbergbau** | | | | | |
| Guaniamo | 96.890 | 1100 | 5 | 45 | 50 |
| Bajo Caroní[1] | 118.350 | - | 0 | 100 | 0 |
| Aza-Karón | 14.370 | 600 | 5 | 95 | 0 |
| El Polaco | 1.100 | 300 | 0 | 100 | 0 |
| Icabaú | 3.965 | 500 | | | |
| Hacha-Icabarú Trompa Zapata | 800 | 150 | 38 | 62 | 0 |
| San Salvador de Paúl | 3750 | 860 | 100 | 0 | 0 |
| **Total** | **239.225** | **3.510** | | | |

[1] In einer Studie der CVG (1991) werden für das Einzugsgebiet des oberen Cuyuní 64 km² bergbaulich genutzter Areale angegeben. In dieser Zahl sind allerdings Zentren wie Las Claritas, El Foco und La Leona enthalten.
[2] Der Mineralienabbau in Flüssen ist nicht einbezogen
[3] P = *Minería pequeña*, M = *Minería mediana*, G = *Minería en gran scala*
Quellen: versch. z.T. unver. CVG-Statistiken (1993; 1996)

**Insgesamt beschränkt sich der Flächenbedarf des Gold- bzw. Diamantenbergbaus derzeit also auf jeweils nur 35 km².** Selbst wenn man die Flächen verdoppelt, um nicht erfasste Flächen in die Berechnung einfließen zu lassen, ergibt sich ein geringer Anteil von 0,05% an der Gesamtfläche des Bundesstaates[36].

[36] Diese Zahl korrespondiert mit MARIZ DA VEIGA (1996: 41), der Satellitenbildauswertungen der CVG-Tecmin zitiert, nach denen die CVG davon ausgeht, dass der "Kleinbergbau" auf 6300 ha (bzw. 0.03% Fläche des Bundesstaates) Gold- und Diamanten abbaut

Interessant ist aber, dass die CVG bereits 1993 die Ausweisung von weiteren rund 12.000 km² für den Goldbergbau und 2.400 km² für den Diamantenbergbau vorsieht. Nach der regionalen Öffnung für den Bergbau 1996, die alleine in der *Reserva Forestal Imataca* 14.000 km² für die bergbauliche Nutzung ausweist (vgl. Kap. VI), muss diese Zahl noch um einiges höher angesetzt werden, wenngleich sich die sog. ***Apertura Minera*** durch die Förderpriorität für mittlere und große Bergbauunternehmen in der Planung von 1993 bereits andeutet.

*1990er Jahre: geringe Flächennutzung durch den Gold- und Diamantenbergbau, aber Entwicklungszenarien mit hohen Flächenansprüchen*

Zudem liegt das Konfliktpotenzial des Gold- und Diamantenbergbaus nicht nur in der Expansion der Flächen. **Im Gegensatz zur quantitativen Relativierung sind die räumliche Verteilung des Gold- bzw. Diamantenbergbaus und seine qualitativen Auswirkungen auf die Umwelt extrem problematisch.** 1954 stellt OTREMBA zwar fest, dass es

> "in Venezuela keinen Pioniergürtel, keine Frontera, sondern, abgesehen vom städtischen Kernraum, auf den der Menschenstrom des Landes zur Zeit gerichtet ist, nur kleine Landeskulturinseln, die sich gegen den allgemeinen Strom der Landflucht und der Extensivierung schützen müssen [gibt]." (OTREMBA 1954: 181)

Aber diese Aussage gilt heute nur noch bedingt. Mit der Bundesstraße 10 wurde in den 1960er Jahren eine Entwicklungsachse angelegt, an der große Waldflächen bis zum Anstieg zur Gran Sabana für flächenintensive Weidewirtschaft gerodet wurden (vgl. ODELL 1974). Der Gold- und Diamantenbergbau schiebt sich zudem nicht in einer geschlossenen "Pionierfront" in die Wälder, sondern dringt - große Waldareale überspringend - inselartig in periphere Lagen vor. Wenngleich der Gold- und Diamantenabbau die Wälder z.T. nur inselartig zerstört, so beschränken sich Umweltauswirkungen allerdings nicht auf den Ort des Abbaus.

Umweltschädigungen wie Sedimentzuschüttungen der Gewässer, Quecksilbereinträge in die Flüsse und Quecksilberemissionen in die Luft überschreiten die Standortgrenzen des Bergbaus und bedingen, dass der Bergbau aus ökologischer Sicht extrem problematisch ist (vgl. MARIZ DA VEIGA 1995, 1996; PONTE 1997; siehe auch Kapitel IV und V). **Und da Lokalisationsschwerpunkte entlang der Flüsse, die in den Guri-Stausee entwässern, im Süden des Nationalparks Canaima sowie - in die Zukunft gesehen - in der *Reserva Forestal Imataca* (vgl. Kap. VI) liegen, gefährdet der Mineralienabbau genau die Vegetations- und Wasserressourcen, die zur Sicherung der nationalen Wasser- und Holzreserven unter besonderem Schutz stehen.**

*Qualitative Umweltauswirkungen*

## 5. Zwischenfazit: Der Bundesstaat Bolívar: Produkt divergierender Wahrnehmungen und Interessen

Wahrnehmung, Konstitution und Entwicklung der südlich des Orinoco gelegenen Landesteile Venezuelas sind entlang einer historischen Achse in ein dialektisches Wechselverhältnis zwischen der physisch-materiellen Rohstoffausstattung und sozialen Prozessen auf der lokal-regionalen, nationalen und internationaler Ebene eingebunden.

*Der Bundesstaat Bolívar: Peripherer Ergänzungsraum nationaler und internationaler Zentren*

Seit der Kolonialzeit fungiert der Süden Venezuelas als ein peripherer Ergänzungsraum des venezolanischen Zentrums, in dem extraktive Wirtschaftssektoren dominieren. Die Extraktion der Rohstoffe und die Inwertsetzung des Raums für die Kolonialmächte und später für die *criollische* Gesellschaft ging auf Kosten der indigenen Bevölkerung, deren Dezimierung und Verdrängung von aus- und inländischen Eliten lange Zeit nicht als Problem wahrgenommen wurde. Versuche der Kolonialmächte, sich Zugang zu der - zur El Dorado stilisierten - Region zu sichern, hatten erste Raumerschließungen zur Absicherung des Territoriums sowie Grenzkonflikte mit dem Nachbarland Guyana zur Folge, die bis heute andauern. Mit den modernen Methoden der infrastrukturellen Raumerschließung des 20. Jahrhunderts und der Einführung neuer Technologien im Bergbausektor nehmen Konflikte um die Nutzung der regionalen Ressourcen zu. Verschiebungen im Bereich der autoritativen und allokativen Ressourcen, die z.B. in der zunehmenden Ausweisung bergbaulicher Konzessionen zum Ausdruck kommen, zeigen das zunehmende Interesse industrieller Bergbaukonzerne und des venezolanischen Staates an den Bodenschätzen.

Während sich geostrategische und ökonomische Interessen in allen historischen Phasen des Bundesstaates Bolívar nachweisen lassen, sind Interessen wie der Schutz der Tropenwälder neu hinzugekommen. Mit zeitlicher Verzögerung rücken die globale Sensibilisierung für Umweltfragen und die Tropenwaldproblematik die südlichen Landesteile Venezuelas in den 1990er Jahren in das Spannungsfeld divergierender Nutz- bzw. Schutzinteressen.

*Perspektivische Interpretationsvielfalt*

**Entscheidend ist, dass nicht nur die physische Raumausstattung, sondern auch zeitlich variable Sichtweisen und Interessen den Bundesstaat Bolívar z.B. zu einem *hot spot* der Biodiversität oder einem mineralischen Rohstofflager konstituieren. Parallel sind bergbauinduzierte Raum- und Umwelteffekte nicht nur als objektiv quantifizierbare Veränderungen zu betrachten.**

Die frühere Heroisierung der "Bergbau-Pioniere am Rande der Zivilisation" und die heute überwiegenden Negativzuschreibungen zeigen die Bedeutung perspektivischer Interpretationen ebenso wie divergierende Deutungen, die geographische Pionierfrontkonzepte durchziehen. Interessengeleitete Interpretationen generieren eine Vielzahl von z.T. falschen Eindrücken vom Bundesstaat Bolívar. Wie gezeigt wurde, orientiert sich der informelle Bergbau z.B. häufig an aufgelassenen und aktuellen Standorten des industriellen Bergbaus und ist somit keineswegs immer der Pionier der Walderschließung. Auch steht sein derzeitiger (1990er Jahre) Flächenbedarf steht in keinem Verhältnis zu dem Ausmaß, wie es die Diskussion in Venezuela erwarten ließe. Viehweiden, Stauseen und forstwirtschaftliche Projekte, die weitgehend außerhalb der öffentlichen Debatte stehen, beanspruchen deutlich mehr Tropenwaldflächen.

**Die 1996 eingeleitete *Apertura minera*, die eine zunehmende Nutzung der Bodenschätze im Bundesstaat Bolívar vorsieht, lässt allerdings einen massiven Anstieg bergbaulicher Konzessionen und damit verbunden eine großflächige Zerstörung des Waldbestandes erwarten.**

# III Wald und Bergbau im Kontext der Wirtschafts- und Raumplanung

*Heterogenität und Ambivalenz raumwirksamer Staatstätigkeiten*

Auch wenn die *Political Ecology* allen Akteuren die gleiche Bedeutung als Untersuchungsgruppe beimisst und somit der Auffassung widerspricht, dass der Staat die fundamentale Analyseeinheit räumlicher Konfliktforschung (vgl. OßENBRÜGGE 1983; BRYANT 1992, MIGDAL 1988) bilden muss, so kommt dem Staat aufgrund der Heterogenität staatlicher Raumwirksamkeit in extraktiven Ökonomien doch eine zentrale Rolle innerhalb des Spannungsfeldes Bergbau und Schutz natürlicher Ressourcen zu. Raumwirksame Staatstätigkeit (BOESLER 1969) findet ihren Ausdruck in nationalen und regionalen Raumordnungen, in Gesetzen, in sektoralen und regionalen Förderprogrammen sowie in infrastrukturellen Raumerschliessungsmaßnahmen. Insbesondere in Expansions- und Kontraktionsräumen wirken staatliche Regional- und Sektoralpolitiken als auslösende und richtungsweisende Entwicklungsimpulse. Ähnlich wie COY (1988: 33) für den von ihm untersuchten brasilianischen Peripherieraum feststellt, dass der Staat "als auslösender und richtungsweisender Faktor eine herausragende Bedeutung für die charakteristischen Prozesse an der räumlichen und gesellschaftlichen Siedlungsgrenze Amazoniens" inne hat, übernimmt auch der venezolanische Staat eine wichtige Rolle bei der Raumerschließung des Bundessstaates Bolívar. Dabei müssen (wie für Venezuela später noch deutlich wird) auch "spontane", nicht staatlich gelenkte Aktivitäten und Prozesse, die sich auf die Wälder des Bundesstaates Bolívar auswirken, im Kontext staatlicher Entscheidungen bzw. Nicht-Entscheidungen diskutiert werden. Denn

> "...durch den Begriff der *spontanen* Entwicklung [darf] nicht der Eindruck entstehen, als würde es sich um Ergebnisse *freier Entscheidungen unabhängiger Individuen* handeln. Im Gegenteil: auch spontane Entwicklung ist entscheidend von den politisch-gesellschaftlichen Rahmenbedingungen, von ökonomischen Zwängen, von sozio-ökonomischen Interessenskonflikten determiniert. Besonders unter den Gegebenheiten des auf *Modernisierung* setzenden assoziativ-kapitalistischen Entwicklungsmodells Brasiliens mit der Folge einer Zunahme disparitärer Strukturen in gesellschaftlicher und räumlicher Hinsicht hat *spontane* Entwicklung an der Peripherie Rondonia viel zu tun mit Verdrängung, mit Problemverlagerung aus dem Zentrum in die Peripherie..." (COY 1988: 76)

Die ambivalente Rolle des Staates in Extraktionsökonomien (vgl. AUTY 1998) resultiert aus seiner Aufgabe, einerseits Politiken zu implementieren, die der Zerstörung natürlicher Ressourcen regulative Mechanismen und alternative Wohlfahrtseffekte entgegensetzen. Andererseits verlangen kapitalintensive Extraktionsökonomien eine staatliche Politik, die Privatunternehmen (als Träger der Raum- und Ressourcenerschließung) politische, juristische und ökonomische Sicherheit gewährleistet.

Insbesondere die Fragmentierung staatlicher Institutionen, die Heterogenität staatlicher Entscheidungen und Handlungen sowie Abhängigkeitsverhältnisse zu nationalen und internationalen Eliten erschweren eine Analyse der raumwirksamen Tätigkeiten des Staates erheblich. Die Darstellung staatlicher Einflüsse auf die bergbaulichen Entwicklungen in Venezuela konzentriert sich daher von vornherein auf die raumwirksamen Staatstätigkeiten, die in nationalen und regionalen Entwicklungskonzepten, institutionellen Regelungen sowie in staatlichen Fördermaßnahmen zum Ausdruck kommen. **Dabei geht es nicht um die Bewertung der Erfolge bzw. Misserfolge der venezolanischen Raum- und Wirtschaftsplanung, sondern im Sinne der *Political Ecology* sollen tiefere, z.T. unbewusste Dimensionen ausgelotet werden** (vgl. ESCOBAR 1993; 1995). Staatlichen Aktivitäten zugrunde liegende Raum- und Naturbilder, politisch-ideologische Komponenten von Regionalisierung und Dezentralisierung und sich unter verschiedenen Wirtschaftsmodellen verändernde Funktionen des Raums sind Aspekte, die bei einer Analyse der Regionalentwicklung, die sich an operationalisierbaren Indikatoren (z.B. demographische Dichte und ökonomische Wertschöpfung) orientieren, oft ausgeblendet werden. Planungen sind aber - obwohl mit Adjektiven wie 'realistisch, wissenschaftlich oder pragmatisch' belegt - kein Ausdruck objektiver Rationalität, sondern Teil des geopolitisch-gesellschaftlichen Diskurses.

*Analyse-schwerpunkte*

> "Ideas are never 'innocent'. Mental conceptions, including belief systems, morality, philosophy, and law, either reinforce or challenge existing social and economic arrangements. And they do so actively, as biased participants in sociopolitical intercourse." (SCHMINK & WOOD 1987: 51)

Im Gegensatz zum WEBER'schen Idealtypus rationeller staatlicher Administration davon ausgehend, dass der Staat, ein Akteur ist, der nicht außerhalb des *battlefield of interests* (BLAIKIE 1985) agiert, wird das dreifache Spannungsverhältnis, in dem der venezolanische Staat als Entwicklungsagent und Schutzinstanz natürlicher Ressourcen, als nationaler und internationaler Akteur sowie als zentrale Autorität und föderative Organisation steht, nicht nur auf seine zeitliche Variabilität, sondern auch auf ökonomische, politische, normative und diskursive Elemente diskutiert[37].

*Spannungsfelder der staatlichen Wirtschafts- und Raumplanung*

**Dabei zeigt sich, dass staatliche Konzepte für den Süden Venezuelas in fünf dualistische Kräftefeldern bzw. einander überlappenden Folien eingebunden sind, die sich massiv auf die bergbauliche Entwicklung auswirken.**

[37] Ähnliche Ansätze der „Entmythologisierung" von staatlicher Administration, Dezentralisierung und Regionalisierung werden in Venezuela selbst intensiv im CENDES diskutiert (vgl. BARRIOS 1976, 1984; JUNGEMANN 1998; López 1995). Staatliche Institutionen und Planungen werden dabei nicht innerhalb der ihnen inhärenten Logik nach Zielen, Methoden und Umsetzungsschwierigkeiten analysiert, sondern nach Einflussfaktoren, ausgeblendeten Fragestellungen und nach nicht intendierten Entwicklungen hinterfragt. Zur allgemeinen Debatte um die Rationalität von Planung siehe WOLFF (1977).

Bei diesen Kräftefeldern handelt es sich um

**a) das organistisches Bild einer heilen, zu schützenden Natur versus der Naturbeherrschung als Ausdruck von Zivilisation und Fortschritt,**

**b) Nationalismus versus Auslandsorientierung, Einbindung in den Weltmarkt und internationale Debatten,**

**c) Zentralismus versus Dezentralisierung,**

**d) Raumplanung versus Wirtschaftsplanung** sowie

**e) wirtschaftliche Diversifizierung versus Rentiersmentalität**

## 1. Frühe Wurzeln eines zentralistischen Raum- und Naturbildes

*Frühe Naturkonzepte*

Auch wenn die venezolanischen Binnenräume seit der Kolonialzeit als Extraktionsräume für jeweils im historischen Kontext gesellschaftlich interessante Naturelemente (z.B. Kautschuk und Edelmetalle) genutzt werden, wird Natur als solche bis in das 20. Jahrhundert von der nationalen, städtischen Elite primär als rückständig oder feindlich wahrgenommen.

Die 1814 infolge der Unabhängigkeitskriege einsetzende "Flucht in den Osten" hatte die hauptstädtische Kolonialaristokratie weit in den Osten und Süden Venezuelas bis nach Cumaná und Ciudad Bolívar verstreut und durch die Kaffeewirtschaft in den Anden bzw. die Viehwirtschaft in den *Llanos* hatten regionale *Caudillos* (charismatische, populisitische Führer) an politischer Bedeutung gewonnen. Aber die südlich des Orinoco gelegenen Landesteile liegen auch nach der Unabhängigkeit weitgehend außerhalb der Interessen der nationalen Eliten, die historisch, ökonomisch und kulturell mehr mit europäischen Kolonialmächten als mit dem eigenen "Hinterland" verbunden sind. General Antonio Guzmán Blanco (Präsident von 1871- 1888) ist charakteristischer Vertreter einer außenorientierten hauptstädtischen Handelsbourgeoisie, der in den europäischen Nationen (insbes. Frankreich) das Vorbild für die Abkehr von der "rückschrittlichen kolonialen Vergangenheit Venezuelas" sieht (vgl. NAVA 1965).

*Besinnung auf "die venezolanische Identität"*

Unter Juan Vicente Gómez (1908-1935) wendet sich der Blick der venezolanischen Elite von den europäischen Metropolen verstärkt auf die eigene Nation. Die Besinnung auf "die venezolanische" Identität steht in Zusammenhang mit reichen Erdölfunden im Maracaibosee, die eine ökonomische Prosperität auf der Basis eigener Rohstoffe für Venezuela einleitet, die dem Staat riesige Spekulationsgewinne ('Tanz der Konzessionen') einbringt sowie den Aufbau einer Zentralregierung mit beachtlicher Distributions- und Kontrollkapazität ermöglicht (vgl. BOECKH & HÖRMANN 1992: 513). Auch haben der Erste Weltkrieg und die Weltwirtschaftskrise die Suche der lateinamerikanischen Länder nach ökonomischer Souveränität und kultureller Identität verstärkt.

Zudem gilt es widersprüchliche Machtansprüche, die in Venezuela nach der Unabhängigkeit erhoben werden, durch die Konsolidierung einer nationalen Einheit zu befrieden. **Von der Warte der eigenständigen Rückständigkeit aus, entwickeln sich die Lösung von kolonialen Strukturen, die Vision von der Zivilisierung der eigenen Gesellschaft und wirtschaftlicher Modernisierung zu zentralen Elementen des nationalen Diskurses.** Gleichzeitig orientiert sich die wirtschaftliche Modernisierung an europäischen und nordamerikanischen Vorbildern und wird von diesen zum Teil - z.B. durch ausländische Erdölkonzerne - auch getragen. Die Ambivalenz zwischen fortschrittsgläubiger Wertung anderer Kulturen und Ökonomien und dem Bedürfnis nach eigener Identität bzw. Souveränität lassen sich nicht nur bis heute in der venezolanischen Gesellschaft nachzeichnen (vgl. Kap. IV; V und VI), sondern wirken sich auch auf "das venezolanische Naturbild" aus.

*Entstehung eines neuen Naturbildes*

> "... dem Einfluss, den die großartige Natur ihres Kontinents auf die Identität der Lateinamerikaner ausgeübt hatte, maß man nun eine neue Bedeutung bei, und die ländliche Tradition Venezuelas, von der sich die europäisierten Städter der Jahrhundertwende loszusagen versucht hatten, erfuhr zumindest in der Theorie eine Aufwertung." (GERDES 1992: 168 ff)

Von europäischen Naturwissenschaftlern[38] und dem TURNERschen Pionierfrontkonzept (vgl. Kapitel II-4) beeinflusste Positivisten wie der Historiker José Gil FORTOUL[39], setzen der Verklärung bzw. Nicht-Wahrnehmung der Natur die Forderung nach Schutz und rationaler Intervention entgegen. Natur und politisch-gesellschaftliches System werden in völlig neuer Form zusammengedacht. Rationelle Nutzung der Natur und die Ersetzung des regionalen *Caudillismo* durch ein zentralistisches Staatssystem werden zum Gradmesser für gesellschaftliche und wirtschaftliche Entwicklung. Ihren populärsten Ausdruck findet diese Naturvorstellung in dem - Venezuela weit bekannten - Roman *Doña Bárbara* von Romulo GALLEGO (1929):

[38] Zu nennen sind u.a. Alexander von HUMBOLDT (1769-1859) Theodor KOCH-GRÜNBERG (1872-1924), Alfredo JAHN (1867-1940) und Adolfo ERNST (1832-1899), die sowohl zur wissenschaftlichen Erforschung des südlichen Venezuelas beitragen als auch z.T. das positivistisch-evolutionäre Wissenschaftsparadigma nach Lateinamerika bringen, wo der Positivismus eine viel deutlichere Ausprägung als in Europa erfährt (vgl. KAMMAN WILSON 1980).

[39] Das positivistische Wissenschaftsverständnis FORTOULs, der unter Gómez wichtige Ämter bekleidet, Lisandro ALVARADOS, Luis RAZETTTIS, David LOBOS usw. geht auf den deutschen Ethnologen und Biologen Adolf ERNST zurück, der lange Zeit an der Zentraluniversität in Caracas unterrichtete und Direktor der Nationalbibliothek war (vgl. NAVA 1965: 539). Wie viele Wissenschaftler seiner Zeit überträgt FORTOUL das biologische Evolutionsmodell auf die gesellschaftliche Entwicklung Lateinamerikas. Danach befindet sich Lateinamerika in einer frühen Lebensstufe und muss den Reifeprozess der bereits "entwickelten" Länder noch durchlaufen. Das biologische Gesellschaftsbild erklärt einerseits die "Unreife" der eigenen Gesellschaft, begründet aber gleichzeitig einen evolutionären Optimismus für die Zukunftsprojektion (vgl. SIEBENMANN 1976).

> "In einem irrationalen Ambiente die Rationalität des Fortschritts durchzusetzen, so ist den mehr oder weniger expliziten Ausführungen des Autors zu entnehmen, bedeutet nicht nur, das Gesetz der Gewalt durch die abstrakten Prinzipien einer schriftlichen Gesetzgebung zu ersetzen. Ebenso wichtig schien es, eine ungezähmte Natur zu regulieren und mit Straßen und Zäunen, die die traditionell nur vage definierten Grenzen der Viehzuchtfarmen markieren sollten, 'der geschweiften Linie der Natur die gerade Linie des Menschen entgegenzusetzen', jene Linie, die 'geradewegs in die Zukunft führt.'" (MACHADO MENDOZA, zit. n. GERDES 1992: 170; siehe auch SKURSKI 1994)

*Integration von Natur in das venezolanische Gesellschaftssystem*

In der Praxis schlägt sich das neue Naturbild sowohl in ersten Schutzgebietsausweisungen wie z.B. dem *Henri Pittier Nationalpark* (1937) als auch in ersten Erschließungsmaßnahmen peripherer Landesteile nieder. Über die nähere Umgebung von Caracas hinausgehend, beginnt die venezolanische Elite das "Hinterland" zu erforschen. 1926 werden südlich von *Ciudad* Guayana Eisenvorkommen am *Cerro* El Pao entdeckt, für die - dem nationalen Wirtschaftsmodell der *desarrollo hacia afuera* entsprechend - der US-amerikanischen *Bethlehem Steel Corporation* Abbaurechte gewährt werden. 1932 bekommt die *Western Ore Company* Konzessionsflächen im Bundesstaat Bolívar zugesprochen. 1939 werden die Distrikte Piar und Roscio im Bundesstaat Bolívar sowie Teile des Delta Amacuro als nationale Erzreserven ausgewiesen. 1947 werden die Erzvorkommen am *Cerro* Bolívar entdeckt (CVG 1993b). 1950 wird der Erzabbau am *Cerro* El Pao aufgenommen. 1954 beginnt der Eisenabbau am *Cerro* Bolívar.

*Auswirkungen auf den Bergbausektor*

Träger der Erschließung sind in erster Linie amerikanische Unternehmen. Fortschritte auf den Gebieten der Sportfliegerei und der Funktechnologie eröffnen aber auch Privatleuten den Zugang zum Süden, dessen Attraktivität für städtische Eliten durch kulturelle Einflüsse aus den USA (z.B. durch die Hobbyjägerei) zunimmt. Umgestaltung und Beherrschung der natürlichen Umwelt als identitätsformende nationale Aufgabe werden besonders von Pérez Jiménez (1952-1958) betont, der der Großflächenpolitik der 1930er und 1940er Jahre mit den sog. *Colonias mixtas* eine kleinparzellige Raumpolitik entgegensetzt. In diesen *Colonias mixtas* sollen europäische Siedler Venezolanern die "europäisch-rationellen" Methoden der landwirtschaftlichen Bestellung beibringen[40].

[40] Die Gleichsetzung von 'rationell' mit 'europäisch', die hinter diesen Siedlungsprogrammen steht, findet sich noch in der Beurteilung HARTMANNS (1962: 312), der über die 1951 errichtete *Colonia mixta* Turén schreibt: "Hinter [...] deutlich sichtbaren Hemmnissen spezieller Art verbergen sich politische Widerstände, die auch in anderen Entwicklungsländern auftreten. Dazu zählt einmal die Vorherrschaft politischer Rationalität in Denk- und Entscheidungsbereichen, die in wirtschaftlich weiter fortgeschrittenen Ländern durch wirtschaftliche Erwägungen bestimmt sind. Vielen venezolanischen Siedlern wird beispielsweise nachgesagt, dass sie Probleme der Ertragssteigerung, Produktivitätszunahme und Gewinnmaximierung vorwiegend unter politischen Aspekten angehen. Das heißt, sie betrachten die auf sie zukommende Aufgabe als Machtfrage, die durch politische Mittel zu lösen ist. Wo der Ausländer in Kategorien wie Kapital, Kosten, Kalkulation usw. denkt, orientieren sich diese Venezolaner an politischen Prozessen. [...] Die Anhänger dieses Rezeptes sind offensichtlich wenig daran interessiert, bei den Fremden in die Schule zu gehen."

Treffender Weise schreibt GERDES (1992: 172), dass man

> "..die fünfziger Jahre als die Dekade bezeichnen, in der das Leitbild des von männlicher Tatkraft erfüllten Zivilisators, [...] seine größte Wirkungskraft erhielt. Die energische 'Umgestaltung der natürlichen Umwelt', die die Militärs verfochten, sollte nicht nur die Ausbeutung reicher Bodenschätze in der Region Guayana ermöglichen, sondern auch der Landwirtschaft zum Aufschwung verhelfen. Mit dem Bau von Stauseen, Bewässerungskanälen, Stromleitungen und Straßen schritten Vertreter der Staatsmacht und Ingenieure zur Zähmung des einst furchterregenden Llano."

Auf der anderen Seite bleibt das Verhältnis der venezolanischen Eliten zur Natur und den südlichen Landesteilen durch soziale und geographische Distanz gekennzeichnet. Durch die Prosperität der Erdölindustrie haben traditionelle Vieh- und Kaffeebarone - und mit ihnen die Binnenräume - an Bedeutung verloren, während sich Caracas von einer Verteilerstelle für Agrarexporte zu einer Metropole mit Verteilerfunktion für Importe entwickelt hat (STENZEL & DOMINGO 1980: 300). Außenorientierte Industrialisierung und die Konzentration staatlich-institutioneller Erneuerungen auf Caracas[41] verstärken die klassenräumliche, funktionale Differenzierung von Caracas, als politisch-wirtschaftlichem Zentrum, und dem "Hinterland" als Ressourcenextraktionsraum. **Neben diesem in der Kolonialzeit angelegten Raummuster der "Ausbeutung des Landes durch die Stadt"** (ebd.: 297) **durchziehen die historisch gewachsenen Denkmuster und Vorstellungen einer an den Industrienationen orientierten Rationalität, einer rationell handelnden Zentralautorität, der wirtschaftlichen Modernisierung und Nutzung der Natur als Moment der gesellschaftlich-nationalen Konsolidierung bis heute den geopolitischen Diskurs um Raum, Natur und Inwertsetzung peripherer Landesteile in Venezuela.**

*Historisch gewachsene Wahrnehmungsschablonen der südlichen Landesteile*

## 2. Nationalstaatliche Wirtschafts- und Regionalplanung

### 2.1 Zentralismus versus Dezentralisierung 1960 - 1990

**1950er Jahre** *Erste Demokratisierungs- und Dezentralisierungsansätze*

Mit dem Sturz der Militärdiktatur und der Implementierung demokratischer Strukturen setzt 1958 nicht nur eine Gegenbewegung zum bis dato vorherrschenden Militärdespotismus ein, auch persönlich-individuelle Machtträger werden durch staatliche Institutionen sowie die Ausweitung staatlicher Funktionen zurückgedrängt.

[41] 1939 wird z.B. die *Banco Central* gegründet. Der *Plan Nacional de Electrificación* (1947) arbeitet die defizitäre Energieversorgung der Städte und Industrien heraus, während ländliche Regionen unerwähnt bleiben. Und bis in die 1950er Jahre werden Stadtentwicklungspläne nur für den Großraum Caracas entworfen.

Der Staat, der zur Zentralinstanz für die Transformation der Gesellschaft wird[42], steht unter dem Zwang sich sowohl durch ökonomische Effizienz als auch politische Demokratisierung zu legitimieren. Während Erdöleinnahmen weiterhin die ökonomische Basis des zentralistischen Staatsapparates sichern, bilden sich staatliche Institutionalisierung, staatliche Planung und Dezentralisierung als neue politische Legitimationsstränge heraus. Staatliche Administration und Dezentralisierung fungieren als Variablen des Demokratisierungsprozesses, obwohl sich - wie noch aufgeführt wird - der venezolanische Staat mit den Dezentralisierungsmaßnahmen v.a. neue Räume für staatliche Interventionen und Zugang zu Ressourcen sichert (vgl. BARRIOS 1984; JUNGEMANN 1998).

*Primat der Nationalökonomie bei der "Optimierung, Harmonisierung und Rationalisierung" der Ressourcennutzung*

1958 wird das ***Oficina Central de Coordinación y Planificación*** **(CORDIPLAN)** gegründet, um im Rahmen nationaler Entwicklungspläne, die Ressourcennutzung zu "optimieren" und "rationalisieren" sowie ein "harmonisches" und "ausgeglichenes" Wirtschaftswachstum zu realisieren" (vgl. MARITZA IZAGUIRRE 1977: 11). Bereits im ersten **Nationalplan (1960-1964)** werden die Ressourcen von Guayana (Eisen, Mangan, Bauxit) als Stützpunkt und Triebfeder für die Industrialisierung des Landes und die Diversifizierung der einseitig auf den Erdölsektor ausgerichteten Wirtschaftsstruktur genannt. (CORDIPLAN 1960: XIX). Auch wenn Besorgnis über regionale Disparitäten geäußert wird, zielt die Planung nicht auf deren Ausgleich. Makroökonomische Aspekte und das Konzept der nachholenden Entwicklung haben Vorrang.

**1960er Jahre**
*Gründung der Corporación Venezolana de Guayana (CVG)*

Auch bei der im Dezember 1960 gegründeten ***Corporación Venezolana de Guayana*** **(CVG)** geht es trotz der Bezeichnung Regionalentwicklungsbehörde (*Instituto de desarrollo regional*) weder um die Förderung regionaler Autonomie noch um die Übertragung zentralstaatlicher Entscheidungskompetenz auf die regionale Ebene. Dem staatseigenen Unternehmen werden lediglich zentralstaatliche Funktionen übertragen, die der Förderung der nationalen Wirtschaft dienen.

[42] Wichtige Impulse für den "regelrechten Boom von Aktivitäten im Zusammenhang mit nationalen Planungsprozessen" gehen in Lateinamerika neben der von Kennedy initiierten "Allianz für den Fortschritt" (die Entwicklungshilfe an die Verabschiedung von nationalen Entwicklungsplänen bindet) vom *Instituto Latinoamericano de Planificación Economica y Social* (ILPES) und der CEPAL aus, die in ihren ersten Entwicklungsprogrammen den Staat als Entwicklungsmotor propagieren, der "auf der Basis technischer Rationalität eine kohärente nationale Entwicklungspolitik planen, formulieren und durchsetzen soll." (BIRLE 1991: 73ff) Inzwischen haben sich Planungs- und Regionalisierungsverständnis im Umkreis der CEPAL grundlegend verändert. Vor allem von Sergio BOISIER (1990, 1994), José Luis CORAGGIO (1989) und Carlos de MATTOS (1982, 1987) - deren Ansätze sich allerdings unterscheiden - werden theoretische Konzepte der Regionalentwicklung diskutiert, in denen ideologische Komponenten, soziale und räumliche Dimensionen von Entwicklungsplanung sowie die Partizipation regionaler Akteure zentrale Aspekte darstellen (vgl. u.a. BIRLE 1991; JUNGEMANN 1998).

Neben der Erforschung der natürlichen Ressourcen Guayanas fällt es in ihren Aufgabenbereich das hydroelektrische Potenzial des Caroní Flusses für die nördlichen Wirtschaftszentren nutzbar zu machen sowie die industrielle Entwicklung der Region in Übereinstimmung mit dem Nationalplan zu koordinieren und zu fördern (vgl. CVG 1965). Makroökonomische und zentralstaatlich Fundierung der CVG manifestierten sich auch in den institutionellen Strukturen: Die Besetzung des Direktors und des Direktoriums obliegt dem Staatspräsidenten und zu jeder Abteilung gehört neben einem regionalen Direktor ein Direktor in Caracas. Als Aktionsradius der CVG wird im Gründungsdekret[43] eine nicht klar definierte Entwicklungszone (*Zona en Desarrollo)* ausgewiesen, die Ciudad Guayana, die Eisenlagerstätten der *Cerros Bolívar* und *Piar* sowie die hydroelektrischen Ressourcen am Zusammenfluss von Orinoco und Caroní umfasst. Aufgabe der CVG ist es nach Staatspräsident BETANCOURT (zit. n. SANOJA HERNÁNDEZ 1990: 7), die diese Entwicklungszone zum "zukünftigen Ruhrgebiet, Detroit bzw. Pittsburgh Venezuelas auszubauen"

*Fraktionierte und selektive Wahrnehmung Guayanas*

Die fraktionierte Wahrnehmung der Region, ändert sich auch nicht mit der Ausweisung des Bundesstaates Bolívar und der Region Guayana 1969 als administrative Einheiten (Dekret 72 vom 11.06.1969). Bis weit in die 1980er Jahre wird von nationalstaatlichen Entscheidungsträgern nur das Teilgebiet Guayanas wahrgenommen, auf das sich Aktivitäten der CVG beschränken, d.h.: bis **wohin die CVG reicht, soweit reicht die Region Guayana** (vgl. VLADAR 1981). Regionale Wirtschafts- und Raumpolitik verfolgen nach einem Kooperationsvertrag mit dem *Joint Center for Urban Studies* der *Harvad Universität* das Konzept der Etablierung von Entwicklungspolen. Da Regionalentwicklung als *trickle-down*-Effekte begriffen wird, die von städtisch-industriellen Zentren ausgehen, werden Fördermaßnahmen in die Entwicklung von Ciudad Bolívar - in der Siedlungshierachie als politisch-kulturelles Zentrum erster Ordnung ausgewiesen - und den industriellen Entwicklungspol Ciudad Guayana kanalisiert. 1963/64 werden die CVG-Töchter *Electrificación del Caroní* (EDELCA) und zur Erzverhüttung die *Siderúgica del Orinoco* (SIDOR) gegründet. **Die Gründung dieser Industrien reflektiert die zunehmenden Bedeutung des industriellen Bergbausektors bei der Erschließung des südlichen Venezuelas sowie die sich verändernde Rolle des Staates, der neben seiner früheren Funktion als "Verteiler der Erdölrente" und rahmengestaltender Akteur für die Privatwirtschaft nun auch als Produktivkraft auftritt** (vgl. VASCONI ET AL 1980). **Gleichzeitig deutet sich an, dass die Dezentralisierung wirtschaftliche, administrative und territoriale Aspekte umfasst, die politische Dimension aber ausgeschlossen bleibt.**

*Selektive Dezentralisierung*

[43] Dekret Nr.430 vom 29.12.1969, Estatuto Organico del Desarrollo de Guayana.

Dezentralisierungsmaßnahmen beschränken sich auf die selektive Übertragung staatlicher Aufgaben auf regionale und funktionale Organisationen, die außerhalb der eigentlichen Regierungshierarchie stehen, bedeuten aber keine Abgabe staatlicher Aufgaben[44].

*Verfestigung der Funktion Guayanas als Extraktionsraum für die Nationalökonomie*

Trotz der staatlichen Diversifizierungsversuche konfrontiert die Primatstellung des Ölsektors Venezuela mit den Phänomenen der **Dutch Desease** (Verzerrung der Wirtschaftstruktur, Überbewertung der nationalen Währung und durch extreme Lohndifferenzen zwischen Erdölsektor und anderen Wirtschaftsbereichen ausgelöste Stadt-Land-Wanderungen usw.). Unter Migrations- und Urbanisationsgesichtspunkten kommen deshalb im **zweiten und dritten Nationalplan (1963-1966 / 1965-1968)** räumliche Aspekte deutlicher zum Tragen. Aber die Integration peripherer Regionen bleibt dem nationalen Wirtschaftsmodell, das seit den 1960er Jahren die Substitution der Importe anstrebt (*desarrollo hacia adentro*), untergeordnet. Die Funktionszuweisung des "Hinterlandes" als Extraktionsraum für Primärgüter zeigt sich z.B. darin, dass sich die Erwähnung der Region Guayana ausschließlich auf die regionalen Bodenschätze, die auf dem Weltmarkt eine hohe Nachfrage erfahren, beschränkt (CORDIPLAN 1965: 29). 1961 wird die *Reserva Forestal El Dorado* ausgewiesen, die 1963 in die ***Reserva Forestal Imataca*** umbenannt wird. 1968 sichert sich der Staat durch die Ausweisung der Forstreserven *La Paraguay* und *El Capra* (siehe Karte 3) weitere sechs Mio. Hektar Waldfläche für die nationale Holzproduktion. Zur Anbindung an die nördlichen Zentren wird 1967 bei Ciudad Bolívar die bis heute einzige Brücke über den Orinoco errichtet, wohingegen die Autobahnverbindung zwischen Ciudad Guayana und Ciudad Bolívar erst 1985 eingeweiht wird.

**1970er Jahre**
*Zunehmende Bedeutung der regionalen Ebene*

Im **vierten Nationalplan (1970-1974)** wird nicht nur die räumliche Konzentration auf Caracas kritisiert, sondern auch die zentralistische Verwaltung als verstärkendes Moment für die mit hohen sozialen Kosten verbundenen Agglomerationsräume genannt. In der Folge findet zwischen 1969 und 1979 die erste flächendeckende Regionalisierung Venezuelas statt, die mit Ansätzen zur Stärkung der regionalen Ebene verbunden ist[45]. Eine Regionalentwicklungsbehörde (ORCOPLAN) und mit regionalen Interessensgruppen besetzte Beratergremien werden für die Abstimmung sektoraler Pläne und die Koordinierung mit nationalen Wirtschaftszielen eingerichtet (MUÑOS 1990: 52).

---

[44] Zu den verschieden Formen der Dezentralisierung siehe BARRIO (1984); BIRLE (1991); JUNGEMANN (1998).
[45] Vgl. Dekret 72 (11.06.1969), Dekret 929 (05.04. 1972), Dekret 1331 (16.12.1975), Dekret 3128 (06.03.1979).

Als Reaktion auf das Erschließungsprojekt 'Operation Amazonica', das nationalistisch-militärische Eliten in Brasilien zur Sicherung des nationalen Territoriums und der Abwehr ausländischen Einflusses einleiten (vgl. u.a. ALTVATER 1987; SOMMER 1990: 240 ff), gründet Rafael Caldera in seiner ersten Präsidentschaftsperiode (1968-1974) die *Comisión para el Desarrollo del Sur de Venezuela Programm* (**CODESUR**[46]). Ziel des gleichnamigen Programms ist es, den staatlichen Zugriff auf den Süden Venezuelas zu sichern. Parallel wird 1969 das *Consejo Nacional de Fronteras* mit der Aufgabe gegründet, alle Aktivitäten in grenznahen Regionen zu koordinieren. Sowohl die administrative Dezentralisierung (vgl. JUNGEMANN 1992: 58) als auch CODESUR schlagen auf Grund mangelnder Konzeptionalisierung, ungeklärter Kompetenzen, ungenügender Definition des Instrumentariums und machtpolitischer Konkurrenzen zwischen regionaler und nationaler Ebene fehl. Aber im Rahmen von CODESUR durchgeführte Untersuchungen lassen erstmals Bauxitvorkommen in Guayana vermuten. 1976 wird der bauxithaltige Batholit in der *Sierra Pijiguaos* entdeckt, der ab 1985 von der CVG- Tochter BAUXIVEN im industriellen Tagebau abgebaut wird.

*CODESUR - erstes staatliches Erschließungs-programm zur "Eroberung des Südens"*

Vor dem Hintergrund des ersten *Congreso Nacional de Ciencia y Tecnología* (1975) wird im **fünften Nationalplan (1976-1980)** wissenschaftlich-technologischen Aspekten ein zentraler Stellenwert in nationalen Projekten und Plänen eingeräumt. Die Petro-Dollarschwemme der Erdölkrisen ermöglicht durch großzügige staatliche Subventionen und Sozialprogramme eine Ausdehnung des Staatssektors.

*Entwicklungs-instrumente Wissenschaft und Technik*

Unter Carlos A. Pérez (1974-1979) werden nicht nur zahlreiche neue Institutionen[47] gegründet, in der Phase finanzieller Prosperität werden auch Erdöl- und Erzindustrien verstaatlicht und die Ölförderung dezentralen Staatsunternehmen übertragen. Auch die Inbetriebnahme dreier Aluminiumwerke in Ciudad Guayana spiegelt die zunehmende Expansion des Staatssektors in die Schwerindustrien wider. 1976 werden das (für Erdöl zuständige) *Ministerio de Minas e Hidrocarburos* und das *Instituto del Hierro y del Acero* zum **Ministerio de Energia y Minas** (MEM) zusammengelegt, das **sich zu einem der wichtigsten Ministerien des Landes entwickelt.** Im Gegensatz zum Dachverband der Erölproduzenten PETROVEN, das "eine hohe Investitionsneigung auch bei den sog. downstream-Aktivitäten zeigt", ist das Ministerium "an möglichst hohen Staatseinnahmen aus dem Ölsektor interessiert" und konzentriert sich weitgehend auf die Erdölindustrie (BOECKH & HÖRMANN 1992).

*Zunehmende Bedeutung des Bergbausektor*

46 Bezeichnenderweise wird das Akronym CODESUR häufig als *Conquista del Sur* übersetzt.

47 In erster Linie handelt es sich um Institutionen zur Förderung der Nationalökonomie wie z.B. dem *Fondo de Inversiones de Venezuela* und dem *Fondo de Crédito Industrial.*

*Integration von Umweltschutz und Raumordnung in die Entwicklungsplanung*

Die infolge des 1972 vom *Club of Rome* veröffentlichten Berichts "Grenzen des Wachstums" weltweit zunehmende Vision von der Erschöpfung natürlicher Ressourcen[48], schlägt sich 1976/77 in Venezuela in der Gründung des ersten **Umweltministerium** Lateinamerikas (**MARNR**), der Verabschiedung des *Ley Organica del Ambiente* (Umweltstrafgesetz) sowie der Berücksichtigung von Umweltaspekten in den Nationalplänen nieder. Neben der bereits verankerten Verbindung von Ökonomie und Raumordnung, wird die Raumordnung zum "roten Faden" für das Umweltministerium (ALVARADO TÁBATA 1995: 129). In einem Umweltplan, der dem fünften Nationalplan beigefügt ist, werden Schutz und "rationelle" Nutzung natürlicher Ressourcen scheinbar konfliktfrei nebeneinander als Staatsziele implementiert (vgl. CORDIPLAN 1976: 246 ff). Ebenso ambivalent stehen sich ein Sonderplan, der den nationalen Schutz grenznaher Bereiche festlegt, und der 1978 von Venezuela unterzeichnete Amazonaspakt zur "internationalen Harmonisierung der Entwicklung und infrastrukturellen Erschließung des Amazonas sowie der rationellen Nutzbarmachung der Ressourcen unter Beachtung ökologischer Gesichtspunkte" gegenüber (vgl. WALDMANN 1992).

1980 werden die Regionen neu definiert (Dekret 478) und eine stärkere Beteiligung der Kommunen an planerischen Entscheidungen festgelegt (Dekret 978), wobei sich die Integration der untergeordneten Ebenen auf "klar identifizierbare Interessen und Gruppen auf dem Niveau der Bundesstaaten" beschränkt (BARRIOS 1985: 173). Lokale Akteure und nicht in Verbänden artikulierte Interessen sind nicht eingeschlossen.

**1980er Jahre**

Der in eine wirtschaftliche Rezessionsphase fallende **sechste Nationalplan** (1981-1985) schreibt die Funktion Guyanans als Rohstofflieferant weiter fort. Die ölhaltigen Uferbereiche des Orinoco werden als Erschließungszone (*Faja Petrolífera del Orinoco*) ausgewiesen und die wirtschaftliche Entwicklung der Grenzzonen anvisiert. 1983 wird die Sektoralplanung mit dem *Ley Organica para la Ordenación del Territorio* (**LOPOT**) und des *Plan Nacional de Ordenación del Territorio* (**PNOT**[49]) um eine **institutionalisierte Raum- und Umweltplanung** erweitert (vgl. ALVARADO TÁBATA 1995: 115).

[48] Der von einer Gruppe lateinamerikanischer Wissenschaftler entwickelte Gegenentwurf zum *Club of Rome*, das Wert- und Entscheidungsorientierte BARILOCHE-Modell, setzt sich dagegen weder in der internationalen noch in der venezolanischen Entwicklungsdebatte durch. Statt einer unpolitischen Diagnose von der Begrenztheit der natürlichen Ressourcen, werden im BARILOCHE-Modell, das "nicht vom Maxima und Wünschbaren, sondern vom unbedingt Notwendigen ausgeht" unter dem Titel "Grenzen des Elends" ungleiches Wirtschaftswachstum und machtpolitische Faktoren thematisiert. Dem Bevölkerungswachstum - vom *Club of Rome* als Ursache für die Existenzbedrohung der Erde betrachtet - fällt im BARILOCHE-Modell die Rolle einer (von ungleicher Machtverteilung und ungleichem Wirtschaftswachstum) abhängigen Variable zu (vgl. HERRERA ET AL. 1977).

[49] Dieser nationale Raumordnungsplan (Dekret 3238 vom 11.08.1983) ist bis heute gültig. Eine Neufassung wird diskutiert.

Artikel 2 der nationalen Raumordnung nennt die

> "Regulierung und Förderung [...] der ökonomischen und sozialen Aktivitäten der Bevölkerung sowie der räumliche Entwicklung, mit dem Ziel einer harmonischen Balance zwischen dem Wohlstand der Bevölkerung, der Optimierung des Abbaus und der Nutzung der natürlichen Ressourcen und dem Schutz und der Aufwertung der Umwelt als fundamentale Ziele der integrierten Entwicklung."

*Nationale Raumordnung*

Der in dieser Zielsetzung deutlich werdende Spagat zwischen der Nutzung natürlicher Rohstoffe und dem Schutz der natürlichen Umwelt sowie das breite Interpretationsspektrum des Schutzgedankens zeigt sich in der ambipolaren Mischung von Schutzzielen in "Gebieten unter spezieller Administration". Die sog. *Areas Bajo Régimen de Administración Especial* (**ABRAE**) fassen Gebiete mit vorrangigen Schutzzielen (z.B. Nationalparks und Naturmonumente), Schutzgebiete mit gesetzlich geregelten Nutzungsmöglichkeiten (z.B. Biosphärenreservate) und Schutzgebiete, deren Rohstoffe für die industrielle Nutzung vorgesehen sind (z.B. Forstreserven) zusammen (vgl. MARNR 1995: 106 ff). Im Bundesstaat Bolívar sind heute rund 80% der Fläche als ABRAEs ausgewiesen. 33,9% der Fläche sind für die industrielle Holznutzung (*Reservas Forestales*) deklariert, 30,5% fallen unter die Kategorie der *Zonas protectoras* und 14% der Fläche macht der Nationalpark Canaima aus (vgl. GRILLET 1987, MARNR 1995).

*ABRAEs: Spagat zwischen Naturschutz und Ressourcennutzung*

Die großflächigen Schutzgebietsausweisungen spiegeln sowohl die Interessen der nationalen Ebene als auch die ihnen inhärente Ambivalenz wider. Da die Gebiete südlich des Orinoco - abgesehen von den Erdöl- und Erzvorkommen im Norden des Bundesstaates - außerhalb des praktikablen Zugriffs stehen, können Schutzgebiete in Übereinstimmung mit der internationalen Umweltdebatte großflächig ausgewiesen werden. Parallel sichert sich der Staat aber mit den Schutzgebietsausweisungen auch seine Zugangsrechte zu den Rohstoffen, die für die industrielle Nutzung vorgesehen sind.

*Heterogene Stärkung der regionalen Ebene*

Vor dem Hintergrund der ökonomischen Krise findet im **siebten Nationalplan (1984-1988)** erstmals eine Abnahme der normativen Planung zugunsten einer mehr problemorientierten Planung statt, die sich z.T. in einer Schwächung der sektoralen Dimension niederschlägt (vgl. HERNÁNDEZ 1995: 18). Erneut wird die Beteiligung von untergeordneten Ebenen in den venezolanischen Entwicklungsprozess gefordert. Aber auch mit der ersten **Wahl der Gouverneure auf regionaler Ebene 1989** tritt der Staat keine Machtkompetenzen ab, da zentralstaatliche Machtverluste durch föderative Einheiten aufgefangen werden. Darüber hinaus steht der Regionalebene in Guayana eine infrastrukturell und finanziell überlegenere CVG gegenüber.

*Zunehmende Zugriff des Staates auf die Gold- und Diamanten-ressourcen des Bundesstaates Bolívar*

**Unter Leopoldo Sucre Figarella (CVG-Präsident 1984-1994) zeigt die CVG erstmals - über das 1970 gegründet Staatsunternehmen MINERVEN in El Callao hinausgehend - Interesse für den Gold- und Diamantensektor.** 1990 werden die bis heute heftig umstrittenen Dekrete 1409 und 1263 sowie 1993 das Dekret 3281 verabschiedet (vgl. Kap. III-4), in denen das Bergbauministerium der CVG Exploration, Entwicklung und Exploitation der Gold und Diamantenvorkommen überträgt. Diese Aufgabenübertragung hängt mit Machtkämpfen zwischen dem MEM und der CVG sowie mit der Person Figarellas - dem sog. 'Zar' von Guayana - zusammen, der die Vision verfolgt, Guayana im großen Stil zu entwickeln.

Da infolge des Dekrets 1292 (1996) der Finanzsektor liberalisiert wird, was u.a. heißt, dass 60% der Goldproduktion frei auf dem Weltmarkt verkauft werden dürfen (Resolution der Zentralbank im Mai 1995), beginnt parallel zum Staat auch das Privatkapital[50] in den Gold- und Diamantensektor zu investieren. Nationale (Familien-)Unternehmen - wie die *Grupo Mendoza, Grupo Cisnero* und *Grupo Tinoco* - und internationale Investoren besitzen heute über die Gründung verschiedener Tochtergesellschaften Konzessionen im Gold- und Diamantensektor, die die gesetzlich festgelegte maximale Konzessionsgrößen bei weitem überschreiten (vgl. ELITE 1995, siehe auch Kapitel V).

## 2.2 Der Bundesstaat Bolívar in nationalen Perspektiven der 1990er Jahre

*"Die große Wende"*

Der **achte Nationalplan (1990-1994)** ist von den Auswirkungen der Weltwirtschaftskrise auf Venezuela[51], der Befürchtung, um die Begrenztheit der Ölreserven sowie einem IWF-Anpassungsprogramm geprägt. Der Titel *El gran Viraje* (Die große Wende) des Vierjahresplans bezieht sich auf die Rolle des Staates, der sich als eigenständiger Unternehmer zurückziehen soll, um sich auf seine Funktionen als Promotor für Privatinvestoren sowie die Koordination der soziokulturellen Entwicklung zu konzentrieren.

[50] Durch langjährigen Protektionismus und das in Lateinamerika weitverbreitete Patronage- und Klientelsystem haben sich parallel und in enger Verbindung zum Staatssektor nationale Privatunternehmen zu einem wirtschaftspolitischen Machtfaktor etabliert. Enge Kontakte zum Staat haben es Großunternehmen ermöglicht, sowohl Regierungsämter zu besetzen als auch wirtschaftlich zu expandieren (vgl. HEIMBERGER 1994). Gemessen am Jahresumsatz ist die staatliche PDVSA mit 21,4 Mrd US-$ 1995 das größte Unternehmen in Venezuela. Aber bereits an zweiter Stelle steht die in der Telekommunikation, in der Lebensmittelindustrie und im Bergbau aktive Unternehmensgruppe Cisnero (3.6 Mrd. US-$). Damit übertrifft Cisnero um nahezu 50% den Jahresumsatz der an dritter Stelle stehenden CVG (2. Mrd. US-$). An vierter Stelle folgt Brauerei Polar (1.1 Mrd. US-$) (ELITE 1995: 15).

[51] Ausdruck der Wirtschafts- und Sozialkrise sind u.a. durchschnittlich 205 Demonstrationen pro Monat, die das *International Institute for Labour Studies* (ILLS) für den Zeitraum 1993/1994 recherchiert hat (CARTAYA ET AL 1997: 58).

Im Kontext der 1989 in den sog. Brotaufständen offen zutage tretenden **Sozialkrise Venezuelas**, die sich im Laufe der 1990er Jahre zuspitzt, sowie des Zusammenbruchs des nationalen Bankensystems, gibt Rafael Caldera in seiner zweiten Amtsperiode (1993-1997) seine restriktive Wirtschaftspolitik zugunsten eines neoliberalen Wirtschaftsmodells auf. Angesichts der "Schwäche des Staates, die Finanz-, Wirtschafts- und Sozialkrise zu bewältigen" (CORDIPLAN 1994/95: 18) wird der Bergbausektor sowohl im **neunten Nationalplan (1995-2000)** als auch im ***Programm zur Stabilisierung und Erholung der Wirtschaft*** **PERE** (1994) für transnationale Investitionen geöffnet. Guayana ist die einzige Region, der in diesem Programm ein eigenes Kapitel gewidmet ist. Im Gegensatz zur früheren Konzentration auf die Eisen- und Bauxitindustrie werden jetzt auch der Forstwirtschaft sowie dem Gold- und Diamantensektor gute Vermarktungsmöglichkeiten und Schlüsselpositionen für die Integration in den Weltmarkt zugesprochen.

*PERE (Programa de Estabilización y Recuperación Económica)*

> "Untersuchungsergebnisse weisen darauf hin, dass der Guayana-Schild über 8000 bis 10 000 metrische Tonnen Gold und reichliche Diamantenreserven aus primären und sekundären Quellen [...] verfügt. Schätzungsweise wird gegen Endes des Jahrhunderts die von MINERVEN [...] abgebaute Erzmenge ca. 50 metrische Tonnen Gold ergeben, was einer Deviseneinnahme von 800 Mio. US$ entsprechen und zwischen 1994 und 1998 einen Investitionsbedarf von 1500 Mio. US$ bedeuten wird." (CORDIPLAN 1994/95: 61)

*Schätzung der Gold- und Diamantenvorkommen*

Unter Theodor Pettkoff (CORDIPLAN), der den viel zitierten Vergleich zieht, dass die natürlichen Ressourcen Venezuelas keine "indischen Kühe" seien (El Nacional 13.09.1997), und Erwin José Arrieta (MEM) wird die **Erschließung der Golderze und Diamanten endgültig zur nationalen Aufgabe** definiert. **1996 übernimmt das MEM wieder das Vergaberecht von Konzessionen im Gold- und Diamantenbergbau.** Die Zurücknahme, vorher auf die CVG ausgelagerter Kompetenzen, werden von offizieller Seite (Interviews im MEM 1997) mit formalen Fehlern der CVG (Vergabe nicht rechteckiger Konzessionsflächen, Überschreitung gesetzlich festgelegter Maximalgrößen, Vernachlässigung der Meldepflicht beim MEM), der bergbaulichen Kompetenz des MEM (während der CVG eher Kompetenzen auf dem Gebiet der Regionalentwicklung zugesprochen werden), Proteste des Umweltministerium gegen die großflächigen Konzessionsvergaben durch die CVG und der Annullierung der Dekrete 1046, 1047 und 1048 durch die *Proceruria Nacional* begründet[52].

*Rückverlagerung der Kompetenz für die Inwertsetzung der Gold- und Diamantenvorkommen auf die nationale Ebene*

Nach Angaben der CVG (Interviews 1997) geht die Rückverlagerung des Gold- und Diamantensektors in den Kompetenzbereich des MEM dagegen auf institutionelle Machtrangeleien zwischen dem Bergbauministerium und der CVG sowie persönliche Differenzen zwischen Arrieta und dem CVG Präsidenten Gruber zurück.

[52] Die massive Zunahme der von der CVG vergebenen Konzessionen an nationale und transnationale Bergbauunternehmen hatten Umwelt-NGO's und politische Interessensverbände des informellen Bergbaus beanstandet, die besonders den juristischen Status der von der CVG vergebenen Konzessionen angreifen, da nach dem *Ley de Minas* (1945) nur das MEM Konzessionen vergeben darf.

Während seiner sechsmonatigen Doppelpräsidentschaft von MEM und CVG (1994) soll Arrieta die Möglichkeit erkannt haben, mit der Kompetenz für den Gold- und Diamantenbergbau den Legitimationsproblemen begegnen zu können, mit denen das MEM durch die Privatisierung der Ölindustrie und anderer Bergbauindustrien konfrontiert ist. Für diese These spricht, dass Arrieta bis heute Kontakte zum informellen Bergbau pflegt und sich persönlich Bberichte von Vertretern des informellen Bergbaus schicken lässt. **Das heißt, dass nicht nur ökonomische Sachzwänge, sondern auch Versuche institutionelle Kompetenzverluste des MEM und der CVG auszugleichen für die zunehmende Bedeutung des Gold- und Diamantensektors eine Rolle spielen. Gleiches gilt für das Planungsministerium, das seit den 1980er Jahren ebenfalls mit Macht- und Bedeutungsverlusten konfrontiert ist** (vgl. HERNÁNDEZ 1995).

*PRODESSUR: erweiterte Neuauflage von CODESUR*

Zur systematischen Erschließung des Südens verabschiedet CORDIPLAN in einer Neuauflage des CODESUR-Programms 1994 den Entwicklungsplan **PRODESSUR** (*Proyecto de Desarrollo Sustenable del Sur)*, der das markanteste nationalstaatliche Instrument für den Bundesstaat Bolívar darstellt. Im Vergleich zu CODESUR, bei dem es in erster Linie um die Besiedlung des Bundesstaates Amazonas ging, verfolgt das Wiederbelebungsprogramm vorrangig geostrategische und ökonomische Ziele und stellt eine regionale Erweiterung um die Bundesstaaten Apure, Delta Amacuro und Bolívar dar, wobei letzterer im Zentrum der Erschließungsmaßnahmen steht.

PRODESSUR (1994: 58) gilt als nationales Projekt erster Ordnung und greift mit einer dreidimensionale Planung die traditionellen Diskurselemente nationaler Entwicklungsvorstellungen für die südlichen Landesteile auf. Unter dem etwas vagen Konzept einer "Geo-Ökonomie" sollen wirtschaftliche Modernisierung, ökologisches Gleichgewicht sowie nationale Sicherheit mit Hilfe technologischer Projekte zusammengebracht werden.

> "Als normative Grundlage erfordert die Geo-Ökonomie der Region PRODESSUR ein ökologisches Problembewusstsein, um den Erhalt ihres Potenzials in Zeit und Raum zu garantieren; sowie eine Bevölkerungspolitik, die unter einer technologischen Konzeption die Nutzung und Konservierung der natürlichen Ressourcen zusammenfasst, [...]. Ohne Zweifel besteht die Notwendigkeit der Kompatibilität des mineralischen und hydroelektrischen Potenzials mit der Biodiversität, da aus der Lösung dieses Widerspruchs, die Synthese der nationalen Strategie für nachhaltige Entwicklung entspringt." (PRODESSUR 1994: 57)

Die Planung bis zum Jahr 2010 sieht die Nutzung des Territoriums "entsprechend seiner natürlichen Vorteile und Begrenzungen", ein "ausgeglichenes" Städtesystem mit besonderer Betonung der grenznahen Regionen, den infrastrukturellen Ausbau, die Anbindung an andere südamerikanische Länder, die Steigerung der Bevölkerungsrate von 2,34 auf 5,38%, sowie die Einbindung der indigenen Bevölkerung in den Entwicklungsprozess vor. Als dringlichste Aufgaben werden der Ausbau der Infrastruktur sowie die Etablierung eines geopolitischen Gürtels mittels "nachhaltiger Dörfer" (*pueblos sustentables*). Die Goldproduktion soll von derzeit rund acht Tonnen pro Jahr auf 50 Tonnen gefördert werden, denn

> "Gold stellt - wegen seiner großen Bedeutung als Zahlungsmittel in internationalen Finanztransaktionen und weil einige Länder es als strategische Reserve zur Soliditätsdeckung ihre monetären Noten anlegen, um Zugang zu internationalen Krediten zu bekommen - für jedes Land eine strategische Ressource der ersten Ordnung dar." (COLOMINE RINCONES - CONSEJO DE FRONTERAS 1995: 4)

*PRODESSUR: Projekt nationaler Überzeichnung*

**Angesichts der gegebenen Charakteristica Guayanas** (siehe Kap. II) **stellt PRODESSUR eine völlige Überzeichnung umsetzbarer Entwicklungsplanung hinsichtlich demographischer und ökonomischer Entwicklung dar. Den Blick auf außenorientierte Industrialisierung und lateinamerikanische Integrationsbemühungen gerichtet, wird der regionale Sozialraum völlig ausgeblendet.** Gleichsam diskussionswürdig ist die Gleichsetzung von der Besiedlung der Region mit nationaler Souveränität und staatlichem Einfluss auf die Region sowie das Aufgreifen internationaler Entwicklungsdebatten. Die Idee der Nachhaltigkeit zieht sich ohne Begriffsdefinition und Erklärung der Umsetzung wie ein roter Faden durch den Plan. Auch Guayanas Biodiversitätspotenzial, das als "neuer Faktor der nationalen Konkurrenzfähigkeit" (CORDIPLAN 1995) bezeichnet wird und der Anspruch Venezuelas auf eine lateinamerikanische Führungsposition in verschiedenen Integrationsverbänden (Andenpakt, G3, CARICOM, MERCOSUR) zeigen die Außenorientierung des "regionalen" Entwicklungsprogramms. Der internationale Begründungszusammenhang wird vom traditionell-nationalistischem Diskurs begleitet, in dem ebenfalls die Nutzung der allokativen Ressourcen in den südlichen Landesteilen gefordert wird, aber nationale Souveränität und Abschottung gegen exogene Einflüsse betont werden:

> "Mit dem geopolitischen Gürtel wird man den demographischen Einwanderungsachsen aus Kolumbien, Brasilien und Guyana [...], in eine Region aktiv Einhalt gebieten, deren Bevölkerungsleere traditionell Unruhe geschürt hat. [Diese wurde geschürt] durch sukzessive Prozesse der Gründung von multiplen Siedlungskernen, durch die Ausbreitung der illegalen *Minería*, den Rauschgifthandel und subversive Unterwanderung, durch verbotene Extraktion natürlicher Ressourcen, Umweltkontaminationen, Entwaldung, Modifikation der Wasserläufe und die Zerstörung des biologischen Potenzials [...]. " (PRODESSUR 1994: 75)

*Natürliche Ressourcen im Spannungsfeld nationaler und internationaler Diskurse*

Die Befürchtungen des Ausverkaufs nationaler Ressourcen schließen auch transnationale Unternehmen ein. In einem Bericht zum Bergbau im Bundesstaat Bolívar bejaht der *Consejo Nacional de Fronteras*[53] die Frage, ob Venezuela im Kontext der bergbaulichen Entwicklung seine Sicherheits- und Verteidigungsaufgaben vernachlässigt, weil sowohl der illegale als auch der legale (!) Bergbau Territorien und natürliche Ressourcen betrifft bzw. zerstört, die für die Entwicklung als Nation von Bedeutung sind (COLOMINE RINCONES - *Consejo Nacional de Fronteras* 1995: 42).

**Das ambivalente Verhältnis des Staates zum neoliberalen Wirtschaftsmodell, in dem einerseits das Bild von den imperialistischen Industrienationen zugunsten von ausländischen Kapitalinvestitionen und dem Transfer "sauberer" Technologien aufgegeben wird, andererseits aber weiterhin die Bedrohung der venezolanischen Souveränität durch ausländische Zugriffe auf die natürlichen Ressourcen, befürchtet wird,** zeigt sich auch in Stellungsnahmen des Umweltministeriums. Sich auf Artikel 3 der Walddeklaration von Rio berufend, betont der ehemalige Umweltminister und Mitglied der venezolanischen Delegation auf dem UNCTAD-Gipfel in Rio de Janeiro (1992) Arnaldo José GABALDÓN die Bedeutung der natürlichen Ressourcen für die nationale Entwicklung:

> "Auch wenn das Konzept der Souveränität zunehmend vom internationalen Recht und von der Stärkung der Abhängigkeiten in allen Bereichen konditioniert wird, existieren Prinzipien, wie die freie Disposition der natürlichen Ressourcen jedes Landes, die universell akzeptiert werden und die auf jeden Fall geschützt werden müssen. Deswegen müssen wir wachsam sein, um keine Kompromisse einzugehen, die das Recht verletzen könnten, die Politik unseres natürlichen Eigentums/Erbes selbst zu bestimmen." (GABALDÓN 1992: 9)

*Expansion des transnationalen, industriellen Bergbaus im Bundesstaat Bolívar*

Auf staatlicher Seite setzen sich aber letztlich die Befürworter der Sicherung der südlichen Venezuelas durch eine großräumig-industrielle Inwertsetzung der Peripherie durch, wobei transnationalen Bergbauunternehmen die Erschließung der mineralischen Ressourcen übertragen wird, **so dass in den 1980er Jahren eine massive Expansion transnationaler Bergbauunternehmen im Bundesstaat Bolívar** (vgl. Kap. V) **einsetzt. Die Verschiebung vom staatlichen zum privaten Bergbausektor, in deren Zusammenhang LACABANE (1995) von einer Transnationalisierung des Bergbausektors spricht, konfrontiert die regionale Bevölkerung mit neuen sozioökonomischen Bedingungen und generiert durch die Zunahme von industriellen Bergbaukonzernen im Gold- und Diamantenbergbau Unsicherheit unter der Bevölkerung, die sich in z.T. gewalttätigen Auseinandersetzungen zwischen Akteuren des informellen und des industriellen Bergbaus entlädt.**

[53] Das für die Koordinierung von Aktivitäten in Grenzbereichen zuständige *Consejo der Fronteras* ist eine der Organisationen, die bei der Ausarbeitung von CODESSUR beteiligt waren.

Die Angst vor ausländischen Einflüssen und imperialistischen Zugriffen auf das Nationalgut "Natur" innerhalb der *Civil society* zur verbindenden Klammer heterogener Sozialgruppen. So beginnen einige indigene Gruppen sich z.T. mit dem informellen Bergbau gegen die Expansion des transnationalen Bergbaus zu solidarisieren. Selbst Angestellte in regionalen Behörden arbeiten auf z.T. informellen Kanälen mit Führern des informellen Bergbaus zusammen. Bei diesen Allianzen handelt es sich allerdings nicht um normative Konsensgemeinschaften, sondern um befristete Kompromissbündnisse.

*"Alte" und "neue Akteure"*

Die partielle Abnahme "alter" staatlicher Akteure wird nicht nur auf der ökonomischen Ebene vom Auftauchen "neuer" Akteure begleitet. Umwelt-NGOs binden sich zunehmend in die Diskussion um Nutzung und Schutz der südlichen Landesteile ein und verstärken den Einfluss ökologischer Argumente in der Diskussion um die bergbauliche Erschließung des Bundesstaates Bolívar (Kap. VI). Auch der Staat zieht sich nicht grundsätzlich zurück, es werden auch neue staatliche Institutionen eingerichtet. Neben dem *Ministero de Asuntos Fronterizos* und PRODESSUR ist insbesondere das IAMOT (*Instituto Ambiente, Mineria y Ordenación del Territorio*) zu nennen. Das - der regionalen Regierung untergeordnete - IAMOT zielt darauf "die Zuständigkeit für Umwelt, Bergbau und Raumordnung nicht nur rhetorisch (*Contrato de Bocca*) auf die regionale Ebene zu übertragen, sondern diese Zuständigkeit auch institutionell zu verankern" (Interview im IAMOT, August 1997). Bereits in der Aufbauphase (1997) entwickelte es sich neben den traditionellen Instituten (CVG, MEM, MARNR) für den informellen Bergbau und (trans)nationale Unternehmen zu einer weiteren Anlaufstelle zur Sicherung ihrer persönlicher Kontakte zu administrativen Entscheidungsträgern des Bergbausektors. Umgekehrt versucht die Regionalregierung über Kontakte des IAMOT den informellen Bergbau zu fördern, aber auch politischen Einfluss auszuüben. Während des Feldforschungsaufenthaltes konnte mehrmals beobachtet werden, dass es IAMOT-Mitarbeitern in - von beiden Seiten mit erheblichem zeitlichem und organisatorischem Aufwand verbundenen - Treffen gelang, Führer des informellen Bergbaus durch wirtschaftliche Versprechungen von vorgesehenen Straßensperren abzuhalten bzw. das Ausmaß der Demonstrationen zu reduzieren. Da andere Führer gegen die "Besänftigung" durch staatlichen Stellen sind, kommt es zu Verunsicherungen und Spaltungen der *Minero*-Bewegung (vgl. Kap. IV).

*Neue staatliche Organisationen*

## 2.3 Zusammenfassende Analyse: Nationale Wirtschafts- und Raumplanung zwischen Diskurs und Praxis

*Gleichzeitigkeit eines starken und schwachen Staat*

Zwei widersprüchliche Bilder prägen die Vorstellung vom Staat in Lateinamerika: Das Bild eines starken Staates, der die gesellschaftliche Entwicklung gezielt koordiniert und das Bild eines schwachen Staates, ohne effektive Handlungskapazitäten und Möglichkeiten der freien Agitation (vgl. u.a. BIRLE 1991; MANSILLA 1989). Wie MIGDAL (1988) allgemein für Länder der Dritten Welt aufzeigt, lässt sich diese Dualität auch für die Raumpolitik des venezolanischen Staates nicht aufrechterhalten. Auf der einen Seite wurde ein Staatsapparat errichtet, der mit einer hohen institutionellen und juristischen Regelungsintensität alle Bereiche der Raum- und Naturnutzung definiert und regelt, auf der anderen Seite ist es bisher nicht gelungen, den Ausgleich räumlicher und sozialer Disparitäten oder die "geordnete" Nutzung der natürlichen Ressourcen in die Realität umzusetzen. In mehr als drei Dekaden staatlicher Entwicklungsplanung ist es Venezuela nur geringfügig gelungen, die Abhängigkeit vom Erdöl zu reduzieren und Kapitalzuflüsse aus dem Erdölsektor in eine produktive Volkswirtschaft zu investieren. Erdöleinnahmen machen weiterhin rund 25% des BIP aus, Bergbauprodukte des Nichterdölsektors erreichen dagegen nur 1% (vgl. BCV 1996; SCHAEFFLER 1997).

*Materielle, diskursive und institutionelle Integration von Natur in das venezolanische Gesellschaftssystem*

Mit den Erdöleinnahmen und der Integration der Erzvorkommen Guayanas in die Nationalökonomie konnte sich der venezolanische Staat als übermächtiger Akteur für die Regulation der Ressourcennutzung sowie die Distribution der Wohlfahrtseffekte etablieren[54]. Bis in die 1980er Jahre hat die erdölbasierte Distributionskapazität des Staates Verteilungskonflikte entschärft und staatliches Konfliktmanagement weitgehend unnötig gemacht. Ressourcennutzung, wirtschaftliche Modernisierung und gesellschaftliche Entwicklung wurden so - diskursiv eng miteinander vekoppelt - zum "reinen Regierungshandeln" (vgl. MOLS 1991: 253) und zu einem zentralen Legitimationsstrang für staatliche Autorität. Die für die Gesellschaft nutzbringende Auseinandersetzung mit der Natur wurde zum Zeichen für Modernisierung und Zivilisation. So wurden natürliche Rohstoffe (in erster Linie Erdöl, aber auch Eisen und Bauxit sowie seit den 1980er Jahren die dispers verteilten Gold- und Diamantenvorkommen) parallel zur materiellen Inwertsetzung der Natur auch auf der institutionellen Ebene[55] in das venezolanische Entwicklungsmodell integriert. Der Ressourcenreichtum des Landes, insbesondere Guayanas, verfestigte sich zu einem Symbol, dessen Gefährdung (oder Nichtnutzung) bis heute mit dem Verlust nationaler Identität und Souveränität gleichgesetzt wird.

---

[54] Zur detaillierten Analyse der Wirtschaftspolitik und -entwicklung in Venezuela siehe insbesondere ASHOFF (1992), BOECKH & HÖRMANN (1992) HEIMBERGER (1994) und SCHAEFFLER ET AL. (1997).

[55] In Anlehnung an LEACH (1997) meint der Begriff der *Institution* formelle und informelle, bewusst und unbewusst anerkannte Mechanismen zur Regulierung gesellschaftlicher Verhaltensmuster.

**Derart tief verwurzelte gesellschaftspolitische Zusammenhänge, wie z.B. die staatslegitimatorische Logik, aus der heraus die Besiedlung und Industrialisierung Guayanas zu einem konstitutiven Element nationaler Identität und Souveränität wurde, blenden sowohl ökonomische Rentabilitätsanalysen des Gold- und Diamantenbergbaus als auch indikative Reginalentwicklungsanalysen aus** - wodurch die Entstehung dieser nationalistischen und nationalökonomischen Rahmungen in ungleichen Machtverhältnissen unhinterfragt bleiben.

*Erhaltung des Status quo durch selektive Dezentralisierung*

Eine zentrale Rahmung für die Regionalentwicklung und den Bergbausektor im Bundesstaat Bolívar bilden Dezentralisierungsansätze, die seit den 1960er Jahren einen festen Bestandteil des politischen Systems Venezuelas bilden. Dezentralisierungstendenzen sind auf der wirtschaftlichen, administrativen und territorialen Ebene nachweisbar; politische Dimensionen blieben dagegen zum großen Teil ausgeschlossen. Die weitgehend chronologische Skizzierung der venezolanischen Wirtschaftsentwicklung hat gezeigt, dass die Ersetzung rigider bürokratische Mechanismen zu mehr flexiblen und innovativen Formen des Ressourcenmanagements v.a. in Krisenzeiten thematisiert werden. Das heißt: das Gemisch von wirtschaftlicher und territorialer Dezentralisierung wird in erster Linie als ein populistisches Instrument zur Vermeidung von Konflikten eingesetzt und bedeutet nicht die Aufgabe staatsbürokratischer Machtpotenziale. Dezentralisierungstendenzen beschränken sich vielmehr auf die selektive Übertragung zentralstaatlicher Aufgaben auf regionale und funktionale Staatsinstitutionen. Obwohl der Staat sich mit der Verlagerung zentralstaatlicher Kompetenzen auf föderative Instanzen bzw. staatliche Unternehmen so immer mehr Zugang zu regionalen Ressourcen sichert, werden Dezentralisierung, Partizipation der *Civil society* und Implementierung demokratischer Strukturen meist zusammengedacht (vgl. BARRIOS 1984; CORDIPLAN 1995: 253 ff).

Wirtschaftliche und administrative Dezentralisierungsansätze werden i.d.R. mit staatlichen Steuerungs- bzw. Allokationsdefiziten und der pragmatischen Orientierung am Machbaren begründet (vgl. FÜRST 1980: 181), wobei allerdings gefragt werden müsste, inwieweit Alternativen diskutiert wurden und wer bestimmt, was machbar ist. Die zum großen Teil durch externe Devisenzuflüsse finanzierte Konzentrationspolitik auf die Basisindustrien in *Ciudad* Guayana vernachlässigt bis heute den politischen Dezentralisierungsansatz, da weder Machtverhältnisse noch sozialräumliche Integrations- bzw. Desintegrationseffekte hinterfragt werden.

Die in den 1980er Jahren eingeleitete Liberalisierung und Privatisierung des Bergbausektors führte zwar zu einer Stärkung von Industrieeliten, ist aber nicht inhärent mit der Schwächung des Staates verbunden. Die selektive Dezentralisierung bedeutet lediglich Machtverluste einiger staatlicher Einrichtungen, parallel wurden aber neue staatliche Organisationen gegründet. Auch wurden staatsinterventionistische Wirtschaftstätigkeiten reduziert, aber über seine rahmengestaltende Funktion in der Wirtschafts- und Raumplanung sichert sich der Staat weiterhin erhebliche Entscheidungsmacht (vgl. JUNGEMANN 1998).

*Dominanz der Variable 'Ökonomie' gegenüber der Variable 'Raum'*

Hinsichtlich der rahmengestaltenden Funktionen des Staates fallen des weiteren das Fehlen eines offiziellen wissenschaftlichen Raumkonzepts sowie das wenig integrative Nebeneinander von Umwelt-, Territorial-, Grenz- und Wirtschaftspolitiken auf. Staatliche Institutionen sind nicht nur sektoralisiert, auch Sektoralpläne widersprechen sich inhaltlich. Dem in den nationalen Vierjahresplänen und dem nationalen Raumordnungsplan anvisierten Ausgleich räumlicher Disparitäten stehen z.B. die regionalen Förderschwerpunkte des nationalen Investitionsplans sowie die Orientierung des bundesstaatlichen Finanzausgleichs am Kriterium der Bevölkerungszahl diametral gegenüber (vgl. u.a. ALVARADO TABATA 1992). Bundesstaaten mit geringen Bevölkerungszahlen wie der Bundesstaat Bolívar fallen hier im Gegensatz zu PRODESSUR aus der Förderung heraus. Auch bei den versatzstückartig herangezogenen räumlichen Theorien wie dem Konzept der Entwicklungspole nach PERROUX (vgl. PEOT) oder dem System der zentralen Orte von CHRISTALLER (vgl. PNOT) handelt es sich um ökonomiedominierte Ansätze.

*Planungsbegriff, Rationalität und Interessen*

Staatliche Planung, die sich in Venezuela parallel zu den Paradigmen 'Entwicklung' und 'Demokratisierung' entwickelt hat, wird nicht als historischer und kontinuierlicher Prozess der Richtungssuche aufgefasst, sondern als Interventionsinstrument zur gesellschaftlichen Transformation. Die Idealisierung von Planung und Modernisierung bedingen eine Konzentration auf Methoden, während den Überlegungen zur ökonomischen Rentabilität keine gleichwertig kritische Diskussion der Entwicklungs- und Gesellschaftsziele gegenüber steht. Ähnlich wie MANSILLA (1984: 18) für die bolivianische Regionalplanung feststellt, dass

> "sie Ziele und Zwecke ziemlich unkritisch hinnimmt oder zumindest nicht mit der gleichen analytischen Schärfe wie die Methoden überprüft und gegenüber anderen normativen Zielsetzungen nicht sorgfältig genug abwägt,"

muss auch für die venezolanische Regionalplanung konstatiert werden, dass der "Rationalität der Mittel im sozioökonomischen Alltag keine Rationalität der Zwecke entspricht" (ebd.).

Wissenschaft und Planung dienen als Instrumente zur Umsetzung entwicklungspolitischer Entscheidungen, nicht aber der Diskussion von Zielen. Die Folge sind instrumentalistisches Denken und technokratische Planung, die mehr an methodischen Verbesserungen und Indikatoren interessiert sind, statt an einer Hinterfragung des Entwicklungsziels[56]. So zweifelt ANTILLANO (1996: 4), ob das scheinbare Axiom, Guayana aus nationalstrategischen Gründen zu bevölkern und inwertzusetzen rationell ist; ob das Konzept der staatlichen Stärke durch territoriale Okkupation dem 21ten Jahrhundert noch entspricht und ob die Anwesenheit transnationalen Unternehmen und staatlicher Präsenz gleich zusetzen sind.

Im Verbund mit den indikativen Zielsystemen erweisen sich die extrem visionären Prognosen, die eine praktikable Perspektive vollständig überlagern, als problematisch (vgl. u.a. ELLNER 1982; MONAGAS 1996: 43). Die venezolanischen Entwicklungspläne gehen nicht von sozialräumlichen Gegebenheiten aus, sondern entsprechen eher utopischen Zukunftsprojektionen (vgl. PNOT, PRODESUR 1994; CORDIPAN 1995). Die Umsetzung der definierten Ziele müssen somit an den sozialen und ökonomischen Realitäten des Landes scheitern. Die "Krise der Planung in Venezuela" (MONAGAS 1996: 33ff) ist also nicht nur bedingt durch einen zentralistischen Staatsapparat, defizitäre und fragmentierte Organisationen oder die fehlende institutionelle Kontinuität, die sich in der Etablierung immer neuer Institute niederschlägt (vgl. FÜRST 1992), sondern hängt auch mit dem zugrunde liegenden Planungsverständnis zusammen.

*Auswirkungen auf den Bergbau im Bundesstaat Bolívar*

**Die materielle, diskursive und institutionelle Integration von Natur in das venezolanische Wirtschafts- und Gesellschaftsmodell, die Vorstellung einer technologisch perfektionierten Naturbeherrschung, die Dominanz zentralstaatlicher Strukturen und technokratischer Planungsvorstellungen sowie die wirtschaftsorientierte Entwicklungsplanung bei gleichzeitigem Mangel an raumorientierten Entwicklungskonzepten schlagen sich in der Raumverteilungspraxis der staatlichen Bergbaupolitik nieder.** Weitgehend unabhängig von den sozialräumlichen und vegetationskundlichen Charakteristika des Bundesstaates Bolívar (vgl. Kap. II) versucht der venezolanische Staat, sich den Zugriff auf die mineralischen Ressourcen des Bundesstaates Bolívar zu sichern, indem er den Bergbausektor liberalisiert und transnationalen Bergbauunternehmen großflächige Konzessionsflächen gewährt.

[56] MONAGAS (1996: 34) spricht in diesem Zusammenhang von einer *planificación indicativa.*

Auf Regionalentwicklungseffekte des staatlich geförderten industriellen Gold- und Diamantenbergbau angesprochen, wurde im MEM die Meinung geäußert, dass große Unternehmen automatisch Entwicklung mit sich bringen würden und dass keine weiteren Gesetzauflagen notwendig seien, die Regionalentwicklung anzustoßen wie man z.B. an der Universitätsstadt Merída bzw. der Bergbaustadt Piar sehen würde. Da Bergbauunternehmen auf ihr ökologisches Image aufpassen müssten, seien sie von vornherein ökologischer ausgerichtet als der illegale Bergbau (MEM-Mitarbeiter, Interview August 1997).

Das Primat der Nationalökonomie hat zur Folge, dass - soweit der Raum überhaupt zum Tragen kommt - im Prinzip nur von einer (staats)territorialen, nicht aber von einer regionalen Entwicklungsplanung die Rede sein kann. So wie SEDLACEK (1982: 199) feststellt, dass "die heute vorfindliche räumliche Ordnung [...] immer die Ordnung derer [ist], die sich mit ihren Interessen in der Vergangenheit durchgesetzt haben", lassen sich auch im Raummuster des Bundesstaates Bolívar verschiedene Machtverhältnisse ablesen. Der deutlichste Ausdruck für die Dominanz städtischer Kapitalinteressen ist die asymmetrische territoriale Machtstruktur zwischen dem venezolanischem Zentrum (demographisch-ökonomischer Ballungsraum um die Hauptstadt Caracas) und der Region Guayana. Weltmarktausrichtung und industrielles Wirtschaftsmodell schlagen sich aber auch intra-regional in einer sozialräumlichen Segregation nieder. Dem Industriekomplex in Ciudad Guayana stehen die infrastrukturell unterversorgten Flächen des Bundesstaates Bolívar gegenüber. Die über 30jährige Konzentration auf den Wirtschaftspol Ciudad Guayana hat lange Zeit eine flächendeckende Wahrnehmung des Bundesstaates Bolívar und damit zunächst auch eine zerstörerische Integration der Naturressourcen in das venezolanische Entwicklungsmodell verhindert. Wie aber aufgezeigt wurde, hat der Zentralstaat sich bereits in den 1960er Jahren Verfügungsrechte über großflächige Waldreserven gesichert, so dass es sich bei den aktuellen Erschließungsmaßnahmen keineswegs um neue Erscheinungen handelt. Auch die Bodenschätze wurden schon von Simon Bolívar als nationales Eigentum deklariert (siehe Kap. III-4). Aber erst in den 1960er bzw. 1980er Jahren hat der Staat begonnen, seinen historisch abgesicherten Anspruch in die Praxis umzusetzen.

Im Hinblick auf die sukzessive Integration des südlichen Venezuelas in das nationale Wirtschafts- und Administrationssystem fällt nicht nur die idealtypische Gleichsetzung nationaler und regionaler Interessen auf. Es stellt sich auch die Frage, welche Akteure benachteiligt oder privilegiert werden. Die Frage lässt sich nur scheinbar leicht beantworten, denn die regionale Ebene ist keineswegs Nettoverlierer.

Die Grenze zwischen Akteuren, die von der zunehmenden Einbindung der südlichen Landesteile in die nationale Entwicklung profitieren bzw. benachteiligt werden, liegt quer zu den geographisch-politischen Ebenen. Aber auch wenn sich keine soziale Gruppe identifizieren lässt, die durch die staatliche Förderung des industriellen Bergbaus nur Benachteiligungen erfährt[57], so können indigene Bevölkerungsgruppen und die Akteure des informellen Bergbaus doch als Verlierer oder Opfer[58] der derzeitigen Transformationsprozesse im Bundesstaat Bolívar bezeichnet werden (vgl. Kap. IV und VI).

*Einflüsse der internationalen Ebene*

Dass es sich bei den venezolanischen Natur-, Raum- und Entwicklungsparadigmen nicht um venezuelaspezifische Eigenheiten handelt, verdeutlichen internationale Einflüsse, die an verschiedenen Stellen erwähnt wurden. Die venezolanische Wirtschafts- und Raumplanung ist auch das Ergebnis globaler Dynamiken. Die Raumplanung ist z.B. stark durch die französische und die US-amerikanische Raumwissenschaft beeinflusst. Die Wirtschaft des Landes ist eng mit US-amerikanischen Unternehmen verbunden. Im Gold- und Diamantenbergbau dominieren neben US-Amerikanern kanadische Unternehmen. Und wirtschaftspolitische Entscheidungen können nicht losgelöst von der globalen Verschuldungskrise oder internationalen Organisationen wie dem IWF oder der Weltbank betrachtet werden. Das liberale Investitionsregime (vgl. Dekret 727, 18.01.1990), Dezentralisierungsmaßnahmen, die Reduzierung öffentlicher Unternehmen zugunsten des Privatsektors, fiskalpolitische Reformen (Zinserhöhungen, Abbau von Subentionen und Preisbindungen, Senkung tarifärer Handelshemmnisse) sind vor dem Hintergrund der Anpassungsprogramme internationaler Finanzorganisationen zu sehen (vgl. ASHOFF 1992, REED 1996).

**Weniger Beachtung hat bisher der Transfer von Wissenschaftsparadigmen gefunden, die wie aufgezeigt wurde, das - auf Naturressourcen aufbauende - Entwicklungsmodell in Venezuela früh beeinflusst haben.** So ist das sozialräumliche Muster des Bundesstaates Bolívar auch eine Registrierplatte der zeitlichen Variabilität von politischen Themen, die auf der internationalen Ebene diskutiert werden.

[57] Auch für die indigene Bevölkerung bedeutet die Ausweitung des Bergbaus nicht nur den Verlust ihrer traditionellen Lebensräume. Einige Indigene profitieren vom Bergbau, indem sie selbst Gold schürfen oder sich Nutzungsrechte bezahlen lassen. Andere nutzen den breiten Widerstand, der sich gegen die Ausweitung des industriellen Bergbaus formiert, um ihre Werte, aber auch ihren Widerstand in Allianzen mit NGO's auf internationaler Ebene zu formulieren (vgl. GRIMMIG in Bearb.; siehe auch Kap. VI).

[58] NASCHHOLD (1978: 55ff) bezeichnet von Ausgrenzungseffekten der Raumplanung betroffene Akteure als 'Raumopfer'. Dieser Begriff ist insoweit kritisch, da keine kausalen Zusammenhänge zum physisch-materiellen Raum bestehen.

Während der Diskussion um die *Neue Weltwirtschaftsordnung* in den 1970er Jahren wurden Erdöl- und Eisenindustrie verstaatlicht sowie mit dem Beitritt Venezuelas in den Andenpakt die Kooperation mit internationalen Unternehmen streng reglementiert. Erdölkrise und Petrodollarschwemme ermöglichten den Aufbau des Industriekomplexes Ciudad Guayana. Das 'verlorene Jahrzehnt' der 1980er Jahre hat interlateinamerikanische Integrationsbemühungen verstärkt, die heute als Referenz für die industrielle Entwicklung des Bundesstaates Bolívar herangezogen werden. Die parallel einsetzende Umweltdebatte auf der internationalen Ebene hat Umweltaspekte in nationale Entwicklungspläne einfließen lassen. So konnte Venezuela mit dem Aufkommen der Tropenwalddebatte die "ökologische Trumpfkarte"[59] ziehen. Heute sind v.a. 'Partizipation', 'nachhaltige Entwicklung' und 'Biodiversität' die zentralen Schlagworte, die aus internationalen Diskussionen aufgegriffen werden und in die Diskussionen um den Gold- und Diamantenbergbau im Bundesstaat Bolívar einfließen (vgl. Kap. V und VI).

## 3. Regionale Raumplanung des Bundesstaates Bolívar

Auf der bundesstaatlichen Ebene erfolgt die Konkretisierung der nationalen Wirtschafts- und Raumordnung in Form wirtschaftlicher Dreijahrespläne und regionaler Fünfjahrespläne. Bisher wurden zwei Raumordnungspläne für den Bundesstaat Bolívar verabschiedet. Verschiedene Planungsentwürfe befinden sich in Diskussion. Die Pläne, die allgemein und wenig präzise gehalten sind (vgl. FÜRST 1992), betonen die Notwendigkeit einer rationellen (sprich: staatlichen) Flächenschutz- und Raumnutzungsplanung und zielen - an die Nationalpläne angelehnt - auf den Ausgleich räumlicher und sozialer Disparitäten, die Gewähr der nationalen Sicherheit und des Naturschutzes bei gleichzeitiger Inwertsetzung bzw. nachhaltiger Nutzung der natürlichen Ressourcen. Ein Vergleich der Pläne offenbart graduelle Unterschiede, aber der geringe Konkretisierungsgrad nivelliert oft unterschiedliche Positionen.

*Ausblendung sozialer Akteure*

Im folgenden wird deshalb der **These** nachgegangen, **dass das größte Defizit der Regionalplanung nur vordergründig in** - von den jeweiligen Plangegnern betonten - **technischen, finanziellen oder inhaltlichen Mängeln liegt** (vgl. CARTAYA ET AL. 1997:48), **sondern in der doppelten Ausblendung sozialer Akteure.**

[59] Nach dem Entwicklungstheoretiker NUSCHELER besitzt die Dritte Welt nach der - infolge der Weltwirtschaftkrise der 80er Jahre - erzwungenen Abkopplung vieler Entwicklungsländer vom Weltmarkt noch drei "Trumpfkarten" in internationalen Verhandlungen: Ökologische Drohungen, die steigende Produktion von Drogen und die steigende Zahl von Flüchtlingen, die vor der Massenverelendung in ihren Heimatländern fliehen und Zuflucht in den Industriestaaten suchen (NUSCHELER auf einem Vortrag in Mainz, 06.12.1990)

Die erste Ausblendung betrifft Akteure auf der Ebene der konkreten Raum- und Ressourcennutzung. In der Konzentration auf Bestandsaufnahmen der naturräumlichen Ressourcenausstattung und der Herausarbeitung sektoraler Nutzungspotenziale finden involvierte Akteure und konfliktive Prozesse nur wenig Beachtung. Ist-Definitionen und Soll-Ziele sind produktorientiert (Holz, Wasser, Bodenschätze); akteursspezifische Raumnutzungskonkurrenzen werden nur am Rande erwähnt. Im derzeitig diskutierten Raumordnungsplan für den Bundessstaat Bolívar werden Akteure zwar nicht mehr nur auf Indikatoren wie Bevölkerungsverteilung und demographische Dichte reduziert, sondern erstmals auch nach Lebenssituationen und Nutzungsansprüchen differenziert. Aber auch wenn sich Veränderungen hinsichtlich der der Raumwahrnehmung, der Planungspraxis und sozialer Fragen andeuten, weichen staatliche Planungsstellen durch die - dem Planungsbegriff inhärente - Vorstellung, dass Planung eine Technik der Rationalisierung von Entscheidungen ist, der Thematisierung der Konflikte weiterhin aus.

*1. Ausblendung der sozialen Dimension von Resssourcen-nutzungs-konflikten*

Die zweite Ausblendung betrifft akteursspezifische Einflussnahmen auf die staatliche Raumplanung. Staatliche Entscheidungen werden nicht in einem politischen Vakuum entwickelt, sondern sind das Resultat konkurrierender Akteure, die die Entscheidungsfindung in unterschiedlichem Ausmaß beeinflussen (vgl. BRYANT 1992: 18). Ebenso wenig sind staatliche Raumpläne trotz Vollzugsdefiziten hinsichtlich intendierter Zielsetzungen nicht generell machtlos, sondern schreiben gegebene politisch-ökonomische Machtkomplexe fest oder generieren neue (vgl. NASCHOLD 1978: 31). In den Raumplänen für den Bundesstaat Bolívar lassen sich Bedeutungszunahmen des Gold- und Diamantensektors, der Forstwirtschaft, indigener sowie ökologischer Themen erkennen. Der Vergleich von Planungsentwürfen mit den verabschiedeten Plänen offenbart aber auch, dass indigene Interessen sich weniger artikulations- und durchsetzungsfähig erweisen als bergbauliche Interessen. **Ein differenzierter Blick zeigt dann allerdings, dass sich die zunehmende Involvierung der bisher im "Nicht-Entscheidungsbereich der Raumordnung" (NASCHOLD 1978) stehenden Sozialgruppe des informellen Bergbaus zwar in den Regionalplänen niederschlägt. Aber auch die neueren Plänen sind von stereotypen Bewertungen des informellen Bergbaus und des Raums durchzogen und spiegeln Einflussnahmen der Akteure des industriellen Bergbaus wider.**

*2. Ausblendung von Einfluss-nahmen auf staatliche Entscheidungen*

## 3.1 Der Raumordnungsplan von 1986

*Erstellung auf der nationalen Ebene und Ausrichtung auf nationale Bedürfnisse*

Der erste Raumordnungsplan[60] wird 1986 von der sozialdemokratischen Zentralregierung unter Jaime Lusinchi verabschiedet. Unter Federführung des Umweltministeriums werden v.a. CORDIPLAN, das Landwirtschaftsministerium, das Ministerium für Transport und Kommunikation, das Verteidigungsministerium, das Stadtentwicklungsministerium (MINDUR), die CVG, und die Regionalregierung in die Erarbeitung des Plan involviert. Nicht-staatliche Akteure sind nicht beteiligt. Das Ergebnis der interministeriellen Diskussionen ist kein Raumordnungsplan im engeren Sinne, da keine Flächenausweisungen für verschiedene Nutzungsansprüche erfolgen. Vielmehr handelt es sich um eine Bestandsinventur, die das naturräumliche Potenzial des Bundesstaates beschreibt und danach fragt, welche Funktionen der Bundesstaat Bolívar für die Nation erfüllt bzw. erfüllen kann. Die Ausrichtung auf nationale Erfordernisse kommt in Zielsetzungen wie der Ausweitung der landwirtschaftlichen Nutzgrenze zur Reduzierung der nationalen Importabhängigkeit von Agrarprodukten, der Konsolidierung des hydroelektrischen Potenzials als wichtige national-strategische Ressource und der besonderen Berücksichtigung der Entwicklungszone *Orinoco-Apure* zum Ausdruck.

*Ökonomie-dominierte Sichtweise von Zielkonflikten*

Zielkonflikte zwischen Naturschutz und wirtschaftlicher Entwicklung werden nicht konkret angesprochen. Indirekt kommen sie aber durch Hinweise auf die ökologischen Auswirkungen verschiedener Wirtschaftstätigkeiten zum Ausdruck. Die Lösung wird in der "rationellen Nutzung der Ressourcen" sowie der "Kompatibilität von Entwicklung und Ressourcenschutz" gesehen, womit Umweltveränderungen gemeint sind, die toleriert werden können, da sie wirtschaftlichen und sozialen Nutzen bedeuten bzw. "repariert" werden können (POT 1986: 5). Auch Titelüberschriften und Sprachgebrauch lassen eine ökonomiegeleitete Wahrnehmung der Natur erkennen. So wird z.B. die "Vielfalt der natürlichen Ressourcen" unter dem Blickwinkel des Potenzials für eine diversifizierte wirtschaftliche Entwicklung betrachtet und die einzelnen Ressourcen unter Nutzungsaspekten dargestellt.

*Der Bergbau*

Der Gold- und Diamantenbergbau wird mit der Entwicklung neuer Abbautechniken (siehe Kap. IV und V) und einer Steigerung der Goldproduktion in den letzten Jahren charakterisiert. Konzessionen und das *libre aprovechamiento*[61] werden als die Abbauformen angesehen, die sich parallel durchsetzen werden.

---

[60] *Plan de Ordenación Territorial del Estado Bolívar*, im weiteren mit dem spanischen Akronym POT 1986 bezeichnet.

[61] Das *libre aprovechamiento* (freie Nutzung) ist ein altes Recht des informellen Bergbaus. Aber auch Artikel 44 des *Ley de Minas* legt fest, dass Bodenschätze, die nicht in einer Konzession liegen, frei zugänglich sind, wenn der Abbau mit einfachen Abbautechniken erfolgt. Andere Gesetzestexte wiederum verbieten das *libre aprovechamiento*. Es gehört heute zu den am meisten umstrittenen Reglungen des Bergbaus (vgl. Kap. III-4).

Dieser vermuteten Entwicklung wird ein Zukunftsszenarium entgegengesetzt, in dem

> "der venezolanische Staat direkt in den Gold- und Diamantenabbau interveniert und die Produktionsprozesse kontrolliert; Abbau und Nutzung der Bodenschätze sowie die Unterstützung der in diesem Sektor beschäftigten Personen systematisiert und durch Managementpläne Kontrollmechanismen für Konzessionen etabliert, die adäquat für die sozioökonomischen Konditionen sind und die Sicherheit und Verteidigung der Nation gewährleisten." (POT 1986: 42).

Abgesehen von der wenig aussagekräftigen Allgemeinheit dieses Szenariums fällt auf, dass staatliche Institutionen als Akteure in Erscheinung treten, ansonsten aber lediglich von "Personen, die in diesem Bereich beschäftigt sind" die Rede ist. Eine Unterscheidung zwischen dem industriellen und dem informellen Bergbau findet nicht statt.

*Bewertung verschiedener Formen des Bergbaus*

An anderen Stellen heißt es allerdings, dass alle bergbaulichen Aktivitäten ernste Umweltauswirkungen bedingen, Abraumhalden Landschaften verändern und hochtoxische Abfallprodukte Gewässer verschmutzen, aber das größte Problem wird im *libre aprovechamiento* an den oberen Flussläufen und den *Reservas Forestales* gesehen (POT 1986: 14). Das technische Niveau der Eisen- und Bauxitindustrien erlaube die maximale Nutzung der Lagerstätten mit dem geringsten ökologischen Risiko, während der Gold- und Diamantenabbau dazu tendiere, weiterhin Techniken und Methoden anzuwenden, die hochgradig umweltdegradierend sind (POT 1986: 28). Der informelle Bergbau wird nicht nur sehr partiell - nämlich als Umweltzerstörer - wahrgenommen und Ursachen für diesen Bergbautyp ausgeblendet. Gleichzeitig wird Umweltzerstörung auch mit mangelhafter Technologieentwicklung und fehlender Modernisierung dieses Bergbausubsektors erklärt[62] - und somit die industrielle Entwicklung des Bergbaus legitimiert, die nationalstaatlich definiertes Ziel ist.

**Damit stellt sich ein Neutralitätsproblem. Denn hier definieren staatliche Institutionen, dass staatliche Bergbauindustrien ökologisch weniger bedenklich seien als der informelle Bergbau, der sich dem staatlichen Zugriff weitgehend entzieht. Auch die Lokalisation der als extrem bedenklich eingestuften Bergbaustandorte (Flussläufe und Forstreserven) muss unter dem Gesichtspunkt, wessen Wahrnehmung und Urteil der Raumordnungsplan wiedergibt, hinterfragt werden. Mit bergbaulichen Nutzungsansprüchen in Forstreserven und der Gefährdung der dem Guri-Staudamm zufließenden Flüsse werden wichtige nationalstrategische Interessen berührt, während z.B. Gewässerkontaminationen durch die Schwerindustrien in Ciudad Guayana die zentralstaatlich wichtige Schifffahrtsfähigkeit des Orinoco nicht beeinträchtigen.**

[62] Parallelen finden sich im landwirtschaftlichen Sektor, in dem kleinbäuerliche Brandrodungen als Gefährdungen für die permanente Forstproduktion genannt werden (POT 1986: 13).

## 3.2 Der Raumordnungsplan "von" Andrés Velásquez (1995)

*Der erste Raumplan einer bundesstaatlichen Regierung*

Das *Ley de Elección y Remoción de los Gobernadores de Estado* (1989), das die zentralstaatliche Nominierung der Gouverneure durch Wahlen auf bundesstaatlicher Ebene ersetzt, erweitert auch raumordnungspolitische Planungs- und Gesetzgebungskompetenzen der regionalen Ebene. 1995 verabschiedet die Regionalregierung des Bundesstaates Bolívar ihren ersten Raumordnungsplan. Im Gegensatz zu seinem Vorgänger wird er nicht in Form eines klassischen *top-down*-Ansatzes entworfen, sondern es geht ihm eine fünfjährige Diskussion voraus.

*Einbindung nicht-staatlicher Akteure*

Neben der gesetzlich vorgeschriebenen Bildung einer Raumordnungskommission[63] wird ein breites Beteiligungsangebot an Universitäten, NGO's und Vertreter der Wirtschaft erlassen. Da erstmals der Versuch gestartet wird, auf die schnelle Umsetzung politischer Ziele "ohne das lästige Beiwerk von Demokratie, Diskussion und Dissens" (MANSILLA 1984) zu verzichten, lohnt es sich der Frage nachzugehen, wie die Stärkung der Regionalebene sowie die Beteiligung nicht-staatlicher Gruppen sich im *Plan de Ordenamiento Territorial del Estado Bolívar* von 1995 (kurz: POT 1995) niederschlagen.

*Andrés Velásquez: Gegner einer bergbaulichen Erschließung des Bundesstaates Bolívar*

Die zentrale Person bei der Erarbeitung und Verabschiedung des Raumordnungsplans (POT 1995) heißt Andrés Velásquez. Sein Wahlsieg bei den Gouverneurswahlen 1990 ist sowohl Ausdruck als auch verstärkendes Moment einer regionalen und sozialen Gegenbewegung zum Zentralstaat. Mit Velásquez, der indigener Abstammung ist und aus der Gewerkschaftsbewegung der Schwerindustrien kommt, wird das höchste politische Amt im Bundesstaat Bolívar von einem Repräsentanten besetzt, der von seiner soziopolitischen Herkunft marginalisierte Bevölkerungsgruppen symbolisiert. Als Führer der sozialistischen *Causa R* vertritt er nicht nur eine der wichtigsten Parteien mit regionaler Basis, während seiner Amtszeit stehen sich auch oppositionelle Parteien auf der nationalen und regionalen Ebene gegenüber.

[63] Artikel 21 des LOPOT schreibt die Bildung einer regionalen Raumordnungskommission vor, in denen die regionale Regierung, Entwicklungsorganisationen wie die CVG, die *Alcaldías* sowie regionale Körperschaften zentraler Ministerien (z.B. Umwelt-, Landwirtschafts-, Bergbau- und Verteidigungsministerium) vertreten sind. Darüber hinaus sind Konsultationen von Repräsentanten wichtiger Wirtschaftsektoren sowie öffentliche Diskussionen vorgesehen (Art. 22, 23, 27). Die Auswahl der Organisationen und Einzelpersonen sowie die Form der Konsultation werden nicht präzisiert, sondern unterliegen dem Gouverneur und dem vom Umweltministerium gestellten Sekretariat der Raumordnungskommission. Zwar müssen Regionalpläne mit den nationalen Plänen übereinstimmen - d.h. von der nationalen Raumordnungskommission genehmigt werden - und das *Ley Orgánica de Régimen Municipal* (LORM) erweitert die Kompetenzen lokaler Verwaltungen, aber der regionalen Ebene fällt aufgrund ihrer Koordinationsfunktion eine besondere Stellung bei der Erstellung der Regionalpläne zu.

Im Gegensatz zu den nationalstaatlichen Liberalisierungsprogrammen, in denen der Bergbau zu einem der wichtigsten regionalen Wirtschaftssektoren proklamiert wird (siehe Kap. III-1), gilt Velásquez als - indigenen und ökologischen Bewegungen nahe stehender - Gegner des Bergbaus.

> "Guayana ist mehr als Magie und Mysterium. (...) Es ist mehr als die Erde des Goldes, des Diamanten, des Eisens, des Stahls oder des Aluminiums. Das, was die göttliche Vorsehung hier in Form der Natur konzentriert hat, ist essential für die Existenz der Republik und dafür, dass wir für immer ein souveränes Land sind. Die Vernichtung des Ökosystems Guayanas zu erlauben und zu tolerieren, bedeutet die Zerstörung und Ausrottung des Vaterlandes zu billigen." (Andrés Velásquez in: MISIÓN 1995: 8)

*Einbindung indigener Interessen*

Regionale Umweltgruppen und indigene NGOs bewerten den Raumordnungsplan 1995, allgemein als der "POT von Velásquez" bezeichnet, positiv, weil sie in Planungsdiskussionen involviert wurden und der Raumplan ökologische und indigene Interessen deutlicher thematisiert als zuvor. Ein Vergleich eines Entwurfes (1994) mit dem letztlich verabschiedeten Raumplan lässt auch innerhalb des Diskussionsprozesses eine zunehmende Durchsetzung indigener Interessen konstatieren. Indigene Lebensräume werden nicht nur auf (schwer nachweisbare) traditionell angestammte Gebiete reduziert, sondern Schutz für die aktuell besiedelten Lebensräume gefordert. Aber trotz der zunehmenden Involvierung indigener Interessen wird indigenen Gruppen kein eigenes Kapitel gewidmet. Es findet keine Ausweisung indigener Territorien statt, d.h. zentrale Forderungen indigener Bevölkerungsgruppen nach formal-rechtlicher Anerkennung ihrer Lebens- und Siedlungsräume durch partizipative Demarkationsprojekte und Landtitel (vgl. GRIMMIG in Bearb.) bleiben nicht nur unerfüllt - sie werden nicht einmal thematisiert.

*Erste Flächenzuschreibungen*

Bei den Schutzgebieten (ABRAEs) und Wirtschaftssektoren findet dagegen ein qualitativer Sprung statt, da für sie - wenn auch nicht immer lokalisierbar - erstmals Gebiete ausgewiesen werden (vgl. Tab. 5).

**Tab. 5: Flächenausweisungen im Raumordnungsplan des Bundesstaates Bolívar 1995**

| Nutzung | Fläche in ha | (in % der Fläche des Bundesstaates) |
|---|---|---|
| **ABRAE** | 21.595.449 ha | (90,7 %) |
| **Forstwirtschaft** | 10.938.325 ha | (46,0 %) |
| **Landwirtschaft** | 2.309.000 ha | (9,7 %) |
| **Fischerei** | 779.340 ha | (3,3 %) |
| **Bergbau** | 5.637.000 ha | (22,7 %) |

Quelle: PLAN DE ORDENACIÓN DEL TERRITORIO DEL ESTADO BOLÍVAR 1995
Anmerk: Da z.B. Forstreserven zu den ABRAEs gehören und es auch in anderen Nutzungsbereichen zu Überschneidungen kommt (Gebiete, die für bergbauliche oder touristische Nutzungen ausgewiesen sind, liegen z.T. in den ABRAEs) liegt die insgesamt ausgewiesene Fläche über der Gesamtfläche des Bundesstaates.

*Bedeutungszunahme der Forstwirtschaft*

Im POT 1986 ist die Forstwirtschaft noch beim landwirtschaftlichen Sektor bzw. den Schutzgebieten im nur neunzeiligen Unterkapitel *Reservas Forestales* eingeordnet. Ende der 1980er Jahre wird mit den ersten Konzessionsvergaben im *Lote San Pedro* und in der *Reserva Forestal Imataca* die staatlich geregelte Forstwirtschaft intensiviert, aber die großflächige Ausweisung forstwirtschaftlicher Nutzungsräume im POT 1995 geht weit über den Mitte der 1990er Jahre gegebenen Umfang forstwirtschaftlicher Aktivitäten im Bundesstaat Bolívar hinaus (vgl. AICHER 2002). Die Bedeutungszunahme des Forstsektors im Raumordnungsplan von 1995 reflektiert vielmehr die auf nationaler Ebene geführte Debatte um die Integration des Forstssektors in die nationale Ökonomie und lässt einen Blick auf zukünftige Entwicklungen zu. Bereits auftretende Probleme wie z.B. Flächennutzungskonflikte mit dem Bergbau, Über- oder Fehlnutzungen (vgl. HERNANDEZ ET AL 1997 sowie Kap. VI) werden nicht wähnt. Es wird lediglich allgemein auf die Notwendigkeiten hingewiesen, Managementpläne zu entwickeln, floristische Inventuren durchzuführen, das fragile Ökosystem zu beachten und eine Holzindustrie mit regionaler Ausrichtung aufzubauen. Konzessionäre als Träger der Erschließung bleiben unerwähnt.

*Bedeutungszunahme des Bergbausektors*

Neben der breiteren Behandlung indigener und forstwirtschaftlicher Themen, lässt der POT 1995 eine deutliche Bedeutungszunahme des Bergbausektors erkennen. Erstmals wird die Bedeutung der mineralischen Ressourcen explizit hervorgehoben. Bereits in dem Diskussionspapier aus dem Jahr 1994 wird darauf hingewiesen,

> "dass der Bundesstaat Bolívar Bodenschätze von großer Bedeutung und Vielfältigkeit umfasst, die sich in weiten Bereichen mit Zonen von hohem ökologischen Wert decken, was es notwendig und unaufschiebbar macht, Nutzungsprioritäten zu definieren, und falls möglich, die kurzfristigen Interessen der Mineros mit mittel- und langfristigen ökologischen Zielen kompatibel zu machen." (POT Entwurf 1994: 2)

Im verabschiedeten Raumordnungsplan unterscheidet sich der entsprechende Paragraph durch die Konkretisierung, für wen die Nutzung der mineralischen Ressourcen wichtig ist sowie die richtungsweisende Präzisierung des Terminus "Nutzungsprioritäten":

> "Dass der Bundesstaat Bolívar zahlreiche und verschiedene Bodenschätze besitzt, die für die ökonomische Entwicklung der Region und des Landes wichtig sind, die sich in großen Teilen mit Zonen hoher ökologischer Fragilität decken, macht es nötig und unaufschiebbar, geordnete Exploitationspolitiken für die verschiedenen Ressourcen zu definieren und falls möglich, die kurzfristigen Bergbauinteressen mit mittel- und langfristigen ökologischen und strategischen Zielen der Nation und der Bundesstaaten kompatibel zu machen." (POT 1995: 4)

Auffällig an den Formulierungen, die sich durchgesetzt haben, sind nicht nur die Zusätze, die auf die nationale Bedeutung der Bodenschätze hinwiesen.

Auch die Reduzierung des "ökologischen Wertes" zur "ökologischen Fragilität" verdeutlicht die Durchsetzung bergbaulicher Interessen gegenüber ökologischen Bedenken.

Parallel findet eine Bedeutungsverschiebung vom Eisen- und Bauxitbergbau zugunsten des Gold- und Diamantenabbaus statt, die sich in den Flächen, die den bergbaulichen Subsektoren zugesprochen werden und der thematischen Behandlung der verschiedenen Bodenschatzarten niederschlägt. Während Eisen und Bauxit nur zweimal namentlich erwähnt werden, beziehen sich die vier Paragraphen des Bergbausektors in erster Linie auf dispers in der Fläche verteilte Bodenschätze und innerhalb dieser Kategorie in erster Linie auf Gold und Diamanten. Mit einem Anteil von 65% der Flächen, die für bergbauliche Aktivitäten ausgewiesenen werden, ist der Diamanten- und Goldbergbau der Subsektor mit dem höchsten Flächenanteil (vgl. Tab. 6).

**Tab. 6: Bergbauflächen im Raumordnungsplan des Bundesstaates Bolívar 1995**

| | Fläche in ha (% der Bergbaufläche) | % des Bundesstaates |
|---|---|---|
| **Bergbau total** | 5.397.000 (100,0 %) | 22,7 % |
| **Eisen** | 1.220.000 (22,6 %) | 5,1 % |
| **Bauxit** | 504.000 (9,4 %) | 2,1 % |
| **Gold/Diamanten** | 3.510.000 (65,0 %) | 14,8 % |
| **Nicht-metallische Mineralien** | 163.000 (3,0 %) | 0,7 % |

Quelle: POT 1995

**Entgegen der Hoffnungen, die indigene und ökologische Gruppen mit der Person Velásquez verbinden, hat offensichtlich auch eine schleichende Zunahme bergbaulicher Interessen in den POT 1995 stattgefunden.** Auch in Interviews im MEM, CORDIPLAN und der CVG wurde öfter die Meinung geäußert, dass der Gold- und Diamantenbergbau der wichtigste Sektor im POT von Velásquez sei. Die Wichtigkeit, die dem Bergbau zugesprochen wird, macht sich allerdings v.a. an seiner Konfliktträchtigkeit fest. Während NGO's und Universitäten den POT wie z.B. der Ethnologe Alexander MANSUTTI von der UNEG (persönliche Kommunikation, 04.05. 1999) "durch den fünfjährigen Kräfteverschleiß und angesichts der Angriffe mächtiger ökonomischer und wirtschaftlicher Interessen als Bodenverlust für ökologische und indigene Positionen" bezeichnen, wird er von Bergbaubefürwortern, denen die Öffnung des Bundesstaates Bolívar für den Bergbau nicht weit genug geht, vor allem auf technische Mängel wie z.B. die fehlende kartographische Lokalisierung angegriffen (vgl. Rodríguez Sotillo, Sekretär der Regionalregierung unter Carvajal, in: EL PROGRESO 09/06/1997).

*Konfliktträchtigkeit der Bedeutungszunahme des Bergbausektors*

Da der POT 1995 so von allen Seiten kritisiert wird, stellt sich die Frage nach der Ursache für diesen "Widerspruchskonsens".

*Fehlende Akteursdifferenzierung, Subjekt- und Positionsmangel*

**Der These von der Akteursausblendung in den Raumordnungsplänen nachgehend, fallen ein extremer Positions- und Subjektmangel auf.** Zwar wird das Objekt Bergbau thematisiert, aber es findet weder eine Akteursdifferenzierung noch eine klare Positionierung statt. Hieß es im Raumordnungsplan von 1986 noch vage, dass der Staat in den Gold- und Diamantenabbau intervenieren soll, werden im POT 1995 zwar das MEM, die CVG und das MARNR als zuständige Organe benannt. Aber die zentralen Zuständigkeitsdifferenzen werden nicht angesprochen. Ebenso wenig finden Differenzierungen zwischen konkreten Ressourcennutzungsansprüchen statt. So kommen die massiven Konflikte zwischen (trans)nationalen Bergbauunternehmen und dem informellen Bergbau nicht zur Sprache. Auf der einen Seite wird die Konsolidierung einer Bergbauindustrie mit hohen Renditen" (POT 1995: 30) gefordert, auf der andern Seite wird "der informelle Gold- und Diamantenabbau als eine wichtige ökonomische und soziale Aktivität" (ebd.: 32) bezeichnet. Obwohl Velásquez 1997 die Meinung vertritt,

> "dass die einzige Art und Weise, wie man den Bergbau in Venezuela regulieren kann, ein Raumordnungsplan ist, der spezifiziert, wo Bergbau stattfinden kann und wo nicht, und der Räume für *pequeños mineros* ausweist, um die Anarchie zu zerstören und zu verhindern, dass *pequeños mineros* weiterhin verfolgt und von der Erde ausgeschlossen werden, die sie seit Jahren bearbeiten, weil diese an Transnationale übergeben werden." (vgl. Andrés Velásquez, in *Correo de Caroni* 05.06.1997)

bleibt genau diese akteursorientierte Spezifizierung der bergbaulichen Nutzflächen im POT 1995 aus. Eingebunden in nationale Vorgaben und um die Harmonisierung divergierender Interessen bemüht, werden technische und institutionelle Rationalitäten, von denen man sich allgemein annehmbare Lösungen verspricht, ausführlich thematisiert, Konflikte und Widersprüche aber ausgeblendet. In diesem Zusammenhang unterscheidet DEUTSCH zwei gegensätzliche Philosophien, die raumordnerischen Planungen zugrunde liegen können.

*Harmoniegeleitete Raumordnung*

> "Eine Richtung betont die Rolle der Planung als eine Suche nach allgemein annehmbaren Lösungen, die durch technische Rationalität den Interessen aller oder fast aller Beteiligten oder Betroffenen entsprechen. Das Grundthema dieser Richtung ist die langfristige Harmonie aller wohlverstandenen Interessen [...]. Die entgegengesetzte Philosophie, [...] betont die Gegensätzlichkeit und den Kampf zwischen verschiedenen Prozessen in der Natur und zwischen verschiedenen Ideen und Interessen von Einzelmenschen und Gruppen [...]."(zit. n. NASCHOLD 1978: 7)

Auch wenn DEUTSCH weiter schreibt, dass es sich bei diesen Philosophien um gesellschaftliche Auffassungen handle, die theoretisch oder empirisch nicht belegbar seien, wird doch deutlich, dass sich der POT 1995 der ersten Raumordnungsphilosophie zuordnen lässt, die von der Suche nach ausgleichender Harmonie und Konsens geprägt ist und dabei divergierende Interessen und Konflikte ausblendet.

## 3.3 Die Raumordnungsdiskussion "unter" Jorge Carvajal (1997)

*Aktuelle Raumordnungs-diskussion*

Der dritte Raumordnungsplan wird unter Federführung von Dr. Jorge Carvajal während der Feldforschungsphase (1997) diskutiert. Ähnlich wie Velásquez vertritt Carvajal mit der sozialdemokratischen *Acción Democratica* (AD) nicht nur eine Oppositionspartei zur Regierungspartei[64], sondern auch eine kontroverse Meinung zur nationalen Bergbaupolitik. Im Gegensatz zu Velásquez gilt Carvajal als ein Gouverneur, der sich für die Interessen des informellen Bergbaus engagiert.

*Formale Einbindung der Akteure des informellen Bergbaus*

Unter Carvajal setzt sich die Tendenz fort, nicht-staatliche Akteure in raumplanerische Prozesse zu integrieren. Während Vertreter des informellen Bergbaus sich in Interviews positiv über Partizipationsangebote äußerten, beklagten sich Umwelt- und Indigenen-NGOs keine Einladungen erhalten zu haben, eine mangelnde Berücksichtigung ihrer Interessen und über einen autoritären Planungsstil. So 'benähme Carvajal sich wie ein Vater, der NGOs als Kinder betrachte, die gehorchen müssen. Hätte Carvajal die Politik von Velásquez weitergeführt, hätte es keine *Apertura minera* gegeben' (Interview in der *Sociedad Conservacionista Guayana,* Oktober 1997).Die Argumentation, dass es unter Velásques keine *Apertura minera* gegeben hätte, bezieht sich v.a. auf Artikel 22 des Raumordnungsplans von 1995 (POT 1995: 31), der den Tagebergbau in Forstreserven und *Lotes Boscosos* (von in Artikel 19 geregelten Ausnahmen abgesehen) untersagt.

*Praktische Umsetzungs-hindernisse eines partizipativen Raumordnungs-verfahrens*

Neben der Überschätzung der Handlungsräume von Velásquez, erweist sich auch die Eigeneinschätzung der Akteure als unrealistisch. **Denn in der Praxis beteiligen Vertreter des informellen Bergbau sich nur in geringem Umfang an dem Raumordnungsverfahren.** Interviews ergaben, dass Repräsentanten des informellen Bergbaus häufig nicht an vorbereitenden Planungsdiskussionen teilnehmen, weil sie - wie auch mehrfach beobachtet werden konnte - kein Geld für die häufigen Anfahrten nach Ciudad Guayana bzw. Ciudad Bolívar haben und/oder weil ihnen die Diskussionen zu praxisfern und langwierig sind[65].

---

[64] Von 1994 bis 1999 wird die nationale Regierungspartei unter der Präsidentschaft von Rafael Caldera von der *Convergencia Nacional* gestellt. Mit der Präsidentschaftswahl im Dezember 1998 übernimmt Hugo Cháves mit einem Parteienbündnis, zu dem sich u.a. die *Movimiento al Socialismo, Patria Para Todos* und die *Movimiento V República* zusammengeschlossen haben, das Präsidentenamt.

[65] Mit Nelson Lezama gibt es einen Vertreter des informellen Bergbaus, der sich massiv in die Diskussionen um den neuen Raumordnungsplan einbindet. Lezama stellt aber in mehrerer Hinsicht eine Ausnahme dar, weil er über eine Universitätsausbildung und politische Erfahrung verfügt und sein Hauptwohnsitz in Ciudad Bolívar liegt (vgl. Kap. IV-7).

Im Gegensatz zu indigenen Gruppen hat der informelle Bergbau auch keine Interessensvertreter in Universitäten oder in NGO-Kreisen, die zwischen institutionell-planerischen Interessen bzw. Ausdrucksformen und den emotional geladenen Ausdruckformen der *Mineros* (vgl. Kap. IV) vermittelnd wirken. **Trotz formal gewährter Partizipationsmöglichkeiten setzen sich - über die für die *Mineros* nicht regelmäßig finanziell überbrückbare Distanz von den Minenstandorten zu den Verwaltungszentren und fehlenden Vermittlungsinstitutionen zwischen prinzipiell sehr unterschiedlichen Diskussionsstilen latent Ausschlussmechanismen fort, die eine wirkliche Beteiligung an der staatlichen Raumordnung be- bzw. verhindern.**

*Informelle Einflussnahmen des informellen Bergbaus*

Im Gegensatz zur geringen formalen Beteiligung an der Vorbereitung des neuen Raumordnungsplans übt der informelle Bergbau indirekt aber durchaus Einfluss auf die Raumordnungsdiskussion aus. Denn sie nutzen in beträchtlichem Umfang Stellungnahmen in Zeitungen und einem regionalen Radiosender, informelle Treffen mit Mitarbeitern staatlicher Einrichtungen (die am Raumordnungsplan beteiligt sind) und Kontakte zu privaten Consultings (die zu Beratungen hinzugezogen werden), um die Probleme und Positionen der *Mineros* zum Ausdruck zu bringen. Sowohl der politische Druck des informellen Bergbaus - dem Mitarbeiter aus regionalen Behörden wie der CVG, dem IAMOT und der Regionalregierung unmittelbar ausgesetzt sind - als auch persönliche Kontakte bedingen, dass sich die reduktionistische Wahrnehmung des informellen Bergbaus als ein ausschließlich destruktiver Wirtschaftssektor mit massiven ökologischen Auswirkungen nicht mehr aufrechterhalten lässt. **Dementsprechend findet sich in einer Bestandsaufnahme, die als Basis für den zukünftigen Raumordnungsplan erarbeitet wurde, eine neue Darstellung des inforellen Bergbaus. Erstmals werden der industrielle und der informelle Bergbau explizit unterschieden, Ursachen für den informellen Bergbau und die sozio-ökonomische Situation der Akteure dieses Subsektors angesprochen.** Die prekäre soziale Situation des informellen Bergbaus wird nicht mehr als ein dem informellen Bergbau inhärentes Charakteristikum betrachtet, sondern als eine Folge der staatlichen Vernachlässigung angesehen:

*Veränderte Wahrnehmung des informellen Bergbaus*

> "Die Gemeinschaften, die sich infolge des Bodenschätzeabbaus entwickeln, sind durch große soziale Unsicherheit gekennzeichnet, die nicht als logische Konsequenz der Pequeña Minería gesehen werden darf, sondern vielmehr als Konsequenz der Sozialpolitik des Staates, die diese Gemeinschaften in der Vergangenheit vernachlässigt hat." (POT-Diskussionspapier 1997: 48).

Aufgrund der Generierung von Beschäftigung und Einkommen wird der Gold- und Diamantenabbau als sozialer Bergbau (*minería social*) bzw. als 'traditioneller sozialer Stoßdämpfer' (*amortiguador social*) bezeichnet.

Mit den Gold- und Diamantenhändlern in Ciudad Bolívar sowie Beschäftigten in logistischen Unternehmen werden auch indirekte Beschäftigungseffekte des informellen Bergbaus außerhalb der Minenstandorte erwähnt. Ebenso wird auf die signifikanten Veränderungen aufmerksam gemacht, die der informelle Bergbau in den letzten zwei Jahrzehnten durchlaufen hat (vgl. Kap. IV). So wird z.B. darauf hingewiesen, dass der "traditionelle Nomadismus"[66] der *Mineros* praktisch eliminiert ist und, dass es den *Minero*, der mit der Diamantensieb bzw. der Goldwanne arbeitet, kaum noch gibt, da heute hydraulische Wasserstrahlpumpen eingesetzt werden (ebd.: 49).

Das zentrale Argument der politischen *Minero*-Bewegung (siehe Kap. IV) aufgreifend, dass der Staat dem informellen Bergbau keine Nutzflächen zuweist, wird auch die staatliche Bergbaupolitik kritisiert:

> "Es gibt keine ausgewiesenen Areale, um den sozialen Bergbau zu praktizieren wie man das in anderen lateinamerikanischen Ländern kennt; Areale, die wirklich geeignet sind von Mineros abgebaut zu werden und keine Areale, die um des Gebens willen gegeben wurden, und die die aktuelle Situation generieren, d.h. genehmigte Areale, die leer, steril und unproduktiv sind; Mineros, die illegal in ökologisch fragilen Bereichen schürfen oder in Privateigentum invadieren." (POT-Diskussionspapier 1997: 53)

Staatliche Koordinationsdefizite werden als wichtiger Faktor für Probleme im Bergbausektor genannt und nicht nur Kontrolle, sondern auch öffentliche Hilfe für "die Ausübung des sozialen Bergbaus" (ebd. : 53) gefordert.

**Offensichtlich kommt in diesem Diskussionspapier für den nächsten Regionalplan des Bundesstaates Bolívar eine deutlich differenziertere Wahrnehmung der Region und des Bergbaus zum Ausdruck als in den vorherigen Plänen. In den zahlreichen Hinweisen auf die sozialen Funktionen des informellen Bergbau wird sogar Position für diesen Subsektor bezogen.** Um so erstaunlicher sind Ausblendungen zentraler Diskussionsthemen sowie der traditionell ordnungspolitische Diskurs, der das Diskussionpapier subtil durchzieht. Wenn es z.B. im Zusammenhang mit der geostrategischen Bedeutung des Bundesstaates Bolívar heißt, dass *Mineros* historisch die einzige aktive Bevölkerungsgruppe in der Region präsentieren, die zur Sicherung unserer Grenzen unterstützt werden müssen" (ebd.: 49), stellt sich für einen Raumordnungsplan, der divergierende Nutzungsansprüche lösen will, die Frage nach indigenen Gruppen und deren Interessen.

[66] Im geographischen Sinne wird dieser Ausdruck falsch verwendet, da es sich nicht um Wanderungen von Viehhaltern handelt.

Intrasektoral fällt die Konzentration auf den alluvialen Gold- und Diamantenabbau auf, während der mit weniger ökologischen Auswirkungen verbundene Stollenbergbau nicht angesprochen wird (vgl. Kap. IV und V). Über die Ursachen für diese eingeengte Wahrnehmung des informellen Bergbaus können nur Vermutungen angestellt werden. Begründungen könnten sein, dass der alluviale Bergbau in der Landschaft viel präsenter ist oder dass der politische Führer des informellen Bergbaus, der sich am intensivsten in die Diskussionen um den neuen Raumordnungsplan einbringt, aus dem alluvialen Diamantenbergbau kommt. Obwohl zwischen dem industriellen und informellen Bergbau differenziert wird, werden die Konflikte zwischen den Agenten dieser unterschiedlichen Abbauformen nicht direkt erwähnt.

*Ausblendungen und Schlussfolgerungen*

Auch wenn der informelle Bergbau nicht mehr nur als umweltzerstörerisch wahrgenommen wird, werden weiterhin der "irrationale" Abbau der Bodenschätze durch die *Pequeña Mineria*, der Mangel an Umweltbewusstsein, die fehlende Erfassung der Umweltauswirkungen, ineffiziente Besteuerung, Korruption, die Disharmonie von Bergbau und Umweltpolitik sowie zu lange bürokratische Prozesse bei den Genehmigungsverfahren als zentrale Probleme identifiziert (POT-Diskussionsentwurf 1997: 52f). **Es wird nicht nur offen gelassen, wessen und welche Rationalität mit "irrational" angesprochen wird (als soziale Migration kann der informelle Bergbau durchaus als rationelle Überlebensstrategie bezeichnet werden, vgl. Kap IV), sondern in der Definition der Probleme wird auch die legitimatorische Basis für staatliche Regulationsmechanismen sowie deren Richtung festgeschrieben.**

Wenn der Mangel an Umweltbewusstsein und "fehlende Anstrengungen des MEM und des MARNR, *Pequeños Mineros* zu erziehen und zu überzeugen" (ebd.: 53) die zentralen Probleme sind, werden zuvor herausgearbeitete soziale Ursachen wieder ausgeblendet. Ebenso ambivalent wird argumentiert, dass "der informelle Bergbau Opfer der mangelhaften Koordination der Politiken ist, die für eine produktive und kohärente Entwicklung notwendig sind" (ebd.: 53) - und damit effektiveres staatliches Management begründet, welches im Prinzip nur über den industriellen Bergbau möglich erscheint. **Angesichts der veränderten Sichtweise des informellen Bergbaus und der impliziten Stellungnahme für diesen Bergbautyp, die in dem Entwurf für einen neuen Raumordnungsplan für den Bundesstaat Bolívar durchschimmern, erstaunen die gegensätzlichen Schlussfolgerungen.**

Hier bietet sich ein erneuter Blick auf die Akteure an, die in den Raumplanungsprozess involviert sind.

Während die Interessengruppen des informellen Bergbaus weder über finanzielle noch infrastrukturelle Ressourcen (z.B. Telephone, Fahrzeuge und Computer) verfügen, sind mit CAMIVEN (*Cámera Minera de Venezuela*) und der AVO (ASOCIACIÓN VENEZOLANA DEL ORO) zwei wichtige Organisationen in das Raumordnungsverfahren involviert, die vorrangig bis eindeutig den industriellen Bergbau vertreten. Bei der ASOCIACIÓN VENEZOLANA DEL ORO handelt es sich um einen finanziell und infrastrukturell sehr gut ausgerüsteten Zusammenschluss des industriellen Bergbaus[67]. Die AVO hat rund 200 aktive Mitglieder (Bergbauunternehmen, Bergbauausrüster, Consultings, Rechtsanwälte, usw.) und verfolgt das Ziel, "nach dem Vorbild australischer und kanadischer Bergbauunternehmen mit Hilfe moderner Technologien einen nachhaltigen Bergbau in Lateinamerika zu entwickeln" (Interview in CAMIVEN, August 1997). Die AVO bezeichnet sich als erstes intrasektorales Institut, dass sich "ernsthaft mit Umweltfragen auseinandersetzt" und nennt als wichtigste Aktivität den "Kampf gegen die Gleichsetzung von Bergbau und Umweltzerstörung". Neben Veröffentlichungen in Broschüren, Videos und Seminaren, bringt die AVO sich durch seine Beratungsfunktion für das MEM in bergbauliche Debatten ein. Nach eigenen Aussagen wird die AVO bei bergbaulichen Entscheidungen immer konsultiert, führt oft Vorevaluierungen für das MEM durch, "die in der Öffentlichkeit meist verschwiegen werden", und hat bei den Raumordnungsplänen im Bundesstaat Bolívar sowie im Regionalplan für die Forstreserve *Imataca* (siehe Kap. VI) "viel insistiert".

*Dominierende Einflussnahmen von seiten des industriellen Bergbaus*

## 3.4 Zusammenfassende Analyse: Kontinuitäten und Diskontinuitäten der regionalen Raumplanung

Da die Raumordnungspläne des Bundesstaates Bolívar nicht ohne gesellschaftspolitische Relevanz bleiben, stellt die Art und Weise, wie der Bergbau in die Raumordnung integriert ist, ein zentrales Analysefeld für die Wahrnehmung und Handhabung dieses Sektors dar.

Gemeinsam sind den verabschiedeten Raumordnungsplänen für den Bundesstaat Bolívar (POT 1986; POT 1995) bzw. den Planungsentwürfen (1994, 1995, 1997), dass sie den Ausgleich regionaler Disparitäten anstreben sowie die ambivalenten Ziele verfolgen, den Vegetationsbestand der Region zu sichern und parallel die Ressourcen effektiver zu nutzen. Während einige Themen (z.B. die Bedeutung der Wasserressourcen und städtisch-industrielle Raumnutzungen) nur geringfügige quantitative und inhaltliche Veränderungen erfahren haben, zeigen sich in anderen Bereichen deutliche Verschiebungen.

[67] Die AVO repräsentiert sich nach außen als Interessensvertretung für den gesamten bergbaulichen Nicht-Erdölsektor. Aber über jährliche Mitgliedsbeiträge in Höhe von 180.000 BS (375 US-$) werden Akteure des informellen Bergbaus natürlich von der Mitgliedschaft ausgeschlossen.

Parallel zur breiteren Behandlung ökologischer und indigener Themen[68] hat der Bergbau an Bedeutung gewonnen, bei dem es zudem zu einer Verschiebung vom Eisen- und Bauxitabbau zum Gold- und Diamantenbergbau gekommen ist. **Damit spiegeln die Raumordnungspläne einerseits die zunehmende Dominanz des Gold- und Diamantenbergbaus in der entwicklungspolitischen Debatte wider. Andererseits beeinflussen sie - abgesehen von Umsetzungsmaßnahmen, die diesen Plänen z.T. folgen - diese Debatte auf der argumentativen Ebene.**

*Einbindung in nationale Vorgaben und Leitziele*

Trotz aller thematischen Verschiebungen und Weiterentwicklungen in Richtung einer zunehmend dezentralen und partizipativen Raumplanung, lassen sich aber auch Kontinuitäten nachzeichnen. **Bis heute prägen nationale Erfordernissen und in zunehmendem Maße die Globalisierungsdiskussion die regionalentwicklungspolitische Debatte des Bundesstaates Bolívar.** Intraregionale Probleme werden zwar von Mitarbeitern regionaler Entwicklungsbehörden zunehmend in den Raumplänen formuliert, schlagen sich aber durch die Unterordnung unter nationale Identitäts- und Orientierungsformeln (vgl. Kap. III-2) nicht in den Leitbildern, die als Raumordnungsziele formuliert werden, nieder. Zum Beispiel schlägt sich in der Raumplanung des Bundesstaates Bolívar die starke Involvierung des MEM in den industriellen Bergbau (Erdöl, Bauxit, Eisen) in der Reduzierung dieses Bergbausektors auf wenige Sätze in den Regionalentwicklungsplänen (1986, 1995) nieder, die eine Problemlosigkeit impliziert, die in der Realität nicht gegeben ist, da mit jeder Form des Bergbaus soziale und ökologische Folgen verbunden sind. **Der Blick ist auf den informellen Gold- und Diamantensektor gerichtet, der bis in die 1990er Jahre sehr einseitig - nämlich als Umweltzerstörer - wahrgenommen wird. Abgesehen von neueren Diskussionen, die auch die Rolle der nationalökonomischen Rezession für die Zunahme des informellen Bergbaus thematisieren, werden mit dieser Form der Edelsteinsuche verbundene Umweltzerstörungen i.d.R. mit mangelhafter Technologie und fehlender Modernisierung erklärt und somit die industrielle Entwicklung legitimiert, die als nationalstaatliches Ziel deklariert ist.**

[68] Die Bedeutungszunahme ökologischer Diskurse auf der internationalen und nationalen Ebene schlägt sich in der wechselnden thematischen Zuordnung der Themenkomplexe Wald, Schutzgebiete und Biodiversität in den Regionalplänen nieder. Im POT 1986 erscheint der Begriff der Biodiversität noch gar nicht, im POT 1995 ist er dem Bereich *Waldflächen und regenerierbare Ressourcen* zugeordnet. In der aktuellen Raumordnungsdiskussion fällt er in das Kapitel *Schutzgebiete (ABRAES) und Wälder*, womit er im Gegensatz zum vorherigen Plan auf Gebiete, die für die Forstnutzung als Schutzgebiete ausgewiesen sind, ausgedehnt wird.

*Geopolitische Codierung des Bundesstaates Bolívar*

Das funktionalistisch-organistische Staatsverständnis setzt sich nicht nur auf der Ebene der artikulierten Interessen durch, auch auf einer subtileren Ebene fließen nationale Diskurse ein. Zum Beispiel geht mit dem zunehmenden Zugriff des Staates auf den Gold- und Diamantensektor[69] eine Funktionalisierung des venezolanische Patriotismus als Argument für die bergbauliche Erschließung periphere Regionen einher. Bereits im ersten Raumordnungsplan wird das Szenarium entworfen, Land-Stadtwanderungen durch Investitionen in ländliche Zentren und grenznahe Dörfer entgegenzusteuern, wobei verschiedene Standorte des informellen Bergbaus namentlich genannt werden. In den folgenden Plänen setzt sich die Idee der Konsolidierung grenznaher Bergbaustandorte sowie ihre Funktion als untergeordnete Entwicklungspole fort. **Was aus ökologischer Sicht nicht sein darf, wird so mit geopolitischen Argumenten legitimiert.** Dabei ist es schwer, zu rekonstruieren, wer welchen Diskurs bewusst oder unbewusst aufgreift. Die in der derzeitigen Planungsdiskussion aufgestellte Forderung, *Minero*gesellschaften wegen ihrer Funktion als "Schützer unserer Grenzen" (Diskussionsentwurf POT 1997: 49) zu unterstützen, kann ihre Wurzeln sowohl in den Bemühungen haben, ein positiveres Bild des informellen Bergbaus zu entwerfen, kann aber auch als Gegenbewegung zur nationalstaatlich geförderten Expansion des transnationalen Bergbaus interpretiert werden.

*Geringe Institutionalisierung regionaler Interessen*

Reflexiv den Rückgriff auf nationale Diskurse fördernd, wirkt sich die **geringe Institutionalisierung der regionalen Willensbildung** aus. Denn auch wenn sich Veränderungen hinsichtlich Planungsbegriff und -praxis sowie der Raumwahrnehmung andeuten und regionale Institutionen sowie nicht-staatliche Akteure heute mehr in raumordnerische Planungsprozesse eingebunden sind, handelt es sich nicht um partizipative Diskussionsprozesse unter gleichberechtigten Verhandlungspartnern. Entscheidungen, wer wie beteiligt wird und was letztendlich verabschiedet wird, liegen weiterhin im Entscheidungsbereich weniger staatlicher Funktionsträger. In Interviews mit CORDIPLAN-Mitarbeitern (August 1997) wurde explizit darauf hingewiesen, dass die Wahl, wer zu den vorbereitenden Diskussionen eingeladen wird, den Gouverneuren unterliegt. Gesetzlich festlegt ist lediglich, dass öffentliche Konsultationen stattfinden müssen.

Durch die zentralistische Planungshierarchie bleiben auch Planungsexperten mit ausgezeichneten Regionalkenntnissen und/oder Befürworter endogener Entwicklungsstrategien in erster Linie Sachverwalter nationalstaatlicher Interessen.

[69] Das zunehmende Interesse des Staates an den Bodenschätzen schlägt sich auch in einem veränderten Sprachgebrauch nieder. Werden die mineralischen Lagerstätten 1986 lediglich als "Nationalreserven" bezeichnet, werden sie 1997 zu einem "Mineralienreichtum, der für Wirtschaft des Landes notwendig ist" aufgewertet. Mit der nahezu zwingend erscheinenden Verwertungsfunktion für das Land werden Gegenpositionen zur bergbaulichen Erschließung der südlichen Landesteile ungemein erschwert.

Durch die zentralistische Planungshierarchie bleiben auch Planungsexperten mit ausgezeichneten Regionalkenntnissen und/oder Befürworter endogener Entwicklungsstrategien Sachverwalter nationalstaatlicher Interessen. Mitarbeiter von Bergbau-Consultings sprachen z.B. einen von CVG-Mitarbeitern erarbeiteten Plan zur Lage und Koordinierung des informellen Bergbaus an, der auf Anweisung "von oben" nicht veröffentlicht werden durfte. Nachfragen in der CVG führten nicht zu einer Einsicht in diesen Bericht, bestätigten aber seine Existenz. Dieses in der Planungspraxis angelegte konzeptionelle Defizit zeitigt Auswirkungen in verschiedene Richtungen. **Mit der formellen Berücksichtigung regionaler und nicht-staatlicher Interessen in der Raumplanung werden zuvor klare Grenzen nivelliert und marginalisierte Raumnutzungsinteressen mit neuen Problemen der Gegenmachtbildung konfrontiert.** Indigene Gruppen können nicht mehr sagen, dass ihre Interessen nicht berücksichtigt werden, obwohl ihre zentrale Forderunge nach Landtiteln bis heute abgelehnt wird. Der informelle Bergbau kann sich nicht mehr nur als "Entwicklungsopfer" bezeichnen, da er differenzierter wahrgenommen wird. **Zweitens sind Mitarbeiter in staatlichen Regionalbehörden nicht nur der in Kapitel III-2 aufgezeigten institutionellen Orientierungslosigkeit, sondern auch den konträren Erwartungen von "unten" und "oben" ausgesetzt. Diese Position zwischen mehreren Stühlen, schlägt sich in den Raumplänen dort nieder, wo raumordnerische Leitbilder formuliert werden, die nur wenig Bezug zu den zuvor erfolgten Inventuranalysen aufweisen.**

*Diskrepanzen zwischen Rauminventur und Leitbildern der Raumentwicklung*

Die Unsicherheit[70], denen regionale Planungsexperten ausgesetzt sind, schlägt sich in einer Konfliktscheue nieder, die besonders in den neueren Plänen auffällt. Denn der relative Bedeutungsverlust der nationalen Ebene und die Zunahme neuer Akteure würde die Thematisierung von Widersprüchen erwarten lassen. Wenn z.B. das Entwicklungsziel definiert wird

> "dass der Bergbausektor die Bodenschätze [...] rational abbaut, Arbeitsplätze und Devisen für die normale Entwicklung des Landes generiert, angepasste Technologien und integrale Maßnahmen für die natürlichen Ressourcen anwendet, die es erlauben, Gefahren im voraus zu erkennen, zu korrigieren, zu minimieren und/oder ökologische Auswirkungen zu kompensieren, die nach der Umweltgesetzgebung nicht erlaubt sind" (Diskussionsentwurf POT 1997: 43),

[70] Diese Unsicherheit trat in zahlreichen Interviews mit staatlichen Mitarbeitern zutage. Zunächst stand man den Interviews skeptisch gegenüber, weil man Kritik an der staatlichen Förderung des industriellen Bergbaus in Tropenwaldarealen erwartete. Die staatliche Bergbaupolitik wurde mal zögerlich, mal expressiv verteidigt. In Aufbauinterviews oder bei weniger formellen Gelegenheiten traten selbst bei vielen "Hardlinern" innere Widersprüche zutage, in denen die Ignoranz staatlicher Programme gegenüber regionalen Problemen, die Zwänge der Administrationshierarchie und institutionelle Unsicherheiten kritisiert wurden. Wiederholt wurde die Spannung zwischen der sozialen Situation der *Pequeños Mineros*, die vielen Interviewpartnern durch direkte Kontakte vertraut waren, und Zwängen der nationalen Ökonomie thematisiert.

so lassen die vagen Aussagen ein breites Auslegungsspektrum zu, in dem sich jeder wiederfinden kann.. Bergbaukonflikte werden auf ökologische Auswirkungen und die mangelnde Klärung institutioneller Kompetenzen reduziert. Die Ausblendung zentraler Raum- und Flächennutzungskonkurrenzen z.B. zwischen dem Forstsektor und dem Bergbau sowie zwischen dem industriellen und informellen Bergbau reicht soweit, dass in dem Diskussionspapier für den zukünftigen Regionalplan (Entwurf 1997: 48) als zentraler Nutzungskonflikt die mangelhafte Verwertung der mineralischen Ressourcen genannt wird, während der informelle und der industrielle Bergbau scheinbar konfliktfrei koexistieren.

*Ausblendung von Zielkonflikten und akteursspezifischen Interessen*

In unmittelbarem Zusammenhang mit der Ausblendung zentraler Konflikte steht die Objektzentriertheit der Pläne, die bereits in der thematischen Gliederung nach Ressourcen und Wirtschaftssektoren zutage tritt. Der objektbezogene Regionalansatz konzentriert sich auf Fragen, wie sich verschiedene Wirtschaftsektoren auf die Regionalentwicklung des Bundesstaates Bolívar ausgewirkt haben bzw. auswirken. Aus dieser Raumbetrachtung fallen die Träger dieser Aktivitäten nahezu vollständig heraus. Der Versuch, die intra-regionale politische Fragmentierung auf staatlicher Ebene zu koordinieren, muss aber scheitern, wenn staatliche (Raum)-Planung ein externer Koordinierungsversuch bleibt, der sich an deduktiven Zielen orientiert und auf eine Analyse der Akteure verzichtet. Diese Aussage gilt sowohl auf der Ebene der konkreten Raumnutzung als auch auf der Ebene der Planungsprozesse. Wie gezeigt wurde, steht die territoriale Konzeption des Bundesstaates Bolívar, die sich in den Regionalplänen manifestiert und mit ihnen manifestiert wird, in enger Verknüpfung mit politisch und/oder wirtschaftlichen Klientelgruppen und Sektoralinteressen. Zwar lässt sich das simplifizierende Bild, dass der Bergbau auf Kosten ökologischer und indigener Interessen an Bedeutung gewonnen hat, nicht aufrechterhalten, da alle drei Themen seit den 1980er Jahre mehr Raum in den regionalentwicklungspolitischen Debatten einnehmen und Teilerfolge durchsetzen konnten. Aber Urteile, dass selbst der Raumordnungsplan von Velásquez vom Bergbau dominiert wird (Interview in CORDIPLAN, August 1997) und Indigene in den Raumordnungsplänen immer mehr an Boden verlieren, sind begründet. Denn die relative Bedeutungszunahme des bergbaulichen Sektors reicht deutlich weiter als die Durchsetzung indigener oder ökologischer Interessen. **Die Objektzentriertheit der Raumordnungspläne täuscht allerdings einen generellen Siegeszug bergbaulicher Interessen vor und blendet aus, dass in diesen Sektor mit (trans)nationalen Bergbauindustrien und dem informellen Bergbau sehr unterschiedliche Akteure involviert sind.**

*Objektzentriertheit und Ausblendung betroffener und einflussnehmender Akteure*

Raumstrukturelle Folgeentwicklungen der Regionalpläne, die sich in untergeordneten Raumplänen und konkreten Umsetzungsmaßnahmen (siehe Kapitel VI) auswirken, berühren aber die allokativen und autoritativen Dimensionen der diversen Bergbauakteure in sehr unterschiedlicher Weise. Wenn es im derzeitig gültigen Raumordnungsplan heißt, dass "die kurzfristigen Interessen der *Mineros* mit langfristigen Umweltinteressen und national-regionalen Strategien in Übereinstimmung gebracht werden sollen" (POT 1995: 4), dass "der Gold und Diamantenabbau mit der bestmöglichsten und fortschrittlichsten Technik erfolgen und vom MEM und dem MARNR strikt zu reglementieren sind" (POT 1995: 32), werden Flächenausweisungen für den industriellen Bergbau (vor)begründet. Flächen für den industriellen Bergbau bedeuten aber Zugangsrestriktionen zu den Edelmetallen für den informellen Bergbau, mit denen wiederum Verschiebungen des sozialen, ökonomischen und politischen Strukturgefüges dieses Subsektors sowie massive Veränderungen individueller Lebensläufe verbunden sind.

## 4. Sektorale Gesetzgebung zur Regelung des Bergbaus

Ebenso wie die Raumplanung sind die Sektoralgesetze des Bergbaus wegen ihrer zentralistischen Tendenz zum Rechtsformalismus durch eine extreme Reglungsdichte charakterisiert, die nur selektiv angerissen werden kann. Sowohl die historischen Grundlagen als auch die Skizzierung des aktuellen juristischen Rahmens orientieren sich daher an der Aktualität und Konfliktträchtigkeit der diversen Regelungen in der gegenwärtigen Bergbaudebatte.

### 4.1 Koloniale und postkoloniale Regelungen des Bergbaus

*Spanische Kolonialzeit*

Während der Kolonialzeit wird v.a. die bis dato gültige Vorstellung, dass der Bodenbesitzer gleichzeitig Besitzer der Bodenschätze ist, durch das auf römisches Recht zurückgehende Hoheitsrecht (*Sistema Regalista)* ersetzt. Boden- und Abbaurecht werden getrennt und der Abbau der Bodenschätze mit einer Tributpflicht gegenüber der Kolonialmacht belegt. Während der Kolonialzeit wird v.a. die bis dato gültige Vorstellung, dass der Bodenbesitzer gleichzeitig Besitzer der Bodenschätze ist, durch das auf römisches Recht zurückgehende Hoheitsrecht (*Sistema Regalista)* ersetzt. Boden- und Abbaurecht werden getrennt und der Abbau der Bodenschätze mit einer Tributpflicht gegenüber der Kolonialmacht belegt. Parallel werden traditionell-individuelle Nutzrechte durch Rechte der Zentralmacht verdrängt. 1783 schreibt die Kolonialregierung fest, dass alle Mineralien Besitz der spanischen Krone sind. In einer Verordnung wird jedoch festgeschrieben, dass Goldkonzessionen zwar Eigentum der Krone sind, diese ihren Vasallen aber freie Handhabung hinsichtlich Ausbeutung, Verkauf, Verpachtung und Vererbung gewährt (vgl. MURGUEY 1989: 127; AMORER 1991: 9).

Nach der Unabhängigkeit von Spanien überträgt Simon Bolívar 1829 die kolonialen Bergbaurechtssprechung weitgehend unverändert auf die neu gegründete Republik Venezuela und damit auf die nationalstaatliche Instanz. Abbau und Vermarktung der Gold- und Diamantenvorkommen bleiben den Akteuren des Bergbaus de facto weiterhin überlassen. 1854 wird der erste *Código de Minas* verabschiedet, der erstmals festlegt, dass Explorationstätigkeiten, soweit es sich nicht um *tierras baldios* (ungeutztes Staatsland) handelt, einer Genehmigung bedürfen. Auch der *Codigo de Minas* von 1893 schreibt fort, dass in ungenutztem oder nicht demarkiertem Staatsland ohne formale Genehmigung nach Edelsteinen gechürft werden darf. Unter General Guzmán Blanco wird 1883 das erste *Ley de Minas* verabschiedet, das mehrmals modifiziert wird. Durch die Einbeziehung der Gemeindeweide und dem Ausbau der Regelung, dass im Fall der Ablehnung durch den Bodenbesitzer staatliche Autoritäten Explorationsrechte erteilen dürfen (AMORRER 1991: 19), werden die Rechte von Bergbauakteuren erneut gegenüber den Rechten von Bodenbesitzern aufgewertet. Der Passus wird im *Código de Minas* von 1909 noch weiter ausgebaut. Auf Grundlage des Zwangsenteignungsgesetzes dürfen Bodenbesitzer im Falle einer Genehmigungsverweigerung temporär zwangsenteignet werden, damit nationale und ausländische Personen (!) ihrem gesetzlich verankerten Recht der freien Mineraliensuche nachgehen können.

*Ausweitung bergbaulicher Nutzungsrechte nach der Unabhängigkeitserklärung Venezuelas*

## 4.2 Das *Ley de Minas* (1945)

Das heute zentrale Gesetzeswerk zur Regulierung des Bergbaus ist das 1945 in Kraft getretene *Ley de Minas*. Es gewährt zwei Formen der Mineralienexploration: Artikel 119 regelt die **freie Nutzung** (*exploración libre*). Sowohl In- als auch Ausländer haben nach einer schriftlichen Mitteilung an das MEM und die oberste Autorität des *Municipios* das Recht, Mineralien zu suchen. Die erlaubten Tätigkeiten sind allerdings sowohl technologisch als auch räumlich eingeschränkt. Erlaubt ist der Einsatz von Diamantenpfannen, Goldsieben, Schaufeln, Macheten und anderen einfachen Methoden. Hydraulische Wasserpumpen[71] sind dagegen z.B. verboten. Stollen dürfen 4m² nicht überschreiten, eine maximale Tiefe wird nicht genannt. *Trincheras* (Probegräben) werden auf 100 Meter beschränkt. Nach Artikel 120 ist diese Form der Exploration auch in Privatbesitz, *ejidos* und *terrenios baldios* erlaubt.

*Exploración libre*

[71] Zu Verfahren und Technologien des Bodenschatzabbaus siehe Kapitel IV-2.

*Exploracion exclusiva*

Die zweite Form der Mineraliensuche ist die "**ausschließende Exploration**" (*Exploracion exclusiva*). Hier sind Schürfstellen streng nach Flächengröße und Dauer reglementiert. Explorationstätigkeiten, die im Stollenbau betrieben werden, dürfen 500 ha nicht überschreiten, alluviale Flächen sind auf 2000 ha begrenzt. Im Normalfall dürfen ein Zeitraum von zwei Jahren und eine Gesamtanzahl von fünf Flächen nicht überschritten werden. Nach Ablauf der Explorationsgenehmigung bzw. der Nichteinhaltung gesetzlicher Bestimmungen verfällt die Erlaubnis. Explorationsrechte dürfen andere Rechte nicht verletzten. Von daher umfasst das Genehmigungsverfahren (Art. 129) einen Antrag an das MEM, der die Grenzen und den vorgesehenen Explorationszeitraum klar definiert, sowie zwei Veröffentlichungen in der *Gaceta oficial* (Amtsblatt) und einer überregionalen Zeitung. Falls innerhalb von 40 Tagen kein Widerspruch formuliert wird, tritt ein Liquidationsverfahren in Kraft, das die Abgabe von 250 Bolívares pro 1000 Hektar/Jahr an den Staat vorsieht (Art. 92). Die *Exploracion exclusiva* ist zwar relativ streng reglementiert, sichert aber ausschließliche Nutzungsrechte. Für Prospektionen (Mineraliensuche ohne Extraktionsaktivitäten) lässt das *Ley des Minas* Probebohrungen, Probegrabungen, elektronische, magnetische, gravimetrische und seismische Methoden zu.

*Exploitationen*

*1. Libre aprovechamiento*

Hinsichtlich des Mineralienabbaus legt Artikel 44 des *Ley de Minas* fest, dass der alluviale Abbau von Mineralien in allen Arten von Lagerstätten, in Staatsland, oder in Flussläufen durch öffentliches Eigentum, die nicht in einer Konzession liegen, frei zugänglich sind (*libre aprovechamiento*), vorausgesetzt der Abbau erfolgt mit dem Diamantensieb bzw. der Goldpfanne und anderen einfachen Verfahren.

*2. Konzessionen*

Artikel 174 erkennt dagegen ausschließlich die juristische Rechtsform einer Konzession als legale Form des Mineralienabbaus an. Nach spätestens 2 Jahren Explorationsphase muss ein Konzessionär einen Generalplan erstellen, in denen die Parzellen eingezeichnet sind, die er beantragt (Art.180). Die Gesamtfläche darf nicht mehr als 50 % der Explorationsfläche betragen. Parzellen müssen rechtwinklig sein und für jede Parzelle muss eine Karte im Maßstab 1: 5000 erstellt werden. Für den Stollenbergbau sind 500 Hektar pro Parzelle (Art. 36) zugelassen, für den alluvialen Abbau 1000 Hektar (Art. 37). Gesamtflächen von 10.000 ha (Stollenbergbau) bzw. 20.000 ha (Tagebergbau) in einer Hand dürfen nicht überschritten werden[72].

[72] Nach einer Ausnahmeregelung (Memorándum No. 292 vom 26/04/1973: 2) können im Alluvialbergbau allerdings 20.000 ha überschritten werden, wenn der Konzessionär mit unterschiedlichen Abbauverfahren und Anlagen arbeitet.

Der Prozess der Konzessionsbeantragung umfasst einen Antrag an das MEM, der die Lage der Konzessionsfläche sowie die Steuerveranschlagung enthält. Die Veröffentlichung in der *Gaceta oficial* erfolgt durch das MEM, der Antragsteller hat eine Publikationspflicht in einer Tageszeitung in Caracas. Die Widerspruchsfrist beträgt 30 Tage. Der Genehmigungsprozess läuft durch elf verschiedene Verwaltungseinheiten des MEM. Da einige Stellen wiederholt angelaufen werden müssen, addiert sich die Summe nach AMORRER (1991: 233) auf 52 Verwaltungsschritte. Auch in anderen Bereichen ist die legale Absicherung bergbaulicher Aktivitäten in einen bürokratischen Prozess eingebunden, den (trans)nationale Konzerne als nahezu unüberwindlich bezeichnen, in den sich insbesondere traditionelle *Mineros* aber erst gar nicht hineinwagen.

*Administrativer Prozess der Konzessionsbeantragung*

Neben dieser Verwaltungsineffizienz wird dem *Ley des Minas* vorgeworfen, dass es in sich z.T. widersprüchlich ist. Artikel 119 (*libre aprovechamiento*) schneidet z.B. Artikel 174, nachdem eine Konzession die einzige legale Figur des Bergbaus ist. Die Konsequenz ist, dass traditionelle Regelungen wie z.B. die *exploracion exclusiva* und das *libre aprovechamiento* außer Kraft gesetzt sind (vgl. AMORER 1991: 36). Da der Staat aber auf die kostenextensive Mineralienexploration durch den informellen Bergbau angewiesen ist und auch nicht in der Lage wäre, ein Verbot dieses bergbaulichen Subsektors durchzusetzen, wird der informelle Bergbau in der Praxis toleriert und ihm z.T. sogar Sonderechte eingeräumt. Aber die juristische Anerkennung bzw. Nicht-Anerkennung des *libre aprovechamiento* ist eine der umstrittensten Regelungen des Gold- und Diamantenbergbaus (s.u.).

*Das Ley des Minas: ein nicht mehr adäquates Gesetz zur Regelung des Bergbaus*

Wegen der Dynamik des Bergbaus in den letzten 30 Jahren ist das *Ley de Minas* in weiten Teilen völlig veraltetet. Es berücksichtigt weder die quantitativen und qualitativen Entwicklungen des informellen Bergbaus noch die Zunahme (trans)nationaler Bergbaukonzerne. Wegen seiner ursprünglichen Ausrichtung auf den Eisen- und Bauxitbergbau wird das *Ley de Minas* auch nicht der Heterogenität der Akteure des Gold- und Diamantensektors gerecht. Auf der einen Seite können Akteure des informellen Bergbaus nicht mit der vom Gesetz vorgesehenen Figur des bergbaulichen Unternehmers mit hoher technischer und finanzieller Ausstattung korrespondieren. Auf der anderen Seite entsprechen z.B. weder die extrem niedrigen Liquidationsrenten von 250 Bolívares (50 Cent!) pro Hektar und Jahr nach einer Explorationsgenehmigung dem Finanzvolumen (trans)nationaler Bergbauunternehmen noch sehen diese Unternehmen ihre Investitionskosten bei den gesetzlich vorgeschriebenen Flächenbegrenzungen gedeckt. Auch erst später aktuell gewordene Umweltbelange klammert das *Ley de Minas* weitgehend aus.

Artikel 121 legt zwar fest, dass Schäden, die durch den Bergbau entstehen, ausgeglichen werden müssen, konkretisiert aber weder den finanziellen Umfang noch konkrete Maßnahmen. Auch die Artikel 69 bis 83, die sich v.a. auf bergbauliche Auswirkungen auf die Ressource Wasser beziehen, sind relativ allgemein gehalten.

Da wegen der genannten Gründe in Venezuela allgemein anerkannt ist (vgl. AMORRER 1991; COLOMINE RINCONES1995), dass das *Ley des Minas* kein adäquates Instrument zur Regelung der sozialen, technischen und ökonomischen Probleme des Bergbaus mehr ist, wurden in den letzten Jahren eine Vielzahl von ergänzenden Gesetzen und Resolutionen erlassen.

## 4.3 Umstrittene Gesetze, ungeklärte Kompetenzen und aktuelle Entwicklungen

Angesicht der Umweltauswirkungen des informellen Bergbaus und der zunehmenden Bedeutung von Umweltaspekten in internationalen und nationalen Debatten werden 1989 mit der Verabschiedung des Dekrets 269 bergbauliche Aktivitäten im Bundesstaat Amazonas verboten.

*Juristische Abschaffung des 'libre aprovechamiento'*

Gewährt Artikel 44 *des Ley de Minas* unter der Bedingung, dass einfache Technologien angewandt werden, die freie Nutzung in Arealen, die nicht als Konzession ausgewiesen sind, wird der Passus 1977 mit dem Dekret 2039 abgeschafft. Die einzige legale Nutzungsform ist damit die juristische Figur einer Konzession. Da *Mineros* aber die Bedingungen eines Konzessionärs nicht erfüllen, der im *Ley de Minas* als "Bergbauunternehmer mit hoher technischer und finanzieller Kapazität" definiert ist, hat die Abschaffung des *libre aprovechamiento* die Illegalisierung der Akteure des informellen Bergbaus zur Folge.

> "Die Aufhebung [des *libre aprovechamiento*] hatte zur Konsequenz, dass die Pequeña Mineria, die von *Mineros*, die hydraulische Monitore benutzen, realisiert wird, schutzlos wurden, weil kein legales Instrument mehr existierte, das ihnen erlaubte ihren Aktivitäten innerhalb eines stabilen legalen Rahmens zu realisieren." (GRAFFE, in: El Expreso 18.06.1997)

*Quecksilberverbot*

Mit dem Verbot von Quecksilber (Dekret 1740, 1991) und einem "die Umwelt degradierenden" Bergbau im Bundesstaat Bolívar (Dekret 1738, 1991) setzt sich die völlig realitätsferne und visionäre juristische Reglementierung fort. Die Illegalisierung des informellen Bergbaus und die institutionellen Veränderungen erzeugen Unsicherheiten und Proteste unter den *Mineros*. Mit dem Ziel, sich politisch zu organisieren, werden erste Kooperativen im informellen Bergbau gegründet. Die politischen Organisationen und die quantitative Zunahme der Akteure des informellen Bergbaus zwingen das MEM mit dem Dekret 845 (05/1990) Supamo-Parapapoy und Dorado-Cuyuni (zusammen 25.000 ha) als legale Zonen für den informellen Bergbau auszuweisen.

1986 überträgt die Exekutive den Gold- und Diamantensektor mit den Dekreten 1046, 1047, 1048 (*Gaceta oficial,* 19.03.1986) auf das Energie- und Bergbauministeriums (MEM). **Im Zusammenhang mit der dritten Etappe des Guri-Stausees,** während der die Überschwemmung großer diamantenhaltiger Flächen ansteht (AMORER 1991: 156)**, delegiert das MEM den Gold- und Diamantensektor aber an die CVG.** Mit den Dekreten 1409 (29/12/1990) und 3281 (22/12/1993) wird mit dem *Encomienda*-System nicht nur eine neue juristische Figur in den Gold- und Diamantenbergbau eingeführt, sondern auch eine der bis heute umstrittensten Regelungen verabschiedet. Denn das Recht der Konzessionsvergabe durch die CVG widerspricht Artikel 136 der Nationalverfassung, nach dem alleine die Exekutive bzw. ein ihr unmittelbar zugeordnetes Organ für natürliche Ressourcen zuständig ist.

*Institutionelle Ungeklärtheiten zwischen dem MEM und der CVG*

Das Verwaltungsmandat ermöglicht es der CVG durch die Initiierung von Kooperativen z.T. wieder zu legalisieren. Die Re-Legalisierung des informellen Bergbaus geht mit der Implementierung verschiedener Programme und Projekte, aber auch mit zunehmenden Kontrollen zur Reduzierung illegaler Aktivitäten, Produktionskontrollen und Steuererhöhungen einher.

Parallel zu Verträgen (*contratos*) mit Akteuren des informellen Bergbaus werden von der CVG aber auch *Contratos de arrendamientos* mit (trans)nationalen Unternehmen abgeschlossen. **Ein Contrato bedeutet eine einjährige Nutzungserlaubnis, die von der CVG erteilt wird**. Ein *Contrato* ist kurzfristig, hat aber den Vorteil, dass für den Nutzer keine Kosten anfallen. Zuvor notwendige Studien z.B. über die Umweltauswirkungen werden vom Staat durchgeführt. Ein ***contrato de arrendamiento*** entspricht den Konzessionsrechten, die vom MEM erteilt werden. **Eine Konzession umfasst eine Nutzungsdauer von 20 und mehr Jahren, verlangt aber eine vorhergehende Umweltverträglichkeitsstudie.** Diese Studie wird von privaten Firmen durchgeführt und kostet pro ha zwischen 3000 und 10.000 US-Dollar. **Eine Konzession kann jederzeit auch an Ausländer verkauft werden, was in den 1990er Jahren zu massiven Konflikten im Bundesstaat Bolívar führt. Denn viele Konzessionäre sind nicht daran interessiert, selbst zu exploitieren, sondern spekulieren - z.B. an der kanadischen Börse - mit den Bergbauarealen. Auch überschreiten viele Konzessionär über die Gründung von Tochter- und Scheinfirmen die gesetzlich festgeschriebenen Höchstflächen von 5000 ha (Stollenbergbau) bzw. 20.000 ha (Tagebergbau)** (siehe Kap. V).

*Contratos und Konzessionen*

Unter Leopoldo Sucre Figuarella (CVG-Präsident 1985 - 1992) werden im Bundesstaat Bolívar rund 128.400 km² Konzessionsflächen vergeben (CONSEJO NACIONAL DE FRONTERAS 1995). Parallel werden vom MEM bis 1994 Konzessionsrechte über eine Gesamtfläche von 280.000 ha erteilt (FLOREZ 1994: 51). **Diese Doppelzuständigkeit von CVG und MEM,** während der Flächen z.T. doppelt vergeben worden waren, **führt in den 1990er Jahren zu einem Kollaps der staatlichen Konzessionsvergabe. Aufgrund der zahlreichen institutionellen und juristischen Unklarheiten gerät der Prozess der Konzessionsvergabe 1993 in einen Zustand der absoluten Paralyse.** Am 15. Juli 1996 hebt die Exekutive mit dem Dekret 1384 alle Anweisungen der Mandatsüberweisung auf die CVG auf. **Die Vergabe von Gold- und Diamantenkonzessionen fällt wieder ausschließlich in den Zuständigkeitsbereich des MEM.** Der CVG verbleibt die Zuständigkeit für die von ihr abgeschlossene *Contratos*. **Aber vieles bleibt ungeregelt.** *Minero*kooperativen, die mit der CVG Verträge abgeschlossen haben, erneuern diese in der Folgezeit regelmäßig, leben aber in der ständigen Unsicherheit, ob die Aktualisierungen gültig sind. Auch CVG-Mitarbeiter sind neuen Unsicherheiten ausgesetzt. Zu den intrasektoral ungeklärten Zuständigkeiten addieren sich Konflikte zwischen Bergbauakteuren und Umweltschützern. Vor allem mit dem Dekret 1850, mit dem im Mai 1997 ein **Raumordnungsplan für die *Reserva Forestal Imataca* verabschiedet** wird, der bergbauliche Nutzflächen ausweist, treten massive Konflikte zwischen Umweltschützern und den Befürwortern der bergbaulichen Erschließung des Bundesstaates Bolívar offen zutage (vgl. Kap. VI).

*Rücknahme des Rechts der Konzessionsvergabe auf die nationale Ebene*

*Konflikte zwischen dem Bergbau und dem Umweltschutz*

## 4.4 Zusammenfassende Analyse: Chaos und Anarchie im Bürokratendschungel

*Frühe Wurzeln aktueller Widersprüche*

Der Rückblick auf die historische Entwicklung des Gold- und Diamantenbergbaus in Venezuela zeigt, dass grundlegende Prinzipien der Gesetzgebung, die heute den Bergbau in Venezuela regelt, auf Eigentums- und Ordnungsprinzipien der Kolonialzeit zurückgehen. Unter der spanischen Krone wurde der Mineralienabbau nicht nur zu einem Vergaberecht durch die Exekutive, der Zugang zu den Bodenschätzen und die Handhabung der Konzessionen wurde In- und Ausländer auch relativ frei gewährt.

*Akteursspezifische Wirkungen*

Bis heute können Konzessionsrechte an Dritte verkauft oder auf internationalen Börsen gehandelt werden. Konzessionsübertragungen werden vom informellen Bergbau in geringem Umfang, aber von (trans)nationalen Bergbaukonzernen häufig praktiziert, was dazu führt, dass der venezolanische Staat heute keine Übersicht mehr über die Besitzverhältnisse im Gold- und Diamantenbergbau hat.

So konnte der letzte Bergbaukataster trotz des Versprechens des Bergbauministeriums "sein Haus in Ordnung zu halten" (vgl. MINAS HOY 1995) nicht veröffentlicht werden, weil er aufgrund der ungeregelten Kompetenzen zwischen dem MEM und der CVG zu viele Unregelmäßigkeiten hinsichtlich Konzessionsgrößen und -lokalisationen sowie der Besitzverhältnisse enthielt (vgl. Kap. V). Neuere Entwicklungen der sektoralen Gesetzgebung beschränken v.a. 'alte Gewohnheitsrechte' des informellen Bergbaus, während die Liberalisierung des Goldhandels und die Zunahme großflächiger Konzessionen v.a. den industriellen Bergbau begünstigen.

*Konkurrenzen zwischen der lokalen, regionalen und nationalen Ebene, zwischen Bergbau- und Umweltschutzinteressen*

Hinzu kommen ungeklärte Kompetenzen zwischen der nationalen, regionalen und lokalen Ebene. Bürgermeister fordern unter Berufung auf das *Ley Orgánica de Régimen Municipal* Gemeindesteuern des Bergbausektors sowie ihre Konsultation bei Umweltfragen. Der Gouverneur des Bundesstaates Bolívar Jorge Carvajal spricht sich sogar für eine ausschließliche Gesetzeskompetenz des Bergbaus auf der bundesstaatlichen Ebene aus. Zudem stehen sektorale Regelungen des Bergbaus oft im Widerspruch zu Umweltschutzgesetzen[73].

**So lässt sich das Fazit ziehen, dass der venezolanische Staat nicht nur aus finanziellen Defiziten, sondern auch vor dem Hintergrund veralteter Regelungen, ungeklärter staatlicher Kompetenzen, konträrer Sektoralpläne und intrasektoraler Widersprüche seiner Kontroll- und Überwachungsfunktion im Bergbau nicht nachkommen kann und dass mit der sukzessiven Integration des Gold- und Diamantenbergbaus in den ordnungspolitischen Kompetenzbereich des Zentralstaates bisher nicht die angestrebte geordnete Nutzung der Bodenschätze realisiert werden konnte.**

## 5. Zwischenfazit: Bilanz der Kohärenzen und Divergenzen staatlicher Wirtschafts- und Raumplanung

*Defizitäre Planungsinfrastruktur*

Entgegen dem Vorbildcharakter für andere lateinamerikanische Staaten, der dem venezolanischen Staat als Pionier im Bereich der staatlichen Planung und der rationellen Nutzung der nationalen und regionalen Ressourcen v.a. in den 1970er Jahren zugesprochen wurde (vgl. ELLNER 1982), kann man ihm heute keine solide Planungsinfrastruktur diagnostizieren. Ministerielle Kompetenzen sind nicht klar definiert, sektorale und räumliche Entwicklungspläne sind extrem visionär angelegt und widersprechen sich häufig.

73 Zur Aktualität der Widersprüche zwischen der sektoralen Gesetzgebung für den Bergbau und Umweltschutzgesetzen siehe auch Kapitel VI.

Politische Fragmentierungen und Koordinationsdefizite des venezolanischen Staates, die häufig als Ursache für das Missmanagement des Bergbaus genannt werden, sind aber keine ursächlichen Phänomene, sondern lassen sich auch als Symptome für tieferliegende strukturelle Ursachen interpretieren.

*Staatliche Zwitterrolle als neutrale Regelungsinstanz und Akteur mit eigenen Interessen*

Einerseits nimmt der Staatsapparat eine dominante Rolle zur Regulierung gesellschaftlicher Verhältnisse und Zielsetzungen ein und stellt eine zentrale Bedingung für die Vermittlung und Verallgemeinerung gesellschaftlicher Interessen dar. Auf der anderen Seite ist der Staat aber weder auf dem Gebiet der Raumordnung noch in der Sektoralgesetzgebung eine neutrale Instanz. An der großmaßstäblichen Erschließung der Bodenschätze des Bundesstaates Bolívar verfolgt der venezolanische Staat ein manifestes ökonomisches Eigeninteresse zur Erhöhung der Staatseinnahmen. Da ein staatlicher Zugriff auf die Gold- und Diamantenressourcen über den kaum zu kontrollierenden informellen Bergbau nicht praktizierbar erscheint und der Staat über den Erdölsektor über langjährige Erfahrungen mit industriellen und ausländischen Projektpartnern verfügt, bevorzugt er entgegen der sozialräumlichen Realitäten des Bundesstaates Bolívar den Abbau der Bodenschätze über (trans)-nationale Bergbaukonzerne. Aber die staatliche Präferenz für den industriellen Bergbau ist kein rein ökonomischer Diskurs.

Seit der Kolonialzeit und forciert seit dem Aufbau des Erdölsektors bilden die diskursive und institutionelle Integration von Natur (bzw. einzelnen Naturelementen) in das venezolanische Gesellschaftssystem eine zentrale Legitimationsbasis für politische Macht und zentralistische Staatsstrukturen. So lenken latent auch staatszentralistische und nationalistische Diskurse sowie funktionalistische Raum- und Naturbilder der nationalen Perspektive die bergbauliche Entwicklung des Bundesstaates Bolívar hin zur industriellen Form des Bodenschätzeabbaus. Ordnungspolitische Argumente und geopolitische Codierungen des Bundesstaates als nationalstaatlich wichtiger Grenzraum unterstreichen und stärken dabei die Position des venezolanischen Staates.

Der Versuch der venezolanischen Regierung sich über (trans)nationale Bergbaukonzerne als Träger der Entwicklung den Zugriff auf die Bodenschätze im Bundesstaat Bolívar zu sichern, steckt noch in den Kinderschuhen (vgl. Kap. V). Aber die nationalen und regionalen Raumordnungspläne lassen eine massive Bedeutungszunahme des industriellen Bergbaus im Bundesstaat Bolívar erkennen. Widersprüche innerhalb und zwischen staatlichen Umwelt- und Bergbaugesetzen sowie Vorgaben der Raumordnung verhindern allerdings bis dato eine Umsetzung der visionären Vorstellung vom venezolanischen El Dorado.

Dementsprechend schreibt BRYANT (1992: 18) treffend:

> "If the state is 'a theatre in which resources, property rights, and authority are struggled over' (...), then state policies embody that struggle, often facilitating the interests of powerful economic élites, and inculcating both social unrest and ecological degradation."

Von dem bereits neu definierten Zusammenspiel der allokativen und autoritativen Ressourcen im Bundesstaat Bolívar werden v.a. die indigene Bevölkerung sowie die Akteure des informellen Bergbaus ausgeschlossen. Beide Akteursgruppen werden zwar formal zunehmend in staatliche Raumordnungsverfahren eingebunden; letztlich aber sind sie nicht nur in stereotype Wahrnehmungsraster und alltägliche Lebenswelten eingebunden (vgl. Kap. VI), aus denen heraus sie ihre Interessen nur punktuell in staatliche Raumvorgaben und sektorale Gesetzesentwürfe einbringen können. So lässt sich nicht nur fragen, inwieweit zentralistische Planungsstrukturen für periphere Regionen angebracht sind (BUNKER 1982, 1985b; DOVE 1996), aus einer allgemeinen Skepsis gegenüber der Möglichkeit von unpolitischen Umweltmanagement- und Planungsprozessen heraus und der Vielschichtigkeit gewollter und ungewollter Planungseffekte heraus, lässt sich auch die Frage aufwerfen, ob Realität überhaupt neutral plan- und managebar ist (ESCOBAR 1996).

**Auch wenn sich in Venezuela zunehmend die Erkenntnis durchsetzt, dass gesellschaftliche Entwicklung und Umweltschutz keine linearen, sondern interaktive Prozesse sind, werden Wechselwirkungen zwischen vertikalen und horizontalen Planungsinstanzen sowie zwischen Planungsvorgaben und Planungsergebnissen, die sich rekursiv beeinflussen, bisher nur marginal thematisiert. Gleichzeitig führt die - dem Planungsbegriff inhärente - Vorstellung, dass staatliche Regulierungen Entscheidungen rationalisieren, zur Ausblendung politischer Fragen. Harmonisierende Konfliktvermeidungsstrategien übertünchen sowohl administrativen Konflikte zwischen der territorialen und funktionalen Organisation des Staates als auch Konflikte zwischen verschiedenen Akteuren von der lokalen bis zur internationalen Ebene.**

# IV Der informelle Bergbau ("Pequeña Minería")

*Synonyme Begriffsvielfalt*

Begrifflichkeiten und Definitionen für die hier als *informeller Bergbau* bezeichnete Akteursgruppe, variieren sowohl von Land zu Land als auch in der Literatur. Gängige Bezeichnungen sind u.a. informeller Bergbau, Klein- und Kooperativenbergbau (vgl. EKKEHARD 1995; LÖBEL 1993). In Venezuela wird vorrangig der Ausdruck *Pequeña Minería* verwendet. Viele *Mineros* wehren sich aber gegen die Diskriminierung, die mit dem Gebrauch des Adjektivs verbunden ist. Sie sehen in der Bezeichnung *Kleinbergbau* eine sprachliche Verschleierung des demographischen Anteils, den *Mineros* an der Bevölkerung ausmachen (vgl. Kap. IV-1) sowie eine Diskriminierung ihrer politischen und wirtschaftlichen Bedeutung.

*Problematik des Begriffs Kleinbergbau (Pequeña Minería)*

Die Verwendung des Adjektivs erweist sich auch aus anderen Gründen als problematisch. Charakteristika wie geringe Investitionskosten, geringer Technisierungsgrad und niedrige Produktivität unterscheiden den informellen Bergbau zwar vom industriellen Bergbau, verdecken aber erstens, dass sich der informelle Bergbau in den letzten Jahren technologisch weiterentwickelt hat. Der Edelsteinabbau durch Gold- und Diamantengräber, die Mineralien mit einer Holzpfanne bzw. einem Diamantensieb vom Sand trennen, unterscheidet sich erheblich von der Technik der *Mineros*, die mit Dynamit, hydraulischen Wasserpumpen, Presslufthämmern usw. arbeiten. Zweitens stellt sich die Frage nach der Bezugsgröße. EKKEHARD ET AL. (1995) nennen als Orientierungsgrößen für den informellen Zinnbergbau in Bolivien Investitionskosten unter einer Miollion US-Dollar, Personalstärken unter 100 Mitarbeitern und eine Roherzerzeugung unter 100.000 t/Jahr. Diese Werte liegen nicht nur weit über den Richtwerten von 50 kg Gold pro Jahr und 200 t aufgeschüttetes Gesteinsmaterial pro Tag, die GAILLARD (1998) für Produktionseinheiten des bolivianischen Goldbergbaus angibt. **Unter geographischen und sozialräumlichen Gesichtspunkten muss die reduktionistische Einengung auf Produktionseinheiten, um die gesellschaftliche Dimension des informellen Bergbaus erweitert werden. Agglomerationsräume mit 2000 *Mineros* verlangen nicht nur eine fallspezifische Hochrechnung der Richtwerte, die eine nicht mehr akzeptable Fehlerquote zur Folge hätte. Sie deuten auch an, dass der Begriff *Pequeña Minería* die sozialräumliche Bedeutung dieses Bergbausektors nicht adäquat zum Ausdruck bringt. Infolgedessen werden die Begriffe P*equeña Minería* bzw. *Pequeño Minero* in dieser Arbeit weitgehend vermieden.** In Ermangelung einer letztendlich zufriedenstellenden Bezeichnung (vgl. WOTRUBA 1998: 20) wird der Ausdruck informeller Bergbau bevorzugt, wenngleich auch dieser Begriff einiger Ausführungen und Einschränkungen bedarf.

*Informeller Bergbau als deskriptive Kategorie*

Ebenso wenig wie der informelle Sektor an sich als eine analytische Kategorie zu begreifen ist, kann der informelle Bergbau mit klaren Kriterien abgegrenzt werden. Lediglich eine deskriptive Annäherung ist möglich. Nach EKKEHARD ET AL. (1995) lässt sich der "Kleinbergbau" am ehesten mit qualitativen Kriterien beschreiben, die ihn als handwerkliche Tätigkeit kennzeichnen. Genannt werden auch hier geringe Investitionskosten, geringe Mechanisierung der Betriebe, niedrige Arbeitsproduktivität, eine vergleichsweise schlechte Ressourcenausnutzung, ein hoher Anteil an schwerer manueller Arbeit und eine hochgradige Arbeitsteilung. EKKEHARD ET AL. weisen aber auch auf niedrige Lohnniveaus, chronischen Kapitalmangel, niedrige Sicherheitsstandards sowie fehlende Konzessionsrechte hin (vgl. auch GAILLARD 1998; WOTRUBA 1998). Die Definitionserweiterung zeigt, dass neben betriebswirtschaftlichen und technischen Merkmalen soziale Kriterien heranzuziehen sind. Im Gegensatz zum industriellen Bergbau ist der informelle Bergbau keine primär betriebswirtschaftlich organisierte Produktionseinheit. Denn Akteure des informellen Bergbaus definieren sich nicht nur über die Variable Arbeit als eine Gruppe, sondern bilden auch in anderen Daseinsfunktionen eine Gemeinschaft. Es handelt sich weitgehend um *face-to-face*-Gesellschaften, in denen die Überlebenssicherung Priorität vor der Kapitalakkumulation hat. Überleben wird durch strategisches Handeln - im ökonomischen Bereich durch die Kombination verschiedener Einkommensquellen und im sozialen Bereich durch kooperative und korporative Sozialnetze - gesichert. Ähnlichkeiten zum Konzept des Informellen Sektors und zum Bielefelder Verflechtungsansatz (ELWERT ET AL. 1983; EVERS 1987) sind unübersehbar.

*Kooperativenbildung im informellen Bergbau*

Wie in anderen lateinamerikanischen Ländern (vgl. GAILLARD 1998) schließt sich der informellen Bergbau auch in Venezuela seit den 1980er Jahren zunehmend in Kooperativen zusammen, die als Mediatoren zur staatlichen Verwaltung und als politische Vertretung des informellen Bergbaus eine Doppelfunktion ausüben. Mit der amtlichen Registrierung der Kooperativen entfällt z.T. eines der wichtigsten Kennzeichen des informellen Sektors, nämlich das Herausfallen aus staatlichen Kontrollmechanismen. Aber erstens treffen nie alle Kennzeichen des informellen Sektor zu, zweitens sind Übergänge zwischen formellem und informellem Sektor immer gegeben (vgl. DER ÜBERBLICK 1991; ELWERT ET AL. 1983; EVERS 1987) und drittens entzieht sich die große Masse der *Mineros* weiterhin der staatlichen Kontrolle. Und selbst für die in Kooperativen und staatlichen Registern erfassten *Mineros* gilt, dass der handwerkliche Bergbau für sie einen alternativen Beschäftigungssektor darstellt, in den sie zur Existenzsicherung ausweichen, weil der formale Sektor keine ausreichenden Möglichkeiten der Lohnarbeit zur Verfügung stellt.

*Informalität und Illegalität*

Kritischer zu bewerten ist, dass der Begriff der Informalität trotz der frühen Unterscheidung durch den peruanischen Ökonomen DE SOTO (1987, 1992) häufig mit Illegalität gleichgesetzt wird. Illegalität ist kein Kriterium für den Informellen Sektor, da sich von einem illegalen Status oder der Illegalität einer Handlung keine Aussagen über eine ungesicherte Existenzgrundlage, die ein zentrales Merkmal des Informellen Sektors ist, ableiten lassen. Diebe, Schmuggler, Mafiosos usw. können von ihrer Art der Ressourcenallokation extrem begünstigt werden. **Illegalität und Informalität gehören nicht zwangsweise zusammen. Trotzdem findet man in Venezuela häufig die normativ-diskriminierende Bezeichnung *illegaler Bergbau*, die weder zwischen tatsächlich illegalen *Mineros* und staatlich registrierten *Mineros* differenziert noch die Gründe und Implikationen der Illegalität hinterfragt.** Abbildung 4 zeigt z.B., dass ein Teil der *Mineros* Genehmigungsanträge bei der CVG eingereicht hat, z.T. über CVG-Genehmigungen verfügt und Steuern an die CVG abführt.

**Abb. 4: Genehmigungsanträge und Steuern des informellen Bergbaus**

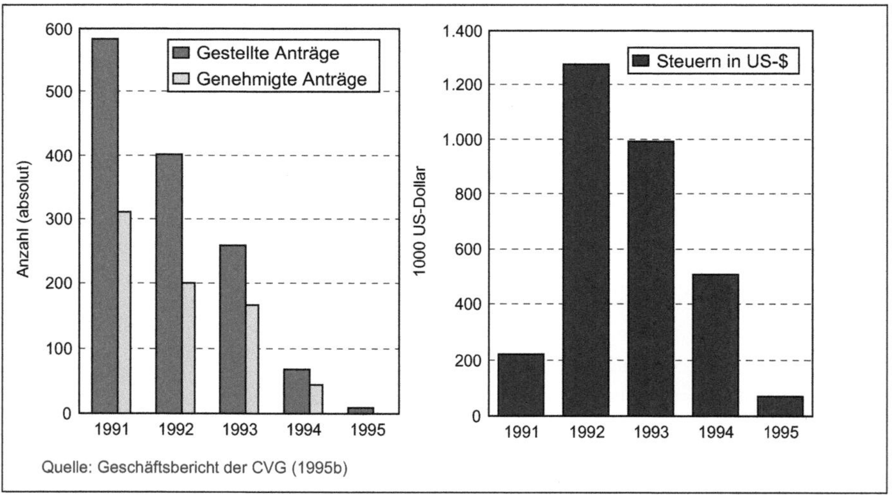


Quelle: Geschäftsbericht der CVG (1995b)

Analog zum Bielefelder Verflechtungsansatz sind in der politisch-ökologischen Forschungsperspektive die Untrennbarkeit verschiedener Sektoren sowie Bezüge zwischen lokal-regionalen Phänomenen und übergeordneten Rahmenbedingungen implizit mit angelegt. So lässt sich der informelle Bergbau neben intra-sektoralen Merkmalen auch in seinen Bezügen zur nationalen und internationalen Ebene charakterisieren.

*Der informelle Bergbau: integrativer Bestandteil übergeordneter Ebenen*

Die Eingebundenheit des informellen Bergbaus in (inter)nationale Zusammenhänge zeichnet sich zwar zunächst durch einen Nichtbezug aus, indem das originäre Abbauinteresse - selbst wenn die von *Mineros* geschürften Edelmetalle über legale und illegale Kanäle auf den Weltmarkt gelangen - nicht auf die nationale oder internationale Wertschöpfung der Bodenschätze ausgerichtet ist, sondern auf die (Über)-Lebenssicherung auf regionaler Ebene. Auch handelt es sich nicht um den klassisch-marxistischen Gegensatz von Lohnarbeit und Kapital, sondern um Zugriffe auf die mineralischen Ressourcen von Akteuren, die nicht in einem Lohnverhältnis stehen (ALTVATER 1987b: 154). Und im Gegensatz zu "klassischen" Bereichen des Informellen Sektors, die sich wie z.B. "die Müllmänner von Kairo" (vgl. MEYER 1987; ASAAD & NEYZI 1986) in urbanen Räumen als reflexive Überlebensstrategie auf Marginalisierungseffekte industriell-kapitalistischer Wirtschaftsmodelle herausgebildet haben, kann der informelle Bergbausektor nicht nur als "Abfallprodukt" der Industriegesellschaft verstanden werden. Gold- und Diamantensucher gab es lange vor der Herausbildung formal- staatlicher Institutionen und des industriell-kapitalistischen Sektors. Trotzdem wirken sich Schwankungen der Weltmarktpreise für Gold- und Diamanten, Zugriffe internationaler Akteure auf die Edelsteinvorkommen und die staatliche Förderung des formellen Bergbausektors auf den informellen Bergbau aus.

Auch ist der informelle Bergbau heute z.B. nicht mehr ohne die langjährige Vernachlässigung durch staatliche Institutionen zu bewerten. Die Zentralisierungstendenzen des venezolanischen Staates (siehe Kap. III) bedingen bis heute, dass Ressourcen v.a. in staatliche, urbane und großindustrielle Bereiche fließen, wodurch peripheren Räumen und informellen Tätigkeiten Ressourcen entzogen bzw. potentielle Ressourcenzuflüsse vorenthalten werden. Hinzu kommt, dass der venezolanische Staat seit den 1980er Jahren die Gold- und Diamantenvorkommen des Bundesstaates Bolívar als brachliegendes Potenzial für die Nationalökonomie betrachtet und deshalb versucht seine Zugriffsmöglichkeiten auszubauen. Im neoliberalen Wirtschaftsverständnis des Staates wird der informelle Bergbau als ein zu gering technologisierter, wenig effektiver Sektor betrachtet, den es durch Registrierung, Gesetze und Besteuerungsmaßnahmen in den formalen Sektor zu überführen gilt. Da das *Know-how* der Akteure des informellen Bergbaus nicht den Vorstellungen einer modernen, effektiven Ressourcenallokation entspricht und der Staat großflächige Konzessionen an (trans)nationale Bergbaukonzerne vergibt, sind die *Mineros* mit zahlreichen staatlich induzierten Unsicherheiten konfrontiert, die bis zur juristischen Illegalisierung und zu räumlichen Verdrängungsprozessen reichen.

## 1. Quantitative Annäherungen an den informellen Bergbau im Bundesstaat Bolívar

Es gibt keine gesicherten Kenntnisse, wie viele *Mineros* im Bundesstaat Bolívar aktiv sind. Schätzungen schwanken zwischen 60.000 (Interview in der CVG, September 1997) über 200.000 (*Guardia Nacional*, Interview, August 1997) bis hin zu 300.000 (ALBA 1997). **Alle Zahlenangaben sind generell mit Vorsicht zu benutzen, da mit den Zahlen oft manipulative Interessen verfolgt werden. *Mineros* setzen die Zahlen häufig hoch, um ihren politischen Einfluss auf Regionalpolitiker zu erhöhen. Gegner des informellen Bergbaus ziehen hohe Angaben vor, um das Gefährdungspotenzial der Wälder zu demonstrieren.** Aus Mangel an objektivem Daten werden Zahlen z.T. auch unreflektiert verbreitet[74]. Auch in dieser Arbeit können keine ganz exakten Angaben gemacht werden. Die Triangulation amtlicher Statistiken, Angaben und Schätzungen zahlreicher Bergbaukooperativen und partielle Überprüfungen der Angaben durch eigene Erhebungen lässt lediglich eine ungefähre Schätzung von 40.000 bis 50.000 Einwohnern in *Minero*dörfern zu. Tabelle 7 sowie die anschließenden Ausführungen zeigen, wie diese Schätzung zustande kommt.

**Tab. 7: Annäherung an die Zahl der im Bundesstaat Bolívar tätigen *Mineros***

| Kooperativenmitglieder | | Multiplikation mit dem Faktor 5 (durchschnittliche Größe einer Arbeitseinheit) | plus 20% (nicht-organisierte *Mineros*) | plus 10% (Einwohner in *Minero*dörfern, die nicht direkt im Bergbau tätig sind) | Total |
|---|---|---|---|---|---|
| nach CVG-Register (1996) | 2616 | 13.080 | 2616 | 1.308 | 14.460 |
| Minimal- bzw. Maximalsumme nach Angaben und Schätzungen versch. Kooperativen und *Mineros* sowie Überprüfung durch eigene Erhebungen | 5762<br>6129 | 28.810<br>30.630 | 5762<br>6126 | 2.881<br>3.063 | 31.091<br>33.693 |

Zunächst wurden die in offiziellen Registern erfassten Kooperativenmitglieder mit fünf multipliziert, da eine Arbeitseinheit, von der nur der Chef erfasst ist, im Durchschnitt aus fünf Mitgliedern besteht. Anschließend wurden 20% nicht erfasste *Mineros* sowie 10 % nicht direkt im Bergbau tätiger Bevölkerung addiert. Bei beiden Werten handelt es sich um empirische Schätzwerte, die auf Begehungen verschiedener *Minero*dörfer und auf die statistische Auswertungen der Fallbeispiele zurückgehen.

[74] Zum Beispiel wurden aus Zeitungsartikeln und Gesprächen entnommene Zahlen, die für diese Arbeit vor (!) den Feldaufenthalten provisorisch zusammengestellt wurden, um sie im Gespräch mit Fachleuten und in den Feldbegehungen zu revidieren, als realistische Angaben übernommen und sollten trotz Intervention, dass es sich - wie sich während der Feldforschung erwies - um völlig überhöhte Zahlen handelte, in einer Arbeit des Geologen Herrero NOGUEROL veröffentlicht werden (pers. Gespräch, September 1997).

Den CVG-Angaben wurde die Summe der von Kooperativen angegeben Mitgliederzahlen (über die z.T. Buch geführt wird) und Schätzungen erfahrener *Mineros* gegenübergestellt. Es fällt auf, dass Schätzungen gering differieren. Die dagegen hohe Differenz zu den CVG-Zahlen erklärt sich dadurch, dass in den offiziellen Statistiken nicht alle Kooperativen angeführt sind. Addiert man zum Mittelwert der drei Gesamtsummen (die CVG-Zahl liegt mit Sicherheit zu niedrig, während die Schätzungen durch die *Mineros* nach den Erfahrungen im Feld meist zu hoch angesiedelt sind) 20.000 *Mineros*, die weder in offiziellen Statistiken noch in Kooperativen registriert sind (z.B. aus den Gebieten Arecuma, Botanamo, El Caura, La Planada), erhält man einen Annäherungswert von 46.400. Die zahlreichen Unsicherheiten in dieser Rechnung machen aber deutlich, dass es sich um einen Annäherungswert handelt, der von der Realität deutlich abweichen kann. Unter dem genannten Vorbehalt machen die *Mineros* ungefähr 4 % der Bevölkerung des Bundesstaates Bolívar aus.

## 2. Typologie des informellen Bergbaus nach dem Abbauverfahren

*Tage- und Stollenbergbau*

Während auf nationaler Ebene in Venezuela häufig nur von *Pequeña Minería* die Rede ist, wird auf regional-lokaler Ebene zwischen Diamanten- und Goldabbau sowie zwischen alluvialem (Tage)Bergbau (*minería aluvial*) und Stollenbergbau (*minería de veta*) unterschieden. Aufgrund der unterschiedlichen ökologischen Auswirkungen der Abbauformen bietet sich eine erste Unterscheidung zwischen Tage- und Stollenbergbau auch für diese Arbeit an.

*Tagebau*

Der Tagebau des informellen Bergbausektors unterscheidet sich nach der Abbautechnik in drei Abbautypen. Bei der traditionellen Abbauform werden keine Maschinen, sondern ausschließlich Piken, Schaufeln (*Palas*) und hölzerne Goldpfannen (*Batea*) bzw. Diamantensiebe (*Suruka*) eingesetzt. Dieser Typ des Mineralienabbaus wird häufig als *Minería artesenal* (manueller Bergbau) bezeichnet. Dieser Ausdruck ist insofern unglücklich gewählt, weil handwerkliche Tätigkeiten auch bei den anderen Abbaumethoden eine große Rolle spielen. Da die *Mineros*, die diesen Abbau praktizieren, sich nach dem genutzten Handwerkszeug selbst *Bateros, Surukeros* oder *Paleros* nennen, wird hier die Bezeichnung *Minería de Palas* vorgezogen. Die Mineralien werden aus oberflächennahen Bodenschichten abgebaut und mit den Gold- bzw. Diamantensieben von den Feinsedimenten getrennt. *Paleros* arbeiten i.d.R. alleine oder schließen sich zu kleinen Arbeitsgruppen bis zu durchschnittlich sechs Mitgliedern zusammen. Die *Minería de Palas* spielt heute keine große Rolle mehr in Venezuela.

***Minería de Palas***
*Traditioneller Edelsteinabbau mit Goldpfannen und Diamantensieben*

Für die Walderschließung ist sie allerdings insoweit wichtig, weil *Paleros* und *Bateros* oft die *Minero*gruppe bilden, die als erste in noch unerschlossene Waldgebiete vordringen.

***Minería balsera***
*Fluvialer Bergbau mittels Flößen und Saugpumpen*

Ähnliches gilt für die *Minería balsera* (fluvialer Bergbau). Diamanten und Gold werden mittels Saugpumpen, die auf Flößen (*Balsas*) installiert sind, von der Flusssohle heraufgepumpt. Direkte Auswirkungen auf den Wald sind gering. Aber als Wegbereiter in noch vom Bergbau unerschlossene Wälder kommt auch *Balseros* eine Pionierfunktion zu, da sie auf dem Flussweg, aber auch z.B. auch auf der Jagd nach Wild immer weiter in die Wälder vordringen. Darüber hinaus sind mit diesem Bergbautyp massive Sedimentationen der Flussläufe sowie im Fall des Goldbergbaus Quecksilberkontaminationen der aquatischen Fauna und Flora verbunden.

***Minería bombera***
*Alluvialer Bergbau mit hohem Wasserdruck*

Die *Minería bombera* (hydraulischer Bergbau) ist seit den 70er Jahren, als die ersten Wasserstrahlpumpen (*Bomberas, Chupadores*) aus Brasilien eingeführt wurden, heute **eine der zwei wichtigsten Abbauformen des informellen Bergbaus in Venezuela.** Mittels treibstoffbetriebener Generatoren werden mineralhaltige Alluvialböden mit hohem Wasserdruck aufgewühlt, die Feinsedimente über ein Laufband (*Sluice, Tamé*) gelenkt, in dem sich die schwereren Goldpartikel absetzen bzw. mit einer Pumpe, in die ein Netz zum Auffangen der Diamanten integriert ist, aufgesaugt. **Die *Minería bombera* ist extrem flächenbeanspruchend und führt großflächig zur Entwaldung.** Bäume im Abbauareal werden z.T. vorher gerodet oder durch Ausspülen der Bodenschichten entwurzelt. Da Quecksilber für die Bindung der Goldpartikel (beim Diamantenbergbau wird Quecksilber nicht eingesetzt) nicht nur im Scheideprozess, sondern bereits während der Exploitation auf die Fläche gestreut wird, sind mit dieser Abbauform extrem hohe Quecksilberemissionen verbunden.

***Minería vetera artesenal***
*Stollenbergbau*

Der Untertagebau wird sowohl industriell als auch informell betrieben. Die *Minería vetera artesenal* (handwerklicher Stollenbergbau) unterscheidet sich vom industriellen Stollenbergbau allerdings hinsichtlich Größenordnung, technischer Möglichkeiten und gesetzlicher Regelungen. Während industrielle Bergbauunternehmen z.B. meterhohe Stollen bis zu 5000 Meter Tiefe in den harten Granit fräsen, erreichen die *Mineros* mit Dynamit und Ein-Mann-Bohrhämmern maximale Tiefen von 60 bis 80 Metern. Die Mehrzahl der mannshohen Stollen liegen jedoch nur zwischen 10 und 30 Metern. Beide Arten des Stollenbergbaus beanspruchen relativ wenig Oberfläche und bedeuten somit weniger Waldverluste.

Tabelle 8 fasst die verschiedenen Abbauformen des informellen Bergbaus zusammen. Die Differenzierung ist wichtig, weil die verschiedenen Abbauformen unterschiedliche ökologische Auswirkungen zeigen und z.T. mit anderen sozialen Organisationsformen verbunden sind. **Insbesondere auf der nationalen und internationalen Ebene wird i.d.R. der alluviale Bergbau sowie der völlig unorganisierte informelle Bergbau repräsentiert, wohingegen der Stollenbergbau sowie in Kooperativen organisierte Formen meist ausgeblendet bleiben.**

**Tab. 8: Typologie des Gold- und Diamantenbergbaus nach Lagerstätte und angewandter Technologie**

| | **Tagebau (Cielo abierto)** | | | **Stollenbergbau (1) (Minería subterranea)** |
|---|---|---|---|---|
| | **Minería de palas**<br>Abbau mit Pike und Schaufel | **Minería balsera**<br>Fluvialer Bergbau | **Minería bombera**<br>Hydraulischer Abbau | **Minería vetera artesenal**<br>Handwerklicher Stollenbergbau |
| **Art der Lagestätte und Abbautechnik** | | | | |
| **Lagerstätte** | oberflächennahe alluviale und fluviatile Seifen | fluviatile Seifen in Flusssohlen | oberflächennahe alluviale und fluviatile Seifen | Subterrane Primärlagerstätten |
| **Exploration** | Zufall, Intuition Spiritismus, Erfahrung | Zufall, Intuition Spiritismus, Erfahrung, Tradition | Zufall, Intuition Spiritismus, Erfahrung, Tradition | Zufall, Intuition, Spiritismus, Erfahrung, Tradition |
| **Exploitation** | Körperkraft, Hacke Schaufel, Siebe, Pfannen,<br>Quecksilber in kleinen Mengen | Saugbaggerflöße, Pumpen, | Chupadores, teilweise wird Quecksilber in die Abbaufläche eingebracht | Körperkraft Schlagbohrer Sprengstoff |
| **Scheidetechniken** | Schwerkraft, Quecksilber in kleinen Mengen | Zerkleinerung goldhaltigen Gesteins in Gesteinsmühlen<br>Quecksilber | Quecksilber | Quecksilber<br>(z.T. Zyanide) |
| **Ökonomische Charakteristika** | | | | |
| **Kapitalintensität** | extrem gering | mittel | mittel | mittel |
| **Arbeits-produktivität** | extrem gering | mittel | mittel | mittel |
| **Ressourcen-ausnutzung** | extrem gering | mittel | mittel | mittel |
| **Organisationsform** | | | | |
| | meist individuell, z.T. kleine Arbeitseinheiten, Siedlungs-gemeinschaften, keine formale Organisation | Arbeitseinheiten, selten registrierte formale Organisation | Arbeitseinheiten, Siedlungs-gemeinschaften, z.T. rechtlich-formale Kooperativen | Arbeitseinheiten Siedlungs-gemeinschaften, z.T. rechtlich-formale Kooperativen |

(1) Der Stollenbergbau bezieht sich nur auf den Goldbergbau, da Diamanten in Venezuela nur im Tagebauverfahren abgebaut werden.

(2) Quecksilber und Zyanide zur Mineralienextraktion werden nur im Goldbergbau eingesetzt. Angaben beziehen sich nicht auf den Diamantenbergbau.

## 3. Arbeitsprozesse der Edelsteingewinnung im informellen Bergbau

*Abbau von Berggold*

Beim Stollenbergbau werden ca. 1m$^2$ große Stolleneingänge eröffnet, die als singuläre Stollen (*barrancos*) bis auf ca. 10 bis 40 Meter Tiefe reichen, unterirdisch z.T. aber auch in ein verzweigtes Schachtsystem übergehen. Das an Grünsteingürtel gebundene Berggold wird mit Schaufeln, Piken und dieselbetriebenen Schlagbohrern aus den erzführenden Gesteinsgängen gelöst. In geringem Umfang wird auch Dynamit eingesetzt. Die herausgelösten, ca. handgroßen Gesteinsbrocken werden mit einem Eimer und einer Seilwinde an die Erdoberfläche gefördert, wo taubes und goldhaltiges Gestein getrennt werden. Zum Teil erfolgt die Grobtrennung bereits im Stollen, da Goldadern sich durch das Glitzern des Goldquarzes vom stumpfen Granit absetzen. An der Erdoberfläche werden die Steine, in denen man Goldpartikel vermutet, probeweise zu feinem Gesteinsstaub zermörsert. Dieses Mörsern (*pilar*) mit kleinen Eisenstößeln erfolgt manuell und dient der Kontrolle, ob der Stollen (*barranco*) Gold führt. Quecksilber wird nur selten eingesetzt.

*Materialtransport*

Wird Gold nachgewiesen, wird das Gestein in Säcken zu den Gesteinsmühlen transportiert. Materialabbau und Gesteinszerkleinerung finden i.d.R. an verschiedenen Standorten statt, weil für das Mahlen der Steine große Wassermengen benötig werden, so dass die elektrisch betriebenen Hammermühlen in der Nähe von Flussläufen oder (z.T. künstlich geschaffenen) Lagunen liegen müssen. Der Transport der rund 50 Kilo schweren Säcke erfolgt entweder auf den Schultern der *Mineros* elbst, auf Eseln (z.B. in Manarito) oder mit alten Jeeps (*Toyotos*).

*Gesteinszerkleinerung und Goldbindung*

In den Gesteinsmühlen (*Molinos*) wird das Gestein zu feinem Sand zermahlen. Der Sand läuft mit dem Wasser, das dem Mahlprozess zugeführt wird, auf Blechen in das darunterliegende Wasserauffangbecken. Zur Bindung des Goldstaubes wird sowohl während des Mahlprozesses als auch während des Auswaschens des Bodenmaterials Quecksilber beigemengt. Das Gold-Quecksilber-Konglomerat setzt sich an den Blechböden fest und kann anschließend abgeschabt werden. Während des Waschvorgangs wird das Material des öfteren mit der Hand umgerührt, so dass unmittelbarer Kontakt mit dem Quecksilber besteht. Der letzte Arbeitsgang besteht in der Trennung des Goldes von dem Quecksilber. Der Quecksilber-Gold-Klumpen wird mit einem Bunsenbrenner erhitzt, bis das Quecksilber verdampft und nur noch das Gold übrig bleibt. Der Deamalganisierungsprozess wird i.d.R. unter freiem Himmel durchgeführt, so dass der hochtoxische Quecksilberdampf ohne Kontrolle in die Umwelt entweicht.

*Die Goldextraktion*

*Abbau alluvialer Seifen*

Alluviale Goldlagerstätten werden mit verschiedenen Arbeitstechniken abgebaut. Die primitivste Methode ist das Sieben goldhaltigen Sandes mit einer Holzpfanne (*Batea*), wobei Sand- und Goldsedimente aufgrund der unterschiedlichen Gravitationskraft voneinander getrennt werden. Eine verbesserte Technik ist das Aufwühlen der Erde mit hohem Wasserdruck. Anschließend wird das Wasser-Erde-Gemenge in einen kleinen Graben kanalisiert, auf dessen Boden ein Teppich (*Alfombra*) liegt, auf den Quecksilber geschüttet wurde. Der Goldstaub setzt sich in den Teppichfasern fest. Im letzten Arbeitsgang wird der Teppich über einer *Batea* ausgeschüttet. Bei dieser Methode kommt das Quecksilber jeweils nur einmal zum Einsatz, während es bei der Gesteinsaufbereitung primärer Lagerstätten von den *Molineros* z.T. aufgefangen und mehrmals eingesetzt wird.

Eine weitere Verbesserung des Abbaus von alluvialen Seifen besteht in der Benutzung einer *sluice box,* die bei großflächigen goldhaltigen Sedimentschichten eingesetzt wird. Auch hier werden die Sedimentschichten durch hohen Wasserdruck mit sog. *Chupadores* (hydraulische Hochdruckpumpen) aufgespült. Bodenbedeckende Vegetation wird entweder vorher gerodet oder das Wurzelwerk mit dem Wasserdruck ausgespült. Anschließend werden die aufgespülten Sedimente über eine hölzerne Schräge (*sluice box*, *Tamé*), die mit einem Teppich belegt ist, gefördert. Sowohl während des Aufspritzen des Bodens als auch im *Tamé* wird zur Bindung der Goldpartikel großzügig Quecksilber eingestreut.

*Diamantenabbau*

Diamanten werden in Venezuela ausschließlich aus sekundären Seifen abgebaut, so dass auch hier die Prozesse der Zerkleinerung und Aufbereitung des Primärgesteins entfallen. Ähnlich wie beim alluvialen Goldabbau werden Sedimentschichten mit Pike und Schaufel aufgelockert und Diamanten mit der *Suruka* herausgesiebt oder mit *Chupadores* großflächig aufgespritzt. Die gelockerten Sande werden anschließend in einem Schlauch aufgesaugt und maschinell ausgesiebt (siehe Fallbeispiel Manarito). Im Gegensatz zum Goldabbau wird beim Diamantenabbau kein Quecksilber eingesetzt.

## 4. Auswahl und Betrachtung der Fallbeispiele

Aus der Typologisierung des informellen Bergbaus in Venezuela, die aus zahlreichen Gesprächen mit Akteuren des venezolanischen Gold- und Diamantenbergbaus und der Begehung von rund 15 *Minero*dörfern extrahiert wurde, kristallisierten sich drei grundlegende Kriterien für die Auswahl der Fallbeispiele heraus:

*Konkrete Fragestellungen*

Erstens sollten die Fallbeispiele sowohl den Gold- als auch den Diamantenabbau einschließen, zweitens verschiedene Abbauverfahren berücksichtigen und drittens die Heterogenität der sozialen Organisation des informellen Bergbaus widerspiegeln. Konkrete Fragestellungen orientieren sich an den in Kapitel I-5 aufgestellten Thesen, d.h. es wird untersucht

- **wie wirken sich Verbindungen zwischen der lokalen, der nationalen und der internationalen Ebene auf umweltrelevante Handlungen der Akteure des informellen Bergbaus aus?**
- **wer sind die Akteure des informellen Bergbaus, die in die Wälder eindringen und wie nutzen sie die Wälder?**
- **welche Partikularinteressen verfolgen *Mineros* neben der Edelsteingewinnung?**

Zudem wirft die oben aufgeführte Typologisierung Fragen nach den Zusammenhängen zwischen den Variablen auf, d.h.

- **wie wirken sich die verschiedenen Abbauformen auf die Umwelt aus?**
- **welche Unterschiede zwischen den Abbauformen werden bei einer außenperspektivischen Betrachtung ausgeblendet? Gibt es z.B. neben der Art der Lagerstätte auch andere Kriterien für die Wahl der jeweiligen Abbauform?**

Um der Heterogenität des informellen Bergbaus gerecht zu werden, werden in den Fallbeispielen verschiedene Aspekte herausgearbeitet. Auf lokalspezifische Eigenarten, die sich von den anderen Beispielen unterscheiden und nicht charakteristisch für den Gold- und Diamantenbergbau in Venezuela sind, wird aufmerksam gemacht.

**Die Darstellung der Fallbeispiele ist bewusst empirisch-deskriptiv gehalten, um zunächst sowohl die Heterogenität des informellen Bergbaus als auch Aspekte, die normalerweise nicht auf die internationale Ebene transportiert werden, zu vermitteln.** Die Analyse der Einzelergebnisse erfolgt anschließend in drei zusammenführenden Bereichen: In der Analyse der Migrationsmotive, bei der Charakterisierung der sozio-ökonomischen Profile von *Minero*gesellschaften und in Hinsicht auf die Nutzung und Wahrnehmung des Waldes durch Akteure des informellen Bergbaus.

## 5. Botanamo: Ursachen und sozialräumliche Konsequenzen illegaler Bergbau-aktivitäten

*Absolute und relative Lage*

Mit den geographischen Koordinaten $7^{0}02'53''$ n.B. und $61^{0}11'48''$ w.L. liegt das nach dem naheliegenden Fluss Botanamo benannte Bergbauareal 60 km südwestlich von Tumeremo in der *Reserva Forestal Imataca*. Die Anreise erfolgt - auch von *Mineros* - in erster Linie mit dem Hubschrauber. Über einen Waldweg ist die Mine auch auf dem Landweg zu erreichen. Da der Weg in einem sehr schlechten Zustand ist, dauert die Anreise mit einem Geländewagen zwischen acht Stunden und drei Tagen. Der Aktivitätsraum des informellen Bergbaustandortes Botanamo, im Weiteren kurz Botanamo genannt, liegt im Grenzbereich der gleichnamigen Konzessionsfläche Botanamo und Acargua II. Für beide Areale verfügt das englisch-kanadische Bergbauunternehmen Greenwich seit 1988 über die Konzessionsrechte.

**Karte 6: Relative Lage des Bergbauareals Botanamo**

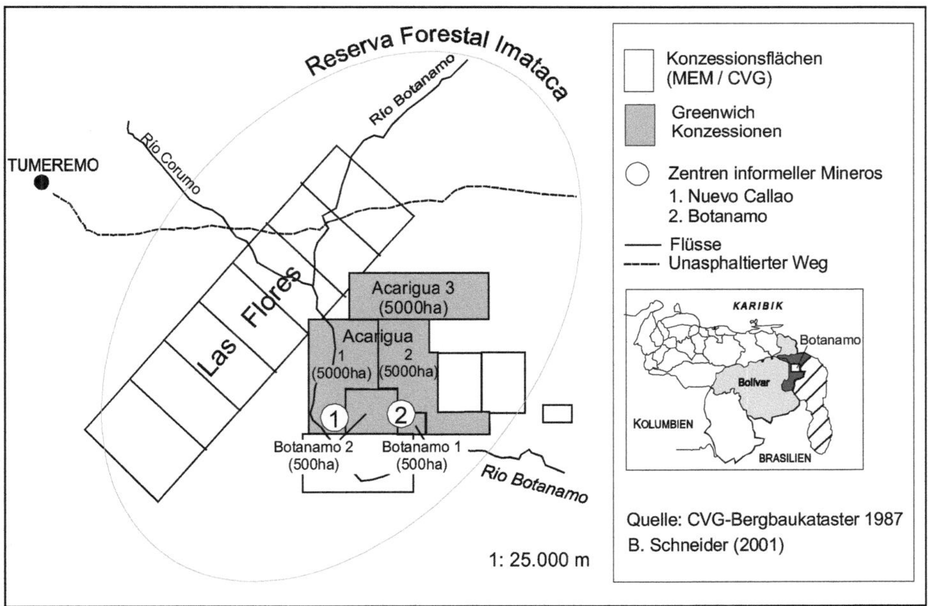


*Legalitätsstatus*

Damit ist der informelle Bergbau in Botanamo in mehrfacher Hinsicht illegal. Erstens findet er in einem Areal statt, das für den informellen Bergbau nicht ausgewiesen ist. Zweitens ist der Bergbau in Forstreserven juristisch umstritten (siehe Kap.VI). Drittens liegt das Gebiet in einer Konzession, für die einem transnationalen Bergbaukonzern Nutzrechte zugesprochen wurden. Eine Kooperative für die *Mineros*, die in einem nicht abgrenzbaren Bereich von ca. 500 Hektar in Botanamo nach Gold schürfen, gibt es bis dato nicht.

## 5.1 Historischer Rückblick

Botanamo ist ein Beispiel dafür, dass *Mineros* nicht nur unsystematisch in die Wälder eindringen bzw. Flüsse die zentralen Führungslinien sind.

*Bergbaurelikte des 19. Jahrhunderts*

**In Venezuela orientiert sich der informelle Bergbau häufig an historischen und aktuellen Abbauorten (trans)nationaler Bergbauunternehmen.** Zahlreiche Bergbaurelikte lassen erkennen, dass im 19. Jahrhundert ausländische Unternehmen im Gebiet des heutigen Botanamo aktiv waren. Neben verrosteten und von Vegetation überwachsenen Schienen und Loren englischer Herkunft zeugt ein rund 250 Meter tiefer Schacht[75] von dem frühen Goldbergbau. Ein vegetationsüberwucherter Friedhof mit z.T. noch lesbaren Grabsteinen lässt erkennen, dass sich in den 30er Jahren dieses Jahrhunderts bereits auch Frauen in die bis heute unwegsame Region vorwagten.

*Schriftliche Überlieferungen*

Hinweise auf frühe Bergbauaktivitäten, die sich in der Literatur recherchieren lassen, ergeben zwar keine lückenlose Chronologie, vermitteln aber einen Eindruck von den mannigfaltigen Zugriffsinteressen auf die Goldvorkommen des Bergbauareals. Bereits Pedro Ayres, der mit Goldfunden in der Umgebung der Missionarssiedlung Tupuquén 1842 einen Goldboom ausgelöst hatte (vgl. Kap. II-3), soll auf die Lagerstätten in Botanamo gestoßen sein (EGAÑA 1979). Für das Jahr 1876 weist der Bergbauingenieur Miguel Emilio PALACIOS (1937) geologische Studien nach. Auch eine von LOCHER (1972) erstellte Liste von Bergbaustandorten, in denen seit 1866 Gold abgebaut wird, enthält die Namen Botanamo und Nuevo Callao. Zwischen 1910 und 1920 stößt der russische Abenteurer Trayanoff auf die vielversprechenden Goldadern in Nuevo Callao und Botanamo (GREENWICH 1997a). 1914 entdeckt der aus Tumeremo stammende Händler Tomas Bemúdez Díaz den Stollen *La Inflexible* (siehe Karte 7). Auf der Suche nach Investoren für Exploitationen ist Díaz in den USA erfolgreich und gründet dort die Botanamo Gold Mining Ltd., deren Aktienkurse auf Grund der Golderträge aus Botanamo massiv ansteigen (CERANI 1970).

Für die 1940er und 1950er Jahre finden sich in der Literatur keine Hinweise auf Botanamo. Aber Juan Carlos de Roja - ein *Minero*, der in Botanamo lebt - erzählt, dass sein Großvater das Areal um Botanamo bei einem Hahnenkampf gewonnen habe. Juan Carlos Vater kam in den 1950er Jahren nach Botanamo, verkaufte seine Rechte aber später an ein englisches Unternehmen.

75 *Mineros*, die diesen Schacht noch aus seiner aktiven Zeit kennen, erzählten, dass auf sechs verschiedenen Ebenen gearbeitet wurde. Heute sind die unteren Ebenen eingestürzt und überflutet. Den weiteren Einstieg verhindern v.a. giftige Gase.

*Orale Überlieferungen*

Für diese Aussagen, die nicht schriftlich belegt werden konnten, spricht nicht nur die privilegierte Wohnsituation de Rojas, der unumstritten von den anderen *Mineros* im einzigen - im englischen Kolonialstil errichteten - Holzhaus (das sog. *Casa Lavie*) von Botanamo lebt. Auch die unternehmerische Passivitätsphase der 1950er und 1960er Jahre, die sich in offiziellen Dokumenten nachweisen lässt, lässt sich mit de Rojas Geschichte übereinbringen. So ist in der GACETA OFICIAL 27.057 (1963) der Beschluss des MEM nachzulesen, dass die 1957 vergebenen Rechte an Botanamo als ungültig erklärt werden, da die Konzession entgegen der Artikel 85, 24, 55 und 151 des *Ley de Minas* nicht in ausreichendem Umfang in die Exploitationsphase überführt wurde. Als bisheriger Konzessionär wird die Botanamo C.A. genannt und die Konzession neu ausgeschrieben. 1968 werden die Rechte an der 500 ha großen Konzession für 50 Jahre dem US-Amerikaner Donald Nelson zuerkannt (GACETA OFICIAL 28.755, 1968). Wegen Hypothekenverpflichtungen werden sie 1975 an die Hacienda Capiricual, C.A. überschrieben (GACETA OFICIAL 30.733).

*Dokumentarische Nachweise in staatlichen Registern*

Die Hacienda Capiricual, C.A. wird Ende der 1980er Jahre von Greenwich Resources Venezuela übernommen, die bis heute die Konzessionsrechte hält. Greenwich Resources Venezuela ist im venezolanischen Handelsregister eingetragen. Die Muttergesellschaft Greenwich Resources liegt in Holland, Sitz der Hauptaktionäre ist aber England und Kanada. Für die Explorationen in den Konzessionen Botanamo, Botanamo II, Acarigua I, II und III liegt zudem ein Kooperationsvertrag mit dem australischen Unternehmen BHP (Broken Hill Proprietary Company) vor (GREENWICH 1997b). Zwischen 1988 und 1995 führt Greenwich Explorationen durch. Nach Aussagen einiger *Mineros*, die in dieser Zeit mit Greenwich arbeiteten, wurde aber - obwohl lediglich Explorationsgenehmigungen vorlagen - auch Gold abgebaut. Ein *Minero* schätzte sehr konkret, dass Greenwich nur 10% des Goldes angegeben hat, dass im Stollen *Increíble* abgebaut wurde. Ein Hubschrauberpilot gab an, dass er zwischen 1990 und 1992 ca. 30 kg Gold ausgeflogen habe, von denen Greenwich nur neun Kilogramm deklariert hätte. **Diese Gerüchte sind nicht belegbar. Sie werden hier trotzdem aufgeführt, da sich die "Realität" nicht nur aus empirisch nachweisbaren "Tatsachen" zusammensetzt und weil die "Gerüchteküche" ein zentrales Element der Wahrnehmung und des Dialogs zwischen informellen *Mineros* und Akteuren des industriellen Bergbaus ist.**

*Das transnationale Bergbauunternehmen Greenwich Resources Venezuela*

Neben dem Verdacht des illegalen Goldabbaus erzeugt die rigide Ausgrenzungspolitik des Unternehmens Proteste der *Mineros*. Gerüchte von Folterungen in einem betriebseigenen Gefängnis führen 1995 zur Besetzung des nahe gelegenen Areals von Nuevo Callao (siehe Fallbeispiel Nuevo Callao). Kurze Zeit später folgt die Besetzung von Botanamo.

*Konkurrierende Nutzungsansprüche und divergierende Begründungszusammenhänge*

In den Konflikten um die seit der Invasion von 1995 umstrittenen Nutzungsrechte von Botanamo beruft Greenwich sich auf seine schriftlich fixierten Konzessionsrechte und vertraglichen Bindungen des Bergbauministeriums (MEM) bzw. der Regionalbehörde CVG. Die *Mineros*, die weder auf offizielle Dokumente noch auf Verträge mit staatlichen Institutionen zurückgreifen können, begründen ihre Nutzungsansprüche mit einem aus der Geschichte abgeleiteten Gewohnheitsrecht (nach dem der informelle Bergbau ihre traditionelle Wirtschaftsaktivität ist), ihrer ökonomischen Marginalität, illegalen Aktivitäten von Greenwich und der Deklaration der Ressource Gold als nationales Eigentum, dessen Abbau Venezolanern und nicht transnationalen Unternehmen zusteht. **Mit der juristisch-legalen Argumentation auf der einen Seite und der Heranziehung der alltäglichen Lebenswelt auf der anderen Seite, stehen sich Greenwich und die *Mineros* von Botanamo heute nicht nur auf der Ebene des konkreten Nutzungsrechtes, sondern auch in den normativen Rechts- und Gerechtigkeitsverständnissen, auf die sich die Parteien berufen, extrem kontrovers und nahezu dialoglos gegenüber.**

## 5.2 Inseln der Waldzerstörung

*Dispersität bergbaulicher Landnutzungen*

Der Bergbaustandort Botanamo ist ein unregelmäßiges Mosaik aus Waldflächen, kleinen Siedlungen (*Campamentos*) sowie aufgegebenen und rezenten bergbaulichen Landnutzungen (siehe Karte 7). Das demographische Zentrum bildet die Holzhüttensiedlung *Publeo* Botanamo. Südlich grenzt eine rund 21 ha große, durch einen kleinen Weg geteilte Fläche an, auf der die Waldvegetation - von einzelnen Überstehern abgesehen - vollständig vernichtet ist und anliegende Sedimentschichten zu Tage treten. **Photos dieser einer Mondlandschaft ähnlichen Bergbaufläche werden in Caracas häufig zur Dokumentation für die katastrophalen ökologischen Auswirkungen der "Pequeña Minería" herangezogen. Die selektive Konzentration auf dieses Areal blendet jedoch aus, dass in Botanamo die Mehrzahl der *Mineros* Gold nicht alluvial abbaut, sondern Stollenbergbau betreibt.** In den großflächigen Mulden des hügeligen Geländes haben sich zwar auch sekundäre Goldseifen abgelagert, der Goldgehalt der Sedimentschichten liegt aber erheblich unter dem Ertragspotenzial der Goldadern, die das Areal in nordöstlicher Richtung durchziehen. Dementsprechend hat Greenwich ausschließlich Exploitationsrechte für das Untertagebauverfahren der in dem Grünsteingürtel der geologischen Formationen Pastora (vgl. Kap. II-2) gelegenen Konzession beantragt.

**Karte 7: Geländeskizze Botanamo**

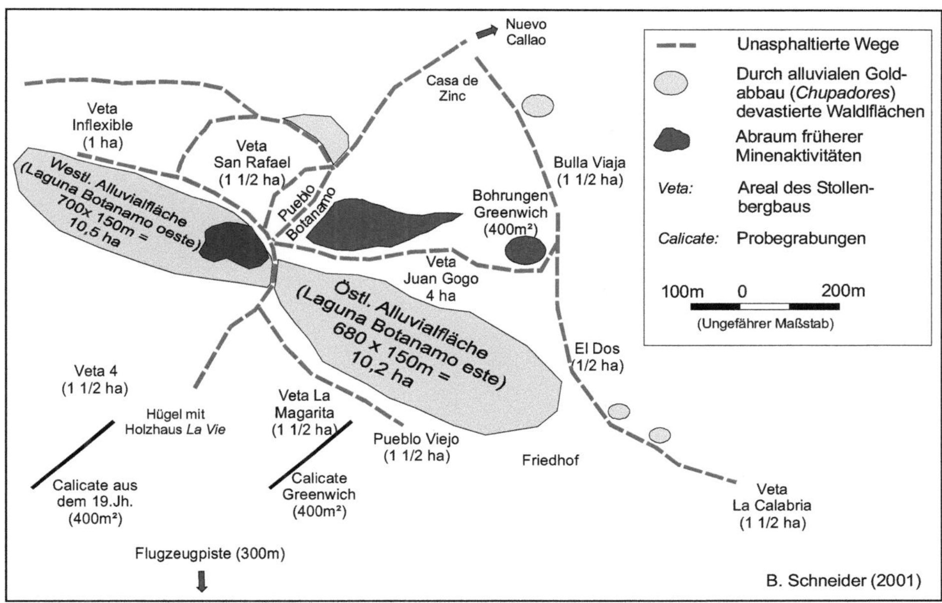


Über das Areal verteilen sich neben dem rund 30 ha großen Zentrum (*Pueblo* Botanamo mit angrenzender Alluvialfläche) sieben Standorte des Stollenbergbaus. In den dazwischen liegenden Waldarealen finden sich z.T. Relikte bergbaulicher Aktivitäten aus dem letzten Jahrhundert, landschaftliche Hinterlassenschaften von Greenwich sowie kleinere alluviale Schürfstellen, die entweder aufgegeben wurden oder häufig nur von einer fünf- bis 10-köpfigen Arbeitsgruppe betrieben werden.

*Auswirkungen auf die Vegetationsdecke*

Zwischen den *Campamentos* wird der Wald von einem dichten Wegenetz durchzogen, ansonsten zeigt sich die Vegetation relativ unberührt. Auf den rund 80 ha, auf die sich der informelle Bergbau unter Einbeziehung von Siedlungsflächen, Wegenetzen und Bergbaustandorten konzentriert, ist die Vegetationsdecke dagegen z.T. vollständig abgetragen. Die Vegetationserfassung nach BRAUN-BLANQUET (1928, zit. n. FISCHER 1995), bei der der Deckungsgrad der wichtigsten Wuchsformen ermittelt wird, zeigt erhebliche Unterschiede an den einzelnen Standorten (siehe Tab. 9). In Arealen, in denen der Stollenbergbau auf traditionelle Bergbauaktivitäten aus dem letzten Jahrhundert zurückgeht (z.B. *Veta Inflexible*, *Veta San Rafael*) und in Arealen, in denen Gold alluvial abgebaut wird, fehlt die Vegetation oft vollständig. Neuere Standorte des Stollenbergbaus (*Bulla Vieja*, *Veta La Calabria*) zeigen dagegen, dass der Stollenbergbau im Gegensatz zum alluvialen Bergbau nicht zwangsläufig mit einem flächenhaften Kahlschlag verbunden ist.

**Tab. 9: Vegetationsdeckung in den *Campamentos* von Botanamo**

| Campamento | Fläche | Deckungsgrad | Anmerkungen |
|---|---|---|---|
| Zentrum<br>(Alluvialfläche,<br>Pueblo<br>Botanamo) | 30 ha | Baumvegetation/<br>Kronenbedeckung: 0% - 25%<br>Strauchvegetation: 0% - 25%<br>Gras- und Bodenvegetation: 0% - 25% | Flächenhafter Kahlschlag, nur vereinzelt Baum- und Strauch-vegetation in der Siedlung |
| Veta<br>San Rafael | 2 ha | Baumvegetation/<br>Kronenbedeckung: 0% - 25%<br>Strauchvegetation: 25% - 50%<br>Gras- und Bodenvegetation: 25% - 50% | Exploitationsbeginn im 19. Jh.<br>Probebohrungen Greenwich<br>Im Zentrum vollständig vegetationslos, in Randbereichen Sekundärvegetation |
| Veta<br>Inflexible | 1 ha | Baumvegetation/<br>Kronenbedeckung: 0% - 25%<br>Strauchvegetation: 0% - 25%<br>Gras- und Bodenvegetation: 0% - 25% | Fläche ist nahezu vollständig mit *Campamentos*, die auch zur Überdachung der Stollen (*Barrancos*) dienen, bedeckt |
| Bulla<br>Viaja | 1 ½ ha | Baumvegetation/<br>Kronenbedeckung: 50%- 75%<br>Strauchvegetation: 50%- 75%<br>(Sekundärvegetation)<br>Gras- und Bodenvegetation: 50% - 75% | Lichtung des natürlichen Baumbestandes<br>Vor 1 ½ Jahren lokaler Goldrausch (*Bulla*).<br>Keine aktuelle Nutzung |
| Juan<br>Gogo | 3 ha | Baumvegetation/<br>Kronenbedeckung: 0%- 25%<br>Strauchvegetation: 0%- 25%<br>(Sekundärvegetation in Randbereichen)<br>Gras- und Bodenvegetation: 0%- 25% | Flächenhafter Kahlschlag mit zahlreichen umgehauenen Baumstämmen. Seit drei Jahren alluvialer Goldabbau |
| El Dos | ½ ha | Baumvegetation/ 0% - 25%<br>Kronenbedeckung:<br>Strauchvegetation: 0% - 25%<br>Gras- und Bodenvegetation: 0% - 25% | Flächenhafter Kahlschlag |
| Veta<br>La Calabria | 1 ½ ha | Baumvegetation/<br>Kronenbedeckung: 50% - 75%<br>Strauchvegetation: 25% - 50%<br>Gras- und Bodenvegetation: 25% - 50% | Zahlreiche geschlagene Baumstämme, zahlreiche Erdeinstürze |
| Veta Magarita<br>alter Teil | 1 ½ ha | Baumvegetation/<br>Kronenbedeckung: 75% - 100%<br>Strauchvegetation: 0% - 25%<br>(nur in Randbereichen)<br>Gras- und Bodenvegetation: 75% - 100% | Exploitationsbeginn im 19. Jh.<br>zahlreiche Erdeinstürze |
| Veta Magarita<br>neuer Teil | 400m² | Baumvegetation/<br>Kronenbedeckung: 0% - 25%<br>Strauchvegetation: 25 % - 50%<br>Gras- und Bodenvegetation: 50 % - 75%<br>(Sekundärvegetation) | Calicate GREENWICH |
| Veta 4 | 1 ½ ha | Baumvegetation/<br>Kronenbedeckung: 25% - 50%<br>Strauchvegetation: 25% - 50%<br>Gras- und Bodenvegetation: 25% - 50%<br>(Sekundärvegetation) | Exploitationsbeginn im 19. Jh.<br>Probebohrungen Greenwich |

▢ Standorte des alluvialen Goldabbaus

In Ergänzung zu BRAUN-BLANQUET (1928, zit. n. FISCHER 1995) sind die Prozentangaben, die näher an der erhobenen Vegetationsdeckung liegen, unterstrichen.

Quelle: Eigene Erhebungen 1997

*Unkontrollierte Quecksilbereinträge in die Umwelt*

Hinzu kommt, dass **beim alluvialen Bergbau mit *Chupadores* die oberen Bodenschichten mit hohem Wasserdruckstrahl weggespült werden und Quecksilber schon beim Goldabbau in die Fläche eingebracht** wird. So sind die unmittelbaren Quecksilbereinträge in die begrenzte Bergbaufläche, in die angrenzende Vegetation und Gewässer ungleich größer als beim Stollenbergbau. Die Zerstörung der oberen Bodenschichten und hohe Quecksilbereinträge machen das Einsetzen einer Vegetationssukzession nach Aufgabe des Minenstandortes nahezu unmöglich. Viele *Mineros*, die das Quecksilber unkontrolliert und ohne jegliche Schutzmaßnahmen benutzen, wissen von seiner Giftigkeit. Viele leiden unter Hautläsionen. Kommentare, dass 'sie eine Generation von Idioten heranzögen' (Aussage eines *Mineros* in Botanamo) zeigen, dass sie sich der Auswirkungen des Quecksilbers auf das zentrale Nervensystem und auf die nachfolgende Generation durchaus bewusst sind. Auch beklagten sich *Balseros*, das stundenlange Stehen im Wasser sowie das Einklemmen der Wasserstrahlpumpen zwischen den Oberschenkeln wirke sich auf die Genitalien und die Potenz aus.

*Wissen und Desinteresse an ökologischen Zusammenhängen*

Sowohl das ungeordnete Landnutzungsmuster als auch der unkontrollierte Quecksilbergebrauch legen die Vermutung nahe, dass *Mineros* über kein Umweltbewusstsein verfügen. Neben den giftigen Wirkungen des Quecksilbers, die immer wieder erwähnt wurden, **ergaben Befragungen aber, dass sich immerhin 75% der befragten *Mineros* (n= 51) einer allgemeinen Umweltverschlechterung in den letzten zehn Jahren bewusst sind. Gleichzeitig gaben aber 63% der *Mineros* offen zu, dass sie die Umweltsituation nicht sonderlich interessiere.** Das Desinteresse an der Umwelt ist z.T. damit zu erklären, dass Gründe für die Umweltverschlechterung oft in die Industrieländer projiziert werden. Denn auf die Frage, in welchen Bereichen sich die Umweltverschlechterung besonders gravierend auswirke, wurde häufig die Luft genannt, wobei Rückfragen zeigten, dass Schadstoffemissionen großer Industrien gemeint waren. In unmittelbarer Umgebung wurden v.a. Böden und Flüsse genannt. Angesichts des regionalen Waldreichtums erstaunt es wenig, dass die regionalen Wälder nur von der Hälfte der *Mineros* als gefährdet betrachtet wurden. **Das Desinteresse an der durchaus wahrgenommenen Umweltverschlechterung ergibt sich auch aus der sozio-ökonomischen Lebenssituation.** Auf die offene Frage, welche Faktoren sie mehr belasten würden als die Umweltsituation, antworteten 55% der *Mineros* spontan mit ihrer Armut und Marginalität (siehe Abb. 5). Erstaunlich ist aber, dass immerhin 23% der *Mineros* trotz der Frage nach Faktoren, die sie mehr als die Umwelt interessieren, auch hier die Umwelt zur Sprache brachten.

*Primat der sozio-ökonomischen Lebenssituation*

**Abb. 5: Themen, die von den *Mineros* (Botanamo) wichtiger als die Umwelt eingeschätzt werden**

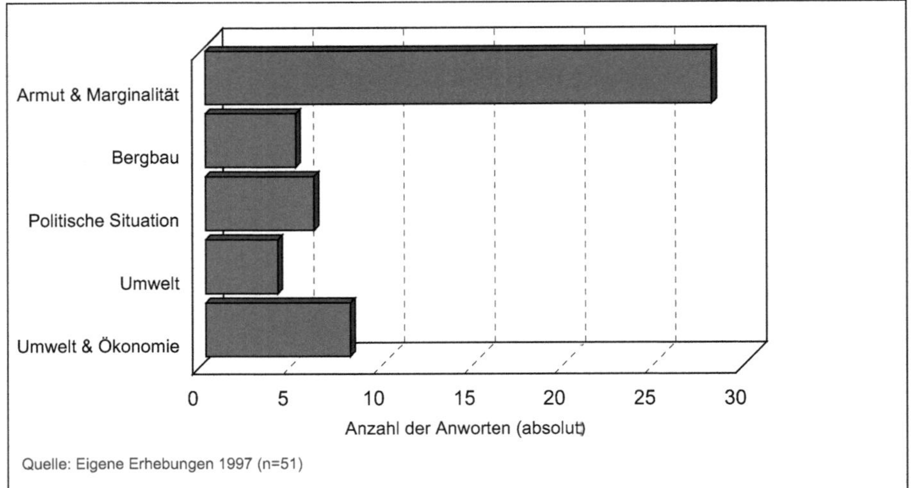


## 5.3 Sozio-ökologischer Brennpunkt *Pueblo* Botanamo

Sowohl in Publikationen des Unternehmens Greenwich als auch in staatlichen Veröffentlichungen wird häufig angegeben, dass Botanamo von 6000 *Mineros* besetzt sei. Diese Zahl korrespondiert mit Schätzungen, die von den *Mineros* selber stammen. Aber selbst unter Berücksichtigung der extrem hohen Fluktuation in Standorten des informellen Bergbaus ist sie zu hoch angesetzt. Überprüfungen vor Ort ergaben eine Bevölkerung von 1000 bis 1500 *Mineros*. Das demographische Zentrum des Bergbauareals - *Pueblo* Botanamo - setzt sich aus ungefähr 100 Holzhütten zusammen, die im Durchschnitt von 4 bis 6 *Mineros* bewohnt werden. Zusammen mit den rund 100 Hütten, die sich in der Umgebung verteilen, lässt sich ableiten, dass eine Schätzung von ca. 1000 *Mineros* realistischer ist.

*Siedlungsstruktur*

*Pueblo* Botanamo ist eine ungeplante Streusiedlung, deren Holzhütten sich zwar in der Mehrzahl entlang der Wege aneinander reihen (siehe Karte 8). Häufig sind diese Wege aber erst aus Trampelpfaden, die zu spontan errichteten Behausungen führen, entstanden. Die Hütten bilden keine markante Fluchtlinie, sondern stehen vor- bzw. zurückversetzt zueinander. In der Mehrzahl handelt es sich um Hütten mit offenen Seitenwänden oder einfachen Wänden aus Holzstangen. Plastikplanen bieten Schutz vor den tropischen Regengüssen. Nur wenige Häuser sind aus stabilen Holzbrettern und Wellblechdächern errichtet. Meist handelt es sich hierbei um Restaurants und Lebensmittelläden, deren Besitzer sich eine stabilere Hauskonstruktion leisten können, aber auch auf den besseren Schutz vor Einbrüchen angewiesen sind.

Der Eindruck einer provisorischen, temporären Siedlung wird durch aufgegebene Holzhütten im Stadium des Verfalls verstärkt. Insbesondere im Abbaustandort *Veta San Rafael*, im Nordosten des Dorfes, stehen nahezu ausschließlich einfache Baukonstruktionen, die Wohn- und Arbeitsstätte miteinander verbinden. Mit Plastikplanen überspannte Holzstangen bieten Aufhängemöglichkeiten für Hängematten und schützen die Stolleneingänge vor dem Eintritt von Regenwasser.

**Karte 8: Funktionalkartierung Botanamo**

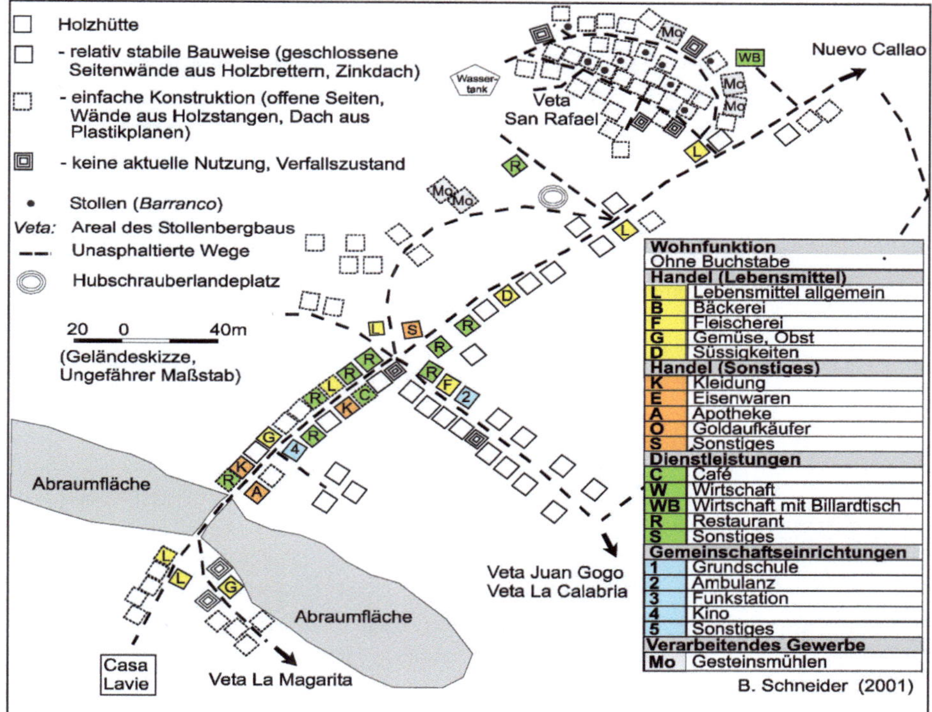


*Innerörtliche Umweltemissionen*

Über die Siedlung verteilen sich fünf Hammermühlen, in denen goldhaltiges Gestein zerkleinert wird. Von ihnen geht nicht nur Tag und Nacht ein ohrenbetäubender Lärm aus. Ihre Lokalisation innerhalb der Ortslage ist insbesondere wegen der extremen Quecksilberemissionen problematisch. Quecksilber wird während der Gesteinszerkleinerung zum Binden von Goldpartikeln eingesetzt, wobei überschüssiges Quecksilber in benachbarte Tümpel fließt bzw. sich in den Abraumhalden ansammelt. Das anschließende Erhitzen zur Trennung des Quecksilber-Gold-Konglomerats findet unter freiem Himmel bei den Hammermühlen statt. **Vaporisiertes Quecksilber, das dabei freigesetzt wird, wird in unmittelbarer Umgebung der Bevölkerung in die Umwelt abgegeben.**

Befragungen in Botanamo und anderen Standorten des informellen Bergbaus brachten deutlich zum Ausdruck, dass **Botanamo selbst unter *Mineros* ein Negativimage anhängt, das mit dem hohen Drogenkonsum, einer hohe Verbrechensquote und einer hohen Ausländerrate begründet wird.** Tatsächlich stellen sich Alkoholkonsum und Drogenhandel als extreme Probleme in Botanamo dar. Viele Interviews scheiterten an dem alkoholisierten Zustand der Probanden. Rund 50% der *Mineros* von Botanamo konsumieren nach eigenen Aussagen harte Drogen, in erster Linie Kokain. Es konnte beobachtet werden, wie innerhalb von zwei Tagen ein Kilo Kokain öffentlich verkauft wurde. Nach Schätzungen der *Mineros* werden täglich Drogen im Wert von 1400 US-$ umgesetzt. Die Drogen werden z.T. in kleinen Mengen von *Mineros* eingeführt, es wurde aber auch öfter eine Drogenmafia erwähnt, die nicht nach Botanamo kommt, aber Verkaufslizenzen an Zwischenhändler erteilt. Der organisierte Drogenhandel soll in Händen von Kolumbianern liegen. Da es aber ein weltweit verbreitetes Phänomen ist, negativ bewertete gesellschaftliche Erscheinungen auf Ausländer zu projizieren, sollte diese Darstellung nicht überbewertet werden. Entgegen der verbreiteten Vorstellung, die Mehrzahl der *Mineros* von Botanamo komme aus Kolumbien, Guyana und der Dominikanischen Republik, zeigen die Befragungen (n = 264) nur einen **Ausländeranteil von 23%.** Da Migranten, die schon Jahre in Venezuela leben, z.T. eingebürgert sind, liegt der Ausländeranteil nach der im Personalausweis eingetragenen Nationalität mit **18%** sogar noch niedriger.

*Alkohol- und Drogen*

*Anteil ausländischer Mineros*

Wie die venezolanischen *Mineros* haben auch Kolumbianer und Brasilianer ihre (z.T. venezolanischen) Heimatstädte verlassen, weil sie dort keine Arbeit finden konnten, die ihre Lebenshaltungskosten gedeckt hätte. Fast die Hälfte von 50 befragten Personen gab ökonomische Gründe für die Tätigkeit im informellen Bergbau an (siehe Tab. 10). Interessanterweise meinten viele *Mineros*, dass sie außerhalb der *Minería* Arbeit hatten bzw. hätten finden können, das Einkommen aber nicht ausreichen würde. Der zweite große Begründungszusammenhang betrifft die Einstellung zu ihre Tätigkeit. Immerhin 28% der *Mineros* begründeten ihre Wirtschaftsaktivität mit einer positiven Einstellung zum informellen Bergbau, weil man sein eigener Chef ist oder die Arbeit als abwechslungsreich empfunden wird.

*Begründungen für die Tätigkeit im informellen Bergbau*

**Tab. 10: Begründungen für die Tätigkeitsaufnahme im informellen Bergbau (Botanamo)**

| | absolute Anzahl der Antworten | prozentualer Anteil |
|---|---|---|
| **Ökonomische Gründe** | **38** | **48,7** |
| Es gibt keine andere Arbeit / Arbeit verloren | 9 | |
| Einkommen außerhalb der *minería* reicht zum Leben nicht aus | 18 | |
| Verbesserung der ökonomischen Situation | 8 | |
| Möglichkeit schnell Geld zu verdienen | 3 | |
| **Familiäre Gründe** | **7** | **9,0** |
| Familie ist näher | - | |
| Familie / Partner lebt im Dorf | 5 | |
| Finanzierung der Ausbildung der Kinder | 2 | |
| **Einstellung zur *Minería*** | **22** | **28,2** |
| Andere Arbeit ist langweilig | - | |
| Das ganz Leben lang *Minero*, nichts anderes gelernt | 3 | |
| Gefallen an der *Minería* | 11 | |
| Man ist sein eigener Chef | 8 | |
| **Sonstige Begründungen** | **11** | **14,1** |
| Mundpropaganda | 7 | |
| Probleme mit dem Staat | - | |
| Sonstige | 4 | |
| **Gesamtanzahl der Antworten** | **78** | **100** |

Quelle: Eigene Erhebungen 1997 (n = 50, Mehrfachantworten waren möglich)

*Push-Faktor Nationalökonomie*

Weitere Befragungen zeigten, dass die **Aufnahme der Arbeit im informellen Bergbau mit dem Beginn der venezolanischen Wirtschaftskrise in den 1980er Jahren sprunghaft angestiegen** ist (siehe Abb. 6). Sowohl die genannten Migrationsgründe als auch der zeitliche Beginn der Tätigkeitsaufnahme im informellen Bergbau weisen also deutliche Bezüge zur landesweiten Wirtschafts- und Sozialkrise auf.

**Abb. 6: Beginn der Tätigkeitsaufnahme im informellen Bergbau (Botanamo)**

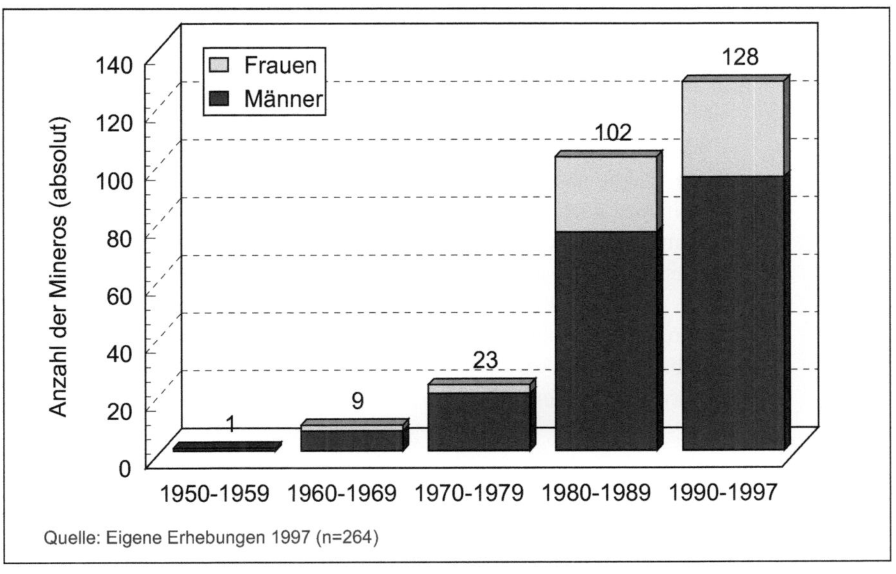

In der demographische Zunahme der 1980er Jahre spiegelt sich die Wirtschaftskrise von 1983, der Verfall der Ölpreise in den 80er Jahren (der einen 40%igen Rückgang der Deviseneinnahmen und 1986 die Entwertung der Landeswährung von 750 auf 14,50 Bolívares für einen Dollar zur Folge hatte) sowie die Wirtschaftskrise von 1989 wider. Aus der Zuwanderung in den informellen Bergbau in den 1990er Jahren lässt sich die arbeitsmarktpolitische Negativbilanz des neoliberalen Wirtschaftsmodells, das der Staat seit 1989 verfolgt, ablesen. Die trotz aller Diversifizierungsbemühungen präferierte Erdölwirtschaft generiert weder arbeitsintensive Zuliefer- noch Nachfolgeindustrien. Nicht nur leben heute 80% der Venezolaner in relativer oder absoluter Armut und von acht Millionen Beschäftigten verdienen fünf Millionen weniger als den Mindestlohn, zwischen Dezember 1995 und August 1996 sanken auch noch die Reallöhne um 43% (SCHNEIDER 1997).

*Informeller Bergbau und Frauen*

Dass auch der Anteil von **Frauen** (24,6% aller Befragten) in den 1980er und 1990er Jahren deutlich zugenommen hat, muss als Strategie gegen das Zerreißen traditioneller Familienstrukturen durch die mit der bergbaulichen Tätigkeit verbundenen langfristigen Abwesenheit von Familienmitgliedern interpretiert werden. Denn viele Frauen gaben an, dass sie in Botanamo seien, weil ihr Lebenspartner dort arbeitet. Zur Sicherung ihres Lebensunterhaltes kommen Frauen aber auch alleine nach Botanamo. Sowohl mit als auch ohne Lebenspartner arbeiten sie z.B. als Köchin, Händlerin oder *Rifera* (Verkäuferin von Glückslosen), aber auch als *Minera* und Prostituierte. Die Hoffnungslosigkeit in den Heimatstädten spiegelt sich in der Aussage einer 16-jährigen Prostituierten, die meinte, dass sie sich in Botanamo eine Zukunft aufbauen könne und dass sie lieber zehn Männer am Tage bediene als sich ohne Perspektive in einem *Barrio* (Slum) in Caracas zu langweilen.

*Geschätztes Einkommen im informellen Bergbau*

Von 50 *Mineros*, die zu ihrem Einkommen befragt wurden, fühlten sich 39 in der Lage, einen Schätzwert anzugeben. Bei einer Spannbreite von 31 bis 6247 US-$[76] ergab sich ein geschätztes Durchschnittseinkommen von 711 US-$ pro Monat. Nach Abzug von drei Steinmühlenbesitzern (*Molineros*), deren Einkommen mit 4200 US-$ weit über dem Durchschnitt lag, ergibt sich immer noch ein ungefähres Monatseinkommen von 425 US-$. Mit diesem Wert liegt das von den *Mineros* geschätzte Einkommen aus dem informellen Bergbau über dem venezolanischen Mindestlohn von 150 US-$ (BFAI 1995). Auch die extrem ungleiche Verteilung des venezolanischen Bruttosozialprodukts[77] lässt die Schlussfolgerung zu, dass der informelle Bergbau den *Mineros* Zugang zu monetären Ressourcen eröffnet, die ihnen im formellen Sektor verschlossen bleiben.

[76] Die Einkommensschätzung erfolgte in der Landeswährung *Bolivares*, die in Dollar umgerechnet und gerundet wurden. Der Umrechnungsfaktor beträgt 480, 25.

[77] Der Gini-Index beträgt 53,8; die Bevölkerungsgruppe der 10% Ärmsten verfügt über nur 1,4% des Bruttoinlandsprodukts, während sich der BIP-Anteil der 10% reichsten Menschen auf 42,7% beläuft (WELTBANK 1997).

Einschränkend muss aber darauf hingewiesen werden, dass die *Mineros* immer wieder auf Monate ohne Gewinne hinwiesen, so dass der informelle Bergbau auf keinen Fall als eine stabile ökonomische Basis bezeichnet werden kann. Oft konzentrieren sich hohe Gewinne auf extrem kurze Zeitspannen. Während der Felderhebungen lösten z.B. Goldfunde im nahe gelegenen Nuevo Callao einen lokal begrenzten Goldrausch (*Bulla*) aus. Rund eine Woche gruben 150 *Mineros* Tag und Nacht euphorisch nach Gold. Anfangs stießen einige tatsächlich auf überdurchschnittlich gute Tageserträge. Die Mehrzahl konnte die durch jahreszeitlich bedingten Niederschlagsmangel geringen Erträge an ihren "angestammten" Standorten aber nicht ausgleichen.

*Saisonale und episodische Einkommensspitzen*

Zur Unsicherheit und Unregelmäßigkeit von Goldfunden kommen die hohen Lebenshaltungskosten sowie die ungleiche Einkommensverteilung innerhalb des informellen Bergbaus. Die Lebenshaltungskosten liegen in Botanamo viermal so hoch wie im mittelstädtischen Tumeremo, was auf Transportkosten und Gewinnspannen der Händler zurückzuführen ist. Für einen Kasten Bier, der in Tumeremo 3000 Bolívares (Bs) kostet und dessen Transportkosten sich auf weitere 3000 Bs belaufen, muss ein *Minero* in Botanamo z.B. 12.000 Bs zahlen. In Abhängigkeit davon, ob ein Restaurant im Familienbetrieb geführt wird oder mit Angestellten arbeitet, ergibt sich ein Gewinn bis zu 6000 Bs. für den Besitzer. **Neben den oben erwähnten *Molineros* gehören also Händler und Restaurantbesitzer zu den privilegierten Einkommensgruppen** (siehe Fallbeispiele Nuevo Callao und Manarito).

*Lebenshaltungskosten im informellen Bergbau*

Trotz unterschiedlicher Einkommen sind aber nicht nur *Mineros*, sondern auch *Molineros* und Händler durch ihren illegalen Status einer extrem unsicheren Lebenssituation ausgesetzt. Der Staat hat zwar keine personellen und finanziellen Ressourcen, um ein Verbot des informellen Bergbaus durchzusetzen[78]. Trotzdem finden Kontrollinspektionen auch in absolut illegalen Bergbaustandorten wie Botanamo statt. Bei einer Kontrolle durch die *Guardia Nacional* konnte beobachtet werden, wie einem *Minero* mit acht Gramm Gold mehr als der Lohn einer Woche abgenommen wurde, damit der illegale Steinbohrer nicht beschlagnahmt wurde. Dieses Geld geht nicht an den Staat, sondern dient der individuellen Bereicherungen staatlicher Angestellter, die mit Nettolohnverlusten und partiellen Lohnaussetzungen ebenfalls unter der angespannten Wirtschaftslage Venezuelas leiden.

*Illegalität und unsicherer Rechtsstatus*

[78] Für die gesamte Fläche des Bundesstaates Bolívar stehen regionalen und lokalen Unterabteilungen des Bergbauministeriums (MEM) nur acht Ingenieure und acht Techniker für den Außendienst zur Verfügung. Auch die *Guardia Nacional* ist völlig unterbesetzt (siehe Kap. VI).

## 5.4 Zusammenfassung: Ursachen und sozialräumliche Konsequenzen illegaler Bergbauaktivitäten

*Sensibilität für ökonomische und räumliche Marginalität*

Bereits die Betrachtung einer *Minero*gesellschaft, die selbst unter den *Mineros* ein extrem schlechtes Image hat, zeigt, dass die Forderung von BRYANT (1992: 26) nach mehr **Sensibilität für die räumliche und ökonomische Marginalisierung von Armen und deren Umweltwirkungen** berechtigt ist.

*Temporäre Migration als Überlebensstrategie in der venezolanischen Wirtschafts- und Sozialkrise*

Prinzipiell muss die venezolanische Bevölkerung der Verschlechterung der nationalökonomischen Rahmenbedingungen Rechnung tragen. Eine Arbeitslosenrate von über 50% zwingt sie nicht nur, in ihrer gewohnten Umgebung als "Jäger und Sammler von Lohnbeschäftigung" (BREMAN 1994) aktiv zu werden. Die Suche nach Überlebensmöglichkeiten zwingt sie auch, ihren Aktionsradius sowohl sektoral als auch räumlich zu erweitern. So sind keineswegs sagenumwobene Mythen und übersteigerte Hoffnungen auf schnellen Reichtum die zentralen Motive, im Bundesstaat Bolívar auf Goldsuche zu gehen, sondern konkret erlebte ökonomische Zwänge. Die Waldgebiete des Bundesstaates Bolívar, die für die dort traditionell lebenden Indigenen Schutz, Rückzugs- und Bewahrungsmöglichkeit bedeuten, bieten marginalisierten Gruppen des sog. modernen Sektors ein Rohstoffpotenzial, das ihnen erlaubt, temporär einer Arbeit nachzugehen, um ihren (meist städtischen) Lebensbedarf zumindest partiell zu substituieren.

*Erhalt familiärer Sicherungssysteme als zweite Überlebensstrategie*

Mit der temporären Abwanderung in periphere Räume und rückgekoppelten Finanztransfers aus der Peripherie in urbane Zentren (siehe Kap. IV-9) ist der Erhalt der traditionellen Rolle der Familie als Anbieter von Schutz, Sicherheit und Einkommen als zweite Überlebensstrategie verbunden. CARTAYA ET AL. (1997: 49), die im Auftrag des *International Institute for Labour Studies* (IILS) in Venezuela eine Studie über Muster und Ursachen sozialer Marginalisierungsprozesse in Folge von Wirtschaftskrisen durchgeführt haben, haben berechnet, dass ein Erwerbstätiger nur bei weniger als vier Personen pro Haushalt zur Sicherung des Existenzminimums ausreicht. Bei einer durchschnittlichen Haushaltsgröße von sechs Personen müssen zwei Mitglieder arbeiten, um wenigstens die Nahrungsmittelversorgung zu gewährleisten Wenn bei einer durchschnittlichen Haushaltsgröße von 6,3 Personen, die aus den Befragungen unter den *Mineros* in Botanamo ermittelt wurde, mehr als die alltäglichen Ausgaben gedeckt werden soll, müssen wenigstens vier Personen in einem Arbeitsverhältnis stehen.

Das heißt, dass der Unterschied zwischen dem Verbleiben in Armut und der Chance, Armut hinter sich zu lassen, oft nur in zwei Personen besteht, die mehr arbeiten.

Aber bei der Höhe der Lebenshaltungskosten im informellen Bergbau, den Reisekosten vom Heimatort zum Bergbaustandort, aber auch durch den angesprochenen Alkohol- und Drogenkonsum kann das Familieneinkommen aus dem informellen Bergbau mit einer Person nicht nennenswert gesteigert werden. Dementsprechend ist es weit verbreitet, dass mehrere Familienmitglieder im informellen Bergbau arbeiten. Die deutliche Zunahme der Frauen im informellen Bergbau entspricht dabei dem landesweiten Anstieg der Frauenbeschäftigung (zwischen 1980 und 1995 von 27% auf 33%, WELTBANK 1997). Weitaus höher als der Landesdurchschnitt[79] liegt dagegen der Anteil der Kinder, die partiell nur von der Mutter erzogen werden bzw. bei Großeltern aufwachsen. Kinder und Jugendliche unterbrechen zudem oft ihre Ausbildung, um zum Familienunterhalt beizutragen. 5% der befragten Personen in Botanamo waren z.B. 18 Jahre und jünger. Und 10% der befragten Personen gaben an, eine Schulausbildung abgebrochen zu haben bzw. über keine Berufsausbildung zu verfügen.

*Überlebensstrategie: Kinder- und Jugendarbeit*

Wenngleich der informelle Bergbau letztlich als eine Armutsmigration bezeichnet werden muss, bei der ökonomischen Sachzwänge und arbeitsmarktpolitischen Effekten eine größere Bedeutung zukommt als regional-lokalen *Pull*-Faktoren, stellt sich natürlich die Frage, nach welchen Kriterien die lokalen Standorte des informellen Bergbaus - abgesehen von der Existenz von Gold - ausgewählt werden. Für Botanamo lässt sich nachweisen, dass nicht unsystematisches Suchen einzelner *Mineros* zur Entdeckung der Goldvorkommen geführt haben, sondern gezielte Expeditionen transnationaler Akteure. Innerhalb des Bergbauareals konzentriert sich der Goldabbau v.a. auf historische Abbaustätten während sich die Erschließung neuer Goldadern in Grenzen hält. Aus den nur punktuell devastierten Waldflächen lässt sich schließen, dass in Botanamo lange Zeit keine Bergbauaktivitäten in größerem Umfang stattgefunden haben. Erst die Explorationen durch Greenwich haben das Interesse der *Mineros* in den 1990er Jahren neu geweckt.

*Pull-Faktoren*

Auch die ökologischen Auswirkungen können nicht isoliert von historischen und internationalen Entwicklungen betrachtet werden. Nach ROBINSON (1968: 66), der sich auf Reiseberichte aus dem 19. Jahrhundert (z.B. von FOSTER 1869) beruft, gingen viele Waldlichtungen im Bundesstaat Bolívar bereits um 1860 auf die Gewinnung von Feuerholz für die Goldgewinnung zurück. Goldhaltiges Gestein wurde auf Scheiterhaufen geschichtet, um das Muttergestein bröckliger zu machen, um es dann manuell zu zerstoßen.

[79] Eine 1993 vom Familienministerium durchgeführte Studie ergab, dass in Venezuela nur 2/3 aller Kinder und Jugendlichen in Haushalten aufwachsen, in denen beide Elternteile präsent sind. 25% wachsen ohne Vater auf und 5% leben bei den Großeltern (zit. n. CARTAYA ET AL 1997: 26).

*(Trans)nationale Akteure und technologischer Fortschritt als auslösende und intensivierende Momente*

Für die Trennung des Goldes vom Muttergestein nutzten die Goldgräber die unterschiedliche Gravitation von Gesteins- und Goldstaub. Durch Schütteltechnik wurde der Goldstaub vom Gesteinsmehl getrennt. Insgesamt war bei dieser traditionellen Methode der Holzverbrauch extrem hoch, aber giftige Umweltemissionen waren - abgesehen von Kohlendioxyd - relativ gering. In- und ausländische Abenteurer und Unternehmer führten Mitte des 19. Jahrhunderts neue Technologien ein, die nicht nur den Goldabbau in größerem Stil ermöglichten, sondern auch mit dem Einsatz von Umweltgiften verbunden waren. Wer es sich leisten konnte, kaufte sich eine eiserne Steinmühle. Da sich der Transport in die peripheren Lagen extrem aufwendig gestaltete, wurde bei dieser Methode nur Muttergestein verwandt, dass deutlich sichtbare Goldmengen enthielt. In zahlreichen traditionellen Abbaustandorten verblieben dementsprechend Goldmengen, deren Abbau erst mit neueren Technologien rentabel wurde. Bereits Mitte des 19. Jahrhunderts wurde im Bundesstaat Bolívar Quecksilber für die Bindung von Goldpartikeln eingesetzt (ROBINSON 1968: 66). Andere Verfahren wie z.B. die Zyanidlaugung wurden erst im 20. Jahrhundert entwickelt und in die Region transferiert. Technologische Weiterentwicklungen bedingen so immer wieder neue Zugriffsmöglichkeiten auf Lagerstätten, die mit den früheren Abbaumethoden nicht mehr rentabel erschienen.

Die historischen und aktuellen Entwicklungen verdeutlichen, dass es sich beim informellen Bergbau nicht nur um eine armutsbedingte Waldzerstörung handelt. Standorte des informellen Bergbaus wie Botanamo sind als Aktionsradien historischer und (trans)nationaler Akteure auch das Produkt von Prozessen, die sowohl von der Vergangenheit bis in die Gegenwart als auch von der lokalen bis zur internationalen Ebene reichen. **Diese Aussage rückt v.a. die Betrachtung des informellen Bergbaus als eine von übersteigerten Visionen getriebene Wirtschaftstätigkeit, deren Träger auf der Suche nach Gold immer weiter in unerschlossene Waldareale vordringt, in den Bereich der Mythologie. Im Bundesstaat Bolívar orientieren sich viele *Mineros* an der defizitären Wirtschaftslage in ihrem Land und an aufgegebenen und aktuellen Standorten des industriellen Bergbaus.**

## 6. Fallbeispiel Nuevo Callao: Soziale Organisation, Überlebens- und Widerstandsstrategien

Angesichts der empirischen Ergebnisse in Botanamo stellt sich die Frage, ob die Akteure des informellen Bergbaus ihre sozioökonomischen und ökologischen Lebensbedingungen hinnehmen oder ob sie organisierte Widerstandsformen entwickelt haben. Zeigen Strategien zur Verbesserung der sozioökonomischen Situation auch ökologische Positiveffekte? Denn wenn staatlichen Organisationen offensichtlich keine ausreichenden Ressourcen zur Verfügung stehen, um die ökologischen Auswirkungen des informellen Bergbaus zu kontrollieren, stellt sich die Frage, welche Strategien Akteure des informellen Bergbaus zur Reduktion der Umweltwirkungen ihrer Überlebensökonomie entwickelt haben, denen sie in aller erster Linie selbst ausgesetzt sind (vgl. BRYANT 1992: 26). In dem folgenden Fallbeispiel soll deswegen der Frage nachgegangen werden, ob die lokalen Lebensbedingungen in Botanamo, das völlig ungeordnete Landnutzungsmuster sowie die extremen Umweltschädigungen auch auf das Fehlen einer von den *Mineros* anerkannten internen Ordnungsinstanz zurückzuführen sind.

### 6.1 Die kollektive Ebene: Zentrale Konflikt- und Handlungsfelder

*Besetzung im Mai 1995*

Acht Kilometer nordwestlich von Botanamo liegt Nuevo Callao ebenfalls in Konzessionen des transnationalen Unternehmens Greenwich (siehe Karte 9). Das 500 ha große Areal wurde während der *Minero*-Proteste im Mai 1995 von 200 bis 300 *Mineros* besetzt. Als politisches Sprachrohr gründeten sie am 6. Mai die *Asosciación Civil Agrominera Sifontes (*im Weiteren kurz *Asociación Sifontes* genannt), die publik machte, dass Greenwich ausgeführtes Gold nicht deklariert hatte, es informelle Absprachen zwischen Greenwich und der CVG gegeben hatte und dass *Mineros* im betriebseigenen Gefängnis gefoltert worden waren. Am 23.05.1995 schreibt der Präsident der *Asociación Sifontes* z.B. an das *Ministero de Relaciones Exteriores*:

*Begründung der Mineros*

> "Am 3. Mai 1995 fielen die vor Hunger verzweifelten *Mineros* in eine Zone ein, die sie als ihren Arbeitsplatz begreifen, an dem sie seit langer Zeit Gold abgebaut haben. Indigene kamen und beklagten sich, dass es ihnen verboten wurde, die Zone frei zu durchqueren [...]. Wenn ein Indigener oder eine andere Person die Zone passierte, wurde er durch das Unternehmen Greenwich, [...] eingesperrt und (nach Art der staatlichen Sicherheitsorgane) mit Fotos und einer Nummer erfasst. Zudem hatten sie Arrestzellen, wo sie die Leute auszogen, sie schlugen und mit einem elektrischen Zaun ihrer Freiheit beraubten. Nachdem sie von diesen Vorfällen erfuhren, traten die erbosten *Mineros* massiv ein, um eingesperrte *Mineros* zu befreien. Als das geschah, baten wir um die Hilfe der *Fiscalía del Ministerio Público*, der *Prefectura del Municipio Sifontes* und des Abgeordneten Carlos Chancellor, [...], dass sie die Tatsachen und Irregularitäten gewahr werden, die sich in dieser fragwürdigen Bergbaukonzession ereignen."

**Karte 9: Bergbauareal Nuevo Callao**

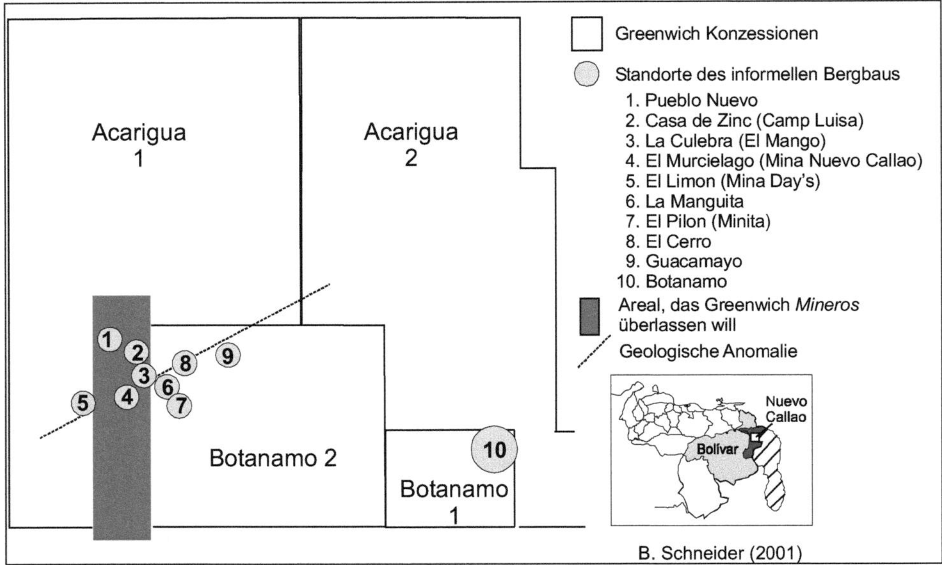


*Nuevo Callao - Symbol des Minero-Protestes*

Begünstigt durch juristische Unklarheiten der staatlichen Bergbaupolitik (siehe Kap. III-4) und den landesweiten Protesten gegen den Bergbau in *Reservas Forestales* verhindern die *Mineros* bis heute, dass Greenwich seine Konzessionsrechte erfolgreich einklagen kann. Dagegen ist die Anzahl der *Mineros* inzwischen nicht nur auf rund 2000 Einwohner angestiegen, **Nuevo Callao ist aufgrund seiner Größe und der erfolgreichen Besetzung auch zu einem Symbol für die Mineroproteste gegen transnationale Bergbaukonzerne geworden. Der Präsident der *Asociación Sifontes*, William Padilla, avancierte zu einem der bekanntesten Führer des informellen Bergbaus**.

*Verhandlungsbereitschaft von Greenwich und der Asociación Sifontes*

Nach zwei Verlustjahren, in denen Greenwich auf der einen Seite der Zugriff auf Nuevo Callao versperrt war, auf der anderen Seite aber u.a. laufende Kosten und Steuern für die Konzessionsrechte an das MEM abgeführt werden mussten, versucht die Geschäftsführung seit 1997 eine Einigung mit den *Mineros* von Nuevo Callao zu finden. **Im Gegensatz zu Botanamo gibt es mit der *Asociación Sifontes* nicht nur eine von den *Mineros* anerkannte Organisation, sondern auch eine Organisation, die nicht grundsätzlich gegen transnationale Bergbaukonzerne ist.** In dem oben zitierten Brief des Präsidenten an das *Ministro de Relaciones Exteriores* heißt es z.B.:

> "....möchten wir feststellen [...], dass wir einverstanden sind, dass internationale Bergbauunternehmen ins Land kommen und Arbeit generieren, neue Techniken in der Praxis einsetzen und so zur Entwicklung des venezolanischen Bergbaus beitragen, wenn sie den Rechtsstaat und die Integrität der Staatsanwaltschaft respektieren." (William Padilla, 23.05.1995)

*Ressourcen ohne Zugang:*

Im konkreten Fall von Nuevo Callao ist die *Asociación Sifontes* insbesondere wegen der Existenz goldhaltiger Abraumsande an einer Einigung mit Greenwich interessiert. **Das im Abraum enthaltene Gold können die *Mineros* mit der ihnen zur Verfügung stehenden Technik nicht nutzen, aufgrund ihrer Illegalität aber auch nicht legal verkaufen.** Proben des in El Callao niedergelassenen Goldscheideunternehmens Remiven haben einen hohen Restgoldgehalt von 20 - 30g Gold/Tonne Abraum ergeben (Akteneinsicht in Remiven). Bei 100 Tonnen Abraum, die sich in Nuevo Callao angesammelt haben, einem durchschnittlichen Goldgehalt von 25 g/Tonne und einem Goldpreis von 331 US-Dollar für die Unze Gold (1997) ergibt sich ein Bruttowert von 26.606 US-Dollar, der den *Mineros* nicht zugänglich ist. In der Region ist es zwar üblich, dass transnationale Unternehmen und Banken Gold von illegalen *Mineros* aufkaufen. Aber der illegale Status von Nuevo Callao behindert die Verhandlungen mit Remiven, weil für den Transport der Abraumsande ein Weg angelegt werden müsste. Auf eine 80%ige Investitionsbeteiligung durch Remiven, die zwischen der *Asociación Sifontes* und Remiven diskutiert wird, lässt sich das Goldscheideunternehmen nur ein, wenn garantiert wäre, dass sie die Abraumsande tatsächlich abbauen dürfte, was durch den Rechtsstreit mit Greenwich von den *Mineros* nicht garantiert werden kann.

*1. Nicht nutzbare Abraumsande*

Zur juristischen Legalisierung ihrer Aktivitäten hat die *Asociación Sifontes* im Oktober 1996 Nutzungsrechte für eine 510 ha große Fläche bei der CVG und dem MEM beantragt. Da ein positiver Bescheid aber aufgrund der konkurrierenden Konzessionsansprüche von Greenwich auf längere Zeit nicht zu erwarten ist, verhandelt die *Asociación* gleichzeitig mit Greenwich über die Fläche im Grenzbereich zwischen der Konzession Acarigua I und Botanamo 2. Das von Greenwich als "*Area probable para Pequeña Minería*" (GREENWICH o. J.) in Aussicht gestellte Rechteck (siehe Karte 9) erstreckt sich 1000 Meter in westöstlicher und 5000 Meter in nordsüdlicher Richtung. Die unter finanziellem und zeitlichem Druck stehende *Asociación Sifontes* war kurz davor, sich auf dieses Areal zu einigen, bis GPS-Nachmessungen zeigten, dass das Greenwich-Rechteck nicht nur fünf Abbaustandorte des informellen Bergbaus in Nuevo Callao ausklammert, sondern auch die in 70 bis $85^0$ Nord streichenden Goldadern von Nuevo Callao nur auf einem 1000m schmalen Teilstück schneidet. Mit Hilfe externer Experten entwarf die *Asociación Sifontes* eine neue Diskussionsgrundlage, in der sie ein Quadrat von 2236 x 2236 Metern für sich fordern, das bei gleichem Flächenanspruch nur die Aufgabe eines Abbaustandortes erforderlich macht und gleichzeitig den Anteil an den geologisch interessanten Bruchstrukturen erhöht. Diskussionen mit Greenwich und staatlichen Institutionen zogen sich auch ein Jahr nach Beendigung der Feldaufnahmen noch ergebnislos hin.

*2. Goldadern außerhalb der Abbaufläche*

*Handlungsstrategien der Asociación Sifontes*

Zur Forcierung der Verhandlungen ist die *Asociación Sifontes* auf drei Ebenen um eine Verbesserung ihres Images bemüht: Selbstorganisation und Einbindung in allgemein anerkannte Organisationsstrukturen dienen der inneren Konsolidierung des informellen Bergbaus sowie der Repräsentation und Durchsetzung der Interessen der *Mineros* gegenüber anderen Akteuren. Zweitens ist die *Asociación Sifontes* um eine Bündelung der finanziellen, wirtschaftlichen und politischen Potenziale des informellen Bergbaus bemüht. Und zur Verbesserung der Lebensbedingungen der *Mineros* vor Ort engagiert sie sich auf der lokalen Ebene in verschiedenen Sozial- und Umweltprojekten.

### 6.1.1 Einbindung in formale Organisationsstrukturen

*Bildung von Interessensgruppen*

Die Transformation des informellen Bergbaus von einer sozialen Gruppe, deren Mitglieder sich aufgrund ähnlicher Lebensbedingungen miteinander identifizieren, sich aber nicht durch gemeinsame Entscheidungsstrukturen, Aktionsprogramme und kollektive Handlungen auszeichnen - und so nach DAHRENDORF (1957) nur eine "Quasi-Gruppe" bilden - zu Interessengruppen, die durch kollektive Entscheidungs- und Führungsstrukturen zu gemeinsamen Aktionen befähigt sind (vgl. auch SCOTT 1995), geht auf Eigeninitiativen der *Mineros* zurück, unterliegt aber auch externen Einflüssen. Neben Initial- und Aktivierungseffekten durch die Niederlassung (trans)nationaler Bergbauunternehmen wirkt sich v.a. die staatliche Gesetzgebung auf die Organisationsformen des informellen Bergbaus aus. Abgesehen davon, dass erst die Demokratisierungstendenzen in Venezuela die politischen Bedingungen für die Bildung von legalen Oppositionsgruppen geschaffen haben, determiniert der Staat die Organisationsstruktur der *Mineros*, indem er - seit Anfang der 1980er Jahre um effektivere Kontrolle der Mineralienallokation bemüht - Nutzungsrechte nur an *Mineros* vergibt, die sich in vorgegebene staatlich-formale Organisationsformen einfügen. Während individuelle Konzessionsrechte *Mineros* wegen fehlender Finanzressourcen versperrt sind, können sie als staatlich registrierte *Cooperativa* oder *Asociación civil* einen Antrag auf einen *Contrato minero*[80] stellen.

*Asociaciones und Cooperativas*

**Asociaciones civiles** und **Cooperativas** sind Produktionsgemeinschaften, die den deutschen Vorstellungen genossenschaftlicher Zusammenschlüsse eigenständiger Unternehmer entsprechen[81].

---

[80] Ein *Contrato minero* bedeutet eine einjährige Nutzungserlaubnis für eine 500 ha große Fläche, die von der CVG erteilt wird. Ein *Contrato* ist kurzfristig, hat aber den Vorteil, dass für den Nutzer nur geringe Kosten anfallen. Zuvor notwendige Studien z.B. über die Umweltauswirkungen werden vom Staat durchgeführt. Eine Konzession (*Concesión)* umfasst dagegen in der Regel 5000 ha und eine Nutzungsdauer von 20 und mehr Jahren, verlangt aber eine vorhergehende Umweltverträglichkeitsstudie (vgl. Kap. III-4).

[81] Da die Übersetzungen *Cooperativa* = Genossenschaft und *Asociación civil* = (Berufs-)verband irreführend sind, werden die regionalspezifischen Bezeichnungen beibehalten. Wird die deutsche Bezeichnung 'Kooperative' benutzt, sind beide Organisationsformen gemeint.

*Cooperativas* zeichnen sich durch einen höheren Formalisierungsgrad, die Eintragungspflicht in das nationale Register der *Superintendancia Nacional de Cooperativas* und ihre Einbinung in das internationale Handelsrecht aus *Asociaciones* werden dagegen nur in regionalen Vereinsregistern verzeichnet. **Im Bundesstaates Bolívar stehen den rund 85 *Asociaciones* im Gold- und Diamantenbergbau nur 14 *Cooperativas* gegenüber. Das heißt: deutlich mehr *Minero*gruppen entscheiden sich trotz der Vorteile, die eine *Cooperativa* mit sich bringt (größere Rechtssicherheit, staatliche Hilfen und kostengünstigeres Genehmigungsverfahren) für die Rechtsform einer *Asociación*.**

*Bevorzugung der Rechtsform der Asociación*

Diese Präferenz wird in der *Superintendencia Nacional de Cooperativas* als "das Resultat mangelhafter institutioneller Konsolidierung der *Cooperativas* und als Weg der *Mineros*, Steuern und Kontrollen zu umgehen" angesehen (Interview mit Matuto ALONZO, Interview August 1997). Zudem werden *Mineros* dort wegen fehlender Kontrollmöglichkeiten und ihrer unsteten Lebensweise generell als ungeeignet für das Genossenschaftswesen betrachtet. Umgekehrt wird von den *Mineros* argumentiert, dass die juristische Figur einer *Cooperativa* ihre Interessen nicht adäquat widerspiegelt, da z.B. Artikel 6 des *Ley General de Asociaciones y Cooperativas* festlegt, dass *Cooperativas* gemeinnützige Einrichtungen sind und keine individuellen Gewinninteressen verfolgen dürfen. Die Abneigung der *Mineros* gegen *Cooperativas* hängt aber auch mit dem Zeitfaktor und mangelnder Unterstützung durch den Staat zusammen. Laut Aussagen von Mitarbeitern in der *Superintendencia Nacional* dauert der Prozess zur Anerkennung als *Cooperativa* mindestens drei Monate. Nach Aussagen von *Mineros* beansprucht das Verfahren sogar sechs Monate, während das Genehmigungsverfahren für eine *Asociacion* i.d.R. in einer Woche erledigt ist. Weiter werfen *Mineros* dem Staat vor, dass er *Cooperativas* zwar kontrolliert, dass ihnen aber nicht gezeigt wird, wie *Cooperativas* funktionieren (Sergio ASTUDILLO, *Instituto de Prevision Social de Minero - Impreminero*, Interview Mai 1997). Das Argument, dass *Mineros* durch die Bildung von *Asociaciones* Steuern und staatliche Kontrollen umgingen, weisen sie als Diffamierung zurück. Denn weder *Asociaciones* noch *Cooperativas* zahlen direkte Steuern, während beide Organisationsformen beim Verkauf des Goldes indirekte Steuern abführen. Nur erfolgt im Fall der *Asociaciones* keine zentrale Kontrolle durch die Industrie- und Handelskammer. Diese Kontrolle ist allerdings rein theoretischer Art, was selbst in der *Superintendencia Nacional de Cooperativas* zugegeben wird. Die in Caracas angesiedelte Kammer kann über Mitgliedsbeiträge lediglich feststellen, ob eine *Cooperativa* noch funktioniert oder nicht. Über jährliche Geschäftsberichte der *Asociaciones* an die CVG findet diese Art der Kontrolle aber auch für diese Organisationsform statt.

*Akteursspezifische Begründungen*

*Organisatorische und finanzielle Konsequenzen*

Von organisierten *Mineros* wurde einheitlich angegeben, dass das Genehmigungsverfahren für *Asociaciones* wegen anfallender Kosten für Rechtsanwälte und notarielle Beglaubigungen erheblich teurer sei als die staatliche Registrierung als *Cooperativa*. **Ihr - ohne formale Organisation - illegaler Status, zwingt die *Mineros* also, das teurere - aber schnellere - Verfahren vorzuziehen, um überhaupt legale Nutzungsflächen beantragen zu können.**

*Dualität von formalisierter Führungsstruktur und charismatischer Führerschaft*

Wegen des Zeitdrucks, der aus dem Nutzungskonflikt mit Greenwich resultiert, haben sich auch die *Mineros* von Nuevo Callao als *Asociación* im Handelsregister in Puerto Ordaz (*Registro de Comercio*, Bd. 70, Nr.97, 18.05.1995) registrieren lassen. Alle drei Jahre finden Wahlen statt, die nach dem einfachen Mehrheitsprinzip erfolgen. Präsident der *Asociación* ist William Padilla, der seit 1981 in Tumeremo lebt. Bis dahin hatte Padilla ein Bekleidungsgeschäft in Caracas betrieben, das er wegen sinkender Einnahmen nach Tumeremo umsiedelte. Dieses Geschäft gab er jedoch relativ schnell auf, um als *Minero* zu arbeiten. Ungerechte und willkürliche Behandlungen der *Mineros* durch die *Guardia Nacional* und andere staatliche Institutionen, denen er die *Mineros* tagtäglich ausgesetzt sah, trieben ihn dazu, politisch aktiv zu werden (Interview mit PADILLA, Februar 1997). **Heute gehört Padilla zu den wichtigsten politischen Führern des informellen Bergbaus, wobei seine Führungsfunktion weder auf einen besonders politischen Lebenslauf, schulisch-administrativen Wissensvorsprung gegenüber anderen *Mineros* noch auf besondere Radikalität zurückgeht.** Im Gegensatz zu der von COSER (1956: 113) vertretenen These, dass politische Führer sich durch besondere Radikalität von ihren Gefolgsleuten unterscheiden, ist Padilla in seinen Ansichten relativ gemäßigt. Seine Führungsrolle hängt vielmehr mit seiner charismatischen Persönlichkeit zusammen. Wie SCOTT (1990: 20) richtiger Weise schreibt ist 'Charisma' keine Eigenschaft, über die jemand verfügt, sondern sagt eher etwas darüber aus, wie jemand von anderen betrachtet bzw. bewundert wird. Während wiederholter Aufenthalte in Nuevo Callao wurden Padilla selbst von *Mineros*, die mit seinen Positionen und Aktionen nicht einverstanden waren, Führungsqualitäten bescheinigt. Von den *Mineros* "bewundert" werden Padillas Eigenschaften als *Minero* (Fleiß, Körperkraft, Ausdauer) sowie seine Eigenschaften als politischer Führer und Repräsentant des informellen Bergbaus (Identifikation als "einer von ihnen", uneigennütziges Engagement, Durchsetzungskraft in Verhandlungen). Die persönliche Integrität, die Padilla auch von politischen Gegnern zugesprochen wird, fällt besonders auf, weil Korruptionsvorwürfe als Mittel zur Diffamierung des politischen Gegners in den Konflikten um den Bergbau in Venezuela weit verbreitet sind.

Mit der hohen Gruppenidentifikation unter *Mineros* als marginalisierte Sozialgruppe, die an den Standorten des informellen Bergbaus unter extremen Lebensbedingungen zusammengepfercht arbeiten und wohnen, der Etablierung einer formalen Organisationsstruktur und einer allgemein akzeptierten Führerschaft sind in der *Asociación Sifontes* zentrale Bedingungen für eine Interessengruppe erfüllt, die sich organisiert für die Interessen der *Mineros* engagieren kann (vgl. u.a. COSER 1956, SCOTT 1995). Dabei handelt es sich bei der *Asociación Sifontes* nicht um eine Einzelerscheinung. Die 99 Kooperativen des informellen Bergbaus im Bundesstaat Bolívar repräsentieren schätzungsweise zwar nur ein Zehntel aller *Mineros*, sind aber sowohl das Resultat als auch der Nährboden der viel weiter gespannten sozialen Bewegung der *Mineros*.

*Repräsentativiät der Asociación Sifontes*

### 6.1.2 Bündelung politischer und ökonomischer Potenziale

Die organisierten Interessensgruppen stehen sowohl in einem gegenseitigen Wechsel- als auch in einem permanenten Spannungsverhältnis mit der sozialen Bewegung der *Mineros*. Während in der Korporatismusdebatte (vgl. CZADA 1995) Einflusspotenziale von Interessensgruppen auf Regierungsentscheidungen und politische Veränderungen betont werden, weisen Poststrukturalisten wie der Soziologe TOURAINE die einseitige Konzentration auf organisierte Gruppen zurück.

> "The true authors of social change [...] are the collectivities and not the individuals or groups that merely carry forward the values of collectivities. The crucial collectivities in a society are its social classes, whose positions are defined by the structure of a particular mode of production and that must be seen as participants in a wider 'social movement' that expresses the logic of a particular class as a historical subject. A social movement, as an all-embracing collectivity, embodies the collective agency of a historical subject." (TOURAINE, zit. n. SCOTT 1995: 133)

*Agenten des sozialen Wandels: Organisierte Interessensgruppen und soziale Bewegungen*

Aber auch wenn soziale Klassen und Bewegungen als eigentliche Agenten des sozialen Wandels betrachtet werden, gelten organisierte Gruppen als das Herz bzw. Motor sozialer Bewegungen (ebd.133). Denn parallel zur ihrer Rolle als Mediatoren zwischen staatlichen Organisationen und ihren Mitgliedern, übernehmen Interessensgruppen die politische Repräsentation nach außen, üben Einfluss auf die Meinungsbildung innerhalb der sozialen Bewegung aus und treiben den sozialen Wandel voran. Auch die Kooperativen des informellen Bergbaus tragen in Demonstrationen, Stellungnahmen in Zeitungen und Rundfunksendern sowie in Schreiben an staatliche Stellen ihre Interessen massiv nach außen und üben durch die Bildung von Dachverbänden politischen Einfluss aus. Der Präsident der *Asociación Sifontes* ist z.B. gleichzeitig Vorstand des Dachverbandes der *Federación de Asociaciones y Cooperativas de Agrominera,* zu der sich die Mehrzahl der organisierten *Minero*gruppen im Südosten des Bundesstaates Bolívar zusammen geschlossen haben.

*Bildung von Dachverbänden*

> "Wir Kooperativen müssen einen Block oder eine Front bilden, die all die Politiker entlarvt, die hinter den Pseudonymen der transnationalen Bergbaukonzerne stehen. Der Staat muss eine ordnende Position in den Arealen einnehmen, die von der *Pequeña Minería* interveniert sind. Denn mit jedem Tag mehr mit den sozialen Problemen, die der Staat kreiert, während er diskutiert und keine Bergbaupolitik festsetzt, haben wir im Bundesstaat Bolívar mehr *Mineros*." (PADILLA, 16.06.1997)

*Rückgriff auf zentralstaatliche und ordnungspolitische Diskurse*

Der Auszug aus einer Rede, die William Padilla in seiner Funktion als Präsident vor der Dachverband der *Asociaciones y Cooperativas de Agrominera* gehalten hat, demonstriert einerseits Bemühungen um politische Einflussnahme durch Blockbildung. Andererseits zeigt die Ordnungsfunktion, die dem Staat zugesprochen wird, die reflexive Einbindung in die ordnungspolitischen Diskurse des venezolanischen Staates (vgl. Kapitel III). Ebenfalls in Anlehnung an nationale Debatten werden die ökologischen Auswirkungen des informellen Bergbaus in öffentlichen Stellungsnahmen des informellen Bergbaus häufig auf ausländische *Mineros* projiziert, obwohl in- und ausländische *Mineros* auf lokaler Ebene oft zusammenarbeiten (siehe Kap. IV-6.2). **Bemühungen, dem informellen Bergbau ein anderes Image zu geben und sich in gesellschaftlich anerkannten Diskursen positiv zu verorten, führen so zur normativen Negierung der eigenen Lebensrealitäten.**

*Symbolische und politische Solidaritätsbündnisse mit indigenen Gruppen*

Die Bündelung politischer Potenziale durch die Bildung von Interessensgruppen und Dachverbänden schließt auch indigene Gruppen ein. In dem bereits zitierten Brief, den William Padilla an das Ministerium für Außenbeziehungen geschrieben hat, deutet die mehrmalige Betonung, dass die Ausgrenzungspolitik der Greenwich-Niederlassung indigene Interessen beschneide, in der Region gängige Solidaritätsbündnisse zwischen indigenen Gruppen und *Mineros* an. **Entgegen der verbreiteten Vorstellung einer klaren Trennlinie zwischen *Mineros* und Indigenen arbeiten indigene und *criollische Mineros* nicht nur partiell aufgrund der räumlichen Nähe und alltäglicher Kontakte zusammen. In ihrem Widerstand gegen den industriellen Bergbau solidarisieren sie sich auch - auf der nationalen und internationalen Ebene meist ausgeblendet - in gemeinsamen Bündnissen und Aktionen. Selbst mit einem Negativimage belegt, machen sich die *Mineros* dabei die auf internationaler Ebene hoch im Kurs stehende Debatte um den Schutz indigener Völker zunutze.** Dem Eindruck nach greifen die *Mineros* dabei weder bewusst auf das positiv besetzte Image indigener Gruppen zurück noch scheint es sich um gezielte Rhetoriken zu handeln. Solidaritätsbündnisse und indigenen freundlichen Formulierungen generieren sich eher aus (inter)nationalen Diskursen und der alltäglichen Erfahrungswelt. Denn mit politisch gut organisierten *Pemones* sowie *Kariña*-Führern bestehen neben politischen Gemeinsamkeiten im Widerstand gegen (trans)nationale Bergbaukonzerne z.T. auch freundschaftlichen Beziehungen.

Neben der Ausweitung des politischen Einflusses, der sich in einer breiten Mobilisierung der *Mineros* sowie in ihrer zunehmenden Bedeutung als eine wichtige politische Gruppierung im Bundesstaat Bolívar ausdrückt, verlangt und ermöglicht die Organisation in Interessensgruppen auch eine partielle Kollektivierung des wirtschaftlichen Outputs des Edelsteinabbaus. Im Gegensatz zu dem in den meisten *Mineros*kooperativen gängigen Finanzierungsmodus von monatlichen Mitgliedsbeiträgen, finanziert sich die *Asociación Sifontes* durch einmalige Beitrittsgebühren der rund 200 Gesellschafter (*Socios*) sowie durch eine 5%ige Beteiligung an den Goldfunden in Nuevo Callao. Bei einer durchschnittlichen Monatsproduktion von 30 Kilo Gold belief sich ihre Gewinnbeteiligung 1996 auf 143.252 US-$. Bei Eintritt in die *Asociación* muss von den Gesellschaftern ein einmaliger Betrag von 40.000 Bs (83 US-$) geleistet werden. *Mineros*, die die Aufnahmebedingungen (s.u.) nicht erfüllen bzw. nicht Gesellschafter werden möchten, müssen einen Beitrag von 1000 Bs. (2 US-$) bezahlen, um als Mitglied (*Afiliado)* registriert zu werden. Nur wer als *Socio* oder *Afiliado* eingetragen ist, bekommt eine Identifikationskarte und darf in Nuevo Callao arbeiten. Kontrollen finden bei der Einreise, an den Schürfstellen sowie an der Zentralstelle für die Golddeamalgierung (s.u.) statt. Mit den Einnahmen werden Personal- und Verwaltungskosten gedeckt, Umwelt- und Sozialprojekte, sowie steuerliche Abgaben und notarielle Kosten finanziert.

*Partielle Kollektivierung des wirtschaftlichen Outputs*

**Wie alle Kooperativen des informellen Bergbaus ist auch die *Asociacion Sifontes* mit einem chronischen Finanzmangel konfrontiert.** Die Personalkosten für die 15 Mitarbeiter machen jährlich ungefähr 34.000 US-$ aus. Über die Hälfte der Einnahmen gibt die *Asociación Sifontes* nach eigenen Aussagen für externe Experten aus, die für Genehmigungsanträge, Widersprüche gegen staatliche Entscheidungen und für die Erfüllung staatlicher Auflagen benötigt werden. Für den notariellen Antrag auf Nutzung der Goldvorkommen in Nuevo Callao musste sie z.B. 23.000 US-Dollar bezahlen. Diese hohe Summe begründete die *Asociación* damit, dass Anwälte und Notare den Zeit- und Legalisierungsdruck, dem die *Mineros* ausgesetzt sind, ausnutzten. Ein weiterer großer Ausgabenposten betrifft Reise-, Unterkunfts- und Verpflegungskosten. Vor Ort konnte mehrmals beobachtet werden, dass die *Asociación* nicht an Verhandlungen in Ciudad Guayana, Ciudad Bolívar oder Caracas teilnehmen konnte, weil Reise- und Unterkunftskosten nicht gedeckt werden konnten. Auf der andern Seite muss die *Asociación* für An- und Abreise, Unterkunft und Verpflegung externer Experten und staatlicher Mitarbeiter aufkommen, die Inspektionen in Nuevo Callao durchführen. Für die Bestimmung des Restgoldgehaltes der Abraumhalden musste die *Asociación* z.B. für die eintägige An- und Abreise mit dem Helikopter sowie die Verpflegung von fünf Remiven-Mitarbeitern 400 US-Dollar aufbringen.

*Restriktionen der politischen und wirtschaftlichen Organisation*

*1. Defizitäre Finanz- und Infrastruktur*

**Die chronisch defizitäre Finanzlage schränkt den Aktionsradius der *Asociación* massiv ein.** Weder im Büro der *Asociación Sifontes* in Tumeremo noch in den Privathaushalten gibt es ein Telefon, einen Computer oder ein Faxgerät[82]. Ebenso wenig verfügt die *Asociación* über ein Fahrzeug. Teilweise helfen Einzelpersonen (wie z.B. ein Goldhändler, dessen Faxgerät und Telefon die *Asociación* benutzen darf), zum Teil müssen die *Mineros* fehlende Kommunikationsmöglichkeiten hinnehmen. Da die Gehälter der hauptamtlichen Mitarbeiter mit rund 150 US-Dollar die Lebenshaltungskosten nicht decken, sind sie weiterhin gezwungen, sich hin und wieder als *Minero* zu betätigen. In Nuevo Callao tätige *Mineros* gewähren William Padilla und anderen Mitarbeitern der Kooperative Zugang zu ihren Stollen, so dass sie sich gewinnlose Explorationstätigkeiten sparen. Diese Zeit in Nuevo Callao kommt den Verbindungen "zur Basis" zugute, geht ihnen aber für ihre Repräsentations- und Verwaltungsaufgaben verloren.

*2. Heterogene Interessen in Nuevo Callao*

Trotz eines hohen Solidarisierungsgrades bilden die *Mineros* von Nuevo Callao keine konfliktfreie Konsensgruppe. Differenzierungen nach der Nationalität, dem sozioökonomischen Status usw. sowie Partikularinteressen haben unterschiedliche Forderungen an die politische Führung zur Folge. Beispielsweise handelt es sich bei den Gesellschaftern der vorwiegend um finanzkräftige Händler, Restaurantbesitzer, *Molineros* oder *Maquineros* (Besitzer von Bohrmaschinen), die eine hohe Bindung an einen Standort aufweisen und deutlich mehr an einer langfristigen institutionellen Sicherung durch eine *Asociación* interessiert sind als *Mineros* ohne maschinelle Ausrüstung (siehe Kap. 6.2.1).

*3. Nicht-Praktikabilität staatlicher Auflagen vor Ort*

Ob ein *Minero* Gesellschafter wird, hängt nicht nur von der ökonomischen Kapazität oder individuellen Einstellungen ab. Nach dem Gesetz darf nur Gesellschafter werden, wer volljährig und Venezolaner ist, sich mehr als sechs Monate in der Region aufhält und eine tadellose Lebensführung nachweisen kann. Während letzterem in der Praxis keine große Bedeutung zukommt, stellt die venezolanische Nationalität als Aufnahmebedingung ein großes Problem im informellen Bergbau dar. Ausländische *Mineros* dürfen sich nach dieser Klausel nicht als Gesellschafter eintragen und damit weder Maschinen besitzen noch ein Restaurant bzw. Geschäft eröffnen. Die Umgehung des Gesetzes durch Umschreibung der Gesteinsmühle bzw. des Restaurants auf z.B. die venezolanische Ehefrau wird von den *Asociaciones* im allgemeinen akzeptiert.

[82] Eine Verbindung nach Nuevo Callao, wo permanent vier Angestellte der *Asociación* Sicherheits- und Kontrollaufgaben nachgehen, besteht durch ein Funksprechgerät.

Denn trotz einer ambivalenten Haltung zu kolumbianischen oder brasilianischen *Garimperos*[83] können sie ausländische *Mineros* ausgrenzen. Andere Gesetze des Staates, deren Einhaltung die *Asociaciones* nicht garantieren können, betreffen technische Auflagen, die sie wegen fehlender Technologien nicht umsetzen können (siehe Kap. III-4).

*4. Heterogenität der sozialen Bewegung der Mineros*

Die Haltung zur staatlichen Bergbaupolitik und zu industriellen Bergbaukonzernen ist die wichtigste Variable, nach der sich verschiedene *Minero*gruppierungen unterscheiden. Die Spannbreite divergierender Haltungen schlägt sich in Handlungsstrategien nieder, die von der Bereitschaft zu gewalttätigen Eskalationen (beispielsweise wurde von einigen *Mineros* ein Anschlag auf das MEM diskutiert) über Straßensperren und Demonstrationen bis hin zu Verhandlungsbeteiligungen und die aktive Einbindung in politische Parteien (siehe Fallbeispiel Manarito) reichen. *Mineros*, die wie im Fall von Nuevo Callao eine Chance sehen, dass sie legalen Zugang zu goldhaltigen Arealen gewährt bekommen, sind i.d.R. verhandlungsbereiter als *Mineros*, die keiner Kooperative angehören oder deren Antrag auf einen *Contrato minero* abgelehnt wurde. Die Grenzen zwischen gemäßigten und radikalen Einstellungen, lokal-spezifischen Interessen und Forderungen nach strukturellen Veränderungen sind z.T. auch auf individueller Ebene nicht festlegbar. Willliam Padilla befindet sich z.B. aufgrund seiner doppelten Präsidentschaft in der *Asociación Sifontes* und einem Dachverband des informellen Bergbaus in einem Zwiespalt zwischen den lokalen Interessen von Nuevo Callao und seinen Verpflichtungen gegenüber den politischen Zielen der *Minero*bewegung. Die *Asociación Sifontes* ist immer wieder dem Verdacht ausgesetzt, gegen die allgemeinen Interessen der *Mineros* speziell die Interessen von Nuevo Callao zu vertreten, wobei der Staat Nuevo Callao bewusst Nutzungsrechte in Aussicht stelle, um Teile der *Minero*bewegung zu entpolitisieren und zu befrieden.

Die binnenorganisatorischen und externen Restriktionen, denen organisierte *Minero*gruppen ausgesetzt sind, zwingen sie zu Gratwanderungen zwischen interner Konsolidierung und externen Einflüssen, finanziell beschränkten Handlungsmöglichkeiten und staatlichen Auflagen, lokalen Wirtschaftsinteressen und sozialräumlich-politischen Zielen. **Trotz gegebener Handlungspotenziale führt die Vielschichtigkeit dieses Balanceaktes deutlich vor Augen, dass er strukturell aus den *Minero*gesellschaften heraus kaum lösbar ist.**

[83] *Garimpero* ist das brasilianische Synonym für *Minero,* das - in Brasilien nicht unbedingt mit negativen Konnotationen verbunden - in Venezuela als Schimpfwort benutzt wird. Die Funktion der Sprache als Vehikel für symbolische Konstruktionen (SCOTT 1995: 101) zeigt sich daran, dass mit der bloßen Bezeichnung *Garimpero* ohne den Anhang weiterer Adjektive negative Eigenschaften, die mit dem informellen Bergbau verbunden sind, auf *Mineros* aus der Dominikanischen Republik, Kolumbien, Brasilien und Guyana projiziert werden können.

### 6.1.3 Veränderungen sozialräumlicher Praktiken auf der lokalen Ebene

Auf der lokalen Ebene schlägt sich die Existenz einer von den *Mineros* weitgehend anerkannten Organisation dagegen deutlich in den sozialräumlichen Strukturen nieder. Die Kontroll- und Ordnungsmaßnahmen der *Asociación Sifontes* prägen Siedlungsbild und Landnutzungsmuster und greifen in das gesellschaftliche Leben der *Mineros* ein. Aber auch hier zeigen sich die Grenzen ihrer Möglichkeiten.

*Nuevo Pueblo: Geplante und zentral organisierte Landnahme*

Die zentrale Siedlung, Nuevo Pueblo, ist nicht bei der Besetzung des Areals durch die *Mineros* "aus dem Boden gestampft" worden, sondern geht auf eine 1996 von der *Asociación Sifontes* koordinierte Umsiedlung zurück. Mit nur 400 Meter Abstand lag das alte Dorf (*Pueblo Viejo*) zu nahe am Fluss Botanamo, so dass Auswaschungen quecksilberverseuchter Abraumhalden in den Fluss eingingen. Zur Reduzierung des fluviatilen Quecksilbereintrags siedelte die Bevölkerung auf Initiative der *Asociación* an den heutigen Standort um. Nachfragen, wie den *Mineros* das ökologische Gefahrenpotenzial des alten Standortes bewusst geworden sei und warum ihnen die Umsiedlung den damit verbundenen Aufwand wert war, wurden mit dem Bewusstsein für die giftigen Wirkungen des Quecksilbers und mit dem Bestreben, gesetzliche Auflagen zur Legalisierung ihrer Aktivitäten einzuhalten, beantwortet.

*Minerodörfer: Zentrales Moment der Gruppenidentifikation*

Die dreimonatige Gemeinschaftsarbeit der Dorferrichtung ist ein zentrales Moment der Gruppenidentifikation der *Mineros* von Nuevo Callao und fungiert als wichtiges Argument für ihr Bleiberecht. Wiederholt wiesen die *Mineros* darauf hin, dass Nuevo Pueblo das Produkt ihrer Körperkraft sei und dass sie als Venezolaner selbst in der Lage seien, die Urwaldgebiete nutzbar zu machen. Auf der individuellen Ebene konnten *Mineros*, die bei der Errichtung des Dorfes besonders viel Zeit und Körperkraft eingesetzt hatten, einen Statusgewinn verzeichnen. Häufig wurde der Arbeitseinsatz von William Padilla und anderen Vorstandsmitgliedern der *Asociación Sifontes* erwähnt. Auf der gesellschaftlich-politischen Ebene verfestigte sich Nuevo Pueblo zu einem Symbol für die kulturelle Leistungsfähigkeit (*fuerza cultural*) der *Mineros*. Auch an anderen Standorten des informellen Bergbaus präsentierten *Mineros* meist stolz die von ihnen errichteten Dörfer. **Was von außen als Inseln der Waldzerstörung, als Vernichtung der Ressource Wald und der biologischen Diversität wahrgenommen wird, stellt sich innenperspektivisch also als zivilisatorische Leistung in der Auseinandersetzung mit der Natur dar und ist somit nicht weit von den klassischen und in Venezuela noch weit verbreiteten Konzeptionen einer "Pionierfront"** (siehe Kap. II-4 und Kap III) **entfernt.**

Dass es sich bei Nuevo Pueblo um eine geplante und koordiniert errichtete Siedlung handelt, geht bereits aus der Anordnung der Holzhütten am Wegesystem hervor (Karte 10). Die "Hauptstraße" (*Calle Principal*) ist zwar nur ein unasphaltierter Lehmweg, aber er verläuft geradlinig in ostwestlicher Richtung. Auch in den rechtwinklig abzweigenden Seitenwegen stehen die Holzhütten in deutlichen Fluchtlinien zueinander, die sich allerdings an den neueren Ortsrändern im Osten und Süden auflösen. Die Mehrzahl der Wohnhütten im "alten Ortskern" weist stabile Wände aus Holzbrettern und Dächer aus Wellblech auf. Wellblech wird Holzdächern nicht nur vorgezogen, weil es billiger ist, sondern auch weil es als Ausdruck von zivilisatorischem Fortschritt gilt. *Mineros* wiesen öfter auf den Unterschied zwischen den Holzkonstruktionen indigener Hütten und den "modernen Charakter" ihrer Dächer hin. Dagegen ergaben erst zielgerichtete Nachfragen, dass ein Wellblechdach trotz der Transportkosten von Tumeremo billiger ist als ein Dach aus Holzlatten. Der Arbeitslohn für die Herstellung eines Holzdaches beläuft sich auf rund 520 US-Dollar, ein Wellblechdach kommt auf 354 US-Dollar. Dächer aus Plastikfolien sind ebenso wie die Anhäufung von Müll innerhalb des Ortes verboten, um den geordneten Gesamteindruck nicht zu zerstören. An den Wegrändern stehen Abfallsäcke, deren Benutzung und Entleerung von der *Asociación Sifontes* kontrolliert werden. 300 Meter östlich des Dorfes gibt es eine Müllkippe, wo der Haushaltsmüll entsorgt und verbrannt wird. Für die Zukunft ist die Mülllagerung in einem aufgegebenen Stollen vorgesehen.

*Der Grundriss von Nuevo Pueblo: Kennzeichen einer geplanten Siedlung*

*Lokal-spezifische Merkmale des Ortsaufrisses*

An der Vielzahl aufgegebener bzw. in Bau befindlicher Hütten lässt sich die Migrationsdynamik erkennen. (Aufgegebene bzw. in Bau befindliche Hütten lassen sich nicht immer unterscheiden. Der Hüttenbau zieht sich z.T. über Monate hin, in denen das Baugerüst von Vegetation überwuchert wird und so den Eindruck einer verlassenen Hütte vermittelt. Auf der anderen Seite werden aufgegebene Hütten z.T. wieder renoviert und einer neuen Nutzung zugeführt. Nach mehreren Hinweisen von *Mineros,* dass Hütten falsch kartiert worden waren, wurde für Karte 10 nicht zwischen aufgegebenen und in Bau befindlichen Hütten unterschieden.) V.a. in den randlichen Siedlungserweiterungen, in denen sich die Fluchtlinien auflösen, stehen mit Plastikplanen bedeckte Hütten. In den einfachen Baukonstruktionen im Osten des Dorfes wohnen zumeist Neuankömmlinge und kolumbianische *Mineros*. Sie wurden vom Vorstand der *Asociación* als *Columbianos* (Kolumbianer, als Schimpfwort benutzt) bezeichnet, die sich nicht an die Regeln und Gesetze von Nuevo Callao halten. Nur vereinzelt war Bereitschaft vorhanden, auch diese *Mineros* als Teil der Bevölkerung von Nuevo Callao zu akzeptieren und zu integrieren.

*Sozialräumliche Segregation*

**Karte 10: Funktionalkartierung Pueblo Nuevo (Nuevo Callao)**

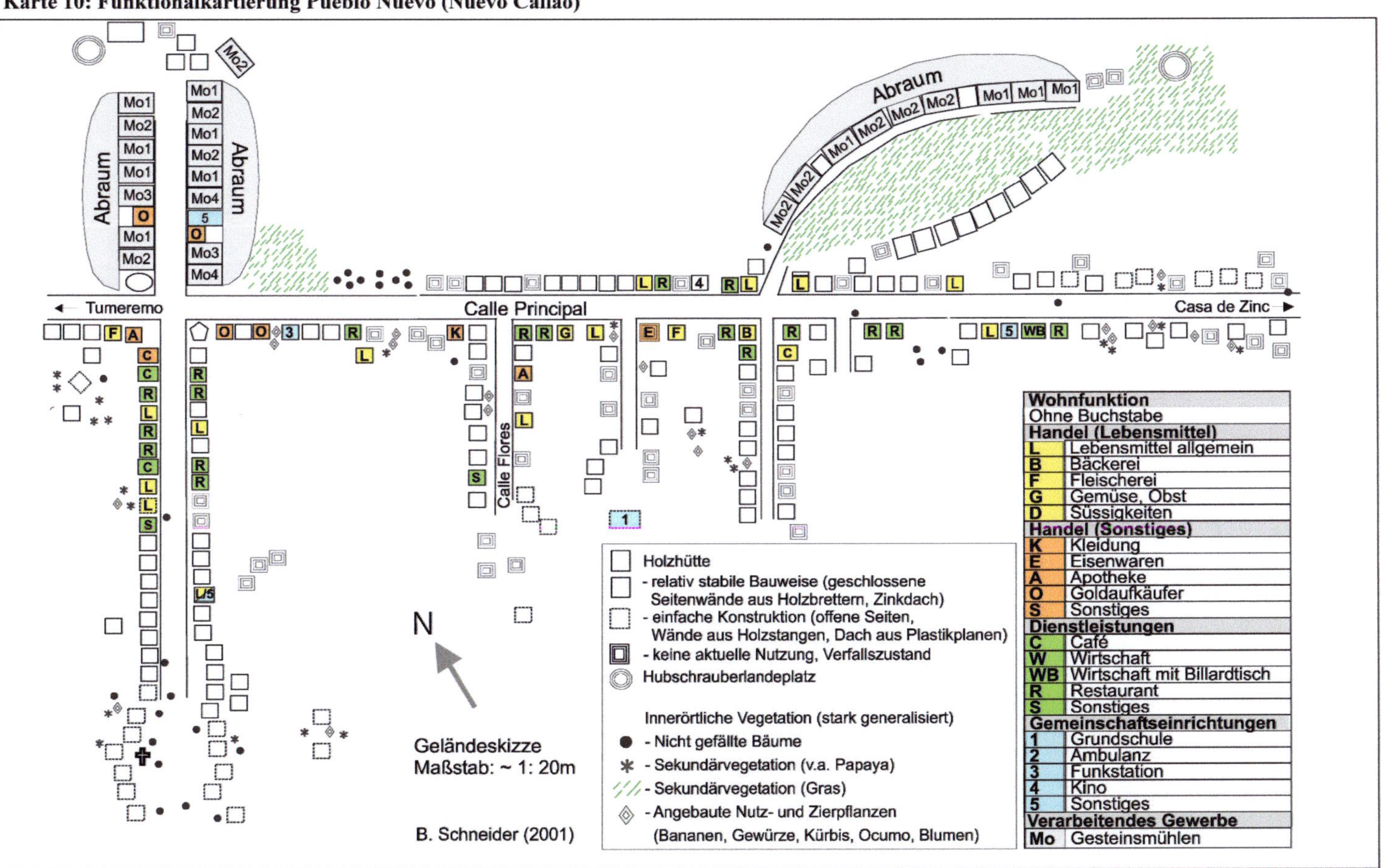

*Pueblo Nuevo* dient als lokales Zentrum für die An- und Abreise, als Wohnsiedlung für die Lebensmittelversorgung sowie die Goldaufbereitung. In Ortsrandlage liegen zwei Hubschrauberlandeplätze. Mit 10.000 Bolívares (21 US-$) stellt der Helikopter zwar die teuerste Anbindung nach Tumeremo dar. Aber da die Anreise durch den Wald zwischen 10 Stunden und drei Tagen dauert, wird der Luftweg von der Mehrzahl der *Mineros* benutzt. Auch Ersatzteile und Lebensmittel werden mit dem Hubschrauber nach Nuevo Pueblo transportiert. 16 Restaurants, vier Cafés (*Cafetins*) und 13 Lebensmittelläden (*Bodegas*) stehen für die Nahrungsmittelversorgung zur Verfügung. Hinzu kommen zwei Apotheken sowie ein aufgegebener Eisenwarenladen, der durch einen neuen ersetzt werden soll. Über zwei Funkstationen besteht Kontakt nach Tumeremo, Ciudad Bolívar und anderen Minen. Zwei Kinos und ein Poolbillard dienen der Freizeitgestaltung. Nach wiederholten Schlägereien wurde der Besitzer des Poolbillards allerdings von *Asociación Sifontes* aufgefordert, seinen Laden zu schließen.

*Nuevo Puebl: lokales multifunktionales Zentrum*

Im Gegensatz zu Botanamo verteilen sich die Hammermühlen (*Molinos*) zur Zerkleinerung des goldhaltigen Gesteins nicht über den Ort. Im Zuge der Umsiedlungsmaßnahmen von *Pueblo Viejo* nach *Pueblo Nuevo* wurden sie auf zwei Standorte in Ortsrandlage konzentriert. Die Menge des während des Zerkleinerungsprozesses eingesetzten Quecksilbers wurde mit dieser Maßnahme nicht reduziert, aber der Eintrag des Quecksilbers in anstehende Tümpel wurde gebündelt und eine Distanz zur Wohnbevölkerung eingerichtet. Die in Botanamo beobachtete Kinderarbeit in diesen Tümpeln ist in Nuevo Callao verboten.

*Räumliche Konzentration der Steinmühlen*

Für Kinder, die in Nuevo Callao leben, wird von der *Asociación Sifontes* eine Grundschule eingerichtet, deren Gebäude zum Zeitpunkt der Felderhebungen kurz vor der Fertigstellung standen. Ursprünglich war die Unterbringung dieser Schule im 600 Meter östlich von Nuevo Pueblo liegenden *Casa de Zinc* (s.u.) vorgesehen. Nach Protesten der Mütter, dass der Weg durch den Wald für die Kinder zu gefährlich sei, wurde ein neues Gebäude innerhalb des Dorfes errichtet. Auch für die Errichtung einer Erste-Hilfe-Ambulanz setzten sich v.a. Frauen ein.

*Schul- und Gesundheitsprojekte*

Der Goldabbau findet an acht Standorten (Karte 9) um *Pueblo Nuevo* statt. Während für *Pueblo Nuevo* eine ca. 7 ha große Fläche gerodet wurde, liegen die Außenposten (*Campamentos)* meist inmitten von Bäumen. Viele *Mineros*, die in Pueblo Nuevo eine Holzhütte besitzen, bewohnen gleichzeitig ein *Rancho de Campesino* (einfache Hütte mit i.d.R. offenen Seitenwänden, die von einem Plastikdach oder Holzstangen überdacht ist) in der Nähe des Stollens, in dem sie arbeiten. Wohn- und Arbeitsfunktion in diesen *Ranchos de Campesino* sind meist gekoppelt, da die Holzkonstruktionen zum Aufhängen von Hängematten und gleichzeitig als Schutz vor Regenwasser für die Stolleneingänge dienen.

*Landnutzungsmuster*

*Casa de Zinc*

600 Meter südwestlich vom Pueblo Nuevo liegt das Areal, das von den *Mineros* mit dem Namen *Casa de Zinc* bezeichnet wird. der Kahlschlag der rund 3,5 ha großen Fläche geht auf frühe Bergbauaktivitäten zurück. In den Saumgebieten zwischen dem umgebenden Wald und der gerodeten Fläche hat Sekundärsukzession in Form von Büschen und Sträuchern eingesetzt, die z.T. weit in die gerodete Fläche hineinreicht. Ein hölzerner Kontrollturm und das Gebäude, das ehemals als betriebseigenes Gefängnis diente, sind Überbleibsel von Greenwich, die dieses Areal als *Camp Luisa*[84] bezeichnen. Heute wird das Areal kaum noch genutzt. Es gibt lediglich vier *Ranchos* und eine *Bodega*. Ein ca. 30 m² großes Gebäude mit einem Wellblechdach (*Casa de Zinc*), das ursprünglich als Schule vorgesehen war, wird von der *Asociación Sifontes* jetzt für die Einrichtung eines Marktes vorbereitet.

*La Culebra*

*El Murcielago*

Das *Campamento La Culebra* umfasst einen Hektar und wird heute nur von fünf *Mineros* genutzt. Früher wurde dieses Gebiet *El Mango* genannt. Erst nach dem gehäuften Auftreten von Schlangen hat sich der Name *La Culebra* (Schlange) durchgesetzt. Auch die 3 ha große bergbaulich genutzte Fläche *El Murcielago* ist mit der Fledermaus nach einer Tierart benannt. *El Murcielago* macht durch zahlreiche Bodeneinstürze und herumliegende Baumstämme einen verwüsteten Gesamteindruck. Erste bergbauliche Aktivitäten fanden bereits im letzten Jahrhundert statt. Zum Teil hat bereits Sekundärvegetation eingesetzt. Heute ist *El Murcielago* mit 200 *Mineros* eine der größten Satellitensiedlungen von Pueblo Nuevo.

*El Limon*

Der zweite große Außenposten ist das *Campamento EL Limon*, in dem im Mai 1995 der erste Stollen von *Mineros* eröffnet wurde. Von früheren Bergbautätigkeiten stammt der Name *Mina's Day* ab, den Greenwich für dieses Areal verwendet. Da das Areal sehr goldhaltig ist, handelt es sich um ein *Campamento* mit einer relativ stabilen Bevölkerung. Trotzdem schwankte die Bevölkerungszahl bei verschiedenen Erhebungen zwischen 99 (Januar 1997) und 165 *Mineros* (August 1997). In *El Limon* ist der natürliche Baumbestand auf einer Fläche von 2 ha gelichtet. Strauch- und Bodenvegetation sind fast vollständig zerstört.

*La Manguita*

Ein Kilometer südöstlich vom *Casa de Zinc* liegt *La Manguita* (kleine Seilwinde), das auf den Anfang des 20. Jahrhunderts zurückgeht. Die Hälfte des ein Hektar großen Areals, das zum Zeitpunkt der Erhebungen von 20 *Mineros* exploitiert wurde, besteht aus einer kahlgeschlagenen Fläche. In den Randbereichen ist der Baumbestand stark gelichtet.

[84] An den Ortsnamen lassen sich z.T. lokal-spezifische Charakteristika ablesen, z.T. spiegeln sie vergangene Ereignisse oder Erwartungen und Hoffnungen für die Zukunft wider. Die Neubesetzung der Ortsbezeichnungen in Nuevo Callao, die auf Alltagserfahrungen und Realitäten der *Mineros* zurückgehen, bedeuten aber auch einen symbolisch-linguistische Bruch mit der jüngeren - von Greenwich besetzten - Vergangenheit (siehe auch Kap. II-3).

Im Südosten schließen sich *El Pilon viejo* und *El Pilon nuevo* an. Beim alten Teil von *El Pilon* (Goldmörser) handelt es sich um eine 2 ha große Waldlichtung mit stark ausgedünntem Baumbestand. Auf früheren Probearealen (*Calicates*), die heute als offene Flächen erkennbar sind, hat natürliche Strauch- und Grassukzession eingesetzt. Die Goldfunde sind so gering, dass hier schon lange nur noch zwei *Mineros* arbeiten. Unmittelbar neben *El Pilon Viejo* liegt *El Pilon Nuevo*. Im Oktober 1996 gab es in dieser Zone eine *Bulla*, bei der nicht in die Tiefe, sondern in die Fläche geschürft wurde. Die Folge sind ein aufgerissener Boden, verstreut herumliegendes Abraummaterial, geknickte Sträucher und das nahezu vollständige Fehlen der Bodenvegetation. Bäume wurden dagegen nur vereinzelt geschlagen; die Kronenbedeckung ist auch in diesem Teil von *El Pilon* weitgehend geschlossen.

*El Pilon*

Nordöstlich von *El Pilon* liegt *El Cerro del Muerto*. Der Name leitet sich von der Geländeerhebung (*El Cerro*) und von einem Totschlag (*Muerto*) unter *Mineros* ab, der hier stattgefunden hat. Die 3,5 ha große Fläche ist zu 50% gerodet, zu 50% sind die Baumbestände stark gelichtet. Erste Abbautätigkeiten gehen auf Greenwich zurück. *Mineros* zogen 1995 nach. Heute sind auf dem 1 ha großen Areal ca. 20 *Mineros* aktiv. Die Standorte *Karacamatal* und *Guacamaya* sowie kleinere Schürfstellen, in denen räumlich und zeitlich begrenzte *Bullas* stattgefunden hatten, wurden zum Zeitpunkt der Erhebungen nicht genutzt.

*El Cerro del Muerto, Guacamaya, Karacamatal, La Bulla de Nana, Bullita*

Wie in Botanamo konzentriert sich der Goldabbau also auf wenige Standorte. Von den 500 ha, auf die sich die *Campamentos* und Bergbauflächen in Nuevo Callao verteilen, werden ca. 50 ha genutzt (Tab. 11). Es wird ausschließlich handwerklicher Stollenbergbau (*Minería vetera artesenal*) betrieben. **Obertagebau findet nicht statt, da die *Asociación Sifontes Chupadores* verbietet. Gleiches gilt für den Einsatz von Gesteinsmühlen sowie das Erhitzen von Quecksilbergoldklumpen in den *Campamentos*.** Die räumliche Konzentration der Gesteinsmühlen und des Deamalganisierungsprozesses dient sowohl der Kontrolle der Schadstoffemissionen als auch der ökonomischen Kontrolle[85]. **Die Regulierungsmaßnahmen werden von den *Mineros* ebenso eingehalten wie das strikte Alkohol- und Drogenverbot in Nuevo Callao.** Mehrmals konnte beobachtet werden, dass *Mineros* in das nahegelegene Botanamo gingen, um zu trinken. In Nuevo Callao hielten sie sich aber an die Vorschriften, weil sie sich einerseits selbst sicherer fühlten, andererseits aber auch ein Aufenthaltsverbot durch die *Asociacon* befürchteten.

*Regelurierungen des Mineralienabbaus*

[85] Da die Deamalganisierung im *Centro de Acopia* zentral durchgeführt und von der *Asociación* kontrolliert wird, obliegt der *Kooperative* nicht nur die Kontrolle über die Einhaltung minimaler Schutzvorrichtungen, sondern auch eine fast 100%ige Kontrolle der lokalen Goldproduktion. Die Schutzvorrichtung besteht v.a. darin, dass das Erhitzen der Quecksilber-Gold-Verbindung nur unterhalb eines einfachen Rohres stattfinden darf, das die entstehenden Dämpfe von dem *Minero* weg in die Höhe ableitet.

**Tab. 11: Vegetationsdeckung in den *Campamentos* von Nuevo Callao**

| Campamento | Fläche | Bevölkerung (1997) | Deckungsgrad | Anmerkungen |
|---|---|---|---|---|
| Nuevo Pueblo | 7 ha | 2000 | Baumvegetation/<br>Kronenbedeckung: 0% - 25%<br>Strauchvegetation: 0% - 25%<br>Gras- und Bodenvegetation: 0% - 25% | Gründung: Mai 1996, Flächenhafter Kahlschlag mit verstreuten Vegetationsresten innerhalb der Siedlung |
| Casa de Zinc | 3,5 ha | 20 | Baumvegetation/<br>Kronenbedeckung: 0% - 25%<br>Strauchvegetation: 0% - 25%<br>Gras- und Bodenvegetation: 75% - 100% | Flächenhafter Kahlschlag mit einzelnen Überstehern in Randbereichen Sekundärvegetation (Lechosa, Jagrumo) |
| La Culebra | 1 ha | 5 | Baumvegetation/<br>Kronenbedeckung: 75% - 100%<br>Strauchvegetation: 50% - 75%<br>Gras- und Bodenvegetation: 50% - 75% | |
| Murcielago | 3 ha | 200 | Baumvegetation/<br>Kronenbedeckung: 50% - 75%<br>Strauchvegetation: 25% - 50%<br>Gras- und Bodenvegetation: 25% - 50% | Exploitationen im 19.Jh., Probebohrungen von Greenwich. Zahlreiche Bodeneinstürze |
| El Limon | 1 ha | 165 | Baumvegetation/<br>Kronenbedeckung: 75% - 100%<br>Strauchvegetation: 25% - 50%<br>Gras- und Bodenvegetation: 0% - 25% | Leichte Lichtung des natürlichen Baumbestandes |
| La Manguita | 1 ha | 20 | Baumvegetation/<br>Kronenbedeckung: 25% - 50%<br>Strauchvegetation: 25% - 50%<br>Gras- und Bodenvegetation: 25% - 50% | Exploitationsbeginn im 19.Jh., Flächenerweiterung durch *Mineros* |
| El Pilon viejo | 2 ha | 2 | Baumvegetation/<br>Kronenbedeckung: 25% - 50%<br>Buschvegetation: 50% - 75%<br>Gras- und Bodenvegetation: 25% - 50% | *Calicates* von früheren Bergbauaktivitäten, zweijährige Nutzung durch informellen Bergbau |
| El Pilon nuevo | 2,5 ha | 50 | Baumvegetation/<br>Kronenbedeckung: 75% - 100%<br>Buschvegetation: 0% - 25%<br>Gras- und Bodenvegetation: 0% - 25% | Zweijährige Nutzung durch informellen Bergbau, Lichtung des Baumbestandes, zahlreiche Bodenaufschüttungen |
| El Cerro de Muerto | 1 ha | - | Baumvegetation/<br>Kronenbedeckung: 25% - 50%<br>Buschvegetation: 25% - 50%<br>Gras- und Bodenvegetation: 0% - 25% | Flächenhafter Kahlschlag mit Einzelbaumbestand |
| Guacamaya | 2 ha | - | Baumvegetation/<br>Kronenbedeckung: 25% - 50%<br>Strauchvegetation: 25% - 50%<br>Gras- und Bodenvegetation: 25% - 50% | |
| Bulla de Nano | < 1 ha | - | Baumvegetation/<br>Kronenbedeckung: 75% - 100%<br>Buschvegetation: 50% - 75%<br>Gras- und Bodenvegetation: 75% - 100% | 1995 lokal begrenzter Goldrausch (*Bulla*), z.Zt. der Erhebung keine Nutzung |
| Karacamatal | < 1 ha | 50 - 100 | Baumvegetation/<br>Kronenbedeckung: 75% - 100%<br>Strauchvegetation: 25% - 50%<br>Gras- und Bodenvegetation: 0% - 25% | |
| La Bullita | < 1 ha | - | Baumvegetation/<br>Kronenbedeckung: 75% - 100%<br>Buschvegetation: 50% - 75%<br>Gras- und Bodenvegetation: 0 % - 25% | Lokal begrenzte *Bulla* im April 1997, 50 -70 *Mineros* eröffneten innerhalb von 3 Tagen 20 Stollen |

Quelle: Eigene Erhebungen 1997, nach BRAUN-BLANQUET (1928, zit. n. FISCHER 1995)

## 6.2 Die individuelle Ebene

### 6.2.1 Heterogenität partikulärer Positionen und Interessen

Von außen betrachtet, stellen die *Mineros* von Nuevo Callao eine auf Territorialebene organisierte Wirtschafts- und Solidaritätsgruppe dar, die der *Asociación Sifontes* die Autorität übertragen hat, soziale Regeln zu schaffen und vor Ort zu implementieren sowie die Gruppe nach außen zu repräsentieren. Intern setzt sich die Gruppe aber aus Individuen zusammen, die sich z.B. nach Geschlecht, Alter, Herkunft und sozialem Status unterscheiden und partikuläre Interessen und Handlungsstrategien verfolgen.

*Geschlechts- und Altersstruktur*

Der Anteil der Frauen an der Bevölkerung liegt in Nuevo Callao aufgrund der etwas sichereren Lebensverhältnisse mit 27,5 % etwas höher als in Botanamo. Die Altersstruktur sieht dagegen mit einem deutlichen Überhang der 20- bis 50-jährigen an beiden Orten ähnlich aus.

**Abb. 7: Altersstruktur im informellen Bergbau (Botanamo und Nuevo Callao)**

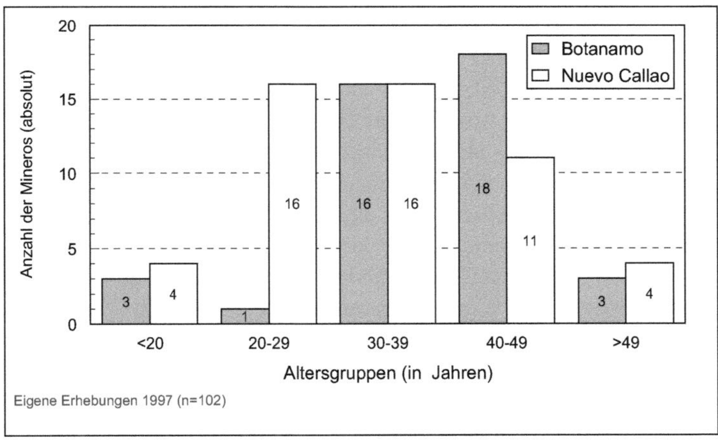


*Funktionale Differenzierung*

Bei den Berufsgruppen dominieren mit über 50% in beiden Dörfern erwartungsgemäß *Mineros*, die unmittelbar bergbaulichen Tätigkeiten nachgehen (siehe Abb. 8). Neben den direkt im Mineralienabbau Beschäftigten umfasst der informelle Bergbau aber eine Vielzahl von indirekten Wirtschaftstätigkeiten. Hierzu gehören neben *Molineros* z.B. Lebensmittelhändler und in der Gastronomie tätige Personen. Lokale Niederlassungen von Goldhändlern gibt es dagegen nur an Orten, die die notwendige Infrastruktur sowie relative Sicherheit bieten. Da Botanamo über eine Flugzeugpiste verfügt, aber als sehr gefährlich gilt, gibt es dort nur "fliegende" Goldhändler. In Nuevo Callao gibt es dagegen fünf Goldaufkäufer, die sich dort unter dem Schutz des Administrations- und Sicherheitspersonals der *Asociación Sifontes* niedergelassen haben.

**Abb. 8: Wirtschaftstätigkeiten im informellen Bergbau (Botanamo und Nuevo Callao)**

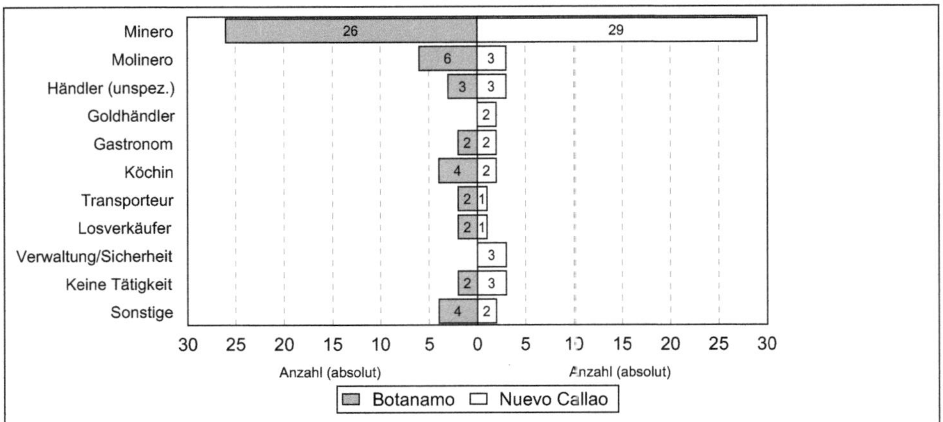

| | Botanamo | Nuevo Callao |
|---|---|---|
| Minero | 26 | 29 |
| Molinero | 6 | 3 |
| Händler (unspez.) | 3 | 3 |
| Goldhändler | | 2 |
| Gastronom | 2 | 2 |
| Köchin | 4 | 2 |
| Transporteur | 2 | 1 |
| Losverkäufer | 2 | 1 |
| Verwaltung/Sicherheit | | 3 |
| Keine Tätigkeit | 2 | 3 |
| Sonstige | 4 | 2 |

Anzahl (absolut) — Anzahl (absolut)

Quelle: Eigene Erhebungen 1997 (n=102)

*Funktionale Differenzierung eines Arbeitsteams*

Die Arbeitsteams, die sich zum gemeinschaftlichen Abbau des Goldes zusammengeschlossen habe, differenzieren sich funktional, wobei die Einkommensverteilung festen Regeln unterliegt. Der *Minero*, der den Stollen eröffnet hat, den Generator und die Bohrmaschine zur Verfügung stellt, gilt als der Besitzer (*dueño*). Mit durchschnittlich fünf bis sechs anderen *Mineros* (*Socios*) bildet er eine Arbeitsmannschaft. Auch eine Köchin gehört zu einer Arbeitsgruppe. *Mineros*, die neu in Nuevo Callao sind, verdingen sich oft als Tagelöhner bevor sie entweder selbst einen Stollen eröffnen oder sich in ein Arbeitteam integrieren. Hin und wieder gibt es einen Lehrling (*Curao*), der drei bis acht Wochen angelernt wird und von dem *Socio* ausgezahlt wird, der ihn in das Arbeitsteam eingeführt hat. Obwohl häufig Familienangehörige oder Personen, die aus dem gleichen Herkunftsort kommen, zusammenarbeiten, spielen Verwandtschafts- oder Bekanntschaftsverhältnisse keine Rolle bei der Gewinnbeteiligung. Die Gewinnbeteiligung an den Goldfunden richtet sich nach einem festen Schema, das abgesehen von regionalspezifischen Abweichungen wie z.B. die Abgabe an eine übergeordnete Organisation, in allen Minenorten wie folgt aussieht:

**Tab. 12: Funktionale Differenzierung einer Arbeitsmannschaft und Modus der Gewinnbeteiligung**

| Stellung innerhalb der Mannschaft | Gewinnbeteiligung |
|---|---|
| • Besitzer des Stollens (*Dueño*) | 25 % |
| • Im Durchschnitt fünf "fest angestellte" *Mineros* (*Socios*) | 50 % (10% pro Kopf) |
| • Tagelöhner (1) | wird extra ausbezahlt, ca. 2 Sack abgebautes Gestein pro Arbeitstag |
| • Köchin (1) | wird extra ausbezahlt, je nach Wahl 2 Sack abgebautes Gestein pro Tag oder 10.000 Bs pro Sack |
| • Mühlenbesitzer (*Molinero*) | 20 % |
| • *Asociación Sifontes* | 5 % |

(1) Köchinnen und Tagelöhner bezahlen die Gesteinszerkleinerung selbst

**Dieser Modus der Gewinnbeteiligung zeigt, dass auch im informellen Bergbau Machtpositionen durch die Verfügungsgewalt über allokative und autoritative Ressourcen bestimmt werden. Die sozioökonomische Leiter reicht von Neulingen und *Mineros* ohne Produktionsmittel über *Mineros*, die einen Stollen und die notwendige Technologie besitzen bis hin zu Personen, die sich als *Molineros*, Händler oder Restaurantbesitzer etabliert haben.** Diese Rangskala lässt sich auch an den Zukunftsvorstellungen der *Mineros* ablesen. Auf die Frage, was sie in der Zukunft gerne machen würden, antwortete die überwiegende Mehrheit, dass sie in der Stadt bzw. bei ihrer Familie leben wollen. Der von ausländischen *Mineros* geäußerte Wunsch, in das Heimatland zurückzukehren, lässt sich in die gleiche Richtung interpretieren. Von den 21,6 % der befragten Personen, die angaben, dass sie im informellen Bergbau bleiben möchten, wurden entweder die Fortsetzung der aktuellen Tätigkeit als *Molinero*, Händler oder Restaurantbesitzer oder genau diese Tätigkeitsfelder als Aufstiegsmöglichkeiten genannt.

*Sozio-ökonomische Stratifikation*

Während der informelle Bergbau für einige Akteure als vorübergehende Einkommensquelle betrachtet wird, um in Zukunft bei der Familie im städtischen Umfeld leben zu können, sehen andere *Mineros* in ihm eine langfristige Wirtschaftsperspektive. Begründungen für die langfristige Variante gehen in zwei Richtungen: Einige *Mineros* begründeten ihren Wunsch, im informellen Bergbau zu bleiben, mit hohen Einkommensmöglichkeiten und gesicherten Existenzgrundlagen, die sie im formal-städtischen Sektor nicht haben. Dieser positiv-optimistischen Version steht eine negativ-skeptische Bewertung gegenüber, nach der *Mineros* meinten, dass sie nie etwas anderes gelernt hätten und keine Chance haben, eine andere Arbeit zu finden.

### 6.2.2 Überlebensraum Wald

Bei der Frage, ob sich die Umweltsituation in den letzten Jahren verschlechtert habe, zeigen sich keine signifikanten Unterschiede in den Meinungsbildern der *Mineros* von Botanamo und *Nuevo Callao*. Sowohl in Botanamo (75%) als auch in *Nuevo Callao* (80,4%) stimmt die Mehrheit dieser Äußerung zu (siehe Abb. 10). Deutliche Unterschiede zeigen sich jedoch bei der Frage nach dem Interesse an der Umweltsituation. Während in Botanamo nur 27,5% der befragten Personen Interesse an der Umwelt äußerten, 62,8 % aber offen zugaben, dass sie das Thema nicht interessiere, kehrt sich das Verhältnis in Nuevo Callao um. 58,8% der *Mineros*, die Interesse und Besorgnis bekundeten, stehen 35,3% *Mineros* gegenüber, die Desinteresse äußerten. Bei gleicher Altersverteilung - ältere *Mineros* zeigten im allgemeinen mehr Interesse an der Umwelt - sind diese lokalspezifischen Unterschiede wohl v.a. mit den Aktivitäten der *Asociación Sifontes* zu erklären.

*Bezug zum Thema Umwelt*

Sowohl durch Öffentlichkeitsarbeit der *Asociación* als auch ihrer Arbeit vor Ort (Kontrollen zur Einhaltung von Umweltauflagen, Maßnahmen zur Konzentration und Reduzierung der Schadstoffemissionen) ist das Thema Umwelt in Nuevo Callao präsenter als in Botanamo.

**Abb. 9: Einstellungen der *Mineros* zur Umwelt (Nuevo Callao)**

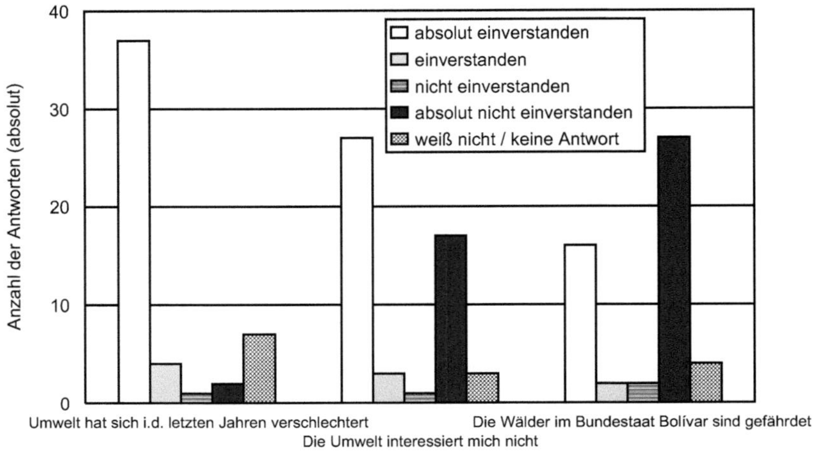

Anzahl der Antworten (absolut)
40
30
20
10
0
absolut einverstanden
einverstanden
nicht einverstanden
absolut nicht einverstanden
weiß nicht / keine Antwort
Umwelt hat sich i.d. letzten Jahren verschlechtert
Die Umwelt interessiert mich nicht
Die Wälder im Bundestaat Bolívar sind gefährdet

Quelle: Eigene Erhebungen 1997 (n=51)

*Einschätzung der Waldgefährdung*

Unterschiede zeigten sich auch bei der Frage nach der Gefährdung der Wälder des Bundesstaates Bolívar. In Botanamo halten sich Zustimmung (43,1%) und Ablehnung (47%) hierzu ungefähr die Waage. In *Nuevo Callao* überwiegt dagegen mit 57,9% der Antworten die Meinung, dass die regionalen Wälder nicht gefährdet seien. Dieser Unterschied erklärt sich vermutlich daraus, dass der Wald in Botanamo deutlich sichtbarer zerstört ist als in *Nuevo Callao*. Während in Botanamo große Kahlschlagflächen das Landschaftsbild prägen, bilden großflächig zerstörte Waldareale in *Nuevo Callao* die Ausnahme. Baumlose Flächen - wie z.B. Nuevo Pueblos oder das Areal *Casa de Zinc* - sind weitgehend bebaut bzw. dienen als Freiraum für zukünftige Projekte und werden so weniger als Waldgefährdung, sondern als Inwertsetzung von Wald wahrgenommen. Eine der Kontrollfragen zum Umweltbewusstsein ergab, dass die *Mineros* in Botanamo auf die Frage, welche Faktoren besonders von der Umweltverschlechterung der letzten Jahre betroffen seien, v.a. offensichtliche Auswirkungen des informellen Bergbaus auf den Wald, die Böden und die Flüsse thematisierten. In *Nuevo Callao* wurde die Frage, die Mehrfachantworten zuließ, nicht nur deutlich öfter beantwortet, auffallend häufig wurde auch die Gesamtheit aller Umweltsegmente genannt (siehe Abb. 10).

**Abb. 10: Bereiche, die nach Meinung der *Mineros* besonders von der Umweltverschlechterung der letzten Jahre betroffen sind (Botanamo und Nuevo Callao)**

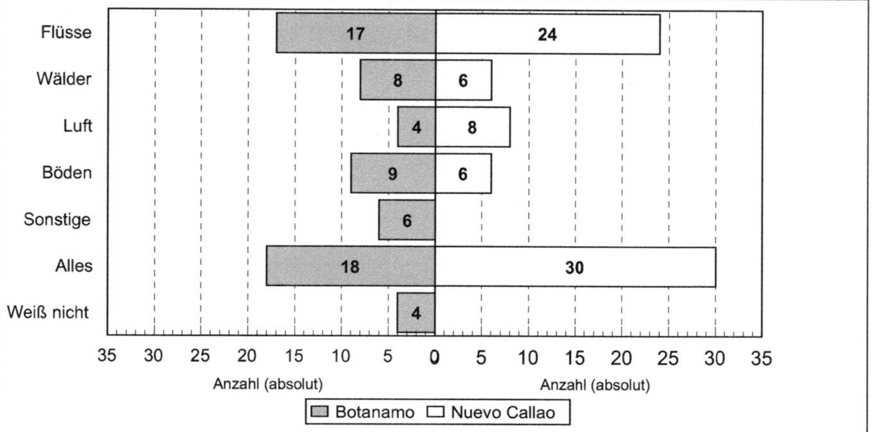

Quelle: Eigene Erhebungen 1997 (n=102, Mehrfachantworten waren möglich)

*Wahrnehmung und Nutzung des Waldes*

Trotzdem spielt der Wald, der den unmittelbaren Lebensraum darstellt, auch in Nuevo Callao eine besondere Rolle. Im Durchschnitt halten sich *Mineros* immerhin zwei bis drei Wochen an ihren Arbeitsstandorten und damit im Wald auf. Viele *Mineros* verlassen den Wald sogar monatelang nicht. Auf die Frage, was ihm der Wald bedeute, antwortete ein *Minero* in Nuevo Callao: "***Esto es mi ambiente, aqui tengo vida***" (Das ist meine Umwelt, hier habe ich Leben). Auch wenn zahlreiche Kommentare anderer *Mineros* ebenfalls erkennen ließen, dass sie den Wald über seine Funktion als Standort des Goldabbaus hinaus wahrnehmen und schätzen, nutzt die Mehrzahl der *Mineros* ihn eher unbewusst. Im Gegensatz zu dem Eindruck, dass der Wald öfter in den Geschichten der *Mineros* von Nuevo Callao auftauchte und Ortsbegehungen häufiger weg von den Standorten des Bergbaus in "unberührte" Waldareale führten, ergaben statistische Berechnungen keine signifikanten Unterschiede. Mit geringfügigen Abweichungen konnten *Mineros* beider Orte spontan und ohne Vorgaben im Durchschnitt nur 6,1 Bäume und 6,3 Medizinalpflanzen namentlich nennen. Diese Zahlen fallen angesichts der gegebenen Artenvielfalt extrem niedrig aus. Es zeigte sich dann auch, dass den *Mineros* in einer vorgegebenen Liste nicht nur weitaus mehr Pflanzen bekannt waren, sondern dass sie auch weitaus mehr Pflanzen nutzen. Kenntnisse über spezifische Holzeigenschaften verschiedener Bäume, die sie von Indigenen gelernt, sich durch ihre jahrelange Praxis im informellen Bergbau angeeignet oder aufgrund ihrer Fachkenntnisse als Schreiner mitgebracht haben, sind für ihre bergbaulichen Aktivitäten sogar wichtig. Denn Bäume werden - wie vielleicht zu erwarten wäre - nicht in Abhängigkeit von der Distanz zum Standort des Goldabbaus geschlagen, sondern v.a. in Abhängigkeit von der Härte und Dichte des Holzes zweckgerichtet ausgesucht.

*Wald als Lieferant von Holz und Medizinalpflanzen*

Während schweres, hartes Holz als Grubenholz und für die Herstellung von Werkzeugen benötigt wird; werden leichter bearbeitbare Weichhölzer für den Hüttenbau und die Möbelherstellung bevorzugt (siehe Tab. 13). Da der Einsatz des adäquaten Holzes Arbeit erspart, genießen erfahrene *Mineros*, die nutzbare Bäume zweckorientiert unterscheiden können, besonderes Ansehen. Gleiches gilt für Männer und Frauen, an die man sich wegen ihres Wissens über medizinische Wirkungen lokaler Pflanzen im Falle einer Krankheit wenden kann.

**Tab. 13: Baumarten, die im informellen Bergbau als Bauholz und für die Möbelherstellung genutzt werden**[86]

| Regionale Bezeichnung | Wissenschaftliche Nomenklatur | Nebennutzung |
|---|---|---|
| **Schwere Harthölzer für die Stollenabstützung** | | |
| Algarrobo | *Hymenaea courbaril* L. (Ceasaliniaceae) | |
| Caruto | *Genipa americana* spp. (Rubiaceae) | Essbare Früchte |
| Mamón | *Melicocca bijuga* L. (Sapindaceae) | Möbel, Hütten, essbare Früchte |
| Mora | *Chlorophora tintoria* (Moraceae) | Holzwinden, Holzwerkzeug |
| Pui / Puy | *Myrospermum frutescens* Jaqu. (Leguminosae) | Holzwerkzeug |
| Roble | *Platymiscium spp.* (Leguminosae) | Holzwerkzeug |
| **Weichhölzer für den Hüttenbau und zur Herstellung von Möbeln** | | |
| Ceiba | *Ceiba pentandra* (L.) Gaertn. (Bombacaceae) | Grubenholz (selten) |
| Cedro | *Cedrela fissilis* (Meliaceae) | |
| Jobo | *Spondias mombin* L. (Anacardiaceae) | |
| Karamacate | Piranhea sp. | |
| Palo Blanco | *Monnina meridensis* H. & Linden | |
| Pardillo | *Cordia alliodora* (Boraginaceae) | |
| Purguo | *Mimusops balata* (Sapotaceae) | Grubenholz (selten) |
| Yagrumo | *Cecropia* spec. | |
| Zapatero | *Maytenus pittieriana* (Leguminosae) | |

Quelle: Befragungen in Nuevo Callao (1997)

*Der Wald als Fleischlieferant*

Der Wald dient den *Mineros* nicht nur als Holz-, sondern auch als Fleischlieferant. Seine Funktion als Jagdrevier ist dabei für die Mehrzahl der *Mineros* von größerer Bedeutung als sein Potenzial als Waldapotheke. Denn während sich ein breites Wissen über die Flora auf wenige Spezialisten beschränkt, ist das Wissen um jagdbare Tiere weit verbreitet. Als beliebte Jagdbeute wurde spontan von nahezu allen *Mineros* in (der Reihenfolge des Jagderfolgs) v.a. genannt: Eine Vielzahl von Fischen und Vögeln, Eichhörnchen, Gürteltiere, Ameisenbären, Opossums, *Baquiros* (*Tyassu pecari*, eine Wildschweinart), *Babas de hococo liso* (*Paleosuchus trigonautus*, eine Krokodilart), Lapas (*Agouti paca*) sowie Tapire.

[86] Tabelle 13 beschränkt sich auf die wichtigsten Baumarten, die als Gruben- und Bauholz bzw. für die Möbelherstellung genutzt werden. Die Nutzung von Medizinalpflanzen wird im Fallbeispiel San Mino dargestellt.

Seltener werden auch Ratten, Faultiere, Affen sowie Raubtiere zur Ergänzung des Speiseplans herangezogen. Für die Fleischversorgung stellt eine Arbeitsmannschaft meist einen *Minero*, der sich als ein guter Schütze erwiesen hat, für die Jagd von der bergbaulichen Tätigkeit frei. Erlegte Tiere werden aber auch von Indigenen, die nach Pueblo Nuevo bzw. in die *Campamentos* kommen, gekauft. Umgekehrt gehen die wenigsten *Mineros* in die indigenen Siedlungsräume.

Insgesamt spielen die Versorgungsfunktionen des Waldes eine wichtige Rolle für *Minero*gesellschaften. Sowohl um abseits urbaner Versorgungslinien überleben zu können als auch um sich das Leben angenehmer zu gestalten, sind sie auf die vielfältige Nutzung der Flora und Fauna angewiesen. Einstellungen zum Wald, die sich dabei entwickeln, differieren erheblich. Während viele *Mineros* dem Wald eher gleichgültig gegenüberstehen, gab eine Minderheit Angst (vor wilden Tieren) an. Andere sahen in ihm ihre natürliche Umwelt, die ihnen Nahrung, Baumaterial und Medizin zur Verfügung stellt und sogar Hinweise auf Goldlagerstätten gibt. Häufig wurde der 'Vogel *Minero*' erwähnt, dessen wiederholter Schrei auf Goldlagerstätten aufmerksam mache. Ebenso gäbe es eine Pflanze, deren Wuchs auf Gold hinweise[87].

### 6.2.3 Lebenslauf einer *Minera*

**Exemplarisch für eine Vielzahl anderer *Mineros* und *Mineras* kann das bisher mit nüchternen Sozialstatistiken entworfene Bild der Akteure des informellen Bergbaus mit der Biographie der *Minera* Leída Angel Veniño veranschaulicht werden. Ihre Lebensgeschichte[88] ist natürlich durch individuelle Erlebnisse, Überlebensstrategien und Einstellungen zum Bergbau bzw. der Umwelt geprägt, schneidet aber unübersehbar auch kollektive Erfahrungen und Handlungsspielräume der Akteure des informellen Bergbaus.**

*Rurale Herkunft*

Leída Angel Veniño, die heute gemeinsam mit rund 150 *Mineros* in *El Limon* lebt, wurde 1957 in Barquisimeto (Landeshauptstadt des Bundesstaates Lara im Norden Venezuelas) geboren. Ihre Eltern waren Bauern, die ein kleines *Conuco* (landwirtschaftlicher Subsistenzbetrieb) betrieben. Mit sechs Jahren wurde sie als Haus- und Kindermädchen in die Hauptstadt Caracas gegeben. Dort arbeitete sie in dem Privathaushalt eines Richters.

*Migration in die Metropole Caracas*

[87] Da weder der 'Vogel *Minero*' noch die 'Pflanze *Minero*' während der Feldaufenthalte beobachtet werden konnten, war keine taxonomische Bestimmung möglich.

[88] Die Biographie von Leída Angel Veniño geht auf ein Gespräch zurück, das unmittelbar schriftlich fixiert wurde. Die nächtliche Gesprächssituation bei Mond- und Kerzenschein sowie wiederholte Übernachtungen in Leídas Holzhütte ermöglichten ein ruhiges und vertrautes Gesprächsklima. Leída erzählte bis auf Schreibpausen, die sie für mich einbaute, ohne Unterbrechungen. Die folgende Lebensgeschichte gibt weitgehend die originale Niederschrift wieder.

Dort arbeitete sie in dem Privathaushalt eines Richters. Mit 14 Jahren lernte sie schreiben und lesen. Um ein eigenes Leben zu führen und ihre Familie unterstützen zu können, flüchtete sie sich mit 16 Jahren in eine Ehe mit einem ebenso jungen Venezolaner. In der 14jährigen Ehe brachte Leída fünf Kinder zur Welt. Ihr Mann kümmerte sich wenig um die Familie. Leída bezeichnet die Ehe als furchtbar. Mit 30 Jahren verließ ihr Mann sie und ihre Kindern.

*Erste Kontakte mit dem informellen Bergbau*

Da die ökonomische Situation Venezuelas Ende der 1980er Jahre katastrophal war und Leída in der Stadt keine Arbeit finden konnte, ging sie das erste Mal in eine Mine, um ihre Kinder ernähren zu können. Ihre Schwester hatte zu diesem Zeitpunkt schon Erfahrungen in einer Goldmine gesammelt. Aber unabhängig von ihrer Schwester ging Leída alleine nach *Chivao* [Goldmine am oberen Cuyuni]. Dort wurde sie von einem Kolumbianer angelernt, den sie heute noch als einen ihrer wichtigsten Freunde bezeichnet. In dieser Zeit wurde Leídas Glaubensvorstellungen von einer evangelischen Sekte geprägt. Nach vier Monaten verließ sie *Chivao* und nahm in der Stadt eine Arbeit in einer Bäckerei an. Zu diesem Zeitpunkt wollte sie nie mehr in einer Mine arbeiten. Aber sie konnte ihre Familie wieder nicht mit ihrer Arbeit finanzieren.

*Mythisch-religiöse Einflüsse*

Außerdem hatte sie in dieser Zeit einen Traum: Sie träumte, sie wäre in der Hölle und am Ende der Höllenflammen leuchtete ein goldenes Kreuz. Sie wusste im Traum nichts damit anzufangen, aber eine Stimme sagte ihr: "Du bist gewandert ohne zu suchen." Den Traum interpretierte Leída als ihren Lebensweg. Die Minen erschienen ihr wie die Hölle, aber sie wusste, dass sie diesen Weg gehen musste. Also kehrte sie in die Minen zurück. Nachts, wenn sie alleine war, meditierte sie oft, um ihren Lebensweg zu suchen. In dieser Zeit fand sie zunehmend zu sich selbst. Ihre Rolle als Frau beschreibt sie mit den Sätzen, dass Frauen mindestens genauso hart arbeiten können wie Männer - wenn nicht sogar besser - und dass Frau zu sein, etwas Schönes sei.

*Ökologische Haltung*

*Temporäre Rückmigration in die Stadt*

*Wiederholter Einstieg in den informellen Bergbau*

Anfangs arbeitete sie wieder in einer alluvialen Goldmine, in der *Chupadores* eingesetzt wurden. Aber die Umweltzerstörungen taten ihr weh. Sie konnte das Umweltdesaster nicht ertragen, da sie aufgrund ihrer religiösen Vorstellungen das Schlagen eines Baumes als das Vernichten von Leben empfand. Sie ging nach Pt. Ordaz, wo sie sich in verschiedenen Firmen von der Putzfrau, über das "Mädchen für alles" bis zur Laufbotin und Kassiererin für Telefongebühren hocharbeitete. Diese Zeit bezeichnet sie als sehr glücklich. Sie lernte Dinge kennen, die sie vorher noch nie gesehen hatte (z.B. ein Fax-Gerät zu bedienen) und fand in ihrem Chef einen Freund fürs Leben, der ihre Ausbildung förderte. Aber da das Geld nicht reichte, kündigte sie erneut und ging nach Nuevo Callao.

Am 11. Juni 1995 [einen Monat nach der Besetzung des Areals] kam sie alleine im *Pueblo Viejo* [wie *El Limon* ein "Außenposten" von Nuevo Callao] an. Am 1. Oktober zog sie mit einem Vetter nach *El Limon*, wo zu diesem Zeitpunkt nur ein einziger *Minero* arbeitete. Ihr Vetter kehrte wieder zurück, Leída blieb. Cucho, der *Minero*, der vor ihr in *El Limon* war, leitete sie an und zeigte ihr die Techniken des Stollenbergbaus. In vier Monaten lernte sie, die Stellen zu finden, wo mit einiger Wahrscheinlichkeit Gold zu finden ist, wie in einer *Conductora* (Goldader) gearbeitet wird sowie die Technik des Goldmahlens. Nach vier Monaten eröffnete Leída ihren ersten eigenen Stollen. Das goldhaltige Gestein transportierte Cucho zu den Hammermühlen im *Pueblo Viejo*. In vier Monaten förderte Leída 1 Kilo Gold und sie eröffnete ein zweites *Barranco*. Da sie ihre Einkünfte an ihre Familie schickte und Schulden abbezahlte, blieb ihr kein Geld um einen Presslufthammer zu kaufen. Ohne elektrische Hilfsmittel arbeitete sie sich alleine bis auf eine Tiefe von acht Metern vor.

*Lernprozesse*

Heute lebt Leída mit El Tigre, der kurz nach Leída nach *El Limon* kam, zusammen. Anfangs wollte sie keine Beziehung mit ihm eingehen, da sie ein schlechtes Bild von *Mineros* hatte. Aber El Tigre überzeugte sie, dass er eine gleichberechtigte Frau an seiner Seite suche, die genauso wie er arbeitet. El Tigre hat eigene *Barrancos*. Teilweise arbeiten beide aber auch zusammen. El Tigre ist Gesellschafter in der *Asociación Nuevo Callao*, Leída nicht. Leída möchte gerne ihr erstes *Barranco* an eine Arbeitseinheit abgeben und dafür 10% der Goldfunde einziehen, um selbst ausschließlich an ihrem dritten *Barranco* zu arbeiten. Schulden hat sie keine mehr. Im Durchschnitt verdient sie im Monat 300.000 Bolívares (625 US-$). Sie möchte noch bleiben, um ein Geldpolster zu haben, wenn sie in ihre Geburtsstadt zurückgeht. Zum Leben in *El Limon* braucht sie nach ihren Aussagen lediglich einen Presslufthammer und ein Stromaggregat. Allerdings vermisst sie ihre Kinder, auch wenn die zwei älteren Söhne hin und wieder nach *El Limon* kommen, um zum Familieneinkommen beizutragen und ihre Ausbildung zu finanzieren.

*Heutige Lebenssituation*

Vieles aus Leída Angel Veniños Biographie deckt sich mit den Lebensläufen anderer *Mineras* und *Mineros*. Hierzu gehören z.B. die ökonomischen Zwänge, die dazu führen, eine gewohnte Umgebung zu verlassen und im informellen Bergbau Überlebensmöglichkeiten zu suchen. Charakteristisch ist auch, dass sie indirekt über die Schwester auf den informellen Bergbau aufmerksam wurde sowie der Einfluss mystisch-religiöser Elemente. Über Mundpropaganda verbreiten sich die Fundstellen nicht nur innerhalb des informellen Bergbaus. Individuelle Erfahrungsberichte machen auch in den Armutsvierteln der Städte auf deren Existenz aufmerksam und nehmen den *Mineros*iedlungen ihren Schrecken.

*Kollektive und individuelle Aspekte*

Verbreitete mystisch-religiöse Komponenten spiegeln sich z.B. in Geisterbeschwörungen, bei denen Verstorbene, die in Hexen (*Brujas*) einfahren, Fundstellen verraten. Typisch ist auch, dass sich viele *Mineros* nach ersten Anfangsschwierigkeiten mit dem informellen Bergbau anfreunden. Denn obwohl Leída äußerte, dass sie *El Limon* verlassen will, fühlte sie sich offensichtlich dort auch wohl. In vielen Interviews mit *Mineros* kam deutlich zum Ausdruck, dass der informelle Bergbau nicht nur ein ökonomisches Auffangbecken darstellt, sondern auch sozial integrierend wirkt. Über schnelle Einstiegsmöglichkeiten (Neulinge werden wie im Fall von Leída schnell aufgenommen und angelernt), ist nicht nur der eigene wirtschaftliche und soziale Aufstieg möglich, auch Familienmitglieder können unterstützt werden. Eine eher seltene - wenn auch keineswegs einzigartige - Ausnahmeerscheinung stellt dagegen Leídas Umweltverständnis dar. Ebenso ist es eher ungewöhnlich, dass sie als Frau in völlig neue Areale vorgedrungen ist.

## 6.3 Zusammenfassung: Gratwanderung zwischen interner Konsolidierung und externer Einflussnahme

*Minero*gesellschaften sind soziale Gruppen, die extrem dynamischen Veränderungen unterliegen und heterogene Subgruppen und Partikularinteressen in sich vereinigen. Im Gegensatz zu bäuerlichen oder indigenen Gemeinschaften, denen häufig der - nicht nur von LEACH ET AL. (1997) - kritisierte Mythos anhaftet, dass sie in Harmonie mit der Umwelt leben, verbindet man mit *Minero*gesellschaften im allgemeinen Disharmonie, Chaos und Umweltzerstörung. Das Beispiel der *Mineros* von Nuevo Callao, das in Venezuela kein Einzelfall ist, zeigt aber, dass *Minero*gesellschaften trotz aller Dynamik und Heterogenität auch organisierte Initiativen und lokale Institutionen installiert haben.

*Institutionalisierte Regeln und Normen*

**Mit ihrer Kooperative, deren interne Autorität und externe Repräsentationsfunktion von den *Mineros* weitgehend anerkannt ist, haben sich die *Mineros* von Nuevo Callao ein Netzwerk der sozioökonomischen und politischen Existenzsicherung geschaffen.** Neben weitgehend in allen *Minero*gesellschaften geltenden Regeln, wie z.B. dass ein Stollen dem gehört, der ihn eröffnet, hat die *Asociación* Normen wie das Alkohol- und Drogenverbot gesetzt. Weitere Regeln, die zwar nicht konfliktfrei etabliert wurden, sich aber in Nuevo Callao im Großen und Ganzen durchgesetzt haben, betreffen die zentrale Verfügungsgewalt über Ort und Art der Quecksilber-Gold-Scheidung, sowie die Kontrollfunktion, wer überhaupt in Nuevo Callao arbeiten darf. Dabei kann die *Asociación Sifontes* nicht auf formelle Gesetze zurückgreifen, die die vor einem öffentlichen Gericht einklagbar sind, vielmehr handelt es sich um informelle Rechte und Normen, die aber in der Sozialgruppe der *Mineros* als gültig anerkannt sind.

Die Idee eines Gleichgewichts zwischen Gesellschaft und Natur, die i.d.R. die Betrachtung von bäuerlichen oder indigenen Gemeinschaften bestimmt, spielt weder innerhalb des informellen Bergbaus noch in der wissenschaftlichen Beschäftigung mit ihm eine zentrale Rolle. **Der Bergbau ist eine Wirtschaftstätigkeit, die mit massiven Zerstörungsprozessen verbunden ist. Trotzdem stehen *Mineros* auch in einem konstruktiven Verhältnis zu ihrer Umwelt. Vereinzelte Umweltprojekte gehen allerdings weniger auf die Suche nach einer fiktiven Harmonie von Gesellschaft und Natur zurück, sondern sind das pragmatische Resultat innergesellschaftlicher Notwendigkeiten und externer Einflüsse.** Neben individuellen Einstellungen (vgl. Biographie von Leída Angel Veniño) kommt der Umwelt zugute, dass der gruppeninterne Druck, eigene Gesundheitsgefährdungen reduzieren zu wollen mit externen Umweltdiskursen, die von Akteuren des informellen Bergbaus zur Durchsetzung ihrer Interessen aufgegriffen werden, korrespondiert. In *Nuevo Callao* verbietet nicht die Art der Lagerstätten oberflächlichen Tagebau. Sowohl Explorationen von Greenwich (BECERRA DURÁN 1996) als auch Schürfungen der *Mineros* haben ergeben, dass in Hang- und Muldenbereichen goldhaltige Sedimentschichten lagern. Aber die *Asociación Sifontes*, der das schlechte Image des hydraulischen Abbauverfahrens bekannt ist, untersagt den Einsatz von *Chupadores*[89].

*Umwelt und informeller Bergbau*

**Zu den Widerstands- und Überlebensstrategien der *Mineros* gehören neben Rückgriffen auf nationalistische Diskurse zur Verbesserung des eigenen Images v.a. die Besetzung von Bergbauarealen und die Bildung von Interessensgruppen.** Das heißt, zusätzlich zu den individuellen Überlebensstrategien haben *Mineros* auch kollektive Handlungsspielräume entdeckt. In seinem Klassiker *Weapons of the Weak* weist SCOTT (1985: 30) darauf hin, dass sich die von ihm aufgezeigte Vielfältigkeit der Widerstandsformen von "Machtlosen" entgegen dem Untertitel *Everyday Forms of Peasant Resistance* nicht auf bäuerliche Gruppen beschränkt, sondern sich in allen marginalisierten Sozialgruppen nachweisen lässt.

*Kollektive und individuelle Handlungsstrategien*

> "What everyday forms of resistance share with the more dramatic public confrontations is of course that they are intended to mitigate or deny claims made by superordinate classes or to advance claims vis-à-vis those superordinate classes. Such claims have ordinarily to do with the material nexus of class struggle - the appropriation of land, labour, taxes, rents, and so forth. Where everyday resistance most strikingly departs from other forms of resistance is in its implicit disavowal of public and symbolic goals. Where institutionalised politics is formal, overt, concerned with systematic, de jure change, everyday resistance is informal, often covert, and concerned largely with immediate, de facto gains." (SCOTT 1985: 33)

*"Weapons of the weak"*

[89] Allerdings strebt sie nach Vorbild des industriellen Bergbaus an, im Bereich von *Murcielago* Raupenfahrzeuge und Bagger einzusetzen, deren ökologische Auswirkungen von einigen Experten als kritischer betrachtet werden als der von *Chupadores*.

Auch die Widerstandspalette der Akteure des informellen Bergbaus reicht bis hin zu gewalttätigen Konfrontationen und geheimen Sabotageakten. Einzelne und organisierte *Mineros* brechen z.B. nachts auf das Gelände der industriellen Bergbaukomplexe ein und entwenden goldhaltige Abraumsande oder Dynamit.

Aber weder lokal-territorial organisierte Interessensgruppen noch die soziale Bewegung der *Mineros* bilden konfliktfreie Konsensgruppen. Während ein Teil der politischen Führer zur Mäßigung und zu Verhandlungen mit dem Staat und (trans)nationalen Bergbauunternehmen aufrufen, propagieren andere massiven bis gewalttätigen Widerstand. Verhandlungsbereiten Interessensgruppen der *Minero*bewegung werden partikuläre Interessen und externe Einflussnahme vorgeworfen. Tatsächlich bewegen sich die politischen Sprecher der *Mineros* auf einem schmalen Grat zwischen interner Konsolidierung und externer Einflussnahme. Denn für die sozioökonomische Entwicklung des informellen Bergbaus sind sie auf Hilfe von außen, z.B. in Form günstigerer Rahmenbedingungen und finanziell-technischer Hilfe, angewiesen. Als Gegenleistung verlangt der Staat die Einhaltung staatlicher Auflagen und die (trans)nationalen Konzerne Garantien, dass keine weiteren Invasionen in ihre Konzessionen stattfinden.

*Interessenkonflikte innerhalb von Minero-gesellschaften*

Fundamentale Gegner der *apertura minera* lehnen Angebote des Staates oder (trans)nationaler Bergbaukonzerne, sich in Beratungs- und Entscheidungsnetzwerke einzuschalten, mit der Begründung ab, dass die vom Staat oder den Konzernen eingerichteten und finanzierten Verhandlungen manipulative Interessen wie z.B. die Spaltung der *Minero*-bewegung verfolgen und Abhängigkeiten generieren. Über die Indienstnahme der politischen Position betriebe z.B. die *Asociación Sifontes* eine Tauschpolitik, in der sie für kleinere staatliche Zugeständnisse auf strukturelle Veränderungen der politischen und wirtschaftlichen Situation der *Mineros* verzichte. Damit befinden sich die Verhandlungsführer der *Asociación* Sifontes in dem klassischen Spannungsfeld von Interessenvertretung und Verhandlungszwängen, das von CZADA (1995: 49) wie folgt auf den Punkt gebracht wird:

> "Zum einen sind sie einer *Mitgliedschaftslogik* ausgesetzt, die ihnen die Vereinheitlichung und Vertretung ihrer Mitgliederinteressen aufgibt. Zum zweiten unterstehen sie einer *Einflusslogik*, die den Austausch mit anderen Verbandsführungen und mit dem Staat steuert [...] Die Balance zwischen der Durchsetzung von Mitgliederinteressen und der Kompromissbildung in Verhandlungen lässt sich nur durch Austauschprozesse halten, in denen Verbandsführungen als ständige "Makler" auftreten. Die Gefolgschaft der Mitglieder für kompromissförmige Verhandlungsergebnisse und Merkmale der Konfliktsituation bzw. der Verhandlungsobjekte sind die kritischen Größen dieses Balanceakts." (Unterstreichungen i. Orig.)

## 7. Manarito: Modellprojekt der sozialen und ökologischen Organisation

*Die Sociedad Civil Mineros de Manarito*

Die *Sociedad Civil Mineros de Manarito* wurde 1992 als *Asociación Manarito*[90] gegründet. Der Name leitet sich von der Region am mittleren Paragua (ca. 100 km südwestlich von Ciudad Bolívar) ab, in der die Kooperative aktiv ist. Als Gründungsmotive und Ziele der Kooperative nennt der Präsident Nelson Lezama die Verbesserung der rechtlichen, sozialen und ökonomischen Situation der *Mineros* sowie die Etablierung eines besseren Images des informellen Bergbaus. In Interviews, Zeitungsartikeln und einem eigenen regionalen Radioprogramm, aber auch in Verhandlungen mit staatlichen Akteuren bezieht Lezama eine aggressive Kontraposition zur staatlichen Regionalplanung, wobei er v.a. fehlende Verbindungen zwischen der staatlichen Planung und dem informellen Bergbau[91] sowie die Vernachlässigung des informellen Bergbaus durch den Staat kritisiert. Den Raumordnungsplan von Andrés Velásques (siehe Kap. III-3) bezeichnet Lezama z.B. als regionalen "Unordnungsplan" und zieht in einem Zeitungsartikel (EL CORREO, 30.11.1994) das ironisierende Fazit, dass es

*Gründungsmotive und Ziele*

> "...ein großartiger Plan ist, theoretisch gut strukturiert, vielleicht wegen der Fiktion, die er enthält, ein bisschen so wie der famose 5. Nationalzerstörungsplan (*Plan de Destrucción Nacional*). Aber er hinterlässt den Eindruck, dass man an ein ideales Guayana gedacht hat, subtil und von diskreter Existenz, ein Guayana ohne eine Heer industrieller Reserven, ohne Hunger, ohne soziale Fragmentierungen, mit hohen, adäquaten agroforstlichen Produktionsniveaus, autark, selbstgenügsam, ohne Nöte. In ihm denkt man an eine Region wie die Jungfrau Maria [...]. Señor Gouverneur, [...] ich sage Ihnen, dass Ihr Plan keine Legitimität besitzt, dass es in Guayana Hunger, Arbeitslosigkeit, Verbrechen, Fehlen von Produktion gibt und deswegen brauchen wir unsere Wälder, die mineralischen Lagerstätten, Naturschönheiten, Landwirtschaft, unsere Flüsse usw., und Sie (entschuldigen Sie) sind nicht der, um mir einen rationalen und verantwortungsbewussten Gebrauch davon zu verbieten."

Lezama geht es darum, zu zeigen, dass *Mineros* angesichts der ökonomischen Realitäten, mit denen sie konfrontiert sind, erstens zu informellen Bergbautätigkeiten gezwungen sind, dass sie zweitens aber auch in der Lage sind, sich unter sozialen, ökonomischen und ökologischen Gesichtspunkten zu organisieren.

---

[90] Im Oktober 1996 wurde die Rechtsform der *Asociación* in die Rechtsform der *Sociedad* überführt. Im Gegensatz zu einer *Asociación* stehen einer *Sociedad* Konzessionsrechte zu und sie darf Gewinninteressen verfolgen.

[91] Diese Aussage korreliert mit eigenen Befragungsergebnissen. In einem Pre-Test mit *Mineros* in der Region Manarito zeigte sich, dass die Kenntnisse über staatliche Planungen, Aktivitäten und/oder Institutionen extrem mangelhaft sind. Staatliche Organisationen wie die CVG oder das MEM kennen die *Mineros* meist nur namentlich. Direkte Kontakte bestehen selten. Das *Ley de Minas* ist ebenfalls namentlich bekannt, die Inhalte dagegen so gut wie gar nicht. Raumordnungspläne oder Entwicklungspläne wie CODESSUR oder PRODESSUR sind völlig unbekannt. Von 50 befragten *Mineros* konnten nur 3 Personen etwas mit dem Begriff *Area bajo régimen especial* (ABRAE) anfangen, obwohl das Areal an die *Reserva Forestal Paragua* angrenzt. Auch wenn erwartet wurde, dass das Wissen über staatliche Aktivitäten (wie z.B. die Ausweisung von Schutzgebieten oder die Gesetzgebung) innerhalb der *Minero*gesellschaften rudimentär ist, so war das Ausmaß der Unkenntnis doch erstaunlich.

*Analyseschwerpunkte*

Neben politisch-administrativen Aktivitäten und der Öffentlichkeitsarbeit auf regionaler, nationaler und internationaler Ebene[92] engagiert sich die *Sociedad Civil Mineros de Manarito* (im Weiteren: *Sociedad Manarito*) dementsprechend auf der lokalen Ebene in Gesundheits-, Bildungs- und Aufforstungsprojekten. **Wegen dieser Projekte gilt die Kooperative bei der CVG und privaten Bergbau-Consultings z.T. als Modellprojekt für den informellen Bergbau.** Von anderer Seite (v.a. von Umwelt-NGOs und verschiedenen Mitarbeitern der UNEG) wird dagegen kritisiert, dass Mitglieder der Kooperative korrupt seien. Auch das Vorzeigeimage wird z.T. kritisch beurteilt. Angesichts dieser ambivalenten Urteile und der fünfjährigen Existenz der *Sociedad Manarito* erschien es für dieses Fallbeispiel interessant, sowohl die soziale Organisation als auch die Funktion als Vorzeigeprojekt genauer zu betrachten. Begünstigt wurde dieses Anliegen durch den offen gewährten Zugang zu Unterlagen der Kooperative und zu Evaluierungsstudien, die von der CVG vorliegen.

## 7.1 Genossenschaftlicher Überbau und Konflikte des Managements

### 7.1.1 Formale Organisationsstrukturen und persönliche Führungsqualitäten

*Formale Organisationsstrukturen*

Die *Sociedad Manarito* hat sich eine Organisationsstruktur mit den Gremien eines Vorsitzenden, eines Direktoriums und einer Vollversammlung, die alle Mitglieder umfasst, gegeben. Alle fünf Jahre finden Wahlen statt, an denen sich die Mitglieder der *Sociedad* beteiligen dürfen, die mindestens ein Jahr Mitgliedschaft vorweisen können. 1997 traf dieser Passus auf 160 Mitglieder (*Socios*) zu. Die formalen Organisationsstrukturen gehen sowohl auf staatliche Anforderungen (siehe Fallbeispiel *Nuevo Callao*) als auch auf Selbstinitiative zurück.

*Personifizierte Führungsinstitution*

Trotz der formalisierten Organisationsstruktur spielen aber informelle und individuelle Machtkompetenzen sowohl innerhalb des Organisationsmanagements als auch bei der Beurteilung der *Sociedad Manarito* die bedeutendere Rolle. Die zentrale Person der Kooperative ist der Gründer und Präsident Nelson Lezama. Er ist der autoritäre Führer von Manarito, dessen Anordnungen innerhalb der Kooperative quasi als Gesetz gelten und der auch nach außen als einer der wichtigsten politischen Führer des informellen Bergbaus gilt. Lezama hat in Caracas und der USA Politikwissenschaften studiert und 1979 in La Paragua die erste landwirtschaftliche Kooperative im Bundesstaat Bolívar gegründet. Damit wird die Kooperative durch einen Präsidenten vertreten, der sich im Gegensatz zu William Padilla (siehe Fallbeispiel *Nuevo Callao*) nicht unmittelbar aus eigener Betroffenheit für den informellen Bergbau engagiert.

[92] Im Frühjahr 1997 war die *Sociedad Manarito* z.B. an der Organisation des ersten internationalen *Simposium de Pequeña minería* beteiligt.

Fragen nach der Motivation für sein politisches Engagement beantwortete Lezama mit seinem neomarxistischen Gesellschaftsverständnis und seiner Wut über die Ungerechtigkeiten, denen *Mineros* ausgesetzt sind. Die Chance, sich über die politische Organisation und Vertretung der *Mineros* als Regionalpolitiker zu etablieren, wurde von ihm zunächst nicht thematisiert. Im Laufe der Feldforschungen stellte sich aber heraus, dass er Ambitionen auf eine politische Karriere in der *Accion Democratica* (AD) verfolgt.

*Persönliche Motivationen*

Einige *Mineros* werfen Lezama vor, dass er elitär in Ciudad Bolívar lebe, seinen hohen Lebensstandard durch landwirtschaftliche Projekte in La Paragua finanziere und dass die einzige Verbindung zum Bergbau die Instrumentalisierung der *Minero*bewegung für persönliche politische Ziele sei. Auch Bergbaugegner argumentieren, dass die universitäre Ausbildung Lezama dazu befähige, die Konflikte um den Bergbau im Bundesstaat Bolívar für seine politische Karriere auszunutzen. Sie bezeichnen das Projekt Manarito als Farce und Lezama selbst als korrupt. Innerhalb der Kooperative begünstige Lezama Freunde und Familienmitglieder. Im Direktorium tatsächlich sitzen enge Freunde Lezamas. Die Position des Geschäftsführers und Buchhalters in Personalunion ist mit einem Neffen von Nelson Lezama besetzt. Die wichtigsten Entscheidungsträger kommen also aus dem persönlichen Umfeld des Präsidenten. Dass ihre Funktionen z.T. durch offizielle Wahlen legitimiert sind, entkräftet dabei nicht den Vorwurf, dass Nelson Lezama ihm genehme Mitarbeiter protegiert.

*Kritische Stimmen*

Die Korruptionsvorwürfe als gerechtfertigt oder ungerechtfertigt zu entlarven, ist weder möglich noch Ziel der Analyse. **Interessant ist vielmehr, Funktionalisierung und Mechanismen des Korruptionsarguments zu dekonstruieren. Auf Nachfragen, wie sich "das Korrupte" festmache, wurde nicht die Zahlung von Bestechungsgeldern, sondern Beziehungen zu anderen "korrupten Personen" genannt.** Die Korruption wird v.a. an seiner Nähe zu AD-Politikern wie dem Abgeordneten Ramón Mirabal sowie an informellen Kontakten zu öffentlichen Personen festgemacht. Durch die Verlagerung auf Kontakt- und Bezugspersonen lässt sich der Nachweis, ob die Vorwürfe gerechtfertigt sind, erstens immer weniger verfolgen - der Korruptionsvorwurf steht aber als Stigma im Raum. Zweitens erhebt sich der Verdacht, dass mit Korruption weniger Finanztransfers, sondern vielmehr der Aspekt des "moralischen Verfalls" gemeint ist. **Wer sich mit einer Person trifft, die sich wie im Fall des Abgeordneten Mirabal für staatliche Unterstützung des informellen Bergbaus ausspricht und hierfür auch politisch agiert, verfolgt offensichtlich auch ein moralisch verwerfliches Ziel.**

*Der Label des Korrupten*

Je nach Perspektive diffamiert das Label des Korrupten also vordergründig die Person Nelson Lezama, bezieht aber indirekt auch die vertretene Sozialgruppe bzw. "sein" Modellprojekt Manarito ein oder umgekehrt - der moralisch verwerfliche Charakter, der dem informellen Bergbau zugesprochen wird, wird auf die ihn vertretenden Personen übertragen.

Die Begünstigung von Familienmitgliedern und Freunden bei der Besetzung wichtiger Ämter erscheint v.a. aus europäischer Sicht problematisch. In Lateinamerika und speziell im informellen Sektor ist es aber nicht nur gängig, sondern quasi eine soziale Verpflichtung, bei der Besetzung von Positionen Angehörige zu berücksichtigen. Das heißt aber nicht unbedingt, dass man mit den Besetzungen seinen eigenen Wünschen nachkommt. Nelson Lezama lehnt z.B. seinen Neffen persönlich ab, weil er ihm zu "unmännlich" und zu "weich" ist. Nicht nur trägt der Neffe einen Ohrring (in Lateinamerika oft als Zeichen für Homosexualität interpretiert), Lezama wirft ihm v.a. mangelnde Durchsetzungskraft in Auseinandersetzungen mit staatlichen Angestellten und *Mineros* vor. Nachdem Lezama z.B. in Manarito im Büro der *Sociedad Manarito* einen Kasten Bier vorfand, kündigte er seinem Neffen lautstark auf der Stelle, da er als Geschäftsführer den Alkohol im Büro der Kooperative hätte verbieten müssen[93]. Die Kündigung nahm er nach eigenen Aussagen später zurück, weil sein Neffe über eine Ausbildung als Kaufmann verfügt und für die Buchführung unerlässlich ist - und weil sein Neffe das einzige Mitglied seiner Kernfamilie ist, das Arbeit hat und somit der einzige Ernährer einer fünfköpfigen Familie ist! Auch mit dem Vorstandsmitglied Wilfredo Mato kam es zu massiven Differenzen als dieser sich weigerte, das Alkoholverbot in Gebäuden der Kooperative sowie verschiedene staatliche Auflagen einzuhalten. Eine Kündigung wurde nicht ausgesprochen, was von einigen *Mineros* mit dem Insiderwissen Matos begründet wurde.

*Kehrseite der persönlichen Ämterpatronage*

Da Motivationen empirisch nicht zu fassen sind, lässt sich nicht zufrieden stellend belegen, ob es Lezama letztlich um eine populistische Politur des Images von Manarito für seine politische Karriere oder um eine Verbesserung der sozioökonomischen und politischen Situation der *Mineros* geht. Trotzdem lassen seine beobachtbaren Handlungen (neben den persönlichen Machtinteressen) ein ernsthaftes Bemühen für eine sozioökonomische und politische Organisation der *Mineros* vermuten. Die Ernsthaftigkeit seiner Bemühungen lässt sich u.a. daran ablesen, dass er Kritikern seines Projektes offenen Zugang zu Unterlagen der Kooperative und zum Projektgebiet gewährt.

[93] Diese Szene wurde mir sowohl von verschiedenen *Mineros* als auch von Lezamas Neffen geschildert.

Meine Anfrage mit Forstwissenschaftlern der *Universidad Naciónal y Experimental* die Aufforstungen in Manarito zu evaluieren, genehmigte Lezama, obwohl ihm viele Wissenschaftler aus der UNEG kritisch gegenüberstehen und die Aufforstungen als Makulatur bezeichnen. Er begrüßte das Vorhaben sogar, weil damit das erste Mal Mitarbeiter der UNEG das Projektgebiet betreten hätten und weil er sich Anregungen und Umsetzungshilfen erhoffte[94]. Des Weiteren konnte mehrmals beobachtet werden, wie aggressiv Lezama auf Regelverletzungen reagierte. *Mineros*, die befragt wurden, warum sie sich den Reglements und finanziellen Forderungen der *Sociedad* unterwerfen, antworten i.d.R. mit Eigeninteresse an einer wirtschaftlichen und politischen Organisation des informellen Bergbaus, mit der Verbesserung der internen und externen Sicherheit und mit der Durchsetzungsenergie von Nelson Lezama.

### 7.1.2 Chronischer Finanzmangel

*Negative Geschäftsbilanz*

Dem Geschäftsbericht der Kooperative Manarito von 1997 ist zu entnehmen, dass sie ihren Jahresumsatz seit 1993 von rund 105.000 US-Dollar um zwei Drittel auf 331.000 US-Dollar steigern konnte. Bis heute weist die *Sociedad Manarito* aber eine negative Geschäftsbilanz auf. Bei einem durchschnittlichen Umsatz von 110.600 US-Dollar in den Jahren 1993 bis 1997 stehen einem durchschnittlichen Jahreseinkommen von 97.710 US-Dollar Ausgaben in Höhe von 123.500 US-Dollar gegenüber (Abb. 11). Die Negativbilanz erklärt sich v.a. über monetarisierte Eigenleistungen sowie nicht ausgezahlte Sozialrücklagen und Gehälter für Mitarbeiter (s.u.).

**Abb. 11: Jahresbilanzen der *Sociedad Civil Mineros de Manarito***

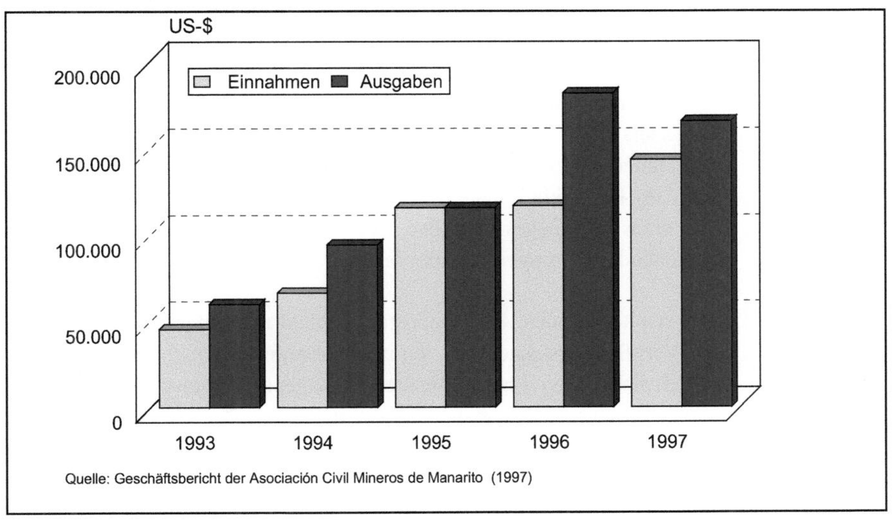


Quelle: Geschäftsbericht der Asociación Civil Mineros de Manarito (1997)

[94]Die geplante Evaluierung scheiterte letztlich an einer Absage der angefragten Forstwissenschaftler.

*Einnahmestruktur*

Die Einnahmen setzen sich zu rund 90% aus Mitgliedsbeiträgen und Neueinschreibungen zusammen (Abb. 12). Externe Unterstützungen, Treibstoffverkauf und sonstige Einnahmen machen nur 10% aus.

**Abb. 12: Einnahmestruktur der *Sociedad Civil Mineros de Manarito***

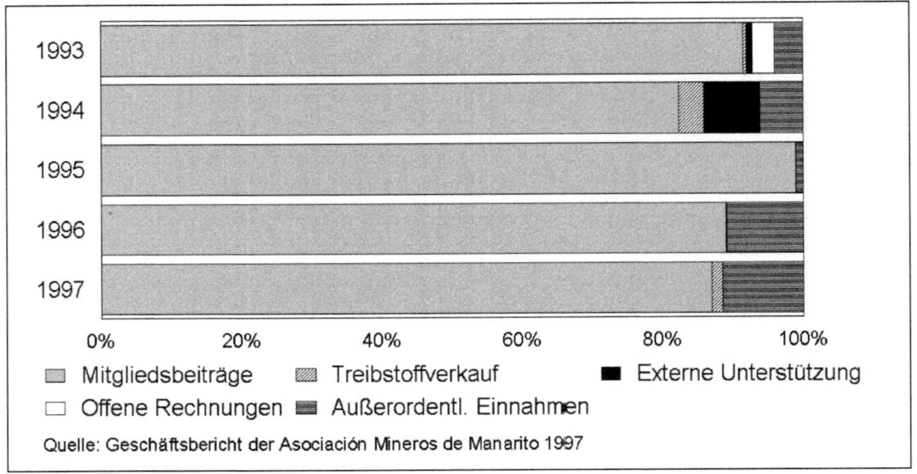


Quelle: Geschäftsbericht der Asociación Mineros de Manarito 1997

*Ausgabenstruktur*

Auf der Ausgabenseite (Abb. 13) machen die Gehälter und Sozialrücklagen für die Angestellten der *Asociación* mit einem Anteil von 30% den größten Posten aus. In Gesprächen mit ehemaligen und derzeitigen Mitarbeitern stellte sich allerdings heraus, dass Löhne und Sozialrücklagen z.T. nicht ausgezahlt wurden. Rücksprachen mit der Geschäftsführung ergaben, dass diese sich ihrer gesetzlich verankerten Auszahlungspflicht bewusst sei, aber oft nicht über das Geld verfüge. In dem Posten "offene Rechnungen" verberge sich aber, dass ein Teil der Leistungen nachträglich ausgezahlt worden sei. **Trotzdem steckt in dieser Weitergabe der defizitären Finanzsituation der Organisation auf einzelne Mitglieder ein immenses Konfliktpotenzial.** Da es in Venezuela kein staatliches Sozialversicherungssystem gibt, ist ein Arbeitnehmer darauf angewiesen, dass der Arbeitgeber die Sozialrücklagen im Bedarfsfall schnell auszahlt. Auch im Fall einer Kündigung und eines Wegzuges aus der Region gestaltet es sich schwierig, ausstehende Leistungen einzufordern.

*Externalisierung der Finanzdefizite auf Angestellte, Arbeiter und Mitglieder*

Den zweiten großen Ausgabeposten machen mit rund 20% Transport- und Verpflegungskosten aus, die man zusammen betrachten kann, weil es sich neben den Transportkosten für eigenes Personal und Material zum großen Teil um Transport- und Verpflegungskosten für Mitarbeiter von staatlichen Einrichtungen (*Guardia Nacional*, CVG, MEM) handelt. Denn für staatliche Kontrollinspektionen kommt nicht der Staat, sondern die Kooperative auf. **So externalisieren auch staatliche Organisationen ihre Finanzdefizite auf die Projekte, die sie evaluieren.**

*Externalisierung staatlicher Finanzdefizite auf Bergbaukooperativen*

**Abb. 13: Ausgabenstruktur der *Sociedad Civil Mineros de Manarito***

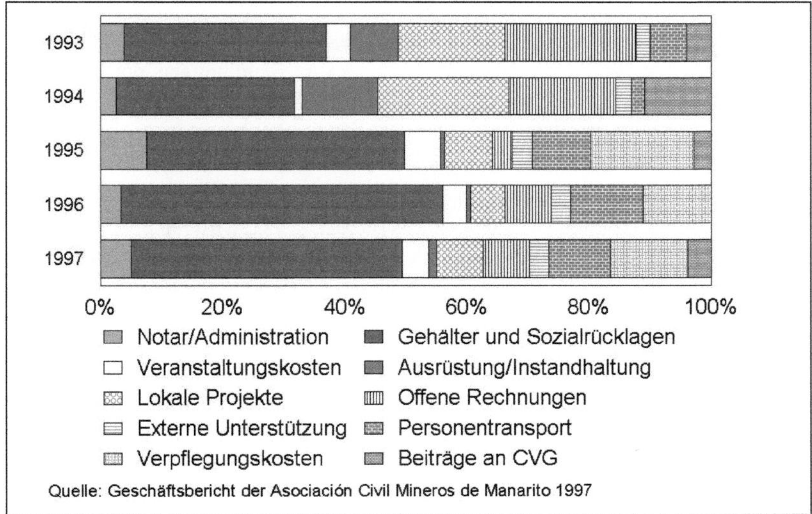


Quelle: Geschäftsbericht der Asociación Civil Mineros de Manarito 1997

*Projekt-finanzierung auf lokaler Ebene*

Die Ausgaben für die Projekte auf lokaler Ebene zeigen von 1993 bis 1997 relativ gesehen einen Abwärtstrend, absolut haben sie mit Ausnahme des Jahres 1997 aber zugenommen (Abb. 14). Von dem Finanzfluss hat v.a. der Ausbau der Infrastruktur profitiert, während sich die Ausgaben für Umwelt- und Sozialprojekte relativ stabil zwischen 8000 und 12.000 US-Dollar bewegen. Ausgaben für die lokalen Projekte verstecken sich z.T. im Bereich der Personalkosten. Denn auf der lokalen Ebene sind vier Sicherheitsbeauftragte, zwei Krankenpfleger, zwei Lehrer und sechs Techniker für Aufforstungs- und Bergbauprojekte angestellt. Auch externe Personalkosten für zeitlich begrenzte Einsätze von staatlichem Personal, die z.B. Malariaprogramme durchführen, werden von der Kooperative teilfinanziert.

**Abb. 14: Förderstruktur lokaler Projekte (Manarito)**

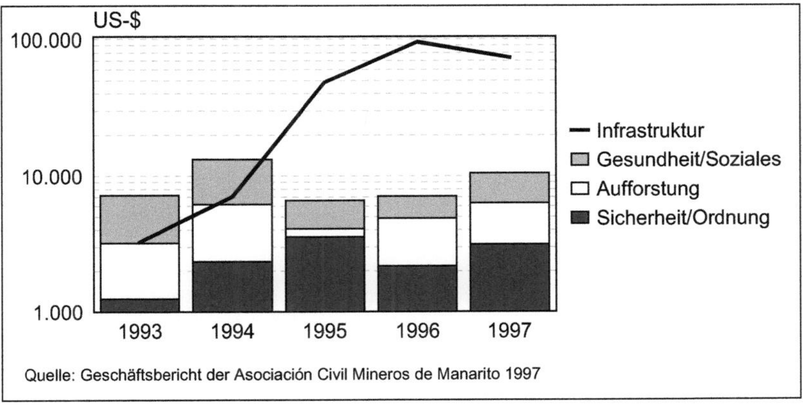


Quelle: Geschäftsbericht der Asociación Civil Mineros de Manarito 1997

*Verwaltungsaufwand und notarielle Ausgaben*

Notarielle Kosten, Verwaltungs-, und Werbungskosten sind von 4635 US-Dollar im Jahr 1993 auf rund 16.000 US-Dollar im Jahr 1997 angestiegen. In diesem Anstieg stecken v.a. Bemühungen der Kooperative, ihren Rechtsstatus auszubauen.

*Handlungsrestriktionen*

Nachdem die *Asociación* Manarito 1996 in die Rechtsform der *Sociedad* überführt wurde, stehen ihr Konzessionsrechte und damit eine größere Exploitationsfläche zu. Von der CVG wird eine Gebietserweiterung aber mit der Begründung verweigert, dass das Areal, für das Genehmigungen vorliegen, noch nicht vollständig erschlossen wurde. Zudem könne eine Expansion nur durch die Entwicklung zu einer *Mediana Mineria*[95] erfolgen, wofür der *Sociedad* aber die Kapazitäten fehlen würden. Die *Sociedad Manarito* argumentiert dagegen, dass sie die finanziellen Mittel zur Einführung der von der CVG geforderten Technologie (z.B. Raupen- und Baggerfahrzeuge statt *Chupadores*) erst nach der Flächenerweiterung erwirtschaften kann. Gegen die Verweigerung der Gebietserweiterung hat sie Widerspruch eingelegt und neben den 500 ha, für die ein CVG-*Contrato* vorliegt, eine vorläufige Nutzungserlaubnis für zusätzliche 1.500 ha erhalten. Auf weiteren 13.000 ha schürfen Mitglieder der *Sociedad Manarito* ohne staatliche Genehmigung.

**Im Zusammenhang mit den Gebietsansprüchen der *Sociedad Manarito* kritisiert Lezama v.a. die Bezeichnung *Pequeña Minería*. Obwohl es keine klaren Definitionen in Venezuela gäbe, wären mit diesem Begriff Auflagen verbunden, mit denen der informelle Bergbau klein gehalten würde.** Neben der Flächenbeschränkung auf 500 ha dürfen in der *Pequeña Minería* z.B. Ausländer weder Gesellschafter noch Maschinenbesitzer sein[96]. Wie in Nuevo Callao umgehen ausländische Maschinenbesitzer dieses Gesetz, indem sie die Maschinen auf ihre venezolanischen Ehefrauen überschreiben oder bei Überschreitung der vorgeschriebenen Höchstzahl von zwei *Chupadores* verschiedene Familienmitglieder als Besitzer angeben. Von Lezama wird dieses Vorgehen mit der Begründung gedeckt, dass transnationale Unternehmer auch aus dem Ausland kommen, nach venezolanischem Gesetz größere Maschinen einsetzen und größere Flächen exploitieren dürfen.

[95] Die "mittlere Minería" unterscheidet sich von der "kleinen Minería" sowohl durch unterschiedliche Größe der Parzellen, die bearbeitet werden dürfen, als auch durch den Einsatz unterschiedlicher Maschinen. Während bei der *Pequeña Minería* Parzellen 500 ha nicht überschreiten dürfen und *Chupadores* akzeptiert werden, umfasst die Parzellengröße der *Mediana Minería*, bei der mit Bagger- und Raupenfahrzeugen gearbeitet wird, 500 - 5.000 ha. Zum Teil leihen sich Kooperativen des informellen Bergbaus aber auch schwere Maschinen aus oder überschreiten wie z.B. im Fall von Manarito die Begrenzung von 500 ha, so dass es keine sehr klaren Definitionsgrenzen gibt.

[96] Siehe Resolution 71 (14/04/1992): *Normas Aplicables a la Explotación de Oro y Diamante de Aluvión.*

## 7.2 Akteure und Aktivitäten am Standort des Diamantenabbaus

*Diamantenregion Manarito*

Das Schürfgebiet der *Sociedad Manarito* liegt im Municipio Raúl Leóni, im *Eje Aza-Karon* am oberen Paragua, ca. 45 km südwestlich von La Paragua. Die Region ist infrastrukturell weng erschlossen, so dass die Anreise entweder von La Paragua über den Rio Paragua oder mit einem kleinen Flugzeug erfolgt. Die Anreise über den Fluss kann sich bis zu 5 Stunden hinziehen. Die Anreisezeit mit dem Flugzeug beträgt von Ciudad Bolívar ca. eine Stunde, von La Paragua 20 Minuten. Geologisch liegt die Region in den quarzitreichen Provinzen Cuchivero und Roraima (siehe Kapitel II-2). Bei der Mehrzahl der Diamanten, die in der Region gefunden werden, handelt es sich um kleine Diamanten oder Diamanten mit Intrusionen, die für die Schmuck verarbeitung ungeeignet sind und deswegen nur für industrielle Zwecke verwendet werden. Einer der bisher größten Diamanten, die in der Region gefunden wurde, wog ungefähr 3,4 gr. und hatte 17 Karat[97]. Aber solche Funde sind äußerst selten. Vorwiegend wird nur der weiße Diamant mit einer mittleren Größe von 0.05 Karat abgebaut.

Bei den Böden handelt es sich um humusarme Weißsandböden. Die Vegetation besteht vorwiegend aus Savannenvegetation, einzelnen Hochwaldinseln und Galeriewäldern. Große Flächen der Savannen sind durch den alluvialen Diamantenabbau devastiert. Partiell hat aber bereits Sekundärsukzession eingesetzt.

Im Gegensatz zu den *Mineros*, die im tropischen Feuchtwald schürfen, konnten die *Mineros* in der deutlich artenärmeren Savannenregion des *Eje Aza-Karon* in den Einzelbefragungen spontan im Durchschnitt nur 4 lokale Baumarten nennen. In Feldbegehungen mit mehreren *Mineros* konnten allerdings deutlich mehr Bäume und andere Pflanzen identifiziert werden Trotzdem erhebt die Auflistung der Vegetation in Tabelle 14 weder Anspruch auf Vollständigkeit noch kann (da keine botanische Bestimmung durch einen Biologen erfolgte) eine 100%ig korrekte biologische Taxonomie gewährleistet werden[98]. In erster Linie soll Tabelle 14 andeuten, dass *Mineros* die sie umgebende Vegetation wahrnehmen und sie mit Namen belegen können (siehe hierzu vertiefend Fallbeispiel San Mino).

[97] Der Wert eines Diamanten wird in Karat (*Quilate*) gemessen. Ein Karat bringt dem Erstverkäufer je nach Qualität zwischen 25 US-$ (Industriediamant) und 280 US-$ (Schmuckdiamant) ein.

[98] Die botanischen Listen in dieser Arbeit sind von der venezolanischen Biologin Argelia Silva und dem deutschen Biologen Winnie Meyer (derzeit am Botanischen Garten in Caracas) Korrektur gelesen. Da kein Herbarium angelegt wurde, erfolgte die Artenbestimmung ausschließlich über die von den *Mineros* genannten Artenbezeichnungen. Falsche Zuweisungen sind z.T. nicht auszuschließen, da lokale Artenbezeichnungen oft regionalspezifisch variieren.

**Tab. 14: Von *Mineros* identifizierte Vegetation in der Region Manarito**

| **In Hochwaldinseln nachgewiesene Vegetation** | | |
|---|---|---|
| **Regionalspezifische Bezeichnung** | **Wissenschaftliche Nomenklatur** | **Familie** |
| Aceite | *Copaifera officinalis* L. | (Leguminosae) Caesalpiniaceae |
| Almendrón | *Terminalia catappa* L. | (Combretaceae) |
| Araguaney (falso) | *Tabebuia chrysantha* Nichols. | (Bignoniaceae) |
| Bejuco de Cadena | *Bauhinia* sp. | (Ceasalpiniaceae) Caesalpiniaceae |
| Bolegato | *Solanum hirtum* Vahl | (Solanaceae) |
| Caucho | Synonym für Vielzahl versch. Arten | div. Fam. |
| Chaparillo/Cacho de Venado | *Palicourea rigida* H.B.K. | (Rubiaceae) |
| Chaparro / Curata | *Byrsonima* sp. | (Malpighiaceae) |
| Copey | *Clusia* sp. | (Guttiferae) |
| Guamo | *Inga* sp. | (Mimosaceae) |
| Guajaba montanero | *Psidium guajava* L. | (Myrtaceae) |
| Hierrito de Kerosin | ? evt. *Tapura gulanensis* | |
| Mamey | *Mammea americana* L. | (Guttiferae) |
| Manteco | *Rapanea* sp. | (Myrsinaceae) |
| Merey sabanero montañero / sabanero | *Anacardium occidentale* L. | (Anacardiaceae) |
| Mastranto (Busch) | *Hyptis suaveolens* L. | (Labiatae) |
| Onoto | *Bixa orellana* L. | (Bixaceae) |
| Pata de danto | *Terminalia* sp. | (Combretaceae) |
| Platanillo | *Heliconia* sp. | (Heliconiaceae) |
| Ravia / Quevarro | ? evt. *Cathormium Tortun* (Mart) Pittier | (Leguminosae) |
| Sún-Sún | *Pourouma guianensis* Aubl. *Didimopanax morototoni* | (Cecropiaceae) |
| **Vegetation der Savannenflächen** | | |
| Carata | *Sabal mauritiaeformis* (Karst.) Griseb. & Wendl. | (Palmae) |
| San Pablo | *Gronoma leversa* | (Palmae) |
| Cucurito | *Maximiliana regio* Mart. / *Attalea* sp. | (Palmae) |
| Moriche | *Mauritia minor* Burret | (Palmae) |
| Cortadera | *Scleria* sp. | (Cyperaceae) |
| | *Paspalum* sp. | (Poaceae) |
| | *Mikanice* sp. | (Poaceae) |
| | *Echinolacea* sp. | (Poaceae) |
| **Vegetation auf Sukzessionsflächen:** | | |
| Copey | *Clusia* sp. | (Guttiferae) |
| Caucho | Sammelbezeichnung für versch. Arten | div. Familien |
| Yagrumo | *Cecropia* sp. | (Cecropiaceae) |
| Escobilla | *Lepidium virginicum* L. oder *Scoparia dulcis* L. | (Cruciferae) (Scrophulariaceae) |
| Escobilla amarilla | *Sida acuta* Burm. | (Malvaceae) |
| Cortadera | *Scleria bracteata* Cav. | (Cyperaceae) |
| Paja Vivora (Paja Voladora?) | *Rhynchelytrum roseum* (Nees) Stapf & Hubb. | (Poaceae) |
| Paja Citronela | *Cymbopogon citratus* (DC.) Stapf | (Poaceae) |

Quelle: Eigene Erhebungen 1997. Referenzliteratur: CVG (1995a), HOYOS (1994) HUECK (1968), MARNR (1983); SCHNEE (1984)

### 7.2.1 Bevölkerungs- und Siedlungsstruktur

*Indigene Bevölkerung*

Indigene, die in der Region leben, gehören zu den Pemones und den Chiricoas (Guajibos). Mit Ausnahme von Morachelito (siehe Karte 11), wo Pemones Hütten errichtet haben, liegen die indigenen Siedlungen außerhalb des Bergbauareals. Sowohl *Mineros* als auch spanischsprachige Pemones gaben an, dass es keine Konflikte zwischen *Mineros* und indigenen Gruppen gäbe. Vielmehr beständen Tauschbeziehungen.

Mehrmals konnte beobachtet werden, dass Pemones erlegte Tiere in den *Minero*dörfern verkauften und dass *Mineros* in indigenen Streusiedlungen, die meist an den Fussläufen liegen, Rast einlegten. Da aber keine umfangreichen Befragungen mit Indigenen durchgeführt wurden und in Ciudad Bolívar Gerüchte über Konflikte zwischen *Mineros* und Indigenen in der Region Manarito kursierten, kann nicht definitiv ausgeschlossen werden, dass die räumliche Segregation von *Mineros* und Indigenen nicht auf Verdrängungsprozesse zurückgeht.

*Minero-Dörfer*

Die *Criollo*-Bevölkerung besteht aus 4000 bis 7000 *Mineros*, die sich zu einem großen Teil in 15 Holzhüttensiedlungen konzentrieren (siehe Karte 11). Verstreut liegen zwischen diesen Hauptdörfern kleinere Streusiedlungen und einzelne Hütten. In diesen Zwischensiedlungen scheint die Bevölkerungsfluktuation größer zu sein als in den großen Siedlungen, da vermehrt aufgegebene Häuser festgestellt wurden. In *La Ringera* war z.B. die Mehrzahl der rund 15 Häuser aufgegeben.

**Karte 11: Siedlungen in der Region Manarito (1996/1997)**

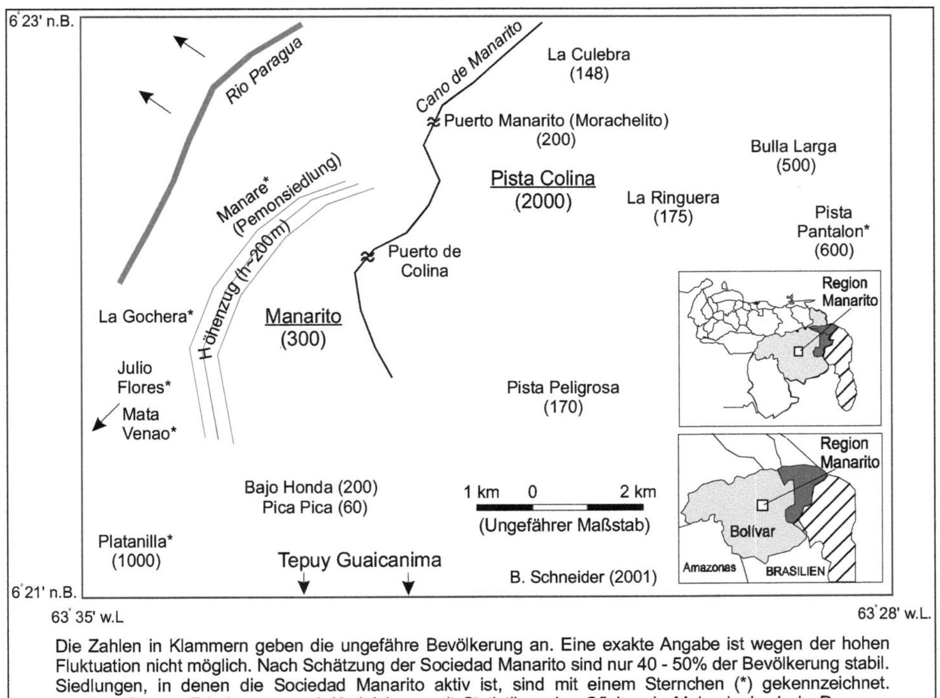


Die Zahlen in Klammern geben die ungefähre Bevölkerung an. Eine exakte Angabe ist wegen der hohen Fluktuation nicht möglich. Nach Schätzung der Sociedad Manarito sind nur 40 - 50% der Bevölkerung stabil. Siedlungen, in denen die Sociedad Manarito aktiv ist, sind mit einem Sternchen (*) gekennzeichnet. Quellen: Eigene Erhebungen und Abgleichung mit Statistiken des Oficina de Malarologia de la Paragua.

In der Mehrzahl handelt es sich um lineare Dörfer, die sich entlang von Flugzeugpisten aufreihen, so dass die Pisten, an denen sich Diamantenhändler niedergelassen haben, die funktionalen Zentren bilden.

Die zentrale Lage der Flugzeugpisten innerhalb der Siedlungen unterstreicht den schlechten Ausbau der sonstigen Infrastruktur sowie die Bedeutung des Diamantenhandels. Das (wenn vorhandene) zweite Zentrum bilden Einzelhandelsgeschäfte, Restaurants und *Coruptelas* (Holzhütten, in denen Alkohol verkauft wird und Prostituierte arbeiten). Die Dörfer sind durch unasphaltierte Wege verbunden, die in der Regenzeit oft nicht passierbar sind. Als Transportmöglichkeiten verbleiben v.a. in der Regenzeit Esel, der *Rio Paragua*, seine Nebenflüsse und der Luftverkehr[99]. An diesen Transportmöglichkeiten orientiert, liegen die Siedlungen auf flachen Ebenen (für die Flugzeugpisten) oder an den Wasserläufen, wobei die größeren Siedlungen auf den Flugverkehr ausgerichtet sind. An den Flüssen finden sich eher kleine Siedlungen, Warenumschlagplätze und indigene Siedlungen.

*Pueblo Manarito*

Eine Ausnahme des lokalen Siedlungsmusters stellt ***Pueblo Manarito*** dar. Der Grundriss des rund 300 Einwohner umfassenden Dorfes orientiert sich nicht an einer Flugzeugpiste, sondern gruppiert sich unregelmäßig um den *Plaza Bolívar*. Die Flugzeugpiste liegt im Norden außerhalb des Ortes. Der für die Region ungewöhnliche Grundriss sowie die Ortsrandlage der Flugzeugpiste erklären sich darüber, dass das Dorf nicht als kommerzieller Umschlagplatz für Diamanten dient, sondern - von wenigen Versorgungseinrichtungen wie Lebensmittelläden und Restaurants abgesehen - in erster Linie **Wohnfunktion** erfüllt. Der Diamantenumschlag findet im nahegelegenen Pista Colina statt. In Bezug auf den Aufriss unterscheidet sich Manarito nicht von den anderen Orten. Die Stockwerkszahl der Häuser beträgt ohne Ausnahme nur ein Stockwerk. Als Baumaterial werden Holz, Wellblech, Palmenblätter und Plastikplanen herangezogen. Die durchschnittich Grundfläche dieser Hütten liegt bei 10 bis 20 qm. Auf diesem Wohnraum leben zwischen zwei und 10 Personen.

**Auffällig ist die hohe Anzahl von Gemeinschaftseinrichtungen wie z.B. der Altar, die Bibliothek, die Sportplätze und *Churuatas*** (mit Palmendächern bedeckte Rondelle ohne Seitenwände, die der Erholung dienen). Die Mehrzahl dieser Einrichtungen (z.B. die Schule, die Bibliothek, die Ambulanz, der 1000-Liter-Wassertank) gehen auf die *Sociedad Manarito* zurück, andere sind auch in anderen Minenorten vorzufinden. Beispielsweise hat jeder größere Minenstandort in der Region eine Fußballmannschaft und es werden mehr oder weniger regelmäßig zwischenörtliche Wettkämpfe ausgetragen. Alle Gemeinschaftseinrichtungen weisen einen einfachen Charakter auf. Die ca. 90 m$^2$ große Schule besteht z.B. aus Holzwänden, die für eine bessere Belüftung nur zur Hälfte hoch reichen, und ist mit Wellblech überdacht.

[99] Motorisierte Fahrzeuge gibt es v.a. wegen der extrem schwierigen Anreise nur sehr wenige. In den untersuchten Dörfern Manarito und Pista Colina gab es nur acht zerbeulte Jeeps für den Waren- und Personentransport.

**Karte 12: Funktionalkartierung Manarito**

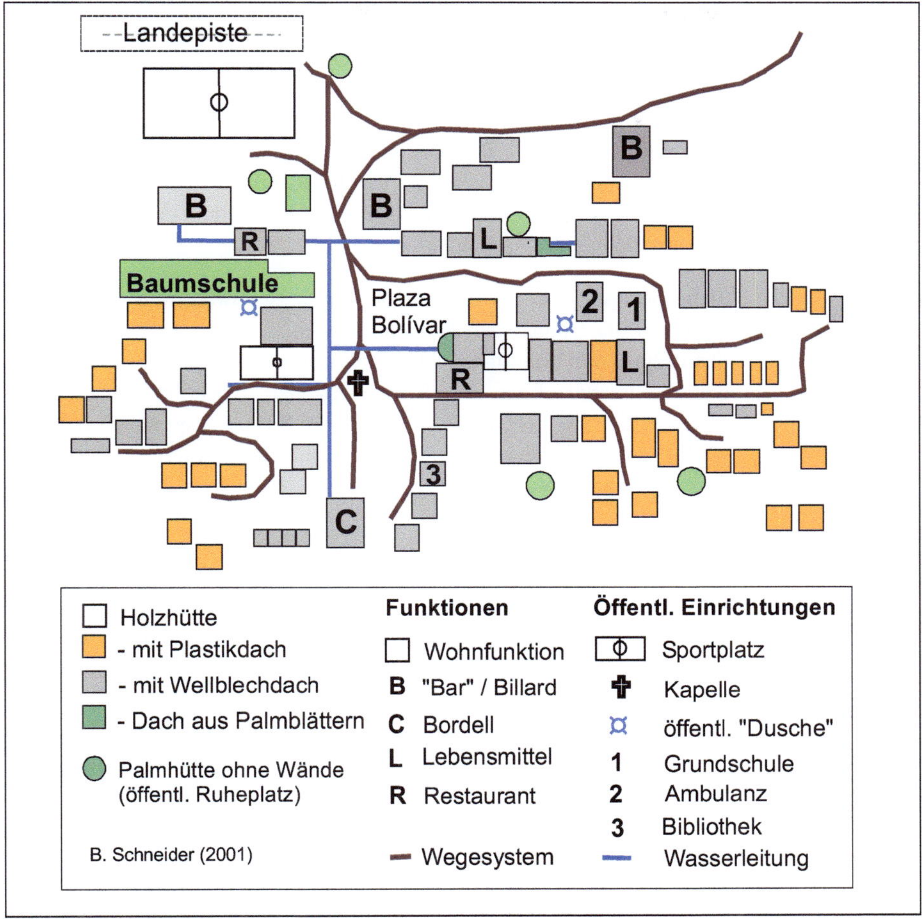


*Soziale Projekte*

Der "zentrale Ort" der Region ist **Pista Colina** (siehe Karte 13). Mit rund 2000 Einwohnern handelt es sich um den größten Ort der Region. **Auch hier gibt es eine von der *Sociedad Manarito* geförderte Schule und medizinische Einrichtungen.** Während des ersten Feldaufenthaltes (Dezember 1996) gab es in beiden Dörfern einen Lehrer. Beim dritten Besuch (Juli 1997) suchte die *Sociedad Manarito* einen neuen Lehrer für die 18 Kinder im Alter von 4 bis 11 Jahren, die in Manarito lebten, weil der Lehrer wegen eines besseren Arbeitsangebots nach Ciudad Bolívar gewechselt hatte. Der Lehrer aus Pista Colina bestätigte, dass auch er bessere Verdienstmöglichkeiten in einer Stadt hätte. Er bliebe aber aus idealistischen Gründen, da es genügend Lehrer gäbe, die nur in Städten arbeiten wollten. Voller Enthusiasmus veranstaltete er neben dem Unterricht Kinderfeste, auf denen Theateraufführungen und aus Abfallprodukten hergestellte Bastelarbeiten gezeigt wurden.

Neben den **stationären Ambulanzen**, die von je einem Krankenpfleger bzw. einer Krankenschwester betreut werden, hat die Kooperative einen auswärtigen Krankenpfleger angestellt, der die Dörfer zweimal im Monat für jeweils sechs Tage besucht. Mit dem Malariabüro in La Paragua (*Oficina de Malariologia de la Paragua)* gibt es ein Abkommen, dass regelmäßig geschultes Personal für die Malariaprophylaxe und -behandlung in die Region kommt. Pro Monat werden rund 100 Untersuchungen durchgeführt. Behandlungen (im Durchschnitt 50 pro Monat) sind kostenlos.

**Sicherheitspersonal** der *Sociedad Manarito* ist sowohl in Manarito als auch in Pista Colina und den umliegenden kleineren Dörfern für die Schlichtung von Streitfällen, die Einhaltung gesetzlicher Vorschriften und die Instandhaltung und Reinhaltung der Infrastruktur zuständig. *Mineros*, die sich nicht an Anweisungen des Sicherheitspersonals halten, wird die Aufenthaltsgenehmigung (siehe Fallbeispiel *Nuevo Callao*) entzogen. Bei schweren Verstößen werden sie der *Guardia Nacional* übergeben.

*Pista Colina*

**Trotz der Aktivitäten der *Sociedad Manarito* hat Pista Colina wenig mit dem "idyllischen Charakter" von *Pueblo Manarito* gemein.** Durch die vierzehnfache Bevölkerungszahl und die dichte, unsystematische Bebauung ist Pista Colina extrem unübersichtlich (siehe Karte 13). Hinzu kommt, dass Pista Colina nicht wie Manarito in erster Linie der Wohnfunktion dient, sondern als regionales Handels- und Freizeitzentrum sowie als Umschlagplatz für Diamanten fungiert. Die Funktionalkartierung von Pista Colina spiegelt den Bedarf der *Mineros* an einem direkten Zugang zu Versorgungseinrichtungen wie Lebensmittel- und Bekleidungsläden sowie Restaurants wider. So hat der informelle Bergbau die Niederlassung zahlreicher Personen zur Folge, die nicht direkt in den Edelsteinabbau involviert sind. Auffällig ist die hohe Präsenz von Dienstleistungseinrichtungen, während dem Handwerk eine untergeordnete Rolle zukommt.

Das zahlenmäßig dominierende "Nebenprodukt" des Edelsteinabbaus sind lokale Diamantenaufkäufer sowie Vergnügungseinrichtungen wie Restaurants, Bars und *Coruptelas (*Bierschänken, in denen Prostituierte ihre Dienste anbieten*).* Erst an dritter Stelle folgen Versorgungseinrichtungen für den täglichen und mittleren Bedarf. Insgesamt konnten weit über 30 verschiedene Wirtschaftstätigkeiten identifiziert werden (siehe Tab. 15), denen die Bewohner von Pista Colina nachgehen. Die wenigsten Tätigkeiten setzen Vorkenntnisse oder Startkapital voraus, so dass auch Neulingen schnelle Einstiegsmöglichkeiten zu einer Vielzahl verschiedener Beschäftigungsnischen offen stehen.

**Karte 13: Funktionalkartierung Pista Colina**

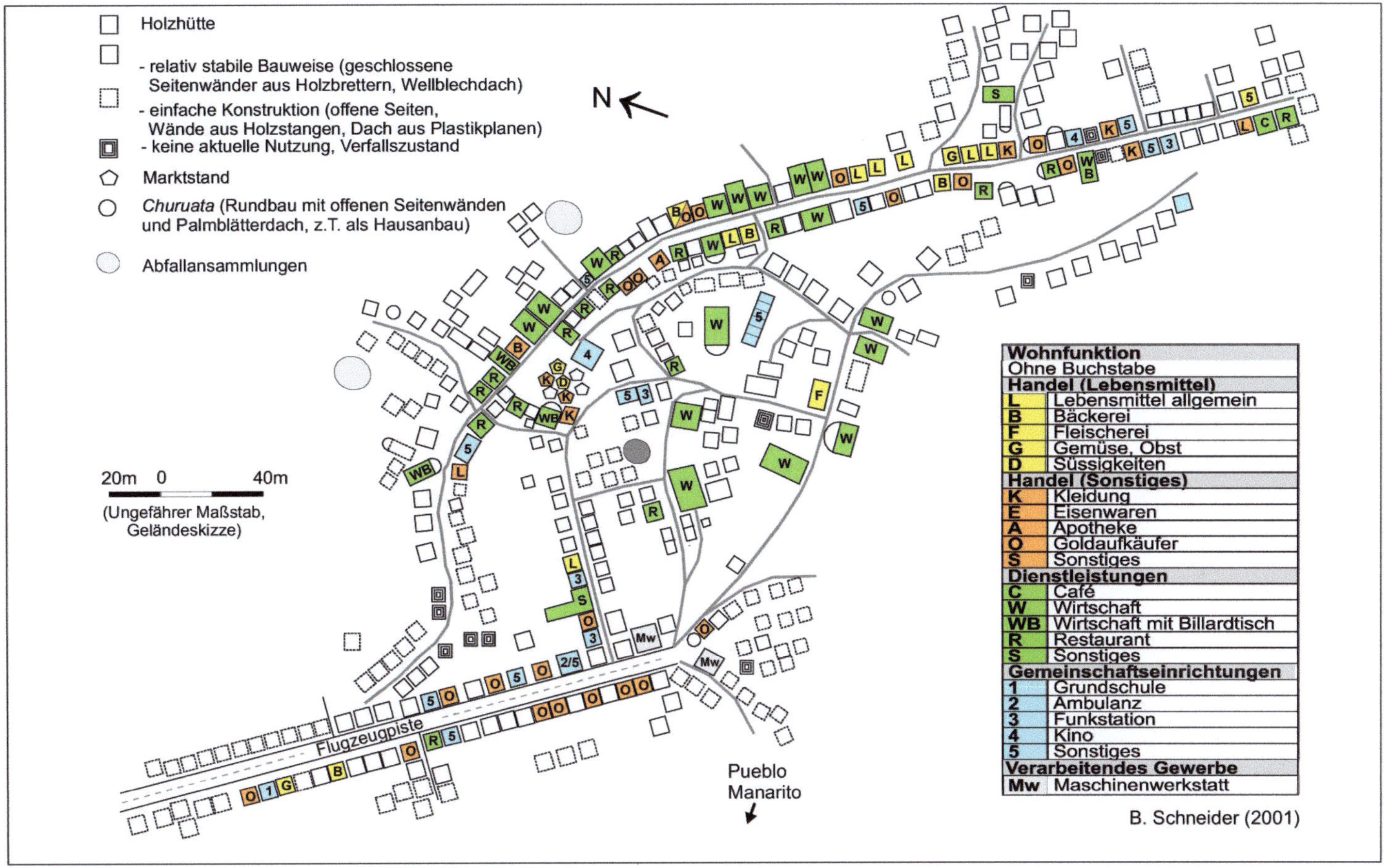

Holzhütte

- relativ stabile Bauweise (geschlossene Seitenwänder aus Holzbrettern, Wellblechdach)
- einfache Konstruktion (offene Seiten, Wände aus Holzstangen, Dach aus Plastikplanen)
- keine aktuelle Nutzung, Verfallszustand

Marktstand

*Churuata* (Rundbau mit offenen Seitenwänden und Palmblätterdach, z.T. als Hausanbau)

Abfallansammlungen

N

20m 0 40m

(Ungefährer Maßstab, Geländeskizze)

Flugzeugpiste

Pueblo Manarito

| Wohnfunktion | |
|---|---|
| | Ohne Buchstabe |
| **Handel (Lebensmittel)** | |
| L | Lebensmittel allgemein |
| B | Bäckerei |
| F | Fleischerei |
| G | Gemüse, Obst |
| D | Süssigkeiten |
| **Handel (Sonstiges)** | |
| K | Kleidung |
| E | Eisenwaren |
| A | Apotheke |
| O | Goldaufkäufer |
| S | Sonstiges |
| **Dienstleistungen** | |
| C | Café |
| W | Wirtschaft |
| WB | Wirtschaft mit Billardtisch |
| R | Restaurant |
| S | Sonstiges |
| **Gemeinschaftseinrichtungen** | |
| 1 | Grundschule |
| 2 | Ambulanz |
| 3 | Funkstation |
| 4 | Kino |
| 5 | Sonstiges |
| **Verarbeitendes Gewerbe** | |
| Mw | Maschinenwerkstatt |

B. Schneider (2001)

**Tab. 15: Tätigkeitsnischen im informellen Bergbau (Pista Colina)**

| Handwerkliche Tätigkeiten | | Dienstleistungs- und Handelstätigkeiten | |
|---|---|---|---|
| **Regionale Bezeichnung** | **Übersetzung** | **Regionale Bezeichnung** | **Übersetzung** |
| *Constructor* | Zimmermann | *Barenderos* | Straßenreiniger |
| *Mecanico* | Mechaniker | *Brujas* | Hexen / Geisterbeschwörer |
| *Soldadero* | Schweißer | *Cocinera* | Köchin |
| *Tornero* | Drechsler | *Carnisero* | Fleischer |
| | | *Comerciantes de*<br>- *Videros*<br>- *Carne*<br>- *Frutas*<br>- *helados*<br>- *ropas*<br>- *farmacas*<br>- *ferreteria* | Händler / Verkäufer von<br>- Lebensmitteln<br>- Fleisch<br>- Früchten<br>- Eis<br>- Kleidung<br>- Arzneien<br>- Eisenwaren |
| | | *Compradoras de Diamantes*<br>- *mayoristas*<br>- *intermedios*<br>- *minoristas* | Diamantenkäufer mit<br>- großer Kapazität<br>- mittlerer Kapazität<br>- kleiner Kapazität |
| | | *Dentista* | Zahnarzt |
| | | *Fichera* | Bardamen, z.T. Prostituierte |
| | | *Hoteleros* | Hotelier |
| | | *Lavanderista* | Waschfrau |
| | | *Minero*<br>- *Palero*<br>- *Chupadero (Dueño, Socio)* | *Minero*<br>- *Minero*, der mit Pike und Schaufel arbeitet<br>- Besitzer einer hydraulischen Hochdruckpumpe bzw. Arbeiter in einem Arbeitsteam (siehe Kap. IV-2) |
| | | *Peluquera* | Friseurin, Maniküre |
| | | *Personal de comunicaciòn de radio* | Personal für Funksprechanlagen |
| | | *Personal de seguridad* | Sicherheitspersonal |
| | | *Piloto* | Flugzeugpilot |
| | | *Prostituta* | Prostituierte |
| | | *Restauranteros* | Restaurantpersonal |
| | | *Rifera* | Glückslosverkäuferin |
| | | *Transportista*<br>- *Conductores de camionetas*<br>- *Lancheros*<br>- *Muleros* | Transporteure<br>- Fahrzeugführer<br>- Bootsführer<br>- Eselsführer |

Quelle: Eigene Erhebungen 1997

*Geschlechts-spezifische Differenzierungen*

Zu den Arbeiten, die ausschließlich von Männern ausgeübt werden, gehören Zimmermanns- und Schweißertätigkeiten sowie das Handwerk der Mechaniker. Auch unter den Piloten und Transporteuren gibt es keine Frauen. Das heißt, von Arbeitsbereichen, die eine handwerkliche Vorbildung bzw. eine fundierte Ausbildung (z.B. als Pilot) erfordern, sind Frauen ausgeschlossen.

In fast allen anderen Bereichen, wie z.B. im Diamantenhandel, sind sie dagegen vertreten. Als *Paleras* arbeiten sie oft selbst als *Mineras*. Im Stollenbergbau und dem alluvialen Abbau mit *Chupadores* bilden sie eher die Ausnahme. Je nach Sichtweise zwingt ihre wirtschaftliche Situation sie zu schwerer körperlicher Arbeit bzw. eröffnet ihnen der Bergbau Zutritt zu Tätigkeitsfeldern, die als Männerdomänen gelten. Zu den Tätigkeiten, die nur selten von Männern ausgeübt werden, gehören das Bekochen der Arbeitsmannschaften, das Verkaufen von Glückslosen sowie Prostitution. Bei Restaurant- und Einzelhandelsbesitzern sowie bei Betreibern von Funksprechanlagen ist das Geschlechterverhältnis ungefähr ausgeglichen.

*"Hexen" und spiritistische Sitzungen*

Interessant ist, dass es "Hexen" (*Brujas*) gibt, die gegen Entgelt arbeiten. In einer nächtlichen spiritistischen Sitzung, an der ca. 100 *Mineros* teilnahmen, fuhren "Geister" in den Körper des Mediums, heilten Wunden und verrieten Orte verraten, wo Diamanten zu finden sind. Teilweise nannte das Medium die Stellen laut, teilweise wurden sie nur einzelnen *Mineros* zugeflüstert. Sowohl die medizinischen Maßnahmen als auch die Angaben, wo Diamanten zu finden sind, werden von den *Mineros* sehr ernst genommen. Behandelte Personen gaben später an, dass Rücken- und Knieschmerzen kuriert worden wären und es wurde immer wieder beteuert, dass durch Ratschläge von *Brujas* schon viele Diamanten gefunden worden wären. **Neben der tiefen Verankerung mythischer Glaubensvorstellungen unter den *Mineros* spielt für die Bedeutung, die den *Brujas* zugesprochen wird, sicherlich auch der Mangel an adäquaten Bergbautechnologien und Gesundheitseinrichtungen ein wichtige Rolle. Da weder moderne Technologien für die Edelsteinexploration noch ein ausreichendes Gesundheitssystem zur Verfügung stehen, fungieren mythische Glaubensvorstellungen als Hoffnungsanker und eröffnen potenzielle Chancen.**

### 7.2.2 Die bergbaulichen Aktivitäten

In der Region Manarito wird nur nach Diamanten geschürft, wobei sich zwei Abbauformen unterscheiden lassen. Bei der *Minería palera* (siehe Kap. IV-2) wird vorrangig auf menschliche Arbeitskraft zurückgegriffen. Mit Schaufeln (*Palas*) und Piken lockern *Paleros* die Alluvialschichten auf und filtern die Diamanten mit feinmaschigen Sieben (*Surukas*) aus den Sedimenten heraus. Bei der *Minería bombera* wird die Erde mit Hilfe von hydraulischen Maschinen (*Chupadoras*) aufgewühlt, aufgesaugt und maschinell ausgesiebt. *Mineros*, die mit Maschinen arbeiten, werden als *Maquineros* bezeichnet, wobei zwischen Maschinenbesitzern (*Productores* oder *Dueños*) und Arbeitern (*Socios*) unterschieden wird. Die Anwendung verschiedener Produktionsmittel (Maschinen- bzw. Handarbeit) bedingt eine Vielzahl von sozio-ökonomischen Unterschieden zwischen den beiden Abbaumethoden, die in Tabelle 16 aufgelistet sind.

**Tab. 16: Sozio-ökonomische Unterschiede zwischen *Paleros* und *Maquineros***

| | *Paleros* | *Maquineros* |
|---|---|---|
| Arbeitsmittel | Piken, Schaufeln, Diamantensiebe (*Suruka*) | Generatorenbetriebene hydraulische Saug- und Druckpumpen, mit denen die diamantenhaltigen Alluvialböden aufgewühlt und aufgesaugt werden. |
| Zeitfaktor<br><br>Beginn der Diamantensuche | <br><br>*Paleros* sind die eigentlichen Pioniere, die in einer Region mit der Diamantensuche beginnen. | <br><br>Maschinen kommen erst zum Einsatz, wenn ein Areal zuvor von *Paleros* durchsucht wurde. Erst wenn die *Paleros* ein Teilgebiet freigeben, durchsuchen *Maquineros* das hinterlassene Areal erneut nach Diamanten. |
| Zeitspanne | Um ein Areal von ca. 4m² zu durchsuchen benötigt ein *Palero* ca. 16 - 20 Tage. Für den Erdaushub braucht er ca. 2 Tage und 16 bis 19 Tage um den Erdaushub nach Diamanten zu durchsieben. | Pro Maschine dürfen (nach Statut der *Sociedad* Manarito) 2 ha bearbeitet werden. Eine Zeitangabe machte keiner der befragten Maquineros. |
| Arbeitseinheit | *Paleros* arbeiten alleine oder in Gruppen, deren Anzahl stark variiert. Die größte Arbeitseinheit umfasste 8 *Paleros*. Die Gruppenmitglieder sind nicht unbedingt miteinander verwandt. | Die Größe der Arbeitseinheiten, die mit Maschinen arbeiten, ist von der *Sociedad* Manarito festgelegt und umfasst zwischen 5 und 8 Personen. Verwandtschaftsbeziehungen spielen keine große Rolle. |
| Rechtsstatus<br><br>Staatliche Nutzungserlaubnis | <br><br>*Paleros* sind weder in der *Sociedad* Manarito vertreten noch verfügen sie über eine staatliche Schürfgenehmigung. | <br><br>Alle Maschinenbesitzer und -arbeiter sind bei der Kooperative eingetragen und verfügen über diese über eine staatliche Erlaubnis. |
| Gesetzliche Restriktionen | Für *Paleros* konnten keine gesetzliche Bestimmungen festgestellt werden. Da sie scheinbar nicht zu kontrollieren sind, sieht der Gesetzgeber offensichtlich keine besonderen Regelungen für sie vor. | *Maquineros* dürfen<br>a) keine Ausländer sein<br>b) dürfen jeweils nur zwei *Chupadoras* besitzen<br>c) dürfen jeweils pro Maschineneinheit nur 2 ha große Areale bearbeiten<br>d) dürfen keine Morichepalmen fällen<br>e) müssen nach dem Dekret 846 vom 05.04.1990 einen Mindestabstand von ca. 20 - 30 m zu Morichevegetation einhalten. |
| Interessensvertretung | *Paleros* haben keine Vereinigung, die ihre Interessen vertritt. | Maschinenbesitzer und -arbeiter werden durch die *Sociedad* Manarito vertreten, wofür die Maschinenbesitzer monatlich einen Mitgliedsbeitrag von 50.000 Bolívares leisten. |

Quelle: Eigene Erhebungen 1997

Von außen betrachtet sind *Paleros* die benachteiligtere Subgruppe der *Mineros*. Sie verfügen weder über arbeitserleichternde und produktionssteigernde Maschinen noch haben sie Zugang zu einer organisierten Interessensvertretung. Damit verdienen *Molineros*, Händler und Restaurantbesitzer nicht nur mehr, sondern haben als Gesellschafter auch mehr Einfluss auf übergeordnete Interessensvertretungen wie die *Sociedad Manarito*. Die deutlich einfacheren Wohnhütten der *Paleros* liegen meist in den Randbereichen und sind in der überwiegenden Mehrzahl nicht an das lokale (generatorenbetriebene) Stromnetz angeschlossen. Nach Aussagen eines Mitarbeiters der staatlichen Behörde zur Bekämpfung der Malaria sind Infektionskrankheiten wie Amöbenruhr und Malaria unter *Paleros* deutlich verbreiteter als in der Gesamtbevölkerung eines Minenstandortes. Damit sind sie gleichzeitig den Folgen der staatlichen Maßnahmen zur Bekämpfung der Malaria in gesteigertem Umfang ausgesetzt. Treten nämlich gehäuft Malariafälle auf, werden die Hütten mit DDT-Dämpfen desinfiziert, wobei sich die Schutzvorrichtungen für die Bevölkerung auf ein zehnminütiges Betretungsverbot der eingenebelten Hütten beschränken. Auch wird vor der Einnebelung nur selten kontrolliert, ob die Hütten leer stehen.

*Benachteiligungen für Paleros*

Von den *Mineros* selbst wird die sozio-ökonomische und politische Stratifikation ambivalent bewertet. Oft sind die Vorstellungen der *Maquineros* von den *Paleros* als anonyme Gruppe negativ besetzt. *Paleros* gelten als Vagabunden und Trinker. *Bomberos* äußerten häufig die Meinung, dass *Paleros* massive ökologische Schäden verursachen, da sie weniger koordiniert arbeiten und große Gebiete unsystematisch nach Diamanten durchwühlen. So löst sich die nach außen getragene Gruppenidentifikation als "Venezolaner", "*Mineros*" oder als "ökonomische Randgruppe" nach innen auf, indem das Negativimage auf die Gruppe der *Paleros* projiziert wird. Auf der anderen Seite wird diese Grenzziehung wieder durch alltägliche Kontakte und Freundschaften zwischen *Chupaderos* und *Paleros* überschritten, in denen Statusunterschiede keine Rolle spielen. Auch wird der Besitz von *Chupadores* von *Paleros* als Aufstiegsmöglichkeit betrachtet, gleichzeitig betonten sie aber immer wieder, dass sie sich nicht benachteiligt fühlen würden. Die oben aufgelisteten Nachteile würden dadurch ausgewogen, dass sie unabhängiger seien. Im Gegensatz zu *Bomberos* könnten sie ihren Schürfort jederzeit verlegen und ihre Aktivitäten seien nicht so stark reglementiert. Auch seien *Bomberos* aufgrund des hohen Wasserbedarfs abhängiger von der Jahressaisonalität[100].

*Innenperspektivische Wahrnehmung der sozioökonomischen Stratifikation*

[100] Die Hauptaktivitäten mit *Chupadores* fallen in die winterliche Regenzeit (Mai - September) sowie in den Februar, März und April. Oktober, November und Dezember sind die Aktivitäten aufgrund geringer Niederschläge eingeschränkt. Im Juni und Juli setzt ein erneuter Anstieg an. An hohen christlichen Feiertagen wie Weihnachten und Ostern sind die *Mineros* meist bei ihren Familien, so dass die Einwohnerzahl vieler Standorte des informellen Bergbaus zu dieser Zeit stark dezimiert ist.

Schnelle Einstiegsmöglichkeiten und Unabhängigkeit sind zwei Faktoren, die im Denken des klassischen *homo oeconomicus* der kapitalistischen Produktionsweise keine allzu große Rolle spielen, unter den *Mineros* aber wichtige Werte darstellen. So lässt sich auch keineswegs immer von einer typischen "*Minero*karriere" reden, mit dem Einstieg als *Palero* über die Mitarbeit in einer Arbeitsmannschaft bis hin zum Besitz einer *Chupadora* oder eines eigenen Geschäftes. Viele *Paleros* streben diesen Werdegang nicht an, andere haben in der Vergangenheit mit *Chupadores* gearbeitet, bevorzugen aber die *Palero*tätigkeit.

### 7.2.3 Land- und Forstwirtschaft

*Landwirtschaftliche Produktion*

Die landwirtschaftliche Produktion spielt in der Region eine marginale Rolle. Insgesamt konnten nur fünf Haushalte lokalisiert werden, die landwirtschaftliche Produkte für den Eigenverbrauch anbauten. Dabei handelt es sich um Gewürze wie z.B. Koriander, Knoblauch und Peperonigewächse, Heilkräuter, Baum- und Strauchgewächse (u.a. Avocado, Guayaba, Merey, Mango, Passionsfrucht), Gurken, Ocumo, Yucca und Kürbis. Befragungen in diesen Haushalten ergaben, dass es sich in drei Fällen um Ausländer handelte (zwei Kolumbianer und ein Libanese, im vierten Haushalte konnte keine Befragung durchgeführt werden), die in ihrer Heimat Landwirtschaft betrieben hatten. Die Ertragsergebnisse wurden als zufriedenstellend dargestellt. Die Frage, warum andere Haushalte keinen Hausgarten betreiben, wurde mit mangelndem Interesse beantwortet. In den Haushalten ohne Garten wurde die Frage dagegen entweder mit einem Verweis auf die schlechten Böden oder der Priorität des Diamantenabbaus begründet. Der Anbau landwirtschaftlicher Produkte gilt als eine langfristige Angelegenheit, das Leben der *Mineros* sei dagegen auf kurzfristige Aufenthalte ausgerichtet. Interessant ist, dass diese Antwort erstens selbst von *Mineros* gegeben wurde, die bereits drei bis fünf Jahre in Manarito arbeiteten. Zweitens blendet der Verweis auf die Kurzfristigkeit informeller Bergbautätigkeiten lokale Aufforstungen (s.u.), also sehr langfristige Projekte, aus. **Die Gleichsetzung von Bergbau und kurzfristiger Wirtschaftstätigkeit scheint so festgesetzt zu sein, dass selbst gegenteilige eigene Erfahrungen das Bild von einer "Hier-und-Jetzt-Gesellschaft" nicht auflösen können.**

*Wald- und Holznutzung*

Die wenigen lokalen Hochwaldinseln und Galeriewälder werden nur in geringem Umfang genutzt. Holz wird für den Bau der Hütten, zur Herstellung von Möbeln und einigen wenigen Gebrauchsgegenständen wie Küchengeräte oder Holzkarren genutzt. Der Holzverbrauch für die Häuser ist allerdings erheblich, da die Grundgerüste immer aus Holz bestehen und die Wände der meisten Häuser aus Holzstangen oder Holzlatten konstruiert werden.

Die Dächer bestehen aus Wellblech, Plastikplanen und/oder Palmenblättern (Carata, San Pablo, Cocorito und Moriche).

*Schutzmaßnahmen für die Vegetation*

Schutzmaßnahmen für die Vegetation und forstwirtschaftliche Aktivitäten spielen dagegen für einen Standort des informellen Bergbaus eine ungewöhnlich große Rolle. Personal der *Sociedad Manarito* achtet streng darauf, dass beim Mineralienabbau der gesetzlich vorgeschriebene Abstand zu Flüssen und *Moriche*palmen eingehalten wird, führt eine kleine Baumschule in Manarito und forstet ehemalige Bergbauflächen auf. Die Überlegungen für die Aufforstungsmaßnahmen setzen bereits beim Diamantenabbau ein. Eine Maschinenmannschaft arbeitet zunächst den Abraum einer ehemaligen *Palero*-Fläche auf, indem mit den Sedimenten aktiver Schürfstellen brach liegende *Palero*flächen oder alte bis zu 10 Meter tiefe Schürfstellen wieder aufgefüllt und das Areal eingeebnet werden (siehe Abb. 15).

*Rekultivierung rezenter Bergbauflächen*

**Abb. 15: System der *Minería bombera* in Manarito**

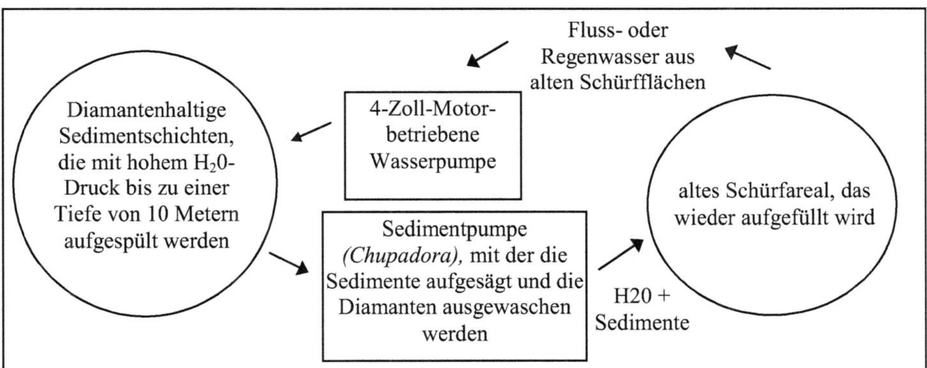


Nach ca. einem Jahr, in dem keine Nutzung stattfindet, setzt die erste natürliche Sukzession ein. Nach ca. zwei bis drei weiteren Jahren, in der sich der Boden absenkt und verfestigt (und damit wieder begehbar wird), beginnt die Aufforstung. Aus der in Manarito angesiedelten Baumschule werden Sträucher und Bäume auf die ehemaligeBergbaufläche in einem Abstand von drei bis vier Metern gepflanzt. Autochthone Arten werden bevorzugt, aber auch regional fremde Arten werden eingesetzt (siehe Tab. 17). Bisher (1997) wurden rund 60 ha aufgeforstet, was insgesamt nur einen Bruchteil der devastierten Bergbauflächen ausmacht. Auch lassen die Erfolge der Aufforstungen auf den wenig humushaltigen Weißsandböden der Region zu wünschen übrig. So lag die Wuchshöhe der Baumarten auch in alten Aufforstungsflächen nicht über zwei Metern. Aber das Landschaftsbild um *Pueblo* Manarito wird bereits deutlich von den Aufforstungsflächen geprägt (siehe Karte 14).

*Aufforstungen*

**Tab. 17: Arten, die von der *Sociedad Manarito* zur Aufforstung eingesetzt werden**
(in alphabetischer Reihenfolge)

| Lokaler Name | Wissenschaftlicher Name | Autochthon |
|---|---|---|
| Aguacate | *Persea americana* Mill. | |
| Almendrón | *Terminalia Catappa* L. (Combretaceae) | X |
| Copei | *Clusia* sp. (Guttiferae) | X |
| Caucho | Sammelname für ein Vielzahl von Arten | X |
| Guayabo | *Psidium* sp. (Myrtaceae) | X |
| Guamo | Sammelname für ein Vielzahl von Arten (Leguminosae, Mimosaceae) | X |
| Guanabana (Catuche) | *Annona* sp. (Annonaceae) | X |
| Fruto de burro (Burriquito) | *Xylopis ligustrifolia* Du. Dunal (Annonaceae) | X |
| Jara-Jara | ? | |
| Cacao | *Theobroma* sp. (Sterculiaceae) | |
| Mamey (Coco de mono) | *Couroupita guianensis* Aubl. (Lecythidaceae) | X |
| Mamón | *Melicocca bijuga* L. (Sapindaceae) | X |
| Mango | *Mangifera indica* L. (Anacardiaceae) | |
| Manteco | *Mabea piriri* Aubl. (Euphorbiaceae)<br>*Byrsonima* sp. (Malphighiaceae) | X |
| Merecure | *Moquilea macrocarpa* Pittier (Rosaceae) | X |
| Merey<br>- rojo<br>- amarillo | *Anacardium occidentale* L. (Anacardiaceae) | X |
| Moriche | *Mauritia sp.* (Palmae) | X |
| Naranja | *Citrus Aurantium* L. (Rutaceae) | |
| Lechosa | *Carica papaya* L. (Caricaceae) | |
| Limon | *Citrus* sp. (Rutaceae) | |
| Onoto | *Bixa orellana* L. (Bixaceae) | X |
| Paja | Sammelname für Grasgewächse | X |
| Pata de danto | *Buchenanvia* (Vahl.) Eichl. | X |
| Pomalaca ("Pera de agua") | *Syzygium malaccense* (L.) Merr. & Perry (Myrtaceae) | |
| Platanillo | *Heliconia* sp. (Heliconiaceae) | |
| Yuca | *Manihot sp.* (Euphorbiaceae) | |
| Ocumo | (Araceae) | |

**Karte 14: Aufforstungsflächen Manarito**

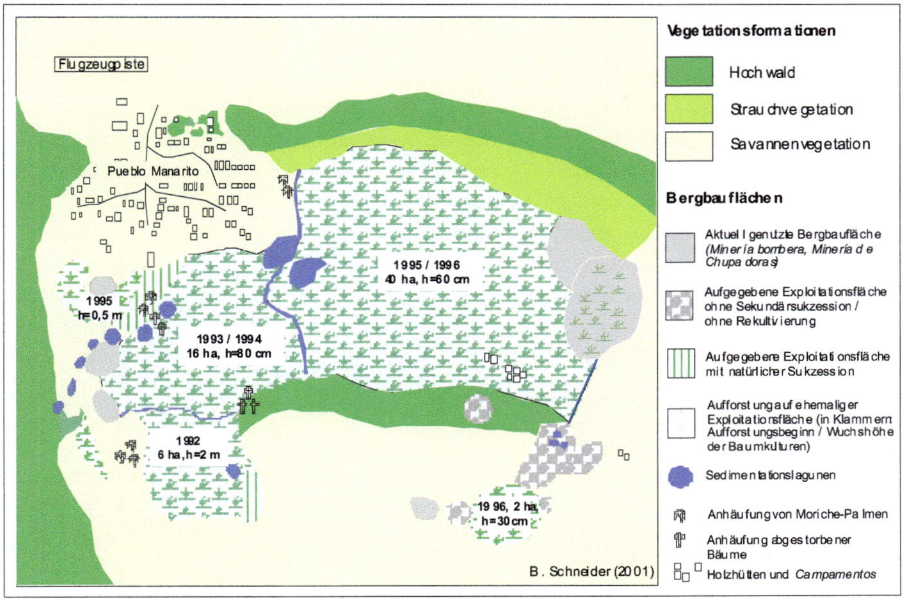

## 7.3 Zusammenfassung Manarito: Projekterfolge und -misserfolge

Die Frage, inwieweit Manarito als Modellprojekt für den informellen Bergbau in Venezuela fungieren kann, lässt sich nur schwer beantworten, da die Stellungnahme sowohl durch die Ambivalenz der Untersuchungsergebnisse als auch die zwangsweise subjektive Auswertung der empirischen Ergebnisse erschwert wird. In Abhängigkeit von der eigenen Haltung zum informellen Bergbau lässt sich die oft nur partikuläre Umsetzung der sozialen oder ökologischen Projekte als positiver Ansatz oder als Etikettenschwindel bzw. Unfähigkeit des informellen Bergbaus, sich aus eigener Kraft zu organisieren, interpretieren.

**Hier eine positive Position beziehend, erscheint es zentral, dass sich die Kooperative, zu der sich ein Teil der *Mineros* in der Region Manarito zusammengeschlossen haben - entgegen der Vorstellung einer gesetzlosen Pioniergesellschaft - für die Regelung sozialer und ökologischer Belange einsetzt.** Angesichts der aufgezeigten Heterogenität von *Minero*gesellschaften (siehe auch die anderen Fallbeispiele), der aufgezeigten Konflikte innerhalb des Managements und der defizitären Finanzlage lassen sich selbst die nur teilweise umgesetzten Projekte der *Sociedad Manarito* als Erfolg werten. Die Kooperative kann zweifelsohne Teilerfolge hinsichtlich der sozialen Organisation und Lenkung des informellen Bergbaus vorweisen.

*Teilerfolge*

Für diese Aussage spricht neben den Einreisekontrollen, der Überwachung staatlicher Auflagen, der Einrichtung sozialer und ökologischer Projekte vor Ort sowie der Etablierung von Beziehungen mit staatlichen Kontrollbehörden v.a. die drastische Abnahme von jährlich rund 25 Totschlägen in der Region auf zwei Unfälle mit tödlichem Ausgang, die in den letzten zwei Jahren registriert wurden. Auch wenn in Pista Colina die meisten *Mineros* weiterhin mit Schusswaffen und Messern bewaffnet sind, gewalttätige Auseinandersetzungen (um Diamanten, Frauen, oder im Alkoholrausch) zur Tagesordnung gehören, Alkohol im Gegensatz zu *Nuevo Callao* nicht ganz verboten, sondern lediglich der Ausschank bis 22.00 Uhr limitiert ist, und die Schulen und medizinischen Einrichtungen nur temporär funktionieren, werden der *Sociedad Manarito* selbst von der CVG (1995) positive Entwicklungen in der Region bescheinigt.

*Evaluierungsergebnisse der CVG*

> "Als Schlussfolgerung kann man bestätigen, dass die *Asociación Civil de Manarito* vom sozialen Blickpunkt eine Serie von - an den Basisbedürfnissen orientierten - Aktionen in die Praxis umgesetzt hat, mit denen sie beträchtlich zur Schaffung minimaler Konditionen eines gesunden kommunalen Zusammenlebens beiträgt. So gibt sie der [informellen] Bergbauaktivität einen Sinn von humaner Rationalität mit einer praktischen Vision von dem, was Wünschenswert und was möglich ist." (CVG 1995: 5)

Auf der anderen Seite muss aber konstatiert werden, dass die Projekte nur zeitweise bzw. nur rudimentär umgesetzt sind. Während die zeitliche Beschränkung v.a. für die sozialen Projekte gilt, trifft die nur partikuläre Umsetzung auf die ökologischen Projekte zu. Prophylaktische Schutzmaßnahmen für die Vegetation scheitern z.T. an ökonomischen Interessen, Rekultivierungsmaßnahmen an finanziellen und technologischen Kapazitäten.

Während die CVG der *Sociedad Manarito* positive Ergebnisse im sozialen Bereich, einen kontinuierlichen Informationsfluss an staatliche Behörden sowie ernsthafte Bemühungen um Einhaltung und permanente Kontrolle der gesetzlichen Vorschriften im Bereich der Bergbau- und Aufforstungsaktivitäten bescheinigt, werden der Mangel an technologischen Programmen sowie Durchsetzungsdefizite kritisiert. Hervorhebung findet v.a. der Umstand, dass keine Raupen- und Baggerfahrzeuge für die Rückverlagerung und Verdichtung der Sedimentschichten eingesetzt werden (CVG 1995). Mit der Einschränkung, dass keine Untersuchungen über die Effektivität der Bodenaufschüttung und -verdichtung nach der in Manarito praktizierten Methode der Rekultivierung devastierter Bergbauflächen vorliegen und somit offen bleiben muss, ob schwere Maschinen notwendig sind[101], bestätigten sich die Evaluationsergebnisse der CVG in den eigenen Feldbegehungen.

[101] Von verschiedener Seite wird argumentiert, dass Bagger- und Raupenfahrzeuge im Bergbau ökologisch viel problematischer seien als hydraulische Wasserpumpen.

Auf der einen Seite werden Umwelt- und Sicherheitsauflagen von der Kooperative streng kontrolliert und die Mehrzahl der *Maquineros* hält die Restriktionen weitgehend ein. Auf der anderen Seite gab es weder ausgearbeitete Sozialprogramme, noch grundlegende Daten und Managementpläne für die Aufforstungsmaßnahmen. Die viel zu geringe Wuchshöhe der Baumkulturen wurde ohne Ursachenanalyse mit Düngerzusatz angegangen. Auch konnte beobachtet werden, dass Maschinenbesitzer in bewaldetes Areal vordrangen, das einem Erschließungsverbot durch die *Sociedad Manarito* unterlag. Die darauf befragten *Maquineros* begründeten das - von der Kooperative mit einer Finanzauflage geahndete - Delikt mit Diamantenfunden in dem entsprechenden Areal. Vor allem während der Depressionsphasen in der Trockenzeit ist der ökonomische Druck so groß, dass einige Maschinenbesitzer bereits aufgeforstete Flächen erneut durchsuchen. Das Argument der ökonomisch prekären Situation wird zusätzlich durch traditionelles *Minero*recht begünstigt: Hat ein Maschinenbesitzer ein ihm zugesprochenes Areal (2 ha) verlassen, ohne es ganz durchsucht zu haben (weil es z.B. zu feucht war und deshalb nicht bearbeitet werden konnte), verliert er nämlich nicht das Recht auf dieses Areal. Dieses ungeschriebene Gesetz gilt selbst dann, wenn bereits Aufforstungsmaßnahmen stattgefunden haben. In der Kooperative herrscht Uneinigkeit darüber, ob es besser ist, die aufgeforsteten Flächen wieder zur Verfügung zu stellen oder weiter in die umgebenden Hochwälder zu dringen. Ein Verbot in beide Richtungen wird nicht diskutiert.

*Handlungsgrenzen der Bergbaukooperative*

In Übereinstimmung mit der CVG werden die Sozialprojekte auch von *Mineros* positiver bewertet als die Aufforstungsprojekte. Vor allem bei Befragungen in Pista Colina gaben *Mineros* als Aktivitäten der *Sociedad Manarito* Gesundheits- und Bildungsprojekte an, während nur wenigen spontan die Aufforstungsprojekte einfielen. Bildungs- und Gesundheitsprojekte sind deutlicher im Bewusstsein der *Mineros* verankert, weil sie durch die innerörtliche Lage bzw. durch unmittelbare Berührungspunkte präsenter sind. Sie entsprechen dem kurzfristigen Bedarf der *Mineros* aber auch eher als z.B. die Wiederaufforstungen. Hinzu kommt, dass sich die Aufforstungen um *Pueblo* Manarito konzentrieren, so dass sich die landschaftsprägenden Auswirkungen der Rekultivierungsprojekte auf einen kleinen Ausschnitt der Region beschränken.

*Die Sicht der Mineros*

Die Frage, für welche Projekte die *Mineros* bereit wären, einen Teil des Einkommens abzutreten, wurde in der Mehrzahl der Fälle spontan mit Gesundheits- und Bildungseinrichtungen beantwortet (Abb.16). An dritter Stelle rangiert der Ausbau der Infrastruktur. Aufforstungsprojekte wurden bezeichnender Weise von den *Mineros* nicht als Bereich genannt, den sie finanziell unterstützen würden.

**Abb. 16: Bereitschaft der *Mineros*, sich finanziell an Projekten zu beteiligen (Manarito)**

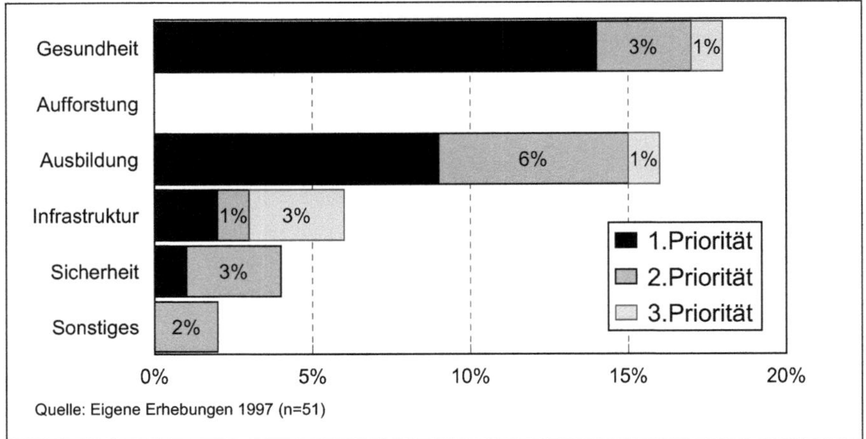

Quelle: Eigene Erhebungen 1997 (n=51)

*Einstellungen der Mineros gegenüber dem Staat*

In die Kategorie 'Sonstiges' fallen v.a. die Zusammenarbeit mit der Kooperative sowie die Kommunikation mit dem Staat. Kritisiert wurden v.a. fehlende Hilfeleistungen durch den Staat sowie die Schwierigkeit, Ersatzteile zu bekommen. Der Staat verlange die Einhaltung von Gesetzen und Auflagen und bestehe z.B. auf Schürf- und Transportgenehmigungen. Aber der bürokratische Aufwand für den Kauf von Ersatzteilen wäre so immens, dass diese fast immer geschmuggelt würden. Ein wiederholt erhobener Vorwurf der *Mineros* lautet, dass der Staat die *Pequeña Minería* kontrollieren wolle, sich diese Kontrollen sogar von den *Mineros* bezahlen lasse, aber im Gegenzug keine Hilfen anbiete. Letztlich zeigt sich sehr deutlich ein extremes Misstrauen der *Mineros* gegenüber staatlichen Organisationen. BÖGE schreibt in seiner Analyse der Konflikte um den Bergbau auf Bougainville (Philippinen), dass die

> "...im Namen eines vorgeblichen "Nationalstaats" sprechenden und agierenden Vertreter der zentralen Verwaltungsbürokratie aus der Hauptstadt [....] in der peripheren Region als Usurpatoren wahrgenommen werden [müssen], ist der "Staat" in der Übergangsgesellschaft doch nicht viel mehr als die zentrale Agentur zur Aneignung der Einkünfte aus der Exportökonomie und die Instanz zur gewaltsamen Absicherung dieser Aneignung durch die 'Staatsklasse' gegen konkurrierende Ansprüche anderer sozialer Gruppen des 'Staatsvolks'." (BÖGE 1998: 85)

Auch wenn in den Bergbaukonflikten in Venezuela nicht die von BÖGE problematisierten Konfliktformen der politisierten Ethnizität und des Sezessionismus im Vordergrund stehen, zeigen sich hier doch Parallelen. Der Staat wird aus dem Sozialraum des informellen Bergbaus heraus nicht als integrierender gesellschaftlicher Überbau, sondern als unüberschaubarer Agent für konkurrierende und kontrollierende Interessen wahrgenommen.

*Die politischen Aktivitäten*

Vor dem Hintergrund dieser Skepsis gegenüber dem Staat, der mangelnden Kenntnis von staatlichen Institutionen und Regulierungen, sowie der Unfähigkeit des Staates, den informellen Bergbau ökologisch und sozial zu managen, müssen die politischen Aktivitäten der *Sociedad Manarito* neben den lokalen Projektaktivitäten als zentrales Element in die Bewertung des Modellprojekts Manarito einfließen. Im Vergleich zu William Padilla und der *Asociación Agrominera Civil de Sifontes* (siehe Fallbeispiel Nuevo Callao) engagiert sich Nelson Lezama mit der *Sociedad Civil Mineros de Manarito* viel deutlicher auf der regionalen, nationalen und internationalen Ebene. Zudem agiert Lezama - begünstigt durch sein Politikstudium und seine wirtschaftliche Stellung - deutlich politischer und selbstbewusster als Padilla. Unter anderem in einem täglich einstündig gesendeten regionalen Radioprogramm tritt er massiv in die Öffentlichkeit. In Verhandlungen mit staatlichen Organisationen vertritt er vehement Interessen der *Mineros* und transportiert umgekehrt staatliche Regulierungsvorstellungen in organisierte *Mineros*gruppen. So übernimmt er trotz zahlreicher Widersprüche gegen staatliche Raumordnungsprogramme einerseits Verbindungsfunktion zwischen zwei sehr unterschiedlichen Lebens-, Ideen- und Sprachwelten, andererseits übt er Vorreiter- und Vorbildfunktion für andere *Minero*organisationen aus. Denn trotz der Konflikte zwischen verschiedenen *Minero*gruppen vertritt er in Verhandlungen mit staatlichen Organisationen auch gemeinsame Interessen der *Mineros*, wie z.B. die Legalisierung ihrer Schürfareale bzw. Wirtschaftsaktivitäten und die Forderungen nach Berücksichtigung in den Raumordnungsplänen und bei staatlichen Subventionen.

**Insgesamt lässt sich der Modellcharakter der *Sociedad Manarito* nicht ausschließlich an aufgestellten und erreichten Zielvariablen der lokalen Projekte (wie z.B. Zahl der jährlich gepflanzten Bäume und erreichte Wuchshöhen) festmachen. Nicht quantifizierbare Entwicklungen, wie die Kommunikation zwischen staatlichen Institutionen und dem informellen Bergbau, partizipative Koordinierungsansätze und die Aktivierung des intraregionalen Entwicklungspotenzials spielen eine ebenso wichtige Rolle.**

## 8. San Mino: Übergang von einer bergbaulichen Erschließungsphase zur Entwicklung eines landwirtschaftlichen Substitutionssektors

*Relative Lage*

San Mino liegt neun Kilometer nordöstlich von El Dorado. Das 53,32 ha große Bergbauareal ist nur über eine unasphaltierte Stichstraße, die von der Bundesstraße zwischen Tumeremo und El Dorado abzweigt, zu erreichen. Aufgrund der geringen Distanz zu El Dorado und der relativ guten Erreichbarkeit über den Landweg gibt es keinen Flugverkehr.

*Historische Entwicklung*

Von 1904 bis 1938 war nach Aussagen älterer *Mineros* ein englisches Bergbauunternehmen in San Mino aktiv. Zwar konnten diese Angaben nicht durch Literatur- oder Dokumentenbelege verifiziert werden, aber Überbleibsel verrosteter Schienen und Dampfmaschinen auf dem Bergbauareal weisen auf frühindustrielle Bergbauaktivitäten hin. Ältere *Mineros* gaben auch an, dass der informelle Bergbau in San Mino nachrückte als ausländische Firmen in der Regierungszeit von Oberst Pérez Jiminez (1952-1958) des Landes verwiesen wurden.

*Markante Charakteristika*

In San Mino wird ausschließlich Gold im Untertageverfahren (*Minería de veta artesenal*) abgebaut. Einzelne *Paleros* bilden die Ausnahme. Eine Besonderheit San Minos ist, dass die rund 300 Einwohner umfassende Bevölkerung relativ stabil ist[102]. Befragungen nach der Aufenthaltsdauer vor Ort ergaben eine durchschnittliche Aufenthaltsdauer von 3,4 Jahren[103], die mit Ausnahme von Pista Colina deutlich über der durchschnittlichen Verweildauer an den anderen untersuchten Standorten des informellen Bergbaus liegt (Tab. 18). Während sich der relativ hohe Durchschnittswert von Pista Colina über viele Nennungen im Mittelbereich (2 bis 5-jährige Aufenthaltsdauer) erklärt, geht er in San Mino auf die starke Besetzung der oberen Klassen (sechs und mehr Jahre) zurück.

**Tab. 18: Aufenthaltsdauer an Standorten des informellen Bergbaus**

| Standorte | Mittlere Aufenthaltsdauer in Jahren | Varianz |
|---|---|---|
| **Gesamt** | 3,46 | 5,27 |
| **- San Mino** | 3,38 | 12,80 |
| **- Botanamo** | 1,07 | 0,36 |
| **- Nuevo Callao** | 1,47 | 0,64 |
| **- Manarito** | 2,37 | 2,24 |
| **- Pista Colina** | 3,46 | 4,01 |

[102] Bei außergewöhnlichen Goldfunden, die sich schnell herumsprechen, steigt die Bevölkerungszahl allerdings sprunghaft an. Die letzten *Bullas* (lokal begrenzte Goldräusche) gab es 1989 und 1996 in San Mino. Im November 1996 strömten nach Schätzung der *Asociación Civil Mineros, Agricultores y Comerciantes de San Mino* rund 800 fremde *Mineros* in das Areal und schürften zwei Monate nach Gold.

[103] Wie in anderen Standorten des informellen Bergbaus lebt die Bevölkerung auch in San Mino nicht permanent, sondern nur temporär am Ort. Abhängig von der Höhe der Goldfunde und der Entfernung zum Heimatort verweilen die *Mineros* mal vier Wochen ununterbrochen in San Mino, manchmal fahren sie jedes Wochenende in ihren Heimatort. Einige *Mineros* verbringen im zweiwöchigen Wechsel 14 Tage innerhalb der Mine und 14 Tage außerhalb. Nur sehr wenige *Mineros* gaben an, eine Mine weniger als zweimal im Jahr zu verlassen.

Tatsächlich fließen in die Zufallsstichprobe von San Mino (n = 51) sieben *Mineros* ein, die zwischen fünf und neun Jahren in San Mino leben und vier *Mineros*, die bereits über zehn Jahre dort aktiv sind (Abb. 17). Während die Besetzung der Gruppe mit über zehnjähriger Aufenthaltsdauer vor Ort in Botanama einen etwas falschen Eindruck vermittelt, weil zwei *Mineros* in die Berechnung eingehen, die auf individueller Basis bereits vor der Besetzung des Areals durch den informellen Bergbau mal in Botanamo nach Gold geschürft haben, gibt die Stichprobe von San Mino die Verteilung in der Gesamtbevölkerung realistischer wider.

**Abb. 17: Bergbauaktivitäten am Standort (in Jahren)**

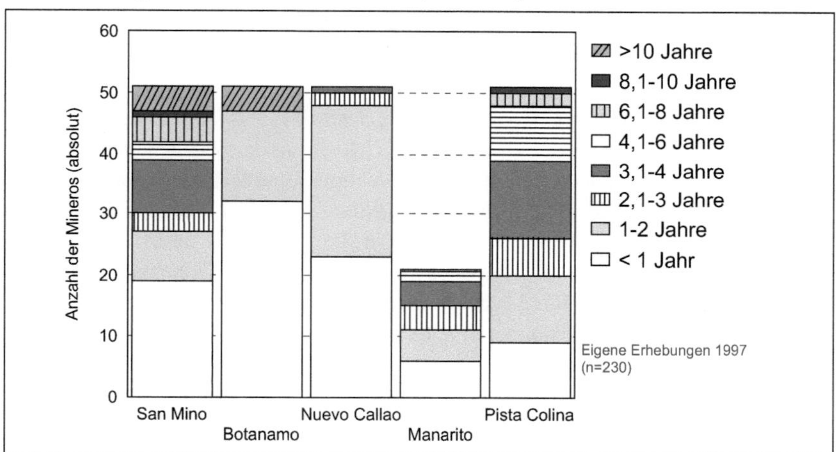


Die Bevölkerung von San Mino ist nicht nur vor Ort bereits länger aktiv, einzelne *Mineros* sind auch generell früher in den informellen Bergbau eingestiegen (Abb. 18).

**Abb. 18: Einstieg in den informellen Bergbau (differenziert nach Standorten)**

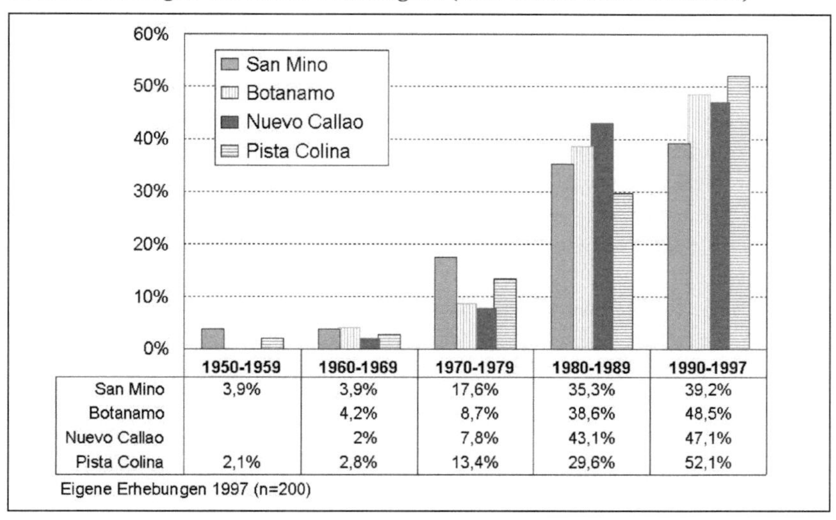


| | 1950-1959 | 1960-1969 | 1970-1979 | 1980-1989 | 1990-1997 |
|---|---|---|---|---|---|
| San Mino | 3,9% | 3,9% | 17,6% | 35,3% | 39,2% |
| Botanamo | | 4,2% | 8,7% | 38,6% | 48,5% |
| Nuevo Callao | | 2% | 7,8% | 43,1% | 47,1% |
| Pista Colina | 2,1% | 2,8% | 13,4% | 29,6% | 52,1% |

Eigene Erhebungen 1997 (n=200)

*Analyseschwerpunkte*

Da es sich bei der Bevölkerung von San Mino also um Akteure des informellen Bergbaus handelt, von denen einige sowohl auf individueller Ebene relativ lange im informellen Bergbau aktiv sind als auch lokal deutlich stärker verankert sind, steht die Herausarbeitung von Gemeinsamkeiten und Unterschieden San Minos zu den jüngeren Standorten des informellen Bergbaus im Zentrum dieses Fallbeispiels. Nach einer kurzen Skizzierung der gesellschaftlichen Organisationsformen und besonderen Problemfeldern San Minos liegt der Schwerpunkt der Analyse auf der Wahrnehmung der physischen Umwelt und der Nutzung lokaler Ressourcen.

## 8.1 Die soziale Organisation

*Asociación Civil Mineros, Agricultores y Comerciantes de San Mino*

Die *Asociación Civil Mineros, Agricultores y Comerciantes de San Mino (*im Weiteren: *Asociación San Mino)* wurde 1992 gegündet . 1997 hatte die Kooperative 49 wahlberechtigte Gesellschafter (*Socios*) und 100 eingeschriebene Mitglieder (*Afiliados).* Wie in Nuevo Callao zahlen die Gesellschafter bei Eintritt in die *Asociación* einen einmaligen Beitrag von 40.000 Bolívares (83 US-$). Darüber hinaus führen sie monatlich 1200 Bs (2,6 US-$) an die Kooperative ab. Eine weitere Einnahmequelle der Kooperative ist die 15%ige Gewinnbeteiligung an den Erlösen des goldhaltigen Abraumsandes, den das Goldscheideunternehmen Reminven (El Callao) aufkauft. Im Gegensatz zu den noch offenen Verhandlungen zwischen Nuevo Callao und Remiven verfügt San Mino über etablierte Verträge und Verbindungen mit (trans)nationalen Unternehmen. Mit den Einnahmen werden in erster Linie Instandhaltungsmaßnahmen der Infrastruktur sowie steuerliche Abgaben finanziert.

Die Beiträge an die CVG belaufen sich auf 1200 Bolívares (Bs) pro Person, 4000 Bs pro Maschineneinheit und 5000 Bs pro Hektar. 1996 beliefen sich die Abgaben an die CVG auf insgesamt 1500 US-Dollar. In geringem Umfang unterstützt die Kooperative soziale Einrichtungen in El Dorado, die von den *Mineros* in Anspruch genommen werden. Im Dezember 1996 wurden z.B. für 200 US-$ Kinderspiele für soziale Einrichtungen in El Dorado sowie 1050 US-$ für ein Malariaprogramm gespendet. Für eine geplante Grundschule in San Mino legt die Kooperative Geld zurück.

Die Statuten der *Asociación* schreiben alle zwei Jahre Wahlen vor und verbieten sowohl Alkohol als auch Prostitution in San Mino. Im Gegensatz zu Nuevo Callao und Manarito wird das Alkoholverbot aber nur wenig beachtet. Mehrmals war offensichtlich, dass selbst Mitglieder des Kooperativenvorstandes dem Alkohol in San Mino zugesprochen hatten, was v.a. damit zu erklären ist, dass es in San Mino keinen *big man* gibt, der die Einhaltung von Regeln durchsetzt.

Der gewählte Präsident zeichnet sich weder durch ein besonderes Charisma oder besondere Durchsetzungskraft aus, noch strebt er Vorbildfunktion an. Ebenfalls im Gegensatz zu den Kooperativen von Nuevo Callao und Manarito engagiert sich die *Asociacón San Mino* abgesehen von verbalen Solidaritätsbekundungen und der Mitgliedschaft in einem Dachverband nicht für die politische Bewegung der *Mineros*. Vielmehr handelt es sich sehr deutlich um eine territorial begründete, lokale Interessengemeinschaft.

*Charakteristische und lokalspezifische Probleme*

Charakteristische Probleme des informellen Bergbaus, mit denen auch die *Asociación San Mino* konfrontiert ist, sind die unzureichende Versorgung der *Mineros* mit sozialen Einrichtungen, mangelnde Sicherheitsstandards, hohe Lebenshaltungskosten und die einfachen Technologien. Daneben ist die Wasserversorgung ein großes Problem. Die einzige Wasserquelle sind die unregelmäßigen Niederschläge, die aber in den "trockenen Monaten" zwischen Oktober und Mai den Wasserbedarf nicht decken. So muss Wasser in El Dorado gekauft und nach San Mino transportiert werden. Da ein 30-Liter-Kanister 40.000 Bs (83 US-$) kostet, bedeutet der lokale Wassermangel neben dem zusätzlichen Arbeitsaufwand einen erheblichen finanziellen Mehraufwand.

*"Neue" Lage des Dorfes*

**Nach Aussagen des Präsidenten der *Asociación San Mino* gibt es aufgrund der langjährigen "stillen Existenz" von San Mino relativ wenig Probleme mit Ersatzteilbeschaffungen oder mit der *Guardia Nacional.* Aber 1997 wurde auch in San Mino die Legalitätsfrage das alles dominierende Problem.** Galt das Bergbaureal nach alten Vereinbarungen mit der CVG als legal, musste nach der Gesetzesänderung, die dem Bergbauministerium (MEM) erneut die alleinige Vollmacht der Konzessionsvergabe zuspricht (siehe Kap. III-4), eine Demarkierungsstudie und eine Umweltstudie nachgewiesen werden. Die Umweltstudie war zum Zeitpunkt der Erhebungen noch nicht durchgeführt. Aber die Demarkierungsstudie, für die die *Asociación* 6500 US-$ aufbringen musste, ergab, dass das Dorf *(Pueblo)* San Mino außerhalb der Arealsgrenzen liegt (siehe Karte 15). Damit ist das vorrangige Problem in San Mino seit 1997 die Lage des Dorfes. Denn mit Hinweis auf die Ergebnisse der Demarkierungsstudie werden die Nutzungsrechte für das Dorfareal nun von den Konzessionären der benachbarten Konzession Carmen Mercedes beansprucht. Die durch die neue Situation extrem verunsicherten *Mineros* weigern sich, ihr Dorf zu verlassen, indem sie sich darauf berufen, San Mino aufgebaut zu haben.

**Karte 15: Relative Lage von San Mino**

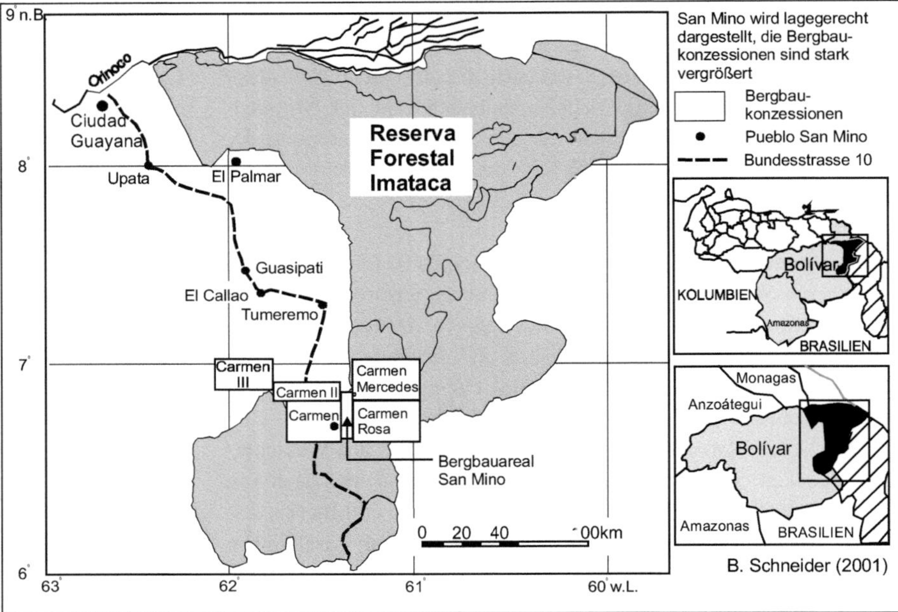


*Bevölkerungsstruktur*

39% der Einwohner, die in San Mino leben, sind im Bundesstaat Bolívar geboren, 24% im "Armenhaus Venezuelas", dem Bundesstadt Sucre. Ausländische *Mineros* stellen nur 6% der Bevölkerung. Nach dem Wohnsitz der Familie befragt, gaben sogar 63% der *Mineros* den Bundesstaat Bolívar (v.a. El Dorado, Ciudad Bolívar und Ciudad Guayana) an. **Der informelle Bergbau löst also offensichtlich auch interregionale Immigrationen aus anderen Bundesstaaten aus, die sich nicht unbedingt in einem Bevölkerungsanstieg an den Standorten des informellen Bergbaus niederschlagen, sondern Zuwanderungen in die ruralen und urbanen Zentren des Bundesstaates Bolívar bedingen.** Trotz der langjährigen Existenz von San Mino, der geringen Bevölkerungsfluktuation und den v.a. im Vergleich zu Pista Colina und Botanamo gewachsenen Dorfstrukturen liegt der Frauenanteil auch nur bei 20%. Viele *Mineros* erklärten aber, dass ihre Familien nur wegen der Schulausbildung für die Kinder nicht vor Ort, sondern in El Dorado leben. Denn die Lebens- und Sicherheitsverhältnisse in San Mino seien durchaus auch für Frauen und Kinder gut. Während gewalttätige Auseinandersetzungen v.a. in Pista Colina und Botanamo zum kaum noch beachteten Alltagsgeschehen gehören, löste ein Eifersuchtsmord während der Felderhebungen in San Mino nicht nur eine nächtliche Suchaktion und eine Meldung an die *Guardia Nacional* aus, sondern war auch wochenlang Gesprächsthema in dem sonst eher ruhigen Dorf.

Die soziale Organisation des Abbaus der Bodenschätze entspricht der in Nuevo Callao. Eine Arbeitsmannschaft besteht im Durchschnitt aus fünf bis sechs Arbeitern und dem "Chef" - also dem *Minero*, der den Stollen eröffnet hat. Alle führen weitgehend die gleiche Arbeit aus, wobei es in jeder Mannschaft jeweils einen "Holzspezialisten" und eine Person gibt, die bevorzugt zur Jagd geht. Der Modus der Gewinnausschüttung unter den Mitgliedern einer Arbeitsmannschaft entspricht dem Beteiligungsmodus in Nuevo Callao. Die Kosten für die Zerkleinerung des Gesteins liegen mit 18% Gewinnbeteiligung unter den 20 %, die in Nuevo Callao an den *Molinero* abgeführt werden müssen. Diese Variation hängt damit zusammen, dass in San Mino die Restgold enthaltenden Abraumsande an Remiven verkauft werden können und die Mühlenbesitzer so eine weitere Einnahmequelle haben.

*Soziale Organisation*

Insgesamt gibt es in San Mino sieben Hammermühlen, die sich auf drei Besitzer verteilen. Interessant ist, dass eine ältere Frau, die seit acht Jahren in San Mino lebte, während der Feldforschungsaufenthalte gerade den Betrieb einer Mühle aufnahm und somit in eine sozioökonomische "Klasse" aufstieg, die eindeutig von Männern dominiert wird. Die Frau begründete die Investition mit der Sicherstellung der von ihr finanzierten Schulausbildung ihrer Enkel sowie ihrem Wunsch, vor Ort zu bleiben, aber nicht mehr so hart arbeiten zu müssen. In den Hammermühlen können im Tagesdurchschnitt 30 bis 50 Säcke Gestein gemahlen werden. Bei durchschnittlich 15 Gramm Gold pro Tonne Abraum, lässt sich daraus eine tägliche Produktion von ca. 300 Gramm Gold bzw. ein monetärer Gegenwert von 3200 US-$ ableiten. Auf 300 Einwohner umgeschlagen, ergibt sich ein Tagelohn von 10,70 US-$ bzw. ein monatlicher Bruttobetrag von 320 US-$ pro Kopf. Bei dieser Rechnung handelt es sich aber lediglich um eine grobe Kalkulation, bei der sowohl massive Schwankungen des Goldgehaltes als auch die ungleiche Verteilung der Gewinne zu berücksichtigen sind. Dass diese Schätzung die tatsächlichen Einkommensverhältnisse zumindest annähernd trifft, zeigen sowohl eigene Einkommensschätzungen der *Mineros* als auch die Geschäftsbilanz eines Mühlenbesitzers der im Februar 1997 Buch über seine Ausgaben geführt hatte (siehe Tab. 19). Dort standen geschätzten Monatseinnahmen zwischen 2.000.000 Bolívares (4165 US-$) und 4.000.000 Bolívares (8329 US-$) im Februar 1997 Ausgaben von 6097 US-$ gegenüber. Nach Abzug der Kosten für die Hammermühle, die Verpflegung der Mitarbeiter und den privaten Verbrauch, blieben dem *Molinero* ca. 150 US-$ Reingewinn, was über dem durchschnittlichen Nettogewinn eines *Mineros* liegt. Wie viele andere Mühlenbesitzer gab aber auch dieser *Molinero* an, dass er seinen Betrieb mit Rücklagen als *Minero* aufgebaut hatte.

*Lokale Goldproduktion*

**Tab. 19: Monatsausgaben eines *Molineros* (San Mino)**

| Ausgabeposten | Summe | |
|---|---|---|
| | **Bolivares** | **US-$** |
| 8 Ladungen Wasser (2000 l) á 4000 Bs | 320.000 | 666 |
| 10 Fässer Treibstoff (á 200 l) | 200.000 | 417 |
| 5 Fässer Treibstoff (á 20 l) | 100.000 | 208 |
| 36 Liter Öl für Hammermühlen | 28.000 | 58 |
| 10 Kilo Quecksilber | 150.000 | 312 |
| 48 Hammer (*Martillos*) | 1760.000 | 3.665 |
| Metalleinsätze für die Hammermühlen | 8.000 | 17 |
| Sonstige Ersatzteile | 250.000 | 521 |
| Reparatur des Mühlendaches | 8.000 | 17 |
| 4 Flaschen Gas für privaten Verbrauch | 4.000 | 8 |
| Essen für 6 Personen | 100.000 | 208 |
| **Summe total** | **2.928.000** | **6097** |

## 8.2 Nutzung von Waldflächen, Holz und sonstigen Waldprodukten

*Umwandlung von Wald in Siedlungs- und Bergbauflächen*

Im Randbereich der Forstreserve Imataca lokalisiert, liegt San Mino im immergrünen tropischen Regenwald. Auf über einem Viertel der dicht bewaldeten Konzessionsfläche erstreckt sich *Pueblo* San Mino. Das Zeilendorf weist eine lockere Bebauung aus rund 100 Holzhütten auf, zwischen denen sich große Vegetationsflächen ausbreiten. Sieben kleine Holzhüttensiedlungen und *Campamentos* sind dispers über die Fläche verteilt.

*Cerro Corrido*

*La Ceiba*

500 Meter südwestlich von *Pueblo* San Mino liegt der *Cerro Corrido*, wo 30 bis 50 *Mineros* Stollenbergbau betreiben und temporäre Übernachtungsmöglichkeiten (*Campamentos*) errichtet haben. Auf der zwei Hektar großen Fläche ist der ursprüngliche Baumbestand weitgehend erhalten, Strauch- und Bodenvegetation sind dagegen deutlich reduziert. Ähnlich sieht es in *La Ceiba* aus: Auch hier sind die Strauch- und Bodenvegetation deutlich dezimiert, während der Baumbestand und die Kronenbedeckung weitgehend geschlossen sind.

*El Gallo*

*La Mueca*

*Rabi Rico*

Dagegen ist die Baumvegetation auf der vier Hektar großen Fläche von *El Gallo* zu ca. 50% geschlagen bzw. gerodet. Allerdings wird das Areal nur in geringem Umfang bergbaulich genutzt. In erster Linie sind die ehemaligen Waldflächen in die landwirtschaftliche Nutzung überführt worden (s.u.). Die Bergbauareale *La Mueca* ($3600m^2$) und *Rabi Rico* ($500m^2$) wurden erst 1996 eröffnet. Beide Areale sind von dichter Waldvegetation gesäumt, ansonsten aber baumlos. In den Randbereichen stapeln sich gerodete Bäume und Sträucher. Nachfragen ergaben, dass die Areale mit gemieteten Bagger- und Raupenfahrzeugen[104] gerodet und geebnet wurden. Inwieweit Stollenbergbau oder alluvialer Bodenschätzeabbau erfolgen sollen, war zum Zeitpunkt der Erhebungen noch nicht geklärt.

[104] Die Fahrzeuge werden von Fuhrparks in Tumeremo vermietet.

Die Entscheidung der *Asociación San Mino*, schwere Maschinen für die Rodung einzusetzen, geht auf höhere Gewinnerwartungen und Erfahrungen am *Cerro de Malandros* (Berg der Diebe/Vagabunden) zurück. Auf der zwei Hektar großen Fläche im Nordosten von *Pueblo* San Mino fand 1996 eine *bulla* statt, während der ca. 800 ortsfremde *Mineros* das Areal völlig unkontrolliert nach Gold durchsuchten. Diese Invasion hatte eine Flächendegradierung zur Folge, die sich deutlich von der Flächenbeanspruchung der Bewohner von San Mino unterscheidet. Der Baumbestand ist zwar zu 50% erhalten, aber neben der nahezu vollständigen Zerstörung der Strauch- und Bodenvegetation ist das Areal, auf das sich der Goldrausch konzentrierte, durch großflächige Bodeneinstürze leicht auszuweisen.

**Tab. 20: Vegetationsdeckung in den *Campamentos* von in San Mino**

| Siedlung/ Campamento | Fläche | Bevölkerung (gerundet 1997) | Deckungsgrad | |
|---|---|---|---|---|
| *Pueblo San Mino* (ca. 1982 gegründet) | | 300 | Baumvegetation/ Kronenbedeckung:<br>Strauchvegetation:<br>Gras- und Bodenvegetation: | 25% - 50%<br>25% - 50%<br>25% - 50% |
| *Cerro Corrido* | 2 ha | 30 - 60 | Baumvegetation/ Kronenbedeckung:<br>Strauchvegetation:<br>Gras- und Bodenvegetation: | 75% - 100%<br>50% - 75%<br>25% - 50% |
| *La Ceiba* | 2 ha | 20 - 150 | Baumvegetation/ Kronenbedeckung:<br>Strauchvegetation:<br>Gras- und Bodenvegetation: | 75% - 100%<br>50% - 75%<br>25% - 50% |
| *El Gallo* | 4 ha | | Baumvegetation/ Kronenbedeckung:<br>Strauchvegetation:<br>Gras- und Bodenvegetation: | 50% - 75%<br>25% - 50%<br>25% - 50% |
| *La Mueca* (1996) | 3600 m² | | Baumvegetation/ Kronenbedeckung:<br>Strauchvegetation:<br>Gras- und Bodenvegetation: | 0% - 25%<br>0% - 25%<br>0% - 25% |
| *Rabi Rico* (1996) | 500 m² | | Baumvegetation/ Kronenbedeckung:<br>Strauchvegetation:<br>Gras- und Bodenvegetation: | 0% - 25%<br>0% - 25%<br>0% - 25% |
| *Cerro Malandro* | 2 ha | 10 - 180 | Baumvegetation/ Kronenbedeckung:<br>Strauchvegetation:<br>Gras- und Bodenvegetation: | 50% - 75%<br>0% - 25%<br>0% - 25% |

Quelle: Eigene Erhebungen 1997, nach BRAUN-BLANQUET 1928 (zit. n. FISCHER 1995)

*Umwandlung des Waldes in Agrarflächen*

**Neben der Rodung des Waldes für die Anlage von Siedlungen und Standorten des Stollenbergbaus werden die Waldflächen in San Mino in erheblichem Umfang für den Anbau landwirtschaftlicher Produkte genutzt. Große Areale in den Randbereichen der Siedlungen sind mit Mais, Bananenpflanzen und Jucca bepflanzt und auch innerörtlich weisen ein Vielzahl der *Minero*hütten kleine Hausgärten auf, in denen Kürbisse, Ananas, Bohnen, Kräuter und Gewürze sowie verschiedene Baumkulturen (Avocado, Bananen, Papaya, Zitrusfrüchte) stehen** (siehe Karte 16). Der größte Teil der landwirtschaftlichen Produktion dient der Subsistenz, um teure Lebensmitteleinkäufe in El Dorado durch Nahrungsmittel aus dem eigenen Anbau zu ersetzen. Überschüsse werden aber auch auf den Markt in El Dorado transportiert. Ein Kilo Bohnen wird dort z.B. für umgerechnet rund 1,5 US-Dollar verkauft. Ein Mühlenbesitzer, der zum Zeitpunkt der Untersuchung erst vier Monate in der Konzession lebte, hatte bereits eine fünf Hektar große Fläche gerodet und 400 Bananenstauden gesetzt, um die Früchte in El Dorado zu verkaufen.

**Aufgrund der rund 40jährigen permanenten Existenz von San Mino als Standort des informellen Bergbaus sowie der relativ geringen Fluktuation der dort ansässigen *Mineros* ist San Mino längst kein reiner Bergbaustandort mehr. Die Vielzahl der landwirtschaftlichen Flächen und Nutzungen lässt vielmehr erkennen, dass die bergbauliche Erschließung des Waldareals von der Bildung eines landwirtschaftlichen Substitutionssektors begleitet wird.** Mit der Konsolidierung des landwirtschaftlichen Sektors und der damit zunehmenden sozioökonomischen Differenzierung gehört San Mino derzeit noch zu den Ausnahmestandorten des informellen Bergbaus in Venezuela. Aber unter *Mineros* gilt San Mino als eine Modellsiedlung, die neben einer reinen bergbaulichen Arbeitsstätte auch Wohn- und Versorgungsfunktion übernimmt. Viele Kooperativen des informellen Bergbaus verfolgen für ihre Standorte Pläne, die eine ähnliche Entwicklung vorsehen. **Von diesem Szenario der Überführung der Bergbaustandorte in landwirtschaftliche Nutzzonen leitet sich auch der im Bundesstaat Bolívar gängige Name der *Asociaciones Agrominería* für die Bergbaukooperativen ab.** Noch deutlicher als im Fall von Nuevo Callao zeigt sich so in San Mino, dass das, was von außen als Zerstörung des Regenwaldes wahrgenommen wird, von den *Mineros* selbst als kulturelle Leistung, Fortschritt und Urbarmachung des Waldes angesehen wird. Darüber hinaus wird auch deutlich, dass *Mineros* keineswegs nur kurzfristig und mit einer auf die Ressource Gold zugespitzten Wahrnehmung in die Wälder des Bundesstaates Bolívar vordringen, sondern auch langfristige Erschließungsziele verfolgen.

**Karte 16: Funktional- und Vegetationskartierung San Mino**

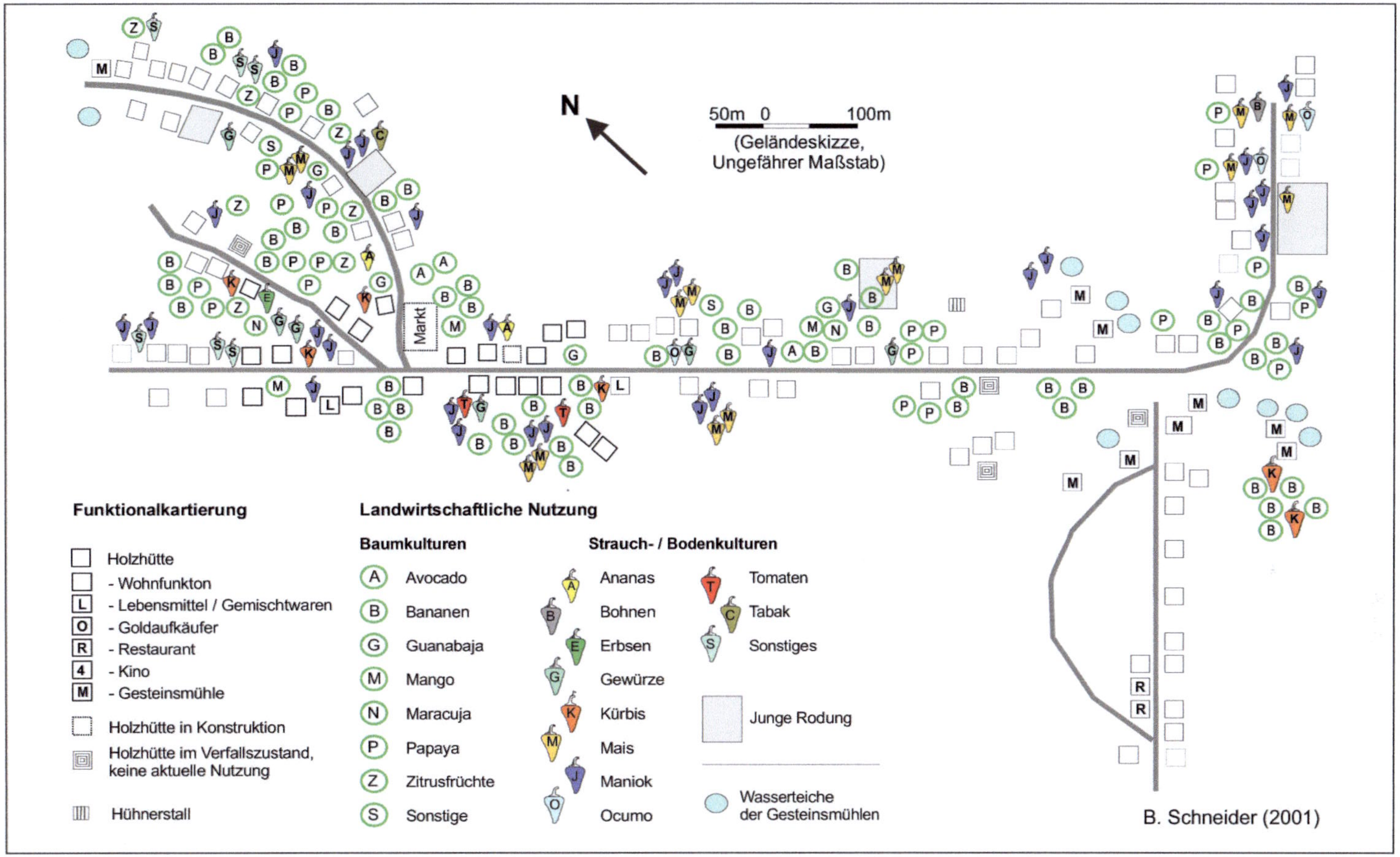

N

50m 0 100m
(Geländeskizze,
Ungefährer Maßstab)

Markt

**Funktionalkartierung**

- Holzhütte
- - Wohnfunkton
- L - Lebensmittel / Gemischtwaren
- O - Goldaufkäufer
- R - Restaurant
- 4 - Kino
- M - Gesteinsmühle
- Holzhütte in Konstruktion
- Holzhütte im Verfallszustand, keine aktuelle Nutzung
- Hühnerstall

**Landwirtschaftliche Nutzung**

**Baumkulturen**

- A Avocado
- B Bananen
- G Guanabaja
- M Mango
- N Maracuja
- P Papaya
- Z Zitrusfrüchte
- S Sonstige

**Strauch- / Bodenkulturen**

- A Ananas
- B Bohnen
- E Erbsen
- G Gewürze
- K Kürbis
- M Mais
- J Maniok
- O Ocumo
- T Tomaten
- C Tabak
- S Sonstiges

Junge Rodung

Wasserteiche der Gesteinsmühlen

B. Schneider (2001)

San Mino demonstriert von den untersuchten Standorten des informellen Bergbaus am deutlichsten, dass sich die Raum- und Ressourcennutzung der *Mineros* nicht nur auf ihre bergbaulichen Tätigkeiten reduzieren lassen, was sich nicht nur in der Umwandlung von Wald in landwirtschaftliche Nutzflächen zeigt. Auch in der ausgesprochen differenzierten Wahrnehmung des Waldes als Jagdrevier und Holzlieferant zeigt sich, dass sie ihre Umwelt über den Bodenschätzeabbau hinaus wahrnehmen und ihren Bedürfnissen entsprechend nutzen.

*Der Wald als Jagdrevier*

So wird in nicht unerheblichem Maß im Wald gejagt. Wie in Nuevo Callao und Botanamo stellt eine Arbeitsmannschaft einen besonders erfahrenen Jäger für die Jagd von der Arbeit im Stollen frei. Auch in ihrer Freizeit gehen *Mineros* auf die Jagd, bei der sie bis zu rund sieben Kilometer in den Wald vordringen. Besonders beliebte Jagdtiere sind Tapire und *Baquiros* (Wildschweinart). Aber da größere Säugetiere in unmittelbarer Nähe der Minenstandort selten sind, machen Vögel und kleinere Säugetiere i.d.R. den größeren Teil der Jagdbeute aus. Die Jagd erfolgt vorwiegend bei abnehmendem Mond, weil wie bei vielen Indigenen (vgl. GRIMMIG in Bearb.) auch unter den *Mineros* die Vorstellung verbreitet ist, dass bei Neumond[105] bzw. bei zunehmendem Mond erlegte Tiere schlecht schmecken. Vor allem Vögel ergänzen nicht nur das Nahrungsangebot der *Mineros*, sondern werden auch als Jungtiere eingefangen bzw. von Indigenen gekauft und als Maskottchen gehalten.

Tabelle 21 gibt die wichtigsten von den *Mineros* aufgezählten Tierarten wieder[106]. Während über 35 Säugetiere benannt werden konnten, fällt die geringe Zahl der genannten Reptilien und Insekten auf. Die mangelnde Kenntnis von Insekten und Reptilien, die weit hinter den Ergebnissen zurückbleiben, die empirische Untersuchungen unter indigenen Bevölkerungen (vgl. COLCHESTER & CERDA o J.) oder biologische Bestandsaufnahmen (vgl. OCHOA 1995) ergeben haben, erklärt sich dadurch, dass v.a. Insekten von *Mineros* nur in äußersten Notfällen gegessen werden. Sowohl Insekten als auch Schlangen sind ihnen im Wesentlichen nur dann geläufig, wenn sie als giftig gelten, sie sich also vor ihnen in Acht nehmen müssen.

[105] Anders als in Deutschland wird in Venezuela die erste Sicht des aufgehenden Mondes als Neumond bezeichnet.

[106] Auf die Auflistung von Ratten, Fröschen u.ä. sowie Differenzierungen verschiedener Unterarten wurde erstens aus Gründen der Übersichtlichkeit verzichtet. Zweitens waren der Bestimmung der Arten durch die eigene eingeschränkte Kenntnis der tropischen Fauna Grenzen gesetzt.

**Tab. 21: Waldtiere, die den *Mineros* bekannt sind (San Mino)**

| Lokaler Name (deutsche Übersetzung) | Wissenschaftliche Nomenklatur | Anmerkungen |
|---|---|---|
| **Wirbeltiere** | | |
| Araguato (Brüllaffe) | *Alouatta seniculus* | wird selten gegessen |
| Acure | | wird z.T. als Jungtier von Indigenen gekauft und zum Schlachten großgezogen |
| Ardilla (Eichhörnchen) | *Sciruis* sp. | wird selten gegessen |
| Baba de hocico liso (Krokodilart) | *Paleosuchus trigonatus* | wird z.T. als Jungtier von Indigenen gekauft und zum Schlachten großgezogen |
| Baquiro (Wildschweinart) | *Tayassu pecari* | |
| Cachicamo (Gürteltier) | *Dasypus* sp.<br>*Priodontes maximus*<br>*Cabassous unicinctus* | |
| Chacharo (Wildschweinart) | *Dicotyles tajacu* | |
| Chiguirre (Wasserschwein) | *Hydrochoerus hydrochaeris* | |
| Comadreja (Wieselart)) | *Mustela frenata* | wird selten gegessen |
| Conejo de monte (Kaninchen) | *Sylvilagus* sp. | |
| Cuspo (größere Gürteltierart) | | |
| Danto (Tapir) | *Tapirus terrestris* | |
| Iguana (Echsenart) | *Iguana Iguana* | wird selten gegessen |
| Lapa | *Agouti paca* | |
| Mono machín (Affenart) | *Lebus apella* | wird nicht gegessen |
| Mono viuda (Affenart) | *Callicebus torquatus* | wird nicht gegessen |
| Mono titi (Eichhörnchenaffe) | *Simire sciureus* | |
| Morrocoy selvatico (Schildkröten) | *Geochelone* sp. | |
| Murcielago (div. Fledermausarten) | Chiroptera | |
| Oso melero (Ameisenbär) | *Tamandua tetradactyla* | |
| Oso hormigero (Ameisenbär) | *Myrmecophaga tridactyla* | |
| Oso palmero | | |
| Pereza (Faultier) | *Bradypus* sp.<br>*Cholopus didactylus* | wird selten gegessen |
| Perro de agua (Otterart) | *Lutra longicaudis* | |
| Perro de monte (Hyänen- bzw. Hundeart) | *Speothos venaticus* | wird nicht gegessen |
| Picure (Rattenart) | *Dasyprocta* sp. | wird selten gegessen |
| Rabipelado (Oppossum) | *Didelphis* sp. | |
| Raton (div. Rattenarten) | *Oryzomys* sp. | |
| Tortuga terrecai (Schildkrötenart) | *Podocnemis unifilis* | |
| Venado (div. Reharten) | *Mazame* sp. | |
| Yaguar / Leon / Tigre (div. Jaguar- und Ozelotarten) | *Felis* sp. | |
| Zorro (Fuchs) | *Procyon cancrivorus*<br>*Cerdocyon thous?* | wird nicht gegessen |
| **Vögel (Auswahl)** | | |
| Carpintero (div. Spechtarten) | *Celeus* sp.<br>*Piculus* sp.<br>*Venilornis* sp. *Melanupes* sp. | |
| Gallina de monte | *Tinamus major* | |
| Guacamayo (rojo/azul) | *Ara sp.* | |
| Guacharaca | *Ortalis* sp. | |
| Loro | *Amazona brasiliensis*<br>*Deroptyus accipitrinus* | |
| Pava | *Pipile pipile*<br>*Mitu tomentosa* | |
| Pauji | *Crax alector* | |

| **Lokaler Name (deutsche Übersetzung)** | **Wissenschaftliche Nomenklatur** | **Anmerkungen** |
|---|---|---|
| | *Mitu tomentosa* | |
| Perico (Kleinpapagei) | *Pionpsitta sp.* | |
| Piapoco (Tucanart) | *Rhamphastos* sp. | |
| **Reptilien (nicht-giftige Schlangen werden z.T. gegessen)** | | |
| Coral | *Micrurus* sp. | |
| Coral falsa | *Anilius scytale*<br>*Erythrolamprus aesculapii* | ungiftig |
| Cuaima Piña | *Lachesis muta* | giftig |
| Cuaima Gallo | | giftig |
| Cuaima Telsopelo | | giftig |
| Culebra de agua | *Eunectes* sp. | |
| Coral | *Micrurus lemniscatus* | giftig |
| Lora | | giftig |
| Tigra | | Es gibt zwei Arten, von denen eine giftig und die andere ungiftig ist |
| Candela | | giftig |
| Cascabel | *Crotalus durissus terrificus* | giftig |
| Macacurel | | |
| Mapanare | *Bothrops* sp. | giftig |
| Mapanare falsa | *Helicops* sp.<br>*Sibon nebulatus* | ungiftig |
| Tragavena | | ungiftig |
| **Insekten** | | |
| Aranja mona (Vogelspinne) | | giftig |
| Araguata (Spinnenart) | | giftig |
| Alacran (Skorpion) | | giftig |
| Sempial (Tausendfüßler) | | giftig |
| Bachaca 24 (Ameisenart) | | giftig |

Referenzliteratur: COLCHESTER & CERDA (o.J.); MARNR (1983); OCHOA (1995)

*Die Holznutzung*

Wie in Botanamo, Nuevo Callao und Manarito wird auch in San Mino Holz für die Errichtung der Wohnstätten, die Herstellung von Möbeln und für bergbaulichen Aktivitäten (z.B. für Seilwinden und Schachtstützen) genutzt. **Im Vergleich zu den anderen Standorten ist das Wissen über die Waldvegetation in San Mino aber deutlich größer.** Nicht nur konnten die *Mineros* in San Mino im Durchschnitt spontan acht lokale Baumarten namentlich nennen (der Vergleichswert in den anderen Orten liegt bei durchschnittlich 5,2 Arten), v.a. konnten auffällig viele ältere *Mineros* die umstehenden Bäume ohne Schwierigkeiten identifizieren, Nutzungsmöglichkeiten und Besonderheiten nennen (siehe Tab. 22).

**Tab. 22: Holznutzung (San Mino)**

| **Regionale Bezeichnung** | **Familie** | **Wissenschaftliche Nomenklatur** | **Anmerkungen / Nutzung** |
|---|---|---|---|
| Algarrobo | Fabaceae | *Hymenaea courbaril* L. | |
| Araguaney | Bignoniaceae | *Tabebuia chrysantha* Nichols. | |
| Azucarito negro | Burseraceae | *Protium* sp. | |
| Cabeza de Negro | Tiliaceae | *Apeiba tibourbou* Aubl. | |
| Cacho de Venado | Bignoniaceae | Godmania macrocarpa *Benth.* | Diabetis |
| Caimito | Sapotaceae | *Chrysophyllum cainito* L. | |
| Caoba | Meliaceae | *Swietenia macrophylla* sp. | |
| Caraño (blanco, rosado) | | *Protium* sp. | |

| Regionale Bezeichnung | Familie | Wissenschaftliche Nomenklatur | Anmerkungen / Nutzung |
|---|---|---|---|
| Caruto | Rubiaceae | *Genipa americana* L. (H.B.K.) K. Sch. | |
| Chaparillo | Rubiaceae | *Palicourea rigida* | |
| Charo / Charito | Moraceae | *Brosimum* sp. ? | |
| Cedro | Meliaceae | *Cedrela odorata* L. | häufig vorkommendes Hartholz |
| Ceiba | Bombacaceae | *Ceiba pentandra* (L.) Gaertn. | |
| Clavino / Clavellino | Bignoniaceae | *Jacaranda rhombifolia* Mey. | Hüttenbau |
| Coco de mono | Lecythidaceae | *Lecythis ollaria* Loefling | Diarrhöe |
| Cotoperiz | Sapindaceae | *Talisia oliviformis* (H.B.K.) Radlk. | |
| Dividive | Caesalpiniaceae | *Caesalpinia* sp. | |
| Guacimo | Sterculiaceae | *Guazuma ulmifolia* Lam. | gehäuftes Vorkommen |
| Guatacaro | Boraginaceae | *Bourreria cumanensis* (Loefl.) O.E. Schultz | gehäuftes Vorkommen |
| Jobo | Anacardiaceae | *Spondias mombin* L. | gehäuftes Vorkommen |
| Karamacate | Euphorbiaceae | *Piranhea trifoliolata* Baillon | Seilwinden |
| Lechosa | Caricaceae | *Carcica papaya* L. | Sekundärvegetation |
| Majagüillo | Elaeocarpaceae | Muntingia calabura | |
| Majomo | Fabaceae | *Lonchocarpus sericeus* Pittier | Hüttenbau |
| Mamon | Sapindaceae | *Melicocca bijuga* L. | |
| Manteco | Myrsinaceae | *Myrsine coriacea* (Sw.) R. Br. ex Roem. & Schult.<br>*Rapanea ferruginea* (Ruiz & Pav.) Mez | |
| Mata Palo | Moraceae | *Ficus* sp. | |
| Mora | Moraceae | *Chlorophora tinctoria* | |
| Palo Blanco | Mimosaceae | Art nicht identifizierbar | |
| Pardillo | Boraginaceae | *Cordia* sp. | häufig vorkommenes Hartholz, Hüttenbau Stollenabstützung |
| Pata de Danto | Combretaceae | *Terminalia* sp. | |
| Pata de Zamurro | Caesalpiniaceae | *Caesalpinia granadillo* Pittier | |
| Pilon Nacareno | Fabaceae | *Andira inermis* (W. Weight) H.B.K. | |
| Pino Bobo | | nicht identifizierbar | |
| Piricoco | | nicht identifizierbar | |
| Pui / Puy | Fabaceae | *Myrospermum frutescens* Jaq. | |
| Purguo | Sapotaceae | *Manilkara* sp. | |
| Quina | Rubiaceae | *Cinchona* sp. | |
| Roble | Papilonaceae | *Platymiscium* sp. | |
| Rosa de Montana | Caesalpiniaceae | *Brownea* sp. | |
| Sauce | Salicaceae | *Salix humboldtiana* Willd. | |
| Sun Sún | Cecropiaceae | *Pourouma guianensis* Aub.<br>*Didimopanax morototoni* | |
| Tacamahaco | Burseraceae | *Protium* sp. | |
| Toco | Capparidaceae | *Crateva tapia* L. | |
| Trompillo | Meliaceae | *Guarea trichilioides* L. | |
| Totumo | Bignoniaceae | *Crecentia Crescentia cujete* L. | |
| Uvero montanero | Polygonaceae | *Coccoloba caracasana* Meisner | |
| Yagrumo<br>- hembra<br>- macho | Cecropiaceae | *Cecropia* sp.<br>Schefflera morotoni (Aubl.) Maguire, Steyerm. & Frodin | Sekundärvegetation |
| Zapatero | Celastraceae | *Maytenus pittieriana* Steyerm. | |

Quelle: Eigene Erhebungen 1997, Referenzliteratur: HOYOS (1994), HUECK (1968), MARNR (1983); SCHNEE (1984)

*Medizinalpflanzen*

Auffällig ist auch das Wissen über Pflanzen, die für medizinische Zwecke eingesetzt werden. In den Einzelbefragungen konnten die *Mineros* im Durchschnitt nur 5,5 Medizinalpflanzen benennen, bei gezielten Rückfragen und in Gruppengesprächen zeigte sich aber, dass sie deutlich mehr Pflanzen für medizinische Zwecke nutzen. **Insgesamt wurden 70 Pflanzen namentlich genannt, die medizinisch eingesetzt werden** (siehe Tab. 23). Rund 30 dieser Pflanzen waren allgemein bekannt, während 40 Arten nur von wenigen Personen genannt und genutzt wurden. Angesichts der tropischen Artenvielfalt mögen diese Zahlen nicht hoch erscheinen. Sie sind aber trotzdem interessant, weil *Mineros* ein Wissen über Waldflora und -fauna normalerweise überhaupt nicht zugesprochen wird. Die in *Minero*dörfern aufgenommenen Artenlisten stießen bei Ethnologen und Biologen wiederholt auf Zweifel und Skepsis. *Mineros* könnten unmöglich so viele Arten benennen und wenn doch, sei das Wissen von Indigenen übernommen. **Auf bergbauliche Aktivitäten reduziert, traut man *Mineros* weder die Wahrnehmung noch die Nutzung nicht-mineralischer Naturressourcen zu.**

**Tab. 23: Die Nutzung von Medizinalpflanzen (San Mino)**

| Lokaler Name | Wissenschaftliche Nomenklatur | Holz Rinde | Blätter | Samen Früchte Blüten | Nutzung |
|---|---|---|---|---|---|
| **Bäume und Holzgewächse** | | | | | |
| Aceite | *Copaifera officinalis* L. (Caesalpiniaceae) | X | | X | Geschwür- und Wundheilung, Rheumatismus, Weißfluß |
| Algarrobo | *Hymenaea courbaril* L. (Caesalpiniaceae) | | | X | Insektizid, Blutreinigung |
| Bayrum | *Pimenta racemosa* (Mill.) Moore (Myrtaceae) | | X | | Kopfschmerzen, Lungen |
| Coco de mono | *Lecythis ollaria* Loefling (Lecythidaceae) | | | | Diarrhöen |
| Dividive | *Caesalpinia coriaria* Jacq. (Caesalpiniaceae) | | | X | Magengeschwüre, Desinfektion (z.B. der Bauchnabel der Kinder), Karies |
| Caimito | *Chrysophyllum cainito* L. (Sapotaceae) | | | X | Fieber, Schmerzen |
| Ceiba | *Ceiba pentandra* Gaertn. (Bombacaceae) | X | | | "Saft der Rinde macht so stark wie der Baum" |
| Jobo | *Spondias mombin* L. (Anacardiaceae) | | | X | Pilzinfektionen, Brechmittel |
| Manzanillo de Montaña | *Picramnia pentandra* (Simaroubaceae) | | | X | Kopf-, Magenschmerzen |
| Palo de Arco | *Apoplanesia cryptopetala* (Fabaceae) | | | | Rheumatismus, Weißfluß soll nur in Lara und Falcón vorkommen |
| Piñon | *Jatropha curcas* L. (Euphorbiaceae) | | | X | Hauterkrankungen (Milch), Wunden spez. im Mund, Wehenherauszögerung |
| Purguo | *Mimusops balata* (Sapotaceae) | | | | Diarrhöen, Zahnschmerzen |
| Quina | *Cinchona* sp. (Rubiaceae) | x | | | Malaria |
| Retama | *Thevetia peruviana* Schum. (Apocynaceae) | | | X | Brechmittel (in Mengen giftig) |
| Rosa de montaña | *Brownea macrophylla* L. (Caesalpiniaceae) | X | | X | Leberschädigungen, Menstruationsbeschwerden, |

| Lokaler Name | Wissenschaftliche Nomenklatur | Holz Rinde | Blätter | Samen Früchte Blüten | Nutzung |
|---|---|---|---|---|---|
| | | | | | Geburtsschmerzen, Obstipation |
| Tacamahaca | *Protium* sp. (Burseraceae) | | | | Wasserdesinfektion, Körperreinigung, Lungen |
| San Pipio Tanpipio | nicht identifizierbar | | | | Amöben |
| Yagrumo | *Cecropia peltata* L. (Cecropiaceae) | | X | X | Geschwür- und Wundheilung Nierenschmerzen |
| **Strauch- und Holzgewächse** | | | | | |
| Brusca Mäusedorn? | *Cassia* occidentalis L. (Caesalpiniaceae) | | X | | Darmparasiten, Geburtsschmerzen, Hautekzeme |
| Caña de India | *Costus* sp. (Zingiberaceae) | | X | | Diabetis, Nieren, Schmerzen, Augenentzündungen |
| Coroso / Corocillo | *Cyperus rotundus* (Cyperaceae) | | X | | In der Schwangerschaft, Blutreinigung |
| Mapurite | *Petiveria alliacea* L. (Phytolaccaceae) | Wurzel | | | Knochenschmerzen, Krebs, Fieber |
| Mata de dragon | nicht identifizierbar | | | | Körperreinigung, Geschwüre |
| Piñon | *Jatropha curcas* L. (Euphorbiaceae) | | | Früchte Milch | Körperreinigung, Wunden im Nasen-Rachen-Raum, Insektenstiche |
| Túa-Túa | *Jatropha gossypifolia* L. (Euphorbiaceae) | | X | | Koliken, Hautekzemen |
| Vera | *Bulnesia arborea* (Jacq.) Engler (Zygophyllaceae) | | | | Husten, Lungen, Asthma, Nieren |
| **Linanen und Schlingpflanzen** | | | | | |
| Bejuco de Agua | *Vitis tiliifolia* H.B.K. (Vitaceae) | | | | Quelle für Wasser und Mineralstoffe, Diarrhöen |
| Bejuco de Cadena | *Bauhinia* sp. (Caesalpiniaceae) | | | | Desinfektion, Eiter, Blutreinigung |
| Zarzaparrilla | *Smilax Sp.* (Liliaceae) | | X | X | Blutreinigung, Nieren, Diabetis |
| **Kräuter, Gräser, Gefäßpflanzen** | | | | | |
| Artemisa | *Ambrosia cumanensis* H.B.K. (Compositae) | | X | | Wundheilung, Körperreinigung, Menstruationsbeschwerden (Auslösung), Leber, Rheumatismus |
| Babandi blanco / morado | nicht identifizierbar | | | | Aphrodisiaka |
| Caña de la India | *Costus* sp. (Zingiberaceae) | | X | | Diabetis, Nieren, Augenentzündungen |
| Cariaquito | *Lantana* sp. (Verbenaceae) | | X | | Fieber, Lungen |
| Hierba de mora | *Solanum nigrum* L. (Solanaceae) | X | X | X | Magen-, Venenschmerzen, Wundheilung |
| Hierba de sapo | *Peperomia* sp. (Piperaceae) | | | | Diarrhöen, Wunden (spezial im Mund von Kindern) |
| Nabo de Gomba | *Brassica Napus* L. ? (Hierba) (Cruciferae) | | | | Milch wird zur Wasseraufbereitung genutzt |
| **Kultivierte Heilpflanzen** | | | | | |
| Albahaca blanca / morada | *Ocimum micranthum* Willd. (Labiatae) | | X | | Nieren- , Menstruationsschmerzen, Körperreinigung (Kinder), Augenentzündungen |
| Canjillon | *Aspidosperma* sp. (?) | | | | |
| Chinchamuchina | *Justicia secunda* Vahl | | | | Körperreinigung, Tee |

| Lokaler Name | Wissenschaftliche Nomenklatur | Holz Rinde | Blätter | Samen Früchte Blüten | Nutzung |
|---|---|---|---|---|---|
| | (Acanthaceae) | | | | |
| Cilantro de monte | *Coriandrum sativum* L. (Apiaceae) *Eryngium foetidum* L. (Apiaceae) | | | X | Magen-, Darmgeschwüre, Gebärmutterblutungen, Husten |
| Citronera = Citronela? | *Cymbopogan citratus* Stapf (Poaceae) | | X | | Fieber, Grippe |
| Columbiana = Libertadora | *Kalanchoe pinnata* Lam. (Crassulaceae) | | X | | Grippe, Nieren, Körperreinigung |
| Culantro | nicht identifizierbar | | | | |
| Escorzonera Schwarzwurzel | *Craniolaria annua* L. (Martyniaceae) | Wurzel | | | Obstipation; Menstruationsschmerzen |
| Eucalipto | *Eucalyptus* sp. (Myrtaceae) | | X | | Husten, Lunge, Grippe |
| Fregosa | *Capraria biflora* L. (Scrophulariaceae) | | X | | Diarrhöen, Intestinalschmerzen, Asthma, Verbrennungen |
| Gengibre | *Zingiber officinale* Rosc. (Zingiberaceae) | | | | Nieren, Augenentzündungen, Grippe, Lungen |
| Malojillo / Citronela | *Cymbopogan citratus* Stapf (Poaceae) | | | X | Husten, Grippe, Magenschmerzen, Menstruationsbeschwerden, Gürteltierbisse |
| Manzanilla | *Matricaria chamomilla* | | | X | Magen- , Kopfschmerzen |
| Mastranto | *Hyptis suaveolens* L. (Labiatae) | | | | Hypertonie, Ekzeme, Krätze |
| Pasote | *Chenopodium* ambrosioides L. (Chenopodiaceae) | X | X | | Diabetis, Obstipation, Wurmbefall |
| Pomalaca | *Syzygium* sp. (Myrtaceae) | | | | Blutreinigung (Hämoglobinerhöhung) |
| Rabo de alacrán | *Heliotropium indicum* L. (Boraginaceae) | | | X | Fieber, Husten, Ekzeme, Zahnschmerzen |
| Salvia Salbei | *Salvia palaefolia* (Labiatae) | | X | | Leber, Grippe, Halsschmerzen, Diarrhöen |
| Selma / Celma | nicht identifizierbar | | | | Diabetis, Augenentzündungen, Rheumtismus |
| Toronjil Melisse | *Melissa officinalis* L. (Labiatae) | | X | X | Sedativa, Herz |
| Verdolaga | *Portulaca oleracea* L. (Portulacaeae) | | | | Leber, Nieren |
| Zábila | *Aloe vera* L. (Liliaceae) | | X | | Wunden, Verbrennungen, Menstruationsbeschwerden |

Quelle: Eigene Erhebungen 1997. Referenzliteratur DELASCIO CHITTY (1985), PILAR RODRIGUEZ (1980), SCHNEE (1984)

*Einflüsse indigener Kulturen*

Kontakte zur indigenen Bevölkerung sind wie in anderen Standorten des informellen Bergbaus auch in San Mino nicht sehr ausgeprägt. Aber indigene Naturnutzungs- und Landwirtschaftspraktiken wurden durch sporadische Kontakte mit indigenen Gruppen übernommen. Auch stammt einer der älteren *Mineros*, der sehr angesehen ist, von Pemones ab. Über ihn, der sich viel mit anderen naturinteressierten *Mineros* austauscht, breitet sich das ursprünglich indigene Wissen über Pflanzen in San Mino aus. Nach der Herkunft ihres Wissens befragt, nannten insgesamt vier der "Pflanzenexperten" ihre indigene Herkunft bzw. Kontakte mit Indigenen, drei verwiesen aber auch auf ihre Eltern und eigene Erfahrungen.

Des Öfteren konnte beobachtet werden, wie *Mineros* sich über Arten, deren Verbreitung und potenzielle Nutzung austauschten. Nach Aussagen Landwirtschaft betreibender *Mineros* entstammen z.B. ihre Vorstellungen über den Zusammenhang von Mondphasen und Pflanzeneigenschaften indigenem Wissen. So wurde von der indigenen Bevölkerung übernommen, dass der Anbau landwirtschaftlicher Produkte bis auf wenige Ausnahmen während des abnehmenden Mondes (*Menguante*) erfolgt. Auch das Holz für die Wohnstätten wird, wenn möglich, kurz nach Vollmond geschlagen, da es andernfalls früher fault[107].

## 8.3 Zusammenfassung: Diversifizierung des Zugriffs auf die Umweltressourcen

Versteht man unter einer Kolonisation eine

> dauerhafte, nicht vereinzelt, sondern flächenhaft organisierte Erschließung eines vorher nicht, nicht dauerhaft oder nur teilweise genutzten Raumes durch zumeist den primären Sektor, die im allgemeinen eine tiefgreifende Umwandlung der Natur (z.B. durch die Urwaldrodung) und der traditionell geprägten Kulturlandschaft (z.B. durch den Übergang von traditioneller *shifting cultivation* zu permanenter landwirtschaftlicher Nutzung) des betreffenden Raumes und die Neuentstehung bzw. Umorientierung regionaler Strukturen und territorialer Organisationsformen (z.B. durch Umorientierung bzw. Neuaufbau von Infrastrukturen, Entstehung neuer Stadt-Land-Systeme, Entstehung neuer regionaler Sozialstrukturen, Veränderung politisch-administrativer Gegebenheiten etc.) beinhaltet (vgl. COY 1988: 127),

so lässt sich der Begriff der Kolonisation nur eingeschränkt auf San Mino anwenden. Obwohl sich eine rund 40jährige permanente Nutzung nachweisen lässt, befindet sich der Ort erst im Übergang von der Erschließungsphase in die Differenzierungsphase eines bergbaulichen Expansionsraums[108]. Trotz der im lokalen Maßstab bedeutenden Umwandlung des Waldes in Agrar- und Bergbauflächen, handelt es sich im regionalen Maßstab nur um eine punktuelle Raumerschließung. Infrastrukturelle Anbindungen an intra- und extraregionale Städte sind durch temporäre Migrationen und Warentransfers gegeben, sind aber so marginal, dass von gravierenden Umstrukturierungen regionaler Strukturen und territorialer Organisationsformen nicht die Rede sein kann. Auch die lokale Infrastruktur und die Bausubstanz sowie das Wohnverhalten der Bewohner demonstrieren den weiterhin temporären Charakter San Minos.

*San Mino: Standort des informellen Bergbaus im Übergang von der Erschließungs- in die Differenzierungsphase*

[107] Die Vorstellung, dass der Mondzyklus Holzeigenschaften sowie die Wuchsbedingungen landwirtschaftlicher Produkte beeinflusst ist weltweit nicht nur unter vielen indigenen Kulturen verbreitet, sondern wird auch in der modernen Forstwirtschaft westlicher Industrieländer diskutiert (vgl. DER WALDWIRT 1999: 18).

[108] COY (1991) unterscheidet in seinem Modell des Lebenszyklus einer landwirtschaftlichen "Pionierfront" vier bis fünf Zyklen. Der Okkupationsphase schließen sich die Phasen der Differenzierung und Inkorporation an, in denen v.a. Rodungsmaßnahmen und Besitzkonzentration zunehmen. In der Inkorporationsphase verfestigen sich soziale Differenzierungsprozesse und Ackerland wird zunehmend in Weideland umgewandelt. Die letzte Phase wird durch ökologische Degradierung bestimmt, die schließlich zur Verlagerung des Expansionsraums und zur Okkupation neuer Regionen führt.

Einfache Holzhütten dienen als temporäre Unterkunftsmöglichkeiten, unasphaltierte Waldpfade verbinden die Hauptsiedlung zwar mit den Außenposten (*Campamentos*), langfristige Investitionen in z.B. ein Straßen- und Kanalisationssystem wurden aber bisher nicht getätigt. Auch hinsichtlich der lokalen Institutionen lassen sich keine gravierenden Unterschiede zu den jüngeren Standorten des informellen Bergbaus nachweisen. Hier wie dort übernehmen nicht Ortsvorsteher oder Bürgermeister Vertretungsfunktionen, sondern Bergbaukooperativen. Diese Kooperativen unterscheiden sich zwar dadurch, dass die Kooperativen der jüngeren Bergbaustandorte durch massive Konflikte mit dem Staat und (trans)nationalen Bergbauunternehmen politischer ausgerichtet sind, während die *Asociación San Mino* eher eine territorial begründete Gemeinschaft lokaler Interessen darstellt. Aber hierbei handelt es sich eher um ein lokalspezifisches Charakteristikum.

*Zunehmende Nutzung nicht-mineralischer Ressourcen*

Lassen sich hinsichtlich der sozialen Organisation keine signifikanten Unterschiede zwischen San Mino und den jüngeren Standorten des informellen Bergbaus feststellen, fällt das Ergebnis hinsichtlich der Nutzung und Integration in die physische Umwelt anders aus. Der auffälligste Unterschied besteht darin, dass der Wald in San Mino an zahlreichen Stellen in eine landwirtschaftliche Nutzung überführt wurde. Auch wird der Wald mehr als Holzlieferant und Jagdrevier genutzt. Darüber hinaus ergaben die Untersuchungen ein unerwartet hohes Wissen der *Mineros* über die lokale Fauna und Flora. **Das heißt, dass der Zugriff auf die unmittelbare Umwelt deutlich differenzierter und diversifizierter erfolgt als an den jüngeren Standorten des informellen Bergbaus, wo der Zugriff auf die Natur (noch) sehr stark auf die Ressource Gold bzw. Diamanten zugespitzt ist.** Zwar werden auch dort Holz, einige Nichtholzprodukte und Wasser genutzt, aber sowohl die Palette der genutzten Produkte als auch das Wissen um diese Ressourcen ist ungleich geringer als in San Mino.

Diese Ergebnisse sind in soweit interessant, weil sie erneut einen anderen Blick auf *Minero*gesellschaften ermöglichen. Statt des Stereotyps wenig sesshafter Individuen und Gruppen, die einer rein extraktiven und zerstörerischen Wirtschaftstätigkeit nachgehen, zeigen sich auch eher unerwartete Sozialisationsformen. **Neben der Konfrontation mit indigenen Gruppen gibt es auch Assimilationserscheinungen; neben der charakteristischen Migrationsdynamik von *Minero*gesellschaften gibt es gewachsene sozialräumliche Dorfstrukturen, und neben der Zerstörung von Natur gibt es im informelle Bergbau auch Integrationserscheinungen in die umgebende Natur.**

## 9. Zwischenfazit: Plädoyer für eine Neubewertung des informellen Bergbaus

Angesichts der Empiriefülle ist eine Zusammenfassung, die auf alle in den Fallbeispielen angeschnittenen Aspekte des informellen Bergbaus eingeht, nahezu unmöglich. Während die Fallbeispiele die konkreten Lebensumstände im informellen Bergbau sowie seine sozialräumliche Heterogenität vermitteln sollten, wird für das Zwischenfazit sowohl der lokale als auch der physisch-manifeste Raum zugunsten einer abstrahierenden Diskussion der ökonomischen, politischen und kulturellen Sphäre des informellen Bergbaus in Venezuela verlassen.

### 9.1 Die ökonomische Sphäre

*Der Mythos vom schnellen Reichtum*

**Im Bereich der Ökonomie stellen sich erstens die Frage nach dem Mythos des schnellen Reichtums und zweitens die Frage nach dem Beitrag des informellen Bergbaus zur Nationalökonomie.** Sowohl über den informellen Bergbau als auch unter den *Mineros* kursieren viele Gerüchte über außergewöhnliche Edelsteinfunde und Legenden über reich gewordene *Mineros.* Wie aber Abb. 19 zeigt, spielen diese Mythen und Legenden für die Entscheidung, eine Arbeit im informellen Bergbau aufzunehmen, eine untergeordnete Rolle. Nur sieben *Mineros* nannten die Hoffnung, schnell reich zu werden, als Grund für ihre Tätigkeit im informellen Bergbau[109]. Von 230 *Mineros* nannten 155 spontan ökonomische Gründe. Hinzu kommen 11 Probanden, die die Finanzierung der Ausbildung ihrer Kinder nannten, die in Abbildung 19 unter der Kategorie "familiäre Gründe" aufgeführt sind. Nur 62 Begründungen bezogen sich auf eine positive Einstellung zum informellen Bergbau (und spiegeln so etwas von dem viel zitierten Abenteurer- oder Pioniergeist unter den Goldgräbern wider), wobei dabei die Mehrzahl der *Mineros* andere Arbeit langweilig fanden, allgemeinen Gefallen an ihrer Tätigkeit bekundeten (*me gusta la minería*) oder es vorzogen, ihr eigener Chef zu sein. 14 *Mineros* äußerten mal stolz, mal pessimistisch, dass sie ihr ganzes Leben lang *Minero* gewesen seien und nichts anderes gelernt hätten.

Nachfragen unter den *Mineros* über direkte Kontakte zu einem reich geworden *Minero*, wurden ohne Ausnahme verneint. Des öfteren wurde die Frage von den *Mineros* selbst mit dem Zusatz ad absurdum geführt, dass große Edelsteinfunde und schneller Reichtum utopisch seien, dass man aber im informellen Bergbau sowohl überleben als auch Ersparnisse zurücklegen könne.

[109] Es kann nicht ausgeschlossen werden, dass einige der befragten Personen ein sozial evtl. weniger anerkanntes Motiv wie die Jagd nach dem schnellen Geld mit "guten" Motiven (z.B. einer sozial prekären Lage) verschleiern. Diesen Bedenken steht allerdings gegenüber, dass das Wunsch auf einen legendären Edelsteinfund unter *Mineros* nicht verpönt ist und dass immerhin sechs *Mineros* sehr offen Schwierigkeiten mit dem Staat bzw. den Wunsch, untertauchen zu wollen, als Motiv für ihre Tätigkeit im informellen Bergbau nannten.

**Abb. 19: Begründungen für die Tätigkeit im informellen Bergbausektor (gesamt)**

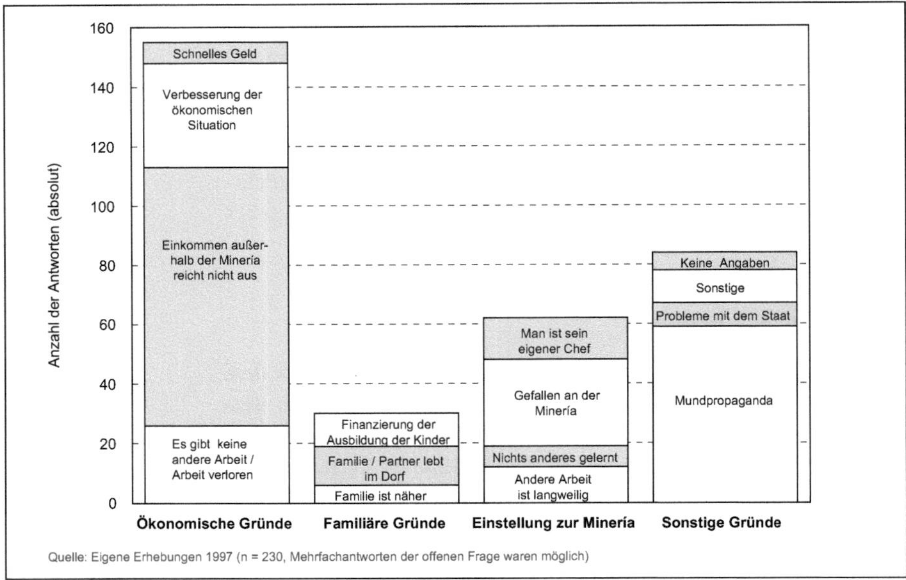


Quelle: Eigene Erhebungen 1997 (n = 230, Mehrfachantworten der offenen Frage waren möglich)

**Sowohl die quantitativen als auch qualitativen Befragungsergebnisse machen deutlich, dass *Mineros* nicht in erster Linie dem Mythos des schnellen Reichtums hinterherlaufen, sondern den informellen Bergbau als eine Möglichkeit für die gegenwärtige und zukünftige Existenzsicherung auf niedrigem Niveau betrachten.**

*Ersparnisse und Investitionen*

Viele *Mineros* wiesen darauf hin, dass sie sich von ihren Ersparnissen[110] ein Restaurant, ein Geschäft oder eine Gesteinsmühle vor Ort bzw. ein Haus in ihrer Heimatstadt finanziert hätten. Bei diesen Häusern handelt es sich häufig nur um eingeschossige Flachdachgebäude, die mit viel Eigenarbeit in städtischen Randbereichen errichtet werden, aber immerhin 46,8% der befragten *Mineros* (n = 230) gaben den Besitz eines Hauses an. 16,7% der befragten Personen lebten in Häusern, die sich in Familienbesitz befanden, 36,5% lebten zur Miete.

*Wünsche und Planungen für die Zukunft*

Der Besitz eines Hauses, eines Geschäftes und einer Gesteinsmühle gehört auch zu den wichtigsten Zielen, die von den *Mineros* auf die Frage nach ihren Zukunftsvorstellungen genannt wurden (siehe Abb. 20). 46% antworteten mit einer selbstständigen Tätigkeit, wie z.B. die Eröffnung eines eigenen Geschäftes (Restaurant, Bekleidung, Lebensmittel), einem landwirtschaftlichen Subsistenzbetrieb oder einem sozialen Aufstieg im informellen Bergbau (z.B. als *Molinero* oder Geschäftsinhaber vor Ort).

[110] Auf ein zweites Einkommen (meist aus dem landwirtschaftlichen Bereich oder einer Tätigkeit des Ehepartners) konnten nur 34 *Mineros* zurückgreifen.

Dagegen strebten nur sechs *Mineros* eine nicht-selbstständige Arbeit in einem Unternehmen an. D.h., dass *Mineros* deutlich mehr Vertrauen in ihre eigenen Fähigkeiten als selbstständige Unternehmer oder Arbeiter haben als in eine Anstellung in einem öffentlichen oder privaten Unternehmen. Es lässt aber auch darauf schließen, dass die überwiegende Mehrzahl der *Mineros* bei gegebenen ökonomischen Alternativen bereit wäre, den informellen Bergbau aufzugeben.

**Abb. 20: Zukunftsvorstellungen und -planungen der *Mineros* (gesamt)**

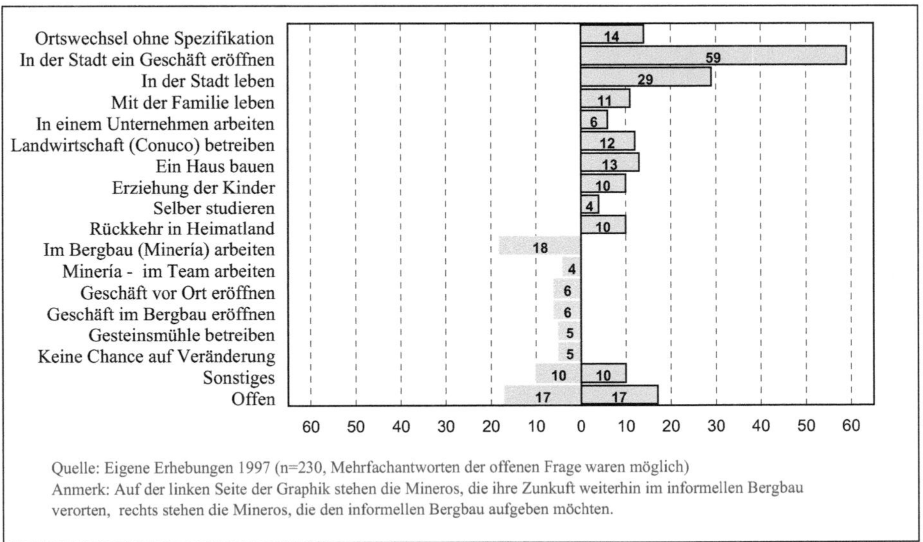


Quelle: Eigene Erhebungen 1997 (n=230, Mehrfachantworten der offenen Frage waren möglich)
Anmerk: Auf der linken Seite der Graphik stehen die Mineros, die ihre Zunkuft weiterhin im informellen Bergbau verorten, rechts stehen die Mineros, die den informellen Bergbau aufgeben möchten.

*Geschätzte Monatseinkommen*

Inwieweit die Einschätzungen des informellen Bergbaus als alternativer Arbeitsmarkt für die Existenzsicherung realistisch ist, lässt sich mangels einer ausreichenden Datenbasis nicht zufriedenstellend mit objektivierbaren Parametern belegen. Da es ein Charakteristikum informeller Wirtschaftstätigkeiten ist, dass sich z.B. weder Investitionskosten noch das Einkommen exakt messen lassen, kann nur auf Schätzwerte zurückgegriffen werden[111]. Die in Tabelle 24 aufgelisteten Angaben der rund 200 *Mineros*, die eine Schätzung ihres monatlichen Einkommens wagten, zeigen zwar hohe Standardabweichungen. Hierbei sind aber ebenso wie für den gemittelten Schätzwert von **670 US-Dollar** sowohl das Einfließen sehr extremer Angaben[112] als auch der Schätzcharakter der Zahlen zu berücksichtigen.

[111] Auch in der Vergleichsliteratur konnten keine exakten Angaben nachgewiesen werden.

[112] Durch Angaben von Diamantenhändlern, Restaurant- und Ladenbesitzern sowie mehrfachen Maschinenbesitzern (Steinmühlen, hydraulische Hochdruckpumpen oder Schlagbohrer) fällt das gemittelte Einkommen weitaus höher aus als bei einer Beschränkung auf Berufsgruppen wie *Paleros, Bateros* oder *Socios*.

Aber sowohl die Beobachtung, dass die Einkommensschätzungen an den verschiedenen Standorten des informellen Bergbau erstaunlich nah beieinander lagen als auch der Umstand, dass die *Mineros* nicht für einen Gewinn arbeiten würden, der unter dem Lohn liegt, den sie ihren Herkunftsorten verdienen könnten, lassen vermuten, dass die Schätzungen nicht völlig unrealistisch sind. Allerdings übersehen die *Mineros* häufig, dass das Einkommen sowohl durch die hohen Lebenshaltungskosten an den Standorten des informellen Bergaus als auch durch die immer gegebene Unsicherheit eines ökonomischen Gewinns relativiert wird. Ertragreichen Monaten stehen immer wieder Zeiten mit wenigen oder gar keinen Gewinnen gegenüber.

**Tab. 24: Schätzungen des monatlichen Einkommens im informellen Bergbau (gesamt)**

| | Anzahl der Fälle | Mittelwert | | Standardabweichung | |
|---|---|---|---|---|---|
| | | Bolivares | US-$ | Bolivares | US-$ |
| *Minero* ohne Spezifikation | 14 | 202.500 | 422 | 128.164 | 267 |
| *Carporal* (Vorarbeiter) | 1 | 200.000 | 416 | - | - |
| *Palero* (Diamanten) | 10 | 111.000 | 231 | 61.183 | 127 |
| *Batero* (Gold) | 1 | 250.000 | 521 | - | - |
| *Vetero* (Stollenbesitzer) | 18 | 290.556 | 605 | 439.856 | 916 |
| *Vetero* (Arbeiter) | 42 | 120.238 | 250 | 75.643 | 158 |
| *Chupadero* (Besitzer) | 19 | 381.053 | 793 | 284.603 | 593 |
| *Chupadero* (Arbeiter) | 10 | 196.000 | 408 | 94.657 | 197 |
| Molinero (Mühlenbesitzer) | 5 | 406.000 | 845 | 379.579 | 790 |
| Molinero (Arbeiter) | 7 | 229.286 | 477 | 119.109 | 248 |
| Goldhändler (Besitzer) | 1 | 600.000 | 1.249 | - | - |
| Goldhändler (Angestellter) | 1 | 200.000 | 416 | - | - |
| Diamantenhändler (Besitzer) | 2 | 175.000 | 364 | 106.066 | 221 |
| Diamantenhändler (Eigentümer) | 1 | 250.000 | 521 | | 0 |
| Einzelhändler (Besitzer) | 3 | 1.816.667 | 3.783 | 1.284.848 | 2.675 |
| Einzelhändler (Angestellter) | 4 | 252.500 | 526 | 156.071 | 325 |
| Restaurantbesitzer | 5 | 330.000 | 687 | 160.468 | 334 |
| Köchin | 16 | 142.500 | 297 | 121.463 | 253 |
| *Toyotista* | 4 | 350.000 | 729 | 433.975 | 904 |
| *Rifera* (Losverkäuferin) | 5 | 185.000 | 385 | 782.62 | 163 |
| Verwaltung- und Sicherheitspersonal der *Asociaciones* | 5 | 228.000 | 475 | 220.839 | 460 |
| Sonstige Tätigkeiten | 12 | 153.354 | 319 | 88.287 | 184 |
| **Gesamt** | **191** | **321.348** | **669** | **259.676** | **519** |

*Beitrag der informellen Edelsteinproduktion an der National-ökonomie*

Auch an den Beitrag des informellen Bergbaus zur Nationalökonomie ist nur eine vage Annäherung möglich, da der größte Teil der informellen Gold- und Diamantenproduktion staatlich nicht erfasst ist. Dementsprechend gering fallen die informelle Gold- und Diamantenproduktion und die steuerlichen Leistungen in offiziellen Statistiken aus. Nach unveröffentlichten Statistiken der Regionalbehörde des Bergbauministeriums in Ciudad Bolívar erreichte der Anteil des informellen Bergbaus in den Jahren 1995 und 1996 nicht einmal ein Prozent der gesamten Edelsteinproduktion (siehe Tab. 25).

**Tab. 25: Goldproduktion und Steuern an das MEM (*Ventajas especiales*), differenziert nach Produzenten (1995/1996)**

| | Produktion (kg) | | Steuern | | | |
|---|---|---|---|---|---|---|
| | 1995 | 1996 | 1995 | | 1996 | |
| | | | Bolivares | US-Dollar | Bolivares | US-Dollar |
| Konzessionen staatlicher Unternehmen | 3278 | 3 553 | 77 309 066 | 266 583 | 192 755 402 | 404 311 |
| Goldscheide-unternehmen | 458 | 369 | 16 160 381 | 55 725 | 33 355 934 | 69 965 |
| Konzessionen in Privathand (MEM) | 2 590 | 2 378 | 63 081 522 | 217 522 | 135 176 878 | 283 538 |
| Von der CVG vergebene Flächen | 767 | 5.411 | 21 365 491 | 73 675 | 327 069 281 | 686 039 |
| *"Pequenos Mineros y Molineros"* | 16 | 8 | 969 708 | 3 344 | 1 126 741 | 2 363 |
| **Total** | **7 109** | **11 719** | **178 886 168** | **616 849** | **389 484 236** | **1 446 218** |

Quelle: MEM-Ciudad Bolívar (1997)

**Schaut man sich dagegen die Goldaufkäufe des *Centro de Acopia*[113] in Tumeremo an, so steigt der Anteil des informellen Bergbaus an der regionalen Goldproduktion auf über 50% (siehe Tab. 26).**

**Tab. 26: Goldaufkauf des *Centro de Acopia* in Tumeremo (1997)**

| Monat | Goldaufkäufe von industriellen Bergbauunternehmen | | Goldaufkäufe von informellen Bergbauakteuren | |
|---|---|---|---|---|
| | absolut (US-$) | prozentual | absolut (US-$) | prozentual |
| Januar | 212015,66 | 71,13 % | 86.053,78 | 28,87 % |
| Februar | 157097,65 | 62,71 % | 93.422,64 | 37,29 % |
| März | 180836,13 | 46,16 % | 210.990,32 | 53,85 % |
| April | 221186,38 | 41,95 % | 306.003,14 | 58,05 % |
| Mai | 234705,74 | 49,59 % | 238.540,16 | 50,51 % |

Quelle: *Centro de Acopia* Tumeremo 1997

*Staatliche Defizite bei der Registrierung der informellen Edelsteinproduktion.*

Der Unterschied erklärt sich erstens darüber, dass das staatliche Unternehmen MINERVEN sein Gold nicht in Tumeremo verkauft, so dass einer der wichtigsten industriellen Produzenten aus der Berechnung herausfällt. Zweitens muss ein großer Teil der Bergbauakteure, die in Tabelle 28 in die Kategorie CVG-Verträge fallen, nach den am Anfang des Kapitels IV aufgestellten Kriterien zum informellen Bergbausektor gerechnet werden. Im Register des *Centro de Acopia* in Tumeremo erhöhen diese realistischerweise den Anteil des informellen Bergbaus an der Gesamtproduktion.

[113] *Centros de Acopia* sind Einrichtungen, in denen Gold aufgekauft wird. Es kann sich um zentrale Einrichtungen an einem Minenstandort oder um Goldaufkaufstellen in regionalen Bankniederlassungen handeln. 1986 entschied sich die venezolanische Zentralbank in den inländischen Goldmarkt einzusteigen, der bis dahin völlig illegal war. 1989 wurde die erste Privatbank (*Banco de Orinoco*) in Tumeremo zugelassen, die im Auftrag der Zentralbank Goldaufkäufe tätigte. 1990 wurde das *Centro de Acopia* in El Callao eröffnet, das seit der Wirtschaftskrise Ende der 1980er Jahre mit massiven Liquiditätsverlusten konfrontiert ist. In Las Claritas wird das *Centro de Acopia* von der *Banco Provincial* geführt. Bis 1990 wurde Gold direkt von *Mineros* aufgekauft. Heute erfolgen die Goldkäufe meist über Zwischenhändler, da für Geschäfte mit den Banken die Eintragung im Handelsregister erforderlich ist.

Nach seriösen Schätzungen in verschiedenen Bankfilialen und *Minero*-kooperativen werden mindestens 50% der Edelsteinproduktion des informellen Bergbaus nicht erfasst.

Drittens versteckt sich in der Differenz der beiden Tabellen ein gängiger Betrug der *Mineros* gegenüber dem Staat: Ein Goldhändler bezahlt am Standort des Bergbaus 4800 Bolivares für ein Gramm Gold, das er dann oft für den gleichen Preis oder sogar weniger an eine Bank verkauft. Sein Gewinn macht er durch einen Steuerbetrug. Nach gesetzlichen Regelungen muss der Goldaufkäufer 16,5% des Goldumsatzes an das *Oficina de Hacienda* und 3% an das MEM weiterleiten. Das *Centro de Acopia* stellt dem Händler einen Scheck über die 16,5% aus, den dieser eigentlich an das *Oficina de Hacienda* weiterzuleiten hätte, was er aber i.d.R. unterlässt. Vielmehr geht der Goldhändler mit diesem Scheck zu einer Bank und lässt sich die 16,5% selbst auszahlen. Diese Steuerhinterziehung ist allgemein bekannt. Er wurde sowohl von Goldhändlern, als auch in den *Centros de Acopia* sowie von Barbara Rodriguez, einer Beraterin der *Banco Venezuela* (Interview August 1997), beschrieben. Da die Goldhändler als wichtige Bankkunden gelten, die neben den Goldverkäufen auch Kredite aufnehmen, zeigen die Banken weder Interesse, Position gegen die Goldaufkäufer einzunehmen, noch fühlen sie sich für die Steuerhinterziehung verantwortlich.

*Bedeutung des informellen Bergbausektors für den venezolanischen Arbeitsmarkt*

**Aber selbst unter Heranziehung des "verdeckten Anteils" der Edelsteinproduktion bleibt der Anteil des informellen Bergbaus sowohl am Bruttoinlandsprodukt als auch an der gesamten Edelsteinproduktion verschwindend gering. Arbeitsmarktpolitisch ist der informelle Bergbau dagegen nicht zu unterschätzen.** Rund 70% aller befragten *Mineros* gaben an, in ihren Herkunftsorten keine Arbeit zu finden, nicht genug Geld zu verdienen, um überleben zu können (*otro trabjao no da la vida*) und/oder die Ausbildung der Kinder finanzieren zu können. Unabhängig von der empirischen Überprüfbarkeit ist wichtig, dass die Verdienstmöglichkeiten im informellen Bergbau höher eingeschätzt werden als in den originären Arbeitsfeldern der *Mineros,* auf die sich, wie eine Studie der venezolanischen Bundesbehörde für Statistik (OCEI 1997) zeigt, die wirtschaftliche Rezession Venezuelas besonders massiv auswirkt. So reflektiert z.B. der hohe Anteil von Handwerkern (Bauarbeiter, Zimmermänner, Schweißer) unter den Befragten den in der Studie des OCEI hervorgehobenen Einbruch des Bau- und Bergbausektors[114] (siehe Abb. 21).

[114] Bergbausektor meint hier industriellen Bergbau.

**Abb. 21: Wirtschaftssektoren, in denen *Mineros* vor dem informellen Bergbau tätig waren**

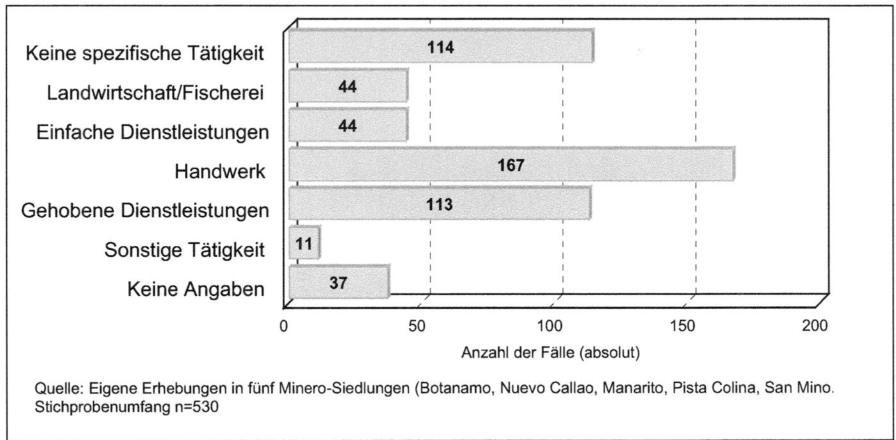


Quelle: Eigene Erhebungen in fünf Minero-Siedlungen (Botanamo, Nuevo Callao, Manarito, Pista Colina, San Mino. Stichprobenumfang n=530

In der Kategorie 'keine spezifische Tätigkeit' fallen *Mineros*, die direkt von der Schule in den informellen Bergbau gekommen sind, sowie *Mineros*, die vor dem informellen Bergbau eine Vielzahl von Arbeiten (Schuhputzer, Bauarbeiter, Kellner usw.) ausgeübt haben. Während das OCEI allerdings zu dem Ergebnis kommt, dass Angestellte des gehobenen Dienstleistungsbereichs am wenigsten von der Arbeitslosigkeit betroffen seien, machen ehemalige Mitarbeiter der *Guardia Nacional*, Sekretärinnen, Techniker und Ingenieure immerhin 21% der Bevölkerung im informellen Bergbau aus.

*Die Haushaltsebene*

Neben der individuellen Ebene kommt dem informellen Bergbau auf der Haushaltsebene eine große Bedeutung zu. Nach der Anzahl der Personen befragt, die sie unterstützen, nannten die *Mineros* bis zu zehn Personen[115] (Abb. 22). Hochgerechnet auf 50.000 *Mineros* im Bundesstaat Bolívar (siehe Kap. IV-1) ergibt sich aus dem gemittelten Wert von 4,7 Personen, die an den Gold- und Diamantenfunden eines *Mineros* partizipieren, ein Annäherungswert von 235.000 Personen, die partielle Finanztransfers aus dem informellen Bergbau erfahren. **So entlastet der informelle Bergbau den venezolanischen Arbeitsmarkt nicht nur durch abgewanderte *Mineros*, sondern auch durch indirekt partizipierende Bevölkerungsteile. Selbst unter Berücksichtigung, dass es sich selten um kontinuierliche, sondern meist sporadische Zuwendungen handelt, sind sie in einem Land ohne ausreichendes Sozialversicherungssystem, dessen offizielle Arbeitslosenrate mit 15% angegeben wird, für manche Haushalte existenziell.**

[115] Die anschließende Kontrollfrage, um wen es sich dabei handelt, konnte spontan mit Eltern, Geschwistern und/oder Freunden beantwortet werden.

**Abb. 22: Anzahl der Personen, die von einem *Minero* finanziell unterstützt werden**

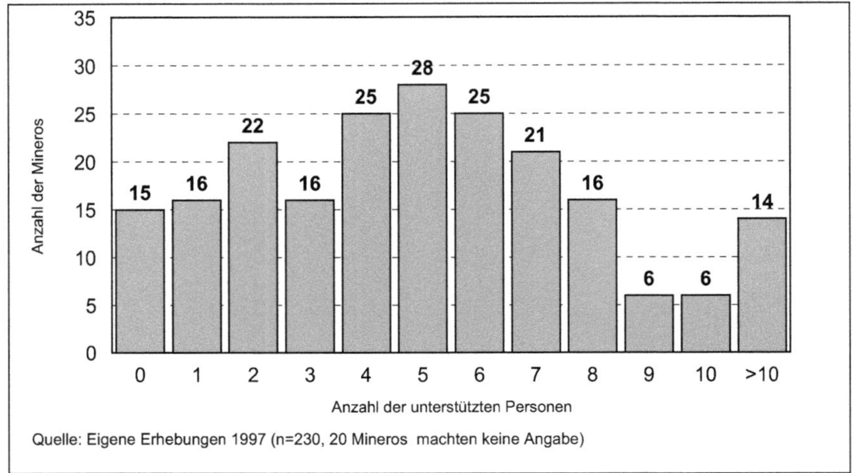


Quelle: Eigene Erhebungen 1997 (n=230, 20 Mineros machten keine Angabe)

Die Bedeutung, die auch geringfügigen Finanztransfers zukommt, erschließt sich in vollem Umfang, wenn man bedenkt, dass statistische Erhebungsunternehmen sogar von 18,1 % Arbeitslosen (1,7 Mio. Menschen) ausgehen und dabei noch darauf hinweisen, dass diese Zahl erheblich höher ausfallen würde, wenn nicht 54% der Venezolaner (5,1 Mio. Erwerbstätige) im informellen Sektor unterkommen würden (EL UNIVERSAL 29.02.2000).

*Sektorinterne Wirtschafts- und Sozialstrukturen*

Sektorintern wird die arbeitsmarktpolitische Relevanz des informellen Bergbaus v.a. durch die enorme Heterogenität seiner wirtschaftlichen Nischen und seine leichte Zugänglichkeit erhöht. Die *face-to-face*-Struktur der lokalen *Minero*gemeinschaften ermöglicht es neuen Migranten, auch ohne vorherige Kontakte an einen Standort des informellen Bergbaus zu kommen und nach Arbeit zu fragen. Über Mundpropaganda weiß immer jemand, wo gerade eine Arbeitskraft benötigt wird, wo die Edelsteinfunde ergiebig sind oder wo man für ein paar Tage unterkommen kann. Vor allem die unteren Einkommensklassen des informellen Bergbaus bieten Neulingen, da weder Kapital noch Produktionsmittel oder Vorwissen erforderlich sind, schnelle Einstiegsmöglichkeiten.

In Übereinstimmung mit den Untersuchungsergebnissen von PASCA (1995), der die soziale Organisation und Umweltbelastung der informellen Goldextraktion am Rande des Pantanal/Brasilien untersucht hat, konnte eine ökonomische Differenzierung der *Minero*gesellschaft in Venezuela festgestellt werden. **Maschinenbesitzer und Edelsteinhändler besitzen Kapital, Produktionsmittel und können Arbeitskräfte einstellen. *Paleros, Bateros* und *Suruqueros* besitzen dagegen nur rudimentäre Produktionsmittel und verfügen i.d.R. nicht über Investitionskapital.**

Im Gegensatz zu PASCA (1995), der von einer sozioökonomischen Differenzierung spricht, konnte aber keine eindeutige soziale Stratifikation nachgewiesen werden. Weder genießen Maschinenbesitzer, Restaurantbesitzer oder Händler ein nachweisbar höheres Prestige noch werden ihre Wirtschaftspositionen immer als Aufstiegsmöglichkeiten angesehen. Es gibt *Paleros*, die früher an der Maschine gearbeitet haben und ein Arbeitsteam freiwillig verlassen haben. Die Hoffnung, irgendwann "den großen Fund" zu machen und nicht teilen zu müssen, lässt sie z.T. auf Arbeits- und Einkommenssicherheit verzichten. Ein Beispiel, das die Diskrepanz zwischen ökonomischer und sozialer Position demonstriert, ist William Padilla, der in extrem ärmlichen Verhältnissen und ohne gesicherte wirtschaftliche Basis ein besonders hohes soziales Prestige genießt (siehe Fallbeispiel Nuevo Callao). **Die periphere Lage der Minenstandorte, der Umstand, dass alle temporär in den gleichen Umständen leben (harte Arbeit, wenig komfortable Holzhütten, die Abgeschiedenheit vom städtischen Leben), das Gefühl, Pioniere zu sein und die gleiche Hoffnung auf das gleiche Ziel scheinen das Empfinden für - objektiv nachweisbare - soziale Unterschiede und Benachteiligungen z.T. aufzuheben**[116].

## 9.2 Die politische Sphäre

*Gruppenidentifikation durch den Widerstand gegen die Expansion des industriellen Bergbaus*

Neben den internen Momenten der Gruppenidentifikation spielen die externen Beziehungen zu anderen sozialen Gruppen eine wichtige Rolle für das Zusammengehörigkeitsgefühl der *Mineros*. Lange Zeit eine kaum wahrgenommene Sozialgruppe, definieren sich die *Mineros* seit den 1980er Jahren - trotz aller politischen Subgruppierungen innerhalb der *Minero*bewegung - auch über den gemeinsamen Widerstand gegen den industriellen Bergbau als eine Akteursgruppe. Sie kämpfen weder wie indigene Gruppen um den Erhalt ihrer traditionellen Lebensweise noch wie Lohnarbeiter der industriell-kapitalistischen Gesellschaft um Arbeitsplätze bzw. angemessene Löhne, sondern um Zugang zu den allokativen und autoritativen Ressourcen des Edelsteinsektors (vgl.. BÖGE 1998: 86). Dabei geht es ihnen um den Zugang zu den Edelsteinen, aber auch um ihre spezifische Vergesellschaftungsform.

[116] Eine marxistische Analyse käme hier vermutlich zu dem Urteil, dass Ausbeutungs- und Benachteiligungsstrukturen von den Betroffenen nicht wahrgenommen werden, nicht als abstrakter Prozess, sondern als individuelle Erfahrung begriffen werden. Sowohl der WEBER'schen Sozialtheorie verhaftete Erklärungsansätze als auch zeitgenössische handlungstheoretische Ansätze würden dagegen darauf hinweisen, dass ökonomisch definierte Strukturen neben Nachbarschafts- und Solidaritätsbeziehungen etc. nur eine Kategorie zur Bestimmung der sozialen Position sind. Für den akteurspezifischen Blickwinkel der *Political Ecology* ist zentral, dass der ökonomischen Heterogenität des informellen Bergbaus aus der Innenperspektive der *Minero*gesellschaft zumindest keine gleichgewichtige soziale Stratifikation gegenübersteht und dass ähnliche soziale Strukturen (wie z.B. die Arbeitsanforderungen und Lebensverhältnisse der verschiedenen *Minero*subgruppen) individuellen Deutungen und Handlungsentscheidungen unterliegen. Gleichzeitig treten die verschiedenen Interpretationsmöglichkeiten aus der wissenschaftlichen Außenperspektive offen zutage.

Als Kontrahenten betrachten sie sowohl industrielle Bergbaukonzerne als auch den Staat, der als die zentrale Agentur zur Enteignung "ihrer traditionellen" Ressourcen bzw. als Instanz zur juristischen Absicherung dieser Aneignung durch (trans)nationale Bergbauindustrien angesehen wird. Die Vielfalt der Widerstandsformen von relativ machtlosen Akteuren aufzählend, spricht James SCOTT in seinem Klassiker *Weapons of the Weak* (1985) von einer regelrechten *culture of resistence*[117].

*Überlebens- und Widerstandsstrategien der Mineros*

Eine der zentralsten Widerstandsformen, die allerdings wegen ihres diffusen Charakters häufig nicht als solche wahrgenommen wird, ist das Migrationsverhalten der *Mineros*. Auch SCOTT (1985) zählt Flucht und Vermeidungsstrategien zu den am häufigsten praktizierten Widerstandsstrategien. Er nennt als Beispiel Bauern, die ihr Land aufgeben, wenn ihnen ihre Unabhängigkeit und ihre eigene Arbeitskraft wichtiger erscheinen als ein Lohnverhältnis oder weiterer Zugang zu dem Land, das sie traditionell bewirtschaftet haben. Ähnlich ist die innerstaatliche Emigration vieler Venezolaner zu verstehen, die ihre meist städtischen Herkunftsräume temporär immer wieder verlassen, weil sie dort keine Arbeit finden können. Die Krise und Transformationsprozesse der venezolanischen Wirtschaft bedingen nicht nur eine höhere Migrationsbereitschaft zwischen urbanen Räumen (in Karte 17 an der Diskrepanz zwischen dem Geburtsort und dem heutigen Wohnsitz der Familie ablesbar), sondern auch die Migration in (von der eigenen Gesellschaft) noch unerschlossene Räume wie die Waldgebiete im Süden Venezuelas. Bereits der geringe Stichprobenumfang von 530 befragten *Mineros* zeigt besonders hohe Zuwanderungsraten aus den wirtschaftschwachen Bundesstaaten Lara und Sucre, dem Agglomerationsraum Caracas sowie aus dem Bundesstaat Bolívar selbst (s.u.).

[117] Zu Widerstandsstrategien marginalisierter Menschen siehe auch ROUTLEDGE (1995).

**Karte 17: Herkunftsräume der Akteure des informellen Bergbaus**

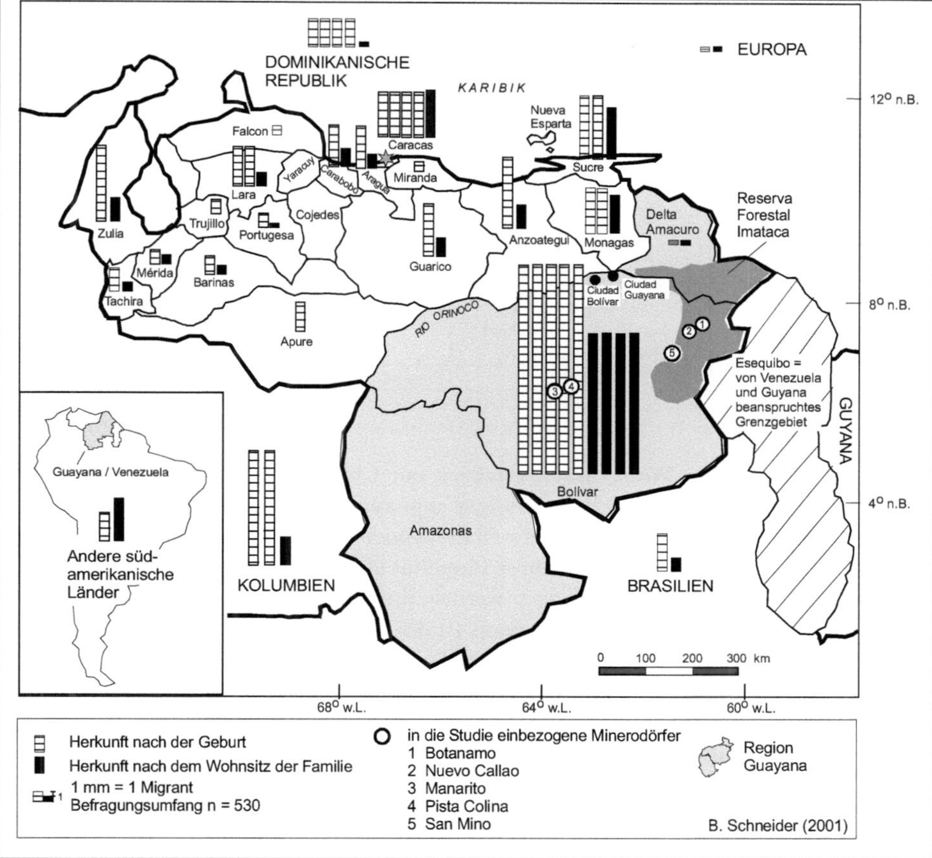


Auch intraregionale Migrationsbewegungen erfolgen nicht ohne nationale Bezüge. Zum einen orientiert sich die Erschließung neuer Standorte für den informellen Bergbau häufig an aufgelassenen Bergbauflächen (trans)nationaler Unternehmen (siehe Fallbeispiel Botanamo). **Zum anderen stellt sich die Frage, warum die waldschädigendere Form des Obertagebaus mit *Chupadores* verbreiteter ist als der Stollenbergbau.** Die Wahl der Abbauform (siehe Kap. IV-2) hängt in erster Linie natürlich davon ab, ob es sich um oberflächennahe, alluviale Seifen oder um tief unter die Oberfläche abtauchende Erzgänge handelt. Gezielte Nachfragen ergaben aber, dass die *Mineros* mit ihren Explorationsmethoden - sprich: Zufall, Intuition, Erfahrung, Spiritismus - nicht entscheiden können, wo welche Lagerstätte vorhanden ist. Auch ökonomisch ist nicht zu begründen, warum die waldschädigendere Form häufiger praktiziert wird als der Stollenbergbau, da die Erträge ungefähr gleich, die im Tagebau eingesetzten Maschinen aber i.d.R. teuerer sind als die Ausrüstung für den Stollenbergbau (siehe Tab 27).

*Einflüsse der nationalen Ebene auf intraregionales Migrationsverhalten*

**Tab. 27: Geschätzte Investitionskosten im informellen Bergbau differenziert nach Bergbautyp**

| **Alluvialer Tagebau** *Minería balsera* | | **Stollenbergbau** *Minería de veta artesenal* | |
|---|---|---|---|
| Ein-Zylinder-Motor | 3000 - 4000 US-$ (Kosten steigen mit steigender Motorenkapazität) | Kompressor plus Motor | 5000 - 9000 US-$ |
| Kiespumpenmotor plus Kiespumpe | 5000 US-$ | Bohrmaschine inklusive Bohrgestänge | 2000 US-$ |
| Kleinmaterial (Rohrleitungen, flexible Schläuche, etc.) | 1000 US-$ | Kleinmaterial (Schläuche, Hacken, Schubkarren) | 1000 US-$ |
| *Sluice-Box* aus Holz | keine Kosten | Ø | Ø |
| Sonstiges | Staatlich geforderte Aufforstungsmaßnahmen erhöhen Kosten für legalen Abbau mit *Chupadores* | | |
| Summe | 9000 -10.000 US-$ | Summe | 8000 - 12.000 US-$ |

Quelle: Interviews mit verschiedenen *Mineros*, mit Luis Guillen von der Kooperative *Federación de Asociaciones Mineras, FEMIVEZ* (Oktober 1997) und Rücksprache mit Hermann Wotruba von RTHA Aachen (Oktober 1999)

**Das Wasserdruckverfahren mit Chupadores wird - abgesehen von der Lagerstätte - häufiger angewandt, weil diese Technik früher eingeführt wurde, und weil die *Mineros* mit dieser Technik mobiler sind. Denn auf Grund ihrer Illegalität können sie jederzeit von der *Guardia Nacional* gezwungen werden, ihre Tätigkeiten sofort einzustellen. Im Fall des Stollenbergbaus ist die Zeit, die benötigt wurde, den Stollen zu öffnen, damit verloren. Im anderen Fall nimmt man seine Wasserstrahlpumpe und zieht tiefer in den Wald.** Zu diesem Ergebnis, das sich aus zahlreichen Gesprächen mit *Mineros* ableitet, passt die Aussage des Gründers der Umwelt-Consulting AMCONGUAYANA, der äußerte:

> "wer eine *Batea* hat, will eine *Chupadora*; wer eine *Chupadora* hat, will zwei *Chupadoras* und keine schweren Maschinen [Bagger- und Raupenfahrzeuge], weil *Chupadoras* leichter zu finanzieren, zu transportieren und leichter zu unterhalten sind." (Felix LEAL, Interview Oktober 1997)

Auch wenn nach den eigenen Untersuchungsergebnissen nicht jeder *Palero*, *Batero* oder *Suruquero* eine *Chupadora* besitzen möchte, trifft diese Aussage den Wunsch der *Mineros* nach Mobilität. Ein weiteres Beispiel, das drastisch zeigt, wie gesellschaftlich definierte Illegalität sich konkret auf den Wald auswirken kann, ist der zunehmende Einsatz von Zyaniden durch einige *Mineros* [118].

[118] Die *Asociacíon Bochinche Botanamo*, die über CVG-Nutzungsrechte für die Areale *La Naranja* (2000 ha), *Caribe 1* und *2* (5500 ha) verfügt, aufgrund 1992 beantragter, aber noch nicht erteilter *Permisos ambientales* durch das Umweltministerium aber nur semi-legal in *Caribe 1* und *2* schürft, verfolgt z.B. das konkrete Projekt einer Zyanidscheideanlage mit eine Auslastung von 14 t Gesteinsmaterial/Tag. Nach Gesprächen mit *Mineros* in Kolumbien ist ein geschlossenes System geplant mit Tanks aus Holz, die von innen mit Dichtmaterial verkleidet sind. Die geschätzten Kosten belaufen sich auf 200.000 US-$. Nach eigenen Einschätzungen traut sich die *Asociacíon Bochinche Botanamo* in Zusammenarbeit mit einem Geologen und zwei Kolumbianern, die seit 20 Jahren mit Zyanidanlagen für den informellen Bergbau arbeiten, einen verantwortungsvollen und umweltgerechten Umgang mit Zyanid zu (Quelle: Gruppeninterview in der *Asociacíon Bochinche Botanamo*, Juni 1997).

Der Grund ist, dass sie Abraumsande, aus denen sie das verbliebene Restgold mit herkömmlichen Methoden (Quecksilber) nicht extrahieren können, aufgrund ihrer Illegalität auch nicht an Scheideunternehmen verkaufen können (siehe Fallbeispiel Nuevo Callao). Viele Mitarbeiter in staatlichen Regionalbehörden, die konkrete Erfahrung mit dem informellen Bergbau besitzen, kritisieren die staatliche Vernachlässigung des informellen Bergbaus. So meinte ein MEM-Mitarbeiter in El Callao, dass **"der *Minero* in Bolivien oder Chile ein Beruf, in Venezuela dagegen eine Schweinerei"** sei (Interview Juli 1997) und ein führender Mitarbeiter der CVG betonte, dass "die Illegalität automatisch kommt, wenn Du nein, nein, nein sagst" (Interview September 1997). Die Erkenntnis, dass ein Verbot des informellen Bergbaus nicht durchsetzbar ist, hat dazu geführt, dass auf regionaler Ebene Wege der Kooperation gesucht werden, um Umweltauswirkungen zu reduzieren. In der Folgezeit gegründete (also z.T. staatlich initiierte) Kooperativen lösen sich seit Mitte der 1990er Jahre aber frustriert wieder auf oder agieren als politische Gruppe gegen die neue staatliche Bergbaupolitik, die den industriellen Bergbau fördert und dadurch die Probleme des informellen Bergbaus z.T. verstärkt, da die industriellen Unternehmen zunehmend in Flächennutzungskonkurrenz mit den *Mineros* treten.

*Effekte staatlich definierter Illegalität auf bergbauliche Entscheidungen*

Zu den ebenfalls diffusen Widerstandsstrategien des informellen Bergbaus gehören auch die subtilen, ideologischen Auseinandersetzungen, die sich auf dem Terrain der Sprache abspielen. SCOTT (1995: 199) nennt z.B. das sog. *Stretching the truth*, bei dem Privilegierte eines Transformationsprozesses ihren Gewinn herunterspielen, während ihn Benachteiligte oft übertreiben. So ist es in der Diskussion um die Expansion der (trans)nationalen Bergbauindustrie in Venezuela üblich, dass *Mineros* auf die Konzentration immenser Bergbauflächen im Besitz weniger Unternehmen hinweisen, während die Unternehmen dieses Argument durch die Streuung der Flächen auf Tochter- und Filialunternehmen zu widerlegen versuchen. Auch das *Rationalizing the truth* wird von SCOTT erwähnt. Während Industrieunternehmen sich mit Hinweis auf ihren Technologievorsprung als nachhaltig bezeichnen (siehe Kap. V), betonen die *Mineros* den traditionellen Charakter ihrer Form des Edelsteinabbaus sowie die Negativeffekte der staatlichen Förderung des industriellen Bergbaus für die venezolanische Bevölkerung.

*Sprache als Terrain des Widerstandes*

> "Das Ergebnis [der staatlichen Politik ist], dass wir plötzlich Fremde sind, dass die Erde, wo wir geboren sind, nicht mehr unsere ist. Wir haben weder einen Ort zum Arbeiten, noch einen wo wir hingehen können. In Valla Honde [ein Areal im Südosten der *Reserva Forestal Imataca*, in dem *Mineros* durch die staatliche Ausweisung von Konzessionsflächen für das kanadische Unternehmen Tombstone der Zugang zu den Goldvorkommen verwehrt wird], wurden mächtigen ökonomischen Gruppen für 35.000 ha Nutzungsrechte gewährt.

> 300 venezolanische Familien bitten um 100 oder 200 ha, in denen sie sechs Jahre gearbeitet haben - was ihnen verwehrt wird. Sie seien illegal, zerstörten die Umwelt und zahlten keine Steuern, lauten die Argumente der Regierung. In der *Reserva Forestal Imataca* gibt es Kooperativen der *Pequeña Minería* [...] mit Dörfern und wichtigen Investitionen, aber sie gelten als vertreibenswürdig, weil sie illegal seien. Greenwich, Tombstone, Monarch [transnationale Unternehmen] sind nicht illegal, obwohl der kürzlich erschienene Bericht der [venezolanischen Steuerbehörde] SENIAT die Steuerflucht der Unternehmen offengelegt hat und trotz der Angriffe gegen Venezolaner [...], die mit den Transnationalen einhergehen." (Luis HERRERA, Geologe und Aktivist der Protestbewegung der *Pequeña Minería* auf einer Demonstration in Tumeremo, Mai 1997)

*Rückgriffe auf nationale Diskurse*

Die in Venezuela emotionsgeladenen Begriffe wie nationale Souveränität und Identität (siehe Kap. III) fließen so als **symbolische Ressourcen** in die Argumentation für eine staatliche Unterstützung des informellen Bergbaus ein. Der Rückgriff auf diesen Diskurs ermöglicht es den *Mineros*, den Abbau der Edelmetalle durch (trans)nationale Unternehmen als 'ökoimperialistischen' Zugriff auf venezolanische Ressourcen umzudeuten. Parallel wird das schlechte Image des informellen Bergbaus auf ausländische *Mineros* (v.a. Brasilianer und Kolumbianer) externalisiert, indem selbst *Mineros* auf ausländische *Garimperos* verweisen. Stichproben in fünf *Minero*dörfern ergaben aber nur einen Ausländeranteil von 17% nach dem Geburtsort bzw. 15% laut der im Personalausweis eingetragenen Nationalität. Auch wenn der Ausländeranteil in Dörfern, die unmittelbar an der Grenze liegen, um einiges höher anzusiedeln ist, basiert die verbreitete Vorstellung, dass der informelle Bergbau ein ausländisches Phänomen sei, nicht auf realistischen Einschätzungen. Karte 17 zeigt, dass der größte Teil der *Mineros* aus dem Bundesland Bolívar selbst kommt.

*Sonstige Widerstandsformen*

Bewusste Widerstandsformen gegen die Entregionalisierung und Transnationalisierung des Gold- und Diamantenbergbaus reichen von nächtlichen Diebstählen von Gold und Werkzeugen aus industriellen Bergbauanlagen, Sabotage- und Spionageakten bis hin zu politischen Widerstandsgruppen, informellen und formellen Interessenkoalitionen mit staatlichen Angestellten bzw. industriellen Unternehmern sowie Demonstrationen, Straßensperren und gewalttätigen Konfrontationen.

*Erfolge und Grenzen des politischen Widerstandes des informellen Bergbaus*

Stellt sich die Frage, welche Widerstandsformen mit welchem Erfolg möglich sind. Sowohl durch Propagandamaßnahmen (siehe Fallbeispiel Manarito) als auch durch ihre quantitativ bedeutenden Anteile an der Bevölkerung des Bundesstaates Bolívar und als Wähler ist die politische Schlagkraft der *Mineros* v.a. auf der regionalen Ebene nicht zu unterschätzen. Nicht umsonst bemühen sich Vertreter aller politischen Parteien und aller staatlichen Ebenen um Kontakte zu Vertretern des informellen Bergbaus. Dabei überwiegen informelle Kanäle allerdings bei weitem die offiziellen Programme.

Staatsangestellte der regionalen Ebene pflegen Kontakte zum informellen Bergbau, um Konfliktsituationen zu entschärfen. Regionalpolitiker versuchen durch Versprechen, sich für den informellen Bergbau einzusetzen oder durch die Ankündigung materieller Unterstützungen (wie z.B. ein Fahrzeug) ihre Wahlchancen zu erhöhen. **Diese Beziehungen gestalten sich jedoch aufgrund der ungleichgewichtigen Beeinflussungsmöglichkeiten, ihres geringen Formalisierungsgrades und ihrer Willkürlichkeit extrem problematisch.** Hinzu kommt die Heterogenität der *Minero*bewegung. Die politische Führerschaft des informellen Bergbaus ist aus persönlichen und politischen Gründen zum Teil zerstritten. Viele Vertreter sind eher lokal-territorialen Verpflichtungen als übergeordneten Interessen der *Minero*bewegung verbunden (siehe Fallbeispiel San Mino). Auch zwischen einzelnen Minenstandorten gibt es Konflikte. So gibt es zwar zwar Verbindungen. zwischen Nuevo Callao und Botanamo. Beispielsweise arbeiten *Mineros* aus Nuevo Callao bei schlechter Produktionslage temporär in Botanamo; oft wird auch Gesteinsmaterial aus Botanamo zur Zerkleinerung nach Nuevo Callao transportiert. Auf der anderen Seite gibt es zahlreiche Konflikte zwischen den beiden Standorten. Als die *Asociación Sifontes* im November 1996 mit der *Guardia Nacional* nach Botanamo kam, um den Drogenhandel zu eliminieren, antworteten Einwohner aus Botanamo mit der Zerstörung der medizinischen Ambulanz und des Büros der Kooperative in Nuevo Callao.

**Letztlich handelt es sich bei der *Minero*bewegung nicht um eine homogene Sozialgruppe.** Ähnlich wie der lokalspezifische Hintergrund und die fehlende Vernetzung zahlreicher Umweltorganisationen die Durchsetzung ihrer Interessen behindert (vgl. BRYANT 1992: 27), ist auch die *Minero*bewegung durch heterogene und lokal-spezifische Interessen gehandicapt. Diesen Umstand machen sich sowohl der Staat als auch industrielle Bergbaukonzern zunutze, indem sie mit einzelnen Projektgegnern kooperieren und so einen breiten Widerstandskonsens der Akteure des informellen Bergbaus verhindern (siehe Kap. V).

### 9.3 Die kulturell-ökologische Sphäre

Abschließend sei noch auf die sowohl innerhalb als auch außerhalb des informellen Bergbaus häufig geäußerte Meinung eingegangen, dass *Mineros* keine Kultur hätten (*en la minería pequeña no hay una cultura*). Der Begriff *Kultur* erfährt in der Literatur mannigfaltige Definitionen (vgl. v.a. KROEBER 1952, RUDOLPH 1983), die von der minimalistischen Gleichsetzung 'Kultur gleich menschliche Fähigkeiten' bis hin zu einer alle menschlichen Haltungen und Fähigkeiten umfassenden Auffassung reicht, in der *Kultur* als eine komplexe Gesamtheit aus Glaubensvorstellungen, Kunst, Gesetzen, Moral und Bräuchen begriffen wird.

Der erweiterte Kulturbegriffs führt erstens die Auffassung, *Mineros* hätten keine Kultur, ad absurdum, da es keine Sozialgruppe ohne Einstellungen, Glauben, Institutionen, etc. gibt. Zweitens zeigen sich Überschneidungen mit Aspekten der sozialen und politischen Organisation, die in dieser Arbeit der politischen Sphäre zugerechnet wurden und von daher bei der Betrachtung der kulturellen Aspekte ausgeklammert werden können. **Da sich die Vorstellung der 'Kulturlosigkeit' des informellen Bergbaus v.a. auf seinen destruktiven Umgang mit Natur sowie seine scheinbar anarchische Sozialstruktur bezieht, liegt der besondere Augenmerk bei der Betrachtung der kulturellen Sphäre auf Einstellungen der *Mineros* zur Umwelt sowie ihrem Umgang mit Natur.** Was die vermeintliche Gesetzlosigkeit im informellen Bergbau betrifft, wurde in den Fallbeispielen öfter darauf verwiesen, dass es sowohl traditionelle Regeln als auch von den Bergbaukooperativen schriftlich verfasste Statuten gibt, die z.B. Alkohol und Prostitution verbieten, den Abbau kontrollieren und Abgaben reglementieren. Informelle Regeln, wie z.B., dass ein Stollen dem *Minero* gehört, der ihn eröffnet hat oder dass kein *Minero* die mit goldhaltigen Erzen gefüllten Säcke eines anderen *Mineros* berühren darf, werden von *Mineros* selbst in Abwesenheit des Besitzers im allgemeinen eingehalten und bieten einen minimalen Schutz des Eigentums[119]. Diese informellen Gesetze sind aber weder einklagbar noch schützen sie vor Unsicherheiten, mit denen *Minero*gesellschaften von außen konfrontiert sind.

*Soziale Regeln und künstlerisch-ästhetische Ausdrucksformen*

Zu künstlerisch-ästhetischen Ausdrucksformen sei nur angemerkt, dass *Minero*hütten vereinzelt kunstvoll verziert sind und von kleinen Blumengärten umsäumt werden. Daher rührt z.B. auch der Name *Calle de Flores* in Nuevo Callao (siehe Karte 10). Einige *Mineros* sind geschickte Holzschnitzer oder knüpfen fingerfertig Hängematten, andere zeichnen in ihrer Freizeit, schreiben Gedichte und Lieder oder rekonstruieren die historische Entwicklung des informellen Bergbaus (siehe Fallbeispiel Manarito).

1935 schreibt CZAJKA (1935: 91), dass der Aufenthalt in Wäldern für traditionelle Lebensformen Schutz, Rückzugs- und Bewahrungsmöglichkeit bedeute, während die Waldgrenze für Siedlungspioniere ein Hindernis darstelle, das es zu beseitigen gälte. Noch deutlicher als landwirtschaftlichen "Pionieren" haftet den Akteuren eines bergbaulichen Expansionsraums das Bild einer naturzerstörerischen Wirtschaftstätigkeit an.

[119] Während eines Interviews mit einem *Molinero,* bei dem ich einen Gesteinssack mit goldhaltigem Material als Sitzgelegenheit benutzte, wurde ich in einer Mischung aus Scherz und Ernst darauf aufmerksam gemacht, dass nur mein Status als "Neuling" mich vor Strafmaßnahmen des Besitzers schütze, da ich mit dem Berühren der Gesteinssäcke ein ungeschriebenes Gesetz verletzt habe.

Im Gegensatz zu einem landwirtschaftlichen Expansionsraum überführen sie Waldgebiete nicht in produktives Kulturland, sondern devastieren die Waldflächen zu vegetationslosen, quecksilberverseuchten Altlastenflächen, Abraumhalden und tief in die Erdkruste dringende Bergbaustollen.

*Informeller Bergbau im tropischen Regenwald*

Großflächige Rodungen bzw. Zerstörungen der Vegetationsdecke betreffen in Venezuela v.a. die Region um Las Claritas, die Savannengebiete südlich von La Paragua sowie die Region um Sta. Elena de Uarién im Süden der Gran Sabana. **So sind in Venezuela vorrangig Savannengebiete und nicht die auf internationaler Ebene diskutierten Waldflächen betroffen.** Nur die Region um Las Claritas liegt im tropischen Regenwald. Die wirklich großflächige Waldvernichtung dort lassen sich aber nicht monokausal auf den Einsatz von *Chupadores* im informellen Bergbau zurückführen, sondern sind die Folge mannigfaltiger Raumtätigkeiten, die Subsistenzbetriebe und flächenintensive Viehwirtschaft, den Bau von Straßen und Siedlungen sowie den industriellen Edelsteinabbau (siehe Kap. V) umfassen. Kleinere, punktuelle Waldzerstörungen durch den informellen Bergbau verteilen sich jedoch über weite Teile der Wälder im südlichen Venezuela.

**Aber im informellen Bergbau gilt der Wald nicht nur als Hindernis und es ist keineswegs ursprüngliches Ziel, den Wald als Erschliessungsgrenze zu beseitigen. An vielen Standorten des informellen Bergbaus in Venezuela, erfolgt die Extraktion der Bodenschätze zwischen dem Baumbestand.** Busch-, Strauch- und Grasvegetation werden dagegen i.d.R. vollständig zerstört (siehe Vegetationserhebungen in den Fallbeispielen), regenerieren sich aber meist durch natürliche Sukzession. Zu ähnlichen Ergebnissen kommen der Ökologe PETERSON und die Anthropologin HEEMSKERK (o.J.), die 1998 Flächenansprüche des informellen Bergbaus im Osten Surinams sowie die natürliche Sukzession an Standorten des informellen Übertagebaus mit *Chupadores* untersucht haben. Sie kommen für den alluvialen Übertagebau auf eine Fläche von ca. 1,33 ha pro *Minero*, die nicht signifikant von den 1,15 ha differiert, die BEZERRA, VERISSIMO & UHL (1996, zit. nach PETERSON, & HEEMSKERK o.J.: 20) für Standorte des informellen Bergbaus in Venezuela errechnet haben. Die Untersuchungen von PETERSON & HEEMSKERK an vier Standorten ergaben des Weiteren, das nach einer vierjährigen Aufgabe eines Minenstandortes auf rund 80% der Bergbaufläche eine spontane Wiederbegrünung stattgefunden hatte. Die Sekundärvegetation der bergbaulichen Rodungsinseln war allerdings deutlich artenärmer als die umgebende Waldvegetation. Auch schätzen PETERSON & HEEMSKERK den Nachwuchs von Bäumen auf ehemaligen Bergbauflächen pessimistisch ein.

*Wahrnehmung der Umwelt*

In der Mehrzahl der *Minero*dörfer geht es nicht um die Umwandlung von "Natur- in Kulturland", Ziel ist die Extraktion der Bodenschätze[120]. **Diese Unterscheidung ist insoweit wichtig, dass eben nicht, wie CZAJKA schreibt, Wald primär als Hindernis betrachtet wird. Wie an verschiedenen Stellen in dieser Arbeit aufgezeigt wurde, wird der Wald von den *Mineros* vorrangig als Überlebensraum wahrgenommen.** Sowohl die im Fallbeispiel von Nuevo Callao geschilderte Biographie der *Minera* Leída Angel als auch der Kommentar eines *Mineros* aus San Mino, der in einem offenen Gespräch meinte, dass der Wald seine Umwelt sei, weil er dort leben können, bringen genau diese Sichtweise des Waldes zum Ausdruck. Auch zeigt sich in Befragungen, dass es so etwas wie ein ökologisches Bewusstsein in *Minero*gesellschaften existiert. Über 50% der befragten *Mineros* waren sich über eine generelle Verschlechterung der Umwelt sehr bewusst (siehe Abb. 23).

**Abb. 23: Meinung der *Mineros* auf die Affirmation, dass sich die Umweltsituation in den letzten zehn Jahren verschlechtert habe**

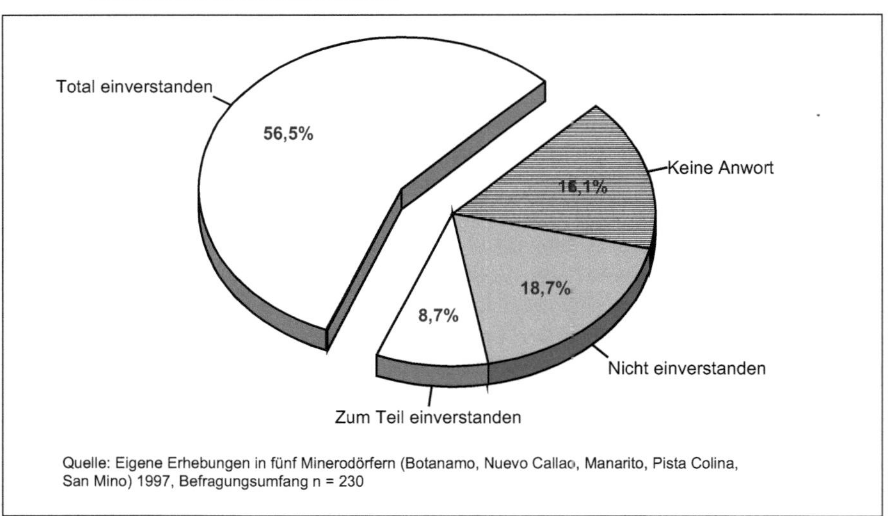


Quelle: Eigene Erhebungen in fünf Minerodörfern (Botanamo, Nuevo Callao, Manarito, Pista Colina, San Mino) 1997, Befragungsumfang n = 230

Auf die offene Nachfrage, welche Umweltbereiche am meisten von der Umweltverschlechterung betroffen seien, wurden Flüsse sowohl zumeist als erstes als auch insgesamt am häufigsten genannt (siehe Abb. 24). Während nur 28 *Mineros* sich nicht in der Lage fühlten, eine Meinung zu äußern, nannten ohne Angabe von Auswahlmöglichkeiten immerhin 101 *Mineros* die gesamte Umwelt.

[120] San Mino bildet eine Ausnahme, wobei zu diskutieren wäre, woher das neue Interesse kommt, den Wald über ein bergbauliches Nutzungsstadium in die landwirtschaftliche Nutzung zu überführen. Geht es auf Eigenversorgungsinteressen der *Mineros* zurück oder übernehmen *Mineros* die in nationalen Entwicklungsdiskursen (vgl. Kap. III) als positive Gesellschaftsziele definierte Umwandlung von Wald in "neue" Siedlungs- und Wirtschaftsräume?

Das deutet darauf hin, dass die überwiegende Mehrheit der *Mineros* sich der Umweltveränderungen bewusst ist. Diese Meinungen beziehen sie z.T. aus ihrer unmittelbaren Lebensumwelt, z.T. aus globalen Zusammenhängen. Denn auf Nachfragen, warum sie welchen Umweltbereich nennen, wurden die Umwelteinwirkungen des informellen Bergbaus auf Böden und Flüsse genannt oder es erfolgten Hinweise auf Schadstoffemissionen großer Industriekomplexe in Industrieländern.

**Abb. 24: Bereiche, die nach Meinung der *Mineros* besonders von der Umweltverschlechterung der letzten zehn Jahre betroffen sind**

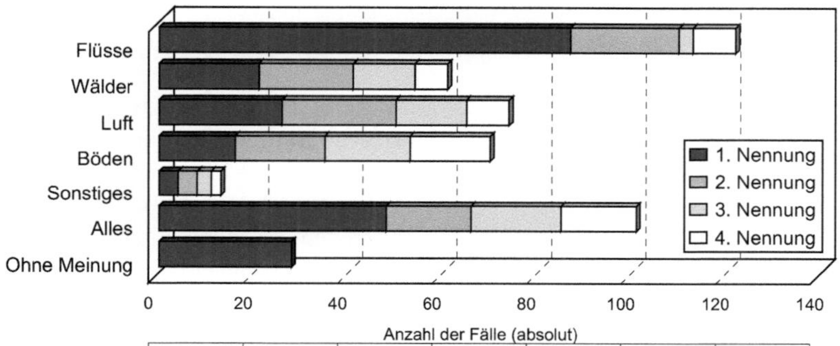

| | Flüsse | Wälder | Luft | Böden | Sonstiges | Alles | |
|---|---|---|---|---|---|---|---|
| 1. Nennung | 87 | 21 | 26 | 16 | 4 | 48 | |
| 2. Nennung | 23 | 20 | 24 | 19 | 4 | 18 | |
| 3. Nennung | 3 | 13 | 15 | 18 | 3 | 19 | |
| 4. Nennung | 9 | 7 | 9 | 17 | 2 | 16 | |

Quelle: Eigene Erhebungen in fünf Minerodörfern (Botanamo, Nuevo Callao, Manarito, Pista Colina, San Mino) 1997, Befragungsumfang: n = 230

*Umweltprojekte im informellen Bergbau*

**In ihrer unmittelbaren Umgebung nehmen *Mineros* Natur nicht nur als Lieferant von Bodenschätzen wahr, sondern auch die Flora und Fauna.** Die Kenntnisse der sie umgebenden Artenvielzahl beschränken sich bei der überwiegenden Mehrheit der *Mineros* zwar auf die wenigen Bäume und Pflanzen, die sie für bergbaulichen Aktivitäten oder für medizinische Zwecke nutzen. Aber durch Kontakte mit Indigenen, traditionelle Überlieferungen und persönliche Erfahrungen sehen sie im Wald auch einen nützlichen Lieferanten für benötigte Ressourcen. **Allerdings zeigen die Untersuchungsergebnisse auch, dass weder das gegebene Umweltbewusstsein noch das sozioökonomische Potenzial ausreichen, um das wachsende Umweltengagement von *Minero*kooperativen wie die *Sociedad Manarito* oder die *Asociación Sifontes* zu erklären. Vielmehr werden internationale Diskurse aufgegriffen, um ein Gegenbild zu dem quecksilberdurchdrungenen Image, das dem informellen Bergbau anhaftet, zu zeichnen.**

So vermischen sich ein gesellschaftsinternes Umweltgefühl und ein wenig fundiertes Wissen über ökologische Zusammehänge mit von außen induzierten Umweltschutzmaßnahmen zu ersten ökologischen Schutzmaßnahmen im informellen Bergbau. (Trotz des nachweisbaren ökologischen Bewusstseins in *Minero*gesellschaften fehlt es aber an elementarem Wissen und Informationen über ökologische Zusammenhänge. Nach einem gemeinsam mit Martina GRIMMIG vor rund 60 *Mineros* gehaltenen Vortrag (*Las Selvas tropicales entre la Vanguardia economica y la Necesidad de conservarlas,* Tumeremo, Juni 1997) über das Biodiversitätspotenzial und die Gefährdung tropischer Regenwälder zeigten sich z.B. viele *Mineros* geschockt über das Ausmaß und die Auswirkungen der weltweiten Waldzerstörung.)

*Minero-kooperativen als potenzielle Partner für nationale und internationale Umwelt- und Sozialprojekte*

**Trotz der Öffentlichkeitsorientierung und der Marginalität der Ansätze ist zentral, dass der informelle Bergbau sich in Kooperativen organisiert, in denen ein Bewusstsein für die Notwendigkeit sozialer und ökologischer Projekte verbreitet ist - und weiter verbreitet werden kann.** Sowohl das Aufgreifen des internationalen Umweltdiskurses als auch die Bildung von *Minero*kooperativen, die traditionell gewachsene Gesetze aufgegriffen und ausgebaut haben, zeigen, dass *Minero*gesellschaften keineswegs gesetzeslose Gesellschaften sind, in denen keine sozialen und ökologischen Innovationen einführbar sind. **Diese "anderen Seiten" von Minerogesellschaften werden nur selten von der lokalen auf die internationale Ebene transportiert, womit auch mögliche Projektansätze und Zusammenarbeiten ausgeblendet bleiben. Denn während internationale Umwelt- und Minoritätsdebatten indigenen Gruppen ein eher positives, schützenswertes Image zuschreiben, hat der informelle Bergbau - da er weder ökonomie- noch ökologiedominierte Diskurse positiv besetzen kann - keine Fürsprecher in wirtschaftlichen Interessensverbänden, Universitäten oder in NGO-Kreisen. Die Folge ist, dass auf allen geographisch-politischen Ebenen "quecksilberdurchdrungene" Geschichten von einer den ökonomischen und strukturellen Sachzwängen ausgesetzten Männergesellschaft dominieren.** Eine differenzierte Analyse der Akteure des informellen Bergbaus in Venezuela zeigt aber, dass es keineswegs nur um "reich werden" oder "das Überleben in der venezolanischen Wirtschaftskrise" geht. Partikularinteressen und unterschiedliche Handlungsmuster mit völlig unterschiedlichen Umweltauswirkungen entscheiden z.B. über die Wahl der Abbauform oder die Form der sozialen Organisation (individuell oder in einer Kooperative).

# V Der industrielle Bergbau: Legitimations- und Durchsetzungsstrategien

*Zentrale Charakteristika industrieller Bergbau-unternehmen*

Neben informellen *Mineros* (siehe Kap. IV) sind industrielle Bergbauunternehmen im Bundesstaat Bolívar aktiv. In der Terminologie der *Political Ecology* sind sie wegen ihrer räumlichen Mobilität den *non-place-based-actors* zuzurechnen. Denn neben ihrer Kapitalintensität unterscheiden sie sich auch durch ihre betriebswirtschaftliche und geographische Organisation vom informellen Bergbau. Verwaltungszentren, Abbaustandorte und Absatzmarkt sind meist durch beträchtliche geographische Distanzen voneinander getrennt. Die Abbaustandorte sind i.d.R. gestreut und in verschiedenen Regionen und Kontinenten angesiedelt, so dass die Unternehmen nicht an einen Standort gebunden, sondern räumlich relativ flexibel sind. Da der industrielle Bergbau häufig als erster Industriezweig in periphere Räume vordringt, wird er von BÖGE (1997: 34) als "Vorreiter und Kernsektor der Durchsetzung der kapitalistischen Produktionsweise" betrachtet (vgl. auch PODOBNIK 1998). Während BÖGE diese Rolle kritisch betrachtet, besetzt der industrielle Bergbaus diese Zuschreibungen mit Hinweisen auf nationalökonomische Gewinne, die Generierung von Arbeitsplätzen und regionale Sickereffekten positiv und legitimieren ihre Aktivitäten in - von der industriell-kapitalistischen Wirtschaft - unerschlossene Räume mit "sauberen" Technologien bzw. der Einhaltung von Umweltstandards. Bergbaugegner werfen ihnen dagegen geringe Sickereffekte, kapitalistische Ausbeutungsstrukturen sowie massive Negativeffekte auf nicht kapitalistische Gesellschaften und die Umwelt vor.

*Analyseschwer-punkte und Restriktionen*

Auch in Venezuela verläuft die Diskussion um den industriellen Bergbau entlang dieser Konfliktlinien. Innerhalb der klassischen Konfliktfelder ist aber eine venezuelaspezifische Betrachtung des industriellen Bergbaus erforderlich, da Unternehmen nicht unabhängig vom jeweiligen gesellschaftlichen Kontext agieren. BRYANT (1992: 20) fordert deshalb für die Analyse von Umweltveränderungen, die in Zusammenhang mit (trans)-nationalen Konzernen stehen, eine Analyse ihres soziopolitischen Umfeldes sowohl in dem Land, in dem die Produktionseinheit liegt, als auch im Land des Muttersitzes. Des Weiteren verweist er darauf, dass transnationale Konzerne keine monolithischen Einheiten sind, sondern dass ihre Führungslinien und Strategien die Interaktionen von vielen Individuen und Gruppen reflektieren.

> "Consequently, there is a need to 'unpack' the corporation, exploring the attitudes and practices of its employees. In particular, attention should be directed toward individuals at the environmental 'interface', responsible for implementing corporate policy. How important are the opinions of local managers, for example, in the implementation of a firm's environmental policies and practices? Is the corporation's local reputation considered significant?" (BRYANT 1992: 20)

In der vorliegenden Arbeit können die von BRYANT aufgeworfenen Fragen einerseits aufgrund zeitlicher Beschränkungen und der Informationsverweigerungen von Geschäftsführern der Bergbauindustrien (vgl. Kap. I-6) z.T. nur rudimentär beantwortet werden. Andererseits aber lässt sich der **Mangel an Transparenz als zentrales Charakteristikum des industriellen Bergbaus** im Bundesstaat Bolívar bezeichnen, dem es nachzugehen lohnt. Statt durch akribische Internetrecherchen Verflechtungen transnationaler Konzerne zu evaluieren (siehe hierzu v.a. MOODY 1992 sowie PONTE v. J.), rückt der Informationsmangel selbst in den Mittelpunkt der Analyse. Welche Themen und Bereiche betrifft er, durch welche Mechanismen und Strategien wird er generiert, welche Umweltwirkungen hängen mit ihm zusammen, wem nützt er und wie reagieren betroffene Sozialgruppen wie informelle *Mineros* und indigene Gruppen?

**Da die Expansion nationaler und transnationaler Bergbaukonzerne im Bundesstaat Bolívar v.a. mit ordnungspolitischen, nationalökonomischen und ökologischen Argumenten propagiert wird, bilden diese Legitimationsdiskurse den zweiten Betrachtungsfokus.** Dabei lässt sich am Beispiel der industriellen Erschließung der Bodenschätze in Venezuela die These der dialektischen Wechselbeziehung von Umwelt und Gesellschaft nachzeichnen. Einerseits wird untersucht, wie sich der privilegierte Zugriff industrieller Bergbauunternehmen auf die allokativen und autoritativen Ressourcen des Bundesstaates Bolívar auf die Region niederschlägt, andererseits wird untersucht, wie das Räumliche für die Situierung der Wirtschaftsinteressen instrumentalisiert wird - wie also (trans)nationale Bergbauunternehmen ihre "handlungsrelevanten Territorien" (OßENBRÜGGE & SANDNER 1994: 628) abstecken.

## 1. Wider das Bild vom "geordneten Haus"

*Das Bild vom "geordneten Haus"*

Auf das vom venezolanischen Staat und Bergbaukonzernen propagierte Bild des geordneten Mineralienabbaus ließe sich ein weitgehend vollständiger Überblick über die in Venezuela aktiven Bergbauunternehmen erwarten. Aber trotz des Versprechens des Bergbauministers "sein Haus in Ordnung zu halten" (MINAS HOY 1995), wurde der für 1997 vorgesehene Bergbaukataster nicht veröffentlicht, weil er zu viele Unregelmäßigkeiten hinsichtlich der Konzessionsgrößen, der Lokalisation sowie der Besitzverhältnisse enthielt. Ebenso scheiterte eine 1997 von der Energie- und Bergbaukommission des Senats durchgeführte Evaluierung der 426 staatlich vergebenen Verträge und Konzessionen in der *Reserva Forestal Imataca*, weil Fragebögen nicht zugestellt werden konnten oder unbeantwortet blieben (vgl. MÜLLER ET AL. 1998).

*Evaluierung durch die Energie- und Bergbaukommission des Senats*

Von den 119 Unternehmen, die nach CVG- bzw. MEM-Auskünften Konzessionsrechte in der *Reserva Forestal Imataca* verfügen, **erteilten nur 39 Firmen die angefragten Auskünfte**. In 14 Fällen konnten die Fragebögen nicht zugestellt werden, wobei es sich in zwölf Fällen nachweislich um Phantomadressen handelte. Sechs Unternehmen wurden ermittelt, die überhaupt nicht beim MEM oder der CVG registriert waren. Die **beantworteten Fragebögen wiesen eine Vielzahl von Irregularitäten** auf. Grundbucheintragungen wurden nicht vorgelegt, aktuelle Aktionäre und Geschäftsführer deckten sich weder mit den staatlich hinterlegten Namen noch konnten notariell beglaubigte Überschreibungen vorgelegt werden. Zum Teil wurden die Fragebögen von Geschäftsführungen unterschrieben, die für das betreffende Unternehmen nicht eingetragen waren, aber als Vorstandsmitglieder in anderen Konzernen geführt wurden. Widersprüchliche Angaben erfolgten häufig auf die Frage, ob es sich um in- oder ausländische Firmen handle. Als Aktionäre wurden venezolanische Staatsbürger genannt, obwohl die Firmen gleichzeitig als ausländische Investitionen bezeichnet wurden. Nachweisbar ausländische Firmen deklarierten weder das Herkunftsland noch waren sie bei der Aufsichtsbehörde für ausländische Investitionen (*Superintendencia de Inversiones Extranjeros,* SIEX) registriert. **Von der CVG erteilte Schürfrechte** (*Contratos*, vgl. Kap. III-4), die im Gegensatz zu Konzessionsrechten des MEM nicht ohne explizite Genehmigung an Dritte verkauft werden dürfen, **waren in 28 Fällen ohne Absprachen mit der CVG transferiert worden**. Die Frage, ob es andere wirtschaftliche Interessen und Aktivitäten in Venezuela gäbe als das Unternehmen, für das der entsprechende Fragebogen ausgefüllt wurde, wurden i.d.R. verneint. Entgegen der erteilten Auskünfte ergaben Recherchen aber oft **vielfältige Funktionen und Positionen des Führungsmanagements**. Namen von Unternehmern, Aktionären und Geschäftsführern tauchten in einer Vielzahl von Unternehmen und Nutzungsverträgen auf. Auch fiel den Mitarbeitern der Kommission bei der Auswertung der Fragebögen eine eklatante Homogenität der Terminologie und Erläuterungen auf. Abgesehen von einer Ausnahme verneinten alle Unternehmen, dass ihre Aktien auf internationalen Börsen gehandelt werden, obwohl **viele Konzessionsflächen reine Spekulationsobjekte** sind (s.u.). **Zwölf Firmen meinten, keine Aussagen zum Umfang der geplanten Umweltintervention und der geschätzten Produktion machen zu können, obwohl sie eine Flächenfreigebung vom Umweltministerium MARNR vorliegen hatten und damit Umweltverträglichkeitstudien durchgeführt haben müssten**. Andere Firmen sahen sich nicht in der Lage, Aussagen zum vorgesehenen Abbaumaterial zu machen, bezahlten aber Steuern für den Abbau von Gold, wenngleich sie weder Ertragssteuern noch Flächensteuern abführten.

*Fazit der Senatskommission*

Angesichts dieser Vielzahl von Widersprüchen und der insgesamt frappierenden Informationsdefizite im Bergbauministerium kommt die Senatskommission zu dem Schluss, dass das MEM nicht die Kapazität besitzt, die bergbaulichen Nutzungs- und Konzessionsrechte zu überwachen und zu kontrollieren.

*Annäherungen an Umfang und Struktur des industriellen Bergbaus*

Auch für diese Arbeit konnten trotz wiederholter Anfragen bei der CVG und dem MEM keine offiziellen Angaben über die Anzahl der niedergelassenen Bergbauunternehmen ermittelt werden. Verbindliche Aussagen über den Sitz der Muttergesellschaften waren erst recht nicht zu bekommen. Lediglich einer unveröffentlichten Recherche des MEM-Abgeordneten LARAZABAL (1997), die eine der fundiertesten Evaluierungen des Bergbaus darstellt, war zu entnehmen, dass im Bundesstaat Bolívar **125 Unternehmen im Gold- und Diamantensektor** registriert sind. Durch eigene Recherchen in staatlichen Registern, Zeitungsartikeln und diversen Studien konnten über **270 Unternehmen** nachgewiesen werden. Zieht man eine geschätzte Zahl von rund 30% Unternehmen ab, die die Region wieder verlassen bzw. ihre bergbauliche Aktivitäten eingestellt haben, bleibt trotzdem eine Gesamtzahl, die die 125 von LARAZABAL recherchierten Unternehmen überschreitet. Tabelle 28 gibt eindrucksvoll die unterschiedlichen Ergebnisse verschiedener Versuche wieder, den industriellen Bergbau im Bundesstaat Bolívar zu erfassen. Da angesichts der Vielfalt transnationaler Verflechtungen und der Dynamik, mit denen die venezolanischen Bergbaukonzessionen zwischen (trans)nationalen Interessenten gehandelt werden (vgl. COLOMINE RINCONES 1995), weder die CVG noch das MEM in der Lage sind, Angaben zur Nationalität der Unternehmen zu machen, handelt es sich bei den in der Tabelle genannten Herkunftsländern nicht um den nachweisbaren Sitz der Muttergesellschaft, sondern um Staaten, die in verschiedenen Quellen (Interviews, Zeitungsartikel, staatliche Register) als Herkunftsländer genannt werden. Die Vielzahl der widersprüchlichen Nennungen spricht als Indiz des Informationsmangels für sich.

**Tab. 28: Bergauunternehmen im Bundesstaat Bolívar**

| | Name des Bergbauunternehmens | BK 94 | BK97 | MEM (v.J) | La | Al | Po | Muttergesellschaft | Herkunftsland |
|---|---|---|---|---|---|---|---|---|---|
| 1 | AGROMINERA MANARITO | x | x | | | | | | Ven |
| 2 | ANACONDA MINING CO. | | | | | | x | | |
| 3 | ANGLO AMERICAN GOLD INVESTMENT CO. LTD (AMGOLD) | | | | x | | | ANGLO AMERICAN GOLD INVESTMENT CO. LTD (AMGOLD) | Südafrika, England, USA |
| 3 | ANGOSTURA MINING | | | | x | x | | | Südafrika Venezuela |
| 4 | ANTILLES RESOURCE LTD. | | | | x | | | WORLD BUSINESS CORP, C.A., | Kanada |
| 5 | ARAPCO, C.A. | | | x | | x | | | |
| 6 | ARO DEL SUR, C.A. | x | x | | | | | | |
| 7 | ASAHI MINING | | | | | x | | | |
| 8 | ASO. CIVIL AGROMINERA | | x | | | | | | Ven |
| 9 | ASO. CIVIL AGROMINERA COMUNAL | x | | | | | | | Ven |

| | Name des Bergbauunternehmens | BK 94 | BK97 | MEM (v.J) | La | Al | Po | Muttergesellschaft | Herkunfts-land |
|---|---|---|---|---|---|---|---|---|---|
| 10 | ASO. COOP. MIXTA MINEROS DE ICABARU | x | x | | | | | | Ven |
| 11 | ASO. MIN. LAS ALICIAS C.A. | x | x | | | | | | Ven |
| 12 | ASOC. COOPERATIVA URUPAGUA | | x | | | | | | Ven |
| 13 | ASOCIADOS DEL CARONI | x | | | | | | | |
| 14 | ATHLONE RESOURCES LTD | | | | x | | x | | Kanada |
| 15 | AUGUSTA CORP | | | | | | x | AUGUSTA METALLS INC. | Kanada |
| 16 | AURIFERAS BRISA DEL CUYUNI, C.A. | | | x | x | | | | |
| 17 | BARD SILVER & GOLD LTD. | | | | x | | x | BARD SILVER & GOLD LTD. | Kanada, USA |
| 18 | BEMA GOLD | | | | x | | x | BEMA GOLD CORPORATION | Kanada |
| 19 | BHP MINERALS INT. EXPLORATION INC. | | | | | | | BHP MINERALS INT. EXPLORATION INC. | Australien |
| 20 | BOLÍVAR GOLDFIELDS LTD. | | | | x | | x | BOLÍVAR GOLDFIELDS LTD. | England, Kanada, Venezuela |
| 21 | BOLÍVAR MINING C.A. | x | x | | | x | | | Venezuela |
| 22 | CADRE RESOURCE LTD. | | | | | | x | CADRE RESOURCE LTD. | Kanada |
| 23 | CANARC RESOURCE CORP. | | | | x | | | CANARC RESOURCE CORP. | Kanada / USA |
| 24 | CAMBIOR | | x | | | x | | | Kanada, Peru, Guyana |
| 25 | CARMON, C.A. | x | x | | | | | | |
| 26 | CARONI GOLD FIELDS C.A. | | x | | | x | | | |
| 27 | CARONI MINING, C.A | x | x | | | | | | |
| 28 | CARSON DIAMONDWORKS GOLD CORP: | | | | x | x | | | USA, Venezuela |
| 29 | CHESBAR RESOURCES INC. | | | | x | | x | CHESBAR RESOURCES INC. | Kanada |
| 30 | CHICANAN GOLD FIELDS C.A. | | | | | x | | | |
| 31 | CHICANAN RESOURCES | x | x | | | x | | | |
| 32 | CHIVAO GOLD FIELDS C.A. | | x | | | x | | | |
| 33 | COLEVILLE RESOURCES LTD. | | | | | | x | COLEVILLE RESOURCES LTD. | Kanada |
| 34 | COMIBOL | | | | x | | | COMIBOL | Bolivien |
| 35 | COMP. MIN. ADAMANTINE C.A. | x | x | | | | | | |
| 36 | COMPAÑIA AURIFERA DEL CUYUNI | | x | | | | | | |
| 37 | COMPAÑIA MINERA ALBA C.A. | x | x | | | x | | | |
| 38 | COMPANIA MINERA EL POLACO | x | | | | | | | |
| 39 | COMPANIA MINERA SABINE, C.A. | x | | | | | | | |
| 40 | COMPANIA MINERA UNICORNIO | | | | x | | | | Trans |
| 41 | COMPANIA MINERA UWE C.A. | | | x | | x | | | Trans |
| 42 | CONCESION MINERA ALFON C.A. | x | x | | | x | | | |
| 43 | CONS. MAGNA VENTURES LTD. | | | | x | | x | CONS. MAGNA VENTURES LTD. | Kanada |
| 44 | CONSOLIDATED EWING INDUSTIES | | | | x | | | | Kanada |
| 45 | CONSOLIDATED MADISON HOLDINGS LTD. | | | | x | | | | Trans |
| 46 | CONSOLIDATED MAGNA VENTURES LTD. | | | | x | | | | Trans |
| 47 | CONSORCIO MINERO MIAMO | x | x | | | x | | | Trans, Venezuala |
| 48 | CONSORCIO MINERO SAN SALVADOR | x | x | | | | | | |
| 49 | CONSORCIO YURUARI C.A. | | | x | | x | | | |
| 50 | CONSTRUCTORA ARIVANA, C.A. | x | x | | | | | | |
| 51 | CONSULIDATED MANUS INDUSTRIES | | | | x | | | | |
| 52 | COOP. MIN. BOCHINCHE-BOTANAMO | x | x | | | x | | | Ven |
| 53 | COOPERATIVA MINERA MIXTA DEL SUR | | | x | | x | x | | Ven |
| 54 | COOPERATIVA MIXTA CHICANAN | x | x | | | x | | | |
| 55 | CORALCA | x | | | | | | | Trans |

| | **Name des Bergbauunternehmens** | **BK 94** | **BK97** | **MEM (v.J)** | **La** | **Al** | **Po** | **Muttergesellschaft** | **Herkunftsland** |
|---|---|---|---|---|---|---|---|---|---|
| 56 | CORP. AURIFERA DE EL CALLAO | | x | | | | | | |
| 57 | CORP. MIN. MERCEDES EL CARAPO | x | x | | | | | | |
| 58 | CORP. MIN. SOR TERESITA C.A. | x | x | | | x | | | |
| 59 | CORP. MINERA LA FLORINDA C.A. | | x | | | | | | |
| 60 | CORP. MINERA TIERRA DEL FUEGO | x | x | | | x | | | |
| 61 | CORPOAURIFERA C.A. | x | x | | | x | | | Panama |
| 62 | CORPOR. MINERA LA RIVIERA | x | x | | | | | | |
| 63 | CORPORACION 181818 C.A | x | x | | | | | | |
| 64 | CORPORACION CABELLO CALVEZ C.A. | | | x | | x | | | |
| 65 | CORPORACIÓN DE CARACAS | | | | | | x | | |
| 66 | CORPORACIÓN FEDERALES DE MINAS | | | | x | | | | |
| 67 | CORPORACION MINERA 11- 90 C.A. | x | x | | | x | | AXOMIX LTD. | Aruba |
| 68 | CORPORACION MINERA 410879 C.A. | x | x | | | | | HUBBER FINANCE LTD. | Aruba |
| 69 | CORPORACIÓN MINERA 410879 C.A. | x | | | | x | | | |
| 70 | CORPORACION MINERA 7828 C.A. | x | x | | | | | | |
| 71 | CORPORACION MINERA CHOCO, C.A. | x | | | | | | | |
| 72 | CORPORACION MINERA CUYUNI | x | x | | | x | | | |
| 73 | CORPORACION MINERA DELTA | x | | | | | | | |
| 74 | CORPORACION MINERA LL | x | x | | | x | x | | |
| 75 | CORPORACION MINERA NACIONAL | x | | | | | | | |
| 76 | CORPORACION NUEVA AMERICA | x | x | | | | | | |
| 77 | CORRIENTE RESOURCES INC. | | | | | | x | CORRIENTE RESOURCES INC. | Kanada |
| 78 | CRYSTALLEX INTERNATIONAL DE VENEZUELA | | | | x | | | CRISTALLEX INTERNATIONAL COROPORATION LTD. (50%), EURUS RESOURCE CORPORATION (50%) | Kanada |
| 79 | CUYUNI GOLD FIELDS C.A | | x | | | x | | | |
| 80 | CVG MINERVEN | x | | | | | | | |
| 81 | CYPRUS-AMAX MINERLAS COMPANY | | | | x | | | CYPRUS-AMAX MINERALS CO. | USA |
| 82 | DAYANA GOLD MINING | x | x | | | x | | | |
| 83 | DELGRATIA DEVELOPMENTS LTD. | | | | x | | | | Trans |
| 84 | DEMINCA | | | | | | | MARWANI GOLDFIELDS | Aruba |
| 85 | DESARROLLO MINERO C.A. | x | x | | | x | | | |
| 86 | DESARROLLOS DEL CUYUNI | | x | | | | | | |
| 87 | DESARROLLOS GUAITOC | x | x | | | | | | |
| 88 | DESARROLLOS ZUPLAN C.A. | x | x | | | x | | TOMBSTONE | England |
| 89 | DIAMANTES MACCABI, C.A | x | x | | | | | | |
| 90 | DIAMONDFIELDS RESOURCES INC. | | | | x | x | | | Kanada; USA |
| 91 | DOUBLE DOWN RESOURCES LTD. | | | | x | | | | Trans |
| 92 | DOUGLAS SANGUINO | x | x | | | x | | | |
| 93 | EAGLECREST EXPLORATIONS LTD. | | | | x | | | EAGLECREST EXPLORATIONS LTD. | Kanada |
| 94 | EL CALLAO MINING GROUP | | | | | | x | EL CALLAO MINING GROUP | Kanada |
| 95 | EMPRESA MINERA YOCOIMA C.A. | x | x | | | x | | | |
| 96 | EUROPEAN VENTURES INC. | | | | x | | | | |
| 97 | EXPLORACIONES Y EXPLOT. EL ARO | x | x | | | | | | |
| 98 | EXPLORACIONES Y EXPLOT. MARILUPA, C.A. | x | | | | | | | |
| 99 | EXPLOTACIONES MINERA C.A. (MINEX) | | | x | | x | | | |
| 100 | EXPLOTACIONES NAHOR C.A. | x | x | | | | | | |
| 101 | EXPLOTACIONES RIO MANACA | x | x | | | x | | | |
| 102 | FLORIDA EXPLOR. M. COMP. DE VZLA. | x | x | | | | | | |
| 103 | FONDO INTERNATIONAL EL GRILLERO C.A. | | | | x | | | | |
| 104 | FUNDACION LA SALLE | x | x | | | x | x | | |
| 105 | FUNDAGEOMINAS | x | | | | | | | |

| | Name des Bergbauunternehmens | BK 94 | BK97 | MEM (v.J) | La | Al | Po | Muttergesellschaft | Herkunfts-land |
|---|---|---|---|---|---|---|---|---|---|
| 106 | GEM C.A. | x | x | | | | | | USA? |
| 107 | GENERAL MINING DE GUAYANA C.A. | x | x | | | x | | | |
| 108 | GEO. Y MINEROS ASOCIADOS | | x | | | | x | | |
| 109 | GEOAMBIENTE MINING GROUP | | | | | | x | | |
| 110 | GOLD RESERVE DE VENEZUELA | | | | x | | x | GOLD RESERVE CORPORATION | USA |
| 111 | GOLD VESSEL RESOURCES | | | | x | | | | Trans |
| 112 | GOLDEN STAR | | | | | | | GOLDEN STAR RESOURCES LTD | Kanada |
| 113 | GOLDFIELDS OF SOUTH AFRICA | | | | x | | | | Trans |
| | GOLDWANA | | | | | | | TOMBSTONE | Aruba |
| 114 | GREENWICH RESOURCES DE VENEZUELA S.A. | x | x | | x | x | x | GREENWICH RESOURCES PLC | England |
| 115 | GROSSI MINAS C.A. (GROSSMIN) (AMALFI) | x | x | | | | x | | Trans |
| 116 | GUAYANA GOLD FIELDS C.A. | | x | | | x | | | |
| 117 | HACIENDA CAPIRICUAL C.A. | | | x | | | | | |
| 118 | HECLA MINING C.A. | | | | | | x | HECLA MINING C.A. | USA |
| 119 | HERMANOS GALEANO (IHEHEGA, C.A) | x | | | | | | | |
| 120 | HOMESTAKE | | | | | | x | HOMESTAKE | USA |
| 121 | INGENIERIA CALLIGARO, | x | x | | | | | | |
| 122 | INGENIERIA IN SITU, C.A | x | x | | | | | | |
| 123 | INTEMIN C.A. | x | x | | | | | | |
| 124 | INTERNATIONAL CANALASKA | | | | | | | INTERNATIONAL CANALASKA | Kanada |
| 125 | INTERNATIONAL DE MINAS, C.A. (INTERMINAS) | | | x | | | | | |
| 126 | INTERNATIONAL TOWER HILL MINES LTD. | | | | | | x | INTERNATIONAL TOWER HILL MINES LTD. | Kanada |
| 127 | INV. EN GENERAL. HNOS. GALEANOC.A. | | x | | | | x | | |
| 128 | INV. TIERRAS AURIFERAS C.A. | x | | | | x | | | |
| 129 | INVALMERCA S.A, KRYSOS MINING | x | x | x | | x | | | |
| 130 | INVERSIONES 9290 C.A. | | | x | | | | | |
| 131 | INVERSIONES FITZGERALDO | x | | | | x | | | |
| 132 | INVERSIONES GOLDWANA C.A. | x | x | | | x | | | |
| 133 | INVERSIONES GUATEPEREQUE | x | x | | | x | | | |
| 134 | INVERSIONES JAJOPIRE | x | x | | | x | | | |
| 135 | INVERSIONES LILEJAS C.A. | x | x | | | | | | |
| 136 | INVERSIONES LOS FRAILES C.A. | x | x | | | | | | |
| 137 | INVERSIONES M&M INDUSTRIAL BUSINES CORPORATION C.A. | | | x | | x | | | |
| 138 | INVERSIONES MIFARES | | x | | | | | | |
| 139 | INVERSIONES MINERAS CARONI (INMICA) | x | | | | | | | |
| 140 | INVERSIONES MONTAÑEZ | x | x | | | x | | | |
| 141 | INVERSIONES ORODIA, C.A. | x | | | | | | | |
| 142 | INVERSIONES VIPAGO C.A. | | | x | | x | | | |
| 143 | INVERSIONES WASINKE C.A. | x | x | | | x | | | |
| 144 | INVERSIONES YURUAN,C.A | x | x | | | x | | | |
| 145 | INVERSORA DIOR C.A. | x | x | | | x | | | |
| 146 | INVERSORA MAEL C.A. | x | x | | | x | | | |
| 147 | INVERSORA SUIZA S.A. | x | x | | | x | | | |
| 148 | IVANHOE CAPITAL CORPORATION | x | x | | | x | | | England |
| 149 | JEP CONSULT. INTERNAC. C.A. | x | x | | | | | | |
| 150 | JORDEX RESOURCES INC. | | | | x | | x | JORDEX RESOURCES INC. | Kanada, USA |
| 151 | LABYRINTH RESOURCE CORPORATION | | | | x | | | | Trans |
| 152 | LAMIN C.A. | x | x | | | | | | |
| 153 | LATIN AMERICAN GOLD | | | | | | x | | USA |
| 154 | LINDLEY ASSOCIATED S.A. | | | | | | x | | |
| 155 | LO INCREIBLE RESOURCES | x | x | | | | | | |
| 156 | LODESTAR EXPLORATIONS INC. | | | | x | | | | Trans |
| 157 | LUCKY FRIDAY MINERALS | x | x | | | | | | |
| 158 | LUCKY FRIDAY MINERALS | | x | | | | | | |

| | Name des Bergbauunternehmens | BK 94 | BK97 | MEM (v.J) | La | Al | Po | Muttergesellschaft | Herkunftsland |
|---|---|---|---|---|---|---|---|---|---|
| 159 | M.S. TECNOLOGIA Y SERVICIOS C.A. | x | x | | | x | | | |
| 160 | MANSON CREEK RESOURCES LTD. | | | | x | | x | MANSON CREEK RESOURCES LTD. | Kanada |
| 161 | MAXIMO SANGUINO | x | x | | | x | | | |
| 162 | MINA BIZAITARRA C.A. | | | | x | | | | Trans |
| 163 | MINA EL TRUENO, C.A. | x | x | | | x | x | | |
| 164 | MINAS DE VENEZUELA | | | | x | | x | | Trans |
| 165 | MINAS GUARICHE C.A. | | | x | | x | | | |
| 166 | MINER. ECOL.TECHNOLOGY DE VZLA. | x | x | | | | | | |
| 167 | MINERA ALDA | | | | | | | | Kanada |
| 168 | MINERA 6560433 C.A. | x | x | | | x | | TOMBSTONE | Aruba |
| 169 | MINERA ALBINO | | | x | | x | | | |
| 170 | MINERA ANTABARI C.A. | x | x | | | | | | |
| 171 | MINERA AURUS | | | | | | | PRINCOR CORPORATION | Barbados |
| 172 | MINERA CONTIGOLD, C.A. | | | x | | x | | CORPOACION EXPLORO | Trans. |
| 173 | MINERA DIVIDIVAL, S.A | x | x | | | | | | |
| 174 | MINERA GUAIQUINIMA C.A | x | x | | | x | | | |
| 175 | MINERA INTERNORO, C.A. | | | x | | x | | RACAL INVESTMENTS | |
| 176 | MINERA JASPE C.A. | x | x | | | x | | | |
| 177 | MINERA L.C. 3.800,C.A. | x | x | | | | | | |
| 178 | MINERA LA FORTUNA C.A. | x | x | | | x | | CONSOLIDATE MADISON | Aruba, Kanada |
| 179 | MINERA LAS CRISTINAS C.A. | x | x | | | x | | | |
| 180 | MINERA ORO REAL, C.A | x | x | | | | | | |
| 181 | MINERA RIO CARICHAPO S.A. | | x | | | x | | | |
| 182 | MINERA TAPAYA | | | x | | x | | | |
| 183 | MINERA TIERRA EXTRAÑA | | x | | | x | | | |
| 184 | MINERA YOCOIMA, C.A | x | x | | | | | | |
| 185 | MINERAL ECOLOGICAL | | x | | | | | | |
| 186 | MINERALES YURUANI, C.A. | | | x | | x | | | |
| 187 | MINERAS BELEN, C.A | x | x | | | | | | |
| 188 | MINERAS ESTRATOS | x | x | | | | | SUFFOLK INVESTMENT | Aruba |
| 189 | MINERAS ORO FINO | x | | | | | | | |
| 190 | MINERIA DE ALUVIONES DE VZLA. | x | x | | | | | | |
| 191 | MINERIA EL FOCO (MINING FOMICA) | x | x | | x | x | | | Trans |
| 192 | MINERIA INDUSTRIAL RORAIMA | x | x | | | | | | |
| 193 | MINERIA LA AURORA C.A. | x | x | | x | x | | | |
| 194 | MINERIA MS, C.A. | x | x | | | | | | |
| 195 | MINEROS DE EL CALLAO | x | x | | | | | | |
| 196 | MINERVEN | | x | | x | | | | |
| 197 | MINETOCA, C.A. | x | x | | | x | x | | |
| 198 | MINEXPLO | | | | | | x | | |
| 199 | MINING CORPORATION S.J.T., C.A. | | | | | x | | | |
| 200 | MINORCO | | | | | | x | MINORCO | Luxemburg |
| 201 | MIRKO Y MARQUEZ MINING II C.A. | x | x | | | x | | | |
| 202 | MONARCH RESOURCES DE VZLA.. | x | x | | x | | x | | Bermuda |
| 203 | MULTIOPERACIONES C.A. | | | x | | | | | |
| 204 | MYLAN VENTURES LTD. | | | | | | x | MYLAN VENTURES LTD. | USA, Kanada |
| 205 | NAXOS | | | | x | | | | Kanada |
| 206 | NEW AEGIS RESOURCES LTD. | | | | x | | | | Trans |
| 207 | NODRIZA, C.A | x | x | | | | | | |
| 208 | NORCAN RESOURCES LTD. | | | | | | x | NORCAN RESOURCES LTD. | Kanada |
| 209 | NOVAGOLD GOLD RESSOURCES LTD. | | | | | | | NOVAGOLD GOLD RESSOURCES LTD. | Kanada |
| 210 | NUCORE RESOURCES LTD. | | | | x | | | | Trans |
| 211 | ODOVAL MINES C.A. | | | | | | x | | |
| 212 | OREX,C.A | x | x | | | | | | |
| 213 | ORINOCO GOLD FIELDS C.A. | | x | | | x | | | |
| 214 | OROMINERIA C.A. | x | x | | | x | | | |
| 215 | PACIFIC CENTURY EXPLOORATIONS LTD. | | | | x | | | | |
| 216 | PACIFIC NORTHERN VENTURES | | | | x | | | | Trans |

| | Name des Bergbauunternehmens | BK 94 | BK97 | MEM (v.J) | La | Al | Po | Muttergesellschaft | Herkunftsland |
|---|---|---|---|---|---|---|---|---|---|
| | LTD. | | | | | | | | |
| 217 | PARATE BUENO S.A. | x | | | | | | | |
| 218 | PERFORACIONES VENEZOLANAS VENADRILL, C.A. | | | x | | x | | | |
| 219 | PLACER DOME | x | x | | x | x | | PLACER DOME | Kanada |
| 220 | PRECAMBRIAN GOLD FIELDS C.A. | | x | | | x | | | |
| 221 | PROMINSUR C.A. | x | | | | | x | | |
| 222 | PROMOT. MIN. DE GUAYANA "PMG" | x | x | | | x | | | |
| 223 | PROYECTOS MINEROS DEL SUR C.A. | x | x | | | | | | |
| 224 | PURIFICACIONES VENEZOLANAS C.A. | x | x | | | x | | | |
| 225 | PURY MINERA C.A. | | | | | | x | | |
| 226 | QUATTRO RESSOURCES LTD. | | | | | | x | QUATTRO RESSOURCES LTD. | Kanada |
| 227 | QUEENSTAKE DE VENEZUELA | | | | x | | | QUEENSTAKE RESOURCES LTD | Kanada |
| 228 | RARE EARTH RESOURCES LTD. | | | | x | | x | RARE EARTH RESOURCES LTD. | USA |
| 229 | RAUDIN EXPLORATION INC. | | | | | | x | RAUDIN EXPLORATION INC. | Kanada |
| 230 | RELAVES MINEROS | | x | | | x | | | |
| 231 | REPRECAVENCA | | | x | | x | | | |
| 232 | REPRESENT. CARSON GOLD INT C.A. | | x | | x | x | | | |
| 233 | REPRESENTACIONES EL RAMA C.A. | | | x | | x | | | |
| 234 | RJK EXPLORATIONS LTD. | | | | | x | | RJK EXPLORATIONS LTD. | Kanada |
| 235 | ROCKWEALTH INTERNATIONAL | | | | x | | | TRANS | |
| 236 | SAN MIGUEL C.A. | x | x | | | | | | |
| 237 | SANQUACHE, C.A. | | | | | | x | | |
| 238 | SILVERSTONE RESOURCES | | | | x | | | TRANS | |
| 239 | SINDICATO BEDA, C.A. | x | x | | | x | | | |
| 240 | SOC. MERC. UNION CONS.S. ANTONIO | x | x | | | | | | |
| 241 | SOCIEDAD MERCANTIL | x | x | x | | x | | LATINVAN METAL TRADING LTD, CA | |
| 242 | SOLOMON RESOURCE LTD. | | | | x | | | TRANS | |
| 243 | SOUTH AFRICAN DIAMOND HOLDING GROUP | | | | | | x | SOUTH AFRICAN DIAMOND HOLDING GROUP | USA |
| 244 | SPIRIT LAKE EXPLORATIONS LTD. | | | | x | | | TRANS | |
| 245 | STEGALL DEVELOPMENT S.A. | | | | | | x | | |
| 246 | SURAMERICANA DE MINERÍA | | | x | | | | | |
| 247 | TECNOGEO | x | x | | | x | | SANTA ROSAHOLDINGS | Aruba |
| 248 | TECNOLOGIA ECOLOGICA MINERA | x | x | | | | | | |
| 249 | TERRENACA, C.A. | | | | | | x | | |
| 250 | TOMBSTONE EXPLORATIONS CO. LTD. | | | | x | | | TOMBSTONE EXPLORATIONS CO. LTD. | Kanada |
| 251 | TRABAJO DE MINERIA MIGS C.A. | x | x | | | | x | | |
| 252 | TRACTO ORO C.A. | x | x | | | x | | | |
| 253 | TRANARC C.A. | | | | | | x | | |
| 254 | U.N.E.G. | | x | | | x | | | |
| 255 | UNIVERSAL MINING COMPANY | x | x | | | x | | | |
| 256 | VANNESSA VENTURED LTD. | | | | | | x | VANNESSA VENTURED LTD. | Kanada |
| 257 | VENECIA EXPLOTACIÓN INTERNACIONAL | x | | | | | | | |
| 258 | VENEZOLANA DE INVERSIONES MINERAS | x | | | | x | | | |
| 259 | VENEZUELAN MINERAL EXPLORATION, C.A. | x | | | x | | | | |
| 260 | VENGOLD (FRÜHER VENEZUELAN GOLDFIELDS LTD) | | | | x | | | | England, Kanada |
| 261 | VENORO GOLD CORPORATION | | | | x | | | | |
| 262 | VETAS D'VUELVAN CARAS | x | x | | | x | | | |
| 263 | VR-500,C.A. | x | x | | | | | | |
| 264 | VZLA. MINERAL EXPLORATION C.A. | | x | | | | | | |
| 265 | VZLANA. DE INVER. MINERAS C.A. | | x | | | | | | |

| | Name des Bergbauunternehmens | BK 94 | BK97 | MEM (v.J) | La | Al | Po | Muttergesellschaft | Herkunftsland |
|---|---|---|---|---|---|---|---|---|---|
| 266 | WAYSIDE GOLD MINES LTD. | | | | | x | | KANADA | |
| 267 | WOLRD BUSINESS CORPORATION, C.A. | | | | | x | | | |
| 268 | YELLOWJACK RESOURCES LTD. INC. | | | | x | | | | Trans |
| 269 | YURUAN GOLD FIELDS | | | | | x | | | |
| 270 | 18492 BALSA C.A. | x | x | | | | | | |
| 271 | 2592 DRAGA C.A. | x | x | | | | | | |
| | Anzahl total | 133 | 135 | 26 | 57 | 98 | 50 | | |

Quellen: BK94 = CVG-Bergbaukataster 1994, BK 97 = CVG-Bergbaukataster 1997 (unver.), MEM = *Ministerio de Energía y Minas* (v. J.), La= Recherche LARAZABAL 1994, AL = Recherche ALVAREZ (MEM) 1997, Po = Recherche Anna PONTE, NGO-Aktivistin (v.J.)

*Betriebsgrößen und Nationalität*

Wegen zahlreicher Verflechtungen lassen sich auch nur vage Aussagen über die Größe der Unternehmen machen. So war kein Interviewpartner in der Lage, die im Bundesstaat Bolívar registrierten Unternehmen dem mittelständischen oder großindustriellen Bergbau zuzuordnen. Die Unterscheidung in großindustrielle Unternehmen und Juniorunternehmen, deren Grenzen ungefähr bei einer Bearbeitungskapazität von 20.000 Tonnen Gesteinsmaterial pro Tag (GAILLARD 1998: 28), einer Goldproduktion von 1000kg/Jahr (FRANCO 1997: 30) bzw. bei einer Investitionssumme von einer Million US-Dollar (mündliche Information von Pedro VIELMA, Betreiber einer venezolanischen Bergbau-Consulting) liegen, war somit nicht recherchierbar. Bei den Feldbegehungen zeigte sich jedoch, dass auf der lokalen Ebene in der Mehrzahl kleine bis mittelständische Betriebe aktiv sind, hinter denen aber oft größere Industrieunternehmen stehen. **An rund 40% bis 60% der mittelständischen Betriebe sind ausländische Investoren beteiligt**. Die wichtigsten in Produktion stehenden Unternehmen sind der **Staatsbetrieb Minerven in El Callao** (siehe Kap. II-3) sowie das transnationale Unternehmen **Monarch** (s.u.). Zu den größten transnationalen Bergbaukonzernen mit Niederlassungen und Beteiligungen in Venezuela gehören das australische **Broken Hill Projekt** (BHP) sowie das kanadische Unternehmen **Placer Dome**. Aber zu den ganz Großen des Bergbaugeschäfts gehören auch nationale Investoren. Inländischen Unternehmensimperien wie der **Grupo Cisnero** und **Grupo Tinoco** (vgl. Kap. III-2) werden von Dachverbänden des informellen Bergbaus Verfügungsrechte über jeweils 50.000 ha nachgesagt (Interview mit Sergio Astudillo, Juli 1997). Da diese Unternehmen über Subunternehmen im Bergbau aktiv sind, lassen sich aus staatlichen Bergbaukatastern keine offiziellen Zahlen evaluieren. Aber über Beteiligungen an Unternehmen wie ***Chicanan Resources***, ***Goldfields*** usw. dürften die genannten Zahlen der Realität nahe kommen. Auf jeden Fall handelt es sich bei den Trägern der industriellen Erschließung der Bodenschätze im Bundesstaat Bolívar nicht nur um ausländische, sondern auch um inländische Akteure.

**Da der industrielle Bergbau sowohl von in- als auch ausländischen Unternehmen betrieben wird, wird in dieser Arbeit das Präfix 'trans' vor 'transnational' in Klammern gesetzt.** Eine differenzierte Betrachtung der unterschiedlichen Handlungsspielräume und -strategien nationaler und transnationaler Bergbauunternehmern konnte aufgrund des eingeschränkten Informationszugangs nicht geleistet werden.

*Entwicklungsstand des industriellen Bergbaus im Bundesstaat Bolívar*

Aufgrund negativer Explorations- und Prospektionsergebnisse, Schwankungen des internationalen Goldmarktes (s.u.) und bis zu fünfjährigen Verzögerungen staatlicher Genehmigungsverfahren sind bis heute erst rund 10% der Unternehmen in die Abbauphase überführt worden. **Rund 90% der Unternehmen befinden sich in der Spekulations-, Explorations- oder Konstruktionsphase.** Das heißt, reell findet der industrielle Bergbau derzeit erst an wenigen Abbaustandorten im Bundesstaat Bolívar statt. Juristisch abgesicherte Konzessionsrechte beschränken aber bereits die Zugangsrechte regionaler Bevölkerungsgruppen zu großen Bergbauarealen und generieren massive Angst-, Konflikt- und Aggressionspotenziale in den bergbaulichen Expansionsräumen des Bundesstaates Bolívar.

*Gründe für die Erfassungs-schwierigkeiten*

Die aufgezeigten Unsicherheiten den industriellen Bergbau zu erfassen, gehen erstens darauf zurück, dass viele Unternehmen, ihre Aktivitäten wegen finanzieller Gründe, administrativer Hürden oder aufgrund spekulativer Interessen erst gar nicht aufnehmen bzw. schnell wieder einstellen. So treten Aktionäre und Unternehmer oft lediglich als Namen in Dokumenten auf, ohne dass regionale Niederlassungen gegründet werden. Zweitens umgehen viele Unternehmen die gesetzlich vorgeschriebene Beschränkung auf 10.000 ha (Stollenbergbau) bzw. 20.000 ha (Obertageabbau) durch die Eintragung verschiedener Familienmitglieder, Tochter- oder Filialunternehmen. Daraus resultiert, dass sich nie genau sagen läßt, welcher Unternehmer bzw. welches Unternehmen Nutzungsrechte an welchen Konzessionen hält. Die vielfältigen Verflechtungen mit Explorations- oder Exploitationsfirmen, mit aus- und inländischen Investoren, Mitgliedschaften in übergeordneten Dachverbänden sowie die Übernahme von Führungspositionen in verschiedenen Unternehmen wurden von allen Interviewpartnern in industriellen Bergbauunternehmen mit der Kapitalintensität des industriellen Bergbaus erklärt und als normal bzw. unvermeidbar bezeichnet. **Die Verflechtungsvielfalt sowie die daraus resultierende Intransparenz des industriellen Bergbaus sind also nicht alleine auf staatliche Kontrolldefizite zurückzuführen, sondern sind bereits in der betriebsinternen Investitions- und Rentabilitätslogik kapitalintensiver Bergbaukonzerne angelegt.**

*Raumwirkungen*

Die großmaßstäbliche Erschließungslogik und die Unübersichtlichkeit der Betriebsverflechtungen eröffnen industriellen Bergbauunternehmen Schlupflöcher aus der staatlichen Kontrolle, die von einigen Betrieben eher vage oder punktuell genutzt, von einzelnen Betrieben aber auch als bewusste Unternehmensstrategien eingesetzt werden (s.u.). Unmittelbare Raumwirkungen zeigten sie in beiden Fällen. **Erstens führt die Konzentration großer Bergbauareale im Besitz weniger industrieller Unternehmen (vgl. Karte 18) zu Nutzungskonflikten mit den Akteuren des informellen Bergbaus, die sich in den 1990er Jahren zu massiven politischen und gewalttätigen Konflikten ausweiteten.** Zweitens wird der Bundesstaat Bolívar mittels moderner Prospektions- und Explorationsmethoden, Lagerstättenkarten und *feasibility studies* in petrologische Formationen, nicht-rentable Erzvorkommen und abbauwürdige Lagerstätten seziert. Abgesehen davon, dass hier ein Raum erforscht wird, der nur für neu eindringende Akteure unbekannt, unerschlossen und bis dato wertlos ist, wirken die spezifischen Wahrnehmungskriterien sowohl auf der perzeptiven als auch auf der physisch-materiellen Ebene verändernd auf die Region. **Geologische Karten und infrastrukturelle Erschließungsmaßnahmen (wie z.B. der Bau von Transport-, Kommunikations- und Energiewegen) verdichten das alte Raumbild einer an Bodenschätzen reichen Region und transformieren es gleichzeitig durch die Entregionalisierung und Transnationalisierung der Bodenschätze zu einem "nationalen und globalen Warenlager"** (vgl. ALTVATER 1987, 1992).

**Drittens ermöglicht die Undurchsichtigkeit der Besitz- und Nutzungsrechte semi-illegale bis illegale Aktivitäten auch im Umweltbereich.** So werden Explorationen und Exploitationen z.T. ohne Genehmigung durch das Umweltministerium ausgeführt, wie aus dem Bericht der *Comisión Permanente de Energía y Minas* (1997) hervorgeht, wenn 12 Unternehmen Nutzungsfreigebungen vom MARNR angeben, aber keine Umweltverträglichkeitsstudien vorweisen können. Besonders gravierend wirkt sich aus, dass sich in der nahezu unüberschaubaren Zahl von Unternehmern auch offensichtlich **"schwarze Schafe" des Bergbausektors** verbergen. So verfügt mit Robert Friedland ein Unternehmer über Aktien an verschiedenen Konzessionen und Unternehmen in Venezuela, der an zwei der bisher größten Bergbaudesaster weltweit beteiligt war: Nach jahrelangen Vernachlässigungen der Sicherheits- und Umweltauflagen brach Mitte der 1990er Jahre in Colorado das Altlastenrückhaltebecken der ***Summitville Gold Mine.*** Zyankalilauge vergiftete den Whiteman Fork River sowie ein nahe gelegenes Wasserreservoir (GOODING 1993). Der Betreiber des Bergwerks, die von Robert Friedland gegründete *Galactic Resources*, erklärte den Bankrott, so dass die Sanierungskosten in Höhe von 160 Mio. US-$ von der US-amerikanischen Umweltbehörde übernommen werden mussten.

*Der Fall Robert Friedland*

**Karte 18: Bergbaukonzessionen im Bundesstaat Bolívar**

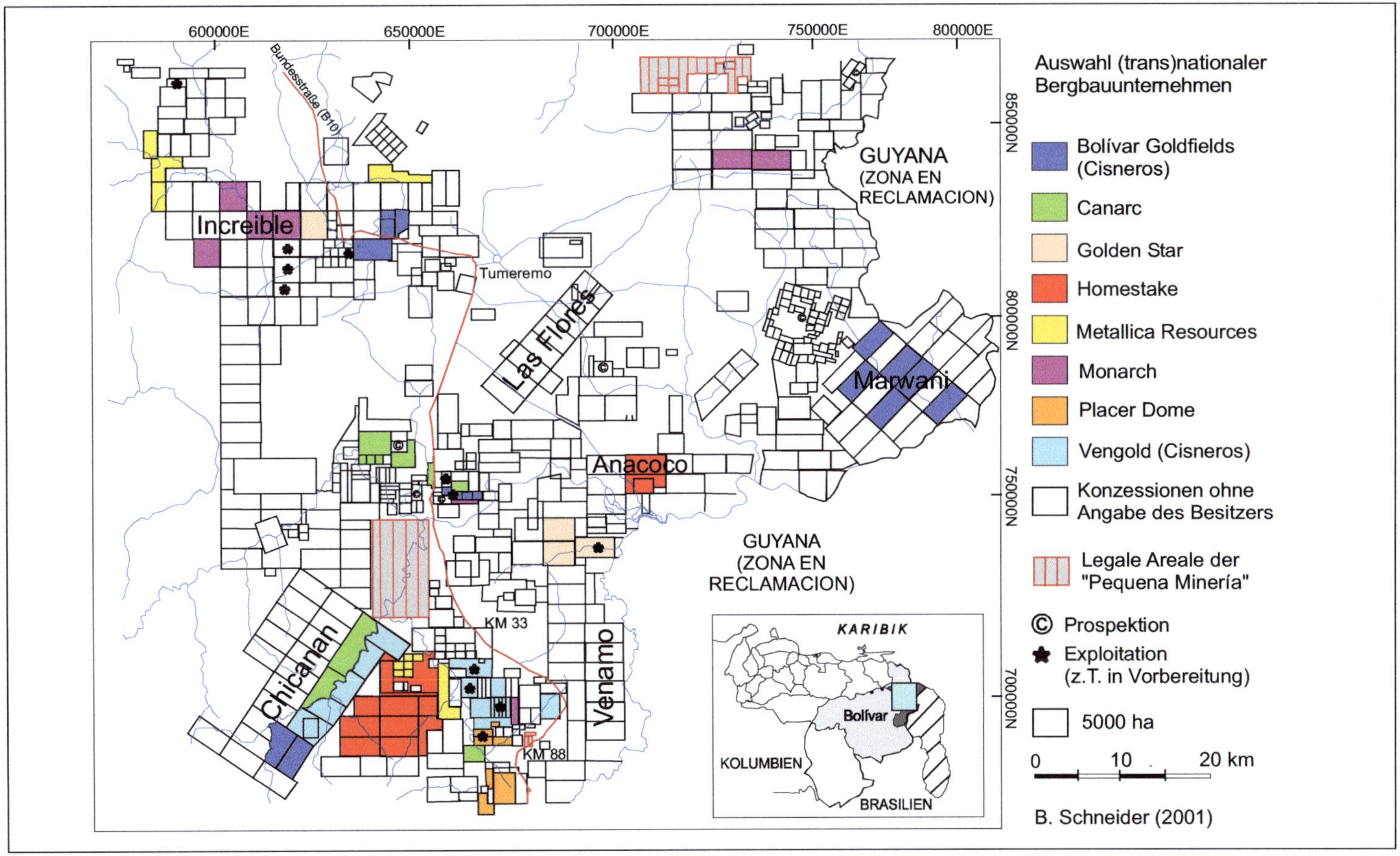

Auch im venezolanischen Nachbarland Guyana lief im Mai 1995 Natriumzyanid aus Auffangbecken der ***Omai Gold Mines Ltd.*** aus, ohne dass eine Meldung durch das Unternehmen erfolgte. Am 19. August 1995 brach der Damm und rund 900 Kilogramm Zyankali bzw. 2,5 Mio. Kubikmeter zyanidkontaminiertes Wasser strömten in den Fluss Esequibo, in dem die Zyanidkonzentrationen auf 15 ppm anstiegen. Da bereits Konzentrationen von 2 ppm für Menschen tödlich sein können und geringere Mengen Schädigungen des zentralen Nervensystems verursachen, waren die rund 18.000 - zumeist indigenen - Einwohner der zur nationalen Katastrophenzone erklärten Region akut gefährdet (www.-greenpeace.de/GP_DOK_30/REDAKTIO/E980430B.HTM). Zum Zeitpunkt des Dammbruchs war die *Omai Gold Mines Ltd.* zu 95% im Besitz der kanadischen *Cambior Ltd.* sowie der US-amerikanischen *Golden Star Resources*. In beiden Unternehmen ist Friedland, der die australische und US-amerikanische Staatsbürgerschaft besitzt, nicht nur in Führungspositionen involviert, beide Unternehmen sind auch auf seinem Namen bzw. den seines Bruders registriert. Auch mit *Rio Tinto*, eine der weltweit größten Bergbaugesellschaften, sowie *South American Goldfields* und *Diamond Fields Resources*, auf die in Venezuela mehrere Konzessionen registriert sind, bestehen Joint Ventures[121].

Friedland, der aufgrund seiner Verstrickungen in die Bergbauskandale der *Omai Gold Mines Ltd* und der *Galactic Resources* von Umweltgruppen als "toxic Bob" bezeichnet wird, ist in zweierlei Hinsicht ein Extremfall. **Einerseits sind seine Machenschaften nicht unbedingt repräsentativ für die Mehrzahl der Bergbauunternehmer in Venezuela. Andererseits lassen sich Machen- und Seilschaften selten so explizit nachweisen wie in seinem Fall. Denn auch Unternehmen mit einer weniger skrupellosen Geschäftsführung nutzen Lücken im staatlichen Kontrollsystem wie der Bericht der Energie- und Bergbaukommission des Senats zeigt. Widersprüche, Informationsdefizite und ökologische Gefahrenpotenziale des industriellen Bergbaus sind jedenfalls nicht nur das Problem skrupelloser Geschäftsführer, sondern ein inhärentes Risiko der großmaßstäblichen Erschließungslogik und industrieller Bergbautechniken wie der Zyanidlaugung.** Und offensichtlich entbehrt das Fazit der Senatskommission nicht jeglicher Rechtfertigung: Der venezolanische Staat ist entweder nicht fähig oder nicht willens, Unternehmern, die in anderen Ländern Umweltschäden größten Ausmaßes verursacht haben, Bergbauaktivitäten in Venezuela zu untersagen.

[121] Ausführliche Informationen zur Biographie Robert Friedlands, seinen Unternehmen bzw.Verflechtungen im internationalen Bergbausektor und seine Involvierung in verschiedene Umweltskandale finden sich im Internet unter www.abc.net.au/rn/talks/bbing/stories/s10601.htm, www.moles.org/ProjectUnderground/motherlode/gold-/fried.html und www.yvwiiusdinvnohii.net/political/omaigold.htm.

## 2. Zugänge industrieller Bergbauunternehmen zu den Bodenschätzen

Moderne Technologien wie Satelliten-, Luftbild- und Radaraufnahmen, Magmatismusmessungen sowie kapitalintensive Probebohrungen und hochtechnologisierte Maschinenparks ermöglichen industriellen Bergbauunternehmen die Entdeckung und Rentabilitätsabschätzung immer neuer Lagerstätten, die heute bis zu 2000 Meter unter der Erdoberfläche reichen.

*Verfügungsgewalt über allokative Ressourcen*

Das breitgefächerte Spektrum an Zugängen zu Bodenschätzen über das (trans)nationale Bergbauunternehmen verfügen geht aber über den Zugriff auf die materiellen Rohstoffe hinaus. Zunächst haben sie Zugang zu Literaturquellen, aus denen sich profitversprechende Standorte aus dem letzten Jahrhundert recherchieren lassen sowie zu bereits vorhandenen geologischen Karten, die ihnen in Kombination mit geologischen und petrologischen Fachkenntnissen das Auffinden potenzieller Lagerstätten erleichtern (vgl. Kap. II-3). Des Weiteren haben sie mit kapitalintensiven Radaraufnahmen und Probebohrungen deutlich mehr Möglichkeiten der Prospektion und Exploration als traditionelle Goldgräber. Der Zugang zu den jeweils neuesten Technologien ermöglicht ihnen den Abbau von Goldreserven, deren Abbau noch vor wenigen Jahren nicht möglich oder unrentabel gewesen wäre.

*Verfügungsgewalt über autoritative Ressourcen*

Vor allen Dingen haben (trans)nationale Bergbaukonzerne Definitionsgewalt über die Ressource Gold. Denn wie ALTVATER (1987: 170) schreibt, sind

> "...Ressourcen bzw. Reserven von mineralischen Stoffen [...] nicht an sich, sozusagen objektiv in der Erdrinde vorhanden, sondern in ihrer Quantität vom subjektiven Wissen über regionale Bestände und den ökonomischen Bedingungen, insbesondere natürlich von Preisen der jeweiligen Ressource und den Kosten ihrer Erschließung, Förderung und Vermarktung sowie den Zinssätzen, mit denen die zukünftigen Erträge einer Lagerstätte auf den Gegenwartskapitalwert abdiskontiert werden, abhängig."

Das heißt: natürliche Mineralien werden nicht durch die absolute Menge bzw. Konzentration im Gestein zur Ressource, sondern erst durch den gesellschaftlich definierten Preis. Neben dem monetären Wert, der einem Gestein zugesprochen wird, zeigt sich die soziale Komponente einer Ressource auch darin, dass für ihre Definition mit zwei Variablen operiert wird: Mit der geologischen Identifizierungssicherheit einer Lagerstätte und dem Grad der Wirtschaftlichkeit ihrer Erschließung. Die Kombination von physikalisch-geologischen Kategorien mit ökonomischen Rentabilitätskalkulationen tritt bei der Differenzierung der sog. *entdeckten Ressourcen* (Lagerstätten, deren Lage, Qualität und Quantität geologisch nachgewiesen sind) deutlich zutage.

*Gesellschaftliche Konstitution von Mineralien zu Ressourcen*

*Entdeckte Ressourcen* werden unterteilt in *Reserven* (= *entdeckte Ressourcen*, die jederzeit technologisch, ökonomisch und rechtlich abbaubar sind) und *subökonomische Ressourcen* (= Rohstoffe, die noch keine Reserven sind, solche aber werden können, wenn sich die ökonomischen und rechtlichen Bedingungen ändern). In dieser noch weiter gehenden detaillierten Differenzierung des Ressourcenbegriffs

> "... ist also in wünschenswerter Klarheit der Gegenstand der Begierde, die Ressource, als natürliche und als gesellschaftliche (ökonomische) Größe gefaßt." (ALTVATER 1987: 170, Herv. B.S.)

**Allerdings definiert nicht die Gesellschaft als Ganzes ein Mineral zur Ressource, sondern aufgrund der Kapital- und Technologieintensität ist der größte Teil dieses Definitionsprozesses industriellen Bergbaukonzernen vorbehalten.** Von ihrem technologischen Stand und ihren Rentabilitätserwartungen hängt es ab, ob ein Naturelement den Status einer abbauwürdigen Ressource zugesprochen bekommt oder nicht. Dieser jederzeit wieder umkehrbare Entscheidungsprozess wiederum ist mit sozialräumlichen Auswirkungen verbunden:

Nachdem die kanadischen Konzerne Crystallex und Placer Dome in Venezuela jahrelang um die Rechte an der Konzession La Cristina gestritten hatten und Placer Dome 1997 schließlich die Abbaurechte zugesprochen bekam, stellte der Konzern nach dem Verfall der Goldpreise 1999 sein Projekt wieder ein (s.u.). Während mit der früheren Definition der Goldadern von La Cristina zu strategischen Ressourcen Straßenbaumaßnahmen sowie die Konstruktion der Betriebsanlagen verbunden waren, führte die betriebswirtschaftliche Degradierung der Goldvorkommen zu *submarginalen* Ressourcen zur (vorübergehenden) Stilllegung der industriellen Aktivitäten, zu Auseinandersetzungen mit der Gewerkschaft sowie der Desillusionierung der Hoffnung auf 2000 angekündigte Arbeitsplätze. **Weitgehend unabhängig von der materiellen Komponente der Ressource Gold bestimmen also gesellschaftliche Aspekte wie Verwertungsinteressen und -möglichkeiten, ob Venezuelas Gold und Diamanten in der Zukunft noch ökonomisch relevant sein werden und eine Funktion der sozialen Wahrnehmung ausüben, oder ob gesellschaftliche Interessen an anderen Naturelementen den Bodenschätzen den Status einer Ressource wieder entziehen. So sind nicht die Ergebnisse geologischer Prospektionen und Explorationen, die für die nächsten zehn Jahre eine jährliche Goldproduktion von 12 Tonnen im Bundesstaat Bolívar für möglich halten, die entscheidenden Prognoseinstrumente. Vielmehr werden kaum vorhersagbare Technologieinnovationen sowie politischer und ökonomische Variablen den Gold- und Diamantenabbau fördern oder Grenzen setzen.**

Bereits in der jüngsten Vergangenheit zeigt sich, dass entgegen der Einschätzungen des *Club of Rome*, der 1972 eine baldige Erschöpfung wichtiger mineralischer Rohstoffe prognostizierte, derzeit bei den meisten Bodenschätzen eine ausreichende Versorgung, wenn nicht sogar ein Überangebot besteht (HÄRTLE 1998). Die daraus resultierenden sinkenden Weltmarktpreise für Gold in den 1990er Jahren (Abb. 25) schlagen sich in Venezuela bereits in einer massiven Zunahme der Spekulationen und Übertragungen von bergbaulichen Nutzungsrechten sowie vorübergehenden Stilllegungen einzelner Wirtschaftsstandorte nieder (siehe Fallbeispiele Monarch und Placer Dome).

**Abb. 25: Entwicklung des Goldpreises auf dem Weltmarkt**

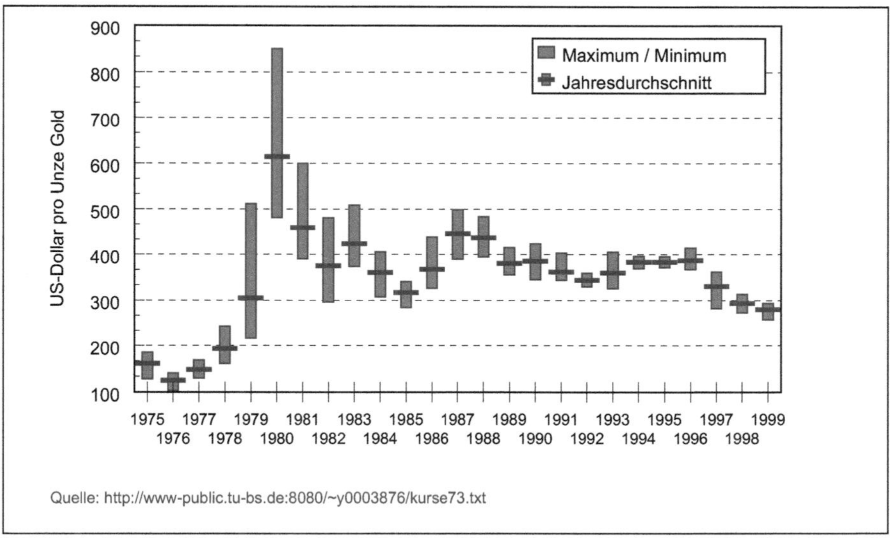


Quelle: http://www-public.tu-bs.de:8080/~y0003876/kurse73.txt

Die Verfügungsmacht (trans)nationaler Konzerne über autoritative Ressourcen umfasst auch mannigfaltige **Publikationsmöglichkeiten** in Firmenbroschüren, in Zeitungen und auf Internetseiten. Auch in Verhandlungen mit staatlichen Mitarbeitern sowie als Vertreter in internationalen Organisationen üben sie Einfluss auf gesellschaftliche Prozesse der Meinungsbildung aus. In der Eröffnungsrede des *Dritten internationalen Goldsymposiums* 1994 in Venezuela, das bezeichnenderweise unter dem Tagungstitel 'Grenzen der Möglichkeiten' (*Frontera de oportunidades*) stand, nennt der Präsident des Organisationskomitees als Ziel

*Weitere Zugriffe auf autoritative Ressourcen*

> "derartiger Events, in der öffentlichen Meinung ein Bewusstsein für die ökonomische und soziale Bedeutung des Bergbaus herzustellen und dessen Effekte für die regionale und nationale Entwicklung zu demonstrieren, die sich in der Konstruktion von Straßen, Elektrizitätsleitungen, Trinkwasseranlagen, im Anwachsen des lokalen Handels, durch die Beschäftigung qualifizierter Arbeiter usw. niederschlagen." (AVO 1994: XVII)

*Vernetzung von Technolgie und Umwelt: der "nachhaltige Bergbau"*

Nicht nur durch die ökonomische Argumentation, sondern auch durch die diskursive Vernetzung von modernen Technologie- und Umweltdiskursen setzen Akteure des industriellen Bergbaus dem Bild eines destruktiven, ungeordneten informellen Bergbaus, das Bild eines nachhaltigen und rationalen industriellen Bergbaus entgegen.

> "In 1989, a transition period started, passing from an irrational and little organized exploitation, to a mining development carried out by important and well known worldwide enterprises, which use appropriate technologies that protect environment and maximize the country's benefits." (Luis Soto vom *National Council for Investment Promotion*, CONAPRI, auf dem *Dritten internationalen Goldsymposium* in Venezuela 1994, zit. n. AVO 1994: 18)

In weltweit zugänglichen Publikationen erklären (trans)nationale Unternehmen den industriellen Bergbau zum nachhaltigen, rationalen Bergbau. Parallel werden interessengeleitete Bilder ihrer regionalen Standorte um die Welt transportiert. Im Fall des Bundesstaates Bolívar überlagert die bergbaulich-utilitaristische Wahrnehmungsperspektive dabei nicht nur das Bild einer intakten Naturlandschaft. Mit der Präsentation einer technologisch beherrsch- und nutzbaren Natur wird auch ein Naturbild vermittelt, das der organistischen Auffassung einer Leben spendenden Mutter Natur (vgl. Kap. II-1) diametral gegenübersteht. Die unterschiedlichen kulturellen und sozialräumlichen Folgen dieser divergierenden Naturauffassungen bringt MERCHANT (1987: 18) auf den Punkt, wenn sie schreibt, dass

> "... man das Bild von der nahrungsspendenden Erde als kulturelle Handlungshemmung ansehen kann, die die Formen des gesellschaftlich und moralisch zulässigen menschlichen Einwirkens auf die Erde beschränkt, [während] die neuen Metaphern der Beherrschung und Bemächtigung als kultureller Freibrief für den die Natur entblößenden Zugriff des Menschen [wirken ]."

Die Handlungstragweite divergierender Naturbilder und -metaphern liegt MERCHANT (1987) zufolge in ihrer Funktion als ethische Handlungskontrollen. Wenn nun (trans)nationale Bergbauunternehmen im Internet, in Firmenbroschüren, auf nationalen und internationalen Symposien den Bundesstaat Bolívar zum El Dorado stilisieren und technologische Erschließbarkeit und ökonomische Rentabilität propagieren, hat dies die Kommerzialisierung und Industrialisierung der Region mit massiven räumlichen Veränderungen zur Folge.

So erschließt sich die Raumrelevanz (trans)nationaler Bergbaukonzerne also nicht nur über ihre privilegierte Verfügungsmacht über materielle Aspekte der Ressource Gold, sondern ist eng mit ihrer ebenfalls begünstigten Verfügungsmacht über autoritative Ressourcen verbunden.

An drei der bedeutensten Bergbauunternehmen, die im Bundesstaat Bolívar aktiv sind, soll im Weiteren gezeigt werden, wie sich neben ihrem privilegierten Zugang zu Wissen, Kapital und Technologie, der ihnen spezifische Zugriffsmöglichkeiten auf allokative Ressourcen erlaubt, auch ihre Publikations-, Meinungsbildungs- und Verhandlungsmacht in raumstrukturellen Veränderungen niederschlagen und so zu einer Verschiebung der autoritativen Ressourcen der Region führen.

## 3. Fallbeispiel Monarch: Diskursive Praktiken (trans)nationaler Bergbauunternehmen

### 3.1 Transnationale Verflechtungen und intraregionale Streuung der Standorte

*Transnationale Verflechtungen*

Obwohl das Bergbauunternehmen Monarch mit der 1994 in Betrieb genommenen Konzession **Camorra die älteste und einzige aktive Untertagemine in privatwirtschaftlicher Hand im Bundesstaat Bolívar** betreibt, wurden von Interviewpartnern im MEM und der CVG, von *Mineros* und Consultings abwechselnd Südafrika, England, Kanada oder die USA als Sitz der Muttergesellschaft genannt. Die Widersprüchlichkeit der Aussagen ist, wie bereits ausgeführt wurde, charakteristisch für den Kenntnisstand über die nationale Herkunft der Bergbauunternehmen in Venezuela. Im Fall von Monarch geht die Unsicherheit der nationalen Verortung v.a. darauf zurück, dass Monarch in firmeneigenen Publikationen bzw. Zeitungsinterviews mit Hinweis auf die Eintragung im Handelsregister von Caracas als venezolanisches Unternehmen ausgewiesen wird, dessen Aktien an der englischen und kanadischen Börse gehandelt werden. Firmenadressen werden in Caracas, in den USA, London und Toronto angegeben. Verwirrend kommt hinzu, dass sich das Unternehmen einmal als *Monarch Minera Suramericana,* ein anderes mal als *Monarch Resources Limited* oder als *Monarch Resources Venezuela* bezeichnet. In Übereinstimmung mit dem Geschäftsbericht (MONARCH RESOURCES LTD. 2000) nannte der Geschäftsführer José Luis Joves die Steueroase Bermuda als Sitz der Mutterhauses, erwähnte aber gleichzeitig die Unmöglichkeit Monarch national zu verankern, da das Unternehmen von transnationalen Aktionären und *Holdings* gehalten wird und neben Venezuela in Mexiko, Argentinien und in den USA aktiv sei.

Nach dem Goldpreisverfall in den 1990er Jahren und inflationsbedingten Verlusten verkaufte Monarch die Konzessionsrechte für Camorra 1999 für 25 Mio. US-Dollar an die US-amerikanische Hecla Mining Company (http://www.hecla.mining.com/lacamorra.html sowie http://biz.yahoo.-com/bw/000627/id_hecla_m.html). Hier zeigt sich ein deutliche Unterschied zu den Handlungsspielräumen (der in der Terminologie der *Political Ecology* als *local-based-actors* bezeichneten) informellen *Mineros*:

Aufgrund ihrer Kapitalintensität und der transnationalen Streuung der Wirtschaftsaktivitäten sind (trans)nationale Konzerne räumlich erheblich mobiler und können bei veränderten Bedingungen ihre Wirtschaftsstandorte relativ flexibel verlagern.

*Intraregionale Streuung der Wirtschafts standorte*

In Venezuela verfügt Monarch über CVG-Nutzungsrechte für zwölf Bergbauareale mit einer Gesamtfläche von 20.500 Hektar (Tab. 29). Hinzu kommen die jeweils 500 Hektar großen MEM-Konzessionen Camorra und Canaima.

**Tab. 29: CVG-Konzessionen, über die Monarch verfügt**

| | **Bergbaufläche** | **Fläche (ha)** | **Genehmigtes Abbauverfahren** |
|---|---|---|---|
| MONARCH MIN. SURAMERICANA C.A. | EL SUDOR | 761 | Über- und Untertagebau |
| MONARCH MIN. SURAMERICANA C.A. | YESSICA | 332 | Über- und Untertagebau |
| MONARCH MINERA | LA MEDUSA | 1081 | Über-und Untertagebau |
| MONARCH RESOURCES DE VZLA . | NIÑA III | 1003 | Über-und Untertagebau |
| MONARCH RESOURCES DE VZLA. | NIÑA VI | 800 | Über-und Untertagebau |
| MONARCH RESOURCES DE VZLA. | NIÑA VII | 1329 | Über-und Untertagebau |
| MONARCH RESOURCES DE VZLA. | CHOCO 7 | 5000 | Über-und Untertagebau |
| MONARCH RESOURCES DE VZLA. | EL PUYERO 1 | 2850 | Über-und Untertagebau |
| MONARCH RESOURCES DE VZLA. | INCREIBLE 8 | 5000 | Über-und Untertagebau |
| MONARCH RESOURCES DE VZLA. | NIÑA I | 532 | Über-und Untertagebau |
| MONARCH RESOURCES DE VZLA. | NIÑA IV | 1000 | Über-und Untertagebau |
| MONARCH RESOURCES DE VZLA. | NIÑA II | 794 | Über-und Untertagebau |
| **Fläche total** | | **20.482** | |

Quelle: CVG-Bergbaukataster 1997 (unv.)

Nicht nur durch die Eintragung verschiedener Firmennamen, sondern auch durch *Joint Ventures*, die Gründung von Tochterunternehmen und die Vergabe von Auftragsarbeiten wird die gesetzlich festgeschriebene Flächenbegrenzung von 20.000 Hektar für den Übertage- bzw. 10.000 Hektar für den Untertagebergbau überschritten. Im Bergbaukataster der CVG wird z.B. Orominera C.A. als Unternehmen für die jeweils 5000 ha großen Konzessionen Bochinche 8 und 12 aufgeführt. Orominera ist jedoch lediglich das Unternehmen, das im Auftrag von Monarch Explorationen ausführt. Unter Einbeziehung der Bochinche-Konzessionen ergibt sich eine Gesamtsfläche von 30.000 Hektar, die auch in einem Firmenprospekt (o.J.) von Monarch angegeben werden. Die Streuung der inländischen Konzessionsflächen wird von Monarch mit den immensen Explorationskosten begründet. Vor der Inbetriebnahme von Camorra investierte Monarch z.B. neben den projektbezogenen 39 Mio. US-$ Investitionskosten weitere 41 Mio. US-$ für landesweite Prospektionen. Die Zugriffsrechte zu verschiedenen Lagerstätten, die sich aus betrieblicher Sicht als Rentabilitätsdenken und Risikostreuung darstellen, eröffnet den Unternehmen durch die Erhöhung der intraregionalen Mobilität weitere Handlungsmöglichkeiten, die *local-based-actors* nicht offen stehen.

Haben Explorationsergebnisse wie im Fall der Monarch-Konzession Canaima (s.u.) übersteigerte Hoffnungen geweckt, die von den Exploitationsergebnissen nicht bestätigt werden, stellt man weitere Investitionen ein und konzentriert sich auf die ergiebigeren intraregionalen Standorte. Auch bei nicht lösbaren politischen Konflikten lässt sich ein Standort vorübergehend vernachlässigen. So stellte Monarch nach z.T. gewalttätigen Auseinandersetzungen mit informellen Goldgräbern und Indigenen seine Aktivitäten in Bochinche 1 und 12 ein. Da die Konzessionsrechte aber weiterhin bei Monarch liegen, kann die indigene Gruppe der Kariña, die gemeinsam mit nicht-indigenen *Mineros* dort Gold abbauen möchten, nur illegal in dem von ihnen bewohnten Gebiet bergbaulich aktiv werden (siehe GRIMMIG in Bearb.).

*Handlungsoptionen, die sich aus der internationalen und intraregionalen Streuung der Wirtschaftsstandorte ergeben*

## 3.2 Harmonisierung privatwirtschaftlicher und staatlicher Interessen

*Interessensharmonien zu staatlichen Institutionen*

Bergbauunternehmen unterscheiden sich von den *local-based-actors* nicht nur in ihrer Kapitalintensität, den technischen Potenzialen, transnationalen Verflechtungen und dem relativ hohen räumlichen Mobilitätsgrad. Auch ihre Verbindungen zu staatlichen Einrichtungen sehen anders aus. **Durch ausgebildete Geschäftsführer und Manager sowie ihrem weltweiten Zugang zu wichtigen Informationen und Kontaktpersonen, durch ihre Infrastruktur und ihre Präsentationsmöglichkeiten kommen sie staatlichen Kommunikationsformen sowohl auf der personellen Verhandlungsebene als auch auf der organisatorischen Ebene deutlich näher als die Akteure des informellen Bergbaus.** Überschneidungen von Unternehmenszielen und Zielsetzungen staatlicher Entwicklungsprogramme (vgl. Kap. III) kommen begünstigend hinzu. Mit Prognosen wie der des Geschäftsführers der Yorkton Securities, "dass der Bergbau Türen zu den versteckten Reichtümern der Nationen öffnet und eine wichtige Rolle als Beschleunigungsfaktor für den ökonomischen Fortschritt Venezuelas spielen kann" (WILLIAMS auf dem *Dritten internationalen Gold-Symposium* in Venezuela, 1994), wird eindeutig der nationalökonomische Diskurs des venezolanischen Staates berührt. Auch in der Ansprache des damaligen Monarch-Präsidenten Anthony F. CIALI zur offiziellen Inbetriebnahme der Camorra-Mine heißt es:

> "What you see before you is truly momentous, for La Camorra represents the first private development of an underground gold mine in Venezuela in nearly 50 years. This opening is also an important occasion for Venezuela, the Guayana Region and the Venezuelan gold mining industry, as La Camorra represents the culmination of seven years of long and hard efforts by a foreign company which was prepared to invest foreign capital to help develop Venezuela's gold potential well before it became fashionable to do so." (CIALI in: La Camorra official opening, Sept. 24., 1994, unver. Monarch-Archiv)

Neben der Verknüpfung von privatwirtschaftlichen und staatlichen Interessen fällt die indirekte Bezugnahme auf den Pionierstatus des Unternehmens auf. Danksagungen Cialis gelten mit dem Pionierstatus verbundenen staatlichen Unterstützungen der CVG, den Bergbau- und Umweltministerien, der staatlichen Stromgesellschaft für die "Zurverfügungstellung eines vitalen Kommunikationssystems, das in einer peripheren Lage für ein Unternehmen wie Monarch essenziell ist" sowie der *Guardia Nacional*, "die durch die Etablierung eines permanenten regionalen Wachpostens, die notwendige Unterstützung für ein Bergbauunternehmen leistet." Die in der infrastrukturell unterversorgten Region ausschließlich auf den Bergbaukomplex ausgerichtete Stromversorgung sowie der offensichtlich erforderliche Einsatz der *Guardia Nacional* lassen ohne explizite Erwähnung erkennen, dass es bereits in der Konstruktionsphase Konflikte zwischen Monarch und der regionalen Bevölkerung gab.

Das zweite zentrale Argumentationselement (trans)nationaler Bergbauakteure, das auf internationale und nationale Diskurse zurückgreift, betrifft die ökologischen Effekte bergbaulicher Aktivitäten. Während CIALI 1994 noch relativ lapidar meint, dass "die Umwelt zwar eine wichtige Angelegenheit sei, lange Verzögerungen der Genehmigungsprozesse, schlecht oder gar nicht definierte Genehmigungsverfahren die industrielle Goldexploitation aber verlangsamen oder Unternehmen sogar ganz abschrecken könnten" und damit deutlich ökonomische Prioritäten setzt, wird der industrielle Bergbau heute in Firmenprospekten, Zeitungsinterviews, Internetseiten und staatlichen Verhandlungen vorrangig als "nachhaltiger" Bergbau dargestellt, der durch technologische Innovationen ökologische Auswirkungen bei best möglichster ökonomischer Rentabilität reduziere. **Die Kombination ökonomischer und ökologischer Argumente verspricht die zwei zentralen Bedürfnisse des Staates abzudecken, nationale Ressourcen nationalökonomisch inwertzusetzen und die Umwelt zu schützen.**

*Interessens-disharmonien*

Aber die Interessenkoalition zwischen Privatunternehmen und dem venezolanischen Staat ist keineswegs konfliktfrei. Das ambivalente Verhältnis geht aus CIALIS Forderungskatalog gegenüber dem Staat hervor. Gemeinsame Interessen betonend, fordert er u.a. ein neues Bergbaugesetz, das mit der Gesetzeslage in anderen Ländern Lateinamerikas konkurrieren kann, eine Legislative, die transnationalen Investoren Sicherheit, Zeit und Flächen für kostenintensive Explorationen einräumt, eine Lösung der Probleme mit illegalen *Mineros*, eine Beschleunigung administrativer Prozesse sowie die Aufhebung der Exportbeschränkung für Gold und Diamanten durch die venezolanische Zentralbank, damit internationale Preisunterschiede genutzt werden können.

Während Exportbeschränkungen inzwischen drastisch reduziert wurden, prägen die anderen Kritikpunkte und Forderungen Cialis weiterhin die aktuelle Diskussion um die bergbaulichen Entwicklungen im Bundesstaat Bolívar. In staatlichen Rechtsunsicherheiten, administrativen Zuständigkeitskonkurrenzen und Unzulänglichkeiten sehen industrielle Bergbauakteure die Hauptursachen dafür, dass sich bis heute nicht mehr als zehn Unternehmen in der Exploitationsphase befinden.

Umgekehrt gibt es in der staatlichen Exekutive Bedenken gegen die proklamierten Wirtschafts- und Sozialeffekte des industriellen Bergbaus. Mit Blick auf die Erfahrungen Venezuelas mit der Erdölindustrie verweist Dr. Luis Matos Azóbar als Vertreter des Staates auf dem *Dritten internationalen Goldsymposium* in Venezuela z.B. darauf, dass Venezuela

> "die Erfahrung und die Lehre der begangenen Fehler bei der Exploitation des Erdöls nicht wegwerfen darf; vieles der Erdölindustrie muss uns von Nutzen sein für die Planung, damit die [Gold]Exploitation und das Anwachsen des [Gold]Bergbausektors in einer organisierten, geplanten und harmonischen Form erfolgt. Eine anarchische und desorganisierte bergbauliche Entwicklung, die die fundamentalen Elemente des Ökosystems zerstört, darf und kann es in Venezuela nicht geben; eine Entwicklung, bei der nach dem Abbau [der Bodenschätze] wie in der Vergangenheit die Erdöl-Camps zurückbleiben, die leeren Städte und ihre notleidenden Einwohner, weil es in Wirklichkeit keinen effektiven Prozess der Integration zwischen der Erdölindustrie und der Entwicklung der Kommunen gab." (Luis MATOS AZOCAR, zit. n. AVO 1994: 20)

Aber derartig kritische Stellungnahmen werden von seiten staatlicher Mitarbeiter selten geäußert. In öffentlichen Stellungnahmen überwiegen bei weitem die Bekundungen, die eine Interessensharmonie zwischen dem venezolanischen Staat und (trans)nationalen Bergbaukonzernen betonen. **Diese Interessensharmonien lassen sich v.a. auf der Kommunikationsebene in abstrakten und allgemein verbindlichen Zielsetzungen nachweisen, während in der Praxis disharmonische Beziehungen dominieren. Diskursive Überschneidungen tun sich v.a. bei Schlagwörtern wie nationalökonomische Inwertsetzung nationaler Ressourcen, ordnungspolitischen Zusammenhängen und beim Thema Umweltschutz auf. Insbesondere bei der Verweigerung der Flächenfreigebungen durch das Umweltministerium, bzw. der Nichteinhaltung staatlicher Auflagen von seiten der Bergbauunternehmen (s.u.) treten dagegen Interessenkonflikte offen zutage.**

## 3.3. Produktion sozio-ökonomischer Begründungsräume

Abgesehen von einem hierarchischen Netz verschiedener Verwaltungsniederlassungen in El Callao, Ciudad Guayana und Caracas sowie diversen Explorations- und Perforationstätigkeiten ist Monarch nur an zwei Standorten wirklich bergbaulich aktiv. In der 15 Kilometer nördlich von El Dorado gelegenen Konzession Camorra (Karte 19) wird Gold im Untertageverfahren abgebaut. In El Callao besteht mit dem venezolanischen Staat ein *Joint Venture* über die Goldscheideanlage Revemin. Revemin wurde nach einer 15 Mio. US-$ Investition von Monarch 1989 in Betrieb genommen. Die mit Zyaniden arbeitende Goldscheideanlage verfügt über keine eigenen Lagerstätten, sondern ist zur Auslastung der Kapazitäten auf den goldhaltigen Abraum des informellen Bergbaus angewiesen. Trotzdem wird wegen des geringen Gold- und hohen Feuchtigkeitsgehaltes des Sandes nur die Hälfte der auf eine monatliche Auslastung von 50.000 Tonnen Abraumsand angelegten Anlage erreicht (AVO 1994: 235).

*Der Standort Camorra*

In Camorra wurden die Goldreserven nach mehrjährigen Prospektionen und Explorationen 1994 auf 540.000 Tonnen mit einem durchschnittlichen Goldgehalt von 22 Gramm pro Tonne Abraum geschätzt. Eine jährliche Produktion von 100.000 Unzen wurde als realistisch eingeschätzt. Statt der prognostizierten drei Tonnen wurden jedoch tatsächlich nur durchschnittlich 1,6 Tonnen pro Jahr gefördert (Tab. 30).

**Tab. 30: Goldproduktion in Camorra und Remiven**

| | **1995** | **1996** | | **1998** | **1999** | **2000 (1. Halbjahr)** |
|---|---|---|---|---|---|---|
| Goldproduktion in Unzen | 48.850 | 56.549 | | 50.837 | 52.448 | 36.760 |
| Goldproduktion in Tonnen (gerundet) | 1,52 | 1,76 | | 1,58 | 1,63 | 1,14 |
| Jahresumsatz (US-$) | 2.442.000 | 8.306.000 | | 1.236.000 | 1.541.000 | - |
| Produktionskosten pro Unze (US-$) | 338 | 245 | | 266 | 235 | - |
| Nettogewinn /-verlust (US-$) | -3.129.000 | +3.903.000 | | +120.000 | -1.701.000 | - |

Quelle: Monarch Geschäftsbericht (1996, 1997); *Monarch Letter to sharholders* (1999)

*Überzogene Gewinnerwartungen*

Der Verfall der Goldpreise und inflationsbedingte Verluste führten Ende der 1990er Jahre zu Nettoverlusten in Höhe von 1,7 Mio. US-Dollar und zum Verkauf der Konzessionsrechte an den US-amerikanische Bergbaukonzern Hecla. Entgegen den Erfahrungen von Monarch und dem bisherigen Zurückbleiben hinter prognostizierten Gewinnen verkündet Hecla weiterhin Produktionserwartungen bis zu 80.000 Unzen bzw. 2,3 Tonnen Gold pro Jahr (http://www.hecla-mining.com/lacamorra.html).

Die bisher hinter den Erwartungen zurückgebliebene Goldproduktion in Camorra mindert auch nationalökonomische Abschöpfungen. Das fundamentalere Problem der nationalökonomischen Effekte (trans)nationaler Bergbauunternehmen in Venezuela betrifft jedoch die defizitäre Besteuerung. Die Zersplitterung der Behörden, an die Steuern zu zahlen sind (vgl. Tab. 31), sowie die personelle Unterbesetzung und mangelhafte Infrastruktur der Staatsorgane bedingen, dass nach Aussagen eines führenden CVG-Mitarbeiters (Interview September 1997) nur ca. 30% der gesetzlich festgelegten Steuern tatsächlich von den (trans)-nationalen Bergbauunternehmen entrichtet werden.

*National-ökonomische Gewinne*

**Tab. 31: Steuerliche Verpflichtungen des Bergbaus**

| Steuerart | Steuerumfang | Zuständige Staatsorganisation |
|---|---|---|
| Flächensteuer (*Impuesto superficial*)<br>- Tagebau<br>- Stollenbergbau | <br>0,5 Bolivares/ha<br>1,0 Bolivares/ha | Bergbauministerium MEM/<br>Regionalbehörde CVG |
| Exploitations- bzw. Produktionssteuer (*Impuesto de produción / explotacion*) | Gold: 1%<br>Diamanten: 3% | Bergbauministerium MEM/<br>Regionalbehörde CVG |
| "Spezialsteuern" (*Ventajas especiales*) | Gold: 7%<br>Diamanten: 4% | Bergbauministerium MEM<br>Regionalbehörde CVG |
| Unternehmenssteuer (*Impuesto de Activo empresarial*) | 1% | Bergbauministerium MEM<br>Regionalbehörde CVG |
| Einkommenssteuer (*Impuesto sobre la renta*), | 34 %<br>(vor 1992 60%) | Steuerbehörde Seniat |
| Verkaufssteuer (*Impuesto de venta*) | 16,5% | Steuerbehörde Seniat |

Quelle: Auskunft in der staatlichen Steuerbehörde Seniat (Interview August 1997)

Monarch hat zwar nach einer unveröffentlichten Seniat-Recherche vom 3.Oktober 1997 (*Oficio* SNT/97/3563) zwischen 1994 und 1996 jährlich 146.000 US-$ Exploitationssteuern an das MEM abgeführt, Verkaufssteuern an Seniat wurden dagegen nicht geleistet. Ebenso wenig findet sich Monarch in der Liste, die der Energie- und Bergbaukommission des Senats auf eine Anfrage über durchgeführte Umweltverträglichkeitsstudien und erteilte Flächenfreigebungen vom Umweltministerium zugeschickt wurde (s.u.). Auch in der Aufsichtsbehörde für ausländische Investitionen (SIEX) ist Monarch nach Aussagen des Abgeordneten Bernardo Alvarado (Interview, Oktober 1997) nicht eingetragen.

*Rhetorische Funktion der Steuern*

**Mit der Umgehung gesetzlicher Auflagen entzieht sich der wichtigste - weil unter Produktion stehende - private Goldbergbaukonzern Venezuelas nicht nur der staatlichen Kontrolle; mit nur partiell abgeführten Steuerleistungen reduziert sich auch der staatliche Zugriff auf die "national-strategische Ressource" Gold (vgl. Kap. III).**

**Und obwohl Steuern - durch den Sitz der Muttergesellschaft in der Steueroase Bermudas sowie selektive Steuerleistungen an den venezolanischen Staat - in der Praxis nur partiell abgeführt werden, werden sie als Argumente für den industriellen Bergbau und Forderungen an den Staat in die Diskussion eingebracht.**

Auf die von *Municipois* erhobene Forderung nach kommunalen Steuern angesprochen, verwiesen Monarch-Mitarbeiter des Verwaltungszentrums in Caracas (Interview August 1997), darauf, dass im *Ley de minas* keine kommunalen Steuern vorgesehen seien und dass Steuern eine nationalstaatliche Angelegenheit seien. Weiter hieß es, der Staat müsse zunächst etwas gegen die "irrationale, illegale *Pequeña Minería*" unternehmen, bevor man Forderungen an die transnationalen Konzerne stellen könne. Und abgesehen davon, dass Regionalentwicklung und soziale Aktivitäten staatliche Aufgaben seien, würde Monarch Steuern zahlen, wirtschaftliche Wachstumseffekte und Arbeitsplätze schaffen.

*Arbeitsmarktpolitische Effekte*

Der arbeitsmarktpolitische Legitimationsstrang, nach dem transnationale Konzerne Arbeitsplätze generieren, lässt sich bei Monarch bis in die Anfangsjahre zurückverfolgen. 1994 leitete Monarch eine Pressemitteilung an die Tageszeitung El Universal, in der prognostiziert wurde, dass der industriellen Bergbau 8.000 bis 10.000 Arbeitsplätze in Venezuela schaffen würde (Quelle: Monarch-Archiv). In der Erläuterung zu einem beigelegten Foto wird explizit erwähnt, dass das Photo ein rein venezolanisches Arbeitsteam darstelle, das auch eine Frau umfasst. Die namentlich genannte Frau wird als Bergbautechnikerin mit akademischer Ausbildung ausgewiesen.

Zum Zeitpunkt der Felderhebungen arbeiteten in Camorra 413 Angestellte und Arbeiter. In Remiven waren 220 Personen beschäftigt. Die Auswertung der Personalstatistiken[122] von insgesamt 106 Mitarbeitern ergab tatsächlich einen 90%igen Anteil inländischer Arbeitnehmer. Rund 60% kamen aus dem Bundesstaat Bolívar, die restlichen 40% Inländer verteilten sich zu ungefähr gleichen Teilen auf die anderen Bundesstaaten. Der Frauenanteil betrug 17%. Im Gegensatz zu den indirekten Verweisen auf qualifiziertes Fachpersonal zeigt sich aber ein Überhang an gering qualifizierten Schulabschlüssen (siehe Abb. 26). Abbildung 26 zeigt aber auch, dass weibliche Mitarbeiterinnen durchschnittlich einen höheren Schulabschluss haben als die männlichen Mitarbeiter.

[122] Offiziell wurde kein Zugang zu den Unterlagen gewährt, aber Auszüge der Personalstatistiken wurden von einem Mitarbeiter herausgeschmuggelt.

**Abb. 26: Schulabschlüsse von Monarch-MitarbeiterInnen differenziert nach dem Geschlecht**

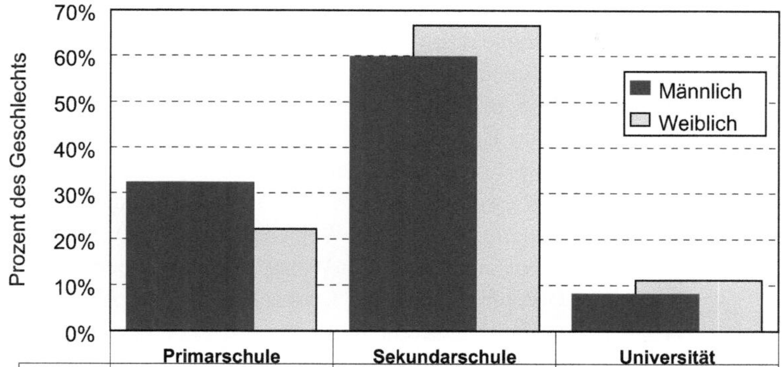

| | Primarschule | Sekundarschule | Universität |
|---|---|---|---|
| Männlich | 32,2% | 59,8% | 8% |
| Weiblich | 22,2% | 66,7% | 11,1% |

Datenquelle: Personalstatistiken Monarch (o.J.) (n = 106)

Dieser höhere Schulabschluss unter Frauen schlägt sich z.T. in der Besetzung der Tätigkeitsfelder nieder (siehe Abb. 27). Zwar ist der überwiegende Anteil der Frauen in gering bezahlten Jobs mit durchschnittlich 10.000 Bolivares Monatseinkommen beschäftigt, aber v.a. in der Verwaltung sind sie auch in höheren Einkommensklassen (rund 50.000 Bolivares) angestellt[123].

**Abb. 27: Tätigkeitsfelder bei Monarch differenziert nach dem Geschlecht**

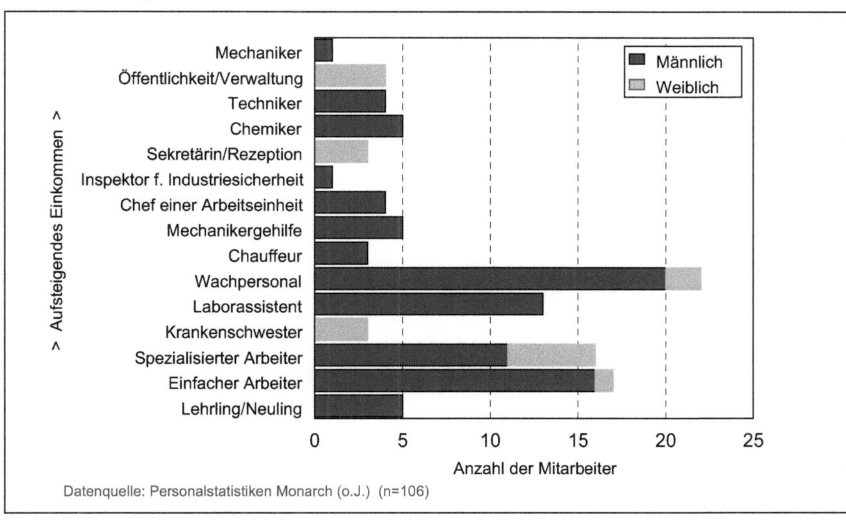

Datenquelle: Personalstatistiken Monarch (o.J.) (n=106)

[123] Da die Personalstatistiken keine Jahresangabe wiedergeben, können die Währungsangaben nicht umgerechnet werden. Im Personalbüro wurde das mittlere Monatseinkommen der Monarch-Mitarbeiter für 1997 zwischen 200 und 300 US-Dollar geschätzt.

*Indirekte Sickereffekte*

Neben direkten Arbeitsplätzen gehen von Unternehmen auch arbeitsmarktpolitische Sickereffekte auf vor- und nachgelagerte Sektoren bzw. Versorgungsbetriebe aus. Obwohl sie sich aus Zeitgründen nicht quantifizieren ließen, sei auf sie hingewiesen. Die lokalen Effekte von Camorra sind aufgrund der peripheren Lage eher marginal, während die indirekten Sickereffekte von Remiven in El Callao vermutlich eine wichtige Rolle spielen. Auf die Frage nach nachweisbaren regionalen Sickereffekten konnten vom Verwaltungsdirektor in Caracas allerdings nur regionale Lebensmittelimporte sowie eine Wohnsiedlung für 80 Angestellte und ihre Familien genannt werden. Ein Wohnprojekt für Arbeiter befände sich in Planung. Geplant sei auch die Kooperation bei der Abfallentsorgung. Da die Kapazitäten der Kommunen, die seit Ende der 1990er Jahre im Zuge der zunehmenden Dezentralisierung für die kommunale Abfallentsorgung zuständig sind, nicht ausreichen, hat sich Monarch - allerdings erst mündlich - bereit erklärt, einen Teil der anfallenden Kosten zu übernehmen. Im überregionalen Maßstab kommen Warenimporte aus Caracas sowie Finanztransfers der Mitarbeiter an Familienmitglieder hinzu (Abb. 28).

**Abb. 28: Anzahl der Personen, die von einem Monarch-Mitarbeiter unterstützt werden**

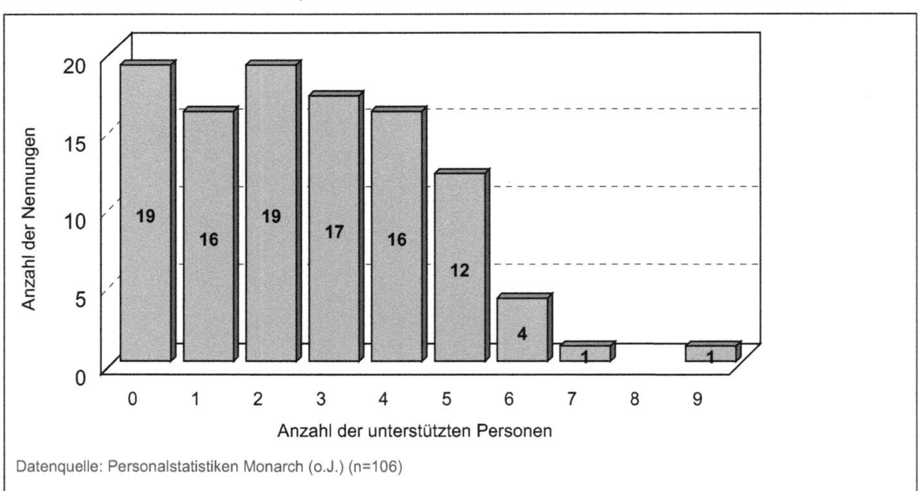


Datenquelle: Personalstatistiken Monarch (o.J.) (n=106)

**Insgesamt verfestigt sich aber der Eindruck, dass den Sickereffekten in der Praxis nicht die Bedeutung zukommt wie auf der argumentativen Ebene.** Im Fall von Monarch deuten der Überhang an wenig qualifiziertem Personal, die relativ geringen Löhne sowie die wenig konkreten regionalen Sickereffekte an, dass arbeitsmarktpolitische Legitimationsargumente für den industriellen Bergbau häufig überstrapaziert werden. Indizien für diese These zeigten sich auch an sechs weiteren Standorten des industriellen Bergbaus: Hier schwankte die Zahl der geschaffenen Arbeitsplätze zwischen 20 bis 195 Mitarbeitern. An einem Standort wurde auf der Managementebene ausschließlich englisch gesprochen.

### 3.4 Selektive Raum- und Umweltrepräsentation

Ein zentrales Argument, das von Akteuren des industriellen Bergbaus zur Legitimierung und Durchsetzung ihrer Form des Bodenschätzeabbaus herangezogen wird, betrifft die ökologischen Auswirkungen. Flächenanspruch und ökologische Auwirkungen seien demnach deutlich geringer als beim informellen Bergbau.

*Flächennutzung und Waldverluste am Standort Camorra*

Die 500 ha große Konzession Camorra liegt südlich der *Reserva Forestal Imataca* im *Lote boscosa Dorado - Tumeremo*. Eigene Feldbegehungen ergaben 1997 40 ha zerstörte Waldfläche. Dieses Ergebnis deckt sich mit unternehmenseigenen Angaben, nach denen 1993 37 ha Wald betroffen waren (MONARCH 1993: 2-22ff.). Neuere Flächenausweitungen wie z.B. die Verlagerung der Fläche für Explosivmaterial und die Installation der Zyanidanlage, sind in den Angaben von Monarch noch nicht berücksichtigt. Auf der rund 36 ha großen Rodungsinsel, die das Herzstück der Konzession bildet, liegen u.a. der Eingang zu den unterirdischen Stollen, die 1994 in Betrieb genommene Goldscheideanlage, Verwaltungsgebäude, Kantinen und Arbeiterunterkünfte (vgl. Tab. 32). Im Gelände verteilen sich vereinzelte Baumgruppen, insgesamt aber sind Baum-, Strauch- und Bodenvegetation zu über 75% vernichtet. Auf brachliegenden Flächen des Betriebsgeländes hat sich z.T. eine neue Vegetationsdecke gebildet. In den Randbereichen des ca. zwei Hektar großen *open pits,* der davon zeugt, dass in den Anfangsjahren in Camorra auch Tagebau betrieben wurde, erreichen Yagrumo (*Cecropia* sp.) und Guacimo (*Sterculiaceae*) nach einer ca. 1½ jährigen Brachephase Höhen bis zu zwei Metern.

Wie Firmenveröffentlichungen sowohl in Zahlen als auch mittels Photos wiedergeben (Monarch o.J.), ist der Wald also drei Jahre nach Inbetriebnahme der Mine insgesamt auf weniger als einem Zehntel der Konzession vernichtet. Photos geben oft den Industriepark bzw. aus der Vogelperspektive kleinflächige Industrieanlagen innerhalb eines umgebenden Waldsaums wieder. Auch in absehbarer Zukunft ist nicht mit einer größeren Ausweitung der bergbaulich genutzten Flächen zu rechnen, da der Goldabbau in kilometerlangen Stollen und Schächten in Tiefen bis zu 200 Metern erfolgt und somit keine weitere Rodung der oberflächlichen Waldgebiete erfordert. Da der Einsatz von Metallstreben und Zementstützen relativ teuer ist, werden die Stollen und Schächte z.T. mit Roble (*Platymiscium* sp.) und Algarobo (*Hymenaea courbaril* L.) abgestützt. Aber über große Strecken ist das Granitmassiv hart genug, so dass der erforderliche Holzeinsatz nach Aussagen eines Umweltbeauftragten von Monarch vernachlässigbar ist.

**Tab. 32: Flächennutzung in Camorra**

| Konzessionsbereich | Nutzung | Fläche in m² |
|---|---|---|
| Nordbereich | Bauschuppen | 432 |
| | Altes Pulvermagazin | 56 |
| | Wassertank | 39 |
| | Septische Tanks | 15 |
| | Lagerhaus, Büros, Werkstätten | 1106 |
| | Rampe | 198 |
| | Tankstoffdepots | 200 |
| | Goldscheideanlage | 50.000 |
| | Sonstiges | 204 |
| Südbereich | Generator | 18 |
| | Tanks | 8 |
| | Campamento der Geologie | 1169 |
| | Abfalldepot | 198 |
| | Alte Trincheras | 360 |
| Ostteil | Eingangsbereich | 196 |
| | Abraumhalden | 180.000 |
| | Explorationsflächen | 3100 |
| Westteil | Arbeiterunterkünfte | 800 |
| | Kantine | 363 |
| | Wasseranlage | 48 |
| | Septischer Tank | 24 |
| | Wachposten der *Guardia Nacional* | 150 |
| | Firmeneigene Wachposten | 16 |
| | Wäscherei | 42 |
| | Septischer Tank | 9 |
| | Alte Lagerfläche für Explosivmaterial Material | 23.100 |
| | Staudamm | 1800 |
| | Elektrizitätsleitung (9700 x 10m) | 97.000 |
| Konzession Camorra gesamt | | **360.651** |

Quelle: Monarch (1993b: 2-22ff), eigene Felderhebungen 1997

*Betriebseigene Aufforstungen*

Für gerodete Waldareale sowie die Abraumhalden liegen Rekultivierungspläne vor, die eine Wiederbegrünung mit einheimischen Arten vorsehen. In einer betriebseigenen Baumschule sind ein engagierter Agrartechniker sowie zwei Hilfskräfte angestellt. Erste Aufforstungen mit authochtonen Baumarten wie Algarobo (*Hymenaea courbaril* L.), *Apamate (Tabebuia pentaphylla* L.), Caobo (*Swietenia macrophylla* sp.), Ceiba (*Ceiba pentandra*) und Zapatero (*Peltogyne venosa*) werden inzwischen auf einer Fläche von 2,5 ha realisiert. Wegen der schnelleren Wuchsgeschwindigkeiten werden entgegen der ursprünglichen Planungen aber auch allochthone Arten wie Mare-Mare (*Alchornea grandiflora* Muell.), Merey montanero (*Anacardium occidentale* L.), Onoto (*Bixa orellana* L.) und Pomalaca (*Syzygium malaccense* L.) eingesetzt. Für die floristische Gestaltung des Betriebsgeländes werden zusätzlich Zierpflanzen (*Spinus ornamentales*) angepflanzt.

Neben dem geringen Flächenanspruch und dem geringen Holzverbrauch bezieht sich das Label des "nachhaltigen und ökologischen Bergbaus" v.a. auf den Einsatz von weitgehend geschlossenen Systemen im Goldscheideverfahren. Im Gegensatz zum informellen Bergbau wird für den Goldscheideprozess statt Quecksilber Zyanid eingesetzt. Zyanid gilt zwar als besonders gefährliches Umweltgift, aber von Monarch-Mitarbeitern wurde hervorgehoben, dass der Einsatz der geringfügigen Zyanidmengen im industriellen Bergbau, im Gegensatz zu dem unkontrollierten Einsatz großer Quecksilbermengen durch informelle *Mineros*, strengen Sicherheitskontrollen unterliegt.

**Das Bild vom nachhaltigen Bergbau scheint sich also vor Ort zu bestätigen: Neue Technologien ermöglichen einen geringen Flächenanspruch, Umweltgifte werden rational und kontrolliert eingesetzt und punktuell gerodete Waldflächen werden rekultiviert. Dieses von industriellen Bergbauunternehmern nach außen getragene Bild lässt sich aber nur unter Ausblendung zentraler Bewertungsaspekte aufrecht erhalten.**

*Weißen Flecken im Bild vom "nachhaltigen" Bergbau*

Neben der Ausblendung der zahlreichen negativen Erfahrungen mit dem industriellen Bergbau in anderen Ländern, die die potenziellen Umweltgefahren des Zyanideinsatzes zeigen und das Label des "kontrollierten Einsatzes von Umweltgiften" dekonstruieren, weist auch die standortspezifische Selbstdarstellung von Monarch zahlreiche Lücken auf. Trotz der offensichtlich geplanten und durchdachten Anlage der Camorra Mine stellen die räumliche Nähe von Versorgungseinrichtungen und Unterkünften zu Lagerstätten von Explosiv- und Giftmaterialien eine potenzielle Gefährdung der Mitarbeiter dar. Aus diesem Grund hat Monarch zwar alte Lager für Sprengstoff verlagert, aber weiterhin lagern Spreng- und Giftmaterialien auf dem Arbeitsgelände. Absterbende Bäume im Randbereich des Staudamms weisen auf Staunässe oder giftige Altlasten hin. Diesen Feldbeobachtungen konnte nicht vertiefend nachgegangen werden, so dass die Interpretation spekulativ ist, aber von Monarch-Mitarbeitern konnten auch keine gegenteiligen Untersuchungsergebnisse vorgelegt werden.

**Vor allem aber sind sie in den übergeordneten Kontext zu setzen, dass Monarch keine Umweltverträglichkeitsstudie durchgeführt hat und Kontrollen durch die Bergbau- und Umweltministerien nach Aussagen von Monarch-Mitarbeitern nur selten, sporadisch und oberflächlich stattfinden.** In einem mit dem 19ten Dezember 1995 datierten Brief antwortet das MARNR auf Anfrage der Umwelt- und Raumordnungskommission des Senats, dass von Seiten des Umweltministeriums keine entsprechenden Autorisierungen für die Goldscheideanlage und die Mine in Camorra an Monarch erteilt wurden.

*Konstruktionselemente des Nachhaltigkeitscharakters industrieller Bergbauunternehmen durch*

*1. Ausnutzung juristischer Nischen*

Monarch rechtfertigt die fehlenden Genehmigungen durch das Umweltministerium damit, dass alle Vereinbarungen mit dem venezolanischen Staat vor Verabschiedung des Umweltstrafrechts (*Ley Penal del Ambiente*) 1992 abgeschlossen waren, so dass Camorra aus den dort verankerten Regelungen herausfalle (Interview mit José Luis Joves, Geschäftsführer von Monarch, August 1997). Juristisch bewegt sich Monarch damit im legalen Rahmen, aber die Argumentation verdeutlicht die Haltung des Unternehmens zur staatlichen Umweltgesetzgebung: Während in Firmenbroschüren (Monarch o.J.: 3) zu lesen ist, dass Monarch die Erfüllung der venezolanischen Gesetze zum Schutz der Natur als eines seiner wichtigsten Prinzipien betrachtet, weicht das Unternehmen staalichen Versuchen, Umweltauswirkungen des Bergbaus zu kontrollieren, durch die Ausnutzung juristischer Nischen aus. Parallel zur Steuerpolitik des Unternehmens, nach der Steuern nur partiell abgeführt werden, kommunale Steuern aber mit dem Argument, dass diese nicht im *Ley de minas* verankert seien, abgelehnt werden (s.o.), greift Monarch auch in Umweltfragen selektiv auf juristische Regelungen zurück.

*2. Die Instrumente Wissenschaft und Technik*

Zweifel an der Nachhaltigkeit des Umweltengagements erheben sich auch bei einer kritischen Betrachtung der technisch-ökologischen Gutachten des Unternehmens. In den *Informes Tecnicos - ambientales* der Konzessionen Bochinche (o.J.), Canaima (1993) und Camorra (1993) stehen die Darstellung der juristischen Vorgaben, der technischen Umsetzung und der natürlichen Standortfaktoren (Geologie, Klima, Hydrologie und Vegetation) isoliert nebeneinander. Bezüge zwischen der natürlichen Raumausstattung und dem Bergbau werden nur oberflächlich hergestellt, indem z.B. festgestellt wird, dass die Bergbauprojekte nur kleinflächige Waldrodungen erfordern und die zu erwartenden Luftemissionen die gesetzlich festgelegten Höchstwerte nicht überschreiten werden. Obwohl sich die Berichte auf eine deskriptive Auflistung von (zumeist aus anderen Literaturquellen zitierten) Klimadaten, faunistischen und floristischen Artenlisten beschränken, wird mit einer Fülle von Fachbegriffen, lateinischen Namen und der Heranziehung wissenschaftlicher Literaturquellen nicht nur der Anschein erweckt, als seien integrierte Umweltstudien durchgeführt worden. Mit der scheinbaren Wissenschaftlichkeit, Objektivität und Kompetenz wird v.a. ein "Regime des Wissens" impliziert, in dem die Subjektivität der Schlussfolgerungen untergeht, wenn es z.B. heißt:

> "The most relevant impact on the vegetation is the deforestation and change of the flora composition [...]. When disturbances are locally produced on the wooded mass, a quick invasion of broad-leaf herb species and ferns is appreciated. This invasion is followed by vigorously growing trees (colonizing species) and a large amount of lianas and vines. The edges of the roads, trenches and excavations where edaphic material and organic material from deforestation accumulates are ideal for the colonization, germination and development of pioneer species, which grow vigorously, quickly and plentiful...." (MONARCH o.J.: 41)

*3. Gewichtung der Umweltwirkungen*

Entwaldungen und Veränderungen der floristischen Zusammensetzungen werden als gravierendste ökologische Auswirkungen des Bergbaus genannt; Wege, Waldschneisen und Ausgrabungen zu idealen Wuchsbedingungen für Pionierpflanzen definiert. Diese Aussagen zeigen nicht nur einen lokal begrenzten Blick, der sich vor dem Problem der Expansion des industriellen Bergbaus im regionalen Maßstab verschließt sowie die Gleichgültigkeit gegenüber der Transformation der artenreichen Ist-Vegetation in artenärmere Sekundärvegetation. Mit der normativen Gewichtung der Umwelteffekte werden v.a. die weniger offensichtlichen, aber gravierenderen Umweltwirkungen des Bergbaus verschwiegen. Hierzu gehören z.B. Schadstoffeinleitungen von Salzen, Säuren, Laugen und Schwermetallrückständen in das Grundwasser und Flüsse sowie Grundwasserabsenkungen, Gewässerversandungen, Gewässereutrophierung und -versauerung. Sprengungen und Verbrennungsprozesse erzeugen erhebliche Staubmengen und Abgase, die die Atmosphäre verunreinigen und sich entweder in der unmittelbaren Umgebung niederschlagen oder durch lokale Windsysteme zu anderen Orten transportiert werden. Fluviale und aerodynamische Transportsysteme bedingen, dass bergbauliche Umweltwirkungen keine lokalen Phänomene bleiben, sondern auch massive Fernwirkungen implizieren[124]. Während beim Diamantenbergbau der Vegetations- und Bodenabtrag die wichtigsten Umweltwirkungen sind, werden beim Goldbergbau die anfallende Menge des Abraums sowie der Einsatz von toxischen Stoffen als die zentraleren Probleme diskutiert (vgl. HÄRTLE 1998: 5). Dass die Auswirkungen des Bergbaus auf den Wald von Monarch explizit hervorgehoben werden, hat also weniger mit der besonderen Problematik zu tun, sondern hängt mit der kognitiven Umsetzung zusammen, die bei der Bewertung bergbauinduzierter Umweltauswirkungen eine wichtige Rolle spielt. Zum einen symbolisieren Wälder im Gegensatz z.B. zu einer Savannenlandschaft generell eher den Inbegriff von Natur und die Gegenwelt zu devastierten Kulturlandschaften, zum anderen kommt ihnen durch die internationale Tropenwalddebatte sowie der nationalen Diskussion um die Expansion des Bergbaus im Süden Venezuelas eine besondere Symbolkraft zu. Durch die Sonderstellung, die Wäldern innerhalb der Natur zugesprochen wird, berühren Waldeffekte des Bergbaus in besonderem Maße tiefverwurzelte Vorstellungen von einer "heilen Naturwelt" (vgl. HÄRTLE 1998).

[124] Für die spezifischen Umweltwirkungen eines Bergbaustandortes ist eine Vielzahl von Faktoren zu berücksichtigen, die neben den natürlichen Standortfaktoren (Geologie, Böden, Klimsa usw.), das abgebaute Material, die Dimension des Bergbaus, Art und Größe der Abbauflächen, eingesetzte Technologien und potenzielle Kontaminationsquellen mit giftigen Stoffen usw. umfassen.

*4. Ausblendung des regionalen Kontextes*

Das auf den Wirtschaftsstandort Camorra eingeengte Blickfeld zeigt sich auch an der von führenden Monarch-Mitarbeitern gemachten Äußerung, dass Ausgleichszahlungen und Integrationsprogramme für indigene Bewohner im Camorra-Projekt nicht vorgesehen seien, da es keine Indigenen in Camorra gäbe - obwohl in unmittelbarer Umgebung Kariñas und Pemones leben und in einem besuchten Kariñadorf Waldzerstörungen durch Camorra sowie Betretungsverbote des Betriebsgeländes kritisiert wurden. Während indigene Gruppen überhaupt nicht wahrgenommen werden, werden informelle Goldgräber mit dem Label der "irrationalen, illegalen *Pequeña Minería*" versehen, gegen die der Staat zur Absicherung (trans)nationaler Verwertungsinteressen vorgehen soll (Interview in Monarch, August 1997). Das heißt, Akteure des informellen Bergbaus werden nicht als traditionelle Einwohner oder marginalisierte Stadtbevölkerung betrachtet, sondern als illegale und irrationale Störfaktoren.

*5. Ausblendungen aufgegebener Standorte*

Parallel zu Ausblendungen oder Diffamierungen von Raumnutzungskonkurrenten geht die auf die Ressource Gold zugespitzte Wahrnehmung der Region mit einer auf aktive Standorte eingeengten Wahrnehmung der Auswirkungen auf die Natur einher. Während in Betriebsunterlagen positiv hervorgehoben wird, dass in Camorra insgesamt nur 37 ha Wald gerodet wurden, lässt sich keine Summe aller Waldflächen bestimmen, in denen Monarch aktiv ist bzw. war. In der überwiegenden Mehrzahl der Bergbauareale setzt Monarch seine Verfügungsrechte zwar aktuell nicht in die Praxis um. Zahlreiche aufgelassene Bergbauflächen und devastierte Waldareale zeugen aber von früheren Aktivitäten. Sechs Kilometer westlich von Camorra liegt z.B. die ebenfalls 500 ha große **Monarch-Konzession Canaima**. Nach Prospektionen und Explorationen, deren Kosten sich auf 1,2 Mio. US-Dollar beliefen, steckte Monarch ein sechs Hektar großes Nutzungsareal in einer Schleife des Cuyuní Flusses ab. Mit Explosivmaterial, einem Schaufelbagger, einem Bulldozer und einem Payloader wurde ein 1,5 ha großer und 30 Meter tiefer *open pit* eröffnet. Mit der offiziellen Begründung, dass die Schürfung unterhalb des gesetzlich festgelegten Mindestabstandes zu einem Fluss läge, stellte Monarch die Nutzung aber wieder ein. Zweifel an dieser Begründung sind insoweit berechtigt, weil das 6 ha große Nutzungsareal von Canaima von Beginn an auf drei Seiten vom Cuyuni-Fluß umschlossen war und nur 60 m Abstand zur Flussschleife aufwies. Planungen sahen sogar eine Annäherung an den Fluss auf 24 Meter sowie die Errichtung einer Barriere vor (MONARCH 1993a: 2-7). Für das Abraummaterial (geschätzt wurden 240.000 Tonnen/Jahr) war lediglich die Endlagerung vorgesehen (MONARCH 1993a: 2-15).

Heute liegt Canaima brach. Die ehemalige Bergbaugrube ist wassergefüllt; auf offen zutage tretenden Gestein- und Sedimentböden in den Randbereichen hat vereinzelt Sekundärsukzession eingesetzt. Eine Rekultivierung der devastierten Waldfläche ist wegen der Staunässe nicht möglich und ist von Monarch auch nicht vorgesehen. Zahlreiche abgestorbenen Bäume im südlichen Bereich lassen die Dimension dieser Staunässe erkennen, die vermutlich auch der primäre Grund für den Rückzug von Monarch ist, da extrem feuchtes Gestein den Materialabbau erschwert und die Investitionskosten erhöht.

Das zweite Beispiel einer von Monarch aufgegebenen Bergbaufläche ist die **Konzession Bochinche** im Norden der *Reserva Forestal Imataca.* Im Tageabbau wurde hier ein 160 x 50m großes Areal eröffnet und auf verschiedenen Gesteinsstufen Gold abgebaut. Im Süden dieses Areals, dessen Grundbereich heute unter Wasser steht, liegt eine ca. 2 ha große Aufforstungsfläche. Die nur ein bis zwei Meter hohen Bäume (Caro, Aguacate, Pulgo) sind sich selbst überlassen, da Monarch sich nicht mehr um die Aufforstung kümmert. Bodenvegetation gibt es keine (siehe Tab. 33). Nachdem Monarch Bochinche verlassen hat, weil dem Konzern Exploitationstätigkeiten nachgewiesen wurden, obwohl nur Explorationsgenehmigungen vorlagen (vgl. GRIMMIG in Bearb.), ist der informelle Bergbau nachgerückt. Heute leben in Bochinche rund 200 *Mineros*, ca. 10 *Barrancos* sind in Betrieb. Auf einer rund 3 ha großen Rodungsinsel, die auf Monarch zurückgeht, steht ein *Minero*-Dorf mit rund 40 *Campamentos.*

**Tab. 33: Vegetationsdeckung in Bochinche**

| Areal | Fläche | Deckungungsgrad | | Anmerkungen |
|---|---|---|---|---|
| Open pit | 0,6 ha | Baumvegetation/<br>Kronenbedeckung:<br>Strauchvegetation:<br>Gras- und Bodenvegetation: | <br>0% - 25%<br>0% - 25%<br>0% - 25% | Totaler Kahlschlag, mehrere Terrassen im Grundgestein, unterer Teil steht unter Wasser |
| Aufforstungsfläche im Süden des Open pit | 1,5 ha | Baumvegetation/<br>Kronenbedeckung:<br>Strauchvegetation:<br>Gras- und Bodenvegetation: | <br>75% - 100%<br>0% - 25%<br>0% - 25% | |
| Heutiges *Pueblo* | 3 ha | Baumvegetation<br>/Kronenbedeckung:<br>Strauchvegetation<br>Gras- und Bodenvegetation: | <br>0% - 25%<br>25% - 50%<br>25% - 50% | |
| Heutiger Standort der *Molineros* | 1 ha. | Baumvegetation/<br>Kronenbedeckung:<br>Strauchvegetation<br>Gras- und Bodenvegetation | <br>25% - 50%<br>25% - 50%<br>25% - 50% | |
| Aluvialfläche im Westen | 1 ha | Baumvegetation<br>/Kronenbedeckung:<br>Strauchvegetation<br>Gras- und Bodenvegetation: | <br>0% - 25%<br>25% - 50%<br>0% - 25% | Kahlschlag mit einzelnen Überstehern |

Quelle: Eigene Erhebungen 1997, nach BRAUN-BLANQUET 1928 (zit. n. FISCHER 1995)

**Canaima und Bochinche sind nur zwei besichtigte Standorte, in denen Monarch devastierte Bergbauflächen und Nachrückschneisen für den informellen Bergbau zurückgelassen hat. Ähnlich dürfte es in anderen aufgegebenen Bergbauarealen des Unternehmens aussehen, so dass sich eine Bewertung der Umweltauswirkungen auf keinen Fall nur auf die aktiven Standorte industrieller Bergbauunternehmen beschränken darf.**

## 3.5 Zusammenfassung: Interessensstrategische Fokussierung von Raum und Zeit

Monarch war bis zur Transaktion der Konzessionsrechte an die US-amerikanische Hecla im Jahr 1999 der einzige privatwirtschaftliche Betreiber einer aktiven Untertagemine im Bundesstaat Bolívar. Vor dem Hintergrund dieser fünfjährigen Sonderstellung fällt dem - staatliche Behörden und regionale Bevölkerungen übergreifenden - Informationsmangel über dieses Unternehmen eine besondere Aussagekraft zu. Selbst nach fünf Jahren war der wichtigste transnationale Goldproduzent vor Ort weder vollständig in staatlichen Registern erfasst, noch konnten alle gesetzlich verankerten Steuern eingeholt werden.

**Neben staatlichen Defiziten, Akteure des transnationalen Bergbaus zu kontrollieren, tritt die mangelnde nationale und regionale Verankerung von seiten des Konzerns offen zutage.** Parallel zu einer Unternehmensphilosophie, die staatliche Kooperationen nicht positiv hervorhebt, sondern staatliche Vollzugsdefizite für die eingeschränkte Allokation der Bodenschätze verantwortlich macht, und dem deutlich ausgesprochenen Desinteresse an einer Förderung der regionalen Entwicklung, zeigt die auf die Ressource Gold zugespitzte Wahrnehmung der Wirtschaftsstandorte die sozialräumliche Enklavenstellung des Unternehmens. Bergbaustandorte wie Camorra werden nicht in ihrem regionalen Kontext, sondern - auf ihre materiellen Ressourcen reduziert - als "Substrat der bergbaulichen Verwertungsinteressen" (ALTVATER 1987: 184) wahrgenommen.

Nach außen werden die privatwirtschaftlichen Zugriffsinteressen mit einem sorgfältig konstruierten Bild repräsentiert, das eine Maximierung der nationalökonomischen Effekte des Bergbaus sowie die Minimierung seiner ökologischen Auswirkungen in den Vordergrund stellt. **Das Bild vom industriellen Bergbau, der in internationale Umwelt- und Nachhaltigkeitsdiskurse einbettbar ist, lässt sich aber nur durch eine Vielzahl diskursiver Strategien aufrechterhalten, in denen die selektive Wahrnehmung und Repräsentation des sozialräumlichen Kontextes sowie die Objektivierung des Raums zentrale Funktionen ausüben.**

In firmeneigenen Darstellungen des industriellen Bergbaus ist als erstes die Konzentration auf aktive Standorte zu nennen. Bei einer Erweiterung des Blickwinkels um die historische Dimension sowie auf das internationale, nationale und regionale Umfeld löst sich das Bild eines geordneten und nachhaltigen Bergbautyps auf. Im internationalen Maßstab lässt sich die Idee eines nachhaltigen Bergbaus Zyanidanlagen nur unter Ausblendung zahlreicher Katastrophen mit auslaufenden Zyanidverbindungen in anderen Ländern aufrechterhalten. So werden in der Vergangenheit bereits gemachte Erfahrungen dieses Bergbautyps ebenso ausgeblendet wie potenzielle zukünftige ökologische Auswirkungen.

**Die zweite zentrale Strategie besteht darin trotz gegenteiliger Erfahrungen,** trotz eingeschränkter Steuerleistungen und trotz Ausweichmanöver aus dem staatlichen Kontrollnetz (z.B. durch legale Firmengründungen in Ländern, die als Steueroasen gelten, oder die Ausnutzung juristischer Unklarheiten der nationalen Gesetzgebung) **staatliche Gewinnpotenziale und Kontrollmöglichkeiten als Argument für den industriellen Bergbau anzuführen. Ebenfalls entgegen der Versprechungen gehen von Bergbaukomplexen wie Camorra keine turellen arbeitsmarktpolitischen und sozialräumlichen Konsolidierungseffekte in nennenswertem Umfang aus.** Auf Grund der Kapitalintensität bedingt der industrielle Bergbau jedoch aber schwer durchschaubare Zusammenschlüsse kapitalintensiver Trägergesellschaften. Mit dem räumlichen Nebeneinander fremder Wirtschaftsinteressen und marginalisierter Sozialgruppen wird ein sozialräumliches Konfliktpotenzial generiert, das weit über das Betriebsgelände hinaus reicht.

Ebenso wenig beschränken sich Auswirkungen auf die Natur weder auf lokale Wirtschaftsstandorte noch auf produktive Betriebe. Die Kapitalintensität des industriellen Bergbaus erfordert großräumige Prospektions- und Explorationstätigkeiten, die wie Canaima oder Bochinche als Relikte von der regionalen Streuung industrieller Bergbautätigkeiten zeugen. An aktiven Standorten verhindern auch Schadstofffilter nicht, dass Treibstoffemissionen, Kohlenstoffreaktive und chemikalische Altlasten partiell in die Umwelt eingehen, in den Boden versickern, sich in der angrenzenden Vegetation ablagern oder durch Luft und Wasser an ferne Orte transportiert werden.

**In ihrer Gesamtheit können die auf den Wirtschaftsbetrieb eingeengten Repräsentationen und die interessengeleiteten Rückgriffe auf ausgewählte Elemente des Sozialraums letztlich nicht als zufällig begriffen werden, sondern sind als zentrale Handlungsstrategien industrieller Bergbaukonzerne zu interpretieren.**

## 4. Fallbeispiel Crystallex: *Hidden transcripts* bergbaulicher Unternehmensphilosophien

Abgesehen davon, dass Monarch die einzige privatwirtschaftliche Untertagemine im Bundesstaat Bolívar betreibt, stellt das Unternehmen keinen Einzelfall dar. Der Flächenanspruch der Anlagen, in denen die Bodenschätze im industriellen Übertageverfahren abgebaut werden, ist zwar größer als beim Stollenbergbau, was im folgenden exemplarisch am Beispiel der Konzession Albino 1 des Bergbauunternehmens Crystallex dargestellt werden soll. Aber der Flächenbedarf ist lediglich eine Analysekategorie, der insgesamt nur eine marginale Rolle bei der Gesamtbewertung zukommt. Neben der immer gegebenen, letztlich nicht kontrollierbaren Gefahr von Bergbauunfällen, liegen gravierenderen Umweltwirkungen in der kapitalintensitäts- und rentabilitätsbegründeten Vielfalt regionaler Standorte und somit in den Umwelttransformationen im regionalen Maßstab. Eng verbunden mit den physisch-materiellen Umwelteffekten (trans)nationaler Bergbaukonzerne ist ihre Repräsentations- und Definitionsmacht. Das charakteristische Repräsentationsvokabular von einem nachhaltigen, effizienten und geordneten Bergbau prägt selbst die Außenpräsentation der Industrieunternehmen, die die Bodenschätze im Übertageverfahren abbauen.

Interessant ist in diesem Zusammenhang nicht nur, wie diese Leitideen in der Praxis umgesetzt werden, sondern auch wie sie sektor- bzw. betriebsintern gedeutet und bewertet werden. Wie SCOTT (1990: 4) feststellt, beinhalten öffentliche Darstellungen nie die ganze Wahrheit. Hinter öffentlichen Darstellungen liegen immer die sog. *hidden transcripts*, die versteckten Deutungen einer Entwicklung oder einer Gesellschaft.

> "The public transcript is, to put it crudely, the self-portrait of dominant elites as they would have themselves seen. Given the usual power of dominant elites to compel performances from others, the discourse of the public transcript is a decidedly loopsided discussion. While it is unlikely to be merely a skin of lies and misrepresentations, it is, on the other hand, a highly partisan and partial narrative. It is designed to be impressive, to affirm and naturalize the power of dominant elites, and to conceal or euphemize the dirty linen of their rule." (SCOTT 1990: 18)

Während SCOTT Widerstandsformen unterdrückter Sozialgruppen analysiert, um Erzählungen und Deutungen machtvoller Sozialgruppen zu dekonstruieren, **sollen im folgenden Meinungen von Mitarbeitern (trans)nationaler Bergbaukonzerne wiedergegeben werden, die jenseits der öffentlichen Repräsentationsräume des Internets, von Firmenbroschüren und öffentlichen Seminaren geäußert werden.** Die Analyse der *hidden transcripts* in den Bergbauunternehmen stößt natürlich aufgrund der mangelnden Zugänglichkeit von Informationsmaterial an Grenzen. Aber Meinungsbekundungen von Mitarbeitern ermöglichen, wenngleich nur versatzstückartige, so in der Summe doch aussagekräftige Einblicke in die "Black box" unternehmerischer Philosophien und Einstellungen.

## 4.1 Das Unternehmen Crystallex und seine Wirtschaftsstandorte in Venezuela

Crystallex International Corporation ist ein kanadisches Unternehmen mit Bergbaustandorten in Kanada, Uruguay, Brasilien und Venezuela. In Venezuela ist der Konzern nach Aussagen des MEM-Abgeordneten Larazabal (Interview, August 1997) an 13 Konzessionen beteiligt. Im Bergbaukataster der CVG bleibt der Name Crystallex allerdings hinter den Namen von Geschäftspartnern, Sub- oder Auftragsunternehmen wie Eurus Resource Corp., Venamo und Consolidated Madison Holdings Ltd. verborgen. Zu den Konzessionen, an denen Crystallex beteiligt ist, gehören nach einer unveröffentlichten Recherche der Umweltaktivistin Anna PONTE u.a. Yuruan, El Tigre, Carabobo, San Miguel und Santa Elena-Payapal. Weitere Engagements und die Gesamtsumme der Konzessionsflächen, über die Crystallex zumindest partiell verfügt, lassen sich auf der Internetseite des Konzerns nachlesen, wo es heißt:

> "Crystallex began operations in Venezuela in the early 1990's and has a number of projects in Bolivar State, Venezuela. In July 2000, Crystallex closed its acquisition of all the Venezuelan assets of Bolivar Goldfields, which includes the Tomi Mine, the Revemin Mill, and 44,438 hectares of additional exploration lands in the country's most prolific gold producing region over the past 150 years." (http://www.crystallex.com/property.html#venez)

Wie Monarch zeichnet sich Crystallex also durch eine Vielzahl (trans)-nationaler Verflechtungen und eine Streuung der regionalen Wirtschaftsstandorte aus. Vertragspartner sind nicht nur internationale und staatliche Organisationen, sondern z.T. auch Akteure des informellen Bergbaus. So wurden die Nutzungsrechte für die Bergbauareale La Fe, Albino 1, Santa Elena 7 und 8 von Kooperativen des informellen Bergbaus und mittelständischen Unternehmern aufgekauft. Mit Ausnahme von Albino 1 befinden sich alle Konzessionsflächen in der Spekulations- bzw. Explorationsphase.

Im Vergleich zu Monarch und Placer Dome hält sich Crystallex bei öffentlichen Firmenpräsentationen deutlich mehr zurück und lenkt den Blick seltener auf ökologische und soziale Aspekte des Bergbaus. So liegt der Schwerpunkt des technisch-ökologischen Gutachtens (1993) für die Konzession Albino auf den bergbaulichen Verfahrensprozessen sowie den eingesetzten Techniken. In öffentlichen Stellungnahmen greift aber auch Crystallex auf Legitimationselemente des ökologischen Nebenschauplatzes zurück. So ist der überregionalen Tageszeitung EL UNIVERSAL vom 22.05.1998 zu entnehmen, dass Crystallex durch seine Tochtergesellschaft Venamo die **Umweltstiftung Imataca** initiiert hat. Nach Enrique Tejera París (Direktor von Crystallex und Vorstandsmitglied der Stiftung) unterstützt die Stiftung neben umweltpolitischen Maßnahmen auch Aktivitäten, die den sozialen, ökonomischen und kulturellen Fortschritt der Bergbaubevölkerungen (*poblaciones mineras*) des Bundesstaates Bolívar fördern sollen.

*Politische Einflussnahme und ökologisches Label durch Gründung einer Umweltstiftung*

Als kurzfristige Ziele der Stiftung werden der Bau eines Hospitals für Arbeiter des Unternehmens und Einwohner von Las Claritas, eine Notlandepiste und der Erwerb eines Ambulanzwagens für die Arbeiter von Albino 1 aufgelistet. Weiter heißt es, dass man sich die Unterstützung des Energie- und Bergbauministeriums für das Projekt erhoffe, da Albino1 200 Arbeitsplätze generieren würde und Crystallex mit der Regenerierung der bergbauinduzierten Umweltzerstörungen etwas angehen würde, was bisher weder unabhängige *Mineros* noch andere Unternehmen bisher getan hätten. Über die gängigen Argumentationslinien der Arbeitsplatzbeschaffung und der Rekultivierung devastierter Bergbauflächen hinaus, verweist dieser Zeitungsartikel auf eine subtile, aber gängige Strategie der Interessensdurchsetzung (trans)nationaler Bergbaukonzerne. **Durch die Gründung einer Umweltstiftung gibt sich das Unternehmen nicht nur einen ökologischen Anstrich, sondern versucht auch staatliche Subventionen zu initiieren, die nach dem venezolanischen Gesetz eindeutig in den Zuständigkeitsbereich des Unternehmens fallen.** Der Name der Stiftung, der auf das 3,6 Mio. ha große Waldareal *Reserva Forestal Imataca* zurückgeht, das durch die Expansion des industriellen Bergbaus in die internationalen Schlagzeilen gerutscht ist (vgl. MIRANDA ET AL. 1998 sowie Kap. VI), kann nur als Verschleierung und Euphemisierung einer profitorientierten Lobbyarbeit gewertet werden.

## 4.2 Ansichten auf der Managementebene

*Rahmenbedingungen und Aussagekraft eines "informellen" Gesprächs*

Wie drücken sich die arbeitsmarktpolitische und ökologische Argumentation, die die Außenrepräsentation (trans)nationaler Bergbaukonzerne bestimmen, betriebsintern aus? Abgesehen von Mitarbeitern der Unternehmen Greenwich und Placer Dome (s.u.) waren die Interviewpartner in (trans)nationalen Konzernen selten zu offiziellen Stellungnahmen bereit. An den lokalen Abbaustandorten wurden Informationen mit fehlenden Auskunftsbefugnissen verweigert und auf die Verwaltungszentralen in Caracas verwiesen. Auf den höheren Managementebenen wurde die Auskunftsverweigerung mit der weltweiten Kritik an (trans)nationalen (Bergbau)konzernen begründet. Zum Teil wurden Interviews von Grund auf abgelehnt. Zum Teil waren zeitlich, methodisch und inhaltlich beschränkte Gespräche möglich. Die Aussagen wurden direkt schriftlich aufgezeichnet, aber zur Reduzierung der offensichtlichen Skepsis wurde bewusst auf den Einsatz eines Tonbandes verzichtet und keine besonders kritischen Fragen thematisiert. Durch Initialfragen wurden die Gespräche auf verschiedene Themenkomplexe gelenkt, ansonsten aber zurückhaltend geführt. Durch den Verzicht auf Aufzeichnung und Formalisierung der Interviews gingen die Gesprächsteilnehmer oft dazu über, sich in einer Art Plauderton zu den Initialfragen zu äußern.

Bei diesen Äußerungen handelt es sich um persönliche Meinungen und nicht um offizielle Repräsentationen der Unternehmen. Sie müssen aber auch als "ungefärbte" und "Publicity ungeschulte" Ansichten von Personen interpretiert werden, die die Unternehmensphilosophien und Betriebsstrukturen der venezolanischen Niederlassungen transnationaler Konzerne entscheidend beeinflussen bzw. von diesen geprägt werden. Insoweit reflektiert das Gespräch, das mit Führungsmitgliedern von Cristallex in Caracas geführt wurde (August 1997), trotz des informellen Charakters auch Innenansichten des Unternehmens:

Das Gespräch begann mit allgemeinen Informationen und Legalitätsversicherungen wie z.B., dass der Sitz der Muttergesellschaft in Kanada liegt, dass Crystallex seit 1991 in Venezuela offiziell registriert ist und dass staatliche Nutzungsgenehmigungen mit der CVG abgeschlossen seien. Meine Äußerung, dass ich die Konzession Albino bereits besichtigt hätte, wurde mit Erstaunen aufgenommen. Da ich auf wiederholtes Nachfragen, wer mich dort herumgeführt hätte, beteuerte, dass mir der Name entfallen sei, der ja auch unwichtig sei, weil es in dem kurzen Besuch nur um einen ersten Eindruck gegangen sei, wurde mir ein Gesprächspartner für zukünftige Besuche genannt. Mit der Nennung eines Ansprechpartners wurde allerdings keine offizielle Erlaubnis, Albino 1 zu betreten, verbunden. Auch Mimik und Gestik zwischen den beiden Gesprächsteilnehmern machten unmissverständlich deutlich, dass weitere Kontaktaufnahmen gezielt kanalisiert werden sollten.

*Arbeitsmarktpolitische Argumentation*

Die Frage nach der Anzahl der Mitarbeiter von Crystallex lenkte von der aufgetretenen Spannung ab und leitete das Gespräch wieder auf die Sach- bzw. Informationsebene. Es wurde mitgeteilt, dass Crystallex 120 Mitarbeiter hätte, von denen 110 am Standort des Goldabbaus tätig seien. Dort würden sie jeweils drei Monate arbeiten. Anschließend hätten sie einen Monat frei. Vor Ort seien fünf Ausländer beschäftigt. 95 Mitarbeiter wären Arbeiter, die zu 90% aus einem Radius von 80 km aus der Region Tumeremo kämen. Die Mehrzahl der Mitarbeiter sind an der Zyankalianlage beschäftigt. Hinzu käme das 15-köpfige Personal der Firma, das mit den Aushubarbeiten beauftragt sei. Die besondere Hervorhebung der Nationalität und der regionalen Herkunft der Mitarbeiter lässt sowohl die arbeitsmarktpolitische Argumentation (trans) nationaler Konzerne als auch die Sensibilisierung der Mitarbeiter für die massive Kritik an der sozio-ökonomischen Enklavenstellung industrieller Bergbaukomplexe erkennen. Die weiteren Ausführungen machten den geringen Reflektionsgrad dieser Kritik deutlich.

In Albino 1 hätte Crystallex nur die Nutzungsrechte gekauft, in staatlichen Registern wäre weiterhin der frühere Besitzer eingetragen. Während dieser die Nutzungsrechte früher an 80 *Mineros* vermietet hätte, träte jetzt Crystallex als einziger Vertragspartner auf. Wie aber in Kapitel IV dargelegt wurde, kommen i.d.R. auf einen eingetragenen *Minero* rund vier weitere *Mineros*, die ein Arbeitsteam bilden. Das heißt, dass vor Crystallex rund 300 Goldgräber in Albino 1 aktiv waren. Diese Schätzung deckt sich mit Aussagen von in Las Claritas befragten *Mineros* und informellen Bergbaukooperativen, deren Schätzungen zwischen 200 und 300 *Mineros* schwankten. **Das wiederum heißt, dass Crystallex zwar 110 formelle Arbeitsplätze generiert hat, gleichzeitig aber die dreifache Anzahl informeller *Mineros* verdrängt wurden.** Selbst innerhalb der arbeitsmarktpolitischen Argumentation bleibend, zeigen die im Investitionsplan des Bergbauprojekts Albino 1 von Crystallex ausgewiesenen Beschäftigungsfelder mit ihrem deutlichen Überhang der Niedriglohngruppen, dass dem Argument der Arbeitsplatzgenerierung in Realität nur eine eingeschränkte Bedeutung zukommt.

**Abb. 29: Beschäftigungs- und Einkommensgruppen in Albino 1**

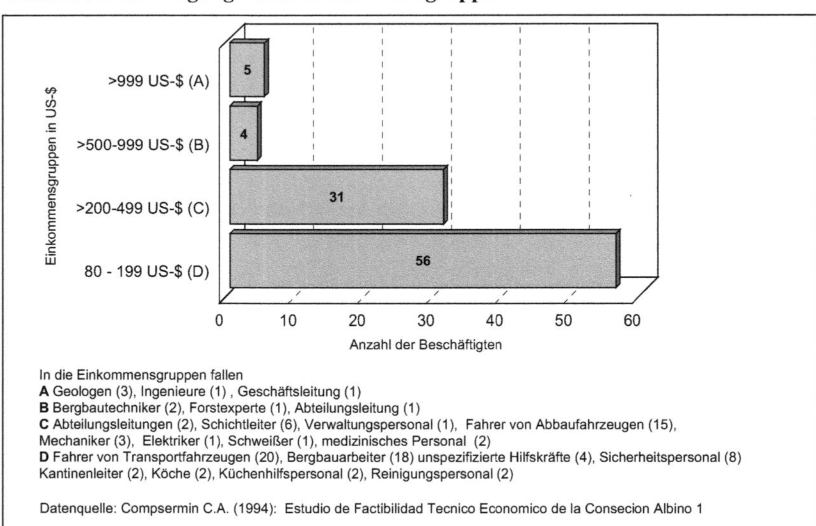


*"Die Geschichte" des Bergbaus in Venezuela*

Mit der Frage, ob ich die Geschichte des Bergbaus in Venezuela kennen würde, leitete einer meiner Gesprächspartner eine Darstellung der jüngeren Entwicklungen des Bergbaus in Venezuela ein. 1992 hätten die Ertragssteuern bei 60% gelegen, womit sich Investitionen kaum noch gelohnt hätten. Erst nach der Steuersenkung auf 34% wurde der Bergbau wieder rentabel. 1992 setzte ein regelrechter Boom ein, während dessen ca. 120 Unternehmen nach Venezuela kamen. Heute seien von diesen Investoren aber nur noch 60 im Land.

Ein Grund für den Rückzug vieler Unternehmen sei die mexikanische Wirtschaftskrise gewesen, bei der ausländische Firmen ihr Vertrauen in den lateinamerikanischen Wirtschaftsraum verloren hätten. Mit dem Hinweis, dass Crystallex trotz politischer Unsicherheiten im Land geblieben sei, endeten die Darstellung der "Geschichte des Gold- und Diamantenbergbaus in Venezuela". **Neben der zeitlichen Begrenzung auf die 1990er Jahre fällt auf, dass nur transnationale Unternehmen als Akteure erwähnt werden und sich die Skizzierung zentraler Entwicklungen auf Rentabilitätsaspekte und Standortfaktoren für internationale Investoren beschränkt.**

*Externalisierung des Vorwurfes staatlicher Beziehungen*

Wieder auf Cristallex zurückkommend, wurde darauf verwiesen, dass Cristallex in der Konzession Albino 1 das Risiko eingegangen sei, ohne größere Explorationen in die Exploitationsphase überzugehen. Hinzu käme, dass Cristallex das erste Unternehmen ohne Verbindungen (*vinculos*) zum Staat sei. Ohne explizite Erwähnung verbarg sich in dieser Aussage sowohl ein Vorwurf gegen das kanadische Unternehmen Placer Dome, gegen das Crystallex einen Gerichtsprozess um die Rechte an der Nachbarkonzession La Cristina verloren hat, als auch gegen den venezolanischen Staat. Die verbale Externalisierung staatlich-privatwirtschaftlicher Beziehungen auf Konkurrenzunternehmen kann aber nicht darüber hinwegtäuschen, dass auch Crystallex als wichtiger ausländischer Investor ein besonderer Status in Verhandlungen mit staatlichen Organisationen zukommt. Darüber hinaus sitzt Crystallex im Vorstand der *Venezuelan Gold Association* (AVO), dem Interessenverband des industriellen Bergbaus in Venezuela, der in staatlichen Verhandlungen eine sehr machtvolle Verhandlungsposition einnimmt.

*Externalisierung und Relativierung ökologischer Degradierungen*

Fragen nach Waldrodungen, Holznutzung und Rekultivierung der Bergbauflächen wurden relativ schnell mit dem Hinweis übergangen, dass informelle Goldgräber vorher in Albino 1 nach Gold gegraben hätten, so dass es auf der Konzessionsfläche praktisch keine Vegetation mehr gegeben hätte, als Crystallex seine Explorationen und Exploitationen aufnahm. Zudem beanspruche selbst der Übertagebau weitaus weniger Fläche als *Mineros* mit ihren *Chupadoras,* da sich der industrielle Bergbau auf wenige Hektar beschränke. Trotzdem führe Crystallex selbstverständlich die vom Gesetz vorgeschriebenen Aufforstung devastierter Bergbauflächen durch. Die Frage, ob es Erfahrungen mit Aufforstungsmaßnahmen nach Abtragung und Wiederaufschüttung des Mutterbodens in Venezuela oder anderen tropischen Waldgebieten gäbe, wurde verneint.

**Die gängige Argumentation, dass der informelle Bergbau mehr Flächen beanspruche als der industrielle Bergbau und daher die Zerstörung von Waldflächen durch den informellen Bergbau erheblich größer sei als durch Bergbauindustrien, ist nach ökonomischen Kriterien richtig.** Aufgrund effektiverer Technologien werden aus einer Tonne Abbaumaterial höhere Goldmengen extrahiert als durch die Techniken, die im informellen Bergbau eingesetzt werden, was vordergründig einer Flächenminimierung zugute kommt. **Zum einen rückt aber gerade die fortschreitende Verbesserung der technologischen Machbarkeiten immer mehr Raumsektoren und Flächen in den Zugriff bergbaulicher Verwertungsmöglichkeiten. Zum anderen stimmt das Argument des geringeren Flächenanspruchs des industriellen Bergbaus nicht mehr, wenn man nicht die Goldproduktion, sondern die Anzahl der Arbeiter in Relation zur Fläche setzt.** Angesichts der Sozial- und Wirtschaftskrise in den venezolanischen Metropolen und der arbeitsmarktpolitischen Entlastungsfunktion, die periphere Räume übernehmen, lohnt es sich der Frage nachzugehen, wie viele Arbeiter pro Flächeneinheit im industriellen bzw. informellen Bergbau unterkommen. Die in Tabelle 34 durchgeführten Berechnungen haben auf Grund der geringen Anzahl der Fallbeispiele nur eine eingeschränkte Aussagekraft. Trotzdem lässt sich die Tendenz erkennen, dass der informelle Bergbau weitaus mehr Arbeitskräfte pro Flächeneinheit aufnimmt als der industrielle Bergbau.

Umgekehrt stehen einem Arbeiter (bzw. den Maschinenparks, also den Produktionsmitteln in ihrer Gesamtheit) im industriellen Bergbau deutlich mehr Fläche zur Verfügung als einem *Minero* und seinem Produktionsmitteln im informellen Bergbau wie die Arealitätsziffern in Tabelle 38 zeigen. **Das heißt, nimmt man nicht die akteursindifferente ökonomische Gesamtabschöpfung als Referentialwert, sondern setzt die Flächeneinheit in Relation zu den Arbeitsplätzen, zeigt sich der industrielle Bergbau weitaus flächenbeanspruchender als der informelle Bergbau.**

**Tab. 34: Flächenvergleich industrieller Bergbauunternehmen und informeller Bergbauareale**

| Konzessionen / Bergbauareale (Bergbau-aktivität) | Fläche insgesamt (in ha) | Effektiv genutzte / gerodete Fläche (in ha) | Arbeits-kräfte absolut | Arbeitskräfte pro ha des gesamten Bergbauareals | Arbeitskräfte pro ha genutztes Bergbauareal / gerodeter Waldfläche | Arealitäts-ziffer für das gesamte Areal/ für die effektiv genutzte Fläche |
|---|---|---|---|---|---|---|
| Camorra (Exploitation, Untertage) | 500 | 40 | 413 | 0,83 | 10,33 | 12,11 / 3,08 |
| Albino 1 (Exploitation, Übertage) | 500 | 60 | 80[1]<br>160[2] | 0,16<br>0,32 | 1,33<br>2,67 | 6,25 / 0,75<br>3,13 / 0,36 |
| Las Cristinas (Exploration) | 500 | 50[3]<br>120[3] | 202<br>1000[3] | 0,40<br>2,00 | 4,04<br>8,33 | 2,48 / 0,25<br>0,50 / 0,12 |
| La Brisa (Exploitation, Übertage) | 500 | 200 | 85 | 0,17 | 0,43 | 5,88 / 2,35 |
| Carmen Rosa (Exploitation, Übertage) | 500 | 25 | 20 | 0,04 | 0,8 | 20,0 / 1,25 |
| Bizcaitarra (Exploration) | 500 | - | 65 | 0,13 | - | 7,69 / - |
| Nuevo Callao (Exploitation, Untertage) | 500 (beantragt) | 50 | 2000 | - | 40 | 0,25 / 0,03 |
| Botanamo (Exploitation, gemischt) | - | 50 | 1000[1]<br>1500[2] | - | 20<br>30 | - / 0,05<br>- / 0,03 |
| Manarito (Exploitation mit *Chupadoras*) | 500 (beantragt) | 80 | 400 | 0,8 | 5 | 1,25 / 0,20 |
| San Mino (Exploitation, Untertage) | 53,32 | 20 | 270 | 5,06 | 13,5 | 0,20 / 0,07 |

Industrieller Bergbau | Informeller Bergbau

[1] Minimalangaben, [2] Maximalangaben, [3] Projektion/Planung
Quelle: Eigene Interviews und Feldbegehungen 1997, Berichte der aufgeführten Bergbauunternehmen (v.J.); VENECONSULTORES S.C. & DATAANALYSIS C. A. (1994)

*Interne Relevanzzuschreibung sozialräumlicher Sickereffekte*

Zurück zu dem in Crystallex geführten Interview: Die Frage, ob Crystallex die Regionalentwicklung oder soziale Aktivitäten unterstütze, wurde negativ beschieden. Cristallex sei ein kleines Unternehmen, das sich keine Sozialunterstützung leisten könne. Die Übernahme der Konzession hätte keine Probleme hervorgerufen, weil das Areal weitgehend unbewohnt war und die Nutzungsrechte von einem privaten Besitzer gekauft wurden. Die zehn bis 15 Familien, die umgesiedelt werden mussten, hätten Wohnungen außerhalb der Konzession angeboten bekommen und wären als Arbeiter in Albino 1 übernommen worden. Für Mitarbeiter gäbe es zwei Häuser in KM 88 sowie ein Haus in Las Claritas. Für die lokale Geschäftsleitung sei ein Hotel angemietet worden. Außerdem gäbe es sporadische finanzielle Zuwendungen für die medizinischen und schulischen Einrichtungen in Las Claritas.

*Anmerkungen zu sozialen Projekten*

An einer späteren Stelle des Gesprächs wurde ergänzt, dass Lebensmittel und andere Waren in El Callao eingekauft werden. Albino 1 sei an sich sozial bzw. hätte sozial positive Folgen, weil es Arbeitsplätze generiert. Je mehr soziale Hilfe allerdings gewährt wird, um so mehr verlange das Dorf. Außerdem würde eine nicht mehr steuerbare Migration angeregt. Überhaupt seien Impulse für die Regionalentwicklung fragwürdig, weil die Mehrzahl der Menschen Durchreisende seien und die Goldlagerstätten der Region Claritas lediglich für vier bis fünf Großunternehmen ausreichen würden. Für mehr Unternehmen gäbe es keine Zukunft. Die Versuche von Placer Dome, die regionale Bevölkerung durch soziale Projekte und partizipative Konfliktlösungsstrategien (s.u.) zu integrieren, würden nicht funktionieren. Placer Dome hätte überhaupt nur Zeit für soziale Projekte, weil sie noch nicht in der Produktionsphase seien. Entgegen der öffentlichen Betonung, dass der industrielle Bergbau Arbeitsplätze generiere und die regionale Entwicklung forciere, schlägt in diesen - im übrigen sehr emotionsgeladenen und schnell vorgetragenen - Gesprächspassagen ein ebenso großes Desinteresse an einer aktiven Förderung des Sozialraums durch wie bei Monarch. Die Aktivitäten von Crystallex beschränken sich auf punktuelle, willkürliche Hilfen und das, was in Firmenbroschüren als regionale Sickereffekte deklariert wird, bekommt offen den Status von Almosen zugesprochen, während die Bewohner der Region gleichzeitig zu Bettlern erklärt werden.

*Technologisch-ordnungspolitische Argumentation*

Weiter hieß es, informelle *Mineros* betrieben einen irrationalen Bergbau, würden aber von den *Politicos*[125] geschützt. (Trans)nationale Konzerne hätten dagegen alle gegen sich. Permanent würde jeder (der Staat, Umwelt-NGOs oder andere Unternehmen) suchen, was falsch läuft und welche Genehmigung fehlt. Dabei würden industrielle Bergbauunternehmen Umweltstandards einhalten. Das Zyankali bezöge Crystallex z.B. von Dupont (USA), die ihre Käuferlisten streng kontrollierten und auch Sicherheitskontrollen vor Ort durchführten. Das Altlasten- bzw. Restwasserbecken sei mit einer impermeablen Schicht ausgekleidet und das enthaltene Restzyankali würde durch die Sonneneinstrahlung zersetzt. Proben würden belegen, dass die Zyankali-Restbestände unter der US-amerikanischen Norm für Trinkwasser lägen. Täglich fielen nur ca. 200 Tonnen Abraummaterial an, wovon 70% Wasser seien, das wiederum verdunstet.Wie bei Monarch wird der informelle Bergbau auf "irrationale" Techniken und den immensen Flächenanspruch reduziert, denen die technologischen Möglichkeiten und Kontrollgarantien des industriellen Bergbaus gegenüber gestellt werden. In dieser technologiezentrierten Perspektive fällt den *Mineros* lediglich die Rolle von Störfaktoren zu.

[125] Wörtlich übersetzt, bedeutet *Politicos* lediglich Politiker. In Venezuela steht dieser Ausdruck aber oft als Synonym für korrupte Politker.

So wurde entgegen der vorherigen Äußerung, dass es in Albino 1 keine Schwierigkeiten gegeben hätte, im Laufe des Gesprächs erwähnt, dass die Arbeiten 1997 wegen der Besetzung des Areals durch *Mineros* über einen Zeitraum von vier Monaten zum Stillstand kamen. Das Problem sei auf legalem Weg - durch die *Guardia Nacional* - gelöst worden. Diese Begebenheit wurde erzählt, ohne dass meinen Gesprächspartnern der Bruch zu der vorherigen Aussage, dass sich der Staat immer schützend vor die *Pequeña Minería* stelle, gewahr wurde.

*Internationale Einflussfaktoren*

Die Sensibilität für die Kritik gegen (trans)nationale Bergbaukonzerne, die in dem Gespräch mit den Managern von Crystallex zum Ausdruck kommt, generiert sich nicht nur aus Erfahrungen auf der lokalen und nationalen Ebene des Standortes Albino 1, sondern geht auch auf internationale Entwicklungen zurück. Auf der Homepage von Crystallex lässt sich im Internet nachlesen, dass sich Chrystallex, nach der Erschöpfung älterer kanadischer Standorte und der Verschärfung der gesetzlichen Regulierungen für neue Bergbaustandorte in Kanada[126], wie viele andere Unternehmen gezwungen sieht, in Übersee neue Ressourcenquellen aufzutun und neue Technologien zu entwickeln, um dort Lagerstätten abzubauen, deren Inwertsetzung noch vor 30 Jahren unrentabel gewesen wäre. **Umweltauflagen und Sozialabgaben schränken also Ressourcenallokation und Profite in den Heimatländern ein - sind also in den überseeischen Ausweichräumen gefürchtete Rentabilitätshemmnisse.** Auch für die Radikalität der Meinungsbekundungen in dem Gespräch mit den Managern der venezolanischen Niederlassungen lassen sich Parallelen und Bezüge zur internationalen Ebene erschließen, wenn z.B. der Präsident von Crystallex International Corporation Oppenheimer die Managementebene des Unternehmens angriffsbereit als eine Mannschaft darstellt, die man in einem Kampf oder bei der Bezwingung eines Berges um sich haben möchte:

> "Our company, for a small company, has an extremely talented management team and a very knowledgeable Board of Directors [...] Everyone in the team realizes that our destiny and future are in our own hands. We are seasoned veterans that have been through good cycles and tough ones. If you are in a battle and you want to take a hill, this is the team you want around you." (http://www.crystallex.com/media/jtapr5-00.html)

Diese internationale Konkurrenz- und Wettkampfsituation schlägt sich auf der nationalen und lokalen Ebene der Bergbaustandorte in Abwehrhaltungen gegen z.B. Umwelt- und Sozialauflagen, aber auch in rigiden Haltungen gegenüber Raumnutzungskonkurrenten nieder.

126 Auch australische Bergbaukonzerne sind mit einer zunehmenden Reglementierung ihrer Tätigkeiten konfrontiert.

## 4.3 Umsetzungen auf lokaler Ebene: Die Konzession Albino 1

Auch aus der Feldbegehung der Konzession Albino 1, den vor Ort geführten Interviews und einem Geschäftsbericht von CRYSTALLEX (1997) lassen sich interessante Aufschlüsse über zugrundeliegende Umwelt-, Raum- und Naturbilder der Mitarbeiter extrahieren. Auf Grund fehlender Fachkenntnisse und eigener Laboranalysen dürfen allerdings keine spezifischen Aussagen über die chemischen und physikalischen Umweltwirkungen der Goldgewinnungs- und Goldscheideverfahren, die in Albino 1 eingesetzt werden, erwartet werden. Der Beobachtungsschwerpunkt liegt weiterhin auf den Informationsinhalten und Repräsentationstechniken von offiziellen und halb-offiziellen Berichten, sowie auf der Frage, in welchen Bereichen sich Brüche, Widersprüche und Ausblendungen häufen.

*Relative Lage*

Die 500 ha große Konzession Albino 1 liegt drei Kilometer westlich von KM 88, in den südwestlichen Ausläufern der *Reserva Forestal Imataca.* Damit gehört sie zu dem Bergbauareal um Las Claritas (vgl. Kap. II-2), das sowohl als extrem gold- als auch als extrem konfliktträchtig gilt, da der Zugang zu den Bodenschätzen sowohl von einer Vielzahl (trans) nationaler Konzerne als auch von informellen *Mineros* beansprucht wird (vgl. Karte 19). Trotz der räumlichen Nähe zu den *Minero*-Siedlungen KM 88 und Las Claritas heißt es in der Umweltstudie für Albino 1, dass die Konzession im Norden an die Konzession Cristina 5 und im Süden an die Konzession Carabobo angrenze. Im Osten läge die Konzession Bizkaitarra und ungenutztes Staatsland und im Cristina 4 sowie ebenfalls ungenutztes Areal (AMCONGUAYANA 1993: 10). Die großflächigen Waldrodungen und devastierten Bergbauflächen des Areals gehen - wie in dem Interview mit Führungspersonal von Crystallex betont wurde - auf den informellen Bergbau zurück, der sich hier lange vor der Niederlassung (trans)nationaler Konzerne wie Crystallex, Bizcaitarra oder Placer Dome angesiedelt hat. An der Bundesstraße 10 gelegen, gelten die Bergflächen um Las Claritas tatsächlich als einer der wichtigsten Agglomerationen des informellen Bergbaus. Ob das gesamte Gebiet tatsächlich ursprünglich auf informelle *Mineros* zurückgeht oder ob Teile auch von industriellen Unternehmen erschlossen wurden - wofür die immense Flächenausdehnung, die Gemengelage informeller und industrieller Bergbaustandorte sowie der infrastrukturelle Ausbau sprechen - konnte nicht geklärt werden.

Mit Sicherheit lässt sich jedoch sagen, dass in einigen Fällen industrielle Bergbauunternehmen Konzessionsrechte von *Minero*kooperativen und mittelständischen Unternehmen aufgekauft und Erschließungsmaßnahmen durchgeführt haben.

**Karte 19: Relative Lage der Konzession Albino 1**

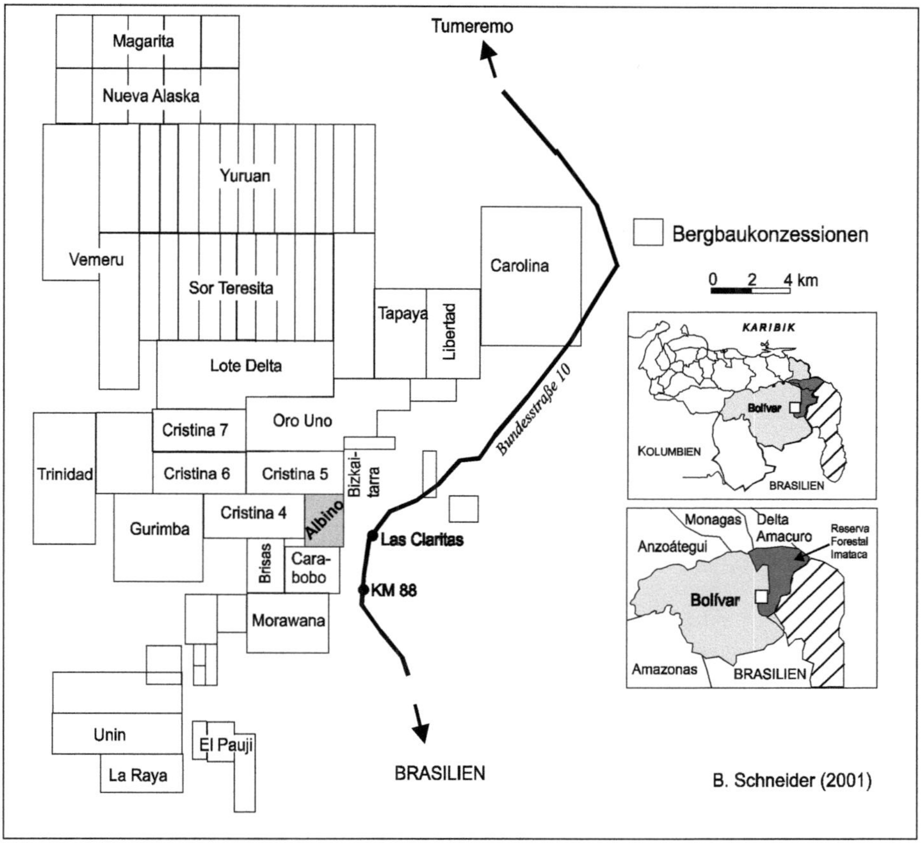

Auch die Rechte an Albino 1 wurden Crystallex nicht vom Energie- und Bergbauministerium erteilt, sondern von einem Familienunternehmen übernommen. Als Besitzer von Albino 1 ist das mittelständische Unternehmen Minera Albina in staatlichen Registern verzeichnet, das bereits vor der Übernahme über alle Genehmigungen verfügte. Während des Feldforschungsaufenthaltes 1997 wurde das Gold im Tagebauverfahren abgebaut. Die geplante Überführung in eine Untertagemine, die nach Veröffentlichungen im Internet (http://www.crystallex.com/property.-html.venez) ansteht, wurde während der Felderhebungen nicht erwähnt. Bei der Besichtigung der Konzession wurde mir zunächst der *Open pit* gezeigt, der auf fünf Treppen 40 Meter tief bis auf das Ausgangsgestein reicht. Das Fotografieren dieses rund 10 ha großen Erdaushubs war allerdings streng verboten. Während man den *Open Pit* auf der einen Seite als erfolgreiche technische Leistung repräsentierte, war man sich auf der anderen Seite der möglichen Kritik an der Umwelttransformation durchaus bewusst.

*Exploitations-umfang*

Täglich werden bis zu 200 Tonnen Gesteinsmaterial abgebaut und in zwei industriellen Gesteinsmühlen auf Sandkorngröße zerkleinert. Die Goldtrennung erfolgt in einer Zyankalianlage auf dem Konzessionsgelände. Auf eine Tonne Abraum werden 1,2 Kilo Kalk zur Erreichung eines optimalen PH-Wertes sowie für die Bindung des Goldes Aktivkohle und 750 Gramm Zyankalilösung injiziert. Aus diesen Angaben lassen sich ein Abraum von ca. 60.000 Tonnen sowie ein Zyankalieinsatz von ca. 450 Tonnen pro Jahr abschätzen. Durch Elektrolyse wird das Gold aus dem Kohlekonglomerat extrahiert. Das zyanidhaltige Abwasser wird mit Kalk und Hydrochlorid neutralisiert und in einem 1 ha großen Auffangbecken gelagert. Restbestände an Zyaniden belaufen sich auf 20 Teile pro eine Million Wasseranteile. Dieser Restgehalt wird nach Aussagen der Cristallex-Mitarbeiter durch Sonneneinstrahlung zersetzt.

Während der Führung wurde mehrmals hervorgehoben, dass mit dem Einsatz von Sprengmaterial und Baggern erheblich mehr Gesteinsmaterial abgebaut werden kann als durch die *Chupodores,* die von informellen *Mineros* eingesetzt werden. Und mit den Chemikalien werden 40 bis 50% mehr Gold aus dem abgebauten Gestein extrahiert als bei einer physikalischen Gravitationsmethode. Insgesamt werden 80 bis 90% des enthaltenen Goldes aus dem Gesteinsmaterial extrahiert. Während der Betriebsbesichtigung wurde mir mitgeteilt, dass 1996 565 Kilo Gold produziert worden seien. Offiziell wurden allerdings nur 140 Kilo deklariert (EMPRESA MINERA ALBINO C.A. 1997: 27). Welche Zahl stimmt, muss offen bleiben. Aber die Spanne der Produktionszahlen macht stutzig. Aus dem Jahresbericht von Minera Albino geht hervor, dass die monatliche Goldproduktion trotz des hohen technischen Standards der Anlage enormen Schwankungen unterlag (siehe Abb. 30). Die durchschnittliche Produktion von 12 Kilo Gold pro Monat bleibt sogar hinter der Monatsproduktion der informellen *Mineros* in Nuevo Callao (vgl. Kap. IV-6) zurück. Auch die an den Staat abgeführte Abbausteuer erreichte bei einem monatlichen Durchschnittswert von 1300 US-Dollar nur einmal im April einen Spitzenwert von 3300 US-Dollar.

Ebenfalls abweichend von den Angaben in der Verwaltungszentrale, dass in Albino 110 Mitarbeiter eingestellt seien, wurden vor Ort 160 Mitarbeiter (davon 7 Ingenieure) angegeben. Im Geschäftsbericht sind für den 15. Januar 1997 dagegen nur 85 Mitarbeiter aufgeführt. Diese widersprüchlichen Zahlenangaben werfen natürlich Fragen hinsichtlich der Glaubwürdigkeit von mündlichen Informationen und Geschäftsberichten auf, sie dekonstruieren aber v.a. die Aussagekraft und den Wahrheitsgehalt veröffentlichter Firmeninformationen sowie die Bedeutung, die den arbeitsmarktpolitischen Effekten des industriellen Bergbaus in öffentlichen Statements von den Repräsentanten (trans)nationaler Unternehmen zugesprochen wird.

**Abb. 30: Monatliche Goldproduktion und Exploitationssteuern der Konzession Albino 1**

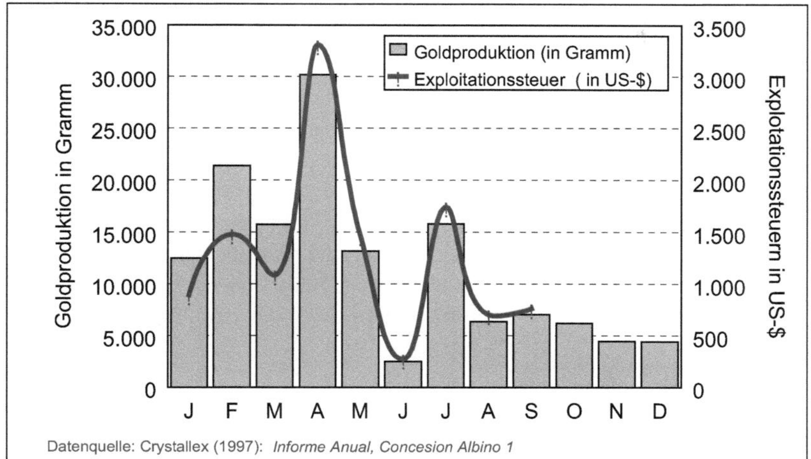


Datenquelle: Crystallex (1997): *Informe Anual, Concesion Albino 1*

Die Betriebsbesichtigung ging auf den Rekultivierungsflächen weiter. Zu den Rekultivierungsflächen gehört ein ca. ein Hektar großes aufgegebenes Bergbauareal, auf dem natürliche Sukzessionsabfolgen ohne anthropogene Eingriffe beobachtet werden, eine kleine Baumschule sowie fünf Hektar Aufforstungsflächen. Für die Aufforstungen sind ein Agraringenieur und drei Hilfskräfte eingestellt. In der Baumschule stehen ca. 4000 autochthone und allochthone Pflanzen (Caoba, Pomalaca, Acacia, Caro-Caro) zur Anpflanzung bereit. 1996 wurden rund 200 Bäume ausgesetzt, deren Zwischenräume zum Erosionsschutz mit Gras und niedrigwüchsigen Büschen begrünt sind. Obwohl sich auf einer Aufforstungsfläche aus dem Jahr 1994 kein Höhenwachstum einstellte und nur mäßige Anwuchserfolge verzeichnet werden konnten, bezeichnete der für die Aufforstungen zuständige Agraringenieur die Böden als gut und nannte eine forstliche Nutzung als realisierbares Ziel der Aufforstungsmaßnahmen. Mit Sicherheit auftretenden Probleme mit toxischen Anreicherungen von Aluminium- und Eisenoxiden, die geringen Wasserbindungskapazitäten sowie der geringe Fertilitätsgrad der sauren Residualböden blieben unerwähnt.

*Aufforstungs-aktivitäten*

Der Enthusiasmus der Mitarbeiter, die mit den Rekultivierungsmaßnahmen beschäftigt waren, stand in deutlichem Gegensatz zu Äußerungen der Mitarbeiter der bergbaulichen Abteilung. Dort wurde nicht nur die Frage nach dem Auslaufen von Flüssigkeit aus einem porösen Schlauch der Zyankalianlage mit den Kommentaren abgetan, dass die Zyanidkonzentrationen extrem gering seien, es sich vermutlich sowieso nur um einen zyankalifreien Kühlwasserschlauch handle und Reparaturarbeiten längst vorgesehen seien. Mit der Aussage "*la protección ambiental es un saludo á la bandera*" wurde auch sehr offen formuliert, dass die ökologischen Aktivitäten des Projekts lediglich ein Gruß an den Staat seien.

*Umweltschutz als Gruß an die venezolanische Flagge*

Aufforstungsumfang und die Investitionen in Rekultivierungsmaßnahmen bestätigen diese Aussage. Den fünf Hektar Aufforstungsflächen stehen nicht nur das Zehnfache an bebauten und infrastrukturell erschlossenen Arealen, Bergbaugruben, Abraumhalden und devastierten Waldflächen gegenüber. Ein Investitionsplan aus dem Jahr 1993 sieht für Umweltprogramme und Rekultivierungsmaßnahmen auch nur knapp 5% der Gesamtkosten vor (Tab. 35). Unter der Voraussetzung, dass die veranschlagten Kosten von 335.250 US-$ für Umweltprogramme jedes Jahr eingesetzt werden, lässt sich für Umweltmaßnahmen während der Betriebszeit der Anlage ein prozentualer Anteil von 2,8% an der prognostizierten Nettogoldproduktion in Höhe von 50 Mio. US-Dollar für den Zeitraum 1993 bis 1997 (AMCONGUAYANA 1993: 84) errechnen.

**Tab. 35: Investitionsplan für Albino 1 (1993)**

| **Investitionsplanung** | **US-Dollar** | **Prozentanteil** |
|---|---|---|
| Geologisch-bergbauliche Studien | 750.000 | 10,65 |
| Förderkosten | 360.000 | 5,11 |
| Mineraltransport | 150.000 | 2,13 |
| Laboranlagen | 100.000 | 1,42 |
| Metallurgische Proben | 50.000 | 0,71 |
| Flotations- und Zyanidanlage | 3.555.000 | 50,50 |
| Materialien | 150.000 | 2,13 |
| Abraumhalden | 50.000 | 0,71 |
| Konstruktion und Montage | 300.000 | 4,26 |
| Fahrzeuge | 100.000 | 1,42 |
| Geschäftsführung und Controlling | 250.000 | 3,55 |
| Arbeitskosten | 250.000 | 3,55 |
| Umweltprogramme und Flächenrekultivierung | 335.250 | 4,76 |
| Monetäre Entwertungen und Amortisationen | 640.000 | 9,09 |
| **Total** | **7.040.250** | **100,00** |

Datenquelle: AMOCONGUAYANA (1993: 29)

## 4.4 Zusammenfassung: Betriebsinterne Umsetzungen des Nachhaltigkeitsgedankens

Die Gespräche mit Mitarbeitern des Unternehmens Crystallex stehen exemplarisch für eine Vielzahl von Gesprächen und Interviews, die in anderen Unternehmen geführt wurden. Sie demonstrieren, dass der Blick hinter Internetseiten und Firmenbroschüren das dort sorgfältig gezeichnete Bild des nachhaltigen Bergbaus schnell dekonstruiert.

**Nicht nur, dass die Übertragung des Nachhaltigkeitsdiskurses auf nicht erneuerbare Ressourcen an sich absurd ist und jegliche industrielle Inwertsetzung natürlicher Ressourcen massive Umweltveränderungen bedingt. Gespräche mit dem Führungspersonal und Arbeitern (trans)nationaler Unternehmen zeigen darüber hinaus, dass ökologische Aktivitäten von einzelnen Mitarbeitern zwar engagiert betrieben werden, Umwelt- und Sozialfragen innerhalb des allgemeinen Bergbaubetriebs aber nur eine marginale Rolle zukommt.**

Dass Naturschutzmaßnahmen in profitorientierten Unternehmen als Verwertungshindernisse für die Ressourcen gelten, auf die das wirtschaftliche Interesse ausgerichtet ist, ist keine neue Erkenntnis. Eklatant sind jedoch die extrem ablehnenden Einstellungen zu ökologischen, regionalpolitischen und sozialen Aktivitäten, die in den Gesprächen geäußert wurden. Vor dem Hintergrund, dass der sozialräumliche Kontext auf die Verwertbarkeit seiner Ressourcen für wenige (trans)nationale Konzerne reduziert, regional- und sozialpolitische *outputs* sich auf punktuelle, willkürliche Einzelmaßnahmen beschränken und dem Umweltschutz die Funktion eines Grußes an den Staat zugesprochen wird, erschließt sich auch die repräsentative Funktion der kleinflächigen und ohne Erfahrungshintergrund realisierten Baumschulen und Aufforstungsmaßnahmen.

## 5. Fallbeispiel Placer Dome und Greenwich: Neue Formen der Konfliktlösung unter Beibehaltung alter Machtlogiken

Während Crystallex unter *Mineros* als ein Unternehmen mit sehr rigiden Einstellungen und Maßnahmen gegenüber dem informellen Bergbau gilt, gehen die Meinungen über die transnationalen Konzerne Greenwich und Placer Dome auseinander. Beide Unternehmen suchen direkte Kontakte mit *Minero*kooperativen und Kommunalverwaltungen sowie friedliche Konfliktlösungen. In Interviews zeigten sich die Führungsebenen kooperativ und auskunftswillig. Geschäftsberichte, Studien, Karten usw. wurden bereitwillig zur Verfügung gestellt. Mehrmals erfolgte eine aktive Kontaktaufnahme durch die Unternehmen. Auf der einen Seite ließen Mitarbeiter beider Unternehmen, gesichtete Dokumente und Schriftwechsel ein ernsthaftes und z.T. persönlich motiviertes Engagement für den informellen Bergbau sowie eine detailliertere Sichtweise des sozialräumlichen Kontextes erkennen. Auf der anderen Seite sind die Angebote, mit *Mineros* und externen Wissenschaftlern zu kooperieren, zweifelsohne auch Unternehmensstrategien, die der Imagepflege und der Reduzierung der politischen Kosten der Bergbauprojekte dienen sollen[127].

[127] Internationale NGOs, die sich gegen den industriellen Bergbau engagieren, machen darauf aufmerksam, dass es eine Beschwichtigungsstrategie internationaler Großkonzerne ist, mit einzelnen Projektgegnern zu kooperieren, um einen breiten Widerstandskonsens zu zerreißen (vgl. ROHR 2000). Auch die transnationale Bergbauindustrie diskutiert die Kooperation mit Projektgegnern zur Reduzierung der politischen Kosten durchaus offen (vgl. DAVIS 1999). HUNPHREYS (2000) vertritt darüber hinaus die These, dass (trans)nationale Bergbaukonzerne partizipative Kooperationen mit lokalen Gemeinden nicht nur suchen, um gewalttätigen Widerstand gegen lokale Bergbauprojekte zu vermeiden und politische Kosten zu reduzieren, sondern auch um sich Wettbewerbsvorteile auf dem internationalen Verbrauchermarkt zu sichern. Kritische Verbraucher und NGOs, die nicht mehr nur in der Nahrungsmittelbranche, sondern auch im Edelsteinbereich Informationen über die ökologischen und sozialen Produktionsbedingungen der von ihnen nachgefragten Waren fordern, gingen auf der Suche von Wettbewerbsvorteilen längst in die strategischen Überlegungen (trans)nationaler Bergbauunternehmen ein. Für die These, dass der zunehmende Druck von Umwelt- und Menschenrechtsorganisationen sich in veränderten Unternehmensstrategien niederschlägt, spricht, dass immer mehr Bergbauunternehmen die Nachhaltigkeit ihrer Wirtschaftsstandorte- und aktivitäten propagieren und sich Selbstkontrollen des Bergbauindustrie wie z.B. dem *Dow Jones Sustainability Index* (siehe: http://indexes.-dowjones.com/djsgi/index.html) unterwerfen.

Inwieweit es sich bei den angewandten Konfliktlösungsstrategien um bewusst eingesetzte Instrumente handelt, die zur Zersplitterung gegnerischer Umwelt- und *Minero*gruppen eingesetzt werden, wie Kritiker des industriellen Bergbaus argumentieren, kann hier auf Grund fehlender Einblicke in Unternehmensinterna nicht diskutiert werden. **Auf Grund der empirischen '*black box*' interner Werte und Intentionen kann es im Folgenden nur darum gehen, Interessenkonflikte und die Ausgestaltung der Konfliktlösungsbemühungen deskriptiv darzustellen sowie zu zeigen, dass die verfolgten Ansätze und Strategien letztlich auch unabhängig von den Intentionen extrem konfliktbehaftet sind.**

Eingebettet in die politisch-ökologische Forschungsperspektive kommt in der Analyse des Konfliktmanagements v.a. die soziologische Analysekategorie 'Macht' zum tragen. Auch wenn 'Macht' eine analytisch schwer fassbare Kategorie ist, nimmt sie in politisch-ökologischen Analysen eine elementare Rolle für die Erklärung von Umweltveränderungen ein (vgl. BRYANT 1997 sowie die Ausführungen zum Machtbegriff in Kap. I-7). Entscheidend für die Identifizierung von Machtasymmetrien sind zwei Fragenkomplexe. Erstens: Wie manifestiert sich Macht in den konkreten Fallbeispielen, welche Akteure werden systematisch begünstigt und wie erreichen die Begünstigten diese Vorteile? Zweitens: Welche allgemein gültigen Aussagen lassen sich abstrahieren? Das heißt, es geht nicht primär darum, in welchen Bereichen sich gegenwärtige Machtasymmetrien manifestieren, sondern um die Bedingungen und Strategien, die diese Machtasymmetrien generell und damit auch in Zukunft verfestigen.

## 5.1 *Global Players* als Konfliktursache und Agenten der Konfliktlösung

*Placer Dome*

Placer Dome ist ein kanadisches Unternehmen, das zu den größten Bergbaukonzernen der Welt zählt. Abbaustandorte liegen in Kanada, den USA, Australien, Papua Neuguinea, Chile und Venezuela. In Venezuela verfügt Placer Dome über rund 9000 ha Konzessionsflächen. Über seine Tochtergesellschaft Placer Dome Venezuela hält das transnationale Unternehmen 70% der Aktien des Unternehmens Minera Las Cristinas, C.A. (MINCA). 30% sind in Besitz der CVG. MINCA unterliegen die Nutzungsrechte an der bei Las Claritas gelegenen Konzession Las Cristinas (vgl. Karte 19), die zu den goldträchtigsten Konzessionen Venezuelas zählt. Die Goldreserven werden auf über 10 Mio. Unzen und eine jährliche Produktion von 530.000 Unzen für die ersten 10 Jahre geschätzt.

Nachdem MINCA in einem umstrittenen Gerichtsverfahren[128] 1998 die Nutzungsrechte zugesprochen wurden, stellte das Unternehmen seine Aktivitäten Mitte 1999 allerdings wegen des niedrigen Goldpreises auf dem Weltmarkt vorläufig ein. Die Nutzungsrechte an Las Cristinas hält Placer Dome aber weiterhin.

> "The site is on care and maintenance, with expenditures minimized consistent with securing the assets and providing for certain social needs in the surrounding communities. The suspension defers capital expenditures of about $500 million and postpones gold production of 530,000 ozs. per year. Placer Dome remains confident in the future of Venezuela and in the project. It is MINCA's intention to resume construction of the mine when the metal price outlook indicates an appropriate return on the project." (http://www.placerdome.com/properties/index.asp).

Placer Dome gilt wegen zahlreicher Konflikte und Widerstandsbewegungen gegen seine Standorte in anderen Ländern als erfahren in Auseinandersetzungen mit Umweltgruppen und regionalen Widerstandsbewegungen (FIAN v.J:). In Gesprächen mit *Mineros* in Venezuela wurde dem Konzern mehrmals vorgeworfen, dass er ungeregelte administrative Zuständigkeiten staatlicher Behörden und Lücken in der Gesetzgebung bewusst auslote und ausnutze. Insbesondere erpresse Placer Dome den Staat mit Drohungen, seine Investitionen in Venezuela (die die Möglichkeiten von Crystallex bei weitem überschreiten) ganz einzustellen, wenn Placer Dome die Nutzungsrechte an Las Cristinas nicht zugesprochen bekommen würde.

*Greenwich*

Greenwich Resources Venezuela ist ein Bergbauunternehmen mit holländischer, englischer und kanadischer Kapitalbeteiligung. *Shareholders* sind u.a. mit Broken Hill Projekt (BHP) einer der größten australischen Bergbaukonzerne sowie Bard Silver. Greenwich hat mit der CVG Verträge über die Areale Acarigua 1 bis 3, Las Flores und Increible 14 abgeschlossen, deren Gesamtsumme 20.000 Hektar beträgt. Hinzu kommen die MEM-Konzessionen Botanamo 1 (500 ha) und Botanamo II (2000 ha). In den Botanamo-Konzessionen befindet sich Greenwich in Nutzungskonflikten mit informellen *Mineros*, die Teilgebiete der Konzessionen besetzt haben und z.T. ebenfalls eine Legalisierung ihrer Nutzungsansprüche von staatlichen Gremien einfordern (siehe Fallbeispiele Nuevo Callao und Botanamo).

[128] 1997 befand sich Placer Dome mit Crystallex in einem Gerichtsverfahren über die Konzessionsrechte an Las Cristinas. Crystallex begründete seine Nutzungsansprüchen mit Verträgen des Unternehmens Inversora Mael, das die Konzessionsrechte von Ramon Torres übertragen bekommen hatte. Torres hatte die Rechte 1986 von Withney Culver de Lemon, die sich auf eine staatliche Schenkung aus dem Jahr 1964 berufen konnte, für rund 7000 US-Dollar gekauft. Der Handel zwischen Culver de Lemon und Torres war von Culvers Rechtsanwalt getätigt und unterschrieben worden. Culver bestritt die Rechtskräftigkeit dieser Übertragung, da sie nicht informiert worden sei und sie Torres bereits vor Vertragsabschluss die Vertretungsvollmacht entzogen habe. In einem Gerichtsverfahren bekam sie Recht und der Vertrag zwischen Torres und ihrem Anwalt wurde annulliert. Ein von Inversora Mael angestrebtes Berufungsverfahren wurde später zurückgezogen. Nach dem Tod von Frau Culver de Lemon gingen die Konzessionsrechte, da sie keine Erben hinterließ, wieder an den venezolanischen Staat, wo sie von Placer Dome neu beantragt wurden.

Sowohl MINCA als auch Greenwich treten als kleinere Holdinggesellschaften global agierender Bergbaukonzerne[129] auf. Beide Unternehmen sind in Muttergesellschaften, deren Standorte weltweit gestreut sind, eingebunden und verfügen in Venezuela über Nutzungsrechte an einer Vielzahl von Konzessionen. **Diese Zugehörigkeit zu den *non-place-based-actors* ist zentral, weil sie ein strukturelles Problem im Konfliktmanagement der beiden Unternehmen beinhaltet**: Die Akteure, deren Flächennutzungsansprüche und Raumwirkungen im Kreuzfeuer der Kritik regionaler *Minero*bewegungen und internationaler Umweltgruppen stehen, treten gleichzeitig als zentrale Akteure des Konfliktmanagements auf. Hieraus leitet sich wiederum eine nicht unproblematische Auswahl der Konfliktdimensionen, die gelöst werden sollen, sowie der eingesetzten Konfliktlösungsinstrumente ab.

## 5.2 Enträumlichte Konfliktlösungsstrategien

Die Bereitschaft von Placer Dome, Flächennutzungskonkurrenzen mit dem informellen Bergbaus nicht konfrontativ auszutragen, sondern kooperativ zu lösen, spiegelt sich u.a. in finanziellen Unterstützungen für angrenzende Gemeinden, die über sporadische Zuschüsse hinausgehen (vgl. Tab. 36), sowie in gemeinsamen Projekten mit *Mineros*. Über die finanziellen Zuwendungen hinaus hat Placer Dome umfassende Sozialstudien regionaler Siedlungen durchgeführt (VENECONSULTORES & DATANALYSIS 1994) und eine Stelle für einen Konfliktmanager eingerichtet, der als Ansprech- und Koordinationspartner für Gemeinden und Kooperativen des informellen Bergbaus fungiert.

*Modellprojekt Las Rojas*

Auf dem Konzessionsgelände von La Cristinas engagiert sich Placer Dome seit 1989 in dem Modellprojekt ***Las Rojas***, in dem auf einem ca. 50 ha großes Areal verbesserte Abbautechniken für und mit dem informellen Bergbau entwickelt werden. Das Ziel der Lehranlage ist die Umsetzung eines organisierten und kontrollierten Abbaus des Goldes unter den Arbeitsbedingungen des informellen Bergbautyps. In den Anfängen wurde versucht *Mineros* im Umgang mit modernen, großen Geräten zu schulen, aber nach wenig erfolgreichen Erfahrungen ist man wieder zu dem Einsatz von traditionellen Geräten des informellen Bergbaus übergegangen. Dabei wird zwar weiterhin Quecksilber eingesetzt, aber es wird nicht mehr in die Gesteinsmühle gegeben (siehe Kap. IV-3), sondern es kommt im Anschluss an den Prozess der Gesteinzerkleinerung konzentriert zum Einsatz.

[129] Im Gegensatz zu Greenwich, bei dem die internationalen Kapitalgesellschaften selten genannt werden, ist im Fall von Las Cristinas der Name Placer Dome in der Region geläufiger als MINCA. In Anpassung an diese regionale Akteursbenennung wird auch hier einmal das auf lokaler Ebene aktive Unternehmen genannt (Greenwich) und einmal die geographisch weit entfernte Muttergesellschaft (PlacerDome).

**Tab. 36: Subventionen von MINCA/Placer Dome für die sozialräumliche Entwicklung um Las Claritas (in US-Dollar)**

| | **1996** | **1997** |
|---|---|---|
| **Unterstützung medizinischer Einrichtungen** | | |
| Fixe Arbeitskosten für Ambulanzpersonal | 3377 | x |
| Sporadische Unterstützungen | 2496 | x |
| Arzneimittel und medizinische Ausrüstung | 6293 | 9370 |
| Reparaturkosten | 52434 | |
| Einmaliges Angebot einer präventiven medizinischen Konsultation, an der 106 *Mineros* teilgenommen haben | | 729 |
| AIDS-Aufklärungskampagne | | 1562 |
| **Unterstützung von Ausbildungseinrichtungen** | | |
| Spenden an regionale Schulen | 6293 | x |
| Erwachsenenbildung | 3671 | in Planung |
| 2 Erste-Hilfe-Kurse | - | in Planung |
| Workshops für Kleinunternehmer | - | in Planung |
| Räumliche Erweiterung einer Schule in Nuevas Claritas | x | in Planung |
| Beratung und finanzielle Unterstützung von Kleinunternehmen (Hühnerfarm, öffentliche Beleuchtung, Schneiderei, ...) | x | |
| **Ausbau der Infrastruktur** | | |
| Elektrizitätsversorgung angrenzender Gemeinden | x | |
| Ausbau der Wasserzufuhr und Kanalisation | x | |
| | **74.564** | **11.661** |

Die Liste ist nicht vollständig. Erstens konnten nicht für alle Aktivitäten Summen genannt werden (x). Zweitens war das Jahr 1997 zum Zeitpunkt der Befragung noch nicht abgelaufen. Schätzungen der Gesamtsumme für 1997 beliefen sich auf 100.000 US-Dollar.
Quellen: MINERA LAS CRISTINAS (1997), mündliche Informationen CARTAYA (Konfliktbeauftrager bei MINCA).

Auch nach der Einstellung des großindustriellen Projekts 1999 setzt Placer Dome die Zusammenarbeit mit *Mineros* fort. Das Projekt geht auf eine Initiative von Jeffrey Davidson zurück. Davidson, der im Direktorium von Placer Dome sitzt, hat vor seinem Bergbaustudium Anthropologie studiert, so dass eine rein ökonomische Begründung seines Engagements zu kurz greifen würde. Aber betriebspolitische Überlegungen spielen durchaus eine wichtige Rolle für das Projekt Las Rojas. Das Material des Areals, in dem Las Rojas lokalisiert ist, ist gangförmig und damit wenig geeignet für den großindustriellen Bergbau. Auch ist die Fortsetzung von Las Rojas nach Einstellung der industriellen Aktivitäten weder isoliert von dem Druck von seiten der *Mineros* und der venezolanischen Regierung zu betrachten noch von Zukunftserwartungen, dass sich der Goldpreis wieder auf einem höheren Niveau stabilisiert und damit eine industrielle Erschließung von Las Cristinas wieder rentabel wird. Denn Placer Dome sichert sich weiterhin die Rechte an Las Cristinas, so dass das Unternehmen seine Zugriffsinteressen bei veränderten Rahmenbedingungen jederzeit wieder realisieren kann.

*Veränderte Wahrnehmungen des Sozialraums*

Die unmittelbaren Kontakte und Projekte mit Akteuren des informellen Bergbaus setzen eine Sichtweise voraus bzw. bedingen eine Sichtweise, in der informelle *Mineros* nicht mehr nur als Störfaktoren wahrgenommen werden. Auch öffnet sich für Mitarbeiter (trans)nationaler Bergbaukonzerne der Blick auf z.T. nicht intendierte sozialräumliche Auswirkungen ihrer Wirtschaftsaktivitäten. So heißt es in der Zusammenfassung einer von Placer Dome in Auftrag gegebenen Sozialstudie:

> "After 25-30 years of residency and mining activity, the majority of the populations surrounding Las Cristinas (Bolívar State, Venezuela), an area now given by contract to Minera Las Cristinas - MINCA - were relocated in a traumatic way and up to this day their basic needs have not been fulfilled in a satisfactory way by the corresponding authorities (C.V.G. per instance). [...] This situation generates rejection towards the establishment of international mining companies which, when associated with C.V.G., are considered locally responsible for the situation and its social impact." (CARTAYA 1995: 1)

Die Verantwortung für sozialräumliche Entwicklungen und Fördermaßnahmen wird zwar prinzipiell weiterhin beim Staat verortet. Trotzdem werden in einer Bestandsaufnahme der sozialräumlichen Strukturen neben dem niedrigen Ausbildungsstand der regionalen Bevölkerung, den defizitären Wohnverhältnissen, den besonderen Gesundheitsrisiken (Malaria, parasitäre Erkrankungen, usw.) und dem Mangel an alternativen Beschäftigungsmöglichkeiten außerhalb des traditionellen Bergbaus auch der Verlust von traditionellen Schürfgebieten durch den industriellen Bergbau genannt. Auffällig ist auch die Wortwahl, da nicht von illegalem, sondern von traditionellem Bergbau die Rede ist. Die implizit enthaltene Anerkennung historisch begründbarer Flächennutzungsansprüche der *Mineros* schlägt sich auch inhaltlich nieder, indem *Mineros* nicht mehr ignoriert oder diffamiert werden, sondern als Kooperationspartner betrachtet werden.

> "Industrial activities in the area that do not take into account these circumstances could intensify some of the existing negative conditions. To restrict the access to the artisan mining areas without taking into consideration valid alternatives for the survival of the miners could leave thousands of people without their daily income. [...] Therefore it is necessary and convenient to include **a coherent group of strategies and action that form The Socioeconomic Program**, validated permanently <u>with</u> the communities close to Las Cristinas, supporting the participation of other institutions with responsibilities or experience in the matter (City Hall, CVG, Mining and Energy Ministry, NGO's, etc.)." (CARTAYA 1995: 2, Herv. i. Orig.)

Eine Konsequenz dieser differenzierteren Wahrnehmung ist, dass sozialräumliche Effekte der eigenen Wirtschaftsaktivitäten nicht mehr nur positiv gesehen werden, sondern positive und negative Auswirkungen gegenübergestellt und Maßnahmen zur Reduzierung der negativen Auswirkungen diskutiert werden (vgl. Tab. 37).

**Tab. 37: Sozialräumliche Auswirkungen des industriellen Bergbauprojekts Las Cristinas**

| **Positive Effekte** | **Negative Effekte** | **Ansätze zur Reduzierung der negativen Auswirkungen** |
|---|---|---|
| Generierung von Arbeitsplätzen | Erhöhung des lokalen Preisniveaus | Preisverhandlungen mit lokalen Anbietern, Förderung lokaler Produzenten |
| Verbesserung der lokalen Einkommenssituation | Erhöhung des externen Arbeitspersonals während der Konstruktionsphase | Ausschließliche bis bevorzugte Einstellung von lokalem Personal |
| Ausbildungsprogramme | Immigration der Familien externer Arbeiter | Arbeiter davon abhalten ihre Familien mit zu nehmen, Fördermaßnahmen in Herkunftsgebieten |
| Kultureller Austausch zwischen externen Arbeitern und den regionalen Kommunen | Überbeanspruchung der kommunalen Dienstleistungen und Geschäfte durch Arbeiter von Las Cristinas | Ausbau von Dienstleistungen und der Geschäftsstruktur in Kommunen, Schaffung eigener Ressourcen um Nutzung der gegebenen Geschäfte und Dienstleistungen zu reduzieren |
| Ausbau der öffentlichen Dienstleistungen | Zunahme von Alkoholismus, Prostitution, Glücksspielen und unerwünschten Schwangerschaften (unverantwortliche Väter) | Restriktion des Gebrauchs privater Fahrzeuge, Alkoholverbot innerhalb des Arbeitscamps, Unterstützung lokaler Gesundheitsprogramme, permanente medizinische Versorgung im Camp |
| Workshops für Management- und Entwicklungsplanung auf kommunaler Ebene | Kultureller Druck auf indigene Gemeinschaften | Gewährung von Hilfeleistungen, gleiche Arbeitsbedingungen für Indigene, Ausbildungsprogramme für nicht-indigene Arbeiter, um Respekt für indigene Gemeinschaften zu erzeugen. Gesetze für Indigene sind zu befolgen. |
| Programme für informelle *Mineros* | Anstieg der lokalen Kriminalität | Unterstützung lokaler Autoritäten, Ausbildungsprogramme, Sport- und Kulturaktivitäten, vorsichtige Einstellung der Arbeiter und Verhaltenskontrollen |
| Elektrizitätsversorgung für umliegende Gemeinden aus der nicht vollständig ausgeschöpften Stromkapazität von Las Cristinas | Übermäßiger Konsum von Waren und Dienstleistungen | Ausbildung und Programme für Sparmaßnahmen. (Allerdings muss angemerkt werden, dass die ökonomische Situation des Landes Sparmaßnahmen nicht stimuliert.) |
| Unterstützung klein- und mittelständischer Unternehmen | Zunahme der Korruption | Transparenz des Unternehmens und seiner Aktivitäten. Offene Kommunikationspolitik |
| | Zunahme des Verkehrs | Steuererhebungen für Fahrzeuge Respektierung der Verkehrsgesetze, Unterstützung der Infrastruktur |
| | Zunahme der ökonomische Schwierigkeiten der lokalen Bewohner | Ausbildungsprogramme |
| | Expertenabzug aus anderen Regionen | Vorsichtiges Vorgehen bei Neueinstellungen |
| | Negative Auswirkungen auf Familieneinheiten der Arbeiter aus externen Regionen | Sozialprogramme für Familien, gute Transportmöglichkeiten für das Personal. |

Quelle: CARTAYA (1995: 3ff). Zur besseren Übersicht wurden leichte Veränderungen vorgenommen.

Die Liste sozialräumlicher Effekte (trans)nationaler Industrieunternehmen im Bundesstaat Bolívar ist aus vielerlei Hinsicht interessant. Erstens werden negative Auswirkungen von einem Unternehmen selbst thematisiert sowie Gegenmaßnahmen angedacht. Als ein Akteur, der weltweit im Kreuzfeuer engagierter Umweltgruppen und NGOs steht, ist Placer Dome offensichtlich für die Kritik an (trans)nationalen Bergbauprojekten sensibilisiert und reagiert aktiv.

*Externalisierung der Probleme*

Negative Auswirkungen sollen mit Ausbildungsprogrammen, Subventionen und veränderten Unternehmenspolitiken reduziert werden. **Unabhängig von der Intention und der Frage, ob es sich hier um ernsthafte oder oberflächliche Ansätze handelt, offenbart Tabelle 41, dass die negativen Auswirkungen industrieller Bergbauunternehmen weitgehend außerhalb der Managementkapazitäten von Placer Dome verortet werden:** Die angestrebte Einstellung lokaler Arbeiter scheitert i.d.R. an dem niedrigen lokalem Ausbildungsniveau. Die Erhöhung des lokalen Preisniveaus durch die Niederlassung zahlreicher (trans)nationaler Akteure lässt sich nicht durch Preisverhandlungen zwischen einem Unternehmen und lokalen Produzenten bzw. Dienstleistungsanbietern aufhalten. Der Versuch Familiennachzüge zu verhindern liegt ebenfalls nicht im Kompetenzbereich eines Arbeitgebers. Zudem würde er das Zerreißen traditioneller Familienstrukturen fördern und damit neue Probleme generieren. Kultureller Druck auf indigene Gemeinschaften lässt sich nicht durch Seminare und Vorträge reduzieren, sondern würde in Venezuela in erster Linie ihre Anerkennung als Minorität sowie die juristische Absicherung indigener Lebensräume, in die der Bergbau zunehmend vordringt, bedeuten (vgl. GRIMMIG in Bearb.).

Bei der Mehrzahl der Maßnahmen handelt es sich um finanzielle Subventionen und Ausbildungsprogramme, während die zentrale räumliche Komponente der Flächennutzungskonkurrenzen sowohl bei der Thematisierung der indigenen Bevölkerung als auch in Hinsicht auf den informellen Bergbau unberührt bleibt. Die Zugangsbeschränkungen des informellen Bergbaus zu großflächigen Bergbauarealen bilden aber aus der Perspektive der *Mineros* die zentrale Konfliktdimension! Flächennutzungskonkurrenzen werden in Studien zwar z.T. am Rande erwähnt, Schlussfolgerungen mit strukturellen Veränderungen werden aber nicht gezogen - können aus der Subjektivität der eigenen Interessen von Placer Dome auch nicht erwartet werden. **Während Placer Dome sich als Konfliktmanager präsentieren, profilieren und legitimieren kann, bleiben die grundlegenden Konfliktstrukturen der regionalen Expansion des industriellen Bergbaus so weitgehend unberührt.**

*Fortführung alter Entwicklungslogiken*

Parallel zur diskursiven Marginalisierung der Flächennutzungskonkurrenzen bleibt der Diskurs um die Funktion industrieller Bergbauprojekte als regionale Wachstumspole ungebrochen. Wenn der informelle Bergbau nicht mehr als illegaler, sondern als traditioneller Bergbautyp bezeichnet wird, so kommt gerade in diesem "neuen" Adjektiv zum Ausdruck, dass der informelle Bergbau weiterhin als eine adäquate Form des Bodenschätzeabbaus angesehen wird. Der industrielle Bergbau dagegen wird auch von Placer Dome mit dem effektiven, geordneten und nationalökonomisch verwertbaren Zugriff auf die Bodenschätze gleichgesetzt.

Ebenso finden sich weiterhin zahlreiche Hinweise, dass der industrielle Bergbau eine "nachhaltige Wirtschaft" sei, die "ökologische Prinzipien respektiere" (PLACER DOME 1995: 57f) und eine "nachhaltige Entwicklung" im Bundesstaat herbeiführe (VENECONSULTORES & DATANALYSIS 1994a: 1). Letztlich ist auch das Konfliktmanagement von Placer Dome von diskursiv mächtigen Schlagwörtern durchdrungen. Trotz durchaus differenzierterer Wahrnehmung und Bewertung des regionalen Kontextes und positiv zu bewertenden Konfliktlösungsansätze bleibt also auch Placer Dome den Diskursen der (trans)nationalen Bergbaukonzerne verhaftet Die dabei zutage tretende Gleichzeitigkeit von Persistenz und Variabilität zentraler Diskurselemente zur Durchsetzung regionaler Interessen beschreiben PEET und WATTS (1996) sehr treffend in ihren '*regional discursive formations*', wenn sie schreiben:

> "Certain modes of thought, logics, themes, styles of expression, and political metaphors run through the discursive history of a region, appearing in a variety of forms, disappearing occasionally, only to reappear with even greater intensity in new guises. A regional discursive formation also disallows certain themes, is marked by absences, silences, repressions, marginalized statements, allowing some things to be mentioned only in highly prescribed, "discrete", and disguised ways." (PEET & WATTS 1996: 16)

Im Falle des Konfliktmanagements von Placer Dome bleibt z.B. mit der Marginalisierung bzw. Ausblendung der Flächennutzungskonkurrenzen zwischen dem informellen und industriellen Bergbau die wichtigste Konfliktdimension des spezifischen Sozialraums weiterhin hinter allgemeinen Programmen und Projekten verborgen, die an jedem anderen Ort der Welt den gleichen Stellenwert hätten. **So verfestigt sich nicht nur ein enträumlichtes - weil letztlich weder am regionalen Kontext orientiertes noch den Raum als Konfliktvariable thematisierendes - Konfliktmanagement. Auch die industrielle Erschließung der Bodenschätze durch transnationale Akteure sowie die proklamierte Funktion der Bergbauunternehmen als regionale Wirtschaftspole bleibt unhinterfragt und kann sich als scheinbar bereits legitimiertes Entwicklungsziel verankern.**

## 5.3 Flächenzentrierte Konfliktlösungsstrategien

*Verhandlung-bereitschaft des Unternehmens Greenwich*

Die Sozial- und Regionalprogramme von Mineras Las Cristinas bzw. Placer Dome werden von Führungskräften anderer Unternehmen z.T. als utopisch und unrealistisch bezeichnet (siehe Fallbeispiel Crystallex), z.T. aber auch übernommen. So ist z.B. Greenwich nach einem anfänglich sehr aggressiven Umgang mit *Mineros*, die Teile ihrer Konzessionen Acarigua und Botanamo besetzt haben (vgl. Fallbeispiel Nuevo Callao), zu Verhandlungen mit politischen Vertretern des informellen Bergbaus übergegangen.

Die Gründe für die Verhandlungsbereitschaft liegen nach John Malysa (Geschäftsführer von Greenwich, Interview Juli 1997) darin, dass das frühere aggressive Vorgehen gegen informelle *Mineros* dem Image des Unternehmens geschadet hat und dass die Betriebsaktivitäten von Greenwich seit mehr als zwei Jahren durch die Besetzung zentraler Konzessionsareale paralysiert werden. Hinzu kommt eine personelle Neubesetzung der Geschäftsführung. In die Verhandlungen zwischen Greenwich und der *Asociación* Sifontes sind CVG-Mitarbeiter eingebunden, zu denen beide Seiten Vertrauen haben. Die Kooperative der *Mineros* wird durch eine private Bergbau-Consulting beraten. Ihre Verhandlungsposition wird zusätzlich dadurch gestärkt, dass sie von Regionalpolitikern unterstützt wird, die über die als gemäßigt geltende *Asociación Sifontes*, Einfluss auf die regionale *Minero*bewegung ausüben und sich Wählerstimmen sichern möchten.

Die Verhandlungsbereitschaft von Greenwich lässt wie im Falle von Placer Dome Veränderungen in der Beziehungsstruktur zwischen *non-place-based-actors* und *place-based-actors* erkennen. Aber eine genauere Betrachtung der Veränderungen zeigt, dass sie nur oberflächliche Handlungsfelder betreffen. Weder werden Basisprobleme wie die ungleichen Möglichkeiten des Ressourcenzugangs von (trans)nationalen Bergbauunternehmen und informellen *Mineros* prinzipiell berührt, noch haben sich Bewertungsstereotypen des sozialräumlichen Kontextes bei den *non-place-based-actors* grundlegend verändert. **Durch die Aufhebung klarer Konfrontationslinien werden die Strategien zur Durchsetzung der Unternehmensinteressen allerdings auf eine subtilere Ebenen verlagert, wodurch vorher offensichtliche Kritikpunkte z.T. eliminiert, z.T. aber auch nur schwerer greifbar werden. Ebenso werden Raumnutzungskonkurrenten und soziopolitische Bewegungen gegen den industriellen Bergbaus verunsichert, gespalten und geschwächt, wodurch die Verhandlungsposition des industriellen Bergbaus gestärkt wird.**

*Erhaltung des Status quo in formalen Einigungsverträgen*

Die Erhaltung und Stabilisierung der Machasymmetrien zwischen dem industriellen und informellen Bergbau lässt sich an dem 500 ha großen Areal, das Greenwich der Asociación Agrominera Sifontes zur Nutzung überlassen möchte, aufzeigen. In einem von Greenwich formulierten Einigungsvertrag (Greenwich 1997b) erklärt sich Greenwich bereit, den *Mineros* 500 ha für eine monatliche Pacht in Höhe von rund 100 US-Dollar zu überlassen, wenn diese versprechen, nicht in die angrenzenden Gebiete einzudringen (Art.3). Als Pächter des Areals wird die Bergbaukooperative verpflichtet, Gesetzesauflagen des venezolanischen Staates wie z.B. die Beschäftigung von Inländern aus der Region, die Gewährung von Sicherheits- und Umweltstandards einzuhalten.

Toxische Produkte und Abfälle sind einzusammeln und in den Depots des Verpächters zur fachgerechten Entsorgung abzugeben (Art. 6). Die Nutzung von Quecksilber ist einzustellen (Art. 29). Des Weiteren enthält der Vertrag verschiedene Paragraphen, die den Pächter zu Informationen gegenüber dem Verpächter verpflichten, was z.B. die Anzahl der *Mineros*, Produktion und Verkauf betrifft sowie "alle anderen Informationen, die der Verpächter verlangt und die seine Interessen berühren" (Art. 16). Bei Verletzung des Vertrages behält sich der Verpächter das Recht vor, den Vertrag einseitig aufzulösen und die Umsetzung venezolanischer Gesetze zu unterstützen (Art. 20). Mit dem Status des Verpächters verbindet Greenwich offensichtlich die Funktion eines Vermittlers zwischen der *Asociación* Sifontes und staatlichen Kontrollorganen. Denn neben der räumlichen Beschränkung des Ressourcenzugangs der *Mineros* auf 500 Hektar sichert sich Greenwich durch seine parastaatliche Funktion, die sich das Unternehmen zuschreibt, gleichzeitig autoritative Verfügungsmacht über den Raumnutzungskonkurrenten. Greenwich ist aber kein objektiver Wächter venezolanischer Gesetze, sondern ein wirtschaftliche Interessen verfolgendes Unternehmen. So ist nicht nur die Lage des Areals, das den *Mineros* zur Verfügung gestellt werden soll, kritisch, weil die goldträchtigen Erzgänge, die Greenwich exploriert und für abbauwürdig befunden hat, weitgehend außerhalb dieses Areals liegen (vgl. Karte 20). Auch die zeitliche Begrenzung des Vertrages auf ein Jahr bzw. auf einen maximalen Verlängerungszeitraum von vier Jahren (Art. 25) greift massiv in individuelle und kollektive Entscheidungen der *Mineros* ein, die wie Greenwich an anderer Stelle selbst schreibt, die Konsolidierung permanenter Siedlungen anstreben (Greenwich in einem Brief an das MARNR, 08.04.1996).

*Räumliche und zeitliche Reglementierung des informellen Bergbaus durch Greenwich*

**Karte 20: Botanamo II: Explorierte Erzgänge und Nutzungsareale für den informellen Bergbau**

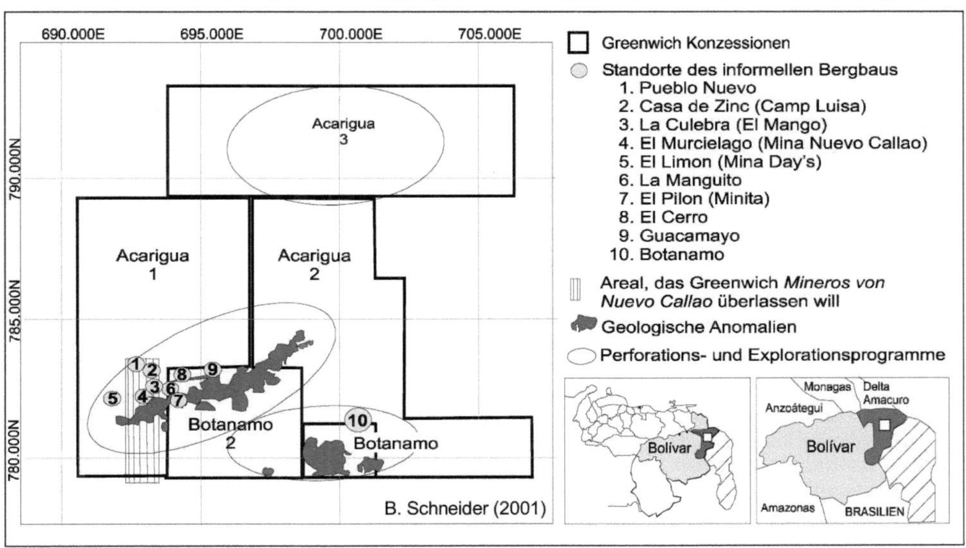

Auflagen wie das Quecksilberverbot und die ausschließliche Beschäftigung von Inländern sind z.T. nicht einhaltbar. Immerhin rund 20% der *Mineros* und *Molineros*, die Nuevo Callao aufgebaut haben, sind Ausländer, die z.T. wichtige politische und ökonomische Positionen in der Kooperative einnehmen. Auch kann die Kooperative die Garantie, dass *Mineros* die umliegenden Gebiete nicht besetzen, aufgrund der hohen Migrationsdynamik und der nahe gelegenen *Minero*-Siedlung Botanamo, auf die sie wenig Einfluss hat, nicht geben.

*Versteckte Ressourcenzugriffe*

Artikel 6 wirkt auf den ersten Blick unproblematisch, wenn es dort heißt, dass toxische Produkte und Abfälle durch Greenwich entsorgt werden. Aber bei diesen "Abfällen" handelt es sich um Abraumsande, die Restgold enthalten, welches die *Mineros* auf der einen Seite derzeit mit ihren Methoden nicht weiter extrahieren, auf der anderen Seite wegen ihres illegalen Status auch nicht offiziell verkaufen können (siehe Fallbeispiel Nuevo Callao). In einem früheren Vertragsentwurf (April 1996) hatte Greenwich den Abraum direkt als zwischen Pächter und Verpächter zu teilenden Rohstoff deklariert. Durch den Widerstand der *Asociación* Sifontes wurde dieser Anspruch aus dem Vertragsentwurf herausgenommen, versteckt wird er aber weiterhin aufrechterhalten.

Greenwich verfolgt offensichtlich ein Prinzip der Semi-Kooperation, bei dem man sich offen und verhandlungsbereit gibt, Verhandlungsthemen und Relationen der Verhandlungspartner aber klar markiert bleiben. Trotzdem kann das Unternehmen aber proklamieren, Kooperationsbereitschaft zu signalisieren[130].

[130] Vor dem Hintergrund, dass die Managementebene von Greenwich in den Befragungen für diese Arbeit sowie bei der Zurverfügungstellung von Dokumenten und Schriftwechseln sehr kooperativ und auskunftswillig war, müssen an dieser Stelle zwei Aspekte nochmals explizit betont werden: Erstens steht hier nicht Greenwich im Mittelpunkt der Analyse - zu diesem Unternehmen bestand lediglich ein besonderer Informationszugang - sondern die Mechanismen der Konfliktbewältigung (trans)nationaler Bergbauunternehmen im allgemeinen. Es geht darum zu zeigen, dass sich die Mechanismen der Benachteiligung des informellen Bergbaus selbst in den Versuchen (trans)nationaler Akteure, das Konfliktpotential zu entspannen, festigen. Zweitens erfolgen die Schlussfolgerungen der Textanalysen ohne Bezug zu Intentionen einzelner Mitarbeiter oder dem Bewusstheitsgrad der Verhandlungsmechanismen. Derartige Schlussfolgerungen stoßen sowohl an die Grenzen der empirischen Erhebbarkeit als auch an die Grenzen der Objektivität des Forschenden. Einerseits würde die Interpretation, dass es sich bei Greenwich (bzw. Placer Dome) um bewusst verfolgte Strategien des Machtausbaus und Machterhalts handelt, dem Eindruck der Kontakte und dem Interesse der Mitarbeiter von Greenwich oder Placer Dome auch gegenüber kritischen Ergebnissen und Diskussion nicht gerecht werden. Andererseits lassen sich Kontakt- und Auskunftsbereitschaft parallel zur Semi-Kooperation mit dem informellen Bergbau auch als Semi-Transparenz gegenüber ausländischen WissenschaftlerInnen interpretieren. Auf jeden Fall lässt sich weltweit eine Aufhebung der noch vor wenigen Jahren klaren Grenzen zwischen Bergbauunternehmen und kritischen Umweltgruppen und Wissenschaftlern verzeichnen (vgl. MINING MONITOR 1999: ff). Die global zunehmende Bereitschaft transnationaler Bergbauunternehmen, mit NGOs und kritischen Wissenschaftlern zusammenzuarbeiten, wird innerhalb von NGO-Kreisen auf Grund der Möglichkeiten der subtilen Einflussnahme der Bergbaukonzerne und der Zersplitterungseffekte auf Umweltgruppen sehr kritisch diskutiert - und wäre eine vertiefende Betrachtung wert, was hier nicht geleistet werden kann.

Die zweite Problematik in den sich verändernden Beziehungen zwischen Akteuren des informellen und industriellen Bergbaus, die oben angesprochen wurde, betrifft die **These, dass sich die stereotypische Wahrnehmung und Bewertung von informellen Bergbauakteuren unter den veränderten Bedingungen fortsetzt.** In einem Brief vom 08. August 1996, in dem Greenwich die Botschaft von Großbritannien um Unterstützung bittet, finden sich die bereits mehrmals aufgezeigten Rückgriffe auf nationale und internationale Ordnungs- und Umweltdiskurse. So hebt Greenwich hervor, dass die "*pequeños mineros* rudimentäre Techniken und Methoden mit geringer Goldbindungseffizienz und hoher toxikologischer Belastung für die Umwelt benutzen". Weiter heißt es, dass

> "...verantwortungsbewusste Bergbauunternehmen, die eine Erhaltungsethik und eine Umweltpolitik handhaben, Aktivitäten der Exploration und später Exploitation nicht legal realisieren können, während illegale *Mineros* Umweltauflagen nicht einhalten und weiter irrationalen Extraktionsaktivitäten nachgehen, die große Schäden am Ökosystem verursachen." (Greenwich in einem Brief an die Botschaft von Großbritannien, 08.08.1996)

In einem Brief an das Umweltministerium (8. April 1996) hebt Greenwich hervor, dass das Gebiet um Nuevo Callao im Laufe der Geschichte von verschiedenen *Minero*-Generationen und derzeit von "*mineros invasores*" in eine intervenierte und durch Quecksilber kontaminierte Zone umgewandelt wurde. Eine Vielzahl ähnlicher Ausführungen, die sich im Schriftverkehr von Greenwich an venezolanische Ministerien finden, machen deutlich, dass Greenwich zu Verhandlungen mit *Mineros* bereit ist, *Mineros* aber weiterhin als Umweltzerstörer darstellt, die keine adäquaten Techniken für den Abbau der Bodenschätze einsetzen. **So gehen die Anerkennung einer "regionalen *Minero*tradition" und Hinweise, "dass die Konzessionsareale von Greenwich traditionell und historisch seit dem letzten Jahrhundert bergbaulich genutzt werden, dass die derzeitige Bevölkerung von Botanamo 6000 *Mineros* überschreite und Zugangswege, ein dynamischer Handel, medizinische Einrichtungen, Apotheken, Schulen und Kirchen existieren"** (Greenwich in einem Brief an das Umweltministerium, 26.09. 1996), **nicht mit einer Akzeptanz von Flächenutzungsansprüchen der *Mineros* einher, sondern fußen auf einem unilinearen Entwicklungsmodell, in dem der informelle Bergbau eine Vorstufe des industriellen Bergbaus darstellt.** Die abzuleitende Schlussfolgerung ist die Überführung des handwerklichen Bergbaus in den industriellen Bergbau. Auch die Erkenntnis, dass es sich beim informellen Bergbau um eine "Subsistenzwirtschaft" (i.S. eines Selbsterhaltungssektors) handelt, führt nicht zu der Schlussfolgerung, dass der informelle Bergbau als Auffangbecken marginalisierter Bevölkerungsgruppen staatlicher Hilfen bedarf, um armutsbedingte Umweltzerstörungen zu reduzieren.

*Stabilisierung stereotyper Bewertungen des Raumnutzungskonkurrenten*

Vielmehr wird das emotional sensible Gemisch aus patriotischen, nationalökonomischen und ökologischen Diskurselementen in die Richtung kanalisiert, dass sich die Legalisierung und Förderung des industriellen Bergbaus aus Respekt vor dem Vaterland und der Natur quasi von selbst ergibt:

> "Es liegt in Ihren Händen, Generaldirektorin, die Barbarei durch Entwicklung zu ersetzen, das Chaos durch Ordnung, die Zerstörung der Umwelt durch den rationellen und technologischen Erhalt der betroffenen natürlichen Ressourcen, den illegalen Subsistenzbergbau durch einen aufsteigenden und technologisierten Bergbau. Nur als Beispiel informiere ich Sie, dass [Greenwich] bis heute fünf Millionen ($ 5.000.000) US-Dollar in das Land investiert hat für ein Projekt, das die Investition von einigen 200 ($ 200.000.000,00) Millionen Dollar vorsieht; und wir sind auf Einladung der venezolanischen Regierung im Land! Generaldirektorin, denken Sie als Venezolanerin, als Patriotin und um des Umweltschutzes und der natürlichen regenerierbaren Ressourcen willen nach." (Greenwich in einem Brief an die Direktion der Abteilung Planung und Raumordnung des MARNR, 01.11.1996)

Die historische Existenz des informellen Bergbaus im Bundesstaat Bolívar bekommt darüber hinaus eine zweite Funktion: In den Auseinandersetzungen um die Expansion des Bergbaus im Bundesstaat Bolívar spielt die funktionale Bedeutung, die dem Raum von den verschiedenen Konfliktparteien zugesprochen wird, eine zentrale Rolle. Während Umweltgruppen die Waldregionen des Bundesstaates Bolívar als unberührten und zu schützenden Naturraum präsentieren und auf großflächige Schutzgebietsausweisungen (vgl. Kap. II) verweisen, betonen das MEM und private Investoren v.a. seinen mineralischen Ressourcenreichtum, frühe Ausweisungen als nationale Reservegebiete bzw. Raumordnungspläne, die die Gebiete für bergbauliche Nutzungen freigeben - sowie die traditionelle bergbauliche Nutzung durch informelle *Mineros*.

**Während informelle Mineros hinsichtlich des Zugangs zu den Bodenschätzen unmittelbare Flächennutzungskonkurrenten darstellen, werden sie paradoxerweise auf der argumentativen Ebene als Legitimationsargument für die industrielle Erschließung der Bodenschätze herangezogen. Zudem wird deutlich, dass die Aufwertung der *Mineros* zu Verhandlungspartnern nicht nur mit den lokalen Auseinandersetzungen um das Bergbauareal in Botanamo zusammenhängt, sondern auch auf internationale Proteste gegen den industriellen Bergbaus sowie die Suche nach Argumenten gegen diese Kritik zurückgeht.**

## 5.4 Zusammenfassung: Konfliktlösungsstrategien industrieller Bergbauakteure und die ihnen inhärenten Problemfelder

*Zentrale Konfliktagenten*

Die wichtigsten gesellschaftlichen Konfliktfelder, mit denen industrielle Bergbauunternehmen in Venezuela konfrontiert sind, betreffen langwierige und z.T. widersprüchliche Genehmigungsverfahren von Seiten des venezolanischen Staates, Protestaktionen von Umweltgruppen sowie Flächennutzungskonkurrenzen mit dem informellen Bergbau. **Während auf internationaler und nationaler Ebene ökologische Aspekte einen größeren Diskussionsraum einnehmen, spielen auf der lokalen Ebene die auf internationaler Ebene weitgehend ausgeklammerten staatlichen Restriktionen und Auseinandersetzungen mit informellen *Mineros* eine erheblich größere Rolle.**

*Ambivalenz und Passivität staatlicher Organe*

Der institutionelle Rahmen, den Gesetze und Raumordnungen des venezolanischen Staates vorgeben, hat ambivalente Auswirkungen auf den industriellen Bergbau und den Raum. Auf der einen Seite haben großflächige Konzessionsvergaben ein weitgespanntes kartographisches Netz von Flächen, die potenziell bergbaulich zu nutzen sind, über die Wald- und Savannengebiete des Bundesstaates Bolívar gespannt. Auf der anderen Seite verhindern Kompetenzrangeleien zwischen staatlichen Ministerien und Behörden (vgl. Kap. III) sowie staatliche Umweltschutzbestrebungen bisher eine tatsächliche Umsetzung zahlreicher Bergbauprojekte. Während der Staat in dem ökologisch-ökonomischen Dilemma ambivalent agiert, verhält er sich in den Konflikten zwischen Akteuren des industriellen Bergbaus und Akteuren des informellen Bergbaus eher passiv. Abgesehen von kleinräumigen Flächenausweisungen und kleineren Projektansätzen gibt es keine Programme für den informellen Bergbau - und wenn es sie gibt, geht es vorrangig um Kontrollaspekte. Hin und wieder treten Vertreter des Staates als Konfliktschlichter auf; diese Einbindungsversuche sind jedoch meist informell und dienen v.a. persönlichen politischen Interessen. **Das durch die staatliche Passivität bedingte Vakuum beginnen (trans)-nationale Bergbauunternehmen aufzufüllen, indem sie selbst als Konfliktmanager in Erscheinung treten.** Die Bemühungen (trans)-nationaler Bergbaukonzerne mit Akteuren des informellen Bergbaus zu kooperieren, gehen z.T. vom nationalen Führungsmanagement aus, z.T. sind sie durch Erfahrungen mit Protesten gegen den Bergbau auf internationaler Ebene bedingt. **Unabhängig von den Intentionen der Unternehmen oder der partiellen Involvierung staatlicher Schlichtungsagenten gestalten sich die Verhandlungen zur Lösung der Konflikte zwischen dem industriellen und informellen Bergbau weder akteurs- noch umweltneutral.**

*Industrielle Bergbauunternehmer als Konfliktmanager*

Den Verhandlungen liegen bewusste und unbewusste Machtasymmetrien zugrunde, die die Akteure des industriellen Bergbaus privilegieren. Trotz der Heterogenität der politischen, ökonomischen und normativen Felder, die diese Machtasymmetrien speisen, lassen sich die Bedingungen und Strategien der Machtaggregierung auf einer abstrahierenden Ebene zusammenfassen, die deutlich macht, dass die grundlegenden Mechanismen der Machtkonstitution in dem ungleichen Beziehungsgeflecht von Akteuren mit unterschiedlichen Handlungs- und Argumentationspotenzialen intrinsisch angelegt sind.

*Strategien, Mechanismen und Rahmenbedingungen der Machtgenerierung*

KNIGHT (1997) unterscheidet im Wesentlichen fünf Strategien, die Machtasymmetrien generieren: Erstens kann ein Akteur (A) die möglichen Alternativen eines zweiten Akteurs (B) so beschränken, dass Wahlmöglichkeiten ausgeschlossen werden, die im Interesse von B liegen. Zweitens kann A die Menge möglicher Alternativen von B erweitern, indem A Alternativen hinzufügt, die mit subjektiven Interessen von B übereinstimmen, aber seinen wirklichen Interessen zuwiderlaufen. Drittens kann A die Einschätzung der Alternativen von B ändern, indem A die Präferenzen von B manipuliert. Viertens kann A bestimmte Alternativen für B nicht zugänglich machen. Fünftens kann A die Bewertung zugänglicher Alternativen von B durch die Androhung von Vergeltungsmaßnahmen, die eine mögliche Alternative unattraktiv machen, beeinflussen. KNIGHT weist selbst darauf hin, dass noch eine Vielzahl anderer Wege existieren, um die Handlungsfreiheiten eines anderen einzuschränken. Darüber hinaus muss das von ihm vorgeschlagene Analyseraster um einige prinzipielle Überlegungen erweitert werden, um die Machtasymmetrien zwischen den Akteuren des industriellen und informellen Bergbaus greifbar zu machen. Erstens muss es um andere Akteure (C), die in die Konflikte und Kooperationsverhandlungen involviert sind, ergänzt werden. Denn in die Flächennutzungskonkurrenzen zwischen Akteuren des industriellen Bergbaus (A) und des informellen Bergbaus (B) sind mit staatlichen Agenten, Umweltgruppen, der Umwelt, dem Raum und der Natur eine Vielzahl weiterer Akteure und Faktoren eingebunden, über die Handlungsmöglichkeiten von A und B indirekt beeinflusst werden. Zweitens lassen sich die Machtasymmetrien nicht erfassen, wenn man nur von bewussten, zielorientierten Handlungen ausgeht, wie der Terminus 'A kann' impliziert, und dabei zugrunde liegende Strukturen und Rahmenbedingungen, die die Handlungspotentiale eines Akteurs privilegieren, ausklammert.

*1. Direkte räumliche und indirekte diskursive Einschränkung der Handlungsoptionen des informellen Bergbaus*

So schränken (trans)nationale Bergbauunternehmen Handlungsspielräume des informellen Bergbaus und seine Zugänge zu den Bodenschätzen zum einen direkt ein, indem sie sich die juristischen Zugangsrechte zu extrem großflächigen Konzessionsarealen sichern - eine Handlungsoption, die den *Mineros* aufgrund von Kapitalmangel und der Heterogenität ihrer Sozialgruppe nicht offen steht. Zum anderen wirken sie aber auch indirekt über die Beeinflussung staatlicher Entscheidungsträger hemmend auf die Durchsetzung der Interessen des informellen Bergbaus. Die von ihnen propagierten Effekte industrieller Bergbaustandorte (Schaffung von Arbeitsplätzen, Erschließung des "brach liegenden Südens Venezuelas" und einen "nachhaltigen und geordneten" Bodenschätzeabbau) berühren zentrale nationalökonomische Inwertsetzungs-, Allokations- und Umweltinteressen. Für die - in das industrielle Entwicklungsmodell und das zentralistische Staatssystem eingebundenen - staatlichen Entscheidungsträger (vgl. Kap. III) rücken kleine Projekte immer mehr aus dem Bereich des Denkbaren. So stellt sich dem Staat als scheinbar alleinige Handlungsalternative nur die Förderung des industriellen Bergbaus, während dem informellen Bergbau keine Unterstützung zukommt bzw. vorenthalten wird. Hinzu kommt, dass (trans)nationale Unternehmen durch ihre Vorteile als *non-place-based-actors* auf ein immenses Drohpotential zurückgreifen können. Ihre Kapitalintensität sowie die internationale und intraregionale Streuung ihrer Wirtschaftsstandorte eröffnet ihnen die Möglichkeit, das Land jederzeit wieder zu verlassen (und weder potenzielle Arbeitsplätze zu schaffen noch in Aussicht gestellte nationalökonomische Gewinne zu generieren), wenn der Staat nicht im Sinne ihrer Interessen agiert. Dieser Mobilitätsvorteil (trans)nationaler Bergbauunternehmen begünstigt staatliche Förderungen des industriellen Bergbaus sowie parallel die Marginalisierung des informellen Bergbaus[131].

Wenn (trans)nationale Unternehmen informellen *Mineros* Zugangsrechte zu Teilgebieten ihrer Konzessionen gewähren bzw. Projekte wie *Las Rojas* fördern, so werden die Handlungsspielräume des informellen Bergbaus zwar erweitert. Da aber in die Verhandlungen bzw. Projekte nur die *Mineros* einbezogen sind, die die wirtschaftlichen Interessen der Bergbauunternehmen z.B. durch Besetzungen (Beispiel: Greenwich) behindern oder in der unmittelbaren Umgebung der Wirtschaftsstandorte lokalisiert sind (Beispiel: Placer Dome), kommt es zu weiteren Spaltungen der an sich schon heterogenen Sozialgruppe der *Mineros*.

[131] Die Möglichkeit (trans)nationaler Konzerne, ihre Aktivitäten weitgehend unabhängig von lokal-regionalen, nationalen oder internationalen Entwicklungen räumlich zu verlagern, steht kleineren transnationalen und v.a. nationalen Bergbauunternehmen nicht immer offen, aber erstens handeln auch sie ihre Konzessionsrechte häufig auf den internationalen Aktienmärkten und zweitens profitieren sie von dem generellen Drohpotenzial des industriellen Bergbaus. Insoweit hat BRYANT (1992: 21) nicht ganz Recht, wenn er schreibt, dass nationale Unternehmen von den Fähigkeit transnationaler Konzerne, ihre Aktivitäten jederzeit in andere Länder verlegen zu können, nicht profitieren.

*2. Eindämmung der Durchsetzung struktureller Gruppeninteressen durch Erweiterung subjektiver Handlungsmöglichkeiten*

Solange MINCA/Placer Dome als potenzieller Arbeitgeber für 2000 versprochene Arbeitsplätze im Gespräch war, gab es neben den Gegnern der "Ressourcenausbeutung durch imperialistische Konzerne" und seine "punktuellen Befriedungsmaßnahmen" (Stellungnahmen von *Mineros*, 1997) auch unter den *Mineros* Befürworter für die industrielle Erschließung der Konzession Las Cristinas. Konfrontationslinien zeichneten sich v.a. zwischen gewerkschaftlich organisierten Bergleuten von Placer Dome, die "eine Zukunft mit *Batea* und *Pala* als traurig für die Region" bezeichneten (Interview mit Werksangestellten, 1997) und den Gemeindevorständen von Las Claritas ab. Diese sahen sich durch Placer Dome z.B. bei der infrastrukturellen Erschließung, bei der Planung medizinischer Einrichtungen und der vorgesehenen Straßenführung von wichtigen regionalpolitischen Entscheidungen ausgeschlossen. Einige *Mineros* erhofften sich für die Zukunft einen Arbeitsplatz bei Placer Dome. Andere kritisierten aggressiv, dass während der Explorationsphase nur Arbeiter aus San Felix angestellt gewesen seien, während den Einwohnern von KM 88 keine Arbeitsplätze angeboten worden wären[132].

Meinungsverschiedenheiten unter politischen Aktivisten des informellen Bergbaus, bei denen gemäßigtere *Mineros* gemeinsame Projekte des informellen und industriellen Bergbaus befürworteten, andere die Kooperationsangebote als bewusste Beschwichtigungsstrategie der Konzerne strikt ablehnten, führen zur Auflösung politischer Gruppen und langjähriger Freundschaften. Fundamentalisten werfen Placer Dome und Greenwich vor, dass auch sie sich die Konzessionsrechte an großen Bergbauflächen gesichert haben und damit den informellen Bergbau verdrängen. Kleine Integrationsmaßnahmen lokaler *Minero*kooperativen gälten lediglich der Vermeidung politischer Unruhen und zielten nicht auf prinzipielle Veränderungen. *Minero*gruppen, die sich über die Einigung mit industriellen Bergbauunternehmen eine Verbesserung ihrer persönlichen Situation erhoffen, zeigen sich dagegegen verhandlungsbereit. So wird deutlich, wie (trans)nationale Bergbauakteure Einschätzungen und Präferenzen einiger *Mineros* ändern und den Zusammenhalt des informellen Bergbaus massiv schwächen.

Die Strategie, Konflikte zwischen dem informellen und industriellen durch Einzelverhandlungen und die Gewährung von Zugangsrechten zu ausgewählten Teilgebieten großflächiger Konzessionen zu gewähren, beinhaltet noch ein weiteres Problem.

[132] Von Placer Dome wurde dagegen betont, dass in Las Cristinas nur lokale Arbeiter angestellt seien.

Indem die Auseinandersetzungen zwischen dem industriellen und dem informellen Bergbau auf Standortkonflikte reduziert werden, bleiben übergeordnete gesellschaftliche Rahmenbedingungen unberührt. Die Konflikte zwischen den Akteuren des informellen und industriellen Bergbaus beinhalten aber - auch wenn sie vordergründig durch lokal begrenzte Flächennutzungskonkurrenzen konstituiert werden - in einem nicht unerheblichem Umfang auch räumlich nicht zu begrenzende gesellschaftliche Dimensionen. Entwicklungen auf höheren Maßstabsebenen, wie die Verschärfung der Umweltauflagen für Bergbaukonzerne in Australien und Kanada sowie die daraus resultierende Suche der Unternehmen nach neuen Standorten, werden als Konfliktursache von Unternehmen wie Greenwich oder Placer Dome ebenso wenig thematisiert wie nationalökonomische Ursachen für den Typus des informellen Bergbaus.

*3. Interessengeleitete Fokussierung der Konfliktdimensionen*

Auf die Ausblendung übergeordneter gesellschaftlicher Zusammenhänge und standortunabhängiger Interessen (trans)nationaler Bergbauunternehmen pfropft sich die ungleiche Repräsentations- und Veröffentlichungsmacht der involvierten Konfliktparteien auf. Während informelle *Mineros* v.a. in Demonstrationen, Straßensperren, Zeitungsinterviews und informellen Kontakten mit staatlichen Mitarbeitern an die Öffentlichkeit gehen, stehen (trans)nationalen Unternehmen hier ganz andere Wege offen. Neben Firmenprospekten sind dabei v.a. die Gründung von Dachverbänden, die massive Lobbyarbeit betreiben, sowie nationale und internationale Kontakte zu nennen. Während der Zugang zu Kapital und Technologie (trans)nationalen Konzernen einen privilegierten Zugang zu allokativen Ressourcen ermöglicht, eröffnet ihnen die kommunikative und räumliche Nähe zu politischen Entscheidungsträger sowie die infrastrukturelle Ausrüstung Zugang zu nationalen und internationalen Publikationsmöglichkeiten.

*4. Eingeschränkter Zugang des informellen Bergbaus zu allokativen und autoritativen Ressourcen*

In den letzten Jahren sind die Strategien zur Durchsetzung der Unternehmensinteressen mit der Gewährleistung machtloser Partizipation und der wirkungsmächtigen Mobilisierung von Vorurteilen nicht nur deutlich subtiler geworden. **Die Zugriffsmacht (trans)nationaler Konzerne auf materielle, symbolische und diskursive Ressourcen insgesamt auch so vielschichtig, dass ohne die Einschaltung eines neutralen Konfliktschlichters und die Berücksichtigung der strukturellen Benachteiligung der *Mineros* auch für die Zukunft keine gleichgewichtige Verhandlungsbasis und grundlegende Interessen berücksichtigende Konfliktlösungen zwischen industriellen und informellen Bergbauakteuren zu erwarten sind.**

## 6. Zwischenfazit: Raumwirkungen (trans)nationaler Bergbauunternehmen

Mit den primären Zielen der Sicherung bzw. Erhöhung der Betriebsgewinne oft ferner Muttergesellschaften, der Rentabilitätssteigerung kapitalintensiver Investitionen sowie dem Einsatz modernster Bergbau- und Kommunikationstechnologien sind die Akteure des industriellen Bergbaus in eine globalisierte Erfahrungs-, Alltags- und Interessenswelt eingebunden, die völlig anders aussieht als die sozialräumliche Realität der Akteure des informellen Bergbaus. Divergierende Zielsetzungen und soziale Einbindungen bedingen unterschiedliche Wahrnehmungen des räumlichen Kontextes der lokalen Wirtschaftsstandorte. So verlieren die "gegebenen" geographischen Faktoren und die "existierenden" standörtlichen Raumausstattungen des Bundesstaates Bolívar als Variablen für territoriales Handeln und die Analyse räumlicher Konflikte an Bedeutung (vgl. auch Kap. II), während die Wahrnehmung des Raums sowie die raumrelevanten Diskurse der involvierten Akteure an Bedeutung gewinnen. Der regionale Kontext wird nicht nur akteursspezifisch wahrgenommen, sondern auch unterschiedlich präsentiert - und so "neue", interessengeleitete Räume geschaffen. **In Hinblick auf die These der *Political Ecology*, dass Umwelt und Gesellschaft in einer dialektischen Wechselbeziehung stehen, interessiert nicht nur, wie sich Privilegierungs- und Marginalisierungstendenzen in diesen "neuen" Räumen manifestieren, sondern umgekehrt auch die Frage nach der Bedeutung des Räumlichen für die Produktion von Ungleichheiten, Macht und Wissen.**

> "Untersuchungsgegenstand sind damit die Artikulationsformen territorialer Interessen im militärischen, ökonomischen und kulturellen Bereich, ihre Transformation zu sogenannten 'nationalen Interessen' und die damit einhergehende gesellschaftliche Verbindlichkeit." (OßENBRÜGGE & SANDNER 1994: 628)

*Derek GREGORY'S 'Geo-graphs'*

Die "gesellschaftliche Verbindlichkeit" für die industrielle Inwertsetzung der Bodenschätze im Bundesstaat Bolívar wird von den Trägern der industriellen Erschließung aus einem Mix entwicklungs- und ordnungspolitischer, ökologischer und ökonomischer Diskurse konstruiert, denen einerseits interessengeleitete und funktionalistische Raum- und Naturkonzeptionen zugrunde liegen und die andererseits interessengeleitete und funktionalistische Raum- und Naturbilder produzieren und nähren. **Auf Grund der raumproduzierenden und raumgestalterischen Effekte spricht GREGORY (1998) nicht von diskursiven Praktiken, mit denen alte Raumbilder in neue Raumbilder transformiert werden, sondern von *geo-graphs.*** Interessanterweise spielen die 'Verabsolutierung von Zeit und Raum', die 'Ausstellung der Welt', die 'Normalisierung des Subjekts' sowie die 'Abstraktion von Natur und Kultur', die GREGORY als zentrale diskursive Praktiken bzw. geo-graphs für die Herausbildung einer europäischen Identität herausarbeitet, in modifizierter Form auch für die Situierung des industriellen Bergbaus in Venezuela eine wichtige Rolle.

Raum- und Naturvorstellungen der Vertreter des industriellen Bergbaus decken sich partiell mit den symbolischen Bedeutungen, die dem Süden Venezuelas in staatlichen Entwicklungsprogrammen zugesprochen wird, wenn dort die Gebiete südlich des Orinocos prinzipiell zu einer wertvollen Ressource deklariert werden, die sich quasi natürlich aus dem regionalen Potential an verwertbaren Rohstoffen ergibt (vgl. Kap. III). Der Raum gilt als Träger ökonomischer verwertbarer Produkte, die sich sowohl für die Nationalökonomie als auch für die Bergbauindustrie inwertsetzen lassen. Parallel zum funktionalistischen Raumbild geht ein technologisiertes Naturbild einher. Natur wird als eine rein physisch-materielle Ressource, die es nutzbar zu machen gilt, nicht aber z.B. als emotionale Ressource wahrgenommen. Aus der Existenz von Gold- und Diamanten wird die "naturgegebene Bestimmung" (GREENWICH 1996a: 4) des Guayanaschildes als Bergbaugebiet abgeleitet. Mittels moderner Prospektions- und Explorationsmethoden, Lagerstättenkarten und *feasibility studies* wird der Guayanaschild in petrologische Formationen, in nicht-rentable Erzvorkommen und abbauwürdige Lagerstätten seziert, objektiviert und mit der Ressourcenausstattung anderer Bergbauareale vergleichbar gemacht. Zentral ist, dass regionsfremde Wissenschaftler und Akteure der Weltwirtschaft - von SOJA (1989:16) wegen ihrer wissenschaftlich-epistemologischen und regionalen Fremdheit als *space invaders* bezeichnet - den Süden Venezuelas mit ihren spezifischen Wahrnehmungskriterien und Vermessungsmethoden wahrnehmen, ihn mit ihren wissenschaftlichen Darstellungsformen z.B. in Form von Inventarlisten und thematisch reduzierten bzw. abstrahierten Karten repräsentieren und visualisieren. **Abgesehen davon, dass ein Raum erforscht wird, der nur für neu eindringende Akteure unerschlossen und bis dato wertlos ist, wirken die spezifischen Wahrnehmungs- und Präsentationskriterien auch verändernd auf die Region. Der regionale Kontext erfährt zugunsten weltweit vergleichbarer Inventurlisten, petrologischer Farb- und Schraffursymbole eine reduktionistische Abstraktion.**

*Verabsolutierung von Raum und Zeit durch die Konstruktion eines abstrakten Raums*

> "Although maps are a related means of visual representation and are especially connected to the increased observation and surveillance of diverse landscapes, they are a very specialized form of representation [...]. They are quite different from paintings/pictures. As a particular mode of visual representation they possess a number of characteristics: maps take an imaginary bird's-eye view of the world rather than that of an actual or imagined human subject; they involve a scale drawing and do not endeavour to realize an exact or realist reproduction of the landscape; maps involve the deliberate exclusion of many aspects of the landscape; they are intensely symbolic, with the use of all sorts of apparently arbitrary signifiers, of figures, lines, shapes, shadings, and so on; they mostly emerged as practical tools for merchants, government officials and especially armies; and their emergence in the 'West' represents a peculiarly modernistic process of visual abstraction." (MACNAGHTEN & URRY 1998: 120)

So wird der Raum organisiert, markiert und zum Raum der Waren gemacht (GREGORY 1998: 15). Mit der Ausweisung großflächiger Konzessionsflächen, dem Bau industrieller Bergbauanlagen und infrastrukturellen Erschließungen bleibt der Traum vom El Dorado bzw. die "Landschaften der Imagination" (BLAIKIE 1995: 205) keine Fiktion und keine substanzlosen Phantasien (GREGORY 1998: 16), sondern zeigt konkrete materielle Konsequenzen.

*Normalisierung und Normierung des Subjekts*

Der durch Natur- und Technologiedeterminismus situierte abstrakte Raum ist vor allem deshalb eine wirkungsmächtige Konstruktion, weil er alternative Raumkonzepte, regionale Rationalitäten, und traditionelle Landnutzungen wie den informellen Bergbau unrational erscheinen lässt, hemmt oder verdrängt. Das Konzept des Raums als Standort monetär bewertbarer Ressourcen überlagert v.a. monetär nicht (oder nur abstrakt) bewertbare Bedeutungen, die sich dem Raum auch zusprechen lassen. Die raumimmanenten Logik der Bergbauindustrie verdrängt nicht nur (Über)Lebensraumkonzepte indigener und criollischer Bevölkerungen, emotionale Bindungen und konkret situative Raumbedeutungen[133] ebenso wie ökologische Funktionen der Region als Verbreitungsgebiet großer Tropenwaldareale. **Besonders eklatant ist, dass traditionelle Einwohner als Störfaktoren für die bergbaulichen Verwertungsinteressen gelten. Traditionelle Raumnutzungen durch Indigene oder informelle *Mineros* werden ignoriert oder als Agenten einer anachronistischen Raumnutzung stilisiert, die industrielle Inwertsetzung als die zeitgenössische Bergbauform proklamiert, zur Norm definiert und mögliche plurale Entwicklungen negiert.**

*Diskursive Repräsentation des industriellen Bergbaus*

Ist der Raum einmal zur ökonomischen Ressource erklärt, stellen sich Fragen nach den Ressourcenbestandteilen sowie den jeweiligen Erschließbarkeiten. **Mit Hervorhebungen der Kapitalintensität, dem *Know-how* und dem Technologievorsprung legitimiert sich der industrielle Bergbau selbstreferentiell als einzige Autorität für den "rationalen", "effektiven" und "nachhaltigen" Abbau der Bodenschätze.** Als extraktiver, arbeitsextensiver und kapitalintensiver Wirtschaftssektor erschließen sich aber weder die proklamierte Rentabilität noch die Nachhaltigkeit des industriellen Bergbaus aus ihm selbst. Die "Rationalität" der bergbaulichen Raumnutzung lässt sich nur durch die gesellschaftlich anerkannte Dominanz wirtschaftlicher Aspekte, die Ausblendung ökologischer Alternativnutzungen der Region sowie die Prämisse eines nutzlosen und ungenutzten Raums aufrechterhalten, der erst durch den Bergbau einen Wert erhält. Das Bild der "rationellen Wirtschaftlichkeit" basiert auf der Ausblendung der arbeitsmarktpolitischen Entlastungseffekte des informellen Bergbaus sowie seiner geringen direkten nationalökonomischen Verwertbarkeit.

[133] Zu Bedeutungen, die einem Raum zugesprochen werden können, vgl. insbes. TRACHTENBERG 1997.

Auch für die Begründung, der industrielle Bergbau sei nachhaltig, ist die Heranziehung des informellen Bergbaus als Referentialsystem notwendig. Abgesehen davon, dass der Bergbau nicht-regenerierbare Ressourcen betrifft, so dass der Nachhaltigkeitsgedanke zumindest intrasektoral nicht greift, zeigen die Niederlassung von Muttergesellschaften in Ländern, die als Steueroasen gelten, Steuerhinterziehungen in den Ländern der Abbaustandorte, (semi)legale Umgehungen nationaler Umweltauflagen, Intransparenzen ökologischer und ökonomischer Projekte und die Ausblendungen erfolgter bzw. potenzieller Umweltdesaster sowie alltägliche, schleichende Umweltveränderungen, dass die Prinzipien der intra- und intergesellschaftlichen gerechten Nutzung der Ressourcen keineswegs intrinsische Prinzipien des industriellen Bergbaus bzw. Leitmotive (trans)nationaler Bergbauunternehmen sind. Nur im Vergleich mit dem hohen Quecksilberverbrauch des informellen Bergbautyps, der "ungelenkten Invasion eines Heeres illegaler *Mineros*" in die Waldgebiete des südlichen Venezuela und dem anarchischen Chaos innerhalb der *Minero*gesellschaften lässt sich der industrielle Bergbau als geordneter und nachhaltiger Bergbau darstellen. **Das heißt, dass für die selbstreferentielle Legitimierung industrieller Bergbauunternehmen die Konstruktion eines dichotomischen Systems von Nöten ist, in dem ein Bergbautyp durch die massiven Umweltauswirkungen des anderen Bergbautyps zum nachhaltigen Bergbau deklariert wird[134]. Durch den Ausschluss des informellen Bergbaus wird der industrielle Bergbautyp in den Diskurs um die nachhaltige Nutzung der Ressourcen eingeschlossen und somit zur Norm bzw. zum normativen Ziel der bergbaulichen Entwicklung erklärt.**

*Visuelle Repräsentation industrieller Bergbauaktivitäten*

Das Label der Nachhaltigkeit des industriellen Bodenschatzabbaus wird neben geologischen und chemischen Analysen, die aufgrund ihrer Wissenschaftlichkeit einen hohen Objektivierungs- und Wahrheitsanspruch erheben und vermitteln, auch von visuellen Bildern genährt. In Zeitungsartikeln, Internetseiten und Firmenbroschüren erscheint der industrielle Bergbau in Form von geologischen Übersichts- und Detailkarten, am Reißbrett entworfenen und geplanten Bergbauanlagen, gradlinigen Straßenführungen und hochmodernen Industrieanlagen. Durch die Fokussierung des Bildausschnitts auf einzelne Wirtschaftsstandorte, auf Maschinenparks, Projektskizzen und systematisierte Verfahrensabfolgen erscheinen industrielle Bergbauanlagen als saubere, geordnete und rationell durchdachte Fortschrittsinstrumente.

[134] Diese Bildung von dichotomischen Systemen fasst GREGORY (1998: 28ff) mit Rückgriffen auf FOUCOULT's Genealogie der Wissenschaftsgeschichte begrifflich unter *Normalizing the subject* zusammen, wobei es ihm darum geht, dass sich während der Kolonialzeit "moderne" Gesellschaften dadurch konstituiert haben, dass sie sich als "das Normale" hingestellt haben, während vorkoloniale Gesellschaften durch ihren Status als "Unzivilisierte" von diesem "Normalsein" ausgeschlossen wurden.

Wiederum insbesondere in der Gegenüberstellung mit Bildern des informellen Bergbaus erfährt der industrielle Bergbau eine visuelle Ästhetisierung, die sich als Gegenentwurf zum chaotischen Erscheinungsbild des informellen Bergbaus nach außen repräsentieren lässt und ihm die Funktion eines Symbols für den wirtschaftlichen Fortschritt und die geordnete Nutzung der Ressourcen zuspricht.

So **werden die Legitimation des industriellen Bergbaus und die notwendigen Raum- und Entwicklungsvorstellungen aus einem System von Gegensätzen konstruiert, die Übergänge wie den mittelständischen Bergbau oder geordnete bergbauliche Nutzungen durch den informellen Bergbau ausklammern.** Während der informelle Bergbau als tradiert, a-historisch, ineffektiv und umweltzerstörerisch gilt, werden dem industriellen Bergbau die gegenläufigen Eigenschaften (modern, effektiv, rational und nachhaltig) zugeschrieben. Parallel erfolgt die Dichotomisierung auch auf Nebenschauplätzen wie dem leeren, ungenutzten und dem nationalökonomisch inwertgesetzten Raum oder den Vorstellungen einer wertlosen und einer monetarisierten Natur.

Das produzierte funktionalistische Raum- und Naturbild, der präferenzierte Zugriff auf allokative Ressourcen sowie die proklamierte Beherrschbarkeit von Technik und Natur eröffnet (trans)nationalen Bergbaukonzernen massive Entscheidungsmacht über die sozioökonomische Entwicklung der Region. Da lediglich die (trans)nationalen Bergbauunternehmen über das für die industrielle Erschließung der Bodenschätze erforderliche Kapital und *know-how* verfügen, kommt ihnen eine besondere Macht in Verhandlungen mit dem venezolanischen Staat zu. Steuersenkungen, die Erhöhung der Exportgenehmigungen auf 60% der Goldproduktion, Konzessionsflächen, die die gesetzlichen Beschränkungen bei weitem überschreiten, sind zentrale Verhandlungsergebnisse der (trans)nationalen Bergbauunternehmen, die diese Verhandlungsmacht zum Ausdruck bringen. So wird nicht nur "das Verhältnis zwischen der Rationalisierung und den Auswüchsen der politischen Macht [..] offensichtlich“ (FOUCAULT 1996: 17), sondern auch, das

> "..what we call man's power over Nature turns out to be a power exercised by some men over men with Nature as it´s instrument" (LEWIS, zit. n. KATZMANN 1997: 56)

Weder die Mannigfaltigkeit der diskursiven Stränge, die berührt werden, noch die Resultate stehen isoliert nebeneinander, sondern das funktionalistische Raum- und Naturbild. Wissenschafts- und Technologiezentriertheit sowie das unilineare industrielle Entwicklungsmodell verbinden sich zu einem neuen Raumbild, dessen Nutzung streng hierarchisiert wird.

**Nach GREGORY (1998) sind die imaginären Geographien mit ihren perzeptiven und materiellen Veränderungen, die aus den *geographs* resultieren, nie gänzlich formiert, nie vollständig machtdurchdrungen, sondern unterliegen immer wieder dynamischen Veränderungen und multipolaren Einflüssen.** Auch in den bergbaulichen Entwicklungen in Venezuela lassen sich mit staatlichen Organisationen, Umwelt-NGOs, Universitäten, indigenen Widerstandsbewegungen und dem informellen Bergbau verschiedene Produktionszentren konstituierter Räume nachweisen, deren Einflüsse zirkulieren. Aber die hierarchische Organisation der Informationsnetze, der Präsentationsmöglichkeiten, der politischen und wirtschaftlichen Einflussnahme ist zugunsten (trans)nationaler Bergbaukonzerne angelegt. Neben der prekären venezolanischen Wirtschafts- und Soziallage, der Kapitalintensität der Bergbauunternehmen sowie der internationalen Streuung ihrer Wirtschaftsstandorte ist ihr priveligierter Zugriff auf ökonomie- und ökologiedominierte Diskurse ein zentrales Moment zur Durchsetzung ihrer *geo-graphs*.

# VI Akteure jenseits der direkten Raumnutzung

Dem Leitgedanken der *Political Ecology* folgend, dass lokale Umweltveränderungen eine Funktion übergeordneter Rahmenbedingungen der nationalen und internationalen Ebene sind, lässt sich die Darstellung der Akteure des Gold- und Diamantenbergbaus in Venezuela nicht auf Agenten beschränken, die auf der lokalen Ebene agieren. Handlungen und Umweltauswirkungen von (auf der lokalen Ebene agierenden) *place-based-actors* und *non-place-based-actors* sind vielmehr sukzessive in die Beziehungen mit Akteuren zu kontextualisieren, die nicht als unmittelbare Raumnutzungskonkurrenten auftreten, lokale Raumnutzungen und Umweltveränderungen aber beeinflussen. Neben staatlichen Ministerien und Behörden gehören hierzu u.a. Vertreter ausländischer Staaten, in- und ausländische Wissenschaftler sowie Umwelt- und Menschenrechtsgruppen. Da die *Political Ecology* nicht von einem einseitigen Beeinflussungsverhältnis, sondern von Wechselbeziehungen ausgeht, tun sich hier Ähnlichkeiten mit den handlungszentrierten Ansätzen von WERLEN (1997: 1) auf, wenn dieser schreibt, dass eine

> ... der Besonderheiten aktueller Lebensbedingungen [...] in deren Eingebundenheit in die Dialektik des Globalen und Lokalen [besteht]: Globales hängt von Handlungen lokal situierter Subjekte ab, und deren lokale Bedingungen des Handelns sind von globalen Phänomenen durchdrungen. Diese globalisierten Lebensformen sind als eine Konsequenz der Moderne zu verstehen. [...] Aufgrund der technologischen Folgen dieser Neuzentrierung der Weltverständnisse leben wir heute nicht mehr nur in regional bestimmten bzw. beschreibbaren Verhältnissen."

*Struktur-orientierung versus Handlungs-orientierung*

Abgesehen von der heute weitgehend anerkannten These einer dialektischen Beziehung der verschiedenen Maßstabsebenen und Anleihen aus konstruktivistischen Sozialtheorien, unterscheidet sich die *Political Ecology* jedoch erheblich von den handlungstheoretischen Ansätzen, die sich in der Geographie insbesondere im Gefolge von GIDDENS und WERLEN ausbreiten (vgl. KRINGS & MÜLLER 2001). Unterschiede tun sich v.a. bei der wissenschaftstheoretischen Fokussierung des Zusammenspiels von Individuen und Strukturen sowie bei der nur vordergründig gemeinsamen Akteursorientierung auf. WERLEN (1997: 15) fokussiert seinen "wissenschaftlichen Tatsachenblick auf die Praxis der Subjekte in ihren Lebensformen und -stilen und deren lokalen und globalen Implikationen." Das Erkenntnisinteresse ist auf individuelles Handeln ausgerichtet, denn "soziale Phänomene können ausschließlich unter Bezugnahme auf die Analyse des Verhaltens von Individuen erklärt werden" (WERLEN 1995: 28). Das Forschungsinteresse ist also explizit auf individuelle Lebensformen, Lebensstile und -entscheidungen ausgerichtet, wobei Individuen für die Erklärung von Raum und Gesellschaft noch einmal in Handlungen zerlegt werden.

Damit leugnen handlungstheoretische Ansätze keine übergeordneten Dimensionen oder strukturellen Rahmungen partikulärer Handlungen (vgl. REUBER 2000), aber der Forschungsfokus liegt im Bereich der reflektierten und bewussten Handlungen, während Prozessen und Rahmenbedingungen, auf die das Individuum nur beschränkt Einfluss ausüben kann, ein peripheres Erkenntnisinteresse zukommt. Die methodologische Fokussierung auf Individuen, partikuläre Handlungsräume und -strategien hat zur Folge, dass

> "die nach wie vor relevanten und folgenreichen Ungleichheiten hinter einem Schleier aus Wahlfreiheit, Lebensstilen und Routinehandlungen verdeckt werden", so dass die "Giddensche Theorie der Routine des Alltags [...] insgesamt eigentlich nur als Theorie der Stabilität des Status quo gelesen werden [kann], zu marginal bleiben Gedanken über Konflikte und Widersprüche." (GERSTENBERGER 1988, zit. n. ARNOLD 1998: 149),

**Die zahlreichen Positivbezüge der *Political Ecology* zu den Theorien der Entwicklungsforschung, die strukturelle Gewalten und Abhängigkeitshierarchien herausgearbeitet haben (vgl. Kap. I-4), zeigen dagegen, dass die Dualität von Handlung und Struktur von der *Political Ecology* nicht über die individualistische Seite aufgelöst wird.** Trotz der Wahrnehmung und Herausarbeitung individueller Handlungsspielräume betrachtet die *Political Ecology* unterschiedliche Lebensformen, strukturelle Macht- und Abhängigkeitsverhältnisse, spezifische "Verwundbarkeiten" usw. vorrangig als gruppen-, schicht- oder klassenspezifische Phänomene und interpretiert sie nicht (handlungstheoretisch fokussiert) als Ausdruck individueller Entscheidungen. Die weitreichende Ausblendung von strukturellen Konflikten spiegelt sich auch in der von WERLEN (1997: 15) als zentral postulierten Frage nach der Ausgewogenheit verschiedener Regionalisierungsformen und deren "Abstimmung in dem Sinne, dass eine optimale Kompatibilität verschiedener Handlungsbereiche derart erzielt wird, dass sie ein möglichst geringes Konfliktpotenzial aufweisen". Das ausgesprochen konfliktorientierte Forschungsinteresse der *Political Ecology* ist nicht auf harmonisierende Konfliktlösungsstrategien ausgerichtet, sondern um das Aufzeigen von strukturell-diskursiven Machtverhältnissen in gesellschaftlichen Regelungsprozessen bemüht. Damit geht es ihr gerade nicht um die Suche harmonisierender Regelmechanismen und die Reduzierung von Konfliktpotenzialen, sondern um normatives und Stellung beziehendes Hinterfragen des Status quo (BRYANT & BAILEY 1997: 3).

Zuletzt besteht ein Unterschied zwischen handlungsorientierten Ansätzen und der *Political Ecology* in den zu Grunde liegenden Akteursbegriffen. Im Gegensatz zu ersteren akzeptiert die *Political Ecology* nicht nur Individuen als Forschungsobjekte, sondern betrachtet vor allem soziale Gruppen als Träger des sozialen Wandels.

Die skizzierten wissenschaftstheoretischen Problemfelder sowie die methodologische Positionierung der *Political Ecology* kommen bei der weiteren Betrachtung des Gold- und Diamantenbergbaus in Venezuela zum Tragen, wenn im Folgenden am Beispiel der *Reserva Forestal Imataca*, die Involvierung nicht lokal agierender Akteure in die Konflikte um die bergbauliche Erschließung des 3,6 ha großen Waldgebietes aufgezeigt wird. Von einer klassisch-geographischen Regionalentwicklungsanalyse abweichend wird der Konflikt um die Forstreseve Imataca weder von den naturgeographischen Grundlagen und Potenzialen der *Reserva Forestal Imataca* her noch über den Inhalt des Raumordnungsplan analysiert. Mit der politisch-ökologischen Forschungsperspektive bilden vielmehr die akteursspezifischen Repräsentationen der Forstreserve bzw. des Raumordnungsplans die zentralen Forschungsobjekte. Das heißt: **das Forschungsinteresse richtet sich weniger auf die gegenständlichen Komponenten der *Reserva Forestal Imataca*, sondern auf ihre kognitiven Konstitutionen.** Parallel werden die Analysen der Akteure, die auf lokaler Ebene in die Konflikte um die Erschließung der Bodenschätze im Bundesstaat Bolívar involviert sind (Kapitel IV und V), um die Analyse der raumrelevanten Wirkungen von Akteuren jenseits der unmittelbaren Raumnutzung ergänzt (vgl. BRYANT 1992; WATTS 1995). Der venezolanische Staat und (trans)nationale Bergbauakteure, die bereits in vorangegangen Kapiteln dargestellt wurden, werden auf Grund ihrer besonderen Rolle in der Debatte noch einmal betrachtet.

*Analyseschwerpunkte*

Auf der empirischen Ebene demonstriert das Beispiel der *Reserva Forestal Imataca* die Aktualität und Brisanz der bergbaulichen Raumnutzung als wichtigen Faktor der Tropenwaldzerstörung. Auf der analytischen Ebene wird deutlich, dass strukturell-diskursive Rahmungen sowie die machtdurchdrungene Dialektik der Akteursbeziehungen zum einen für das Verständnis partikulärer Handlungen berücksichtigt werden müssen. Zum anderen haben erst ideologische Interessenskoalitionen und kollektiv konstruierte Wahrnehmungen des Waldareals die *Reserva Forestal Imataca* zu einem "battlefields of interests" gemacht haben und der Debatte um die bergbauliche Nutzung des Waldareals eine internationale Gewichtung verliehen. **Denn die *Reserva Forestal Imataca* stellt nicht nur eine physisch-materielle Biomasse dar, die mit biologischen, petrologischen oder geographischen Inventuren zu erfassen ist. Vielmehr muss sie auch als eine Vielzahl von sozial produzierten Bildern begriffen werden, die einer kontinuierlichen Dynamik aus z.T. subtilen Wechselwirkungen (inter)nationaler und lokaler Akteure sowie den Raumwirkungen dieser Wechselbeziehungen unterliegen.**

Mit MACNAGTHEN & URRY (1989: 1ff) lässt sich diese Aussage in die Richtung verallgemeinern, dass es keine singuläre Natur gibt, sondern eine Vielfalt von umstrittenen Naturen, die durch soziale Praktiken, diskursive Ordnungen und Einbettungen sowie räumliche und zeitliche Rahmungen immer wieder neu produziert werden (vgl. auch Kap. II).

## 1. Raum- und Waldnutzungskonflikte in der *Reserva Forestal Imataca*

*Die Reserva Forestal Imataca: bisherige Erschließung und Nutzung*

Die *Reserva Forestal Imataca* (RFI) ist mit der Verabschiedung eines Raumordnungsplans für die 3.6 Mio. Hektar große Waldfläche im Osten des Bundesstaates Bolívar (Karte 22) im Mai 1997 zum *hot spot* nationaler und internationaler Umwelt- und Entwicklungsdebatten geworden (vgl. AICHER ET AL 1998, MIRANDA ET AL. 1998 sowie die venezolanische Tagespresse[135] des Jahres 1997). Der Raumordnungsplan weist Flächen für den Bergbau aus und legalisiert damit erstmals in einem regionalen Maßstab bergbauliche Nutzungen in dem Anfang der 1960er Jahre für die Sicherung der nationalen Holzreserven unter Schutz gestellten Waldgebiete. Besondere Brisanz erfahren die Flächenfreigebungen für den Bergbau (Gold und Diamanten), weil die *Reserva Forestal Imataca* trotz der frühen Ausweisung als Reserve für die nationale Holzproduktion bisher relativ frei von großflächigen Erschließungen ist. Anthropogene Nutzungen beschränken sich weitgehend auf Aktionsradien indigener Siedlungen, einzelne Bergbaustandorte, bäuerliche Subsistenzbetriebe (*Conucos*) und Weideflächen in den westlichen Randbereichen. Die bis in die 1990er Jahre hinein reichende Konzentration der venezolanischen Raumordnung auf den Erdölsektor, die nördlichen Wirtschafts- und Bevölkerungsagglomerationen sowie die als Entwicklungspole angelegten Schwermetallindustrien in Ciudad Guayana (vgl. Kap. III) haben in den südlich des Orinoco gelegenen Landesteilen ein gesellschafts- und ordnungspolitisches Vakuum generiert, in dessen Folge eklatante Widersprüche der staatlichen Gesetzgebung und ministerieller Kompetenzen lange Zeit scheinbar konfliktfrei koexistieren konnten.

[135] Sowohl in Tageszeitungen mit nationaler Verbreitung (EL NACIONAL, EL UNIVERSAL) als auch in der Tagespresse mit regionaler Bedeutung im Bundesstaat Bolívar (EL BOLIVARENSE, EL CORREO und EL PROGRESO) finden sich ab Mitte des Jahres 1997 nahezu täglich Artikel über den Raumordnungsplan der Reseva Forestal Imataca. Der Nachteil bei der Analyse einer aktuellen Konfliktsituation besteht darin, dass staatliche Mitarbeiter sich in Interviews nur sehr vorsichtig äußern und zu sensiblen Informationen häufig kein Zugang besteht. Dieser Nachteil wird z.T. dadurch aufgewogen, dass Stellungnahmen nicht-staatlicher Akteure besonders gut zugänglich sind und alternative Meinungen gegen staatliche (Raum-)Entscheidungen nicht in den letztlich gefassten Beschlüssen und geförderten Raumstrukturen eines Raumordnungsprozesses verloren gehen (vgl. NASCHHOLD 1978; OBENBRÜGGE 1983).

*Inteministerielle Kompetenz-konkurrenzen*

Während die Erschließung der Bodenschätze dem Bergbauministerium (MEM) unterliegt, ist das Umweltministerium (MARNR) für Schutzgebiete, die unter Sonderverwaltung stehen (ABRAES) und zu denen Forstreserven gehören, zuständig. Mit den Gesetzen 1046 (1986) und 845 (1990), mit denen Bergbaukonzessionen innerhalb der *Reserva Forstal Imataca* freigegeben wurden, konnte das MEM in den 1980er und 1990er Jahren seine sektoralen Kompetenzen ohne öffentliche Proteste auf Kosten der räumlich definierten Kompetenzen des Umweltministeriums durchsetzen. Infolge der Übertragung der Zuständigkeit für Konzessionsvergaben vom Energie- und Bergbauministerium auf die CVG (vgl, Kap. III-4) schloss die Regionalentwicklungsbehörde Bergbauverträge über 800.000 ha in der *Reserva Forestal Imataca* ab.

*Raumnutzungs-konkurrenzen: zwischen Forst-wirtschaft und Bergbau*

Da alle Ministerien durch die Heranziehung verschiedener Gesetzesgrundlagen ihre sektoralen oder räumlichen Interessen in der *Reserva Forestal Imataca* legitimieren, konnten sich - neben staatlich nicht intendierten Raumnutzungen wie dem informellen Bergbau - auch die Raumnutzungen, die von den verschiedenen staatlichen Organisationen protegiert werden, durchsetzen. Relativ unbemerkt von der Öffentlichkeit fassten so der Bergbau oder die "Holzmafia" (EL EXPRESO, 23.01.1987, zit. n. SANOJA HERNÁNDEZ 1990) in Imataca Fuß. Von der CVG wurden 32 Bergbaukonzessionen in Arealen vergeben, die von SEFORVEN (für die Forstwirtschaft zuständige Unterorganisation des MARNR) für Holzkonzessionen freigegeben worden waren (vgl. Karte 21). Wenngleich erst zum Teil in die Praxis umgesetzt, so liegen bereits für 27,5 % der RFI forstwirtschaftliche Managementpläne vor (vgl. MARNR 1996: 135). Auch die Goldlagerstätten der *Reserva Forestal Imataca*, die z.T. nachgewiesen sind, z.T. vermutet werden, unterliegen ersten wirtschaftlichen Zugriffen. **Die Standorte des informellen Bergbaus machen bis dato weniger als ein Prozent der Gesamtfläche aus**, auch wenn Befürworter des Raumordnungsplans betonen, dass "illegale *Pequeños Mineros* bereits 2200 ha [was rund 0,05% der Fläche entspricht] der *Reserva Forestal Imataca* kontrollieren" (*Cámara Minera* in der EL UNIVERSAL, 09.07.1997). Die bereits vor der Verabschiedung des Raumordnungsplans in den 1980er und 1990er Jahren vom Bergbauministerium (MEM) und der CVG ausgewiesenen **91 Bergbaukonzessionen und 260 Verträge bedecken dagegen mit einer Gesamtfläche von 1.011.888 Hektar 27,8% der *Reserva Forestal Imataca*** (siehe Abb. 31), befinden sich aber in der Mehrzahl erst in der Prospektions- bzw. Explorationsphase und besitzen vom Umweltministerium i.d.R. noch keine Autorisation für den Abbau der Bodenschätze (MARNR 1996: 168).

**Karte 21: Räumliche Überlappung von Forstkonzessionen und Bergbauarealen in der *Reserva Forestal Imataca***

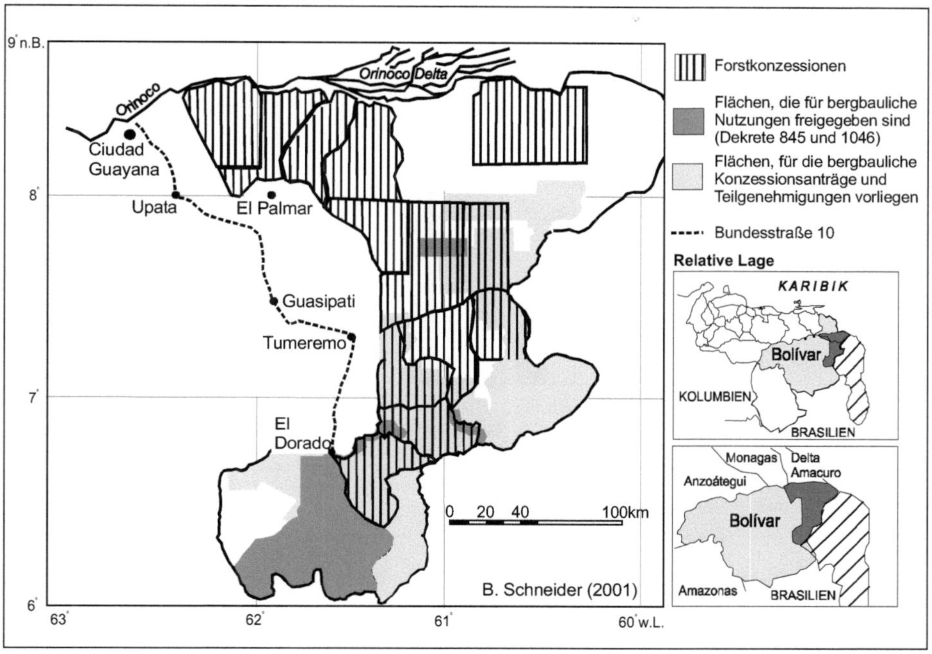

*Besitzkonzentrationen im Bergbau*

Für die Hälfte der 826.000 Hektar, die alleine von der CVG als Bergbaukonzessionen ausgewiesenen wurden, sind bereits Nutzungssrechte vergeben. Abbildung 32 zeigt dabei nicht nur, dass es sich in der überwiegenden Mehrzahl um großflächige Konzessionen, also Areale für den industriellen Bergbau, handelt. Aus der Abbildung geht auch hervor, dass die Anzahl der Konzessionäre weder proportional mit der Größe der Konzessionsflächen noch mit der Konzessionsfläche insgesamt steigt. Die 32 vergebenen 5000-Hektar-Konzessionen verteilen sich z.B. ebenso wie die 16 vergebenen 500-Hektar-Konzessonen auf nur 15 Konzessionäre. **Das heißt, dass ein Konzessionär für eine 500 ha große Bergbaufläche im Durchschnitt auch nur über Zugangsrechte für insgesamt rund 500 ha verfügt. Auf einen Konzessionär einer 5000 ha großen Konzession kommen hingegen im Durchschnitt zwei Konzessionen und damit 10.000 Hektar.** Diese Konzentration von Zugangsrechten wird dadurch verschärft, dass informelle *Mineros* in der 5000-ha-Klasse überhaupt nicht vertreten sind, wohingegen der industrielle Bergbau durchaus auch über 500-ha-Konzesssionen verfügt.

**Abb. 31: CVG-Konzessionen in der *Reserva Forestal Imataca*, differenziert nach der Größe**

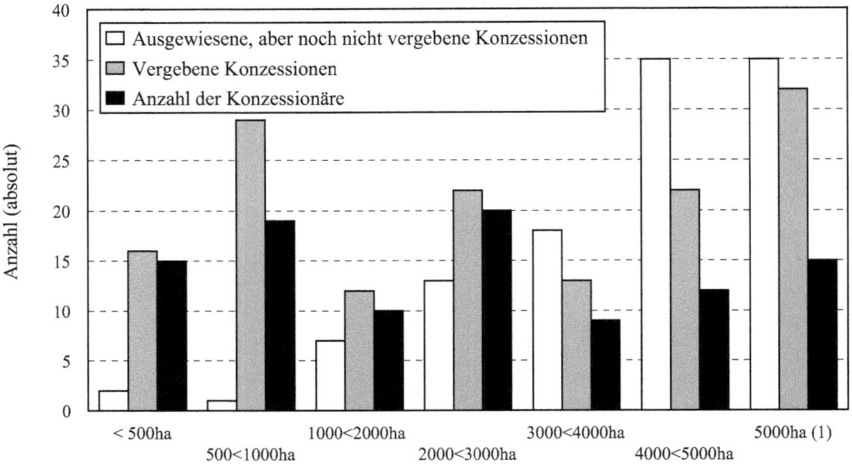

Anzahl (absolut)

- Ausgewiesene, aber noch nicht vergebene Konzessionen
- Vergebene Konzessionen
- Anzahl der Konzessionäre

< 500ha; 500<1000ha; 1000<2000ha; 2000<3000ha; 3000<4000ha; 4000<5000ha; 5000ha (1)

Quelle: Unver. Auflistung der "*Contratos vigentes otorgados por la C.V.G. en la Reserva Forestal Imataca*" (CVG 1997).
(1) Prinzipiell beträgt die maximale Konzessionsgröße 5000 ha. Zwei Konzessionen, die diese Flächenbegrenzung um wenige Hektar überschreiten, wurden in diese Klasse aufgenommen.

*Verabschiedung eines Raumordnungsplans*

Angesichts der Zunahme sich überschneidender Raumansprüche von Holzkonzessionären, Akteuren des informellen und industriellen Bergbaus sowie massiver Proteste industrieller Bergbauunternehmen, denen MEM- bzw. CVG-Genehmigungen vorliegen, die aber wegen fehlender Genehmigungen durch das MARNR, den Abbau der Bodenschätze nicht aufnehmen können, stellte sich für die Regierung die Notwendigkeit einer staatlich geregelten Raumordnung. **Im Mai 1997 wurde schließlich ein Raumordnungsplan für die Forstreserve Imataca (*Plan de Ordenamiento y Reglamento de Uso de la Reserva Forestal Imataca*) verabschiedet, der 74% der Gesamtfläche für die industrielle Erschließung freigibt.** Während davon 1.308.800 ha (35,9%) ausschließlich für forstliche Nutzungen ausgewiesen wurden, sind 1.383.019 ha (38%) für eine Mischnutzung, die auch bergbauliche Nutzungen umfasst, vorgesehen. 26% sind als Flächen mit Schutzcharakter ausgewiesen. Davon entfallen 15,4% auf fluviatile Überlaufzonen, 7,2% auf ein Areal, das Forschungszwecken zur Verfügung steht und 3,5 % der Fläche werden als absolute Schutzgebiete ausgewiesen (Karte 22).

**Karte 22: Raumordnungsplan der *Reserva Forestal Imataca* (1997)**

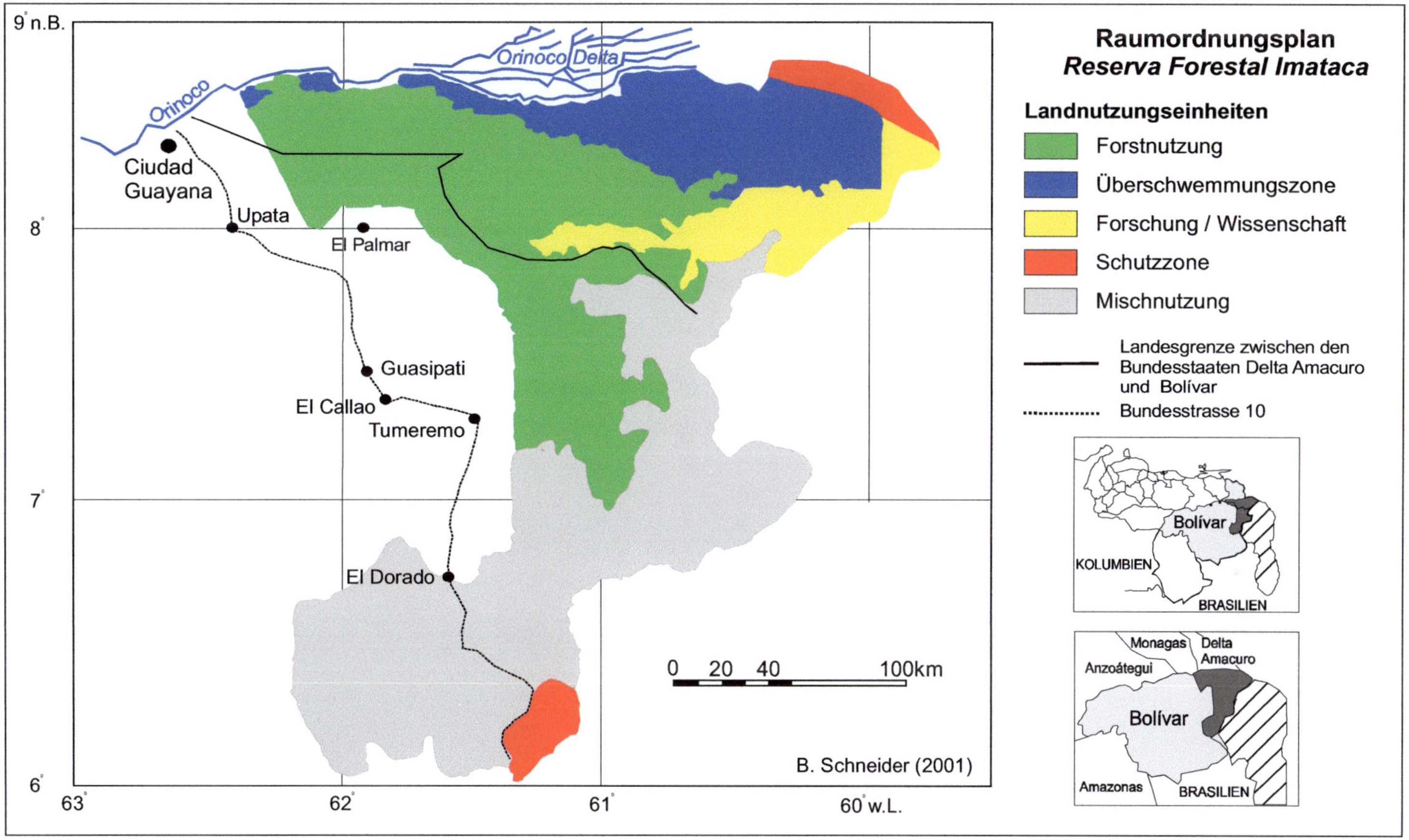

*Akteure jenseits der direkten Raumnutzung*

In der Mehrzahl der Publikationen, die die Debatte um die *Reserva Forestal Imataca* auf nationaler und internationalen Ebene thematisieren, entsteht der Eindruck, dass der venezolanische Staat, transnationale Bergbaukonzerne und indigene Gruppen die einzigen Konfliktparteien darstellen. Abgesehen davon, dass es sich bereits bei diesen drei Akteuren um sehr heterogene Gruppen handelt, zeigt Abbildung 32, die die wichtigsten Akteure zusammenfasst die in die Debatten und Konflikte um die Forstreserve *Imataca* involviert sind, dass mit **Umwelt- und Menschenrechtsgruppen**, nationalen und internationalen **Wissenschaftlern, transnationalen Organisationen** usw. weitaus mehr Akteure beteiligt sind. Obwohl aus Gründen der Überschaubarkeit auf die Darstellung aller Akteure verzichtet wurde (z.B. fehlen Holzkonzessionäre in der Graphik), machen bereits die berücksichtigten Akteuren jenseits der konkreten Raumnutzungskonkurrenz deutlich, dass eine Interpretation der Auseinandersetzungen um die RFI als territorialer Konflikt, der auf unterschiedlichen Landnutzungsansprüchen basiert, zu kurz greifen würde. Die sozialen Kontexte, die diese Akteure in die Konflikte einbringen, bringen die konfliktbestimmenden Bedeutungen nicht-lokaler Einflussfaktoren und -agenten zum Ausdruck.

Der Abbildung liegt eine strukturorientierte Darstellung der Akteure nach ihrer Zugehörigkeit zu den *non-place-based actors* bzw. *place-based-actors* sowie zu staatlichen und nicht-staatlichen Gruppen zu Grunde. Diese strukturorientierte Darstellung hat nur ordnenden und deskriptiven Charakter. Größere Bedeutung kommt den dialektischen Beziehungen zwischen den Akteuren zu. Gedanklich sind Interaktionspfeile von jedem Akteur zu jedem anderen Akteur einzufügen, deren Abbildung sich aus Übersichtlichkeitsgründen auf drei Doppelpfeile zwischen *non-place-based-actors*, *place-based-actors* und der *Reserva Forestal Imataca* beschränkt. Zentral ist, dass die gesellschaftlichen Dimensionen der Forstreserve nicht innerhalb eines statischen Modells erklärt werden, sondern dass Interaktionen und Dynamiken zwischen den Akteuren fokussiert werden (vgl. BLAIKIE 1995). Ausgehend von den im Zentrum der Graphik stehenden Bedeutungen, die der *Reserva Forestal Imataca* (RFI) - exemplarisch für die edelsteinreichen Waldgebieten im Südosten Venezuelas stehend - zugesprochen werden, lassen sich sowohl das sozialräumliche Konfliktpotenzial der divergierenden Interessen als auch Argumentationslinien der Projektbefürworter und -gegner zur Durchsetzung der akteursspezifischen Interessen an der RFI ableiten. Die schlagwortartig zusammengefassten akteursspezifischen Perspektiven und Bedeutungszuschreibungen der *Reserva Forestal Imataca* leiten sich im Wesentlichen aus den Kapiteln III bis V ab und werden in den nachfolgenden Kapiteln spezifiziert.

**Abb. 32: Akteursspezifische Bedeutungszuschreibungen der *Reserva Forestal Imataca* (RFI)**

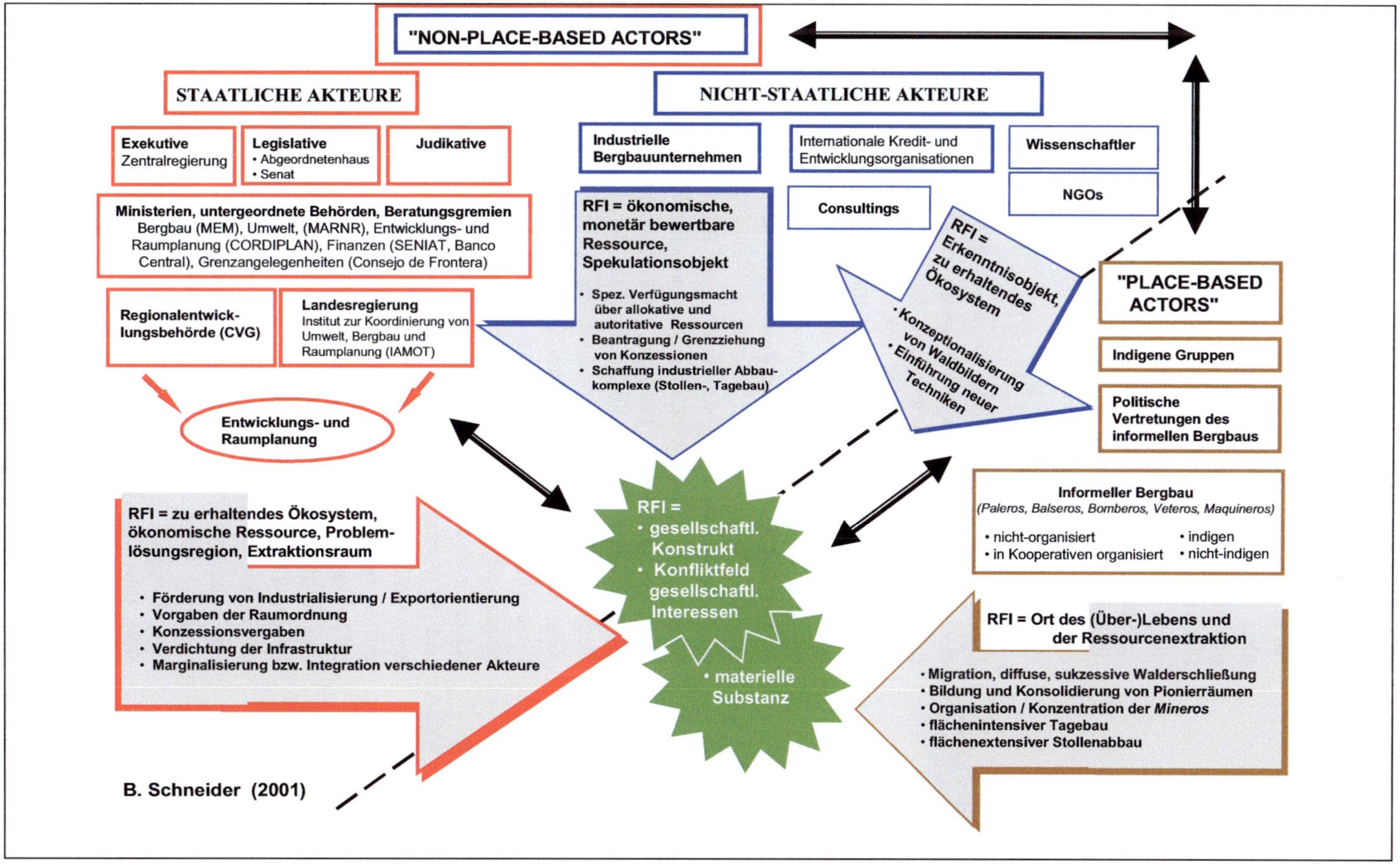

## 2. Projektbefürworter, Argumente, Strategien und Rahmungen

### 2.1 Staatliche Protagonisten

An der Ausarbeitung des im Mai 1997 verabschiedeten Raumordnungsplans für die Forstreserve Imataca waren unter Federführung des Planungsministeriums CORDIPLAN, das Ministerium für Energie- und Bergbau (MEM), das Umweltministerium (MARNR), das Verteidigungsministerium (MD) und die Regionalentwicklungsbehörde CVG beteiligt. Ihre Begründung für den Regionalplan baut auf einem Gerüst aus ökonomischen, ordnungspolitischen und ökologischen Argumenten auf, das v.a. Sachzwänge für zentralstaatliches Handeln und die Inwertsetzung der Bodenschätze hervorhebt.

*Argumente für den Raumordnungsplan*

*1. Nationalökonomische Sachzwänge*

Die zentrale Legitimationsbasis für den Raumordnungsplan bildet die sozioökonomische Krise, mit der Venezuela seit den 1980er Jahren konfrontiert ist. Stereotype Wiederholungen, dass das Land ökonomischen Sachzwängen ausgesetzt ist, spitzen sich in dem **Vergleich des Planungsministers** zu, **dass die Gegner des Raumordnungsplans wie Hindus seien, die die Kühe aus ethisch-religiösen Gründen eher sterben ließen als sie zu essen, da sie es anscheinend vorzögen vor Hunger zu sterben als von den Reichtümern der *Reserva Forestal Imataca* zu profitieren** (Theodoro Petkoff in der EL NACIONAL, 13.09.1997). Hinter der Rhetorik dieses Vergleichs verbirgt sich nicht nur die Absurdität der Heranziehung hinduistischer Glaubensvorstellungen, indischer Kühe und vor Hunger sterbender Menschen zur Erklärung von Entwicklungs- und Raumdebatten in Venezuela und damit die Herausnahme der sozioökonomischen Probleme Venezuelas aus ihren landesspezifischen Kontexten. Durch die Reduzierung der sozioökonomischen Probleme Venezuelas auf die a-historische Gegenüberstellung sog. 'traditioneller' und 'moderner' Handlungen und Entwicklungen wird die industrielle Erschließung der Bodenschätze auch als 'modernes und rationales' Handeln des Staates legitimiert und der Forstreserve *Imataca* die Bedeutung einer ökonomischen Ressource für die moderne Entwicklung Venezuelas zugesprochen. Vordergründig liegt die Bedeutung des Bundesstaates Bolívar in seiner Funktion als Extraktionsraum zur Lösung nationalökonomischer Probleme. Um die (aus Sicht des politisch-wirtschaftlichen Zentrum des Landes) peripheren Landesteile südlich des Orinoco für die Nationalökonomie inwertzusetzen, gilt es den außerhalb des staatlichen Zugriffs stehenden informellen Gold- und Diamantenabbau mit Hilfe (trans)nationaler Bergbaukonzerne und moderner Abbautechniken in einen "rationellen, geordneten und nachhaltigen Bergbau" (Erwin Arietta, Energie- und Bergbauministers in MINAS HOY 1995) zu transformieren, um der Nationalökonomie den "Goldreichtum im Wert von 120.000 Mio. US-Dollar zukommen zu lassen." (Petkoff, in EL EXPRESO 11.07.1997).

Auch wenn es keine exakten Angaben über die Goldreserven der *Reserva Forestal Imataca* gibt, lässt sich doch feststellen, dass die Befürworter des Raumordnungsplans die potenziellen Goldvorkommen sehr hoch ansetzen.

*2. Ordnungspolitische Notwendigkeiten*

In die normative Polarisierung "ungenutzter Räume bzw. Ressourcen versus tradierter Wirtschaftsweisen" fügt sich die ordnungspolitische Argumentation ein, indem aus der Definition der *Reserva Forestal Imataca* als nationale und geopolitische Ressource die Notwendigkeit für ihre zentralstaatliche Sicherung und Kontrolle abgeleitet wird. Diese Argumentation ist v.a. auf den informellen Bergbau zugespitzt, dessen anarchische und illegale Invasion in das fragile Ökosystem der RFI mit dem raumordungspolitischen Instrument des Raumordnungsplans und der Förderung staatlich kontrollierbarer Bergbaukomplexe Einhalt geboten werden soll. Unterstützung findet dieses Argument sowohl von Seiten staatlicher Kontrollorgane, wie dem Verteidigungsministerium (MD - *Ministerio de Defensa)* und Führungskräften der *Guardia Nacional* als auch vom Umweltministerium. Für das Verteidigungsministerium und seine untergeordneten Organe stellt sich die geringe Bevölkerungsdichte der Grenzräume zu Guyana als ein schwer kontrollierbares Grenzgebiet mit idealen Bedingungen für illegale Einwanderer, Drogen- und Schmuggelgeschäfte sowie die Plünderung nationaler Naturressourcen durch ausländische *Mineros* dar. Ähnlich wird von seiten des Umweltministeriums argumentiert, dass der informelle Bergbau und staatliche Kontrolldefizite, sowohl den Bestand als auch die gesetzlich verankerte Funktion dieses 3,6 Mio. ha großen Waldareals als Forstreserve gefährden. So zieht PRIETO SILVA aus seinen Erfahrungen als ehemaliger Kommandant der *Guardia Nacional* in Imataca das Resümee (EL UNIVERSAL 1997: 22), dass der Staat den illegalen Abbau der Bodenschätze mit *Chupadores* in Imataca verbieten und gleichzeitig einen modernen Bergbau fördern muss. Denn es wäre falsch, 'dass die ganze Welt glaube, es gäbe derzeit in Imataca einen wahren Bergbau (*verdadera explotación minera)*. In Imataca würden keine Bodenschätze abgebaut; das, was dort existiere, sei lediglich eine absurde Zerstörung der Umwelt, um ein paar Diamanten oder einige Gramm Gold zu erhalten'. Die 10 Mio. Tonnen Gold, die in der RFI vermutet werden, nicht abzubauen, wäre aber ebenso irrational wie die derzeit stattfindende Zerstörung der Wälder. Bezug nehmend auf den industriellen Erzabbau, auf dessen Gewinne keiner in Venezuela wegen der ökologischen Schäden verzichten würde, sieht PRIETO SILVA in der Technologie das zentrale Instrument für den Spagat zwischen wirtschaftlicher Wertschöpfung und Umweltschutz.

> "Mit dem Fortschritt der Wissenschaft, der es heutzutage ermöglicht, die nahezu exakte Lokalisierung der Goldadern durch Satellitenstudien zu kennen [...], vermeidet man den Zufallsfaktor bei der Goldsuche, der der wahre Umweltzerstörer ist. Um in Imataca die montanen Zonen zu exploitieren, wird eine Beeinträchtigung der Bodenbedeckung nur noch im Bereich des Eingangs zur Galerie stattfinden, die der Goldader in die Tiefe folgt." (PRIETO SILVA 1997: 22)

*3. Ökologische Erfordernisse*

Ebenfalls mit den technologischen Möglichkeiten des industriellen Bergbaus argumentierend, sieht das Umweltministerium im Bergbau nicht per se eine Bedrohung der Umwelt. An verschiedenen Stellen weist das MARNR darauf hin, dass der industrielle Bergbau und (trans)nationales Privatkapital als eine "eine Notwendigkeit gesehen werden müssen, um den erforderlichen Finanzzufluss aufzubringen, der für das nationalstrategische Interesse, das mineralische Potenzial des Landes zu kennen, und die wirkungsvolle Handhabung der Naturressourcen erforderlich ist" (MARNR 1996: 117). An anderer Stelle wird betont, dass es sich bei dem Raumordnungsplan der *Reserva Forestal Imataca* um einen "gut durchdachten Plan" (Luis Castro Morales, Vizeminister des MARNR, EL NACIONAL, 29.06.1997) handelt, der "durch die staatliche Kontrolle des Bergbaus die Funktion des Waldgebietes als Forstreserve wiederherstellt und den Druck des informellen Bergbaus auf Imataca reduziert" (Stellungnahme des MARNR, EL NACIONAL, 29.06.1997).

*Institutionelle Hintergründe der Planbefürwortung*

*1. Dominanz des Bergbausektors*

Aus den aufgeführten Stellungnahmen der Befürworter des Raumordnungsplans für die RFI und der mit dem Plan verbundene Legalisierung bergbaulicher Aktivitäten in diesem Waldgebiet erschließt sich, dass die Plan-Befürworter auf eine wirkungsmächtige Formel zurückgreifen, die sich aus nationalökonomischen Notwendigkeiten, der Leitidee eines starken, kontrollierenden Ordnungsstaates, wissenschaftlichen und technologischen Argumenten sowie ökologischen Diskurselementen nährt. Wie in Kapitel II gezeigt wurde, geht das seit den 1980er Jahren zunehmende Interesse des Staates für den industriellen Gold- und Diamantenabbau aber nicht nur auf ökonomische Sachzwänge zurück, sondern hängt in erheblichem Umfang auch mit der institutionellen Integration von Natur in das venezolanische Gesellschaftsmodell zusammen. Die Durchsetzung der bergbaulichen Verwertungsinteressen innerhalb divergierender Interessen des Staates hängt insbesondere mit der besonderen Stellung des Bergbauministeriums zusammen. **Durch die Erdölwirtschaft konnte sich das MEM zu einem der wichtigsten Ministerien des Landes entwickeln, das über langjährige Erfahrung mit industriellen Abbauformen und ausländischen *Joint ventures* verfügt, während die Durchführung kleiner Projekte außerhalb des institutionellen Erfahrungsbereiches des MEM liegt.**

*2. Legitimationsprobleme des CORDIPLAN*

Auch der Befürwortung der anderen Ministerien für den Raumordnungsplan Imataca liegen neben den offiziellen (nationalökonomischen, ordnungspolitischen und ökologischen) Argumenten selbstlegitimatorische Begründungszusammenhänge zugrunde, die hinter den in der Öffentlichkeit formulierten Erklärungen nur schwer fassbar sind. Dass CORDIPLAN die Federführung in der interministeriellen Interessenkoalition für den Raumordnungsplan übernommen hat und die bergbauliche Erschließung des Bundesstaates Bolívar durch transnationale Bergbaukonzerne propagiert, erstaunt auf den ersten Blick, da dieser Behörde mit Theodoro Petkoff ein Minister vorsteht, der früher zur linken MAS gehörte und linksradikale Thesen vertreten hat. Seine Engagement für den Raumordnungsplan lässt sich nach einheitlichen Aussagen von Mitarbeitern in CORDIPLAN und der Umweltkommission des Kongresses v.a. durch massiven Druck, den der nationale Dachverband des industriellen Bergbaus auf die venezolanische Regierung ausgeübt hat sowie Legitimationsproblemen, denen CORDIPLAN ausgesetzt ist (vgl. Kap. III), erklären.

Erst recht ließe sich vermuten, dass sich das Umweltministerium den Flächenfreigebung für den Bergbau in der *Reserva Forestal* widersetzen würde. Aber Stellungnahmen des MARNR, nach denen "Venezuela nach der Befreiung Imatacas, nun eine Umwelt-Bergbau-Politik verfolgt, die die nachhaltige Entwicklung garantiert" (Anzeige des MARNR in der EL NACIONAL, 21.06.1997) zeigen, dass dem nicht so ist. Ebenso wenig bezieht das MARNR in einem von ihm erarbeiteten Vorentwurf für den Raumordnungsplan (MARNR 1996) Position gegen die bergbauliche Nutzung in Imataca, sondern kritisiert lediglich die 'negative Anziehungskraft der Edelmetalle auf illegale Migranten aus Kolumbien, Brasilien und Guyana, die die Probleme der RFI durch willkürliche Standorte und Ansiedlungen ohne räumliche und soziale Kontrolle intensivieren' (ebd: 19, 161) sowie die ökologischen Auswirkungen des informellen Bergbaus (ebd.: 156f). Zahlreiche Bezüge auf nationale Vorgaben der Entwicklungs- und Raumplanung betonen, dass die Regierung

> "zu verschiedenen Gelegenheiten die Notwendigkeit von Investitionsanreizen für die Schaffung von Arbeitsplätzen und die Reaktivierung der Wirtschaft herausgestellt hat. Im [Bergbausektor] war die Einrichtung von Konzessionen eines der wichtigsten Werkzeuge, die für die Erschließung der mineralischen Ressourcen angewandt wurden. In diesem Sinn bietet der Raumordnungsplan der RFI legislative Sicherheit und Kontinuität für die Rechte, die der Staat mit direkten Konzessionen oder per Raumordnungserlässen bereits gewährt hat." (MARNR 1996: 115)

*Einfluss nationalökonomischer Vorgaben auf das Umweltministerium*

Bei den Äußerungen des MARNR handelt es sich also nicht um ökologische Stellungnahmen., sondern um Bindungen an nationalökonomische Vorgaben. Sowohl die zahlreichen Verweise auf nationale Entwicklungsprogramme, auf Leitlinien der nationalökonomischen Entwicklung und der nationalen Raumordnung als auch der Hinweis auf bereits erfolgte Konzessionsvergaben in der *Reserva Forestal Imataca* lassen Einflüsse aus CORDIPLAN und dem MEM erkennen. Mit der Anerkennung früherer Flächennutzungsausweisungen des Bergbauministeriums weicht das MARNR nicht nur einer konfliktiven Auseinandersetzung über ministerielle Zuständigkeiten der Raumordnung in ABRAEs aus, sondern beugt sich dem Druck aus den mächtigen Ministerien für Planung und Bergbau[136].

Auch für die Befürwortung des Raumordnungsplans von Seiten der *Guardia Nacional* lässt sich neben den offiziellen ordnungspolitischen Argumenten ein selbstlegitimatorischer Begründungszusammenhang nachweisen. Für die *Guardia Nacional*, die auf lokaler Ebene ein "machtvoller Vertreter der ministeriellen Autoritäten zur Sicherung der sozialen Ruhe ist" (MD 1996: 3), stellt sich die angestrebte Sicherung des staatlichen Zugriffs auf die Ressourcen der RFI auf sehr konkrete Weise. Für die staatliche Kontrolle der Reserva Forestal Imataca sind - auf zwei Posten in Tumeremo und KM 88 verteilt - 681 Soldaten angestellt (Interview mit Oberleutnant Carlos Sanchez, September 1997). Selbst bei gleichzeitigem Einsatz des gesamten Personals wäre ein Gardist für die Überwachung von 5300 ha der RFI zuständig. Angesichts diese personellen Unterbesetzung kann die *Guardia Nacional* ihrem staatlichen Auftrag nur beschränkt nachkommen. Hinzu kommt, dass viele Gardisten ihre Besoldungen (ein Soldat verdient zwischen 200 und 350 US-Dollar) durch Bestechungsgelder aufbessern[137]. Personal- und Finanzdefizite beschränken so nicht nur den Aktions- und Wirkungsradius der *Guardia Nacional*, sondern gefährden auch den inneren Zusammenhalt und ihre prinzipielle Funktion.

*Selbstlegitimatorische Hintergründe der Guardia Nacional*

[136] Sowohl Petkoff (CORIPLAN) als auch Arrieta (MEM) gelten als sehr führungsstark, während dem Umweltministerium ein schwacher Führungsstil nachgesagt wird, was z.T. mit den Ministerien und desarollistischen Positionen, die sie vertreten, zusammenhängt. In Zeiten wirtschaftlicher Rezessionen verliert das Thema Umwelt i.d.R. an Bedeutung, während wirtschaftliche Modernisierungsentwürfe ins Zentrum tagespolitischer und nationalökonomischer Diskussionen rücken. Das Bild der "starken Minister" hängt aber auch mit den persönlichen Politikstilen sowie den Kontakt- und Informationsnetzen, die Petkoff und Arrieta aufgebaut haben, zusammen. Arieta verfügt z.B. aus seiner Zeit als CVG-Präsident auf der einen Seite über gute Verbindungen zum Bundesstaat Bolívar. Auf der andere Seite steht er als Minister des wichtigsten Ministeriums des Landes in Kontakt mit ausländischen Staaten und einflussreichen Investoren.

[137] Viele *Mineros* sagten aus, dass sie einen Teil ihrer Erträge für Kontrollen der *Guardia Nacional* beiseite legen, um durch die sog. *colaboración* den Entzug ihrer Schmuggelware zu verhindern.

**Ebenso vielschichtig und subtil wie die institutionellen Hintergründe des Raumordnungsplans der *Reserva Forestal Imataca* sind, durchziehen auch eine Reihe kaum wahrnehmbarer Strategien die öffentliche Propaganda für das Projekt. Ein genauerer Blick auf die rhetorischen Elemente, die von den Befürwortern des Raumordnungsplan in die Debatte um die RFI eingebracht werden, zeigt, dass die von ihnen vorgebrachten Argumente nicht nur als sachliche Argumente interpretiert werden dürfen, sondern auch eine Funktion der manipulativen "Rationalisierung der Wahrheit" (SCOTT 1985: 200) ausüben.** Neben der einseitigen und verfälschenden Interpretation von Daten und Zahlen, gehören v.a. die rhetorische Emotionalisierung des Themas und Verunglimpfungen der Projektgegner zu den zentralen Strategien der Interessendurchsetzung, die jenseits der sachlichen Diskussionsebene stehen, diese aber massiv durchziehen. Staatliche Projektbefürworter instrumentalisieren ihre institutionellen und persönlichen Kontakte, nutzen juristische Unklarheiten sowie Handlungsspielräume, die ihnen als Regierungsorgane zur Verfügung stehen, bis hin zu semi-legalen Handlungen aus.

*Strategien der Projektbefürworter*

Am Beispiel der Instrumentalisierung des informellen Bergbaus, der eine Schlüsselrolle in der Argumentation für den Raumordnungsplan einnimmt, lässt sich verdeutlichen, dass dieser Bergbautyp durch metaphernreiche Rhetoriken v.a. auf der emotionalen Ebene eingebracht wird. Obwohl z.B. keine überprüfbaren Angaben über die Anzahl der *Mineros* in der RFI vorliegen (Schätzungen schwanken zwischen 10.000 und 200.000) und die Gesamtheit ihrer Standorte auch nach offiziellen Angaben weniger als 1% des Waldareals bedecken, wird die Bedrohung der RFI durch eine Invasion des informellen Bergbau als gegeben dargestellt. Aus einer ausschließlich qualitativen Bewertung der ökologischen Auswirkungen des informellen Bergbaus werden quantitative Aussagen über demographische und territoriale Auswirkungen suggeriert, die empirisch weder mit Zahlenmaterial belegbar sind noch dem wahrnehmbaren Raumbild einer weitgehend geschlossenen Walddecke in der *Rerserva Forestal* entsprechen. Die scheinbar auf der Sachebene herausgearbeitete Notwendigkeit eines ordnungspolitischen Eingriffs durch staatliche Ministerien wird durch die stereotype Wiederholung negativer Zuschreibungen, die den informellen Bergbau als tradierte, illegale und anarchische Wirtschaftstätigkeit darstellen, unterstrichen. Diffamierungen reichen bis hin zu seiner Kriminalisierung. Zum Teil werden *Mineros* direkt zu kriminellen Elementen stilisiert, teilweise erfolgt aber auch die Einführung mysteriöser Kräfte, die den informellen Bergbau verdeckt manipulieren und gegen die staatliche Präferenz für den industrialisierten Bergbau aufbringen.

*Subjektive Interpretation von Daten und Suggerierung eines von ausländischen Mineros besetzten Raums*

*Diffamierungen der Projektgegner*

> "Wir haben es in Angriff genommen, die *Mineros* vom Hunger und dem kriminellen Einfluss derjenigen zu befreien, die sich ihre gerechtfertigte Verzweiflung zu Nutze machen, sie antreiben in Bergbaukonzessionen einzufallen, ihre Misere reproduzieren und menschenwürdige und stabile Beschäftigungsmöglichkeiten ruinieren." (Planungsminister Petkoff, in der EL UNIVERSAL, 04.06.1997)

Die Einführung manipulativer Kräfte im Hintergrund birgt eine doppelgleisige Strategie: Erstens richtet sich die Diffamierung nicht direkt gegen *Mineros* und deren Angehörige, die einen demographisch wichtigen Anteil bei Wahlen im Bundesstaates Bolívar ausmachen. Zweitens wird der Raumordnungsplan, der wegen der großflächigen Konzessionsausweisungen Handlungsmöglichkeiten und Raumnutzungen informeller *Mineros* einschränkt, zu einer staatlichen Maßnahme deklariert, die positive (Schutz)Effekte auf den informellen Bergbau hat. Dass sich die Existenz von Akteuren, die den informellen Bergbau manipulieren, der empirischen Überprüfbarkeit entzieht, spielt für die Wirkung des Arguments keine Rolle: Einmal in die Diskussion geworfen, wird die Aussage zur nicht mehr zu hinterfragenden Tatsache[138].

*"Ökologisierung" des industriellen Bergbaus*

Dem sowohl auf der Sachebene begründeten als auch emotional erzeugten Negativbild des informellen Bergbaus wird ein Positivbild gegenübergestellt, dass den industriellen Bergbau als die nachhaltige und geordnete Form des Mineralienabbaus darstellt. Die mit der Verwendung des Nachhaltigkeitsbegriffes erfolgte "Ökologisierung" des industriellen Bergbaus fußt auf seinen technologischen Möglichkeiten, geht aber auch auf die dichothomische Gegenüberstellung zum informellen Bergbau zurück (vgl. Kap. V). Wenn PRIETO SILVA (1997: 22) schreibt, dass "der Wald und der Boden in Imataca durch den industriellen Bergbau nur noch im Bereich des Eingangs zur Galerie, die der Goldader in die Tiefe folgt, beeinträchtigt werden" könnte es sich aus technologischer Perspektive durchaus um ein realistisches Szenario handeln.

---

[138] Während der Felduntersuchungen wurde in staatlichen Organisationen des Öfteren die Manipulation des informellen Bergbaus durch subversive Kräfte thematisiert. In Interviews mit *Mineros*, in politischen Versammlungen und privaten Gesprächen kristallisierte sich jedoch heraus, dass sich der politische Widerstand des informellen Bergbaus vorrangig auf Grund der sozioökonomischen Lebensbedingungen der *Mineros* in ihren Herkunftsgebieten und innerhalb des informellen Bergbaus formiert. Zwar agieren in Tumeremo tatsächlich linksradikale Aktivisten, die sich v.a. aus der Stadtguerilla der 1970er Jahre rekrutieren und versuchen die ökonomische und politische Unzufriedenheit der *Mineros* zu instrumentalisieren. Diese Gruppe ist aber sowohl in sich als auch mit zentralen Führern des informellen Bergbaus zerstritten, so dass von einer fundamentalen Manipulation nicht die Rede sein kann. Wegen der persönlichen und politischen Differenzen zwischen den *Leadern* des informellen Bergbaus und den Linksaktivisten beschränkt sich das gegenseitige Ausnutzungsverhältnis v.a. auf das gemeinsame Verfassen von Flugblättern, Demonstrationsreden und Briefen an staatliche Behörden.

Aber der Technologieoptimismus blendet sowohl die großflächigen Explorationen, die für die Rentabilität des industriellen Bergbaus notwendig sind (vgl. Kap. V) sowie den ökologisch bedenkliche Einsatz von Zyaniden aus als auch, dass der informelle Bergbau z.T. ebenfalls Untertagebau betreibt.

*Ministerielle Handlungsspielräume*

*a) auf der internationalen Ebene*

Neben einem umfangreichen Set an rhetorischen und manipulativen Strategien, kann die venezolanische Regierung bei der Durchsetzung des Raumordnungsplans auf besondere Handlungsspielräume zurückgreifen, die sich aus ihrer Position als staatliches Exekutivorgan ableiten. Mit internationalen Krediten finanzierte Programme zur Armutsbekämpfung, für den Ausbau des Gesundheits- und Erziehungssektors, für den Umweltschutz sowie die Modernisierung des öffentlichen Sektors, für den Informations- und Technologiesektor[139] initiieren und ermöglichen in vielen Bereichen erst staatliches Handeln. Aber den venezolanischen Ministerien kommt der Zugang zu internationalen Krediten nicht nur zu Gute, indem internationale Finanzzuflüsse allgemein staatliche Strukturen und Aktivitäten stützen und eine prinzipielle legitimatorische Funktion für die Regierung ausüben. Auch im konkreten Fall der *Reserva Forestal Imataca* kommt der ministerielle Zugang zu den Finanzen und infrastrukturellen Ressourcen internationaler Organisationen zum Tragen. So lagerte die venezolanische Regierung die Finanzierung und Durchführung ökologischer, sozialer und institutioneller Evaluierungsstudien der RFI mehrmals auf den US-amerikanischen Forst- bzw. Geologiedienst (SIDDER ET AL. 1995; U.S. GEOLOGICAL SURVEY & CVG, TÉCNICA MINERA, C.A. 1993) sowie die FAO (1993a, 1993b; 1995b, 1995c) und die WELTBANK (1998, 1999) aus. **Finanzierung und Durchführung der Studien durch ausländische oder internationale Organisationen haben nicht nur zur Entlastung des staatlichen Haushalts beigetragen. Als Auftraggeber konnte der venezolanische Staat auch die Evaluierungsziele festlegen. So kommen die Probleme der nationalökonomischen Nutzung der *Reserva Forestal Imataca* in den Analysen deutlich zum Tragen, während alternative Fragestellungen wie z.B. die Evaluierung der Biodiversität, der Potenziale für kleinräumige Regionalentwicklungsprogramme oder die Suche nach Fördermaßnahmen für den informellen Bergbau nur in geringem Umfang thematisiert werden.**

[139] Bei den aufgeführten Bereichen handelt es sich um die Zielsetzungen der insgesamt 13 Projekte, die langfristig von der Weltbank mit einem Gesamtkredit in Höhe von 530 Mio. US-Dollar unterstützt werden sowie um ein Förderprogramm des Informations- und Technologiesektors, das mit fünf Millionen US-Dollar bezuschusst wird (http://wbln0018.worldbank.org/External/lac/lac.nsf/).

*b) auf der nationalen Ebene*

Im nationalen Kontext nutzten die Ministerien ihre Kompetenzen in drei entscheidenden Bereichen: Erstens wurde der Raumordnungsplan für die *Reserva Forestal Imataca* innerhalb einer **interministeriellen Kommission** unter Ausschluss der Öffentlichkeit erarbeitet. Strategisch geschickt wurde zweitens eine Begleitstudie bei der *Universidad de los Andes* (ULA) in Auftrag gegeben, mit der der Raumordnungsplan wissenschaftlich fundiert präsentiert werden konnte. Veröffentlicht wurde diese **Studie vom Dekan der ULA Wilfredo Franco, dessen Bruder Angel Franco eine führende Position im MEM** einnimmt und der das MEM bei der Erarbeitung des Raumordnungsplans vertreten hat[140]. Als dritter und **entscheidender Schachzug wurde der Raumordnungsplan per Präsidialerlass (*Decreto* 1850) verabschiedet und so eine Konsultation der Legislative umgangen.**

## 2.2 Privatwirtschaftliche Protagonisten

*Akteure und Motivationen*

*Industrielle Bergbauunternehmen*

Eine einheitliche staatlich Raumordnung der *Reserva Forestal Imataca*, die bergbauliche Nutzflächen ausweist und interministerielle Widersprüche aufhebt, liegt vor allem im Interesse der (trans)nationalen Bergbauindustrie. Denn die juristischen Unsicherheiten, die aus den widersprüchlichen Raumordnungsvorgaben und interministeriell umstrittenen Raumnutzungsgenehmigungen resultieren, stellen eine Existenzbedrohung für ihre venezolanischen Niederlassungen dar. Viele Akteure des industriellen Bergbaus verfügen seit Anfang der 1990er Jahre über Konzessions-, Prospektions- und Explorationsrechte im Bundesstaat Bolívar und haben z.T. kostenintensive Explorationsarbeiten durchgeführt, können aber auf Grund fehlender Autorisationen durch das Umweltministerium nicht in die Exploitationsphase übergehen. Neben langjährigen Genehmigungsverfahren, sind die Agenten des industriellen Bergbaus mit konkurrierenden Raumnutzungsansprüchen des informellen Bergbaus konfrontiert. Denn mit Blick auf fehlende Teilgenehmigungen, erkennen diese die Legalität der Bergbauunternehmen nicht an und besetzen deren Konzessionsareale.

Auch Einzelhändler der kleinstädtischen Siedlung Tumeremo befürworten den Raumordnungsplan Imataca. Ihnen geht es nicht um die Ausweisung von Konzessionen für den industriellen Bergbau, sondern um die Legalisierung des informellen Bergbaus.

140 Zahlreiche Fakultätsmitglieder distanzierten sich unmittelbar nach der Veröffentlichung in ganzseitigen Zeitungsannoncen (vgl. CORREO DEL CARONI, 14.06.1997; EL BOLIVARENSE, 08.07.1997). Sie kritisieren sowohl die Querverbindungen zwischen wissenschaftlichen und politischen Einrichtungen als auch die rein technologische Ausrichtung der Auftragsstudie, die soziale und ökologische Kosten unberücksichtigt lässt.

In der im Westen der *Reserva Forestal Imataca* gelegenen Bergbaustadt leben nach Auskunft von Isidro Casanova, Alberto Berroteran und Oscar Mota Rivas (Sprecher eines Zusammenschlusses der Einzelhändler, Interview Juli 1997) rund 500 Einzelhändler (davon 60 Edelsteinhändler) von dem Handel mit *Mineros*. Ein Verbot des Bergbaus in der RFI käme für sie nicht nur dem Verbot eines Wirtschaftssektor mit lokaler Tradition und der Illegalisierung eines Großteils der lokalen Bevölkerung gleich, sondern würde auch "den Tod des Einzelhandels in Tumeremo, El Dorado und El Callao bedeuten." Damit unterscheiden sich die Motive der Händler für die Befürwortung des Raumordnungsplan deutlich von denen der Bergbauindustrie. Zudem ist ihr Aktionsradius auf den lokal-regionalen Kontext beschränkt, während sie in den (inter)nationalen Debatten um die RFI nicht in Erscheinung treten. In die Erstellung des Raumordnungsplan waren sie nicht eingebunden.

*Argumente und Strategien der (trans)nationalen Bergbauindustrie*

Das explizit Neue in dem Raumordnungsplan, nämlich die großräumige Ausweisung bergbaulicher Nutzflächen, lässt dagegen erkennen, dass sich die (trans)nationale Bergbauindustrie in die Ausarbeitung des Raumordnungsplans eingebracht hat. Mit einem Bündel an günstigen Rahmungen, Einzelaktivitäten und gemeinsamen Strategien, ist es ihnen gelungen, ihre Rauminteressen innerhalb eines vom Staat vertretbaren Rahmens durchzusetzen. Aktionäre und Geschäftsführer der Bergbauindustrie, der Dachverband *Asociacíon Venezolano del Oro* (AVO) sowie die Abgeordnetenkammer CAMIVEN üben massiven Druck auf staatliche Entscheidungsträger aus, indem sie in Briefen an die Fachministerien und in Treffen mit hochrangigen Staatsbeamten (vgl. GREENWICH v. J.) auf nationale Entwicklungsprogramme wie PRODESSUR und den Neunten Entwicklungsplan verweisen, die den Gold- und Diamantenbergbau als einen Schlüsselsektor der venezolanischen Wirtschaft definieren und seine privatwirtschaftliche Erschließung proklamieren (vgl. Kap. III). Für die Nichterreichung dieser Ziele machen sie Widersprüche der venezolanischen Gesetzgebung sowie ungeklärten Kompetenzen der Ministerien verantwortlich und setzen die Ministerien unter Legitimationsdruck.

*Politischer Druck*

Nationale und internationale Publikationsmöglichkeiten werden genutzt, um auf die Lähmung ihrer Betriebe aufmerksam zu machen, an gemeinsamen Ziele staatlicher Entwicklungspläne und ausländischer Investoren zu appellieren und zu drohen, das Land zu verlassen, wenn keine grundlegenden Reformen durchgeführt werden (GREENWICH 1997a, 1997c). Auf Tagungen und Seminaren, die von der Bergbauindustrie finanziert und durchgeführt werden, legen sie ihre Entwicklungsvorstellungen für den Bergbau bzw. die *Reserva Forestal Imataca* dar und demonstrieren ihre technologischen Möglichkeiten.

*Ausnutzung der Präsentationsmacht*

In Feldbegehungen, zu denen Mitarbeiter des MEM, der CVG und dem MARNR auf Firmenkosten in die *Reserva Forestal Imataca* eingeflogen werden, demonstrieren sie den informellen Bergbau als tradiert und ökologisch extrem bedenklich (siehe Kapitel V-6). So können die Akteure der (trans)nationalen Bergbauindustrie auf eine Vielfalt von Präsentationsmöglichkeiten zurückgreifen, um ihr Bild von der *Reserva Forestal Imataca* als einen an Bodenschätzen reichen Raum zu verbreiten. In diesem Bild der *Reserva Forestal Imataca* sind einerseits die Bergbaukonzerne an das dortige Vorkommen von Lagerstätten gebunden, umgekehrt bleibt der Raum aber ohne sie auch für den Staat bedeutungslos.

*Selektiver Rückgriff auf juristische Regelungen*

Auf der juristischen Ebene gehen die Akteure der Bergbauindustrie selektiv vor. Auf der einen Seite machen sie die Widersprüche der venezolanischen Gesetzgebung für die Paralyse ihrer Wirtschaftsstandorte verantwortlich und negieren mit Hinweisen auf ältere Gesetze die Gültigkeit neuerer Gesetze, auf der anderen Seite nutzen sie diese Widersprüche gezielt aus und berufen sich auf ältere Rechtsprechungen: Während das aus den 1940er Jahren stammende *Ley de Minas* einerseits als veraltet und nicht mehr adäquat zur Regelung des modernen Bergbaus bezeichnet wird (vgl. Kap. III-4), berufen sie sich gleichzeitig auf dessen Artikel 19, dem zu Folge der Abbau von Bodenschätzen in ungenutztem Staatsland (*terrenos baldíos*) keiner weiteren Formalitäten bedarf als der Gewährung einer Konzession - und diese Konzessionsrechte liegen ihnen vom MEM und der CVG vor. Der Argumentation der Gegner des Raumordnungsplans Imataca, dass die venezolanische Gesetzgebung den Bergbau in Forstreserven verbiete, halten sie zwei Gesetze aus dem Jahr 1936 und 1959 entgegen, nach denen große Teile der heutigen *Reserva Forestal Imataca* vor der Ausweisung zur Forstreserve als bergbauliche Nutzgebiete ausgewiesen waren (GREENWICH 1997a). Auch würden ihre Konzessionen zum Teil nicht unter die aktuelle Gesetzgebung fallen, da sie vor der Verabschiedung der bundesstaatlichen Raumordnung (GREENWICH 1996a: 2) oder neuerer Umweltgesetze erteilt wurden (siehe Fallbeispiel Monarch). Gleichzeitig werden mit den *Decretos* 1045 (1986) und 845 (1990) Gesetze neueren Datums zitiert, mit denen erst nach Einrichtung der Forstreserve bergbauliche Nutzungen in Imataca freigegeben wurden (GREENWICH 1996a: 5f).

Dem Argument, dass der Bergbau in einer Forstreserve nicht legal sei, da dieser nicht mit einer nachhaltigen Sicherung der nationalen Forstreserven kompatibel ist, begegnen sie mit Artikel 54 des *Ley Forestal de Suelos y Aguas*.

Dort wird die Funktion einer Forstreserve nicht mit der Sicherung der nationalen Holzproduktion festgeschrieben, sondern es heißt unspezifisch, dass die Regierung *Reservas Forestal* zur sicheren und kontinuierlichen Belieferung der nationalen Industrie mit Primärgütern einrichtet. Zweitens wird darauf verwiesen, dass Artikel 136 des *Reglamento de la Ley Forestal de Suelos y de Aguas* alle Wirtschaftstätigkeiten erlaubt, die mit einer nachhaltigen Forstwirtschaft und der Sicherung der nationalen Forstproduktion kompatibel sind. Während Bergbaugegner die Kompatibilität von Bergbau und nachhaltiger Forstwirtschaft prinzipiell negieren und sich ein großer Teil der Kritik gegen den Raumordnungsplan der *Reserva Forestal Imataca* auf die fehlende Kompatibilität der forstlichen und bergbaulichen Nutzung stützt (s.u.), betonen Planbefürworter die Vereinbarkeit der beiden Wirtschaftssektoren.

*Differierende Auslegung des Kompatibilitätsbegriffs*

In Eigenstudien und Auftragsarbeiten (AMCONGUAYANA 1996) werden "Modelle der nachhaltigen bergbaulichen Nutzung"(GREENWICH 1996a: 6ff) entworfen, die auf dem geringen Flächenanspruch des industriellen Bergbaus aufbauen. Es wird herausgestellt, das mit magnetischen und radiometrischen Fotos, großflächige Explorationen vermieden werden und geochemische Bodenproben, nur alle 20 Meter gezogen werden, so dass Explorationen nur 1% einer Konzessionsfläche berühren. Weitere Aktivitäten werden bei einem negativen Befund eingestellt, bei einem positiven Ergebnis werden auf 0,4% einer Konzession Probegräben (*Calicates*, *Trincheras*) angelegt. Nach diesen Studien werden maximal 4% einer 2000 ha oder 5000 ha großen Konzession bergbaulich genutzt und diese Fläche kann vorher so gerodet werden, dass der Holzbestand der Holzindustrie zugeführt werden kann und nach dem Abbau der Bodenschätze Aufforstungen durchgeführt werden können. **Die Spielräume, die ein nicht näher definierter Kompatibilitätsbegriff offen lässt, werden so mit Studien ausgefüllt, die wissenschaftliche Seriösität vortäuschen, aber weder mit empirischen Fallstudien in tropischen Waldarealen belegt werden noch zentrale Aspekte der Kompatibilität von forst- und bergbaulicher Nutzung (wie z.B. rechtlich-institutionelle Fragen, Emissionen des industriellen Bergbaus, die schwer ersetzbare Artenvielfalt tropischer Wälder und die Fragilität tropischer Böden) berücksichtigten.**

Auch organisatorisch-personellen Verflechtungen zwischen staatlichen Einrichtungen und der Bergbauindustrie kommt eine entscheidende Rolle als Instrument der Interessendurchsetzung zu. Nicht nur sind viele Aktionäre und Geschäftsführer industrieller Bergbauunternehmen durch ihr politisches Mandat in CAMIVEN (*Camera de Minera*) unmittelbar in parlamentarische Funktionen und Entscheidungen eingebunden.

*Organisatorische und personelle Verflechtungen mit staatlichen Organisationen*

*Die Rhetorik privater Consultings*

Der staatliche Personalmangel bedingt auch, dass Mitarbeiter industrieller Bergbauunternehmen Beratungsfunktionen in staatlichen Gremien ausüben. Häufig bleiben Berater und Auftragsunternehmen der Ministerien im Hintergrund, z.T. treten sie aber auch massiv in die Öffentlichkeit. Zu den schillernsten Figuren gehören der Rechtsanwalt Américo Martín und der Ökonom Roberto Gonzalez, die im Auftrag von CODIPLAN in die Ausarbeitung und Präsentation des Raumordnungsplan für die Forstreserve *Imataca* eingebunden sind. Während Gonzales im Hintergrund agiert (s.u.), nimmt Martín eine Speerspitzenfunktion in der öffentlichen Präsentation und Verteidigung des Raumordnungsplans ein. **Da er an kein politisches Amt und somit nicht an Wählerstimmen gebunden ist, kann Martín viel deutlicher als staatliche Funktionsträger alle Register der Rethorik ziehen.** Mit einer textanalytische Betrachtung seiner Stellungsnahmen lassen sich die Ideologien und Diskurse, die die Debatte um den Raumordnungsplan durchziehen, pointiert herausarbeiten.

Mit Artikelüberschriften wie "Land von niemandem" suggeriert Martín (ECONOMIA HOY, 18.06.1997), dass die *Reserva Forestal Imataca* ein "leerer, ungenutzter Raum" ist und negiert - ohne weitere Erläuterungen - die Existenz von indigenen Bevölkerungsgruppen sowie deren Forderungen nach Landtiteln. In der Regel findet die indigene Bevölkerung der RFI bei ihm nur dann Erwähnung, wenn es sich um Bergbau betreibende Gruppen handelt, deren Bergbauaktivitäten unter den staatlich zu regulierenden informellen Bergbau fallen. Die zentrale Unlogik der Umweltgruppen, die gegen den Raumordnungsplan protestieren (s.u.) sieht MARTÍN (ECONOMIA HOY, 20.08.1997) v.a. darin, dass sie mit

> "ihrer Ideologie des Ökozentrismus, den Wald über den Menschen stellen und glauben, dass die Umwelt geschützt sei, wenn man Interventionen des menschlichen Daseins verbiete."

Stellt Martín vordergründig dem 'naiven, tradierten und konservativen Naturschutzdenken' der Umweltgruppen, das 'moderne und nachhaltige Management der natürlichen Ressourcen' durch den Staat gegenüber, so zeigen die wieteren Ausführungen, dass es nicht nur um differierende Umweltvorstellungen geht, sondern dass auf dem "Schlachtfeld" der Forstreserve *Imataca* auch prinzipielle politische Ideologien ausgetragen werden.

> "Nach dem Fall der Mauer, hat sich diese harte und unmenschliche Ideologie des Ökozentrismus zu einem Schutzwall entwickelt, hinter den sich viele Schiffbrüchige dieses Erdbebens geflüchtet haben." (MARTÍN, ECONOMIA HOY, 20.08.1997)

Das von MARTÍN gezeichnete Bild der Gegner des Raumordnungsplans als realitätsferne und menschenfeindliche Naturschützer sowie als staatsgefährdende Kommunisten, spitzt sich in einem mit "Pol Pot in Imataca" betitelten Artikel (ECONOMIA HOY, 25.07.1997) zu.

Dort setzt MARTÍN den Widerstand gegen den Raumordnungsplan mit staatsfeindlicher Anarchie und dem Aufstand der Chiapas in Mexiko gleich und charakterisiert die derzeitige Raumnutzung der RFI Imataca als eine politische Zwangslage, in die der Staat einzugreifen hat. Bestrebungen des Waldschutzes überzeichnet er in die Richtung, dass die RFI, wenn der Raumordnungsplan abgelehnt wird, nur durch die Ausrottung der Menschen geschützt werden kann. Denn würden sich die Umweltschützer (abfällig als 'sogenannte *ambientalistas*' bezeichnet) durchsetzen, würde dies für Imataca unweigerlich ein Terrorregime à la Pol Pot bedeuten:

> "Retten wir uns vor Pol Pot! Wenn die Feinde des Raumordnungsplans ohne Bedenken die Illegalität und die Misere zehntausender von *Pequeños Mineros*, einschließlich der indigenen [Bergbau]Kooperativen, verdammen, bräuchten sie nur einen einzustellen: den Völkermörder von Kambodscha, Experte in der Ausrottung von Bevölkerungen und der Ermordung Widerspenstiger. [...] und da das gesamte Militär von Venezuela keine Ordnung schaffen kann, ohne ein zweites Chiapas in dreifacher Potenz zu provozieren, bleibt nichts als die Technik des Terrors anzuwenden. Nichts bleibt als Pol Pot." (MARTÍN, ECONOMIA HOY, 25.07.1997

Entgegen aller inhaltlichen und strukturellen Unterschiede werden der Aufstand der Chiapas in Mexiko und die staatliche Schreckensherrschaft der Roten Khmer in Kambodscha als Schreckensvisionen heraufbeschworen, um die politische Notwendigkeit des Raumordnungsplans *Imataca* zu demonstrieren und die Argumentation der Projektgegner zu demontieren.

*Manipulation der place-based-actors*

Als Berater von CORDPLAN agieren Américo Martín und Roberto Gonzalez nicht nur in öffentlichen Stellungnahmen für die Durchsetzung des Raumordnungsplans. In Gesprächen mit Führern des informellen Bergbaus versuchen sie eine Führungsrolle bei der "Selbstorganisation" des informellen Bergbaus einzunehmen. Zunächst gingen einzelne *Minero*gruppen auch auf Gespräche mit Americo Martín ein. Nachdem jedoch Martíns Beteiligung an dem Raumordnungsplan öffentlich wurde, lehnen sie seine Bestrebungen, sich zum Sprachrohr des informellen Bergbaus zu machen, als eine Form der indirekten Manipulation durch den Staat ab.

Auch indigene Gruppen, die von Americo Martín und José Gonzales kontaktiert und zu Unterschriften für den Raumordnungsplan animiert wurden, sehen sich gegen ihre eigenen Interessen manipuliert. Ein im Oktober 1997 mit Gonzales geführtes Interviews zeigt, dass sich Pemones und Kariña nicht zu Unrecht gegen eine Vertretung durch Gonzales wehren. Auf die Frage nach seiner Meinung über staatlich anerkannte Landtitel für indigene Gruppen, die in der *Reserva Forestal Imataca* leben, antwortete Gonzales, er habe

> "... einen Plan für die Entwicklung eines indigenen Bergbaus sowie Verträge für die indigene Bevölkerung ausgearbeitet, die ihnen den Bergbau in bestimmten Arealen erlauben. Der Bergbau bietet ihnen Areale und Möglichkeiten zum Arbeiten. Aber Indigene wollen immer nur die Besitzer des Landes sein, nur arbeiten wollen sie nicht. Nein, Landtitel sind nicht vorgesehen." (Roberto Gonzalez, Interview Oktober 1997)

*Einflussnahmen auf der internationalen Ebene*

Öffentliche Lobbyarbeit und versteckte Einflussnahmen (trans)nationaler Bergbaukonzerne und privater Consulting-Unternehmen auf die öffentliche Meinungsbildung und staatliche Entscheidungen beschränken sich nicht auf den nationalen Rahmen. So soll sich die kanadische Regierung auf Drängen kanadischer Bergbaukonzerne in die Konflikte der Bergbauunternehmen mit der venezolanischen Regierung eingeschaltet und gedroht haben, die Handelsbeziehungen mit Venezuela abzubrechen, wenn es nicht zu einer einvernehmlichen Lösung komme. In der Folgezeit wurde der ehemalige Umweltminister Lecuna abgesetzt, um die Verhandlungen zu erleichtern (mündliche Auskunft in der Umweltkommission des Kongresses, August 1997; Interview mit MEZQUITA, Bergbauunternehmer in Venezuela und Buchautor, August 1997).

Ebenso setzt sich die politische und geographische Reorganisation des Bergbausektors (PODNOBIK 1998: 1) auf der (trans)nationalen Ebene fort, indem Bergbaukonzerne Dachverbände gründen, um Gegenkräfte gegen die zunehmende Kritik am industriellen Bergbau zu mobilisieren (vgl. u.a. DAVIS 1999). Bei diesen Dachverbänden handelt es sich nicht um wirtschaftliche Zusammenschlüsse, sondern um politische Vernetzungen der Bergbauindustrie, um der zunehmenden Kritik an Umwelteffekten und Menschenrechtsverletzungen (trans)nationaler Bergbaukonzerne zu begegnen. Um sich einen objektiven Anstrich zu geben, treten diese Interessenverbände in der Öffentlichkeit oft als NGOs[141] auf.

[141] Unter den Synonymen Nicht-Regierungsorganisationen (NROs) und *Non-Governmental Organisations* (NGOs) werden hier in Anlehnung an GLAGOW (1992: 1ff), Organisationen verstanden, "die weder der Staatssphäre zuzurechnen sind noch am Markt zu Profitzwecken tätig sind. [...] Während sich staatliche Organisationen letztendlich aus erzwungenen Steuerbeiträgen reproduzieren und Marktorganisationen ihre Produkte zum Tausch anbieten, leben NRO von Solidarbeiträgen aus der Gesellschaft in Form von Spenden und unentgeltlicher Mitarbeit auf der Basis von Freiwilligkeit und Vertrauen. [..] NRO sind keineswegs politische Kastraten, sondern interessengeleitet, aber eben nicht unbedingt im Mainstream einer welt- oder nationalpolitischen Konstellation." Wegen ihrer Verankerung in der Gesellschaft und ihrer Mobilisierungspotenziale bei der Entwicklung von Gegenmachtbildungen gegen nationale oder internationale Entscheidungen, gegenwärtige Wirtschafts- und Gesellschaftsmodelle sind NGOs zum Objekt "einer weltweit organisierten Zugriffsjagd" (GLAGOW 1993: 315) geworden. Problematisch ist, dass erstens Geberorganisationen die partnerschaftliche Zusammenarbeit mit NGO nicht nur verfolgen, um partizipative Entscheidungsprozesse zu fördern, sondern auch um Einfluss auf die NGOs zu gewinnen. Zweitens ist der Begriff der NGO sowie die Variablen, die zu seiner Definition herangezogen werden (weder staatlich noch marktwirtschaftlich eingebunden, Freiwilligkeit der Mitglieder, usw.) so konturenlos, dass auch berufsspezifische Zusammenschlüsse und Wirtschaftsverbände, die sich aus politischen Motiven zusammenschließen, unter den Begriff fallen und so z.B. auf Mitspracherechte oder Steuervorteile zurückgreifen können, die an den NGO-Status gebunden sind, obwohl sie primär wirtschaftliche Interessen verfolgen bzw. für Wirtschaftsverbände agieren.

Die 74 Teilnehmer eines Weltbankseminars, das sich im Mai 1995 mit dem informellen Bergbau beschäftigte, setzten sich in der Mehrzahl aus staatlichen Mitarbeitern lateinamerikanischer Länder, Mitarbeitern der Weltbank, Consultings und Führungskräften transnationaler Bergbaukonzerne zusammen. Auf der Teilnehmerliste (www.worldbank.org/-html/fpd/mining/m3_files/ienim/artisan/arthome.htm) sind zwei Mitarbeiter der kanadischen Bergbaukonzerns Placer Dome verzeichnet. Mit Jeffrey Davidson (vgl. Kap. V-5) nahm jedoch ein weiterer Mitarbeiter von Placer Dome an der Tagung teil, der als Referent der kanadischen NGO *Small Mining International* in Erscheinung trat. In seinem Vortrag legte Davidson die legislativen Unsicherheiten des informellen Bergbaus in Venezuela dar und setzte sich für eine Legalisierung des informellen Bergbaus ein. Als Vertreter einer NGO, die - wie der Name *Small Mining International* impliziert - den informellen Bergbau repräsentiert, konnte Davidson seine Analysen scheinbar frei von Interessen der transationalen Bergbauindustrie darlegen. Philip Morriss (Manager von Placer Dome in Venezuela) konnte wiederum, aufbauend auf diesen Vortrag eines "neutralen NGO-Vertreters", die von Placer Dome in Venezuela verfolgte Kooperation mit dem informellen Bergbau demonstrieren (siehe Kap. V-5) und darlegen, dass Placer Dome NGO-Kritiken und Vorschläge aufgreift und in die Firmenaktivitäten einbaut.

Über Kooperationen mit internationalen Organisationen wie der Weltbank, dem IWF, der lateinamerikanischen Entwicklungsbank und der UN üben (trans)nationale Unternehmen indirekten Einfluss auf nationale Entscheidungen aus. Der 1999 von Kofi Annan verabschiedete *Globale Vertrag* mit transnationalen Konzernen ist nicht nur der Versuch der UN, transnationale Konzerne durch die Verleihung von UN-Gütesiegeln zur Einhaltung ökologischer und sozialer Standards zu motivieren, sondern ist umgekehrt auch als Ausdruck des zunehmenden Einflusses transnationaler Konzerne auf die UN zu werten. Eingeschränkte Zahlungen der Nationalstaaten an die UN bringen diese in finanzielle Nöte und zwingen sie auf private Geldgeber auszuweichen. Ausdruck dieser Entwicklung ist z.B. die Auflösung des UN-Rates für transnationale Konzerne (1992) zugunsten der industrienahen *World Business Council for Sustainble Development* (WBCSD).

## 3. Projektgegner, Argumente, Strategien und Rahmungen

Während der Raumordnungsplan für die *Reserva Forestal Imataca* auf der einen Seite Ausdruck der Bemühungen der venezolanischen Regierung ist, Rahmenbedingungen für eine geordnete Raumnutzung zu schaffen und die Landesteile südlich des Orinoco für die Nationalökonomie inwertzusetzen, protestieren Umwelt- und Entwicklungsgruppen gegen die mit der Legalisierung bergbaulicher Aktivitäten verbundene Bedrohung einer der "letzten ursprünglichen, unberührten und intakten Tropenwälder" Lateinamerikas (vgl. u.a. EARTHACTION 1998; MIRANDA ET AL. 1998; WWF/IUCN 1999).

*Nationale und internationale Umweltgruppen*

Ein breites Widerstandsbündnis, das sich gegen den Raumordnungsplan formiert hat, umfasst große Teile der venezolanischen Zivilgesellschaft und der Regierungsopposition[142]. Zu den venezolanischen Nicht-Regierungsorganisationen, die gemeinsam mit oppositionellen Senats- und Kongressmitgliedern gegen den Raumordnungsplan protestieren, gehören u.a. national verankerte Gruppen wie die *Sociedad Conservacionista Audubon de Venezuela,* Gruppen mit regionaler Bezügen zum Süden Venezuelas (*Coalición Orinoquia-Amazonia*, COAMA; *Sociedad Conservacionista de Guayana; Union de Defensa Amazonica,* UDA), Gruppen, die sich in universitären Umfeldern konstituiert haben (Bioguayana; Geografía Viva; GREBO; *Unidad de Formación Asesorá y Defensa Ambiental*, UFADA), kirchliche Organisationen sowie lokal agierender NGOs anderer Bundesstaaten, wie z.B. die aus Maracay stammende Gruppe *Tierra Viva.*

Darüber hinaus ist es der nationalen Widerstandsbewegung auch gelungen, internationale NGOs in die Protestbewegung einzubinden[143]. Zu den internationalen Akteuren, die sich gegen den Raumordnungsplan aussprechen, gehören Menschenrechtsgruppen wie FIAN (2/1999), Umweltgruppen (BOS NIEUWSLETTER 1996) Dachverbände entwicklungspolitischer NGOs (vgl. u.a. EARTHACTION 1998; MIRANDA ET AL. 1998; WWF/IUCN 1999) ebenso wie ausländische Universitäten[144].

[142] Auch innerhalb der Regierung herrscht keine Einigkeit. Nach außen treten sowohl das Energie- und Bergbauministerium, das Planungsministerium CORDIPLAN, die Regionalbehörde CVG und das Umweltministerium als Befürworter des Raumordnungsplans auf, aber in Zeitungsartikeln und kritischen Stellungsnahmen äußern ehemalige und gegenwärtige Staatsangestellte auch oppositionelle Haltungen und fordern seine Rücknahme. Auch wenn so deutlich wird, dass "der" venezolanische Staat eine inhaltlich unzulässige Zusammenfassung verschiedener Akteure mit unterschiedlichen Interessen an der *Reserva Forestal Imataca* darstellt und die Grenzen zwischen Gegnern und Befürwortern des Raumordnungsplans keineswegs immer entlang der ministeriellen Gliederung staatlicher Organisationen verläuft, ist es gerechtfertigt, staatliche Organisationen zu einem Akteur zusammenzufassen. Denn staatliche Organisationen agieren in der Öffentlichkeit als eine Einheit und werden auch als solche wahrgenommen. Zudem sind die gesellschaftlichen Wirkungen, die Ministerien und Behörden mit öffentlichen Formulierungen, amtlichen Entscheidungen und einem offiziellen Kurs ausüben, ungleich größer als der gesellschaftliche Wirkungsradius einzelner Mitarbeiter.

[143] Zur transnationalen Vernetzung von Umwelt- und Menschenrechtsgruppen siehe SOYEZ & BARKER (1998).

[144] Auch diese Arbeit wurde von bergbaukritischen Mitarbeitern der *Universidad Nacional de Guayana* (UNEG) mit initiiert (vgl. Kap. I-3). Bei Beginn der Arbeit war der Raumordnungsplan der *Reserva Forestal Imataca* zwar noch nicht in der Diskussion, aber nach seiner Verabschiedung nutzten die Plangegner die Verbindungen zur Universität Freiburg als Forum für transnationale Proteste gegen den Raumordnungsplan.

In Zeitungsartikeln, in Flugblättern und auf Internetseiten reklamiert das transnational vernetzte Protestbündnis, dass der Raumordnungsplan für die *Reserva Forestal Imataca* im Widerspruch zu einer Vielzahl internationaler Abkommen und nationaler Gesetze steht. Auf internationaler Ebene verweisen sie auf das Washingtoner Artenschutzabkommen, das 1992 auf dem Umwelt- und Entwicklungsgipfel der Vereinten Nationen in Rio de Janeiro von Venezuela unterschriebene Biodiversitätsabkommen und die Konvention 107, die von der *International Labour Organisation* (ILO) zum Schutz indigener Bevölkerungen verabschiedet wurde. Im nationalen Gesetzeskontext nimmt Artikel 136 des *Ley Forestal de Suelos y Aguas* eine Schlüsselrolle ein. Er schreibt vor, dass alle Aktivitäten in eine *Reserva Forestal* mit dem Ziel der nachhaltigen forstwirtschaftlichen Nutzung vereinbar sein müssen. Parallel berufen sich die NGOs auf die Artikel der Nationalverfassung, die die Natur (Art. 136), die Rechte des Menschen auf saubere Luft und Trinkwasser (Art. 43 und Art. 50), den Anspruch auf Gesundheit (Art. 76) sowie die Souveränität des Landes (Art. 7 und 8) unter gesetzlich verankerten Schutz stellen.

*Juristische Argumentation*

Neben den Inhalten des Raumordnungsplans steht die undemokratische Vorgehensweise bei seiner Verabschiedung im Kreuzfeuer der Kritik (siehe insbes. COMISION DE AMBIENTE Y ORDENACION TERRITORIAL DEL SENADO DE LA REPÚBLICA 1997). Zum einen berufen sich die Projektgegner auf Rechte des venezolanischen Kongresses, die durch die Verabschiedung des Raumplans als Präsidialerlass von der Regierung umgangen wurden. Nach Artikel 15 des *Ley Orgánica para la Ordenación del Territorio* (LOPOT) muss der Kongress bei wichtigen Raumordnungsentscheidungen für ABRAEs konsultiert werden. Artikel 57 *des Ley Forestal de Suelos y Aguas* setzt für Nutzungsänderungen in einer *Reserva Forestal* sogar zwingend die Autorisation durch den Kongress voraus. Zum anderen kritisieren sie, dass die Zivilgesellschaft nicht in die Erstellung des Raumordnungsplans involviert wurde, sondern vor vollendete Tatsachen gestellt wurde. Im Zentrum der Kritik steht hier die zeitliche Begrenzung der öffentlichen Repräsentation und Diskussion des Raumordnungsplans auf einen einzigen Tag[145]. Eine fundierte öffentliche Diskussion des Raumplans wurde v.a. dadurch verhindert, dass viele Teilnehmer des Diskussionsforums (darunter der Gouverneur des Bundesstaates Bolívar), den Raumordnungsplan erst einen Tag vor der öffentlichen Anhörung erhielten.

[145] Zu Vergleichzwecken sei erwähnt, dass der Raumordnungsplan für den Nationalpark *Los Roques* fünf Tage öffentlich diskutiert wurde, die Raumordnungspläne der Nationalparks *Mochima* und der Insel Magarita standen drei Tage zur Diskussion, wobei sich die Präsentation auf einen halben Tag beschränkte und 2,5 Tag zur Diskussion genutzt werden konnten. Diese Nationalparks sind nicht nur bedeutend kleiner als die *Reserva Forestal Imataca*, die Raumordnungspläne waren von vornherein nicht so konfliktgeladen wie der der *Reserva Forestal Imataca*.

Dementsprechend argumentieren NGOs, dass die in den Artikel 3, 27, 28, 30, 32 und 38 der staatlichen Raumordnung (LOPOT) gesetzlich vorgeschriebene Konsultation der Öffentlichkeit bei der Verabschiedung *Plan de Ordenamiento y Reglamento para la Reserva Forestal Imataca* nicht wirklich stattgefunden habe, sondern interministeriell zwischen dem Funktionären von CORDIPLAN, dem MEM und dem MARNR ausgehandelt wurde.

Der sich auf der juristischen Ebene artikulierende Widerstand gegen den Raumordnungsplan greift also sowohl auf Umweltschutzgesetze als auch auf politische Bürgerrechte bzw. Gesetze zum Schutz der Demokratie zurück (siehe. Abb. 33).

**Abb. 33: Juristische Argumente gegen den Raumordnungsplan für die Reserva Forestal Imataca**

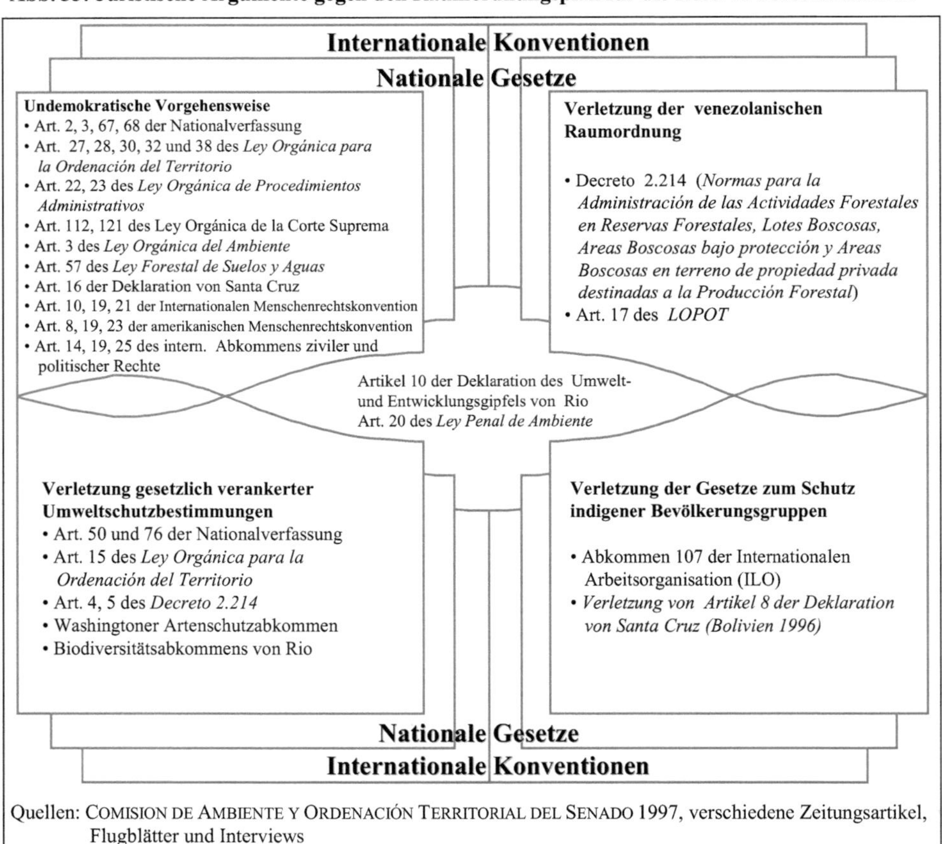


Quellen: COMISION DE AMBIENTE Y ORDENACIÓN TERRITORIAL DEL SENADO 1997, verschiedene Zeitungsartikel, Flugblätter und Interviews

Die Zweigleisigkeit der juristischen Argumentation geht einerseits darauf zurück, dass sich die Verletzung bürgerlicher Partizipationsrechte explizit nachweisen lässt und die Projektgegner hier auf ein größeres Spektrum an nationalen und internationalen Gesetzen zugreifen können. Die Auslegungsbreite, was unter der Kompatibilität des Bergbaus mit einer nachhaltigen Forstwirtschaft zu verstehen ist (vgl. Kap. VI-2), schwächt dagegen die "ökologische Schiene".

*Zentrale Rahmungen des Widerstandes*

Andererseits ist die Kombination ökologischer und soziopolitischer Dimensionen aber auch in der nationalen Widerstandsbewegung sowie ihrem Raumbild von der *Reserva Forestal Imataca* selbst angelegt. Denn sowohl die Heterogenität der NGOs, die gegen den Raumordnungsplan der RFI protestieren, als auch das NGO-spezifische Bild, das von der Imataca produziert und für den Widerstand gegen derzeitige Gesellschafts- und Wirtschaftsstrukturen funktionalisiert wird, haben entscheidend dazu beigetragen, dass es den Projektgegnern gelungen ist, die hohe Hürde der sozialen Mobilisierung zu überwinden und bis dato eine endgültige Annahme des Raumordnungsplans zu verhindern[146].

*1. Heterogenität der NGOs*

Da der Heterogenität der venezolanischen Protestbewegung eine strukturelle Bedeutung zukommt, lohnt sich eine nähere Betrachtung der Verschiedenartigkeit der Akteure, die in diese Bewegung involviert sind. GARCÍA-GUADILLA (1994) unterscheidet in ihrer z.T. chronologischen, z.T. inhaltlichen Typologie venezolanischer Umweltgruppen zwischen wissenschaftlichen und konservativen Gruppen, Gruppen mit lokalem Bezug, staatlich-institutionalisierten Gruppen, Nachbarschaftsgruppen, politisch-ideologischen Gruppierungen und Organisationen jüngeren Gründungsdatums, die das Thema Umwelt mittels seiner symbolisch kulturellen Bedeutung zu einem neuen Politikfeld machen[147] (Tab. 38).

[146] Über den Erfolg des Protestbündnisses lässt sich noch kein Resümee ziehen, da die Diskussion über den Raumordnungsplan bis dato (Mitte 2001) noch nicht beendet ist. Aber der hohe Mobilisierungsgrad lässt sich z.B. daran messen, dass bis Ende 1997 bereits rund 30 Anträge auf Rücknahme des Raumordnungsplans Imataca vorbereitet wurden bzw. schon beim venezolanischen Bundesgerichtshof eingereicht worden waren. Vom Präsidenten der Bergbaukommission des Senats, Bernardo Alvarez, wurden sogar an die 500 juristische Widersprüche erwartet (Interview, August 1997).

[147] Die Gruppenbezeichnungen weichen partiell von der Terminologie, die GARCÍA-GUADILLA gewählt hat, ab. GARCÍA-GUADILLA fasst z.B. wissenschaftliche und wertkonservative Gruppen zum wissenschaftlich-konservativen NGO-Typ zusammen, differenziert sie dann allerdings im Text auf Grund unterschiedlicher institutioneller Hintergründe. Die Umwelt-NGOs, die sich territorial definieren, also einen lokalen oder regionalen Bezug aufweisen, werden von ihr als städtische oder ländliche Ökologiegruppen bezeichnet. Der größte Unterschied liegt bei dem NGO-Typ, der hier als staatlich institutionalisierte Gruppe bezeichnet wird. Da der von GARCÍA-GUADILLA gewählte Begriff der 'Gruppen zur Verteidigung der Umwelt' (*Juntas de Defensa Ambiental*) im deutschsprachigen Raum einen Oberbegriff für alle Umweltgruppen darstellt, sich aber aus dem Text erschließt, dass es sich um Gruppen handelt, die auf staatliche Initiative entstanden sind bzw. sich aufgrund staatlicher (Neu)Regelungen konstituiert haben, wird hier die Bezeichnung 'staatlich institutionalisierte Gruppen' vorgezogen.

**Tab. 38: Gesellschaftliche Verankerung und Wirkungsradien venezolanischer Umweltgruppen**

| **Gruppentyp** | **Historisch-institutioneller Hintergrund** | **Fokus der Umweltbetrachtung** | **Gesellschaftliche Verankerung und Wirkungsradien** |
|---|---|---|---|
| Wissenschaftliche Gruppen | Aus dem positivistischen Wissenschaftsbild der 1930er Jahre hervorgegangene, v.a. naturwissenschaftlich orientierte Umweltaktivisten | - naturwissenschaftliche Analysen<br>- Bestands- und Inventuraufnahmen natürlicher Ressourcen | - hohe Repräsentanz in der Umweltkommission des Kongresses<br>- Mediatorenfunktion zwischen Staat und Umweltgruppen<br>- Produktion wissenschaftlicher Legitimationsbasis für die Umweltbewegung (Wissenschaftliche Publikationen) |
| Konservative Gruppen | V.a. in den 1960er und 1970er Jahren entstandene, auf der regionalen Ebene agierend | - Umwelt als zu erhaltender humaner Wert | - regionaler Wirkungsradius |
| Territorial definierte Gruppen | Gründungsimpulse liegen in Solidaritätsgruppen, von denen Ende der 1960er Jahre die Ideen der selbstbestimmten und selbstverantwortlichen Entwicklung sowie die Vorstellung des 'small is beautiful' übernommen wurden | - Umwelt als Wirkungsfeld betroffener und selbstverantwortlicher Bürger | - lokal-regionaler Wirkungsradius<br>- Dominanz in urbanen Räumen |
| Staatlich institutionalisierte Gruppen | Nach Verabschiedung des Umweltgesetzes (*Ley Orgánica ambiental,* 1976), das u.a. die Förderung dezentraler, nichtstaatlicher Umweltgruppen vorsieht, gegründete Gruppen | - Umwelt als staatliches Politikfeld, das dem Subsidiaritätsprinzip unterliegt | - lokale Verankerung,<br>- direkte Beziehungen zum MARNR |
| Nachbarschaftsgruppen (*Asociaciones vecinos*) | Ende der 70er Jahre aus staatlichen Dezentralisierungsprozessen hervorgegangene Gruppen, die sich auf Grundlage des *Ley Orgánica del Regimen Municipial* in kommunalpolitische Entscheidungen einbringen | - Betrachtung der Umwelt unter dem Aspekt der Lebensqualität | - breite Verankerung in mittelständischen Klassen und städtischen Räumen<br>- hohe Relevanz bei der Vernetzung und Mobilisierung von Frauengruppen, Kooperativen und anderen NGOs |
| politisch-ideologische Gruppierungen | Linksideologische Gruppen, deren Mitglieder sich v.a. aus den Studentenprotesten und der Stadtguerilla der 1970er Jahre rekrutieren | - Umweltzerstörung als Produkt ausbeuterischer Wirtschaftsmodelle | - Verankerung in universitären Kreisen und politischen Protestbewegungen |
| Symbolisch-kulturelle Organisationen | In den 1980er Jahren als Gegenreaktion auf ökologische Probleme der Industriegesellschaft und den damit einhergehenden Legitimationsverlusten der politischen Parteien hervorgegangene Gruppen | - Umwelt als Demonstrationsobjekt, dass soziokulturelle Entwicklungsvorstellungen und Diskurse neu codiert werden müssen | - sozialwissenschaftlicher Input in Umweltdebatten |

Anmerkung: Die Tabelle basiert auf den textlichen Ausführungen von GARCÍA-GUADILLA (1994). Die Grenzen und Übergänge zwischen den verschiedenen Gruppentypen sind fließend, es gibt eine Vielzahl von Überschneidungen.

**Die von García-Guadilla herausgestellte Heterogenität der Umwelt-NGOs, sind insofern von zentraler Bedeutung, weil die verschiedenen Zugänge zum Thema Umwelt, zu Informationen, zu staatlichen Entscheidungsträgern und zu gesellschaftlichen Teilgruppen zum Teil die geringen Mitgliederzahlen und mangelnden finanziellen Ressourcen der NGOs ausgleichen.** Auch in der Debatte um die *Reserva Forestal Imataca* bildet die Verschiedenartigkeit der beteiligten Gruppen ein Gegengewicht zu den finanziellen und personellen Beschränkungen der Protestbewegung gegen den Raumordnungsplan[148]. Während konservativ vertikal organisierte Gruppen gute Verbindungen zu staatlichen Organisationen einbringen und unmittelbaren Einfluss auf staatliche Mitarbeiter ausüben können, sind horizontal organisierte Gruppen breiter in der *Civil Society* verankert und üben eine wichtige Funktion bei der Mobilisierung der nicht organisierten Bevölkerung aus. Wissenschaftler aus der *Universidad de los Andes* und der *Universidad Nacional de Guayana* diskutieren und kritisieren den Raumordungsplan Imataca aus den Wissensfeldern ihrer Fachdisziplinen heraus und geben dem Widerstand gegen den Raumordnungsplan mit ethnologischen, biologischen und forstwissenschaftlichen Analysen eine wissenschaftlich fundierte Legitimationsbasis (siehe Kap. VI-4). Einschränkungen ihrer Handlungsmöglichkeiten als Mitarbeiter staatlicher Einrichtungen und mangelhafte Verankerungen in nicht-akademischen Gesellschaftsgruppen gleichen politisch-ideologische Gruppen aus, die den Raumordnungsplan auf Demonstrationen und Flugblättern in das zentralistische Gesellschaftsmodell Venezuelas und die Debatte um die Ausbeutung der Dritten Welt durch multinationale Konzerne kontextualisieren. Auf der lokalen Ebene agieren *Asociaciones Vecinos* (Nachbarschaftsvereinigungen) als Diskussionsforum. Symbolisch-kulturelle NGOs wie AMIGRANSA oder die *Sociedad Conservacionista de Venezuela*, die seit den 1970er Jahren Umwelt zu einem nationalen Politikfeld gemacht haben, dekonstruieren die soziokulturellen Codierungen der Planbefürworter, indem sie dem Bild der Forstreserve *Imataca* als nationalökonomischem Extraktionsraum, soziokulturelle Werte der RFI entgegenhalten und eine Entwicklung propagieren, welche die 'Natur als Wurzel des menschlichen Lebens' (Interview in der *Sociedad Conservacionista de Guayana*, Oktober 1997) schützt und gemeinsam mit anderen NGOs für die "Verteidigung der Biodiversität" zu Protestmärschen nach Caracas aufrufen (El Progreso, 02.07.1997).

148 Interviews in fünf NGOs ergaben, dass die Mehrzahl der NGOs über keinen formalen Haushalt verfügt und sich die Zahl der aktiven Mitglieder (bei einem Mittelwert von 13) auf zwei bis 28 Personen beschränkt. Die Angaben über die passiven Mitglieder lagen bei durchschnittlich 61, schwankten aber zwischen sieben und 150. Die extrem hohen Mitgliederzahlen, die von dem Repräsentanten einer Organisation angegeben wurden, wirkten jedoch unglaubwürdig, so dass die Mitgliederzahlen in Realität vermutlich niedriger anzusetzen sind.

Die Grenzen zwischen den einzelnen Gruppentypen sind selten eindeutig zu ziehen. Nicht nur lassen sich viele Gruppen verschiedenen Gruppentypen zuordnen, einzelne Personen sind auch in verschiedenen Gruppen vertreten. Zudem werden die Grenzen v.a. in konkreten Umweltkonflikten wie z.B. der Debatte um die *Reserva Forestal Imataca* durch Interessenbündnisse und gemeinsame Aktionen überschritten. So nannten auf die Frage, welche Verbindungen es zu anderen NGOs gäbe, alle NGOs spontan eine Vielzahl von Namen. Die Zusammenarbeit wurde trotz verschiedener Kritiken, dass einige Gruppen nur in Büros oder Städten agieren oder vom Staat beeinflusst würden, als elementar für die eigene Arbeit bezeichnet. Das verbindende Elemente der unterschiedlichen Umweltgruppierungen liegt in ihrem Engagement für die Umwelt. Aber wie in den Kapiteln V und VI-2 dargestellt wurde, verfolgen auch die Befürworter des Raumordnungsplans Imataca eine ökologische Argumentation. **Während letztere den Schutz der Umwelt allerdings v.a. aus einer ökonomischen Perspektive betrachten und ökologisches Handeln mit dem Einsatz moderner Technologien und strengen Kontrollen in Verbindung setzen, meinen NGOs mit Umweltschutz v.a. einen konservativen Artenschutz.**

*Perzeptorischer Zugriff auf die Reserva Forestal Imataca*

Die *Reserva Forestal Imataca* stellt für sie nicht nur ein fragiles Ökosystem, einen der letzten großen Primärwälder Lateinamerikas mit einer extrem hohen Biodiversität sowie Rückzugs- und Überlebensräumen indigener Bevölkerungen dar, sondern die "grüne Lunge der Erde", das "Paradies" (CORREO DEL CARONI, 08.07.1997, EL UNIVERSAL, 03.08.1997) oder das "Leben" schlechthin (Telmo Almada, EL NACIONAL, 22.06.1997). Abgesehen von der ethisch-emotionalen Aufladung, die die Forstreserve durch diese Metaphern erfährt[149], wird deutlich, dass sich der Blick der NGOs davor versperrt, dass die RFI nie dem Schutzgedanken eines Nationalparks unterlag, sondern seit Anfang der 1960er Jahre für die Sicherung der nationalen Holzproduktion ausgewiesen ist und somit Holzkonzessionären zugängig ist. Der perzeptorische Zugriff der Umweltgruppen auf die RFI setzt vielmehr bei dem bis dato geringen Interventionsgrad der *Reserva Forestal Imataca* an.

[149] Ebenso wie (trans)nationale Bergbaukonzerne die *Reserva Forestal Imataca* zum "El Dorado" ökonomischer Verwertungsinteressen stilisieren, begeben sich NGOs bei der Wahrnehmung und Repräsentation der RFI in den Bereich normativ aufgeladener Konstruktionen. Trotz aller Sympathie für Umweltbewegungen oder benachteiligte Akteure muss eine politisch-ökologische Konfliktanalyse auch deren Rhetoriken und Diskurselemente beleuchten.

> "Like the rest of the Amazon river basin, the Guyana[150] area has unique biodiversity characteristics whose preservation is vital and where human intervention must be measured against the highest standards in order not to upset the balance of this the greatest example of natural complexity in the world and which makes Venezuela the fourth country in the world with regard to biodiversity." (REED 1999: http://gurukul.ucc.american.edu/ted/ice/-guyana.htm)

*Ambivalente Argumentation der NGOs*

**Mit diesem rückwärts gerichteten Blick auf ein "unberührtes Paradies", stellen sich die NGOs in ein doppeltes Spannungsverhältnis.** Erstens argumentieren sie gleichzeitig, dass v.a. der informelle Bergbau das Ökosystem Imataca bereits massiv geschädigt habe und dekonstruieren so ihre eigenes Bild eines "jungfräulichen und unberührten" Regenwaldes. Zweitens wird die RFI nicht nur als Paradies gesehen, das Gefahr läuft, "von El Dorado platt gedrückt zu werden" (Vanessa DAVIES, in der EL NACIONAL, 15.08. 1997). Paradoxerweise wird das vermeintliche Paradies gleichzeitig dem nationalstaatlichen Abgrenzungs- und Verantwortungsprinzip unterworfen, wenn Imataca als 'venezolanische Natur' bzw. 'natürliches Erbe des Vaterlandes' (*Patrimonio natural*) bezeichnet wird oder es z.B. heißt, dass "sich die Unfähigkeit der venezolanischen Regierung, unser natürliches väterliches Erbe zu schützen, in der fehlenden Umsetzung der Sanktionen bei Umweltdelikten manifestiert"(Glenda RODRIGUEZ APONTE, Geographin an der UNEG, CORREO DEL CARONI, 08.07.1997).

Der Bergbau, der das 'Paradies' bedroht, wird vorrangig als ausländischer Zugriff auf die nationalen Ressourcen Venezuelas konstituiert. Indem einheimische *Mineros* und nationale Bergbauunternehmen ausgeblendet sind, während transnationale Bergbaukonzerne bzw. ausländische '*Garimperos*' (siehe Kap. IV) herausgestellt werden, lässt sich dem nationalökonomischen Inwertsetzungsdiskurs der Planbefürworter nicht nur ein Naturschutzdiskurs entgegensetzen, sondern die *Reserva Forestal Imataca* wird gleichzeitig in Abhängigkeits-, Ausbeutungs- und Marginalisierungsdebatten der Dritten Welt situiert. So wird der Raumordnungsplan der RFI nicht nur als ökologische Bedrohung interpretiert, sondern auch als Ausverkauf der venezolanischen Souveränität und "als eine Manipulation mächtiger Interessen auf dem Rücken der venezolanischen Gesellschaft, mit dem Ziel den Reichtum der *Reserva Forestal Imataca* für den Gewinn einer Minderheit abzubauen" (NGO-Flugblatt 1997).

---

[150] REED benutzt irrtümlicherweise den Namen des venezolanischen Nachbarlandes 'Guyana', er bezieht sich aber auf die venezolanische Großlandschaft 'Guayana'.

Formulierungen, dass 'der Staat, die Forstreserve Imataca verkauft, weil er sie nicht schützen kann' (RODRÍGUEZ APONTE, CORREO DEL CARONI, 08.07.1997) oder "eine Million jungfräulicher Hektar für den industriellen Bergbau freigibt" (GIUSTI, EL UNIVERSAL, 20.07.1997) zeigen sowohl die emotionale Aufladung der *Reserva Forestal Imataca* als auch ihre Funktionalisierung für die Kritik am venezolanischen Staat und globalen Wirtschaftsstrukturen.

So stellt sich Imataca als eine Projektionsfläche für Kritik der NGOs an nationalen und internationalen Gesellschafts- und Wirtschaftsstrukturen sowie eines idealen (oder idealisierten) Gleichgewichts zwischen Mensch und Natur dar. Diese Bedeutungsaufladung basiert z.T. auf physisch-materiellen Komponenten des Waldareals, wie z.B. der Ausdifferenzierung von 14 verschiedenen Waldökosystemen (vgl. HUBER 1995), der extrem hohen Biodiversität und dem Vorkommen von elf endemischen Pflanzenarten (HERNANDEZ ET AL 1997). Aber die Wesensmerkmale, die der RFI zugeschrieben werden, werden auch unabhängig vom lokalen Raum durch die gesellschaftlichen Erfahrungen der NGOs sowie der Bewertung dieser Erfahrungen bestimmt. Wie in der Argumentation der Projektbefürworter stellen die Depression der venezolanischen Wirtschaft und die zentralstaatlichen Strukturen Venezuelas auch für die Projektgegner zentrale diskursive Bindungen dar. **Allerdings leiten sich aus der Wirtschafts- und Sozialkrise des Landes für sie keine wirtschaftlichen Sachzwänge ab, sondern politische Legitimationsprobleme für die Regierung.**

*Gesellschaftliche Rahmungen*

Wie generell für Lateinamerika feststellbar, mischen sich auch in Venezuela primär naturschutzmotivierte Proteste viel deutlicher mit politischen Protesten gegen zentralstaatliche Strukturen, Einflussnahmen internationaler Organisationen und transnationaler Konzerne als in europäischen (häufig aus dem Bildungsbürgertum hervorgegangenen) Umweltbewegungen (vgl. GARCÍA-GUADILLA 1994; REDCLIFT 1987: 159). Auch HOCHSTETLER (1995) legt dar, dass sich die Mehrheit der venezolanischen Umweltgruppen aus einer oppositionellen Orientierung zu staatlichen Strukturen konstituiert, die z.B. darin zum Ausdruck kommt, dass es auf nationaler Ebene keine "grüne" Partei gibt. Nach HOCHSTETLER verweigert die Mehrheit der venezolanischen Umweltgruppen aus Skepsis gegenüber dem zentralistischen Staat sich parteipolitisch zu organisieren. Das mobilisierende Moment wird in der oppositionellen Haltung zum Staat gesehen, wie die Aussage eines NGO-Mitglieds demonstriert, der meint, dass die Menschen in Venezuela es lieben, wenn man gegen die Regierung kämpft (zit. n. HOCHSTETLER 1995: 150).

*Diskursive und organisatorische Einbindung indigener Bevölkerungsgruppen*

Die Vermischung ökologischer Fragen, materieller Verteilungskämpfe und Zugangsrechten zu politischer Partizipation sowie die dialektische Einbindung in nationalökonomische und geopolitische Diskurse der Projektbefürworter, drückt sich in der Debatte um die *Reserva Forestal Imataca* auch in der Einbindung indigener Bevölkerungen und der Thematisierung indigener Rechte aus.

**Den von den Befürwortern des Raumordnungsplans erzeugten Bildern von der regionalen Rückständigkeit, leeren und ungenutzten Räumen des Bundesstaates Bolívar setzen Umwelt-NGOs die Lebensräume indigener Gruppen sowie eine positiv bewertete Traditionalität indigener Kulturen entgegen.** Entgegen der empirischen Tatsache, dass es indigene Gruppen in der *Reserva Forestal Imataca* gibt, die erst vor wenigen Jahren zugewandert sind, andere, die informellen Bergbau betreiben, und wiederum andere, die ihren traditionellen Lebensstil durch die sozialräumliche Nähe zu Holzkonzessionen längst verloren haben und in deren alltäglichen Lebenswelt Alkohol und Prostitution eine große Rolle spielen, werden die rund 10.000 Akawaos, Arawakos, Kariñas, Pemones und Waraos, die in der RFI leben, zu "Schützern des Wissens über die Umwelt, der Ressourcen und ihrer Nutzung" (Forstwissenschaftliche Fakultät der ULA, EL BOLIVARENSE, 09.06.1997) stilisiert und damit einer zweifachen Bindung unterworfen.

*Doppelte Bindung indigener Gruppen*

**Erstens werden die territorialen Bindungen der indigenen Kulturen an die *Reserva Forestal Imataca* derart präsentiert, dass Indigene nicht nur als eine marginalisierte Minderheit, sondern auch als "geopolitische Schutzfiguren" in die Argumentation eingehen. Zweitens bezieht sich der von Umwelt-NGOs propagierte Artenschutzgedanke nicht nur auf Fauna und Flora, Naturräume, Landschaften und Raumfunktionen, sondern umfasst auch indigene Gesellschaften.** Zwar fordern NGOs politische Partizipations-, Mitsprache- und Entscheidungsrechte für indigene Ethnien, parallel werden jedoch staatlich garantierte Schutzräume mit der quasi natürlichen und angepassten Lebensform indigener Gruppen begründet. Zeitungsartikel, die mit "Bevölkerungen in Gefahr" betitelt sind, und sowohl indigene Populationen als auch bedrohte Tierarten auflisten und darauf verweisen, dass 'mehr als 25.000 Indigene und 47 Tierarten, die in Gefahr sind zu verschwinden, um den gleichen Raum konkurrieren, der Firmen zugesprochen wurde, die Gold suchen und Holz exploitieren, (EL NACIONAL, 15.08.1997), zeigen wie Indigene in der Dichotomie von Kultur und Natur der natürlichen Dimension zugeordnet werden[151].

[151] Während Indigene 'naturalisiert' werden, erfolgt parallel eine 'Vermenschlichung' der Natur, wenn z.B. die Biologin und Senatorin Lucía Antillano, die sich gegen den Raumordnungsplan der *Reserva Forestal Imataca* engagiert, die 'Umwelt in Venezuela als einen Kranken ohne Zähne' bezeichnet"(EL UNIVERSAL 16.06.1997).

Die diskursive und organisatorische Einbindung indigener Gruppen in die Protestbewegung gegen den Raumordnungsplan der Forstreserve *Imataca* stärkt das Protestbündnis[152], umgekehrt ermöglicht sie indigenen Gruppen wie z.B. der *Federación Indígena del Estado Bolívar* (FIB) die Artikulation ihrer Interessen auf Ebenen, auf die sie als lokale und marginaliserte Akteure normalerweise keinen Zugriff haben. Im Juni 1997 protestierten Pemones z.B. vor dem venezolanischen Kongress gegen den Raumordnungsplan sowie gegen eine Elektrizitätsleitung, die Brasilien mit Strom versorgen soll, aber indigene Siedlungen, durch deren Gebiet die Leitung ohne Absprachen mit indigenen Gruppen gelegt wird, unversorgt lässt. Im August 1997 protestierte die FIB vor dem nordamerikanischen Kongress gegen den Raumordnungsplan *Imataca* (CORREO DEL CARONI, 01.08.1997).

Die rhetorischen Formeln indigener Proteste lassen dabei deutliche Verbindungen zur Rhetorik nicht-indigener NGOs erkennen[153]. Obwohl der Präsident der FIB im städtischen Raum von *Ciudad* Bolívar lebt, moderne Kommunikations- und Transporttechnologien nutzt, eher als politischer NGO-Aktivist denn als 'traditioneller Waldbewohner' zu bezeichnen ist, und somit in seiner Person demonstriert, dass indigene Gruppen keine statische Gesellschaften sind, die per Definition an den Wald gebunden sind, unterwirft auch er indigene Kulturen dem Traditionalitätsdiskurs:

> "The forest is our home, our laboratory, our hospital, our university. It is the source of the knowledge we need to survive. Our fight against the Decree is a fight in defense of life." (José Gonzáles, in EARTHACTION 1998:1)

---

152 Gleichzeitig wird deutlich, dass GARCÍA-GUADILLAS (1994) Spektrum der venezolanischen Umwelt-NGOs um den Gruppentypus erweitert werden muss, in dem sowohl die Gruppenidentifikation als auch Ziele und Strategien durch ethnische Kriterien bestimmt werden. Da es in dieser Arbeit nicht primär um indigene Bevölkerungen geht, werden indigene Gruppen hier zu einer Akteursgruppe zusammengefasst, obwohl sie in Realität keineswegs einen einheitlichen Akteur darstellen. Aber die Angst ihre Lebensräume durch die Expansion des industriellen Bergbaus zu verlieren und die Forderung nach territorialen Schutzräumen, bilden zentrale Momente, um nach außen als relativ einheitliche Gruppe zu agieren. Für eine differenziertere Betrachtung der indigenen Gruppen in Venezuela sowie ihre Einbindung und Instrumentalisierung in nationalen und internationalen Waldschutz- und Biodiversitätsdiskurse siehe GRIMMIG (in Bearb.). Zur Bildung von transnationalen Widerstandsgruppen, zu denen sich indigenen Gruppen und NGOs zusammenschließen, um indigene Zugänge zu natürlichen Ressourcen gegen ökonomisch mächtige Akteure zu sichern, siehe SOYEZ & BARKER (1998).

153 Das Widerstandsbündnis gegen den Raumordnungsplan *Imataca* verdeckt z.T. aber auch fundamentale Unterschiede zwischen indigenen Interessen und den Argumenten nicht-indigener NGO's. Während nicht-indigene NGOs sich auf den Schutzgebietscharakter der ABRAEs berufen, die juristische Form der ABRAEs also implizit anerkennen, lehnen indigene Gruppen ABRAEs als illegitimen Zugriff des Staates auf ihre Lebensräume prinzipiell ab (EL BOLIVARENSE, 08.07.1997).

Andere indigenen Sprecher und indigene Dachverbände argumentieren, dass ihre "Territorien durch transnationale Konzerne eingenommen seien" (El Nacional, 25.06.1997), setzen die Expansion des Bergbaus mit ihrem "ethnischem Genozid" gleich (El Bolivarense, 08.07.1997) oder begründen ihren Widerstand gegen den Raumplan damit, dass sie

> "die gleichen Indianer seien, die die Gebiete vor 500 Jahren besiedelt haben und als Venezolaner, als ignorierte Bürger und ihrer Rechte Beraubte ihre Gefühle in die öffentliche Meinung einbringen und mit ihrer Präsenz im Protestmarsch demonstrieren wollen, dass sie Teil der venezolanischen Bevölkerung seien."( in El Progresso, 09.10.97).

Erneut zeigt sich, dass das Protestbündnis gegen den Raumordnungsplan nicht grundsätzlich anders argumentiert als die Projektbefürworter, sondern ebenfalls nationalistischen Diskursen verhaftet ist. **Aber in den vielfältigen Ambivalenzen der Protestbewegung gegen den Raumplan der RFI liegt vermutlich ihre besondere Stärke. Während die Aufwertung der *Reserva Forestal Imataca* zu einer nationalen Ressource und die Betonung der Nationalität der betroffenen Bevölkerungen an nationale Schutzmaßnahmen appellieren, rückt ihre emotionale Aufladung zum 'Paradies, zur Lunge der Erde, deren Vernichtung das Weltklima in Gefahr versetzen würde'** (Acurero von der NGO *Centro de Investigacion e Informacion Ecologica,* FAX vom 04.09.1996), **das Waldareal in das Blickfeld globaler Umweltschutzinteressen.** Indem NGOs Imataca zu einem Sozialraum konstituieren, der sich in idealer Weise in eine Vielfalt internationaler Umweltschutz- und Minderheitendebatten einfügt, konnte sich der Konflikt zu einem Politikum auf der internationalen Ebene entwickeln. Umgekehrt zeigen Schlüsselbegriffe und rhetorische Formeln (inter)nationaler Entwicklungs- und Umweltdebatten, die in das Bild fließen, das NGOs weltweit von dem Waldareal präsentieren, dass die NGOs internationale Wald-, Biodiversitäts- und Minoritätendiskurse, internationale Gipfeltreffen und Konventionen strategisch geschickt für den Widerstand gegen den Raumordnungsplan der RFI zu nutzen wissen.

## 4. Positionen und Einflüsse "versteckter"Akteure

Verschiedentlich ist bereits angeklungen, dass sich auch (trans)nationale Entwicklungs- und Finanzorganisationen sowie in- und ausländische Universitäten in die Konflikte um die *Reserva Forestal Imataca* einbringen. Formell betrachtet gehören sie zu den Nicht-Regierungsorganisationen (NGOs). Auch sind personelle Verflechtungen mit NGOs im engeren Sinne gegeben. Wie dargestellt wurde, engagieren sich viele Universitätsangestellte in Umweltgruppen und treten mit eindeutigen Stellungnahmen gegen den Raumordnungsplan in die Öffentlichkeit.

*Die Akteursgruppe der scientific communitiy*

Aber auch wenn die Grenzen der sozialen Subsysteme durchlässig sind, unterscheiden sich politisch oder ethisch-moralisch motivierte NGOs in ihrem Auftreten und ihrer Außenwirkung prinzipiell von dem primär wissenschaftlich motivierten Typ einer Nicht-Regierungsorganisation. Während NGOs im engeren Begriffssinn subjektive Interessen äußern und politische Positionen beziehen, werden Äußerungen transnationaler Finanz- und Entwicklungsorganisationen und v.a. universitärer Einrichtungen von ihrem Anspruch auf Neutralität und Wissenschaftlichkeit bestimmt. Dieser Anspruch schlägt sich auf ihre Außenwahrnehmung nieder. **Einerseits lässt sie der Anspruch auf Neutralität und Wissenschaftlichkeit i.d.R. weniger 'aggressiv' auftreten, andererseits gehen ihre Urteile und Einschätzungen als Grundlagenforschung oder Gutachten oft viel versteckter und als scheinbar objektive Evaluierungsergebnisse in die Konfliktprozesse ein. Hinzu kommt, dass wissenschaftliche Expertisen transnationaler Entwicklungs- und Finanzorganisationen i.d.R. nur ausgewählten Akteuren direkt zugänglich sind, während die Mehrzahl der Akteure über keine direkten oder zeitlich verzögerten Zugriffsmöglichkeiten verfügt.**

*Spezifische Ausdrucksformen*

Dass Forschungsberichte wie der Evaluierungsbericht der *Reserva Forestal Imataca* durch die Forstwissenschaftliche Fakultät der *Universidad de los Andes* (FRANCO 1997) in die öffentliche Diskussion rücken, ist eher eine Ausnahme. Eine Vielzahl von (meist lokal begrenzten) Forschungsarbeiten zum Gold- und Diamantenbergbau in Venezuela (ALVAREZ 1995; LACABANA v.J.; U.S. GEOLOGICAL SURVEY & CVG, TÉCNICA MINERA, C.A. 1993; SIDDER ET AL. 1995, UNEG 1987, 1991), vegetationskundliche Untersuchungen (BERRY ET AL 1995) oder regionalräumliche Analysen (FAO 1993a, 1993b; WELTBANK 1998, 1999; UDO 1997), sind nur wenigen *Insidern* durch eigene Anschauung bekannt. Obwohl ein Teil dieser Arbeiten publiziert ist, beschränkt sich nicht nur ihre Verbreitung in der Praxis v.a. auf akademische Kreise. Auch statistische Verfahren, hochkomplexe Ausdrucks- und Darstellungsformen sowie Fachtermini (vgl. insbes. U.S. GEOLOGICAL SURVEY & CVG, TÉCNICA MINERA, C.A. 1993), sowie die Verwendung der englischen (bzw. deutschen) Sprache bedingen, dass die Mehrzahl der wissenschaftlichen Arbeiten außerhalb des öffentlichen Zugriffs stehen.

Wenngleich Universitäten bzw. internationale Entwicklungsorganisationen in der Debatte um Imataca zum Teil nur dadurch in der Öffentlichkeit erscheinen, indem andere Akteure ihre Forschungsberichte zitieren, so bleiben weder die Diskussion um die *Reserva Forestal Imataca* unberührt von Analysen und Evaluierungsprojekten der *scientific community* noch bleibt die *scientific community* unberührt von gesellschaftlichen Diskussionen.

*Interessengeleitete Zugriffe auf die RFI*

Eine Ursache für das reziproke Beeinflussungsverhältnis sind personelle Verflechtungen zwischen Umweltgruppen und wissenschaftlichen Institutionen. So ist der im Auftrag des venezolanischen Kongresses verfasste Bericht *Consideraciones sobre el Plan de Ordenamiento y Reglamento de uso de la Reserva Forestal Imataca* (HERNANDEZ ET AL 1997) von Forstwissenschaftlern bzw. Biologen verfasst worden, die gleichzeitig engagierte Mitglieder in Umwelt-NGOs sind. In diesem Bericht wird die *Reserva Forestal Imataca* nicht mittels metaphernreicher Rhetoriken zum "Paradies" erklärt. Aber während der Mineralienreichtum der RFI in der 1½-seitigen Einleitung nur mit einem Satz erwähnt wird, wird der floristische und faunistische Artenreichtum sowie die Fragilität des Ökosystems auf über eine Seite ausgebreitet. Die Betonung der Funktion der *Reserva Forestal Imataca* für das lokale und globale Klima runden die Bedeutungszuschreibung der RFI als unberührten und zu schützenden "Primärwald" (vgl. Kap. I-1) ab und lassen die perspektivische Nähe zur Argumentation der Umwelt-NGOs erkennen.

Auch wissenschaftliche Arbeiten, die unabhängig von dem Raumordnungsplan der *Reserva Forestal Imataca* den Artenreichtum des Waldareals untersucht haben, reproduzieren mit umfangreichen Artenlisten (vgl. BERRY ET AL 1995; OCHOA 1995) das Bild von der "Megadiversität" (HERNANDEZ ET AL 1997: 2) der RFI. **Der wissenschaftliche Diskurs, mit dem in diesem Fall Biologen und Forstwissenschaftler[154] die Debatte um die Forstreserve Imataca unterlegen, ist keineswegs neutral und objektiv.** Vielmehr werden perspektivengeleitete Bilder von der Region produziert, deren Informations- und Wahrheitsgehalt ebenso selektiv ist wie die perzeptorischen Zugriffe anderer Akteure auf die Region. Die speziellen Forschungsobjekte und Wahrnehmungstechniken der Wissenschaft reduzieren die *Reserva Forestal Imataca* wahlweise auf physiognomische und morphologische Merkmale, Standortfaktoren und -ausstattungen, Arten- oder Mineralinventuren. Taxonomische Ordnungen, biologische Artenlisten, Ausweisungen ökologischer Systeme oder geologischer Lagerstätten reduzieren und verfremden den komplexen empirischen Kontext auf wenige fachdisziplinär interessante Parameter. Abstraktionsprozesse und Ideogramme bedingen nicht nur sowohl bei der Datenaufnahme als auch bei der Widergabe Informationsreduktionen und Eliminationsprozesse.

[154] Gleiches gilt für andere Wissenschaftsdisziplinen. Vor allem geologische bzw. petrologische Studien (SIDDER ET AL. 1995; U.S. GEOLOGICAL SURVEY & CVG, TÉCNICA MINERA 1993) sind oft eindeutig interessensgeleitet.

*Die RFI als geordnetes, harmonisches Naturssystem*

Bereits das zugrundeliegende Verständnis der eigenen Wissenschaft und des Forschungsobjektes 'Natur' beinhalten normative Rahmungen, die in das Bild der *Reserva Forestal Imataca* einfließen. Natur wird weder als konfliktives Chaos noch als Sinneserfahrung wahrgenommen, sondern als empirisch erfassbares, organisches Ganzes betrachtet, dessen Elemente in einem harmonischen Gleichgewicht zueinander stehen. Diese "natürliche" Grundordnung gilt es zu erfassen und zu erhalten. Neben deskriptiven Auflistungen der Artenvielfalt, die als Symbol der natürlichen Heterogenität quasi für sich selbst sprechen, spielen deshalb vor allem Vernetzungen der Naturelemente sowie das Einfügen des Einzelnen in das große Ganze in Repräsentation der Forstreserve *Imataca* eine zentrale Rolle.

**Mit der Hervorhebung des Besonderen der Forstreserve *Imataca* (Artenvielfalt, Biodiversität, usw.) wird einerseits die naturräumliche Einheit bzw. der individuelle Charakter der Region zum Schutzschild erhoben, während andererseits auch ihre Funktion als integrativer Bestandteil einer globalen und allgemeinen Natur den Schutzstatus rechtfertigen. Ein zweites Spannungsfeld geht aus der organistischen Naturvorstellung und der Dichothomie von Kultur und Natur hervor. In der dichothomischen Vorstellung getrennter Kultur- und Natursphären wird die physische Substanz der Forstreserve *Imataca* gegen menschliche Eingriffe abgrenzt - und damit der Sinneszusammenhang negiert, den das Waldareal als Überlebens- und Lebensraum für *Mineros*** (vgl. Kap. IV, insb. 6.2.3) **hat.** Denn wirtschaftliche Aktivitäten des Menschen (als Akteur der kulturellen Dimension) gelten nicht als natürlicher Eingriff, sondern als Zerstörung. Was (wie der Mensch im allgemeinen oder der Bergbau im speziellen) die ausgewiesene "natürliche Ordnung" stört, erscheint als Fremdkörper oder Destruktivkraft.

Wie stark die Verdrängung der sozialen Seite, bringt der Kommentar eines Biologen der Umweltkommission des Kongresses zum Ausdruck, der auf den Hinweis, dass es sich beim informellen Bergbau um einen Überlebenssektor handle, meinte, dass 'die soziale Seite präsent sei, dass man aber korrekt bleiben müsse und nicht gegen den industriellen Bergbau und für den informellen Bergbau sein könne. Der Schutz der *Reserva Forestal Imataca* habe Priorität. Die Argumentation sei juristisch zu führen und dort unterständen beide Bergbautypen der Umweltgesetzgebung" (Interview August 1997). Zweifelsohne ist mit *Reserva Forestal Imataca* die floristische und faunistische Substanz und nicht der Sozialraum gemeint.

Letztlich schreibt die Akteursgruppe der *scientific community* der Forstreserve *Imataca* aus ihrem epistemologischen Denkräumen heraus Bedeutungen zu, die auch nur das Ergebnis eines akteursspezifischen kulturellen Zugriffs auf das Waldareal darstellen, die aber mit einem extrem hohen Wahrheitsanspruch und einer äußerst wirksamen Reputation in die öffentliche Diskussion eingehen.

*Ordnungs-, Harmonie- und Gleichgewichtsdiskurse in sozialwissenschaftlichen Studien der RFI*

Einen anderen Zugriffstyp der *scientific community* auf Imataca stellen sozialwissenschaftliche Evaluierungen und Berichte dar. Obwohl die *Reserva Forestal Imataca* hier nicht ausschließlich als Flora und Fauna umfassender Naturraum erscheint, sondern soziale, ökonomische oder demographische Dimensionen im Vordergrund stehen, sind auch sie häufig von Ordnungs-, Harmonie- und Gleichgewichtsdiskursen durchdrungen, die die RFI in bestimmte Denkgebäude situieren. Unberücksichtigt von der philosophischen Frage, ob gesellschaftliche Ideale Naturbilder generieren oder ob umgekehrt, aus idealisierten Naturvorstellungen Gesellschaftsmodelle abgeleitetet werden, auf, dass beide Dimensionen - Natur und Gesellschaft - i.d.R. als organisches Ganzes begriffen werden, in dem die Einzelteile in einer funktionalen Beziehung stehen.

So verfolgte eine nach der Verabschiedung des Raumordnungsplans für die *Reserva Forestal Imataca* von der *Universidad del Oriente* (UDO 1997) durchgeführte, sozialgeographische Evaluierung des *Municipios* (Bezirk) Sifontes, in dem große Teile der Forstreserve liegen, das Ziel

> "ein brauchbares Instrument zu entwickeln, um Aktionen zu planen und umzusetzen, die geeignet sind, die Sektoren des Produktivapparates zu harmonisieren und zu optimieren, um eine bessere Okkupation, Nutzung und Transformation der Ressourcen und geographischen Räume in einer harmonischen Form mit den Aktionen und Interessen der sozialen Gemeinschaft und in Übereinstimmung mit den Potenzialen und Grenzen, den Schwächen und Stärken der RFI, zu erreichen." (UDO 1997: 3)

*Die RFI als funktionaler Bestandteil der nationalen Ebene*

Die Frage nach den Potenzialen des *Municipio* Sifontes und damit der *Reserva Forestal Imataca* für die Nationalökonomie wird weder direkt gestellt noch wird ein hierarchisches Raumentwicklungsmodell verfolgt. Trotzdem wird die - innerhalb von nur vier Wochen hervorragend recherchierten - Regionalanalyse, in der viele regionale Akteure zu Wort kommen und eine Vielzahl empirischer Daten widergegeben werden, von der Frage nach den Funktionen der Region für die übergeordnete nationale Ebenen durchzogen. Während der Harmoniegedanke als Ziel im Zentrum der Analyse steht, bilden die Begriffe 'Unordnung' und 'Ordnung' die eckständigen Analysepole.

Als Evaluierungsergebnis wird eine 'chaotische Situation auf allen Ebenen' festgehalten, die sich u.a. in einer schwachen ökonomischen Basis, einer suboptimalen Ausnutzung der natürlichen Ressourcen und defizitären staatlichen Einrichtungen ausdrückt' (UDO 1997: 3). Betont wird auch, dass die Region wegen ihres Ressourcenreichtums sowie der Grenzlage zu dem im Osten angrenzenden, von Guyana beanspruchten Territoriums (*Esequibo*) für Venezuela einen geostrategisch und geopolitisch wichtigen Raum darstellt. Mit wiederholten Hervorhebungen, dass es sich bei der Region um einen ressourcenreichen, aber gering bevölkerten Grenzraum handelt, wird nicht nur die geostrategische- und geopolitische Bedeutung der Region explizit gemacht, auch notwendige staatliche Maßnahmen werden hieraus abgeleitet: Vor allem soll z.B. die Infrastruktur für die einheimische Bevölkerung ausgebaut werden, um dem Druck aus den Nachbarländern Brasilien und Guyana, die 'im Gegensatz zu Venezuela eine lebendige Pionierfront haben', entgegen zu wirken (UDO 1997: 6, 16, 20, 27). Auch ohne direkten Bezug zum TURNER'schen Pionierfrontkonzept (vgl Kap. II-4) schimmern sowohl alte Mythen der 'Pionierfront' sowie der Gedanke der nationalen Konsolidierung durch Sicherung der Grenzregionen und Abgrenzung gegen - als feindlich wahrgenommene - Nachbarstaaten durch.

Auch der informelle Bergbau, wenngleich er in dieser Studie auffallend differenziert betrachtet wird, wird in erster Linie über sein Potenzial für die nationalökonomische Wertschöpfung bewertet. Zwar wird er als wichtigster Wirtschaftssektor der Region angesehen, der geringe Investitionskosten vom Staat erfordert. Gleichzeitig wird aber darauf verwiesen, dass er geringe ökonomische und soziale Gewinne für das Land abwirft sowie illegale Landnutzungen und unkontrollierte Siedlungen mit immensen ökologischen Auswirkungen generiert (UDO 1997: 17).

**Der dominierende Blick auf die funktionale Einbindung der Region in das venezolanische Nationalgebäude zeigt, dass die anvisierte 'harmonische Regionalentwicklung' implizit mit der Optimierung der nationalökonomischen Inwertsetzung sowie der staatlich-geopolitischen Konsolidierung der Region gleichgesetzt wird.** Der eingeengte Blickwinkel auf das Ziel der 'harmonischen Regionalentwicklung' verdeckt dabei das extreme Konfliktpotenzial akteursspezifischer Interessen an der Region, die sich bis zu gewalttätigen Konfrontationen gegenüberstehen, nahezu vollständig.

Infolge der weitgehenden Ausblendung von sozialen Interessen und Konflikten liest sich die 32 Empfehlungen umfassende Liste kurz- und mittelfristiger Maßnahmen (UDO 1997: 30) wie ein mit regionalen Spezifika aufgefülltes Sammelsurium allgemeiner Regionalentwicklungsmaßnahmen. So wird z.B. empfohlen, das Straßennetz und das Gesundheitssystem auszubauen, Busterminals einzurichten, die städtische Entwicklung effektiver zu planen sowie Tourismus- und Landwirtschaftsprojekte (als Gegengewicht zum Bergbausektor) zu fördern.

Aus diesen Empfehlungen lässt sich nicht nur der fachdisziplinäre Zugriff einer geographischen Regionalentwicklungsanalyse auf Imataca ablesen. Sie zeigen auch wie mit einer soziologischen Perspektive ein gegenläufiges Raumbild zur naturwissenschaftlichen Perspektive der RFI gezeichnet wird, das aber ebenso wie dieses von Ordnungs- und Harmoniegedanken durchdrungen ist. Wissenschaftliche Rahmungen können dabei nicht darüber hinwegtäuschen, dass die Betrachtung der Region aus ausgewählten Problemstellungen erfolgt und der "Expertenblick" Raumbilder konstruiert, die sich wie die Raumbilder anderer Akteure aus interessengeleiteten Wahrnehmungskriterien ableiten.

Dabei wird die *Reserva Forestal Imataca* häufig mit z.T. spekulativem Datenmaterial zu verschiedenen Denkräumen konstituiert, die sich oft weniger aus dem empirischen Kontext nähren als aus den Ideologien und Aufträgen wissenschaftlicher Einrichtungen oder internationaler Finanz- und Entwicklungsorganisationen. Diese These lässt sich an einer Studie der WELTBANK demonstrieren. Von der Weltbank wurden im November 1997 und im Mai 1998 im Auftrag der venezolanischen Regierung juristische, sozioökonomische und ökologische Evaluierungen der Forstreserve durchgeführt, deren Ergebnisse in einem 1999 fertiggestellten Bericht zusammengefasst wurden. Die Ergebnisse sind unter der - mit dem Vermerk "vertraulich" - versehenen Berichtsnummer 18159-VE zusammengefasst und somit offiziell nur der Weltbank selbst und der venezolanischen Regierung als Auftraggeber zugänglich. In der Einleitung heißt es interessanterweise, dass sich die Untersuchungen am Analyserahmen der *Political Ecology* orientieren und damit politische und sozioökonomische Prozesse sowie Interessen und Machtbeziehungen der Akteure, die in die Konflikte um die *Reserva Forestal Imataca* involviert sind, im Zentrum des Forschungsinteresses stehen. Zitiert werden an dieser Stelle zwei Standardwerke der *Political Ecology* (BLAIKIE 1985; BRYANT & BAILEY 1997). Aber die *Political Ecology* hat mit Sicherheit nicht den analytischen Rahmen für diesen Bericht gebildet, sondern wurde unreflektiert herangezogen, um den Bericht mit einem aktuellen Ansatz der Mensch-Umwelt-Debatte zu unterlegen.

*WELTBANK Studie (1999)*

Weder an anderer Stellen des Berichts noch in der Literaturliste erfolgen weitere Bezüge zur *Political Ecology*. Auch die Art der durchgeführten Akteursanalyse zeigt, dass die Weltbank weder einen politisch-ökologischen Blickwinkel eingenommen hat noch dass Machtbeziehungen analysiert wurden. Zwar heißt es, dass "umfassende Diskussionen mit Regierungsbeamten, Politikern, NGOs und indigenen Organisationen geführt" wurden (WELTBANK 1999: 1), aber das Datenmaterial lässt diese Aussage eher unwahrscheinlich erscheinen. Nicht nur fallen mit den Bergbauakteuren zentrale Konfliktagenten aus den Befragungen heraus. die Akteursanalyse beschränkt sich auch auf eine Auflistung der Akteure und ihre maßstabsmäßige Zuordnung. Die Akteursgruppen werden generalisierend und pauschalisierend dargestellt. Indigene Gruppen, die Bergbau betreiben, werden nicht thematisiert. Wechselbeziehungen zwischen den Akteuren bleiben ebenso unerwähnt wie akteursspezifische Handlungsspielräume. **Für regionalspezifische Aussagen zur *Reserva Forestal Imataca* werden i.d.R. andere Arbeiten zitiert, während Akteure, die unmittelbar in die Konflikte eingebunden sind, nur zu Wort kommen, wenn es sich um Akteure handelt, die auf der nationalen Ebene agieren.**

Große Teile des 65seitigen Berichts listen venezolanische Gesetze auf, die in dem Raumordnungsplan der *Reserva Forestal Imataca* bzw. in der Gegenkritik zum Tragen kommen. Ebenso viel Raum wird der Erklärung von Begriffen wie 'nachhaltiges Resourcenmanagement' (WELTBANK 1999: 11) oder 'Partizipation' (ebd.: 13) eingeräumt. Die Bedeutung einer wissenschaftlichen Basis für das Ressourcenmanagement (ebd. 12) wird hervorgehoben und Richtlinien für einen 'verantwortlichen Bergbau' (ebd. 30) zitiert. Die Dominanz regionalunspezifischer Aussagen zeigt, dass eine von der venezolanischen Gesetzgebung ausgehende *top-down*-Analyse durchgeführt wurde, die damit einem politischen Instrument der Regierung eine besondere Gewichtung zuspricht.

Berichte, die in Venezuela nicht unumstritten sind, wie die Evaluierung der *Situación actual de la RFI y Propuestas para orientar su ordenamiento* von FRANCO (1997) werden ebenso unkritisch zitiert wie nicht überprüfte Zahlen übernommen. So werden für die RFI 30.000 *Mineros* genannt (WELTBANK 1999: 25), ohne dass erwähnt wird, dass es keine exakten Zahlen gibt und Schätzungen zwischen 10.000 und 200.000 schwanken[155].

[155] In ihrer Studie über Flächenansprüche des informellen Bergbaus in Surinam zitieren der PETERSON & HEEMSKERK (o.J.: 2) Zahlen der Vereinten Nationen, nach denen in der Amazonas-Region 1,5 Mio. Menschen direkt und 4 Mio. Menschen indirekt vom informellen Bergbau leben. Angesichts der Erfahrungen, wie offizielle Angaben über die Anzahl der *Mineros* in Venezuela zustande kommen (vgl. Kap. IV-1), kann man davon ausgehen, dass es sich auch bei diesen Angaben um spekulative Zahlen handelt.

Letztlich kommt der Bericht zu dem Fazit, dass die venezolanische Gesetzgebung widersprüchlich ist, Kontrollorgane unterbesetzt sind und dass das Raumordnungsverfahren für die RFI gesetzlich verankerte Rechte der Bevölkerung (insbesondere indigener Gruppen) verletzt. **Ähnlich allgemein fallen die Empfehlungen aus.** Hierzu gehören u.a. die

*Ergebnisse und Empfehlungen der WELTBANK Studie*

- Bildung einer Kommission, die sich aus Mitarbeitern der Ministerien, regionalen Verwaltungsbehörden, Repräsentanten der Industrie, NGOs, Wissenschaftlern und lokalen bzw. indigenen Organisationen zusammensetzt
- Zusammenstellung eines Überblicks, welche Holz- und Bergbaukonzessionen es in der *Reserva Forestal Imataca* gibt
- Initiierung eines Konfliktmanagementprozesses, in dem alle involvierten Akteure von einander lernend das Problem lösen
- Durchführung ökologischer und sozialer Studien zur Erweiterung einer gesicherten Datenbasis
- Stärkung staatlicher Organisationen wie zB. den venezolanischen Forstdienst SEFORVEN
- Kontrolle des industriellen Bergbaus; Förder- und Hilfsprojekte für die Anwendung ökologischerer Techniken im informellen Bergbau
- Ratifizierung internationaler Konventionen und Einhaltung nationaler Gesetze zum Schutz indigener Bevölkerungen.

Sowohl das durchaus regierungskritische Fazit als auch die abgeleiteten Empfehlungen täuschen eine Neutralität vor, die nicht gegeben ist. Aus den Zielsetzungen der Auftragsstudie, Probleme bei der Implementierung von Umweltgesetzen sowie Schwachstellen der Ressourcenallokation zu analysieren und der venezolanischen Regierung zu helfen, Umweltschutz und nachhaltiges Ressourcenmanagement zu verbinden (WELTBANK 1999: 44), leitet sich ein Fokus der Studie ab, der eindeutig die Interessen der Regierung spiegelt. Prinzipiell wird nicht hinterfragt, ob bergbauliche Nutzungen in der *Reserva Forestal Imataca* sinnvoll sind, sondern nur wie der Bergbau sich realisieren lässt. Hinter der vagen Allgemeinheit der Analysen und Empfehlungen verbirgt sich auch, dass zentrale Dimensionen der Konflikte um die *Reserva Forestal Imataca* unberührt bleiben. Weder die Frage, wie sich die einzelnen Akteuren gleichberechtigt in eine partizipative Kommission einbringen können (siehe hierzu insbes. Kap. IV-6), wird thematisiert noch wird das Nachhaltigkeitsimage des industriellen Bergbaus hinterfragt. **So fungiert das, was als kritische Haltung zur venezolanischen Regierung erscheint, als Legitimierung der staatlichen Vorhaben hinaus.** Denn die kritische Beleuchtung der staatlichen Kontrolldefizite läuft zwangsläufig auf die Forderung nach legislativen Reformen und einer Neuordnung der ministeriellen Zuständigkeiten hinaus.

So bestätigen transnationale Finanz- und Entwicklungsorganisationen paradoxerweise aus ihrer Kritik am staatlichen Ordnungs- und Kontrollsystem heraus, die Notwendigkeit eines raumordnungspolitischen Instruments für die *Reserva Forestal Imataca*. Indem FAO und WELTBANK in Einklang mit der venezolanischen Regierung nationalökonomische Sachzwänge und den Reichtum Venezuelas an natürlichen Rohstoffen gegenüberstellen und zum Ausgangspunkt ihrer Analysen machen, verbleiben auch sie in staatsökonomischen und -ordnungspolitischen Diskursen verhaftet und stützen trotz der kritischen Äußerungen zu den gegebenen staatlichen Strukturen und Institutionen den Versuch der venezolanischen Regierung, sich den Zugriff auf die *Reserva Forestal Imataca* zu sichern[156].

*Fazit: Verschiedene Layer der wissenschaftlichen Reproduktion der RFI*

Die Analysen und Berichte nationaler und internationaler Expertenkommissionen produzieren nicht nur Forschungsergebnisse, auf die Befürworter oder Gegner des Raumordnungsplans der *Reserva Forestal Imataca* unmittelbar zurückgreifen können, indem sie sie zitieren oder die eigene Position mit "wissenschaftlich fundierten" Untersuchungen argumentativ stützen. **Mit der analytischen Aufbereitung der Empirie (re)produziert die Akteursgruppe der "Experten" auch Raumbilder, in der die wissenschaftlichen Methoden der Beobachtung und Abstraktion keine Umweltexternalitäten darstellen, sondern als raumbildende Zeichnungselemente eingehen.** Vordergründig geben diese Raumbilder mit vegetationskundlichen, geologischen oder infrastrukturellen Bestandsaufnahmen materielle Komponenten der *Reserva Forestal Imataca* wider. Aber sowohl die Auswahl der Daten, die zur Charakterisierung des Raums ausgewählt werden, als auch die wissenschaftliche Aufbereitung und Interpretation des (bereits reduzierten) Raumgefüges, sind in gesellschaftliche Kontexte eingebunden, reflektieren und verstärken bestimmte Raum-, Natur-, und/oder Gesellschaftsmodelle. Das ordnungspolitische und zentralistische politische System Venezuelas (vgl. Kap. III) strukturiert dabei - jeweils interessenspezifisch interpretiert - das von Wissenschaftlern erkannte Raumbild ebenso wie international verbreitete Vorstellungen eines dichothomen Mensch-Natur-Verhältnisses oder das Axiom eines harmonischen und natürlichen Gleichgewichts.

[156] Ähnliche Mechanismen wirken auf der internationalen Ebene. Von der UN und der Weltbank unterstützte Programme und Projekte, die die "Rolle der Bergbauindustrie beim Übergang zu einer nachhaltigen Entwicklung" (so der Titel einer Studie die gemeinsam vom WBCSD und dem Bergbaukonzern Rio Tinto 1999 in Auftrag gegeben wurde) analysieren und fördern sollen (vgl. ROHR 2000), reproduzieren in zunehmendem Maße das Bild eines nachhaltigen Bergbaus auf der internationalen Ebene und werden von (trans)nationalen Bergbaukonzernen in regionalen Bergbaukonflikten argumentativ genutzt.

**Zentral ist, dass die Imataca aus diesen Grundannahmen heraus, z.B. nicht als alltägliche Überlebens- und Erfahrungswelt der Akteure des informellen Bergbaus interpretiert werden kann, ohne dass die diffuse Raumdurchdringung und die mangelnde soziale Organisation negativ bewertet und mit Labels wie 'Chaos', 'Anarchie' oder 'suboptimaler Ressourcenausnutzung' versehen werden.** Vom industriellen Entwicklungsmodell, dem nationalstaatlich organisierten Weltsystem und/oder globalen Tropenwald-, Biodiversitäts- und Indigenendiskursen durchdrungen, wird die bergbauliche Erschließung der *Reserva Forestal Imataca* auch aus der wissenschaftlichen Perspektive in lokalitätsferne Zusammenhänge kontextualisiert und normativen Bewertungen unterworfen. Die Vielzahl der Schlüsselwörter aus internationalen Debatten verdeutlicht die diskursive Durchdringung des Expertenblicks. Alle wissenschaftlichen Analysen beziehen sich positiv auf ambivalente Schlüsselworte wie 'Naturschutz', 'Ökologie' 'Nachhaltigkeit' oder 'partizipative Regionalentwicklung', die zwar mit positiven Konnotationen besetzt, aber keineswegs inhaltlich geklärt sind (vgl. u.a. EBLINGHAUS & STICKLER 1996; ESCOBAR. 1995, 1996). So wird letztlich deutlich

> "..wie wenig von den Fakten her Mythos und wissenschaftlich gesicherte Wahrheit von einander zu trennen sind, [...]. Der Gebrauch [des Mythos] lebt davon, dass er schillernd bleibt und bleiben muss, weil die überzogene Mystifikation für den einen, die große Wahrheit des anderen ist - und genau genommen ist nur dann der Begriff Mythos angemessen, wenn diese Spannung zwischen Märchen und Wahrheit aufrechterhalten bleibt." (NITSCH 1992: 45)

## 5. Zwischenfazit: Ein- und Ausschlüsse der "*Reservas Forestales Imataca*"

Der Versuch der venezolanischen Regierung, konkurrierende Nutzungsansprüche in der *Reserva Forestal Imataca* mit einem Raumplan staatlich zu regulieren und die rund 10 Mio. Tonnen Gold, die in dem 3,6 Mio. Hektar großen Waldareal vermutet werden, in die Nationalökonomie einzubinden, stößt bei großen Teilen der *Civil Society* auf massiven Widerstand. Nicht nur, dass der Raumordnungsplan Bergbauaktivitäten in dem - 1962 originär für die industrielle Holzproduktion unter Schutz gestellten - Waldgebiet zulässt und damit quasi bergbauinduzierte Umweltauswirkungen (Walddegradationen, Flusssedimentationen, Zyanid- und Quecksilberimmissionen, usw.) legalisiert; es wurde auch publik, dass (trans)nationale Bergbauakteure bereits über partielle Konzessionsrechte in der Forstreserve verfügen.

*Status quo*

Darüber hinaus kritisieren Umwelt-NGOs die undemokratische Vorgehensweise bei der Verabschiedung des Raumplans unter Umgehung des Parlaments und ohne wirkliche Partizipation der *Civil Society*. Auch Universitäten sowie Finanz- und Entwicklungsorganisationen bringen sich in den Konflikt um die *Reserva Forestal Imataca* ein und werden selbst zu Akteuren, die den Sozialraum der RFI mit wirkungsmächtigen Metaphern und Symbolen aufladen, ihn interessenspezifisch instrumentalisieren und über ihren Einfluss auf die öffentliche Meinung und staatliche Entscheidungsträger raumstrukturelle Wirkungen zeitigen.

*Konflikt-konstitutive: Transnationalisierung und diskursive Bindungen*

**Trotz der noch offenen Konfliktsituation lassen sich die Transnationalisierung und diskursiven Bindungen, die die Forstreserve *Imataca* erfährt, bereits als konstitutive Elemente ausmachen, die den Konflikt sowohl aus geographischer als auch politisch-ökologischer Sicht entscheidend strukturieren. Erstens ist es v.a. den Projektgegnern gelungen, die Auseinandersetzungen um das Waldareal im Osten Venezuelas auf die internationale Ebene zu bringen und die nationale Widerstandsbewegung um internationale Akteure zu erweitern. Zweitens sind sowohl die *Reserva Forestal Imataca* als auch ihre bergbauliche Erschließung nicht nur objektiv fassbare, physisch-materielle Objekte. Als Chiffre für weltweit verbreitete Ideologien und Naturvorstellungen sind sie in (inter)nationalen Publikationen ebenso als kognitive Phänomene greifbar.**

*Beschreibungs- und Bedeutungsformeln*

Die vielfältigen Beschreibungs- und Bedeutungsformeln, denen das Waldareal unterliegt, machen deutlich, dass es sich bei "der" *Reserva Forestal Imataca* um ein heterogenes Bündel "umstrittener Naturen" (MACNAGTHEN & URRY 1989) handelt. In dieser Feststellung ist implizit enthalten, dass das soziale Konstrukt *Imataca* nicht durch einen gesellschaftlichen Konsens konstituiert wird, sondern durch soziokulturelle und politische Disparitäten. In Abhängigkeit von der normativen Haltung des jeweiligen Autors erscheint das Waldareal entweder als ein nationaler Wert, als ein Paradies mit hohen Biodiversitäts- bzw. Endemismusraten und globalen Funktionen für das Weltklima, als millionenschwere Goldlagerstätte oder als Sammelhort eines Heers illegaler, quecksilberstreuender *Mineros*, die sich das Gold ohne nationalökonomischen Nutzen aneignen. Der Raumordnungsplan wiederum erscheint entweder als rationales staatspolitisches Ordnungsinstrument, dass das derzeitige Raumnutzungschaos in der *Reserva Forestal Imataca* in ein nachhaltiges Ressourcenmanagement überführen soll oder als Strategie kapitalistischer Wirtschaftsinteressen, die sich die Bodenschätze auf Kosten der ökologischen Funktionen der RFI aneignen wollen.

Der Bergbau unterliegt nicht nur ebenso subjektiven Interpretationen, in seine Legitimierung bzw. Delegitimierung fließen vielmehr bereits die akteursspezifischen Bilder von der *Reserva Forestal Imataca* ein. Befürworter des industriellen Bergbaus zeichnen den Sozialraum der *Reserva Forestal Imataca* als von illegalen, ausländischen *Mineros* besetztes und devastiertes Waldgebiet, dessen Plünderung durch die Förderung eines 'nachhaltigen Bergbaus' (als welcher der industrielle Bergbau dargestellt wird) entgegen gewirkt werden muss. Gegner des Bergbaus betonen dagegen den jungfräulichen Charakter der RFI, ihren Artenreichtum und ihre nationalen bzw. globalen Funktionen.

*Lokalferne Bildelemente*

Nicht nur die Widersprüchlichkeit der Raumbilder, die von den Akteuren jenseits der lokalen Raumnutzung von der *Reserva Forestal Imataca* produziert werden, verdeutlichen, dass die physisch-materiellen Komponenten des Waldareals nicht die entscheidenden Konfliktvariablen sind. Auch Herkunft, Genese und Verbreitung dieser Bilder stützen diese These. In einem Interview (August 1997) im Energie- und Bergbauministerium (MEM) wurden z.B. zur Demonstration der ökologischen Auswirkungen des informellen Bergbaus Photos vorgelegt, auf denen mit hydraulischen Hochdruckpumpen (*Chupadores*) devastierte Bergbauflächen und umgestürzte Bäume zu sehen waren. Andere Bilder zeigten eine Vielzahl von *Mineros*, die wie berichtet wurde, 'anarchisch und wie die Tiere leben'. Als Aufnahmeort wurde der Standort Nuevo Callao genannt. Nicht nur, dass in Nuevo Callao lediglich Stollenbergbau betrieben wird (vgl. Kap. IV-6) und eine organisierte Kooperative existiert. Als Aufnahmeorte konnten z.T. eindeutig der illegale Bergbausstandort Botanamo (vgl. Kap. IV-5) sowie Camorra während der Besetzung durch rund 1000 *Mineros* identifiziert werden. Andere Photos ließen durch die selektive Fokussierung des Bildausschnitts punktuelle, ca. $4m^2$ große Rodungsinseln als überdimensionale Waldzerstörungen erscheinen. Auf diese Verfälschungseffekte angesprochen, entschuldigte sich der MEM-Mitarbeiter, dass er noch nie in der *Reserva Forestal Imataca* oder an einem Standort des informellen Bergbaus gewesen sei. Die Bilder hätte er von dem Geschäftsführer eines transnationalen Bergbaukonzerns erhalten.

Ebenso wenig können viele NGO-Mitarbeiter auf eigene Anschauungen des informellen Bergbaus zurückgreifen. Auf einem Kongress der Gegner des Raumordnungsplans in Puerto Ordaz/Ciudad Guayana (*Encuentro de Evaluación ambiental y consulta sobre la Reserva Forestal Imataca.* 18./19.09.1997) meldete sich auf eine an das Publikum gestellte Frage von rund 60 Teilnehmern nur einer, der einen Standort des informellen Bergbaus aus eigenen Anschauungen kannte.

*Die RFI: Matrix divergierender Gesellschafts- und Naturideologien*

Die mannigfaltigen Bilder der *Reserva Forestal Imataca* und des dortigen Bergbaus nähren sich offensichtlich weniger aus empirischen Erfahrungen der lokalen Ebene als aus indirekten Quellen sowie aus akteursspezifischen Normen, die sich wiederum aus ideologischen Leitbilden generieren und diese immer wieder neu reproduzieren. Projektbefürworter und -gegner laden die Forstreserve mit ihren Werten und Weltbildern auf und instrumentalisieren sie zur Plattform ihrer normativen Einstellungen. Die Inkompatibilität der Perspektiven ist weder neu[157] noch regionalspezifisch. Beispielsweise werden konträre Haltungen zum Bergbau in den lokalen Kontext der *Reserva Forestal Imataca* situiert, die sich bereits in der griechischen Mythologie finden (vgl. BÖGE 1998: 39ff).

Nicht zuletzt fließen widersprüchliche Interpretationen konturloser Schlüsselbegriffe globaler Umweltdebatten wie 'Nachhaltigkeit', 'nachhaltiges Ressourcenmanagement' oder 'partizipative Regionalentwicklung' in die Bilder von der Forstreserve Imataca ein. Befürworter des Raumordnungsplans sehen Naturschutz und nachhaltiges Ressourcenmanagement durch die ordnungspolitische und technokratische Perfektionierung der Naturbeherrschung gewährleistet. Projektgegner propagieren dagegen einen arterhaltenden Naturschutz, der. Während erstere sich als Naturbewältiger und Kulturschöpfer sehen, definieren zweitere sich als Schützer einer wehrlosen, dem menschlichen Entwicklungsstreben ausgesetzten Natur (vgl. Kap. III). Vom jeweils eigenen Standpunkt scheinbar begründungsentlastet, belegen beide Denkrichtungen die *Reserva Forestal Imataca* mit zweifelhaften Beschreibungsformeln und geopolitischen Codierungen: Auf der einen Seite reduziert das Gemisch aus nationalökonomischen, ordnungspolitischen und technologischen Argumenten für die bergbauliche Erschließung der *Reserva Forestal Imataca* das Waldareal auf ein Warenlager, verharmlost bzw. negiert gegebene und potenzielle Umweltwirkungen des industriellen Bergbaus und situiert traditionelle Raumnutzungen auf überkommene Entwicklungsstufe. Auf der anderen Seite umfasst der konservative Artenschutzdiskurs, den Umwelt-NGOs verfolgen, häufig nicht nur Fauna und Flora, sondern auch menschliche Teilgesellschaften und bindet indigene Ethnien quasi per Definition an das Waldareal und an traditionelle Vorstellungen, wie Indigene zu leben haben.

[157] UNEG-Mitarbeiter, *Mineros*, indigene Gruppen und Geschäftsführer lokaler Niederlassungen (trans)nationaler Bergbauunternehmen äußerten, dass die zur Zeit z.T. gewaltsam ausgetragenen Raumnutzungskonflikte zwischen indigenen Bevölkerungsgruppen, Bergbauakteuren und Holzkonzessionären lange vor Verabschiedung des Raumordnungsplan bestanden. Neu ist lediglich, dass NGOs die Konflikte nach der Verabschiedung Plans auf der internationalen Ebene publik gemacht und sie damit zu einem weltweit diskutierten Konflikt gemacht haben.

**Die akteursspezifischen Raumbilder der *Reserva Forestal Imataca* reflektieren wie nationale und internationale Debatten den Raum prägen und ihn mit ganz bestimmten Metaphern, Symbolen und Funktionen belegen[158]. Wichtig ist, dass die vordergründige Schlacht um die materiellen Ressourcen der *Reserva Forestal Imataca* von kognitiven und normativen Aneignungsdebatten unterlegt ist, in deren Zentrum das Bestreben nach Definitionsmacht steht. Damit stellt sich die RFI nicht nur als ein Schlachtfeld materieller Interessen dar, sondern als ein kognitives Phänomen, in dem sich materielle, rhetorische und ideologische Formen der Naturaneignung im FOUCAULT'schen Sinn diskursiv miteinander verbinden.**

*Akteurs-differenzierte Wirkungs-möglichkeiten*

Hier stellt sich die Frage, ob die Erkenntnis, dass internationale und nationale Akteure und Diskurse den Konflikt um die *Reserva Forestal Imataca* mitbestimmen, lediglich darauf hinausläuft, dass in einer "globalisierten" Welt alles Lokale mit dem Globalen und Globales mit Lokalem zusammenhängt. Bedeutet die Erkenntnis, dass weder die Akteure des infomellen Bergbaus noch die Gegner des Raumordnungsplans wie die Kapitel IV-6 und VI-3 gezeigt haben, keine machtlosen Opfer staatlicher Entscheidungsgewalt sind, lediglich dass "alle Machtbeziehungen oder Autonomie- und Abhängigkeitsbeziehungen reziprok sind [...] und alle Machtbeziehungen [...], Autonomie und Abhängigkeit in beide Richtungen" manifestieren (GIDDENS 1979: 149)?

**Mit der Suche nach den privilegierten und benachteiligten Akteuren von Umweltveränderungen geht die *Political Ecology* über derart unverbindliche Feststellungen hinaus: Auch wenn benachteiligte oder marginalisierte Akteure ihre Handlungsspielräume haben, so stehen die Konfliktakteure doch nicht in einem gleichgewichtigen Machtverhältnis zueinander.** Zwar lässt der derzeitige Stand der Debatte um den Raumordnungsplan der RFI noch keine Aussagen zu, ob die "Hüter ökologischer Werte" im Sinne eines arterhaltenden Naturschutzes oder die Befürworter einer technokratischen Perfektionierung der Naturbeherrschung sich durchsetzen werden. Zum jetzigen Zeitpunkt lassen sich aber bereits unterschiedliche Handlungsspielräume und -restriktionen der Akteure nachweisen sowie Akteure und Interessen benennen, die aus den dominanten Diskursen von Naturschutz- und Wirtschaftsinteressen herausfallen. Hierfür werden in Tabelle 43 die wesentlichen Rahmungen und Strategien, die sich in dem Konflikt um die RFI nachweisen lassen, zusammengefasst.

[158] Umgekehrt hat die Möglichkeit der Einbindung in internationale Diskurse aber auch erst dazu beigetragen, dass sich der an sich regionale Konflikt als ein international debattierter Konflikt etablieren konnte.

*Rahmungen und Strategien*

Mit **Rahmungen** sind nationale Vorgaben, internationale Debatten, Normen, Ideologien, etc. gemeint, die ein Akteur nur schwer beeinflussen kann, auf die er aber bewusst oder unbewusst zur zurückgreifen kann. Mit **Strategien** sind partikuläre Handlungen gemeint, die sich allerdings vom GIDDENS'schen Handlungsbegriff unterscheiden, indem sie auch unbewusstes Verhalten umfassen. Die Trennung zwischen 'bewusst' und 'unbewusst' wird vermieden, da sie weder empirisch nachweisbar noch tatsächlich immer gegeben ist. Rhetorische Formeln oder andere Kommunikationstechniken können sowohl bewusst als auch unbewusst angewandt werden. Ebenso können strukturelle Rahmungen bewusst ins 'Schlachtfeld der Interessen' geworfen werden oder einem Akteur unbewusst zugute kommen. Die Trennung von 'Rahmungen' und 'Strategien' ist ebenfalls analytischer Art, da beide eng miteinander verbunden sind. Nur dadurch, dass ein Akteur sich z.B. positiv in internationale Umweltdebatten einbinden kann, kann er diese Debatten auch als argumentative Strategie einsetzen. Publikationen können als begünstigende Zugriffsmöglichkeiten auf Kommunikationskanäle, aber auch als das Ergebnis einer langfristig verfolgten Strategie interpretiert werden[159].. Trotz dieser Einschränkungen werden Rahmungen und Strategien getrennt, um auf Handlungsspielräume, die in der Situation individuell erweitert werden können und Handlungsspielräume, die individuell nur sehr schwer beeinflussbar sind, zu unterscheiden. Über eine Auflistung der Rahmungen und Strategien hinausgehend, wird versucht, die Bedeutung, die ihnen für verschiedene Akteursgruppen zukommt, zumindest qualitativ zu erfassen. Die Argumentation läuft jedoch nicht auf eine hartes Ausschlussverfahren hinaus. Es soll lediglich deutlich werden, dass bestimmte Akteure tendenziell eher auf bestimmte Rahmungen bzw. Strategien zurückgreifen können als andere.

Innerhalb dieser Einschränkungen lässt Tabelle 39 einige aufschlussreiche Aussagen zu. **Befürworter und Gegner des Raumordnungsplans der *Reserva Forestal Imataca* greifen zu großen Teilen auf die gleichen Rahmungen und Strategien zurück.** Trotz divergierender Auffassungen von Entwicklung, Natur im allgemeinen bzw. der *Reserva Forestal Imataca* im speziellen und divergierender Handlungsintentionen bedienen sich sowohl Bergbaugegner als auch -befürworter der Argumentationslinien, die vor dem Hintergrund internationaler Umwelt- und Globalisierungsdebatten sowie der nationalen Wirtschaftskrise die wirkungsmächtigsten Diskurse darstellen. Rahmungen wie z.B. die venezolanische Wirtschafts- und Sozialkrise oder internationale Nachhaltigkeitsdiskurse werden interessenorientiert als ökonomischer Sachzwang oder politischer Legitimationsentzug interpretiert und instrumentalisiert.

[159] In einem aktuellen Konflikt stellen sich Publikationsmöglichkeiten eher als günstige Bedingung für einzelne Akteure dar, so dass sie in der Tabelle unter Rahmungen aufgelistet sind.

**Tab. 39: Rahmungen und Strategien in dem Konflikt um die Forstreserve Imataca, differenziert nach Akteuren**

| | Staatl. Befürworter des PORFI | Industrieller Bergbau | *Scientific community* | Umweltgruppen | Indigene Gruppen | Informelle *Mineros* |
|---|---|---|---|---|---|---|
| **Rahmungen** | | | | | | |
| Nationale Wirtschafts- und Sozialkrise | ● Betonung ökonomischer Sachzwänge | ● | | ● Kritik an der politischen Legitimation des Staates | | ● Pull-Faktor für ihre "Flucht" in den informellen Bergbau |
| Globale Dominanz des neoliberalen Wirtschaftsmodells | ● | ● | | | | |
| Internationale Umweltdebatten und -konventionen (z.B. UNEP-Konferenz über Umwelt und Entwicklung 1992 in Rio) | ● Technologische Auslegung des Nachhaltigkeitsbegriffs | ● | ● Verweis auf internationale Abkommen, Verbreitung zum Schutz der Biodiversität, der Nachhaltigkeit, usw. (Artenerhaltende Interpretation) | ● | ● | |
| Internationale Minoritäten- und Partizipationsdebatten | | | ● | ● | ● | |
| Ökonomische Potenziale der Akteursgruppe | ◐ | ● | | | | |
| Politische Potenziale der Akteursgruppe | ● | ● | ◐ | ◐ | ◐ | ◐ |
| Gesellschaftliche Akzeptanz der Akteursgruppe | ● | | ● | ● | ● | |
| Zugang zu nationalen und internationalen Publikationskanälen | ● | ● | ● | ● | ● über NGOs | |
| **Strategien** | | | | | | |
| Formulierung von formal-juristischen Vorgaben bzw. Einsprüchen | ● | ● | ● | ● | ● über NGOs | ◐ |
| Nutzung formeller Kontakte zu Entscheidungsträgern | ● | ● | ● | ● | ◐ | ◐ |
| Nutzung informeller Kontakte zu Entscheidungsträgern | ● | ● | ● | ● | ● | ● |
| Bildung von Interessenbündnissen | ● | ● | ◐ | ● | ● | |
| Schaffung von akzeptieren Fakten | ◐ | ◐ | ● | | | |
| Symbolische Aufladung der *Reserva Forestal Imataca* | ● | ● | ● | ● | ● | ◐ |
| Emotionalisierende Rhetoriken | ● | ● | ◐ | ● | ● | ● |
| Diebstahl | | | | | | ● |
| Spionage | | | | | | ● |
| Sabotage | | | | | | ● |
| Offene Gewalt | | | | | | ● |
| Emigration | | | | | | |

| Legende |
|---|
| ● Hohe Relevanz |
| ◐ Mittlere Relevanz |
| Untergeordnete oder keine Relevanz |

RFI = *Reserva Forestal Imataca*
PORFI = Raumordnungsplan der *Reserva Forestal Imataca*

*Handlungsspielräume der NGOs*

**Nicht nur vermeintlich mächtige Konfliktagenten wie der Staat oder (trans)nationale Bergbaukonzerne können auf ein umfangreiches Set begünstigender Rahmenbedingen und Strategien zurückgreifen, sondern auch Teile der *Civil society*, die gegen den Raumordnungsplan agieren.** Trotz der Oppositionshaltung der Protestbewegung gegen den Staat, können Umweltgruppen z.B. auf Kontakte zu staatlichen Einrichtungen zurückgreifen. Auch nutzen sie trotz ihrer kritischen Haltung gegenüber einem technologisierten, globalisierten und anonymisierten Entwicklungsmodell moderne Kommunikationsmittel und Marketingtechniken, die ein zentrales Element der "globalisierten und modernen Welt" sind (vgl. MACNAGTHEN & URRY 1989: 73, SOYEZ & BARKER 1998). Gleichzeitig eröffnen Minoritäten- und Umweltdebatten NGOs und indigenen Gruppen den Zugang zu nationalen und internationalen Protestkanälen. Allerdings schränken die im Vergleich zur (trans)nationalen Bergbauindustrie geringen finanziellen und personellen Ressourcen der Umweltgruppen ihre Handlungsspielräume trotz deutlicher Einflussmöglichkeiten auf die öffentliche Meinung, auf staatliche und transnationale Organisationen doch ein. Auch dürfte ihr artenerhaltender Diskurs letztlich den tief verwurzelten Diskursen von nationalen und geopolitischen Sachzwängen unterliegen (vgl. Kap. III). Für diese These spricht u.a., dass die Abgrenzung von Räumen, in denen Indigene über die Ressourcennutzung bestimmen, außerhalb der staatlichen Diskussion steht. Nicht zuletzt ist der Druck transnationaler Bergbaukonzerne zu nennen, die in ihren Heimatländern zunehmend mit Umwelt- und Sozialstandards konfrontiert sind, denen sie durch Standortverlagerungen in Ländern mit niedrigeren Standards und der Aufweichung des NGO-Status begegnen.

*Ausgeblendete Akteure*

Während NGOs ihre Handlungsspielräume trotz dieser Restriktionen aktiv nutzen, wenden andere Akteure eher eine Art von Vermeidungsstrategie an. Indem in der Imataca-Debatte v.a. der Bergbau thematisiert wird, fallen Akteure der Forst- und Landwirtschaft sowohl als Objekte der Kritik als auch als aktive Subjekte aus der öffentlichen Diskussion nahezu vollständig heraus. Entgegen der in Interviews[160] mit NGOs häufig geäußerten Meinung, dass auch Holzkonzessionen und flächenintensive Viehwirtschaft Faktoren der Waldzerstörung im Bundesstaat Bolívar seien (siehe Abb. 34), spielen sie in der öffentlichen Diskussion eine bemerkenswert marginale Rolle.

[160] Die Frage nach Entwaldungsakteuren und -faktoren im Bundesstaat Bolívar wurde halb offen gestellt, d.h. vorgegebene Antwortmöglichkeiten konnten um eigene Antworten ergänzt werden. In Abb. 37 sind nur die angegebenen Antworten widergegeben. Während von den vorgegebenen Antwortmöglichkeiten weder die Infrastruktur (wie z.B. der Guri-Stausee), der Erzbergbau um Ciudad Piar und der Tourismus überhaupt nicht genannt wurden, handelt es sich beim Übertagebau um eine freie Antwort.

Es wird z.B. selten thematisiert, dass der Raumplan der Forstreserve *Imataca* in allen ausgewiesenen Landnutzungsarealen (also sowohl in der "absoluten" Schutzzone als auch in der für Forschungsvorhaben ausgewiesenen Zone) forstwirtschaftliche Aktivitäten prinzipiell erlaubt.

**Abb. 34: Einschätzung der wichtigsten Entwaldungsfaktoren im Bundesstaat Bolívar durch venezolanische NGOs**

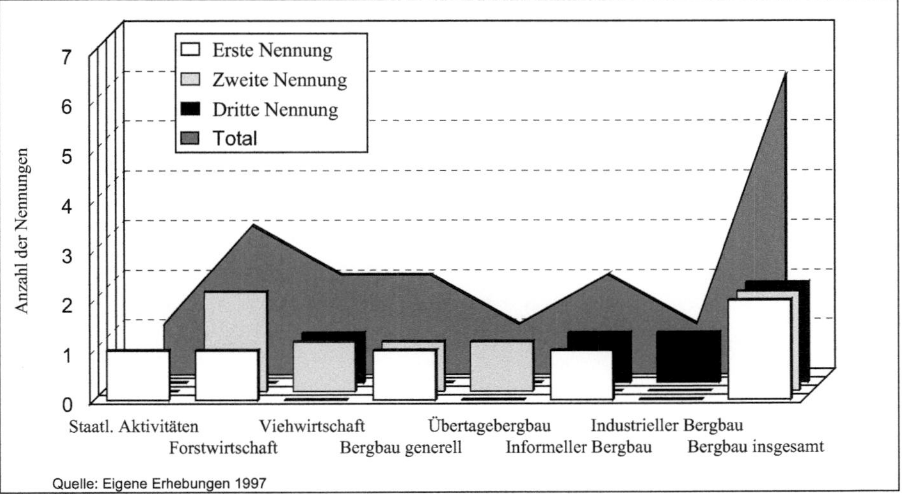


Quelle: Eigene Erhebungen 1997

Der Bergbausektor ist derzeit nicht der flächenmäßig größte Wirtschaftssektor in der *Reserva Forestal Imataca* und wird auch von den befragten NGOs nicht als alleiniger Faktor der Waldzerstörung gesehen. Die Gründe, warum nahezu ausschließlich er in der öffentlichen Debatte um die RFI thematisiert wird, gehen nicht auf bereits abgelaufene Raumprozesse zurück, sondern auf Zukunftsszenarien.

*Fokussierung des Bergbaus*

Weitere Erklärungen sind: Gesetzliche Bestimmungen geben die forstliche Nutzung der *Reseva Forestal Imataca* frei, während Nutzungen, die mit einer Sicherung der nationalen Holzproduktion nicht kompatibel sind, verboten sind, so dass die Projektgegner beim Bergbau auf juristische Argumente zurückgreifen können. Auch spielen für die venezolanische Umweltbewegung Proteste gegen den Bergbau eine besondere Rolle. Analog zu der Protestbewegung, die sich in den 1960er Jahren gegen die Erz- und Aluminiumindustrien in Ciudad Guayana (García-Guadilla 1994) in Venezuela konstituiert hat, fungiert jetzt der Protest gegen die bergbauliche Erschließung der *Reserva Forestal Imataca* als Motor einer gesellschaftlichen Protestwelle, in die sich viele NGOs einbringen können. Und nicht zuletzt sind die personellen Überschneidungen von NGO-Mitgliedern und Forstwissenschaftler zu sehen.

Die Konzentration auf den Bergbausektor begünstigt zum einen, dass die großflächige Forst- und Landwirtschaft sich der öffentlichen Kritik weitgehend entziehen können, zum anderen rückt der informelle Bergbau ins Zentrum der Wahrnehmung. **Lange Zeit als raumerschließende Pioniere und Helden (vgl. Kap. II-3, II-4) wahrgenommen, unterliegen *Mineros* mit der Expansion des industriellen Bergbaus einem paradoxen Wahrnehmungs- und Bewertungsmodus: Während sie auf der lokal-regionalen Ebene mit Konzessionsbesetzungen, Demonstrationen und Sabotageakten wirkungsmächtige Gegenspieler des industriellen Bergbaus darstellen, erscheinen sie auf v.a. auf der internationalen Ebene entweder als integrativer Teil eines generalisierten, undifferenziert wahrgenommenen Bergbaus; oder sie werden zu einer Abenteurergesellschaft stilisiert, die auf der Suche nach dem schnellen Glück quecksilberverseuchte Inseln der Waldzerstörung hinterlässt. Im ersten Fall werden sie mit dem industriellen Bergbau, der ihr unmittelbarer Raumkonkurrent ist, gleichgesetzt, im zweiten Fall werden sie zum Argument für die industrielle Erschließung der Bodenschätze.**

*Handlungsspielräume des informellen Bergbaus*

Die zentrale Rolle des informellen Bergbaus in den Auseinandersetzungen um die materiellen Komponenten der Forstreserve Imataca, spiegelt sich weder in seiner untergeordnete Rolle als Subjekt in den Raumordnungsprozessen (vgl. Kap. III-3) wider noch in der schwache Position, die er in der kognitiven und normativen Aneignungsdebatte um Imataca einnimmt. **Der informelle Bergbau kann weder ökonomie- noch ökologiedominierte Diskurse positiv besetzen (vgl. Tab. 43), belegt somit nicht nur aus allen dominanten Diskursen betrachtet ein kaum auflösbares Negativimage und ist im 'struggle of meanings'** (BRYANT 1992: 22) **unterlegen** Er ist auch in seinen strategischen Möglichkeiten deutlich eingeschränkt. Parallel zum fehlenden Zugriff auf finanzielle Ressourcen und zentrale Diskurse fördert der fehlende Zugang zu anerkannten Repräsentationsmöglichkeiten quecksilberdurchdrungene Geschichten um *Minero*gesellschaften. Ohne Zugang zu den globalen Kommunikations- und Informationssystemen, die z.B. für internationale Bergbaukonzerne und Umwelt-NGOs zentral sind, haben die Akteure des informellen Bergbaus keine Möglichkeiten deutlich zu machen, dass Imataca für sie weder ein nationalstrategischer Ressourcenextraktionsraum noch ein unberührter oder unberührbarer Naturraum ist.

Sowohl aus Kapitel IV als auch aus Tabelle 39 lässt sich erschließen, dass *Mineros* nicht nur Opfer staatlicher Planungen und Entscheidungen sind, als das sie sich selbst oft sehen oder repräsentieren.

Sie können mit globalen Kritiken am neoliberalen Wirtschaftmodell, mit nationalistischen Diskursen, Traditionalitäts- und Marginalisierungsdiskursen auch auf sie begünstigende Diskurse zugreifen. **Aber aufgrund der fehlenden Repräsentationsmöglichkeiten, wenigen Möglichkeiten der Bildung von Interessenkoalitionen und eines international bereits verfestigten Negativbildes des informellen Bergbaus sind ihre Handlungsspielräume und Strategien deutlich eingeschränkter als die Möglichkeiten staatlicher Akteure oder global vernetzter NGOs.**

Letztlich lässt sich die heute gängige Thematisierung der Wechselseitigkeit von lokalen und globalen Ereignissen bzw. der Entankerungen aus lokalen Zusammenhängen, für die Forstreserve Imataca durch die Einbringung der politisch-ökologischen Betrachtungsperspektive in die Richtung spezifizieren, dass sowohl eine akteursneutrale Betrachtung weltweiter Interdependenzen als auch eine Überbetonung partikulärer oder lokaler Handlungsspielräume zentrale Erklärungsvariablen ausblenden würde. Die Beschreibungsformeln, mit denen sowohl Akteure jenseits der direkten Raumnutzung (Umwelt- und Menschenrechtsgruppen, staatliche Funktionäre und Mitglieder der *scientific community)* als auch Akteure des industriellen Bergbaus Imataca belegen, überlagern in der öffentlichen Diskussion nicht nur nahezu vollständig die Bedeutung, die Akteure des informellen Bergbaus der RFI zusprechen. Gleichzeitig gelingt es ihnen, den informellen Bergbau für ihre Interessen zu funktionalisieren. Die doppelte Transnationalisierung, die die *Reserva Forestal Imataca* zum einen durch ihre Repräsentation in internationalen Publikationen und zum anderen durch das Einfließen globaler Umwelt- und Wirtschaftsdiskurse erfahren hat, festigt ein soziales Hierarchiesystem, in dem der informelle Bergbau sehr einseitig aus seinen lokalen Bezügen entankert wird und nach wie vor weit unten steht.

*NGOs und informeller Bergbau*

**In ihrer ablehnenden Haltung gegenüber dem informellen Bergbau haben insbesondere Umwelt- und Menschenrechtsgruppen bis dato auch die Chance verpasst, partielle Interessensharmonien (z.B den Widerstand gegen den industriellen Bergbau sowie soziale Komponenten der Umweltbewegung) mit dem informellen Bergbau aufzugreifen und diesen in ihre Proteste gegen die industrielle Erschließung der Fortreserve Imataca einzubinden.**

# VII Zusammenfassung

Im Rahmen des Graduiertenkollegs *Sozioökonomie der Waldnutzung in den Tropen und Subtropen* wurde in der vorliegenden Arbeit der Gold- und Diamantenbergbau im Südosten Venezuelas betrachtet. Koloniale Expeditionen haben dort zwar früh Legenden von Edelsteinvorkommen begründet, denen informelle *Mineros* und industrielle Unternehmer bis heute nachgehen. Aber weite Teile der Wald- und Savannenlandschaften südlich des Orinoco sind bis heute frei von großräumigen Erschließungen, so dass das WORLD RESOURCES INSTITUTE (BRYANT 1996) die Wälder der Region zu den *last frontier forests* Lateinamerikas zählt. Diesem Bild vom Südosten Venezuelas als einer unberührten Naturlandschaft steht der bergbaulich-utilitaristische Wahrnehmungsansatz gegenüber. Einerseits hat sich der informelle Bergbau als arbeitsintensiver Wirtschaftssektor im Bundesstaat Bolívar etabliert, so dass sich die sog. *last forest frontier* mit der - mal kontrahierenden, mal expandierenden - "Grenze der Hoffnungen" überlappt, die heute den Aktivitätsraum von ca. 50.000 Gold- und Diamantensuchern darstellt. Andererseits versuchen der venezolanische Staat und ca. 150 industrielle Bergbauunternehmen sich den Zugriff auf die mineralischen Ressourcen zu sichern.

*Empirischer Kontext*

Die Entwicklungen im Bundesstaat Bolívar lassen sich auf **drei Konfliktfelder** zusammenführen: Erstens stößt die von der venezolanischen Regierung angestrebte nationalökonomische Inwertsetzung der mineralischen Ressourcen auf den Widerstand von Umwelt-NGOs, die den floristischen und faunistischen Artenreichtum durch den Bergbau gefährdet sehen. Die zweite große Konfrontationslinie betrifft die Form des Mineralienabbaus. Mit dem informellen und dem industriellen Bergbau stehen sich zwei Akteursgruppen mit extrem unterschiedlichen sozioökonomischen Implikationen gegenüber. Während sich sowohl die Akteure als auch die Ressourcennutzung des informellen Bergbaus dem staatlichen Zugriff weitgehend entziehen, gilt die industrielle Inwertsetzung technologisch und nationalökonomisch als die effektivere Form des Bodenschätzeabbaus. Drittens berühren die bergbaulichen Konflikte im Südosten Venezuelas Probleme, die sich bei dem Versuch auftun, die bis dato ungelenkt gewachsenen Strukturen des Sozialraums in eine staatlich gelenkte Regionalentwicklung zu überführen.

Den konzeptionellen Zugang zu diesen Konfliktfelder bildet die Forschungsperspektive der ***Political Ecology*** (vgl. Kap. I). Mit diesem Analyseraster richtet sich das Erkenntnisinteresse explizit auf die soziopolitischen Dimensionen der Raumnutzungs- und Ressourcenkonflikte, die seit Mitte der 1980er Jahre im Bundesstaat Bolívar in zunehmendem Maße eskalieren.

Die *Political Ecology* geht das Verhältnis von Gesellschaft und Umwelt - in der Untersuchungsregion vorrangig durch bergbauinduzierte Waldzerstörungen und Gegenbewegungen zum Schutz der Tropenwälder geprägt - über die Akteure an, die in diese Konflikte involviert sind. Ebenso bedeutet die politisch-ökologische Betrachtungsweise, dass die akteursspezifischen Interessen und Strategien und Handlungsspielräume nicht isoliert betrachtet werden, sondern auf ihre Einbettung in gesellschaftliche Kontexte untersucht werden. Denn - um es mit den etwas lapidaren Worten von SCOTT (1985: 48) auszudrücken - ebenso wenig wie man "über den Fisch reden [kann], ohne das Wasser zu erwähnen, das sein Medium ist, ihm Möglichkeiten und Grenzen setzt", kann man den Gold- und Diamantenbergbau im Bundesstaat Bolívar betrachten, ohne nationale und internationale Einflüsse zu berücksichtigen.

*Konzeptioneller Zugriff*

Nicht nur indem die Empirie von dem methodologischen Denkgebäude der *Political Ecology* durchdrungen ist, wird das Analyseraster selbst einer kritischen Reflexion zugänglich. Auch eingestreute Vergleiche zu anderen Ansätzen der Entwicklungsforschung bzw. zu aktuellen Ansätzen der Sozialgeographie zeigen, dass parallel zur empirischen Ebene die Potenziale und Grenzen sowie die empirische Anwendbarkeit der *Political Ecology* analysiert wurden. Die empirischen Ergebnisse sowie die Reflexion des gewählten Analyserasters werden in den folgenden Kapiteln zwar formal getrennt dargestellt. Aber da sich die Ergebnisse der empirischen Ebene aus dem konzeptionellen Zugang der *Political Ecology* ableiten und umgekehrt empirische Ergebnisse für die Erläuterung der analytischen Ebene herangezogen werden, sind Überschneidungen gegeben.

*Dialektik von Empirie und konzeptionellem Zugriff*

## 1. Empirische Ergebnisse und Schlussfolgerungen

### 1.1 Der Bundesstaat Bolívar: Ein naturgeprägtes Sozialkonstrukt

Den Ausgangspunkt der Analyse bildete die Rekonstruktion der widersprüchlichen Präsentationen des Bundesstaates Bolívar als "heiles Naturparadies" und "ökonomisches Warenlager", die weltweit von der Region kursieren (Kap. II). Dabei ging es darum aufzuzeigen, dass **nicht nur die physische Raumausstattung, sondern auch zeitlich variable Sichtweisen und Interessen den Bundesstaat Bolívar konstituieren. Parallel sind bergbauliche Entwicklungen sowie bergbauinduzierte Raum- und Umwelteffekte nicht als nur als objektiv quantifizierbare Umweltveränderungen zu betrachten, sondern müssen auch als akteursspezifische Interpretationen begriffen werden.** Die frühere Heroisierung der Bergbau-Pioniere am "Rande der Zivilisation" und die heute überwiegenden Negativzuschreibungen zeigen die Bedeutung perspektivischer Interpretationen ebenso wie die divergierenden Deutungen, die geographische Pionierfrontkonzepte durchziehen (Kap. II-4).

Interessengeleitete Interpretationen generieren eine Vielzahl von z.T. falschen Eindrücken von der Region. Wie gezeigt, orientiert sich der informelle Bergbau z.B. häufig an Standorten des industriellen Bergbaus und ist somit keineswegs immer der Pionier der Walderschließung. Auch steht sein derzeitiger Flächenbedarf in keinem Verhältnis zu dem Ausmaß, wie es die Diskussion in Venezuela erwarten ließe. Viehweiden, Stauseen und forstwirtschaftliche Projekte, die weitgehend außerhalb der öffentlichen Debatte stehen, beanspruchen deutlich mehr Tropenwaldflächen.

*Der Bundesstaat Bolívar: Produkt divergierender Wahrnehmungen und Interessen*

Nicht nur indem sich der Südosten Venezuelas für Umwelt-NGOs als unberührtes Paradies darstellt, der Staat und (trans)nationale Bergbaukonzerne seinen ökonomischen Ressourcenreichtum fokussieren und der informellen Bergbau ihn als Überlebensnische in der nationalen Wirtschaftskrise betrachter, wird deutlich, dass der Bundesstaat Bolívar einen diskursiv-abstrakten Raum darstellt, in dem akteursspezifische Bedeutungen von Umwelt, Raum und Entwicklung ausgetragen werden. Auch petrologische Evaluierungsstudien, die dem alten Mythos vom unendlichen Goldreichtum der Region mit neuen Bergbautechnken nachspüren und ihn in Form von Lagerstättenkarten neu beleben, geben als interessengeleitete *geo-graphs* (GREGORY 1998, vgl. Kap. V) situierte und partielle Elemente eines komplexen Raumgefüges mit spezifischen Handlungsintentionen wieder. Ähnlich reproduzieren Vegetationskartierungen neue Mythen der biologischen Diversität tropischer Wälder (vgl. NITSCH 1992; STOTT 1999). Hier steht nicht immer die ökonomische Verwertung der allokativen Ressourcen im Zentrum, aber auch diese Rauminventur ist weder interessen- noch wirkungsfrei. Umfangreiche Listen endemischer, seltener oder vom Aussterben bedrohter Arten demonstrieren die Einzigartigkeit des Waldbestandes und begründen ökologische Schutzmaßnahmen.

*Konfliktpotenzial divergierender Raumkonzeptionen*

Alle Konfliktparteien laden den Bundesstaat Bolívar mit emotionalisierenden Beschreibungsformeln auf. Schlüsselwörter wie 'nationalstrategischer Ressourcenraum, globales Paradies, Erbe der Menschheit, Lunge der Welt' usw. rühren an tiefverwurzelte Wertvorstellungen. Gegenläufige Raum- und Naturkonzeptionen werden als unrational und als Bedrohung der eigenen Werte und Ziele empfunden, womit sich ein immenses Konfliktpotenzial auftut. Denn **alle Akteure sind von dem Gefühl durchdrungen, Zugriffs- und Definitionsmacht über die funktionalen Bestimmungen des Raums und seiner Ressourcen zu haben. Die raumstrukturellen Probleme im südöstlichen Venezuela sind also nicht nur naturdeterministisch mit der räumlichen Überlappung von Wald und Bodenschätzen zu erklären. Sie generieren sich auch aus der gesellschaftsimmanten Widersprüchlichkeit heterogener Werte und Interessen.**

Spannungsverhältnisse von Ökonomie und Ökologie, Kapitalinteressen und marginalisierten Bevölkerungsschichten sind weder neu noch venezuelaspezifisch. Konflikte um den Bergbau zeichnen sich angesichts der Vielzahl spezifischer sozioökonomischer und kultureller Kontexte vielmehr durch eine auffallende Ähnlichkeit der Pro- und Kontra-Argumente aus. Bereits in den ältesten Darstellungen des Bergbaus lässt sich das Gemisch ökologischer, ideologischer und ökonomischer Diskurselemente nachzeichnen, das heute weltweit die Kontroversen um den Bergbau kennzeichnet (vgl. u.a. AGRICOLA 1556/ 1977, ALTVATER 1987, BÖGE 1998). Interessant aber ist, wie die Akteure im spezifischen Konfliktfeld ihre Interessen legitimieren, welche Handlungsspielräume sie haben und welchen Handlungsrestriktionen sie unterliegen. Während für eine geographische Konfliktanalyse dabei der Raumbezug quer zu diesen Fragen liegt, stellt sich für eine politisch-ökologische Analyse die Frage nach den Machtverhältnissen zwischen den Akteuren. **In den weiteren Analysen wurde deswegen berücksichtigt, wie der Faktor Raum in die Argumentationen der verschiedenen Konfliktparteien eingeht und wie sich die Argumente auf den Raum auswirken.**

*Raum als Instrument und Chiffre akteursspezifischer Handlungsspielräume*

## 1.2 "Der" Staat: Zentrale Instanz der Raumordnung

Der venezolanische Staat stellt eine zentrale Instanz für die Raumentwicklung und die Erschließung der Bodenschätze im Bundesstaat Bolívar dar. Wenngleich die gezielte staatliche Lenkung der Regionalentwicklung, des Bergbaus und des Umweltschutzes sich nicht immer durchsetzen lässt und z.T. defizitär ausfällt, so sind doch alle drei Bereiche von einer extremen staatlichen Regelungsdichte durchzogen, die die Handlungsspielräume der involvierten Akteure partikulär erweitern oder einschränken[161]. In ordnungspolitischen Argumenten und geopolitischen Codierungen des Bundesstaates Bolívar als nationalstaatlich wichtiger Grenzraum artikuliert sich die ideologische Instrumentalisierung des Raums für den Zentralstaat. Der Bundesstaat Bolívar und seine mineralischen Ressourcen werden zu nationalstaatlichen Identifikationsmomenten, die dem zentralstaatlichen Ordnungssystem unterworfen werden und der inneren Stabilisierung sowie der Abgrenzung zu anderen Staaten dienen (vgl. Kap. III). Einmal zu 'nationalen Ressourcen' erklärt, ergibt sich der Staat per Definition als einzige legitime Regelungsinstanz und erfährt ein verstärkendes Legitimationsmoment.

[161] Als Beispiele lassen sich die gesetzliche Abschaffung des *libre aprovechamiento* (traditionelles Recht informeller *Mineros*, die Bodenschätze in kleinem Maßstab abzubauen), die zu einer Illegalisierung des informellen Bergbaus geführt hat, und die Liberalisierung des Goldexports als wichtiger Standortfaktor für den (trans)nationalen Bergbau nennen (siehe Kap. III-4).

**Staatlichen Kontroll- und Umsetzungsdefiziten, die häufig als Ursache für das Missmanagement des Bergbaus in Venezuela genannt werden, kommt nicht immer ursächliche Bedeutung zu, sie müssen auch als Symptome für tiefer reichende Zusammenhänge interpretieren werden.** Abgesehen davon, dass paradoxerweise gerade interministerielle Kompetenzkonkurrenzen, Widersprüche der venezolanischen Gesetzgebung sowie die defizitäre Planungsstruktur des Staates eine großräumige Expansion des industriellen Bergbaus bis dato verhindert haben, ist die Gleichzeitigkeit von starken und schwachen Staatsstrukturen (MIGDAL 1988) wichtig, um die staatlichen Widersprüche der venezolanischen Raumordnung zu begreifen. Angesichts internationaler Markt- und Politikabhängigkeiten und den Einflussmöglichkeiten der (trans)nationalen Bergbauindustrie (vgl. insb. Kap. V) ist der Staat kein unabhängig agierender Akteur. Auch ist der Staat damit konfrontiert, dass der Spagat zwischen einer Ressourcennutzung zur Gewährleistung staatlicher Allokations- bzw. Distributionsaufgaben und einem artenerhaltenden Naturschutz in Venezuela, dessen Wirtschaftsstruktur vom Erdölsektor dominiert wird und auf Rentenbasis angelegt ist, strukturell nur schwer lösbar ist (Stichwort: *Dutch-disease*).

*Dualität von starken und schwachen Staatsstrukturen*

Zu bedenken ist auch, dass der Staat weder auf dem Gebiet der Raumordnung noch in der Sektoralgesetzgebung eine neutrale Instanz ist. An der großmaßstäblichen Erschließung der Bodenschätze des Bundesstaates Bolívar verfolgt der venezolanische Staat ein manifestes Eigeninteresse zur Erhöhung der Staatseinnahmen. Frühe Ausweisungen großer Areale des Bundesstaates Bolívar als Gebiete unter spezieller Verwaltung (*ABRAEs*), als Nationalparks und Forstreserven (vgl. Kap. II) zeigen zwar staatliche Bestrebungen, den ressourcenreichen Landesteilen südlich des Orinoco einen Schutzstatus zukommen zu lassen. Sowohl die ambivalente Funktionsausweisung der *ABRAEs* und Forstrewerven als Schutzgebiete und staatliche Ressourcenreservoire als auch Deutungsformeln wie "geoökonomischer Grenzraum mit nationalstrategischer Bedeutung" lassen jedoch erkennen, dass dieser Schutzgedanke weniger auf den Schutz der Gebiete durch Nichtnutzung zielte als vielmehr ihren Erhalt für staatliche Nutzungen gewährleisten sollte.

*Staatliche Zwitterrolle als neutrale Regelungsinstanz und Akteur mit eigenen Interessen*

**Aber weder das staatliche Interesse an den Ressourcen noch die Präferenz für den industriellen Bergbau sind rein ökonomischen Diskurse.** Für die staatlich anvisierte Erschließung der Mineralien durch (trans)nationale Bergbauunternehmen sind nicht nur die infolge der Wirtschaftskrise des Landes und dem Primat ökonomischer Dimensionen geschwächte Stellung des Umweltministeriums (MARNR) und die auf der Erdölwirtschaft basierende Dominanz des Bergbauministeriums (MEM) zentrale Erklärungskomponenten.

*Staatliche Präferenz für den industriellen Bergbaus*

Auch die Erfahrungen und Kontakte, über die nationale Entscheidungsträger im Erdölsektor, im Eisen- und Bauxitbergbau mit ausländischen Industriemagnaten verfügen, sind als Gunstfaktoren der staatlichen Präferenz für den industriellen Abbau der Bodenschätze zu nennen. Hinzu kommt, dass die diskursive und institutionelle Integration von Natur (bzw. einzelner Naturelemente) in das venezolanische Gesellschaftssystem seit der Kolonialzeit und forciert seit dem Aufbau des Erdölsektors eine zentrale Legitimationsbasis für politische Macht und zentralistische Staatsstrukturen bilden (vgl. Kap. III). Staatszentralistische Diskurse, großräumige, industrielle Entwicklungsziele sowie funktionalistische Raum- und Naturbilder der nationalen Perspektive lenken die bergbauliche Entwicklung des Bundesstaates Bolívar zur industriellen Form des Mineralienabbaus, da ein staatlicher Zugriff auf die Bodenschätze über den informellen Bergbau nicht möglich scheint.

*Dominanz nationaler Ministerien in regionalen Raumordnungsprozessen*

Staatsautoritäre und zentralistische Strukturen setzten sich heute mit einer neu hinzugekommenen Vielzahl staatlicher Organisationen fort und generieren neue administrative Zuständigkeitsprobleme[162]. Denn **trotz zahlreicher Dezentralisierungsansätze hat der Staat sich nicht als zentrale Instanz zur Regelung der Ressourcennutzung zurückgezogen**, sondern lediglich zentralstaatliche Funktionen partiell auf untergeordnete Administrationsebenen verlagert. Trotz Weiterentwicklungen in Richtung einer zunehmend dezentralen und partizipativen Raumplanung prägen nationale Erfordernisse bis heute die Raumordnung des Bundesstaates Bolívar. So schlägt sich die starke Involvierung des MEM in den industriellen Bergbau (Erdöl, Bauxit, Eisen) in den Regionalentwicklungsplänen des Bundesstaates Bolívar (1986, 1995) in der Reduzierung dieses Bergbausektors auf wenige Sätze nieder, die eine in der Realität nicht gegeben Problemlosigkeit impliziert. Die ökologische Bedenklichkeit des informellen Bergbaus wird dagegen v.a. darin gesehen, dass seine Lokalisationsschwerpunkte entlang der Flüsse, die in den Guri-Stausee entwässern, im Süden des Nationalparks Canaima sowie in Forstreserven (vgl. Kap. VI) liegen und somit genau die Räume gefährden, die zur Sicherung der nationalen Wasser- und Holzreserven unter besonderem Schutz gestellt wurden.

[162] Nationalstaatliche Ministerien sind z.B. mit Zuständigkeitsansprüchen regionaler Behörden konfrontiert, die sich im Fall des Bergbaus in Doppelzuständigkeiten, widersprüchlichen und überlappenden Flächenausweisungen sowie massiven Unsicherheiten für (trans)nationale Bergbauunternehmen und Kooperativen des informellen Bergbaus niederschlagen (vgl. Kap V und VI).

*Diskrepanz zwischen "Rauminventur" und Leitbildern der Raumentwicklung*

Durch die zentralistische Planungshierarchie bleiben Planungsexperten mit ausgezeichneten Regionalkenntnissen und/oder Befürworter endogener Entwicklungsstrategien in erster Linie Sachverwalter nationalstaatlicher Interessen. Mitarbeiter in staatlichen Regionalbehörden werden so nicht nur der in Kapitel III-2 aufgezeigten institutionellen Orientierungslosigkeit, sondern auch den konträren Erwartungen von "unten" und "oben" ausgesetzt. Diese Position zwischen mehreren Stühlen schlägt sich in den Raumordnungsplänen dort nieder, wo raumordnerische Leitbilder formuliert werden, die nur wenig Bezug zu den zuvor erfolgten Inventuranalysen aufweisen.

*Objektzentriertheit und Ausblendung betroffener und einflussnehmender Akteure*

Auch wenn sich in Venezuela zunehmend die Erkenntnis durchsetzt, dass gesellschaftliche Entwicklung und Umweltschutz keine linearen, sondern interaktive Prozesse sind, werden Wechselwirkungen zwischen vertikalen und horizontalen Planungsinstanzen, zwischen Planungsvorgaben und Planungsergebnissen, die sich rekursiv beeinflussen, bisher nur marginal thematisiert. Staatliche Planungsprozesse und Raumordnungsverfahren werden nach wie vor als Techniken der Rationalisierung von Entscheidungen angesehen und führen zur Ausblendung politischer Fragen. Der objektbezogene Regionalentwicklungsansatz, der im Bundesstaat Bolívar verfolgt wird, konzentriert sich auf Fragen, wie sich verschiedene Wirtschaftsektoren auf die Regionalentwicklung ausgewirkt haben bzw. auswirken. Die Träger dieser Aktivitäten fallen aus dieser Raumbetrachtung nahezu vollständig heraus. **Der Versuch, die in der Region auftretenden Probleme auf staatlicher Ebene zu koordinieren, muss aber scheitern, wenn staatliche (Raum)Planung ein externer Koordinierungsversuch bleibt, der sich an deduktiven Zielen orientiert und auf eine detaillierte Analyse der Akteure verzichtet.** Diese Aussage gilt sowohl auf der Ebene der konkreten Raumnutzung als auch auf der Ebene der Planungsprozesse. Marginalisierte Akteure wie informelle *Mineros* und indigene Gruppen werden zwar formal zunehmend in staatliche Raumordnungsverfahren eingebunden; letztlich aber können sie ihre Interessen nur punktuell und zumeist auf informellen Wegen einbringen (vgl. Kap. III).

Mit der formellen Berücksichtigung regionaler und nicht-staatlicher Interessen in der Raumplanung werden zuvor klare Grenzen nivelliert und marginalisierte Raumnutzungsinteressen mit neuen Problemen der Gegenmachtbildung konfrontiert. Indigene können z.B. nicht mehr sagen, dass ihre Interessen nicht berücksichtigt werden, obwohl ihre zentralen Forderungen nach Landtiteln bis heute abgelehnt werden. Zwar lässt sich das simplifizierende Bild, dass der Bergbau auf Kosten ökologischer und indigener Interessen an Bedeutung gewonnen hat, nicht aufrechterhalten.

Denn alle drei Themen nehmen seit Mitte der 1980er Jahre mehr Raum in den regionalentwicklungspolitischen Debatten ein und konnten Teilerfolge durchsetzen. Aber die relative Bedeutungszunahme des bergbaulichen Sektors reicht deutlich weiter als die Durchsetzung indigener oder ökologischer Interessen. **Die Objektzentriertheit der Raumordnungspläne täuscht allerdings einen generellen Siegeszug bergbaulicher Interessen vor und blendet aus, dass in diesen Sektor mit (trans)nationalen Bergbauindustrien und dem informellen Bergbau sehr unterschiedliche Akteure involviert sind.**

### 1.3 Der informelle Bergbau

Trotz gravierender sozioökonomischer Unterschiede wird der informelle Bergbau in Venezuela aus der nationalen Perspektive i.d.R. gemeinsam mit dem industriellen Bergbau betrachtet. Umwelt-NGOs lehnen beide Abbauformen wegen der ökologischen Auswirkungen, die mit jeder Form der Mineralienextraktion verbunden sind, ab. Aus der nationalstaatlichen Perspektive wird der informelle Bergbau als ein Wirtschaftssektor gesehen, der massive Waldschädigungen nach sich zieht und sich dem nationalstaatlichen Zugriff versperrt. Wie in Kapitel VI gezeigt wurde, basieren diese Vorstellungen selten auf konkreten Erfahrungen mit dem informellen Bergbau, sondern leiten sich häufig aus lokalitätsfernen Begründungszusammenhängen und normativen Wertvorstellungen ab. Auf der regionalen Ebene sehen staatliche Mitarbeiter den informellen Bergbau z.T. differenzierter und pragmatischer, aber auch hier ist die Meinung verbreitet, dass es sich um kultur- und gesetzlose Gesellschaften handelt, die sich auf Kosten der Umwelt bereichern wollen. Diese Sicht auf den informellen Bergbaus ist nicht prinzipiell falsch, sie ist nur sehr undifferenziert. **Eine genauere Betrachtung des informellen Bergbaus (Kap. IV) zeigt nämlich, dass seine Bewertung zahlreichen Stereotypen unterliegen, die nicht nur gegebene soziale Organisationsformen und differierende Raumnutzungen, sondern vor allem mögliche Ansätze für eine Reduzierung der Umweltauswirkungen des informellen Bergbaus verdecken.**

*Der informelle Bergbau: Überlebensnische marginalisierter Bevölkerungsschichten*

Auch wenn zumindest in Venezuela i.d.R. nicht anerkannt wird, dass der informelle Bergbau **temporäre Endstation einer Armutsmigration** ist, zeigen sowohl der **Zulauf**, den er **mit der venezolanischen Wirtschaftskrise in den 1980er Jahren** erfahren hat, als auch Befragungen von 233 *Mineros*, dass die Suche nach dem schnellen Reichtum eine untergeordnete Rolle für die Entscheidung spielt, im informellen Bergbau zu arbeiten. Immerhin rund 70% *Mineros* gaben an, in ihren Herkunftsorten nicht genug Geld zu verdienen, um überleben zu können.

Selbst unter Berücksichtigung der immer gegebenen Unsicherheit eines ökonomischen Gewinns, werden die Verdienstmöglichkeiten[163] im informellen Bergbau höher eingeschätzt als in den originären Arbeitsfeldern der *Mineros*. Über schnelle Einstiegsmöglichkeiten ist nicht nur der eigene wirtschaftliche Aufstieg möglich, auch Familienmitglieder können unterstützt werden. Viele *Mineros* wiesen darauf hin, dass sie sich von Ersparnissen ein Restaurant, ein Geschäft oder eine Gesteinsmühle vor Ort bzw. ein Haus in ihrer Heimatstadt finanziert hätten. Bei diesen Häusern handelt es sich häufig nur um einfache Gebäude, die mit viel Eigenarbeit in städtischen Randbereichen errichtet werden, aber immerhin 46,8% der *Mineros* gaben den Besitz eines Hauses an.

Nach ihren Zukunftsvorstellungen gefragt, antworteten 46% der Mineros mit einer selbstständigen Tätigkeit, wie z.B. die Eröffnung eines eigenen Geschäfts oder Restaurants, einem landwirtschaftlichen Subsistenzbetrieb (*Conuco*) oder einem Aufstieg im informellen Bergbau (z.B. als *Molinero* oder Geschäftsinhaber vor Ort). D.h., dass *Mineros* deutlich mehr Vertrauen in ihre eigenen Fähigkeiten als selbstständige Unternehmer oder Arbeiter haben als in eine Anstellung in einem öffentlichen oder privaten Unternehmen. Es lässt aber auch darauf schließen, dass die Mehrzahl der *Mineros* bei gegebenen ökonomischen Alternativen bereit wäre, den informellen Bergbau aufzugeben.

Einkommens- und Ausgabenstruktur lassen erkennen, dass der informelle Bergbau trotz seines geringen Anteils am Bruttoinlandsprodukt durchaus von nationalökonomischer Bedeutung ist. **Zum einen entlastet er den formalen Arbeitsmarkt, zum anderen findet durch die Unterstützung von Familienmitgliedern ein Ressourcentransfer in urbane Räume statt.** Hochgerechnet auf rund 50.000 *Mineros* im Bundesstaat Bolívar ergibt sich aus dem gemittelten Wert von 4,7 Personen, die an den Gold- und Diamantenfunden eines *Mineros* partizipieren, ein Annäherungswert von 235.000 Personen, die partielle Finanztransfers aus dem informellen Bergbau erfahren. **Selbst unter Berücksichtigung, dass es sich meist um sporadische Zuwendungen handelt, sind sie in einem Land ohne ausreichende Sozialnetze (dessen offizielle Arbeitslosenrate lediglich mit 15% angegeben werden kann, weil rund 54% der Venezolaner im informellen Sektor unterkommen) für viele Haushalte existenziell.**

[163] Das gemittelte, von 200 *Mineros* geschätzte Monatseinkommen liegt mit 650 US-Dollar weit über dem venezolanischen Mindestlohn; hierbei sind aber sowohl die extremen Einkommensspannen im informellen Bergbau als auch die hohen Lebenshaltungskosten an den Abbaustandorten zu bedenken (vgl. Kap. IV, insbes. IV-9).

Die Investitionen in ein eigenes Heim oder die Ausbildung der Kinder machen zudem deutlich, dass **die Gleichsetzung von Bergbau und kurzfristigen Rentabilitätslogiken (die einem langfristigen ökologischen Denken gegenübergestellt werden) nicht stimmt.** Der informelle Bergbau ist nicht nur auf eine kurzfristige Gewinne ausgerichtet, sondern wird von den *Mineros* sowohl **für die gegenwärtige als auch zukünftige Existenzsicherung auf niedrigem Niveau genutzt**.

*Der Mythos des kurzfristigen Denkens*

Weiße Flecken und Ausblendungen durchziehen auch das Bild von dem Abbau der Bodenschätze durch den informellen Bergbau vor Ort. Zum einen wird oft ausgeblendet, dass sich der informelle Bergbau nicht nur auf den flächen- und quecksilberintensiven alluvialen Mineralienabbau beschränkt, sondern auch Stollenbergbau betrieben wird, der deutlich weniger Waldverluste und Quecksilbereinträge in die Umwelt bedeutet. **An vielen Standorten des informellen Bergbaus in Venezuela, erfolgt die Extraktion der Bodenschätze zwischen dem Baumbestand.** *Mineros* orientieren sich bei der Edelsteinsuche auch nicht - wie häufig hervorgehoben wird - nur an Flussläufen und dem Vorkommen von Lagerstätten. Auch rezente und gegenwärtige Standorte industrieller Bergbauunternehmen bilden wichtige Orientierungsmarken. Statt des Stereotyps migrierender, wenig sesshafter Individuen und Gruppen, gibt es in Venezuela auch **gewachsene sozialräumliche Dorfstrukturen im informellen Bergbau. Das heißt, dass die Akteure des informellen Bergbaus nicht so unkontrolliert und diffus in die regionalen Wälder eindringen wie allgemein angenommen wird.**

*Der Mythos Mobilität*

Eine genauere Betrachtung des informellen Bergbaus zeigt auch, dass seine **Sozialstruktur** viel heterogener ist, als es von außen erscheint.

*Heterogenität der Sozialstruktur*

- Erstens handelt es sich nicht um reine Männergesellschaften. **Frauen**, die ca. 25 % einer *Minero*gesellschaft stellen, gehen nicht nur der Prostitution nach, sondern arbeiten auch als Köchinnen, Losverkäuferinnen, Restaurantbetreiberinnen und selbst als *Mineras*.
- Entgegen der verbreiteten Vorstellung, dass die Mehrzahl der *Mineros* aus Kolumbien, Guyana und der Dominikanischen Republik kommen, zeigt sich ein durchschnittlicher **Ausländeranteil** von nur 20%.
- Drittens gibt es in *Minero*gesellschaften, wie in jeder anderen Gesellschaft, **soziale Regeln und Organisationsformen**. Diese reichen von allgemein akzeptierten Regeln bis hin zur Bildung von **Kooperativen mit schriftlich festgelegten Ordnungsprinzipien.** Aufgrund eigener Sicherheits- und Gesundheitsinteressen und der Suche nach staatlich-juristischer Absicherung, sind *Mineros* oft selbst an einer Organisation sowie einer Reduzierung der ökologischen Auswirkungen ihrer Tätigkeiten interessiert.

- Viertens verfolgen nicht alle *Mineros* die gleichen Interessen. **Partikularinteressen und unterschiedliche Handlungsmuster** mit unterschiedlichen Umweltauswirkungen betreffen z.B. die Abbauform (alluvialer Übertagebau oder Stollenbergbau) oder die Form der sozialen Organisation (individuell bzw. in einer Kooperative).
- Fünftens lässt sich der informelle Bergbau nicht nur auf den Abbau der Bodenschätze reduzieren. Vielmehr werden eine **Vielzahl von Wirtschaftstätigkeiten** ausgeübt (vgl. Kap. IV). **Neben Besitzern von Steinmühlen (*Molineros*) gehören Händler und Restaurantbesitzer zu den privilegierten Einkommensgruppen**. Von außen betrachtet sind *Paleros* (die Minderheit der *Mineros,* die traditonell mit Schaufel, Pike und einer Goldpfanne arbeiten) die benachteiligtere Subgruppe. Sie verfügen weder über arbeitserleichternde und produktionssteigernde Maschinen noch haben sie Zugang zu einer Interessensvertretung. *Molineros*, Händler und Restaurantbesitzer haben als Gesellschafter informeller Bergbaukooperativen dagegen mehr Einfluss auf übergeordnete Interessensvertretungen.
- Sechstens deuten relativ stabile Holzhüttensiedlungen, kleine Hausgärten und kunstvolle Schnitzereien an, dass sich der informelle Bergbau nicht auf seine destruktiven Wirkungen reduzieren lässt. Gleiches lassen kunstvolle Schnitzereien, Bibelstunden und spiritistische Sitzungen[164] erkennen. Aus vielen Interviews mit *Mineros* ging hervor, dass der informelle Bergbau nicht nur ein ökonomisches Auffangbecken darstellt, sondern auch sozial integrierend wirkt. In der *face-to-face*-Struktur der *Minero*dörfer fühlen sie sich z.T. geborgen, der geringe Formalisierungsgrad lässt sie ihre Arbeit als spannend und selbstbestimmt empfinden.

Angesichts der landschaftsprägenden Walddichte sowie der schwereren körperlichen Arbeit, die mit dem informellen Bergbau verbunden ist, empfinden *Mineros* ihre Wohn- und Arbeitssiedlungen nicht als Inseln der Waldzerstörung, sondern als kulturelle Leistung. **Was von außen als Inseln der Waldzerstörung, als Vernichtung der Ressource Wald und der biologischen Diversität wahrgenommen wird, stellt sich innenperspektivisch als zivilisatorische Leistung in der Auseinandersetzung mit der Natur dar und ist somit nicht weit von den klassischen und in Venezuela noch weit verbreiteten Konzeptionen einer "Pionierfront"** (siehe Kap. II-4 und Kap. III) **entfernt.**

[164] Für die Bedeutung, die Hexen und spiritistischen Sitzungen von *Mineros* zugesprochen wird, spielt neben der Verankerung mythischer Glaubensvorstellungen auch der Mangel an adäquaten Bergbautechnologien und ausreichenden Gesundheits- und Bildungseinrichtungen ein Rolle. Da weder moderne Technologien für die Edelsteinexploration noch eine ausreichende Gesundheitsversorgung zur Verfügung stehen, fungieren mythische Glaubensvorstellungen als Hoffnungsanker und eröffnen potenzielle Chancen.

**Die Idee eines Gleichgewichts zwischen Gesellschaft und Natur, die i.d.R. die Betrachtung von bäuerlichen oder indigenen Gemeinschaften bestimmt, spielt weder in einer *Minero*gesellschaft noch in der wissenschaftlichen Beschäftigung mit dem informellen Bergbau eine zentrale Rolle. Aber das heißt nicht, dass es keine konstruktiven Bezüge zur Umwelt gibt** (vgl. insbes. die Kapitel IV-6.2.3 und V-8). Nicht nur, dass in *Minero*gesellschaften durchaus ein Bewusstsein für die ökologischen Effekte ihrer eigenen Wirtschaftstätigkeit verbreitet ist. Einzelne *Mineros* verfügen auch über überraschende Kenntnisse der Flora und Fauna. Im alltäglichen Überlebenskampf stellen sich für sie allerdings keine Fragen nach der nationalökonomischen oder ökologischen Relevanz ihrer Lebensräume, sondern z.B. Fragen nach dem richtigen Holz für die Abstützung der Bergstollen, die Heilwirkungen von Pflanzen oder nach natürlichen Standortanzeigern für Gold und Diamanten (Stichwort vgl. Kap. IV-6.2.2). **Auf bergbauliche Aktivitäten reduziert, traut man *Mineros* normalerweise die Wahrnehmung nicht-mineralischer Naturressourcen nicht zu.**

*Umwelt und informeller Bergbau*

Vereinzelte Umweltprojekte innerhalb des informellen Bergbaus gehen allerdings weniger auf die Suche nach einer harmonischen Balance zwischen Gesellschaft und Natur zurück, sondern sind das pragmatische Resultat innergesellschaftlicher Notwendigkeiten und externer Einflüsse. Neben individuellen Umweltbezügen kommt der Umwelt zugute, dass der interne Druck, eigene Gesundheitsgefährdungen reduzieren zu wollen mit externen Umweltdiskursen, die von Akteuren des informellen Bergbaus zur Durchsetzung ihrer Interessen aufgegriffen werden, korrespondiert. In *Nuevo Callao* verbietet z.B. nicht die Art der Lagerstätten flächenintensiven Tagebau, sondern die dortige Kooperative, der das schlechte Image des hydraulischen Abbauverfahrens bekannt ist. So vermischen sich in Modellprojekten wie Manarito oder einzelnen Umweltschutzauflagen in Nuevo Callao **ein gesellschaftsinternes Umweltgefühl und ein wenig fundiertes Wissen über ökologische Zusammenhänge mit von außen induzierten Umweltschutzmaßnahmen zu ersten Sozial- und Ökologieprojekten im informellen Bergbau.**

*Sozial- und Umweltprojekte im informellen Bergbau*

Zuletzt muss die Bewertung der Waldzerstörung durch den informellen Bergbaus neu überdacht werden, wenn man die Wechselbeziehungen zu anderen Akteuren berücksichtigt. **Nicht nur, dass der informelle Bergbau eine Armutsmigration ist und die Wälder für die *Mineros* einen Überlebensraum in der Wirtschaftskrise Venezuelas darstellen. Innerhalb dieses schwer lösbaren Rahmens scheinen sowohl ihre einseitige Wahrnehmung als auch die venezolanische Politik das Ausmaß ihrer Waldzerstörung eher zu fördern statt zu reduzieren.**

*Wirkungen anderer Akteure*

So drängt ihre Vernachlässigung von staatlicher Seite die *Mineros* in die Illegalität und bedingt u.a., dass sie die umweltschädigendere Form des Bodenschätzeabbaus mit *Chupadoras* - abgesehen von der Art der Lagerstätte - auch bevorzugen, weil diese ökologisch extrem bedenkliche Abbauform (vgl. Kap. IV-3) sie mobiler bei der Flucht vor staatlichen Kontrollinstanzen bleiben lässt. Ein weiteres Beispiel, das noch drastischer zeigt, wie der staatliche Zugriff auf die Ressourcen und gesellschaftlich definierte Illegalität sich auf den Wald auswirken, ist dass einige *Mineros* anfangen, Zyanide einzusetzen. Der Grund ist, dass sie Abraumsande, aus denen sie das verbliebene Restgold mit herkömmlichen Methoden (Quecksilber) nicht weiter extrahieren können, aufgrund ihrer Illegalität auch nicht offiziell an transnationale Scheideunternehmen verkaufen können (vgl. Kap. IV-6).

**All diese "anderen Seiten" von Minerogesellschaften werden selten von der lokalen auf die internationale Ebene transportiert, womit auch mögliche Projektansätze und Zusammenarbeiten ausgeblendet bleiben. Denn während internationale Umwelt- und Minoritätsdebatten indigenen Gruppen ein positives, schützenswertes Image zuschreiben, hat der informelle Bergbau, der weder ökonomie- noch ökologiedominierte Diskurse positiv besetzen kann, keine Fürsprecher in wirtschaftlichen Interessensverbänden, Universitäten oder in NGO-Kreisen. Die Folge ist, dass auf allen geographisch-politischen Ebenen quecksilberdurchdrungene Geschichten von einer den ökonomischen und strukturellen Sachzwängen ausgesetzten, anarchischen Männergesellschaft dominieren.**

## 1.4 Der industrielle Bergbau

Der Versuch der venezolanischen Regierung sich über den industriellen Bergbau den Zugriff auf die Bodenschätze im Bundesstaat Bolívar zu sichern, steckt zwar noch in den Kinderschuhen (vgl. Kap. III und V). Aber nationale und regionale Raumordnungspläne lassen eine massive Bedeutungszunahme des industriellen Bergbaus erkennen. 1997 waren im Bundesstaat Bolívar rund **125 (trans)nationale[165] Unternehmen im Goldbergbau** registriert, wobei in staatlichen Registern, Zeitungsartikeln und diversen Studien sogar **250 Unternehmen** recherchiert werden konnten.

[165] Da der industrielle Bergbau sowohl von aus- als auch inländischen Unternehmen betrieben wird, zudem eine Unterscheidung wegen zahlreicher Verflechtungen nicht immer gewährleistet werden kann, wird das Präfix 'trans' in Klammern gesetzt, womit sowohl venezolanische als auch ausländische Unternehmen gemeint sind.

**Rund 90 % der Unternehmen** befinden sich wegen negativer Explorations- und Prospektionsergebnisse, Schwankungen des internationalen Goldmarktes und bis zu fünfjährigen Verzögerungen staatlicher Genehmigungen **noch in der Spekulations-, Explorations- oder Konstruktionsphase.** Juristisch abgesicherte Konzessionen beschränken aber bereits die Zugangsrechte informeller *Mineros* zu großen Bergbauarealen.

*Risiken des großmaßstäblichen Mineralienabbaus durch den industriellen Bergbau*

Die **Kapitalintensität** des industriellen Bergbaus bedingt zahlreiche intraregionale und internationale Verflechtungen. Die daraus resultierende **Intransparenz**, die als ein zentrales Kennzeichen des industriellen Bergbaus in Venezuela bezeichnet werden kann, ist also nicht alleine auf staatliche Kontrolldefizite zurückzuführen, sondern ist bereits in der Investitions- und Rentabilitätslogik kapitalintensiver Bergbaukonzerne angelegt. Der eklatante Transparenzmangel ermöglicht es nicht nur "schwarzen Schafen" des Bergbausektors (vgl. Kap. V-1) in Venezuela unternehmerisch aktiv zu sein. Auch weniger skrupellose Unternehmen nutzen Lücken im staatlichen Kontrollsystem. Ebenso wenig sind ökologische Gefahrenpotenziale des industriellen Bergbaus nur auf skrupellose Geschäftsführer zurückzuführen, sondern ein inhärentes Risiko der großmaßstäblichen Erschließungslogik und industrieller Bergbautechniken wie der Zyanidlaugung.

*Vielfalt autoritativer Verfügungsmacht*

Dass (trans)nationale Bergbaukonzerne aufgrund ihrer Kapital- und Technologieintensität einen besonderen Zugang zu allokativen Ressourcen haben, ist allgemein bekannt. Weniger Beachtung hat bisher gefunden, dass sie auch **über eine besondere Verfügungsmacht auf autoritative Ressourcen verfügen, die sich nicht nur in Einflüssen auf andere Akteuren niederschlägt, sondern auch in der machtproduzierenden Funktionalisierung von Umwelt bzw. die instrumentelle Aneignung des Umweltdiskurses.** Die propagierten Effekte industrieller Bergbaustandorte (Generierung von Arbeitsplätzen, Erschließung des "brach liegender Südens Venezuelas" und die "nachhaltige und geordnete" Erschließung der Bodenschätze) berühren zentrale nationalökonomische Allokations- und Umweltinteressen. Für die - bereits in das industrielle Entwicklungsmodell und das zentralistische Staatssystem eingebundenen - staatlichen Entscheidungsträger (vgl. Kap. III) rücken Projekte mit dem informellen Bergbau immer mehr aus dem Bereich des Denkbaren. So stellt sich dem Staat als scheinbar alleinige Handlungsalternative nur die Förderung des industriellen Bergbaus, während dem informellen Bergbau Unterstützung vorenthalten wird. Hinzu kommt, dass (trans)nationale Unternehmen durch ihre Vorteile als *non-place-based-actors* auf ein immenses Drohpotenzial zurückgreifen können.

Ihre Kapitalintensität sowie die internationale und intraregionale Streuung ihrer Wirtschaftsstandorte eröffnet ihnen die Möglichkeit, das Land wieder zu verlassen (und weder in Aussicht gestellte Arbeitsplätze zu schaffen noch nationalökonomische Gewinne zu generieren), wenn der Staat nicht im Sinne ihrer Interessen agiert.

Weitgehend unabhängig von der physisch-materiellen Komponente der Ressource Gold bestimmen so gesellschaftliche Komponenten wie Verwertungsmöglichkeiten und -interessen, ob die Gold- und Diamantenvorkommen in Venezuela in Zukunft noch ökonomisch relevant sein werden. Insbesondere von dem technologischen Stand der Bergbauindustrie und den Rentabilitätserwartungen der (trans)nationalen Konzerne hängt es ab, ob die Bodenschätze in Zukunft weiterhin den Status einer abbauwürdigen Ressource zugesprochen bekommen oder nicht. **Das heißt: nicht die Ergebnisse geologischer Explorationen, die für die nächsten zehn Jahre eine jährliche Goldproduktion von 12 Tonnen/Jahr im Bundesstaat Bolívar für möglich halten, sind die entscheidenden Prognoseinstrumente. Vielmehr werden kaum vorhersagbare Technologieinnovationen sowie die Entwicklung politischer und ökonomischer Rahmenbedingungen den Gold- und Diamantenabbau fördern oder ihm Grenzen setzen.**

*Der Mythos vom "nachhaltigen, kontrollierten und geordneten" Bergbau*

Besonders deutlich zeigt sich der privilegierte Zugriff (trans)nationaler Bergbaukonzerne auf autoritative Ressourcen darin, dass sie den industriellen Bergbau relativ erfolgreich als den nachhaltigen, geordneten Bergbau präsentieren können, **obwohl die Übertragung des Nachhaltigkeitsbegriffes auf nicht erneuerbare Ressourcen an sich absurd ist**. Das Bild vom industriellen Bergbau, der sich in internationale Umwelt- und Nachhaltigkeitsdiskurse einbetten lässt, wird mit einer Vielzahl diskursiver Strategien produziert, in denen die Konstruktion dichotomischer Systeme sowie die selektive Präsentation des sozialräumlichen Kontextes zentrale Funktionen ausüben:

- Nur im Vergleich mit dem informellen Bergbau kann der industrielle Bergbau überhaupt in den Diskurs um die nachhaltige Nutzung von Ressourcen eingeschlossen und zum normativen Ziel der bergbaulichen Entwicklung erklärt werden. Das System von Gegensätzen für die selbstreferentielle Legitimierung des industriellen Bergbaus blendet dabei nicht nur Übergänge wie den mittelständischen Bergbau oder geordnete bergbauliche Nutzungen durch Kooperativen im informellen Bergbau aus.
- Diskussionen, die um "leere" Räume versus inwertgesetzter Räume geführt werden, ignorieren auch traditionelle Raumnutzungen durch indigene Bevölkerungen oder informelle *Mineros* oder stilisieren sie zu Agenten einer anachronistischen Raumnutzung.

- Einwohner der Region gelten oft lediglich als Störfaktoren für die bergbaulichen Verwertungsinteressen. Die industrielle Inwertsetzung wird als die zeitgenössische Form der Mineraliennutzung proklamiert, zur Norm definiert und mögliche plurale Entwicklungen negiert.
- Trotz der Propagierung von Umweltstandards haben viele Bergbauunternehmen keine Umweltverträglichkeitsstudie durchgeführt. Kontrollen durch die Bergbau- und Umweltministerien finden nur selten, sporadisch und oberflächlich statt.
- Durch die Gründung von Umweltstiftungen oder Nicht-Regierungsorganisationen geben sich einige Unternehmen nicht nur einen ökologischen Anstrich, sondern versuchen auch staatliche Subventionen zu initiieren, die nach dem venezolanischen Gesetz in den Zuständigkeitsbereich des Unternehmens fallen.
- Das Argument, dass der informelle Bergbau mehr Flächen als der industrielle Bergbau beanspruche und daher mehr Wald zerstöre, ist nach ökonomischen Kriterien richtig. Effektiverer Technologien ermöglichen, dass pro Flächeneinheit höhere Goldmengen extrahiert werden als durch die Techniken, die dem informellen Bergbau zur Verfügung stehen. Zum einen rückt aber gerade die fortschreitende Technologisierung immer mehr Raumsektoren in den Zugriff bergbaulicher Verwertungsmöglichkeiten. Zum anderen ist es angesichts der venezolanischen Wirtschaftskrise und der arbeitsmarktpolitischen Entlastungsfunktion des informellen Bergbaus eine Überlegung wert, dass der informelle Bergbau deutlich mehr Arbeitskräfte pro Flächeneinheit aufnimmt als der industrielle Bergbau. **Nimmt man also nicht die akteursindifferente Gesamtabschöpfung als Referentialwert, sondern setzt die Fläche in Relation zu den Arbeitsplätzen, zeigt sich der industrielle Bergbau flächenbeanspruchender als der informelle Bergbau.**
- Auf der nationalen Ebene schaffen Steuerleistungen, die durch die Niederlassung von Muttergesellschaften in Steueroasen eingeschränkt werden, und Ausweichmanöver aus dem staatlichen Kontrollnetz weder Vertrauen in (trans)nationale Akteure noch die nationalökonomischen Gewinne, die dem Staat für Zugangsrechte zu den Ressourcen zugesichert werden.
- Auf der regionalen Ebene gehen von industriellen Bergbaukomplexen keine strukturellen arbeitsmarktpolitischen und sozialräumlichen Konsolidierungseffekte in nennenswertem Umfang aus. Ganz im Gegenteil konnte nachgewiesen werden, dass die Schaffung von 110 formellen Arbeitsplätzen in einem industriellen Bergbaukomplex ca. die dreifache Anzahl von informellen *Mineros* verdrängt wurde.

Probleme, mit denen industrielle Bergbauunternehmen in Venezuela konfrontiert sind, betreffen langwierige und z.T. widersprüchliche Genehmigungsverfahren von Seiten des venezolanischen Staates, Gegenbewegungen durch internationale und nationale Umweltgruppen sowie Flächennutzungskonkurrenzen mit dem informellen Bergbau. Während auf internationaler und nationaler Ebene ökologische Aspekte einen größeren Diskussionsraum einnehmen, spielen auf der regional-lokalen Ebene staatliche Restriktionen und Auseinandersetzungen mit informellen *Mineros* eine größere Rolle. **Vereinzelte Bemühungen (trans)-nationaler Bergbaukonzerne mit dem informellen Bergbaus zu kooperieren (vgl. Kap. V-5), gestalten sich extrem problematisch:**

*Industrielle Bergbauunternehmer als Konfliktmanager*

- Die involvierten Akteure sind aufgrund verschiedener Handlungs- und Argumentationspotenziale, die ihnen zur Verfügung stehen, keine gleichgewichtigen Verhandlungspartner. Vielmehr liegen den Verhandlungen Machtasymmetrien zugrunde, die die Akteure des industriellen Bergbaus privilegieren.
- Wenn (trans)nationale Unternehmen informellen *Mineros* Zugangsrechte zu Teilgebieten ihrer Konzessionsflächen gewähren bzw. Projekte wie *Las Rojas* (Kap. V-5) fördern, so werden die Handlungsspielräume des informellen Bergbaus zwar erweitert. Da in die Projekte jedoch nur wenige *Mineros* einbezogen werden können, wird die an sich schon heterogene Sozialgruppe der *Mineros* noch mehr zersplittert. Raumnutzungskonkurrenten und Gegenbewegungen des industriellen Bergbaus werden verunsichert, gespalten und geschwächt, wodurch wiederum die Verhandlungsposition des industriellen Bergbaus gestärkt wird.
- Die Strategien zur Durchsetzung der Unternehmensinteressen sind mit der Gewährleistung machtloser Partizipation und der wirkungsmächtigen Mobilisisierung von Vorurteilen deutlich subtiler geworden. Vorher offensichtliche Kritikpunkte werden zwar z.T. eliminiert, z.T. werden sie aber auch nur schwerer greifbar.
- Während industrielle Bergbauunternehmen sich als Konfliktmanager profilieren und legitimieren können, bleiben grundlegende Konfliktstrukturen der regionalen Expansion des industriellen Bergbaus weitgehend unberührt. Flächennutzungskonkurrenzen werden in Studien zwar z.T. am Rande erwähnt, Schlussfolgerungen mit strukturellen Veränderungen werden aber nicht gezogen - können aus der Subjektivität der Interessen der Bergbauunternehmen auch nicht erwartet werden.

Mit der Marginalisierung bzw. Ausblendung der Flächennutzungskonkurrenzen zwischen dem informellen und industriellen Bergbau bleibt die wichtigste Konfliktdimension des spezifischen Sozialraums hinter allgemeinen Programmen und Projekten verborgen.

So verfestigt sich nicht nur ein enträumlichtes - weil letztlich weder am regionalen Kontext orientiertes noch den Raum als Konfliktvariable thematisierendes - Konfliktmanagement. Auch die industrielle Erschließung der Bodenschätze durch transnationale Akteure sowie die proklamierte Funktion der Bergbauunternehmen als regionale Wirtschaftspole bleibt unhinterfragt und kann sich als scheinbar bereits legitimiertes Entwicklungsziel verankern. **Letztlich ist die Zugriffsmacht (trans)nationaler Konzerne auf materielle, symbolische und diskursive Ressourcen so vielschichtig, dass ohne die Einschaltung eines neutralen Konfliktschlichters und die Berücksichtigung der strukturellen Benachteiligung der *Mineros* auch für die Zukunft keine gleichgewichtige Verhandlungsbasis und grundlegende Interessen berücksichtigenden Konfliktlösungen zwischen industriellen und informellen Bergbauakteuren zu erwarten sind.**

### 1.5 Die "versteckten" Akteure

Am Beispiel der Forstreserve *Imataca* (RFI) und dem für diesen Raumausschnitt des Bundesstaates Bolívar im Mai 1997 verabschiedeten Raumordnungsplan wurde in Kapitel VI nicht nur die Aktualität und Brisanz des Bergbaus als wichtigen Faktor der Tropenwaldzerstörung demonstriert. Es wurde v.a. gezeigt, dass sich eine Vielzahl von Nicht-Regierungsorganisationen, Universitäten, Finanz- und Entwicklungsorganisationen in die Konflikte um die bergbauliche Erschließung des Bundesstaates Bolívar einbringen und selbst zu Akteuren werden, die die RFI mit wirkungsmächtigen Metaphern und Symbolen aufladen, ihn interessenspezifisch instrumentalisieren und über ihren Einfluss auf die öffentliche Meinung und staatliche Entscheidungsträger raumstrukturelle Wirkungen zeitigen.

**Die Raumbilder der *Reserva Forestal Imataca,* die von diesen in der Öffentlichkeit häufig nicht wahrgenommenen Akteuren produziert werden, reflektieren wie nationale und internationale Debatten den Raum prägen und ihn mit situierten Metaphern und Funktionen belegen. Die vordergründige Schlacht um die materiellen Ressourcen der Forstreserve ist von kognitiven und normativen Aneignungsdebatten unterlegt, in deren Zentrum das Bestreben nach Definitionsmacht steht. Damit stellen sich die Wald- und Bergbauareale im Südosten Venezuelas nicht nur als ein Schlachtfeld materieller Interessen dar, sondern als ein kognitives Phänomen, in dem sich materielle, rhetorische und ideologische Formen der Naturaneignung im FOUCAULT'schen Sinn diskursiv miteinander verbinden.**

*Internationale Finanz- und Entwicklungs-organisationen*

Wenn die FAO und die WELTBANK die Gegenüberstellung nationalökonomischer Sachzwänge und des Rohstoffreichtums Venezuelas zum Ausgangspunkt ihrer Analysen der RFI und des Raumplans machen (vgl. Kap. VI-4), verbleiben auch sie staatsökonomischen und -ordnungspolitischen Diskursen verhaftet. Mit ihrer Forderung nach legislativen Reformen und einer Neuordnung der ministeriellen Zuständigkeiten bestätigen sie paradoxerweise aus ihrer Kritik am staatlichen Ordnungs- und Kontrollsystem heraus die Notwendigkeit eines raumordnungspolitischen Instruments für die *Reserva Forestal Imataca* So stellen Evaluierungsstudien und Veröffentlichungen transnationaler Organisationen wichtige Legitimationsressourcen für die Ministerien dar. Von der UN und der Weltbank unterstützte Programme und Projekte, die z.B. die Rolle der Bergbauindustrie beim Übergang zu einer nachhaltigen Entwicklung analysieren und fördern sollen, reproduzieren das Bild eines nachhaltigen Bergbaus und werden von (trans)nationalen Bergbaukonzernen in regionalen Bergbaukonflikten als Argumente für die Nachhaltigkeit ihrer Projekte herangezogen.

*Die scientific community*

Auch die Analysen und Berichte der *Scientific community* produzieren nicht nur Forschungsergebnisse, auf die Befürworter oder Gegner des Raumordnungsplans der *Reserva Forestal Imataca* unmittelbar zurückgreifen können, indem sie sie zitieren oder die eigene Position mit "wissenschaftlich fundierten" Untersuchungen argumentativ stützen. Ihre Urteile und Einschätzungen gehen auch als wissenschaftliche Expertisen oder Gutachten oft versteckt und v.a. als scheinbar objektive Evaluierungsergebnisse in die Konfliktprozesse ein. **Mit der analytischen Aufbereitung der Empirie (re)produziert die Akteursgruppe der "Experten" jedoch Raumbilder, in der die wissenschaftlichen Methoden der Selektion und Abstraktion keine Externalitäten darstellen, sondern als raumbildende Zeichnungselemente eingehen.** Vordergründig geben diese Raumbilder mit vegetationskundlichen bzw. geologischen Bestandsaufnahmen materielle Komponenten der *Reserva Forestal Imataca* wider. Aber sowohl die Auswahl der Daten als auch die wissenschaftliche Aufbereitung und Interpretation des (bereits reduzierten) Raumgefüges sind in gesellschaftliche Kontexte eingebunden, reflektieren und verstärken ganz bestimmte Raum-, Natur-, und Gesellschaftsmodelle. Global verbreitete Vorstellungen eines dichotomen Mensch-Natur-Verhältnisses strukturieren dabei häufig das von Wissenschaftlern erkannte Raumbild ebenso wie das Axiom eines harmonischen natürlichen Gleichgewichts. Von Tropenwald-, Biodiversitäts- und Indigenendiskursen durchdrungen, wird die bergbauliche Erschließung Imatacas in lokalitätsferne Zusammenhänge kontextualisiert und normativen Bewertungen unterworfen.

Dass nahezu alle wissenschaftlichen Analysen sich positiv auf ambivalente Schlüsselworte wie 'Ökologie' 'Nachhaltigkeit' oder 'partizipative Regionalentwicklung' beziehen, die keineswegs inhaltlich geklärt sind, zeigt erstens die diskursive Durchdringung des Expertenblicks. Zweitens drückt sich in der Vielzahl der Schlüsselwörter internationaler Umweltdebatten aus, dass viele Wissenschaftler der Umweltbewegung nahe stehen bzw. selber NGO-Mitglieder sind (vgl. VI-3).

*Umwelt-NGOs*

Umweltgruppen ist es über die Konstitution des Bundesstaates Bolívar als "unberührtes Paradies" gelungen, dem Argument der "ökonomischen Sachzwänge" einen wirkungsmächtigen ökologischen Diskurs entgegenzusetzen. Vor allem setzen sie den von Befürwortern des Raumordnungsplans erzeugten Bildern von der regionalen Rückständigkeit, leeren und ungenutzten Räumen des Bundesstaates Bolívar die Lebensräume indigener Gruppen sowie eine positiv bewertete Traditionalität indigener Kulturen entgegen. Entgegen der Empirie, dass es indigene Gruppen in Imataca gibt, die erst vor wenigen Jahren zugewandert sind, andere, die informellen Bergbau betreiben oder ihren traditionellen Lebensstil durch die Nähe zu Holzkonzessionen längst verloren haben und in deren alltäglichen Lebenswelt Alkohol und Prostitution eine große Rolle spielen, werden die rund 10.000 Akawaos, Arawakos, Kariñas, Pemones und Waraos, die in der RFI leben, zu "traditionellen Schützern des Wissens über die Umwelt, der Ressourcen und ihrer Nutzung" stilisiert und damit einer zweifachen Bindung unterworfen. **Erstens werden die territorialen Bindungen indigener Kulturen an die Forstreserve Imataca derart präsentiert, dass indigene Bevölkerungen nicht nur als eine marginalisierte Minderheit, sondern v.a. als "geopolitische Schutzfiguren" in die Argumentation eingehen. Zweitens bezieht sich der von Umwelt-NGOs propagierte Artenschutzgedanke nicht nur auf Fauna und Flora, Naturräume und Landschaften, sondern umfasst auch indigene Gesellschaften.**

Auch wenn sich mit den Zielen, die Bodenschätze im Bundesstaat Bolívar inwertzusetzen bzw. die Wälder zu schützen, inhaltlich antagonistische Werte gegenüberstehen, bleiben auch Umwelt-NGOs z.T. nationalstaatlichen Diskursen und fast immer funktionalistischen Ordnungs- und Harmoniediskursen verhaftet. Nationalistischen und ordnungspolitischen Diskursen sind sie verhaftet, wenn staatliche Regelungen für den Schutz der Wälder mit Bedeutungszuschreibungen wie "nationale Ressourcen" gefordert oder bergbauinduzierte Waldzerstörungen auf ausländische Bergbaukonzerne bzw. *Mineros* projiziert werden und dabei sowohl nationale Bergbauunternehmen ausgeblendet werden als auch übersehen wird, dass die Mehrzahl der Akteure des informellen Bergbaus Venezolaner sind (siehe Kap. IV).

Funktionalistisch ist die Argumentation dann, wenn aus der dichotomischen Vorstellung getrennter Kultur- und Natursphären die physische Substanz der *Reserva Forestal Imataca* gegen nicht-indigene menschliche Eingriffe abgrenzt wird - und damit der Sinneszusammenhang negiert wird, den das Waldareal als Überlebens- und Lebensraum für *Mineros* (vgl. Kap. IV, insb. 6.2.3) hat. Denn wirtschaftliche Aktivitäten des "modernen", nicht-indigenen Menschen (als Akteur der kulturellen Dimension) gelten nicht als natürlicher Eingriff und was (wie der Mensch im allgemeinen oder der Bergbau im speziellen) die ausgewiesene "natürliche Ordnung" bzw. die "Zweckmäßigkeit der Natur" stört, erscheint als Fremdkörper oder Destruktivkraft.

So tritt eine erstaunliche Parallelität zwischen Befürwortern des industriellen Bergbaus und seinen Gegnern hinsichtlich grundlegender Ordnungs- und Harmonievorstellungen zu Tage. Auf der einen Seite leitet sich die Intention, die Bodenschätze in die Nationalökonomie zu integrieren aus der Natur-Gesellschafts-Vorstellung ab, sich Natur (bzw. ihre auf Ressourcen reduzierten Bestandteile) in einer geordneten für das Funktionieren der Gesellschaft nutzbar zu machen. Auf der anderen Seite wird Natur als organische Einheit betrachtet, in der alle Einzelteile in einer funktionalen und systemerhaltenden Beziehung stehen. **Zentral ist, dass die Forstreserve *Imataca* aus diesen Grundannahmen heraus nicht als alltägliche Überlebens- und Erfahrungswelt der Akteure des informellen Bergbaus interpretiert werden kann und die diffuse Raumdurchdringung und die mangelnde soziale Organisation negativ bewertet bzw. mit Labels wie 'Chaos', 'Anarchie' oder 'suboptimaler Ressourcennutzung' versehen wird.**

So bleibt v.a. auf der internationalen Ebene außen vor, dass in dem neu definierten Zusammenspiel der allokativen und autoritativen Ressourcen im Bundesstaat Bolívar neben der indigenen Bevölkerung auch die Akteure des informellen Bergbaus auf der Verliererseite stehen. Zwar stehen *Mineros* weder (trans)nationalen Bergbauunternehmen machtlos gegenüber noch sind sie handlungsunfähige Opfer staatlicher Raumpolitik. Sie verfügen über (meist informelle) Kontakte zu staatlichen Organisationen und wehren sich v.a. mit Straßensperren, Demonstrationen, Konzessionsbesetzungen und Sabotageakten gegen die sozioökonomische Überformung ihrer Lebens- und Wirtschaftsräume. Ebenso können sie mit globalen Kritiken am neoliberalen Wirtschaftmodell, mit nationalistischen Diskursen, Traditionalitäts- und Marginalisierungsdiskursen durchaus auch auf sie begünstigende Diskurse zurückgreifen(siehe Kap. IV-6; Kap. VI).

**Aber aufgrund mangelnder Möglichkeiten zur Bildung von Interessenkoalitionen und eines international bereits verfestigten Negativbildes sind die Handlungsspielräume des informellen Bergbaus eingeschränkt.** Ohne Zugang zu den globalen Kommunikations- und Informationssystemen, die für (trans)nationale Bergbaukonzerne und Umwelt-NGOs zentral sind, haben die Akteure des informellen Bergbaus keine Möglichkeiten deutlich zu machen, dass Imataca für sie weder ein nationaler Ressourcenextraktionsraum noch ein unberührter oder unberührbarer Naturraum ist.

*Chance: Grenzgänge*

Die Reduktion des informellen Bergbaus auf ein ausbeuterisches Verhältnis zur Natur zeigt nicht nur exemplarisch, dass die Akteure, die in die Konflikte um die bergbauliche Erschließung der Wälder im Südosten Venezuelas involviert sind, die zentralen Probleme der jeweils "anderen Welt" nicht wahrnehmen. **Gravierender ist, dass Ansatzmöglichkeiten für ökologische und soziale Projekte mit dem informellen Bergbau übersehen werden. Anstelle dogmatischer Schuldzuweisungen könnten nämlich auch Gemeinsamkeiten zwischen Umweltschützern und dem informellen Bergbau thematisiert werden.** Die *Fundación La Salle* ist die einzige NGO, die mit dem informellen Bergbau zusammenarbeitet, indem sie in Tumeremo ein ökologisches und technologisches Schulungszentrum für *Mineros* eingerichtet hat. Aber Eigeninitiativen des informellen Bergbaus wie die Aufforstungsprojekte in Manarito (Kap. IV-7), Umsiedlungsprojekte zur Reduzierung des Schadstoffeintrags in Flüsse und Maßnahmen zur Kontrolle des Quecksilbereinsatzes (Kap. IV-6) werden bis dato von NGOs im allgemeinen ebenso übersehen (oder als Makulatur abgewertet) wie eine mögliche - auf diesen Ansätzen aufbauende - Zusammenarbeit mit dem informellen Bergbau.

**Nicht nur von Seiten der NGOs gilt es, das Schwarz-Weiß-Schema des "guten Indigenen" und des "bösen *Mineros*" aufzubrechen.** Auch von staatlicher Seite ist eine "Entmystifizierung" des informellen Bergbaus notwendig, **weil es sich um eine nationale Armutsmigration handelt**. Während sich diese Aussage aus geographischer oder politisch-ökologischer Sicht beinahe als Binsenweisheit darstellt, haben Diskussionen in Venezuela (aber auch in Deutschland) gezeigt, dass diese Ansicht keineswegs generell gilt oder Handlungsrelevanz zugesprochen bekommt. Sowohl die Regionalbehörde CVG als auch (trans)nationale Bergbaukonzerne (vgl. Kap. V-5) engagieren sich zwar in der Entwicklung von Techniken, die den informellen Bergbau umweltverträglicher machen sollen, aber diese Ansätze spielen im regionalen Maßstab eine marginale Rolle und konzentrieren sich v.a. auf technologische Innovationen. Als kurzfristige Deeskalationsstrategien oder als unmittelbare praktische Hilfe für den informellen Bergbau haben diese Projekte ihre Berechtigung.

**Handlungsbedarf besteht aber nicht nur in pragmatisch orientierten technologischen Projekten, die in anderen Ländern z.T. schon praktiziert werden** (vgl. PRIESTER ET AL. 1992; WOTRUBA 1998)**, sondern auch in Hinsicht auf die Rahmenbedingungen. Deshalb auch die Sozialwissenschaften gefordert.** Um den informellen Bergbau aus dem Vernachlässigungsbereich der venezolanischen Raum- und Wirtschaftsordnung herauszuholen, ist eine Betrachtung abstrakt-theoretischer und empirisch-praktischer Dimensionen notwendig. Ginge es auf der ersten Ebene darum, das dominante Diskursgefüge aus nationalökonomischen und ökologischen Argumentationsmustern aufzubrechen, sind für die zweite Ebene unmittelbare Kontakte mit dem informellen Bergbau gefragt. Um die Akteure des informellen Bergbaus in ein verändertes Wahrnehmungsraster[166] rücken zu können, ist es notwendig, "ihn zu betreten" und nicht von außen mit stereotypen Bewertungsformeln zu belegen. Denn die gängige *Top-down*-Betrachtung ist ein sicherer Garant, Möglichkeiten, Umweltwirkungen des informellen Bergbaus zu reduzieren, zu übersehen.

Auch wenn der Anspruch, einer ökonomisch und argumentativ marginalisierten Akteursgruppe "eine Stimme zu verleihen" (BRYANT & BAILEY 1997: 3) wohl überzogen ist, sollte das realistischere und den *Mineros* gerechter werdendes Ziel verfolgt werden, dieser Akteursgruppe ein Repräsentationsforum zu bieten, das einen Blick auf potenzielle Anätze zur Reduktion ökologischer und sozialer Ungleichheiten ermöglicht. Dass dieses Ziel prinzipiell nicht unlösbar ist, zeigt sich daran, dass Teilergebnisse der vorliegenden Arbeit bereits in Veröffentlichungen der WELTBANK (1999) und des WORLD RESOURCES INSTITUTE (vgl. MIRANDA ET AL. 1998) eingegangen sind. Insbesondere die Studie der WELTBANK (vgl. Kap. VI-4) zeigt jedoch, dass zwischen dem Aufgreifen einer Idee und ihrer Umsetzung ein weiter Weg liegt.

Die Interessen der *Mineros* bzw. die soziale Frage lassen sich nicht ohne weiteres gleichberechtigt neben (national)ökonomische oder ökologische Argumentationslinien aufreihen. Ein derartiger Interessenausgleich lässt sich auch nicht in Form eines pluralistischen Meinungsstreites führen. Denn so, wie sich die Aushandlungsprozesse um die Raumnutzung des Bundesstaates Bolívar derzeit gestalten, handelt es sich um einen von vielschichtigen Machtasymmetrien durchdrungenen Dialog von Akteuren mit sehr unterschiedlichen Möglichkeiten der Interessensartikulation und -durchsetzung (vgl. NASCHOLD 1978: 57).

166 Fragen, die in dieser Arbeit aufgrund ihrer regionalen Ausrichtung nur angerissen wurden, die aber in detaillierten Lokalstudien einen Beitrag dazu leisten könnten, Mythen, die das Bild des informellen Bergbaus durchziehen, aufzubrechen, betreffen z.B. genderorientierte Fragen, eine detaillierte Betrachtung des Migrationsverhaltens im informellen Bergbau oder eine Untersuchung der Beziehungen zu indigenen Bevölkerungsgruppen.

## 2. (K)eine abschließende Diskussion der *Political Ecology*

Ebenso wie die *Third World Political Ecology* im Abschnitt I anhand ihrer zentralen Hypothesen charakterisiert wurde, erfolgt die Abschlussdiskussion entlang ihrer Bausteine. Von dem ihr zu Grunde liegenden Wissenschaftsverständnis ausgehend, werden ihre Stärken ebenso wie ihre Schwachstellen beleuchtet. Methodologische Ausrichtung, Akteurs- und Konfliktorientierung sowie die konstruktivistischen und diskursanalytischen Bausteine werden dabei sowohl auf ihre wissenschaftstheoretische und gesellschaftspolitische Relevanz als auch auf die empirische Anwendbarkeit diskutiert. Einschränkend wird allerdings darauf verwiesen, dass die folgende Diskussion der *Political Ecology* weit davon entfernt ist, eine ausgereifte wissenschaftstheoretische Abhandlung darzustellen. Sie erhebt nicht einmal Anspruch auf Nähe zu den nuancenreichen Debatten ausgeprägter Wissenschaftstheoretiker. Hierfür hätte eine explizit theorieorientierte und keine problemorientierte Arbeit vorausgehen müssen. Vielmehr sollen im Folgenden die Erkenntnisse und Positionen skizziert werden, die sich im Laufe der Dissertation verfestigt haben oder neu gewonnen wurden. Die Dissertation wird dabei als eine unendliche Summe iterativer Denk- und Analyseprozesse verstanden, was einerseits heißt, dass Überlegungen, die sich in der Einstiegsphase der Arbeit noch vage darstellten, im Laufe der Arbeit Konturen gewonnen haben und deshalb am Ende der Arbeit z.T. klarer positioniert werden können. Andererseits birgt ein derartiges Dissertationsverständnis in sich, dass die folgenden Ausführungen kein abschließendes Statement darstellen, sondern als eine weiterdenkbare Position und somit eher als Diskussionsgrundlage denn als Diskussionsende zu verstehen sind.

*Wissenschaftsverständnis der Political Ecology*

In Abschnitt I wurde darauf verwiesen, dass die Klammer politisch-ökologischer Arbeiten nicht nur in ähnlichen Untersuchungsfeldern, nämlich der vielfältigen Dialektik zwischen Menschen und ihrer Umwelt bzw. der Beziehungen zwischen sozialen Subgruppen in ihren Bezügen zur Umwelt besteht, sondern auch in der sozial- und erkenntniskritischen Betrachtung dieser Beziehungen. Indem die *Political Ecology* Kohärenzen nicht primär in einem strukturierenden Theoriemodell sucht, kommt ein Theorie- und Wissenschaftsverständnis zum Ausdruck, das eine Zuordnung der *Political Ecology* zu den erkenntniskritischen Ansätzen erlaubt, die nicht nur die Existenz einer einzigen Wahrheit zugunsten verschiedener subjektiver Realitäten und Handlungslogiken negieren, sondern von einer eingeschränkten Leistungsfähigkeit und einer immer gegebenen Situiertheit theoretischer Modelle ausgehen. Diese vielleicht antiquiert anmutende Abgrenzung zu z.B. positivistischen und funktionalistischen Ansätzen wird betont, weil sie ebenso grundlegend für die ontologisch-normative Methodologie und den qualitativ-interpretativen Methodenpluralismus der *Political Ecology* ist wie auch für ihre wissenschaftstheoretische und gesellschaftspolitische Erklärungskraft.

Nicht nur angesichts der allgemein zunehmenden Skepsis gegenüber der Leistungsfähigkeit von (Entwicklungs-)Theorien, lässt sich positiv bewerten, dass die *Political Ecology* eine theorielastige Selbstbeweihräucherung zugunsten des Zugangs zu komplexen Wirkungsgefügen menschlicher Gesellschaften teilweise aufgibt. Auch die vielfältigen Verquickungen von Umwelt und Umweltveränderungen mit gesellschaftlichen Konfliktfeldern (divergierende Raum- und Naturperzeptionen, und Nachhaltigkeitsdebatten, gesellschaftliche Entwicklungsmodelle, usw.) lässt die partielle Einschränkung der theoretischen Fundierung als berechtigten Schritt erscheinen. Von dem ambitiösen Anspruch befreit, komplexe Wirklichkeiten auf ein kohärentes Theoriegerüst reduzieren und Beweise für die internen Kongruenzen dieser Theorie führen zu müssen, macht sich die *Political Ecology* den Blick frei für soziale Praktiken und Mechanismen, die wegen ihrer Subtilität und schweren Fassbarkeit bisher nur ungenügend für die Erklärung von Umweltveränderungen berücksichtigt wurden. Man kann der *Political Ecology* also eine Vernachlässigung ihrer logisch-immanenten Struktur[167] vorwerfen, die sich z.B. darin äußert, dass zentrale Begriffe und Zielsetzungen teilweise ungeklärt sind, Untersuchungsvariablen prinzipiell nicht eingeschränkt werden oder auf empirische Überprüfbarkeit z.T. zugunsten der Diskussion subtiler Zusammenhänge verzichtet wird. Gleichzeitig muss man aber betonen, dass sich aus dieser "Schwachstelle" die "Stärken" der *Political Ecology* ableiten. Indem sie den Bezug zu gesellschaftlichen Realitäten in den Vordergrund stellt, dürfte sie zentrale Tendenzen und Mechanismen gesellschaftlicher Realitäten näher kommen als Erklärungsmodelle, die lediglich in sich kongruent sind, weil sie einen Teil der "Wirklichkeit" ausklammern.

*Verankerung in strukturorientierten Ansätzen*

Da das Forschungsinteresse der *Political Ecology* nicht nur auf materielle Marginalisierung- bzw. Privilegierungseffekte von Umweltveränderungen ausgerichtet ist, sondern auch kognitive und diskursive Dimensionen einschließt, lässt sie sich zweifelsohne poststrukturellen Denkmodellen zurechnen. Aber **auch, wenn sie über strukturorientierte Ansätze hinausgeht, ist die *Political Ecology* strukturorientierten und normativen Ansätzen politischer Geographien** (vgl. u.a. OßENBRÜGGE 1983; LACOSTE 1990 SCHMIDT-WULFFEN 1987) **sowie dependenztheoretischen Ansätzen der Entwicklungsländerforschung** deutlich **mehr verhaftet als neueren handlungstheoretischen Ansätzen** (vgl. Kap. VI). So ist ihr Charakteristikum der 'Akteursorientierung' z.T. etwas irreführend, da es letztlich nicht um die Herausarbeitung individueller Handlungsspielräume und -restriktionen geht, sondern v.a. um die Skizzierung der zugrundeliegenden Rahmungen, die von einzelnen Akteuren kaum beeinflussbar sind.

[167] Zur Differenzierung der logisch-immanenten und dialektischen Kritik theoretischer Modelle und Ansätze zur Erklärung gesellschaftlicher Verhältnisse siehe v.a. ARNOLD (1998).

Dass die *Political Ecology* befruchtende Überlegungen der gesellschaftskritischen Entwicklungstheorien nicht im Zuge des Scheiterns der Globaltheorien[168] über Bord geworfen hat, sondern konstruktiv weiterdenkt, zeigt nicht nur, dass die *Political Ecology* gegen den wissenschaftstheoretischen *Mainstream* denkt, sondern ist auch gesellschaftspolitisch von Bedeutung. Denn nur weil zentrale Denkkategorien der Dependenztheorie fallspezifisch variieren, weder globale Erklärungsmuster für die Gleichzeitigkeit von Entwicklung und Unterentwicklung greifen, noch die Ableitung allgemeingültiger Prognosen zulassen oder sich Schwierigkeiten bei der Diskussion von Lösungsansätzen auftun, heißt das nicht, dass es die Machtasymmetrien, die von ihr herausgearbeitet wurden, nicht gibt.

*Bekenntnis zu einer normativ-politischen Wissenschaft*

Wenn VAYDA & WALTERS (1999) der *Political Ecology* vorwerfen, dass sie politisch-ökonomische Einflussfaktoren des übergeordneten gesellschaftlichen Systems *a priori* als zentrale Ursachen für Umweltveränderungen betrachtet und dadurch andere Faktoren vernachlässigen würde, so trifft diese Kritik (wie sich z.B. an dem Modell der Erklärungsketten von BLAIKIE (1994) demonstrieren lässt), keineswegs prinzipiell auf die *Political Ecology* zu. Zentraler jedoch, ist, dass die Betrachtung von Umweltveränderungen aus einer sozialkritischen Perspektive durchaus intendiert ist. Dieser spezifische Betrachtungswinkel ist zum einen nicht minder situiert oder objektiv wie die Messung oder Kartierung quantitativer Umweltveränderungen, die Konzentration auf individuelle Handlungen oder die Untersuchung von lokalen Umweltveränderungen in Hinblick auf ihre globalen Folgewirkungen. Zweitens wird er real gegebenen sozialen und ökologischen Ungleichheiten, die niemand ernsthaft bestreiten kann, gerechter als eine Betrachtung von der Umwelt, die soziale und politische Fragen ausklammert, nur randläufig betrachtet oder von vornherein als Erklärungsvariablen interpretiert. **So lässt sich kritisch diskutieren, dass sich die neomalthusianische Idee der Korrelation von hohen Bevölkerungszahlen und Umweltzerstörungen** z.B. im sog. Syndromansatz der Global-Change-Forschung (vgl. REUSSWIG & SCHELLNHUBER 1997; REUSSWIG 1999) **immer noch in der wissenschaftstheoretischen Diskussion hält, ohne dass nach den gesellschaftlichen Gründen für hohe Bevölkerungszahlen und akteursspezifische Ressourcenansprüche differenziert wird**[169]**. Ähnlich unpolitisch wird Armut weiterhin als Ursache von Umweltzerstörungen dargestellt, ohne die Armut selber als Folge gesellschaftlicher Transformationsprozesse zu analysieren.**

[168] Vgl. MENZEL (1991) sowie die anschließende Debatte über globale Entwicklungstheorien in der Frankfurter Rundschau (03.06.1991 bis 26.02.1992).

[169] Siehe auch GÖRG (1998), der zwar nicht zu den Vertretern der *Political Ecology* gehört, dessen kritische Darstellung der *Global-Change*-Forschung trotzdem sehr aufschlussreich die Differenzen zwischen dem sog. Syndromansatz und der *Political Ecology* vermittelt.

So lassen sich die Umweltwirkungen des informellen Bergbaus durchaus als armutsbedingte Umweltzerstörung begreifen oder mit überkommenen und unrationalen Produktionsweisen erklären (vgl. Kap. V). Die Ursachenforschung für die bergbauinduzierten Umweltwirkungen beschränkt sich dabei auf die lokale Ebene, während sozioökonomische Zusammenhänge ebenso ausgeblendet bleiben wie die Bedeutung des informellen Bergbaus als (akteurspezifisch gesehen durchaus rationale) Überlebensstrategie für marginalisierte Bevölkerungsgruppen. **Die Ideologiedurchdrungenheit der Deutung des informellen Bergbaus als Ursache der Umweltveränderung (und nicht als Folge gesellschaftlicher Prozesse) tritt noch deutlicher bei den ableitbaren Handlungskonsequenzen dieser Interpretation zu Tage: Als Ursache der Umweltzerstörung kann der informelle Bergbau nicht mit dem industriellen Bergbau (als dem vermeintlich 'nachhaltigeren' Bergbau) koexistieren, sondern der informelle Bergbau muss in diesen Typ des Bodenschätzeabbaus überführt und in das industriell-kapitalistische Wirtschaftsmodell integriert werden.**

Mit ihrem Bekenntnis zu einer bewusst normativen Wissenschaft macht sich die *Political Ecology* für Anhänger eines Wissenschaftsideals, das sich durch (scheinbare) Neutralität und Vorhersagbarkeit auszeichnet, angreifbar. Denn aus diesem Wissenschaftsverständnis heraus muss sich die *Political Ecology* zwangsläufig als "unwissenschaftlich" darstellen. Aus diesem Dilemma wird sich die *Political Ecology* zwar nie ganz herausholen lassen. Aber abgesehen von dem Hinweis, dass jeder Wissenschaft Selektivität und Subjektivität innewohnen, lässt sich dieser Kritik auch mit der expliziten Herausarbeitung der analytischen Stärken der *Political Ecology*, ihrer gesellschaftlichen Erklärungskraft als auch ihre wissenschaftstheoretischen Relevanz etwas entgegen setzen. **Vor allem muss darauf verwiesen werden, dass die *Political Ecology* durchaus ein theoriegeleitetes Analysegerüst ist, wenn man den Begriff der Theorie nicht im naturwissenschaftlich-physikalischen Sinne verwendet, sondern als Ordnung des Blicks versteht.**

Bereits mit dem Aufgreifen sehr unterschiedlicher Dimensionen und Arenen, in denen das Mensch-Umwelt-Verhältnis diskutiert und ausgehandelt wird, und der damit verbundenen Berührung verschiedener Wissenschaftsdisziplinen[170], zeitigt die *Political Ecology* wissenschaftstheroretische Auswirkungen.

170 Analog zu Kapitel I-4 wird darauf verwiesen, dass sich zentrale Kennzeichen der *Political Ecology* - wie z.B. die multidisziplinäre Orientierung - auch in anderen Forschungsansätzen finden. Diese methodologischen Bausteine werden hier lediglich aus der *Political Ecology* heraus diskutiert.

Umwelt und Umweltveränderungen werden nicht singulär aus fachdisziplinären Perspektiven und Denkgerüsten betrachtet. Zahlreiche konzeptionelle Rückgriffe auf fachfremde Theorien und Erklärungsmodelle erweitern das Wahrnehmungs- und Analysespektrum für wichtige Erklärungsvariablen in beträchtlichem Umfang. Neben der Überschreitung disziplinär abgesteckter Wissenschaftsgrenzen, zeichnen sich die "neuen Wege des Verstehens" (BLAIKIE 1994: 2) der *Political Ecology* dadurch aus, dass erstens versucht wird, Gesellschaft, Umwelt und Natur zusammenzudenken, indem theoretische Grenzen infrage gestellt werden (vgl. CASTREE 1995; ESCOBAR 1996; FLITNER 1998; GREIDER & GARVICH 1994). Zweitens werden die prozesshaften Dynamiken von Umwelt und Gesellschaft weder statisch noch als in sich harmonische Einheiten gesehen, sondern Konflikte als ubiquitär betrachtet. Drittens werden Umwelt und Gesellschaft als machtdurchdrungene Sphären betrachtet, die permanenten dynamischen Prozessen unterliegen, die alle politisch-geographischen Maßstabsebenen kreuzen und akteursspezifische Marginalisierung- bzw. Privilegierungseffekte zeitigen. Dementsprechend werden viertens Umweltveränderungen weder hinsichtlich ihrer Ursachen noch hinsichtlich ihrer Wirkungen als unpolitische Ereignisse verstanden, sondern als Ausdruck von Machtasymmetrien auf miteinander verwobenen Handlungsebenen.

*Multidisziplinäre Anlage*

**Das multidisziplinäre Skelett der *Political Ecology*, das sich wissenschaftstheoretisch als Bereicherung darstellt, bedeutet für die empirische Anwendbarkeit jedoch eine erhebliche Erschwernis.** Denn zu der Vielfalt verschiedener Theorien, Begriffe und Definitionen der eigenen Wissenschaftsdisziplin gesellen sich soziologische, ethnologische oder philosophische Analysekategorien, deren Inhalte und Implikationen fachfremden Forscherinnen und Forschern nicht immer unmittelbar zugänglich sind. In vereinzelt eingestreuten Exkursen wurde in dieser Arbeit z.B. angemerkt, dass zentrale Begriffe der *Political Ecology* wie 'Akteure', 'Macht' und 'Konflikte' mit unterschiedlichen Inhalten belegt sind und oft differierende theoretische und normative Implikationen beinhalten. Wenn der wissenschaftliche Zugriff auf eine Region oder eine Umweltveränderung jedoch nicht in einer rein deskriptiven Darstellung verharren soll, muss die Empirie in weitgehend eindeutig definierte Begriffssysteme geordnet werden. Denn eine künstliche Trennung der Empirie von dem analytischem Zugriff auf diese, würde verkennen, dass "Fakten" erst durch das Begriffssystem, in das sie verordnet werden, zu "Fakten" werden. Da die geistigen Väter und Mütter der *Political Ecology* viele Begriffe selbst ohne klare Definitionen verwenden bzw. ihre Aussagen sich z.T. kontrovers gegenüberstehen (vgl. u.a. BLAIKIE 1994; BLAIKIE & BROOKFIELD 1987; WATTS 1993 und ESCOBAR 1996) ist hier noch einiger Reflexionsbedarf gegeben.

Da die geistigen Väter und Mütter der *Political Ecology* viele Begriffe selbst ohne klare Definitionen verwenden bzw. ihre Aussagen sich z.T. kontrovers gegenüberstehen (vgl. u.a. BLAIKIE 1994; BLAIKIE & BROOKFIELD 1987; WATTS 1993 und ESCOBAR 1996) ist hier noch einiger Reflexionsbedarf gegeben.

*Akteurs- und konfliktorientierte Mehrebenenanalyse*

Theoretische und definitorische Klarheit ist nicht nur für die Strukturierung der empirischen Analyse und die Ordnung des Blicks vor Ort von Nöten. Eine klarere Begriffsbestimmung ist auch für ein tiefergehendes Verständnis der wissenschaftstheoretischen Erklärungsziele der *Political Ecology* sowie ihre gesellschaftliche Relevanz wichtig. Beispielsweise ist die *Political Ecology* nicht das einzige Konzept, das Akteure, Konflikte oder die Verflechtung der geopolitischen Maßstabsebenen zu wichtigen Erklärungs- bzw. Untersuchungsvariablen erklärt. Ähnliche Analysekategorien und Hinweise auf Wechselwirkungen von der lokalen bis zur internationalen Ebene finden sich z.B. auch beim Bielefelder Verflechtungsansatz oder in handlungstheoretischen Ansätzen (vgl. u.a. WERLEN v. J.; REUBER 2000). Während ersterer der *Political Ecology* nahe steht, widersprechen die wissenschaftstheoretischen und normativen Grundlagen handlungstheoretischer Ansätze den Axiomen, die der *Political Ecology* zu Grunde liegen in elementaren Punkten. **Die *Political Ecology* löst die Dichotomie von Handlungen und Strukturen zur strukturellen Seite auf** (und ist damit ein implizit gesellschaftskritischer Ansatz)**, während der Forschungsfokus handlungsorientierter Ansätze** (auch wenn diese übergeordnete Rahmenbedingungen nicht negieren) **auf den individuellen Spielräumen bzw. den Handlungen von Individuen liegt.** Dadurch differieren auch die zugrundeliegenden Akteursbegriffe mit erheblichen wissenschaftstheoretischen Implikationen (siehe Kap. VI).

Da die leicht eingängliche Feststellung, dass Nationalstaaten angesichts weltweiter Verflechtungen von NGOs und Unternehmen keine adäquaten Bezugssysteme sind, sondern Konfliktlinien anders verlaufen, schnell aufgegriffen wird, wird die Wechselseitigkeit von lokalen und globalen Ereignissen z.B. heute in nahezu jeder Arbeit betont. Dabei bleibt aber oft unklar, welche theoretischen Grundannahmen gemacht werden und ob die Beziehungen handlungstheoretisch oder strukturorientiert betrachtet werden. GIDDENS' und WERLENS Betonung der Interdependenzen von lokalen und globalen Prozessen ist aber (wie sich nicht nur in ihren Bezügen zu PARSONS zeigt) in der Tradition der entwicklungspolitischen Modernisierungstheorien verankert, während ihre Betrachtung aus der Perspektive der *Political Ecology* von dependenztheoretischen Überlegungen durchdrungen ist.

Aufgrund dieses Mangels an theoretischer Differenz finden sich in der Literatur zahlreiche Beispiele[171], deren Autoren sich rhetorisch in der *Political Ecology* verorten, aber nur auf selektive Elemente wie die Akteurs- bzw. Konfliktorientierung oder die Verflechtung verschiedener Maßstabsebenen zurückgreifen, ohne die gesellschaftskritischen Elemente der *Political Ecology* zu berücksichtigen. Die zuweilen inhalts- und konturlose Verwendung der *Political Ecology* verwässert jedoch nicht nur ihren Erklärungswert, sondern auch ihre Funktion als "gesellschaftspolitisches Warnsystem" (KRINGS auf einem Seminar zur *Politischen Ökologie der Tropenwaldforschung,* WS 1995/96 am Institut für Kulturgeographie der Universität Freiburg).

Wenn die Akteursdifferenzierung sich z.B. auf eine Auflistung der Akteure beschränkt oder Konfliktanalysen von vornherein auf die Suche nach harmonisierenden Regelungsmechanismen reduziert werden, bleiben zentrale Forderungen der *Political Ecology* unberücksichtigt, keine schnellen technischen Lösungen zu repräsentieren, sondern "schwachen" Akteuren mehr politische Mitsprachemöglichkeiten zu schaffen (BRYANT & BAILEY 1997: 3ff). Allerdings unterscheidet sich die *Political Ecology* von den pauschalisierenden und generalisierenden Aussagen der globalen Imperialismus- und Dependenztheorien, indem sie sich von dogmatischen Schuldzuweisungen löst. Die Verhältnisse und Beziehungen zwischen Akteuren werden trotz der Strukturorientierung als zum Teil offen gesehen und sind daher immer auch fallspezifisch zu betrachten. Explizite Hinweise zu historischen und fallspezifischen Analysen finden sich in nahezu allen Standardwerken bzw. -artikeln[172] der *Political Ecology.*

**Raum-, Umwelt- und Ressourcenkonflikte werden weder naturdeterministisch noch gesellschaftsneutral betrachtet, sondern als Chiffre für die unterschiedliche Gestaltungs-, Verhinderungs- und Definitionsmacht der involvierten Akteure interpretiert** (vgl. SOYEZ 1997).

[171] Siehe u.a. WELTBANK 1999 (vgl. auch Kap. VI-4) sowie REUSSWIG (1999). Da die zunehmende Berufung auf das Analyseraster der *Political Ecology* z.T. auf der babylonischen Verwendungsvielfalt der Begriffe 'Politische Ökologie', 'politische Ökologie' oder *'Political Ecology'* beruht, sind eine Positionierung sowie eine explizite Herausarbeitung der zentralen Aussagen vonnöten, auch wenn nicht immer ganz klare Grenzen gezogen werden können (vgl. Kap. I-4).

[172] Hierzu gehören u.a. BLAIKIE (1985, 1994, 1995, 1999); BRYANT (1992, 1999); BRYANT & BAILEY (1997); ESCOBAR (1995); KRINGS (1996, 1997; 1998) sowie PEET & WATTS (1993; 1996). Weitere Autoren und Veröffentlichungen siehe Kap. I sowie ZEITSCHRIFT FÜR WIRTSCHAFTSGEOGRAPHIE, deren Ausgabe 3-4 (1999) unter dem Thema 'Politische Ökologie - Neue Perspektiven der geographischen Umweltforschung' stand.

*Soziale Dimensionen von Umwelt und Umweltveränderungen*

Die Konflikte, die die Untersuchungsregion der vorliegenden Arbeit kennzeichnen, gehen z.B. nicht auf eine naturdeterminierte Gold- oder Diamantenknappheit zurück, sondern auf unterschiedliche Wissenssysteme (hinsichtlich der Explorations- und Exploitationsmethoden) sowie gesellschaftlichen Regelungen hinsichtlich des Zugangs und der Nutzung der Bodenschätze. Das sozialwissenschaftliche Erkenntnisinteresse sollte von daher auf Ressourcenverfügbarkeiten ausgerichtet sein, die von unterschiedlichen Wissens- und Zugangssystemen abhängen, die bestimmte Akteure privilegieren und andere marginalisieren. Möglichen Einwänden, dass die intrasektorale Ressourcenknappheit nur zur Zeit noch nicht gegeben sei, bei einer Realisierung der staatlichen Planungen die vermuteten Lagerstätten aber in ca. 10 - 15 Jahren abgebaut seien, muss entgegnet werden, dass auch hier die soziale Funktion von Ressourcen die entscheidende Komponente konstituiert. Unabhängig von der natürlichen Ressourcenausstattung ist offen, ob technologische Fortschritte weitere Zugangs- und Verwertungsmöglichkeiten eröffnen, ob Gold und Diamanten in der Zukunft überhaupt noch ökonomisch relevant sind oder ob gesellschaftliche Interessen an anderen Naturelementen, den Bodenschätzen den "Status einer Ressource" nicht wieder entziehen. Dem Hinweis, dass das zentrale Problem, die ökologischen Auswirkungen des Gold- und Diamantenbergbaus auf andere Ressourcen seien, ist zu begegnen, dass auch deren "Knappheit" sozial definiert ist. Erst die Verwertungs- oder Schutzinteressen nationaler und internationaler Akteure definieren z.B. Waldverluste zu einem Problem. Angesichts des regionalen Waldreichtums verwundert es nicht, dass nur ein gutes Drittel der befragten *Mineros* die Wälder des Bundesstaates Bolívar als gefährdet betrachten, während knapp die Hälfte keine Gefährdung des regionalen Waldbestandes sehen (vgl. Kap. IV-5; IV-6). Das heißt nicht, dass es keine bergbaulichen Waldzerstörungen gibt. Es soll lediglich vermieden werden, die Bewertungen und Handlungen der *Mineros* in den Bereich des Irrationalen abzudrängen, sondern sie soweit wie möglich urteilsfrei neben der Perspektive stehen zu lassen, dass die Wälder des Bundesstaates Bolívar Gefahr laufen von "Eldorado plattgedrückt zu werden" (DAVIES in der EL NACIONAL 15.08.1997, siehe auch Kap. VI).

*Einbindung in die Postmoderne*

Aus der Akzeptanz verschiedener Handlungslogiken und der Suche nach verschiedenen Rationalitäten lässt sich die **doppelte Einbindung der *Political Ecology* in die Postmoderne** ablesen. Einerseits drückt sie bereits eine postmoderne Haltung aus, andererseits trägt sie zur ihrer Entfaltung bei. Der z.T. überstrapazierte Begriff der Postmoderne wiederum lässt sich nach DEAR (1988: 265) als "eine Revolte gegen die Rationalität [bzw. die Epistemologie] der Moderne" charakterisieren.

Letztere ist ihm zufolge durch die Suche nach einer universalen Wahrheit, ausschließlichen Erklärungen und unilinearen Entwicklungsmustern geprägt. So ist die Postmoderne aus der Kritik an der zu rigiden Überzeugung, dass es eine universale Wahrheit und alles erklärende Erfassungsmethoden gibt, entstanden. Postmoderne im Sinne von DEAR bedeutet dann, als "wahr" gesetzte Fakten, Erklärungsmuster und Metadiskurse auf ihren normativ-ideologischen Gehalt und ihre *Status quo* erhaltenden Funktionen zu hinterfragen und zu dekonstruieren. **Für die *Political Ecology* bedeutet dieser Bezug zu postmodernen Konstruktivismusdebatten, ihr Augenmerk neben der Analyse materieller Umweltveränderungen darauf auszurichten, wie und von wem Umweltwissen produziert und repräsentiert wird, wie Umweltveränderungen erklärt und gedeutet werden und "autoritatives "Expertenwissen" immer wieder in Frage zu stellen** (vgl. BLAIKIE 1999). Mit genau diesen Fragen hat sich z.B. die Situiertheit der gängigen Repräsentationen und des weltweit kursierenden Bildes des informellen Bergbaus in ganz bestimmten Wirtschafts-, Gesellschafts- und Denkmodellen nachzeichnen lassen.

*Baustein Konstruktivismus*

Wenn der Konstruktivismus nicht darauf zielt, zu untersuchen, was ist, sondern die akteursspezifischen Bilder, Wahrheiten, Sichtweisen und Perspektiven von den Objekten (einer Natur, einer Umweltveränderung usw.) zu erfassen (vgl. insbes. Kap. VI), setzt sie sich die Aufgabe, diese verschiedenen Realitäten und Handlungslogiken zu erfassen. Hier tun sich für eine politisch-ökologische Analyse einige praxisrelevante Schwierigkeiten auf. Abgesehen von Problemen des empirischen Zugangs zu den vielfältigen Denk- und Handlungsmustern der Forschungssubjekte stellen sich auch Interpretationsprobleme. Zugangsprobleme zu akteursdifferenzierten Logiken zeigen sich in dieser Arbeit zum Beispiel in der Analyse der Legitimations- und Durchsetzungsstrategien der Akteure des industriellen Bergbaus. Nicht nur, dass der Zugang zu zentralen Informationen z.T. verweigert wurde, auch die aus analytischer Sicht[173] an sich interessante Unterscheidung nach intendierten oder eher unbewussten bzw. strukturdeterminierten Handlungen und Strategien konnte nur selten beantwortet werden. Interpretations- und Auswertungsprobleme tun sich auch auf Grund der explizit immer gegebenen Subjektivität des Forschers bei der Gegenüberstellung verschiedener Perspektiven, Rationalitäten und Handlungslogiken auf.

[173] Die aus analytischer Perspektive interessante und spannende Trennung von intendierten Strategien auf der einen Seite und unbewussten Handlungen bzw. Rahmungen auf der anderen Seite würde allerdings wiederum der Kernaussage des Diskursbegriffs diametral gegenüberstehen (s.u.). Denn der Diskurs (im Sinn von FOUCAULT) zeichnet sich gerade durch seine unauflösbare Verquickung vielfältiger, objektivistischer Rahmungen und partikulärer, subjektivistischer Bestrebungen des Machtgewinns bzw. -erhalts aus.

Durchdrungen von eigenen Denk- und Wertvorstellungen kann sich kein Wissenschaftler von Sympathien bzw. Antipathien für die ein oder andere Akteursgruppe sowie von eigenen diskursiven Bindungen freisprechen. **Vor allem aber die zentrale Forderung der *Political Ecology* "autoritatives Expertenwissen" zu hinterfragen, verlangt nach permanenter Reflexion der eigenen Erkenntnisse und Aussagen.** Die Hinterfragung der eigenen Sichtweise und die Wahl der angewandten Methoden, Variablen und Begrifflichkeiten (vgl. u.a. BRYANT 1992; ESCOBAR 1995) bedeutet für die Forschungspraxis einen immensen zeitlichen Mehraufwand. So lässt sich aus den Erfahrungen des Graduiertenkollegs *Sozioökonomie der Waldnutzung in den Tropen und Subtropen* das persönliche Fazit ziehen, dass die Bereicherung des theoretischen Gedankenaustauschs und die Unerträglichkeit nie endender Diskussionen - um es im Jargon der Dependenztheoretiker zu formulieren - zwei Seiten ein und derselben Medaille sind.

*Baustein Diskursanalyse*

Die Hinterfragung von "autoritativem Expertenwissen" leitet über zu diskursorientierten Analysen, die als eine gesonderte konstruktivistische Methode zu betrachten sind. Das erste Problem stellt sich hier bereits durch heterogene und widersprüchliche Definitionen des Diskursbegriffes (vgl. u.a. DEAR 1988; FOUCAULT v. J.; ESCOBAR 1995, 1996; SCOTT 1995: 185), deren Widersprüchlichkeiten nicht immer sofort zu erkennen sind und leicht zu irreführenden Analysekategorien führen können. **Meint Diskurs im Sinne von FOUCAULT** (1974; 1996) **die Konstituierung der Wahrheit mittels der Sprache, sozialer Praktiken und gegebener Machtverhältnisse, muss sich eine Diskursanalyse auf die Dekonstruktion dieser Wahrheiten und gesellschaftlichen Machtbeziehungen richten.** Aber auch der so definierte Anspruch einer Diskursanalyse konfrontiert die empirische Forschungspraxis der *Political Ecology* mit zwei nicht immer lösbaren Problemen.

Das erste Problem liegt darin, dass durch die inhaltliche Reichweite des Diskursbegriffes (vgl. FLITNER 1998 91) zwangsläufig sehr breit angelegte Untersuchungsfelder in die Analyse einbezogen werden müssen. In dieser Arbeit wurde z.B. aufgezeigt, dass die bergbaulichen Entwicklungen in Venezuela in eine Vielzahl von Verhandlungsfeldern eingebunden sind, die von der lokalen bis zur internationalen Ebene reichen. Gängige Bilder des informellen Bergbaus in Venezuela gehen selten auf eigene Anschauungen und Erfahrungen zurück, sondern generieren sich, wie insbesondere in Kapitel VI demonstriert wurde, aus zahlreichen lokalitätsfernen Zusammenhängen.

Neben national- oder privatwirtschaftlichen Interessen an den Bodenschätzen sind auch zentralistische Raumordnungsbilder und Harmoniediskurse sowie internationale Biodiversitäts- und Waldschutzdebatten zentrale Konstitutive für das Negativimage des informellen Bergbaus. **Dass die Wirkungen dieser Bindungen meist sehr subtil sind, v.a. direkte Kausalitäten oft nur schwer greifbar und noch seltener eindeutig nachweisbar sind, konfrontiert die *Political Ecology* mit Fragen nach der empirischen Überprüfbarkeit ihrer Aussagen - sollte aber ein Weiterdenken nicht verhindern.** Konfliktfelder, die die bergbaulichen Entwicklungen im Bundesstaat Bolívar berühren, in dieser Arbeit aber nur skizziert oder am Rande erwähnt wurden, betreffen z.B. die juristischen Regelungen des Bergbaus, Wechselwirkungen mit dem globalen Goldhandel sowie seine Bewertung aus Sicht von Umwelt- und Menschenrechtsgruppen im globalen Maßstab. Auch eine Analyse, die sich ausschließlich mit der Rolle des Energie- und Bergbauministeriums und der CVG auseinander setzen würde, wäre mit Sicherheit fruchtbar. So lässt sich die vorliegende Arbeit als thematisch-regionaler Einstieg bzw. Gesamtüberblick interpretieren, aus dem sich eine Reihe spezifischerer Analysen ableiten ließen.

Das zweite Problem einer Diskursanalyse, stellt sich dadurch, dass empirische Fallstudien der *Third World Political Ecology* häufig in fremdsprachlichen Kontexten verortet sind. Diskursorientierte Untersuchungen sind so in nicht unerheblichem Umfang Grenzen durch die Sprache und deren kognitiven Bindungen gesetzt. Während DEAR (1988: 266) explizit die Sprache als hegemoniales Instrument bezeichnet und das zentrale Anliegen einer postmodernen Analyse darin sieht, zu untersuchen wie Sprache zur Durchsetzung bzw. Aufrechterhaltung bestimmter Paradigmen, Diskurse oder Machtasymmetrien eingesetzt wird, werden die Mechanismen der Machtgenerierung im Konzept der *Political Ecology* weiter gefasst. Macht wird weder eindimensional in der ökonomischen, politischen und/oder kulturellen Sphäre verortet noch klar ausweisbaren Machtträgern oder Praktiken zugeordnet. Menschen sind weder unterworfene Objekte noch souverän handelnde Subjekte, sondern stehen im Schnittpunkt vielfältiger multipler Machtbeziehungen, die von ihnen generiert werden, denen sie aber umgekehrt auch unterworfen sind. So schlägt Macht sich weder ausschließlich in objektiv nachweisbaren Strukturen noch in der Sprache nieder, sondern manifestiert sich v.a. in komplexen, diskursiv verwobenen Situationen und gesellschaftlichen Verhältnissen (vgl. FOUCAULT 1996: 29 ff). Dementsprechend lässt sich der Diskursbegriff nicht auf die Sprache reduzieren. Trotzdem darf ihre Bedeutung als *eine* Praktik der Produktion von "Wahrheit" nicht unterschätzt werden (vgl. PEET & WATTS 1996).

Am Beispiel der vorliegenden Arbeit lässt sich demonstrieren, dass sich viele venezolanische Ausdrücke, obwohl es deutsche Synonyme gibt, nicht übersetzen lassen, ohne sie aus ihren emischen und kognitiven Kontexten herauszuholen und mit fremden Bedeutungen zu belegen. Beispiele sind die Begriffe *Minero* und *Politicos. Minero* lässt sich weder mit Bergmann noch mit Gold- bzw. Diamantengräber übersetzen, weil der 'Bergmann' im deutschen Sprachraum ein völlig anderes Bild generiert. Die Bezeichnungen 'Gold- bzw. Diamantengräber' wiederum würden den im informellen Bergbau verbreiteten Einsatz von Maschinen ausblenden. *Politicos* heißt wörtlich übersetzt 'Politiker', der Begriff wird in Venezuela aber weit häufiger als im Deutschen als Schimpfwort für korrupte Politiker verwandt. Derartige Begriffsinhalte sind nicht immer erkennbar und laufen Gefahr übersehen zu werden. Subtiler und kritischer wird es bei Begriffen und ihren emotionalen Aufladungen wie 'vaterländisches Erbe', bei bestimmten Satzstellungen und Bezügen zu historischen Prozessen, deren normativer Gehalt dem *space invader* nicht immer zugänglich ist. Zu vielen Begriffen einer untersuchten Gesellschaft besteht auch überhaupt kein kognitiver Zugriff. Das Denkraster einer in Deutschland aufgewachsenen und im deutschen Universitätssystem ausgebildeten Wissenschaftlerin versperrt sich quasi automatisch für die Bedeutungen, die *Mineros* dem Vogel oder der Pflanze *Minero* als Standortanzeiger für Gold (vgl. Kap. IV-6.2.2) oder spiritistischen Sitzungen zusprechen. Gestaltet sich eine Diskursanalyse schon im eigenen gesellschaftlichen Kontext als schwer lösbare Aufgabe, stößt sie in fremdländischen Kontexten deutlich früher an ihre Grenzen.

*Bedeutung der Political Ecology für die Geographie*

**Für die Geographie als Wissenschaftsdisziplin enthält das Gedankengebäude der *Political Ecology* im Wesentlichen drei mögliche Konsequenzen**[174]. **Erstens** bedeutet der wissenschaftstheoretische Verzicht auf eine universale Wahrheit, dass auch Räume und Landschaften (als zentrale Forschungsobjekte der Geographie) nicht mehr als etwas objektiv Gegebenes und mit den geographischen Methoden neutral inventarisier- und wiedergebbares aufgefasst werden können, sondern als situierte Konstrukte gesellschaftlicher Interessen verstanden werden müssen.

174 Auch wenn es sich bei der *Third World Political Ecology* um einen Ansatz der Entwicklungsländerforschung handelt, müssen sich ihre Ideen keineswegs auf die geographische Entwicklungsforschung beschränken, sondern können auch im Rahmen einer übergeordneten Sozialgeographie diskutiert werden. An dieser Stelle soll auch erneut explizit darauf hingewiesen werden, dass viele Ideen und Perspektiven der *Political Ecology* aus anderen Ansätzen der Gesellschafts-, Umwelt- und Entwicklungsforschung (siehe Kap. I) aufgegriffen wurden, die Leistung der *Political Ecology* also in erster Linie in der Zusammenführung verschiedener Denkansätze für die Erklärung des Verhältnisses von Gesellschaft und Umwelt besteht. Das heißt, dass Implikationen für die Geographie, die hier der *Political Ecology* zugeschrieben werden bzw. aus ihr abgeleitet werden, auch aus ganz anderen Richtungen auf die Geographie einwirken bzw. auch aus ihr selbst heraus z.T. bereits formuliert wurden (siehe u.a. DEAR 1988; LACOSTE 1990, FITZSIMMONS 1989).

Damit verschiebt sich auch die Funktion des "geographischen Expertenblicks". Denn eine Raumanalyse bedeutet dann, dass es nicht nur darum gehen kann, die räumlich-manifeste Raumstruktur zu erfassen und ableitbare Voraussagen zu extrahieren, sondern auch akteursspezifische Perspektiven bzw. Raumrealitäten zu erfassen. Das heißt, dass sich die Sozialgeographie viel deutlicher als bisher von empirielastigen Inventarisierungen und Kartierungen 'objektiv gegebener' naturgeographischer Raumausstattungen oder sozialgeographischen Raumstrukturen lösen müsste, "der Raum" dagegen weit mehr darauf hinterfragt werden muss, welche Bedeutungen ihm von den einzelnen Akteuren zugeschrieben werden und wie er für akteursspezifische Interessen instrumentalisiert wird. Dieser potenzielle "Paradigmenwechsel", der eine Verschiebung des geographischen Forschungsinteresses vom Raum als Objekt zu den sozialen Zugriffen auf den Raum bedeuten würde, wird seit den 1980er Jahren in verschiedener Form in der Geographie diskutiert. Das eigene empiriedominierte Geographiestudium in den 1980 und 1990er Jahren sowie kontroverse Auseinandersetzungen, die diese Forderungen mit Vertretern der angewandten Geographie auslösen, nähren jedoch den Eindruck, dass die Diskussion bis heute nicht überholt ist.

*Aufgabe "objektiver" Raumbilder zugunsten der Differenzierung akteursspezifischer Zugriffe auf den Raum*

**Zweitens** erfordert das skizzierte Verständnis von Wissenschaft und Raum eine wissenschaftstheoretische Reflexion des geographischen Selbstverständnisses. Denn der wissenschaftliche Blick auf "den" Raum oder eine Umweltveränderung kann nicht mehr einfach als geschulter (und damit quasi objektiver) Tatsachenblick auf gegebene Fakten begriffen werden. Vielmehr muss er auch als ein spezifischer soziokultureller Zugriff auf "den Raum" und die sich in ihm manifestierenden Umweltveränderungen interpretiert werden. Mit der Relativierung des "geographischen Tatsachenblicks" zu einer Perspektive, die nicht minder kontextgebunden oder situiert ist als die Wahrnehmungsperspektiven der "Forschungssubjekte", würde die Geographie nicht nur einen wichtigen Schritt zur Aufbrechung wissenschaftlicher Dogmen tun und "schwachen Akteuren", deren Perspektiven und Interessen sich den dominierenden wissenschaftlichen Erklärungsansätzen entziehen, neue Artikulationsmöglichkeiten eröffnen. Aus der "Degradierung" des wissenschaftlichen Zugriffs auf einen Raum bzw. eine Umweltveränderung zu einer gleichberechtigten Perspektive neben den Perspektiven der untersuchten Akteure, leitet sich auch ab, dass die wissenschaftliche Perspektive ebenso kritisch auf ihre Aussagen und Wirkungen zu analysieren ist, wie die der "eigentlichen" Forschungssubjekte. Denn auch geologische oder vegetationsgeographische Karten geben nicht nur einen selektiven und partiellen Zugriff auf Raum, Natur und Umweltveränderungen wieder, sondern gehen auch höchst wirkungsvoll in die Aushandlungsprozesse von Raum, Natur und Umweltveränderungen ein (siehe Fallbeispiel *Reserva Forestal Imataca*).

*Hinterfragung des eigenen geographischen Tatsachenblicks*

*Erkennen der gesellschaftlichen Ein- und Auswirkungen der Geographie*

So besteht der **dritte Impuls** der *Political Ecology* für die Geographie darin, sich deutlicher für die Erkenntnis zu öffnen, dass auch geographische Theorien und Modelle, gesellschaftspolitischen Einflüssen unterliegen und gesellschaftlichen Machtasymmetrien nie neutral gegenüberstehen, sondern sie akteursspezifisch stärken oder schwächen. In einer Geographie, die ihre Daseinsberechtigung immer noch häufig in der graphischen Raumdarstellung sucht oder diese Funktion von außen zugesprochen bekommt, ist eine Vertiefung dieser Diskussion überfällig. (Innerhalb des Graduiertenkollegs *Sozioökonomie der Waldnutzung in den Tropen und Subtropen* wurde die Aufgabe der beteiligten Geographinnen z.B. häufig darin gesehen, Karten zu produzieren und für die anderen Wissenschaftsdisziplinen zur Verfügung zu stellen. Von venezolanischer Seite wurden v.a. GIS-Kenntnisse erhofft, um den Waldreichtum kartographisch zu präsentieren und indigene Lebens- und Aktionsräume für anstehende Demarkierungsprojekte auszuweisen. Die Reduktion der Geographie auf die Visualisierung des Raums und die interessenspezifische Instrumentalisierung geographischer Methoden und Repräsentationstechniken treten offen zutage.) Hier zeigen sich durchaus Gemeinsamkeiten mit den sozialgeographischen Regionalisierungsansätzen von WERLEN, dessen handlungstheoretische Fokussierung in der Arbeit häufiger herangezogen wurde, um Positionen der *Political Ecology* zu verdeutlichen. Angesichts der Vielzahl und Vielfalt sozialer Ungerechtigkeiten, die sich in Raum- und Umweltveränderungen mit ihren akteursspezifischen Effekten niederschlagen, sollte die zentralere Frage lauten, wie gesellschaftliche Teilgruppen den Raum zur Erhaltung des *Status quo* instrumentalisieren - und welchen Beitrag die Geographie hier leistet. Denn nicht nur ist die "Gestaltung und Nutzung des Raumes [...] abhängig von Interessen, für deren Realisierung Macht notwendig ist" (OßENBRÜGGE 1983: 60), die "Herrschaft über den Raum ist [auch heute noch] eine der privilegiertesten Formen von Herrschaftsausübung" (BOURDIEU 1991: 30).

Somit sind geographische Erklärungsmodelle des Raums nie von seiner Beherrschbarkeit zu trennen und deshalb immer auf ihre gesellschaftstheoretischen Grundpositionen zu hinterfragen. Wissenschaft und Gesellschaft, Objektivität und Subjektivität stehen längst nicht in der einfachen Opposition zueinander, wie die eingangs aufgeworfene Beschreibung der *Political Ecology* als einer bewusst normativen Wissenschaft eventuell denken lässt. Vielmehr zeigt sich, dass FOUCAULTs Betonung, dass die Wahrheit Bestandteil der Macht ist und die Wissenschaft damit eine Makropraktik der Machtgenerierung darstellt, auch für die Geographie gilt.

## Literaturverzeichnis


ACOSTA, N. (1996): Los cambios en la realidad regional. Implicacionces y desafios para la planificación y el desarrollo regional. El caso de la región Guayana. Ciudad Guayana

ADORNO, T.W. (1962): Zur Logik der Sozialwissenschaften. In: *KZfSS 14*: 249-263

ADORNO, T.W. (1969): Der Positivismusstreit in der deutschen Soziologie. Luchterhand. Neuwied

AGRICOLA, G. (1556/1977): Zwölf Bücher vom Berg- und Hüttenwesen. Deutscher Taschenbuch Verlag. München

AICHER, C. & GRIMMIG, M. & MÜLLER, B. (1998): The Imataca Forest Reserve: Just another one bites the golden dust? *I.d.R. Sefut Working Paper 2*. Univ. Freiburg. Freiburg i.Br.

AICHER, C. (2002): Forstpolitik in Venezuela. Vom Misserfolg erfolgreicher Politik. Diss. a.d. TU Dresden

ALLEN, E. (1992): Caalha Norte: military development in Brazilian Amazonia. In: *Development and Change* 23: 71-100

ALLY, R. (1994): Gold and empire: the Bank of England and South Africa's gold producers; 1886-1926. Witwatersrand Univ. Press. Johannesburg

ALVARADO TABATA, Y. (1992): Plan de inversiones y ordenación del territorio: la negación de la descentralizacion? In: *Revista Geográfica venezolana* Vol. 33 (1). Merída: 51-94

ALVARADO TÁBATA, Y. (1995): Planificación Ambiental, Ordenación del Territorio y Descentralización. In: LOPEZ, J. ET AL. (Hrsg.) (1995): Vigencia y Perspectivas de la Planificación en Venezuela. *Cendes*. Caracas: 109- 135

ALVAREZ, L. (1995): Estudio sobre la contaminación mercurial de las localidades "Bochinche" (Estado Bolívar) y "La Planda" (Estado Delta Amacuro). Examensarbeit an der Chemischen Fakultät der UDO. Ciudad Bolívar

ALTVATER, E. (1987a): Sachzwang Weltmarkt. Verschuldungskrise, blockierte Industrialisierung, ökologiche Gefährdung - der Fall Brasilien. VSA-Verlag. Hamburg

ALTVATER, E. (1987b): Ökologische und ökonomische Modalitäten von Zeit und Raum. In: Prokla (67) 2: 35-54.

ALTVATER, E. (1992): Der Preis des Wohlstands oder Umweltplünderung und neue Welt(un)ordnung. Münster

AMCONGUAYANA (AMBIENTE CONSULTORES E INVERSIONES GUAYANA) (1993): Estudio del impacto ambiental para la explotación de oro de aluvión en la Concesión Albino Uno. Ciudad Bolívar (unver.)

AMCONGUAYANA (AMBIENTE CONSULTORES E INVERSIONES GUAYANA) (1996): Compatibilidad entre la ordenación y manejo forestal y la explotación minera en el Sector Sur de la Reserva Forestal Imataca. Ciudad Bolívar (unver.)

AMELUNG, T. ET AL. (1992): Deforestation of Tropical Rain Forests: economic causes and impact on development. I.d.R. *Kieler Studien 241*. Mohr. Tübingen

AMEND, S. (1990): Der Nationalpark "EL Avila". Bedeutungswandel und Managementprobleme einer hauptstadtnahen Region in Venezuela. I.d.R.: Mainzer *Geographische Studien 33*. Geogr. Inst. der Johannes-Gutenberg-Univ.. Mainz

AMEND, T. (1990): Marine und Litorale Nationalparks in Venezuela; Anspruch, Wirklichkeit und Zukunfts-perspektiven. I.d.R. *Mainzer Geographische Studien 32*. Geogr. Inst. der Johannes-Gutenberg-Univ.. Mainz

AMORER, E. (1991): El Régimen de la explotación minera en la Legislación Venezolana. I.d.R.: *Colección Estudios juridicos 45*. Editoral Juridica Venezolana. Caracas

AMORER, E. (1997): Régimen jurídico de la explotación minera en el marco fronterizo. Caracas (unver. Bericht der Procuraduría General de la Republica. Dirección de Asuntos Mineros, Petroleros y del Ambiente)

ANTE, U. (1981): Politische Geographie. Westermann-Verlag. Braunschweig

ANTILLANO, L. (1996): Fronteras y PRODESUR. Ponencia presentada en el 1° Congreso Nacional de Fronteras. 18.- 20.09.1996. Caracas (unver. Manuskript)

ARAUJO, E. M. (1978): Aspectos geológicos-mineros del oro en Venezuela. In: *El Minero 2*: 2-4

ARNOLD, H. (1998): Kritik der sozialgeographischen Konzeption von Benno Werlen. In: *Geographische Zeitschrift 3*: 135-157

ASHOFF, G. (1992): Wirtschaftspolitik in Venezuela 1973-1992: Von der Erdölbonanza zur sozioökonomischen Krise und Strukturanpassung. In: *Lateinamerika. Analysen-Daten-Dokumentation* 9 (21). Hamburg: 17-55

ASSAD & NEYZI (1986): Locating the Informal Sector in History: A Case Study of the Refuse Collectors of Cairo. München

ATKINSON, A. (1991): Principles of Political Ecology. Belhaven. London

AUFHAUSER, E. & WOHLSCHLÄGL, H. (Hrsg.) (1997): Aktuelle Strömungen der Wirtschaftsgeographie im Rahmen der Humangeographie. I.d.R. *Beiträge zur Bevölkerungs- und Sozialgeographie 6*. Inst. für Geographie Wien. Wien

AUTY, R. (1998): Social sustainability in mineral-driven development. In: *Journal of International Development 10*: 487-500

AVO (ASOCIACIÓN VENEZOLANA DEL ORO) (Hrsg.) (1994): III Simposio Internacional del oro en Venezuela. Caracas

AZCUE, J. (1999) (Hrsg.): Environmental Impacts of Mining Activities. Emphasis on Mitigation and Remedial Measures. Springer Verlag. Berlin. Heidelberg. New York

BANURI, T. & MARGLIN, F.A. (1995): Who will save the forests? Knowledge, power and environmental destruction. Zed Books. London

BAPTISTA, G. (o.J.): Los despositos diamtiferos de la Guayana Venezolana y su industría extractiva por el sistema de libre aprovechamiento. - In: *IV Congreso Geologico Venezolano: 2500 - 2509*

BARLEY, N. (1990): Traumatische Tropen. Notizen aus einer Lehmhütte. Klett-Cotta. Stuttgart

BARRIOS, S. (1974): La evolución reciente de Venezuela a la luz de las teorías de Perroux. (*CENDES*-interner Druck eines Seminarvortrages in Venedig). Caracas

BARRIOS, S. (1976): Sobre la construcción social del espacio. Centro de Documentación del *Cendes,* Archivnr. 80-D004886. Caracas

BARRIOS, S. (1984): Realidades y mitos de la descentralización gubernamental. In: *Revista Cuadernos del CENDES 4*. Caracas: 167-175

BARTON, J. (1997): A Political Geography of Latin America. Routledge. London. New York

BARZETTI, V. (1993) : Parques y progreso. Areas protegidas y desarrollo económico en America Latina y el Caribe. Washingtion D.C.

BASSETT, T. J. (1988): The political ecology of peasant-herder conflicts in the northern Ivory Coast. In: *Annals of the Association of American Geographers 78*: 453-472

BÖGE, V. (1998): Bergbau - Umweltzerstörung - Gewalt. Der Krieg auf Bougainville im Kontext der Geschichte ökologisch induzierter Modernisierungskonflikte. I.d.R.: *Kriege und militante Konflikte 8*. Lit Verlag. Hamburg

BCV (BANCO CENTRAL DE VENEZUELA) (1997): Informe Económico. Caracas

BECERRA DURÁN, W. J (1996): Informe de Fotointerpretación del área de Botanamo - Reserva Forestal de Imataca. (Unver. Auftragsarbeit von Greenwich Resources Venezuela, S.A.)

BECKER, E. (1997): Sozial-ökologische Transformation. Anmerkungen Zur Politischen Ökologie der Nachhaltigkeit. In: *E + Z. 38 (1)*: 8-11

BERRY ET AL. (1995): Flora of the Venezuelan Guayana, Vol. 1: Introduction. Timber Press. Oregon

BIDWELL, J. (1948): In California before the Gold Rush. Ward Ritchie Press. Los Angeles

BIRK, H. (1998): Ist Helfen unmoralisch? Wie eine falsche Theorie überlebt: Vor zweihundert Jahren stellte Thomas Robert Malthus Das "Bevölkerungsgesetz" auf. In: *FAZ 04.03.1998*

BIRLE, P. (1991): Staat und Bürokratie in Lateinamerika. Die aktuelle Diskussion über Planung und Dezentralisierung. In: MOLS, M. & BIRLE, P. (Hrsg.): Entwicklungsdiskussion und Entwicklungspraxis in Lateinamerika und Südostasien. I.d.R. *Politikwissenschaftliche Perspektiven 1*. Lit Verlag. Münster. Hamburg: 57-95

BLACK, R. (1990): 'Regional political ecology' in theory and practice: a case study from northern Portugal. In: *Trans. Inst. Br. Geogr. N.S. 15*: 35 - 47

BLAIKIE, P. & BROOKFIELD, H. (Hrsg.) (1987): Land Degradation and Society. Methuen. London

BLAIKIE, P. (1985): The political economy of soil erosion in developing countries. Longman. London

BLAIKIE, P. (1989): Natural resource use in Developing Countries. In JOHNSTON, R.J. & TAYLOR, P.J. (Hrsg.): A world in crisis? Oxford

BLAIKIE, P. (1994): Political Ecology in the 1990s: An evolving view of nature and society. In: *CASID Distinguished Speaker Series 13*. Michigan State University. USA

BLAIKIE, P. ET AL. (1994): At risk. Natural hazards, people's vulnerability, and disasters. Routledge. London. New York

BLAIKIE, P. (1995): Changing environments or changing views? A political ecology for developing countries. In: *Geography* 80 (3): 203-214

BLAIKIE, P. (1999): A review of Political Ecology. In: *Zeitschrift für Wirtschaftsgeographie 3-4*: 131-147

BLAUT, J.M. (1993): The colonizer's model of the world: Geographical diffusionism and eurocentric history. Guilford Press. London

BMZ (1992a): Sektorkonzept Tropenwald. Grundsätze für die Planung und Durchführung von Vorhaben und Maßnahmen zur Walderhaltung und Forstentwicklung im Rahmen der bilateralen entwicklungspolitischen Zusamenarbeit. I.d.R.: *Entwicklungspolitik aktuell 014*. Bonn

BMZ (1992b): Umwelt und Entwicklung. Bericht der Bundesregierung über die Konferenz der Vereinten Nationen für Umwelt und Entwicklung im Juni 1992 in Rio de Janeiro. Id.R.: Materialien. Nr. 84. Bonn

BMZ (1995a): Länderkurzbericht Venezuela. Stand 06.01.1995. (unver,.internes Arbeitspapier). Bonn

BMZ (1995b): Länderbericht Venezuela. Stand 06.01.1995. (unver., internes Arbeitspapier). Bonn

BMZ (1995c): Tropenwalderhaltung und Entwicklungszusammenarbeit. I.d.R.: *Entwicklungspolitik aktuell 052*. Bonn

BOECKH, A. & HÖRMANN, M. (1992): Venezuela. In: NOHLEN, D. & NUSCHELER, F. (Hrsg.): Handbuch der Dritten Welt. Vol. 2. Südamerika: 510-536

BOESLER, K.-A. (1969): Kulturlandschaftswandel durch raumwirksame Staatstätigkeit. In: Abhandlungen des Ersten Geographischen Instituts der Freien Universität Berlin 12. Reimer Verlag. Berlin (dt.)

BOHLE, H.-G. (1988): "Fragwürdigkeiten" geographischer Feldforschung in den Tropen am Beispiel südindischer Subsistenzsysteme. In: *Giessener Beiträge zur Entwicklungsforschung 16*. Giessen

BOHLE, H.-G. (Hrsg.) (1993): Worlds of pain and hunger: geographical perspectives on disaster vulnerability and food security. I.d.R.: *Freiburger Studien zur Geographischen Entwicklungsforschung 5*. Breitenbach Verlag. Saarbrücken. Fort Lauderdale

BOHLE, H.-G. (1994): Dürrekatastrophen und Hungerkrisen. Sozialwissenschaftliche Perspektiven geographischer Risikoforschung. In: *GR 46 (7/8):* 400-407

BOISIER, S. (1990): Territorio, Estado y sociedad: Reflexiones sobre descentralisación y desarrollo regional en Chile. Santiago de Chile

BOISIER, S. (1994): La construcción social de regionalismo latinoamericano. Escenas, discursos y actores. In: *Revista les CLAD. Reforma y Democracia 2*. Caracas: 193-222

BOLTON, H. E. (1917): The Mission in the Spanisch-American Colonies. In: *The American Historical Review 23 (1)*: 42-61

BORCHERDT, Ch. ET. AL. (1973): Geographische Untersuchungen in Venezuela. I.d.R.: *Stuttgarter Geographische Studien 85*. Geographisches Institut der Universität Stuttgart. Stuttgart

BORCHERDT, Ch. (Hrsg.) (1985): Geographische Untersuchungen in Venezuelas II. I.d.R.: *Stuttgarter Geographische Studien 103*. Geographisches Institut der Universität Stuttgart. Stuttgart

BORCHERDT, Ch. (1988): Ciudad Guayana. Industriestadt im südöstlichen Venezuela. In. *GR 40* (11): 35-41

BORCHERDT, Ch. (Hrsg.) (1992): Beiträge zur Landeskunde Venezuelas III. I.d.R.: *Stuttgarter Geographische Studien 118*. Geographisches Institut der Universität Stuttgart. Stuttgart

BOURDIEU, P. (1991): Sozialer Raum und "Klassen". I.d.R.: *Suhrkamp-Taschenbuch Wissenschaft 500*. Suhrkamp. Frankfurt/Main

BOS NIEUWSLETTER (1996): The Guyana Shield. Recent Developments and Alternatives for Sustainable Development. In: *Bos Nieuwsletter 15,2 (34)*. Holland

BOTTOME, R. (1994): La fiebre del oro en Guayana: Recuperando el tiempo perdido. In: *VenEconomía 3*: 24-33

BOWMAN, I. (1926): The scientific study of settlement. In: *Geographical Review 16 (1)*: 641-653

BOWMAN, I. (Hrsg) (1931a): The pioneer fringe. New York

BOWMAN, I. (Hrsg) (1931b): Pioneer settlement. Cooperative Studies by twenty-six Authors. *American Geogr. Society. Special Publications 14*. New York

BOWMAN, I. (Hrsg) (1931c): Planning in pioneer settlement. In: *Annals of the Association of American Geographers 22*: 93-107

BOWMAN, I. (1937): Limits of Land Settlement. A Report on Present Day Possibilites. Council of Foreign Relations. New York

BREWER CARIAS, A. ET AL. (1990): Ley Orgánica de Régimen Municipial comentada. Editorial Venezolana. Caracas

BROAD, R. & CAVANAGH, J. (1993): Plundering Paradise: The Struggle for the Environment of the Philippines. University of California Press. Berkeley

BRONGER, D. (1985): Probleme regionalorientierter Entwicklungsländerforschung: Interdisziplinarität und die Funktion der Geographie (Originalbeitrag: 1974). In: SCHOLZ, F. (Hrsg.): Entwicklungsländer. Beitrag der Geographie zur Entwicklungsforschung. I.d.R.: *Wege der Forschung 533*. Wissenschaftl. Buchgesellschaft. Darmstadt: 117-138

BROOKS, W.E. ET AL. (1995): Gold and diamond resources of the Icabarú Sur study area, Estado Bolívar, Venezuela. In: SIDDER, G.B. ET AL. (Hrsg.): Geology and mineral deposits of the Venezuelan Guayana Shield. *U.S. Geological Survey Bulletin 2124*. United States Government Printing Office. Washington: L1-L9

BROWDER, J. & GODFREY, B. (1997): Rainforest cities. Urbanization, development, and globalization of the Brasilian Amazon. Columbia University Press. New York

BROWN, R. & DANIEL, P. (1991): Environmental issues in mining and petroleum contracts. In: *IDS Bulletin 22 (4)*: 45-49

BRYANT, D. ET AL. (1997): The last frontier forests. Ecosystems & economies on the edge. World Resources Institute. Washington

BRYANT, R. (1992): Political ecology. An emerging research agenda in third world studies. In: *Political Geography* 11 (1): 12-36

BRYANT, R. (1997): The Political Ecology of forestry in Burma, 1824-1994. Hurst & Company. London

BRYANT, R. (1999): A Political Ecology for developing countries? In: *Zeitschrift für Wirtschaftsgeographie 3-4*: 148-157

BRYANT, R. & BAILEY, S. (1997): Third world political ecology. Routledge. London/New York

BRYANT, R. & PARNWELL M.J.G. (1996): Environmental change in South-East Asia: People, politics and sustainable development. Routledge. London

BUFALO, E. (1993): Neoliberale Anpassung und struktureller Wandel in Venezuela. In: DIRMOSER, D. ET AL. (Hrsg.): Markt in den Köpfen. I.d.R.: *Lateinamerika. Analysen und Berichte 17*. Horlemann Verlag. Bad Honnef: 115-129

BUNDESMINISTERIUM FÜR ERNÄHRUNG (Hrsg.) (1995): Tropenwaldbericht der Bundesregierung. Bonn

BUNKER, S. G. (1985): Underdeveloping the Amazon: Extraction, unequal exchange, and the failure of the modern state. University of Illinois Press. Urbana

BUTZIN, B. (1986): Zentum und Peripherie im Wandel. Erscheinungsformen und Determination der "Counterurbanization" in Nordeuropa und Kanada. I.d.R.: *Münsterische Geographische Arbeiten 23*. Ferdinand Schöningh Verlag. Paderborn

BÜTZING, W. (1991): Geographie als integrative Umweltwissenschaft? In: *Geographica Helvetica 3*: 105-109.

CABRERA SIFONTES, H. (1981): Riquezas forestales de Guayana: El Balata - su explotación y tragedia. In: *El Minero 7/8*: 34-40

CABRERA SIFONTES, H. (1983): El oro. In: *El Minero 3*: 14-23

CARTAYA, V. ET AL. (1997): Venezuela: Exclusion and integration - a synthesis in the building? International Institute for Labour Studies. http://www.ilo.org/public/english/130inst/papers/1997/dp90/index.htm

CARDOZO, M. S. (1940): The collection of the fifth in Brazil, 1695 - 1709. In: *The Hispanic American Historical Review* 20.: 359-379

CARREÑO, E. (1976): El Callao y la minería del oro en Venezuela. In: *El Minero*: 16-19

CARTAYA, E. (1995): MINCA and it's socioeconomic program. Venezuela. (unver. Kurzbericht)

CASANOVA, I. (1994): Por una pepa de oro. Testimoniales de las minas de oro de Guayana. Fondo Editorial Predios. Upata (Venezuela)

CASAS GONZALEZ, A. (1974): La planificación en Venezuela. In: ILPES (Hrsg.): Experiencias y problemas de la planificación en América Latina. Mexiko: 267-281

CASTREE, N. (1995): The nature of produced nature: materiality and knowledge construction in Marxism. In: *Antipode 27*: 12-48

CENTENO, J. C. (1995): Estrategía para el desarrollo forestal de Venezuela. Documento comisionado por el Fondo Nacional de Investigacón Forestal. Caracas

CEPAL 1985: Cooperativismo y Participación Popular en America Latina y Caribe. Reflexiones en busca de un enfoque para la CEPAL. Santiago de Chile

CHAMBERS, R. (1989): Vulnerability, Coping and Policy. In: *IDS-Bulletin 20*: 1-17

CIVRIEUX de, J.M (O.J.): Introducción al precambrio de la Guayana Venezolana. (unver. Manuskript eines Vortrages an der *Escuela de Minas der* UDO in Ciudad Bolívar)

CLEARY, D. (1990): Anatomy of the Amazon Gold Rush. Macmillian. London

COBB, G. B. (1949): Supply and Transportation for the Potosì Mines, 1545 - 1640. In: *The Hispanic American Historical Review* 30 (1): 25-45

COCKBURN A. & RIDGEWAY, J. (1979): Political ecology. Times Books. New York

COLCHESTER, M. & CERDA, J. (o.J.): Identificación preliminar de la Fauna silvestre conocido por los Sanema de Venzeuale. o.O.

COLCHESTER, M. & WATSON, F. (1995): Venezuela: Violations of indigenous rights. Report to the International Labour Office on the observation of ILO Convention 107. World Rain Forest Movement. Chadlington

COLCHESTER, M. (1997): Guyana fragil frontier - loggers, miners and forest people. Jamaica. London

COLLINSON, H. (1996): Green guerrillas: Environmental conflicts and initiatives in Latin America and the Caribbean. Latin America Bureau. London

COLOMINE RINCONES, F. (1995): Situación de la mineria en el Estado Bolìvar. ULA. Venezuela

COMISION DE AMBIENTE Y ORDENACION TERRITORIAL DEL SENADO DE LA REPÚBLICA (1997): Informe: Proceso de consulta pública Reserva Forestal Imataca. Caracas

COMISION DE ORDENACION DEL TERRITORIO (1986): Plan de Ordenación del Territorio: Estado Bolívar. Ciudad Bolívar

COMISION PRESIDENCIAL PARA EL PROYECTO DE DESARROLLO SUSTENTABLE DEL SUR (1994): Proyecto Desarrollo Sustentable del Sur - PRODESSUR. Caracas

COMPSERMIN, C.A. (1994): Estudio de factibilidad técnico económico de la Concesion Albino 1. (Juli 1994). Ciudad Bolívar (unver.)

CONAPRI (1995): Venezuela: El Reto de la Competitividad. Resumen Ejecutivo. Caracas

CORDIPLAN (1960): Plan Cuatrienal 1960-1964. Caracas

CORDIPLAN (1994/95): Venezuela im Wandel. Von der Verkäufermentalität zur Erzeugermentalität. Programm zur Stabilisierung und Erholung der Wirtschaft. (Originaltitel: De la Venezuela rentista a la Venezuela productiva: Programa de estabilizacion y recuperacion economica, Übers.: Venezol. Botschaft in der BRD) Schulz Verlag. Starnberg

CORDIPLAN (1995): Un proyecto de país. Venezuela en consenso. Documentos del IX Plan de Nación. Imprenta Nacional. Caracas

CORRAGIO, J.L. ET AL. (Hrsg.) (1989): La cuestión regional en América Latina. IIED. Quito

CORALES, J. & CISNEROS, I. (1999): Corporatism, Trade Liberalization and Sectorial Responses: The Case of Venezuela, 1989-99. In: *World Development 12*: 2099-2122

COSER, L. (1956): The functions of social conflict. Routledge & Kegan Paul. London

COSER, L. (1972): Theorie sozialer Konflikte. Luchterhand. Neuwied. Berlin.

COSGROVE, D.E. (1987): New directions in cultural geography. In: *Area. 19*: 95-101

COSGROVE, D.E. (1989): Towards a radical cultural geography. In: *Antipode 15*: 1-11

COUSINS, A.L. (1991): La Frontera etnica Pemon y el impacto socio-económico de la minería de oro. IVIC. Caracas

COY, M. (1988): Regionalentwicklung und regionale Entwicklungsplanung an der Peripherie in Amazonien. Probleme und Interessenskonflikte bei der Erschließung einer jungen Pionierfront am Beispiel des brasilianischen Bundesstaates Rondonia. I.d.R.: *Tübinger Geographische Studien 97 / Tübinger Beiträge zur Geographischen Lateinamerika-Forschung 5*. Selbstverlag des Geograph. Instituts der Univ. Tübingen. Tübingen

COY, M. (1992): Sozial- und wirtschaftsräumliche Dynamik der "fronteira" und ihre Auswirkungen auf die Lebenswelt der Pionierfrontbevölkerung im tropischen Südamerika. In: REINHARD, W. & WALDMANN, P. (Hrsg.): Nord- und Süd in Amerika. Gegensätze - Gemeinsamkeiten - Europäischer Hintergrund. I.d.R. *Historiae 1*. Rombach Wissenschaft. Freiburg i.Br.: 106 -128

COY, M. & LÜCKER, R. (1993): Der brasilianische Mittelwesten. Wirtschafts- und sozialgeographischer Wandel eines peripheren Agrarraums. I.d.R.: *Tübinger Geographische Studien 108 / Tübinger Beiträge zur Geographischen Lateinamerika-Forschung 9*. Selbstverlag des Geograph. Instituts der Univ. Tübingen. Tübingen

CRAZUT, J. R. (1992): Ecología y desarollo económico. Comentarios sobre la experiencia venezolana. *Academia Nacional de Ciencias Económicas*.Venezuela

CRIST, R. E. & NISSLEY, M.C.(1973): East from the Andes: pioneer settlements in the South American heartland. I.d.R.: *University of Florida social sciences monographs 50*. University of Florida Press. Gainesville

CUMMINGS, B. J. (1990): Dam the river, dam the people: Development and resistance in Amazonian Brazil. Earthscan. London

CVG & INTERPLANCONSULT (1989): Impacto de la actividad minera. Guasipati - El Callao - Tumeremo. Vol I - III. Venezuela (unveröffentl.)

CVG (1985): Informe Final a la Presidencia de la República. Ciudad Bolívar

CVG (1987): Proyecto Piloto "Las Claritas". Primera Etapa. Ciudad Bolívar (unver.)

CVG (1991): Problemática minero-ecológica de Guayana. (Resumen). Las Cristinas. Ciudad Bolívar (unver.)

CVG (1993a): Restauración de ecosistemas perurbados por la pequeña minería en la Región Guayana de Venezuela. Ciudad Bolívar

CVG (1993b): Estadisticas de la Región Guayana 1992. Venezuela

CVG (1994): Censo de población y viviendas Las Claritas y áreas adyacentes. Ciudad Bolívar

CVG (1995a): Informe de evaluación tecnica del proyecto Manarito - Inspección a las zonas de Manarito, Pista Colina y Bulla Larga. o.O. (unv. Evaluationsbericht)

CVG (1995b): Informe de Gestion - Enero (1990) - Mayo (1995). Ciudad Bolívar

CVG (1996a): Estadisticas de la Región Guayana 1995. Ciudad Bolívar

CVG (1997a): Indicadores de la Región Guayana I. Ciudad Bolívar

CVG (1997b): Indicadores del Estado Bolívar II. Ciudad Bolívar. Venezuela

CVG (1997c): Proceso de Dinamización de la Economía Guayanesa. Ciudad Bolívar

CVG TECMIN (1994): Catastro minero Region Guayana. Puerto Ordaz/Ciudad Guayana

CVG VICEPRESIDENCÍA DE MINERÍA (1996): Areas con potencialidad minera de interes para el desarrollo fronterizo en la región Guayana. Puerto Ordaz/Ciudad Guayana (unver.)

CZAJKA, W. (1953): Lebensformen und Pionierarbeit an der Siedlungsgrenze. Hermann Schroedel Verlag. Hannover. Darmstadt

CZAJKA, W. (1976): Die Randzonen der besiedelten Erdräume im System der Geographie. In NITZ, H.-J. (Hrsg.): Landerschließung und Kulturlandschaftswandel an den Siedlungsgrenzen der Erde. I.d.R.: *Göttinger Geographische Abhandlungen 66*. Erich Goltzke Verlag. Göttingen

DAHRENDORF, R. (1957): Soziale Klassen und Klassenkonflikte in der industriellen Gesellschaft. I.d.R.: *Soziologische Gegenwartsfragen 2*. Enke Verlag. Stuttgart.

DALBY, S. (1992): Ecopolitical discourse: 'Environmental security' and political geography. In: *Progress in Human Geography* 16: 503-522

DAVIS, L. (1999): WMC & Rio Tinto push for a global mining lobby. In: *Mining Monitor 4(2)*: 1-2

DEAR, M. (1988): The postmodern challenge: reconstructing human geography. In: *Trans. Inst. Br. Geog. 13*: 262-274

DELASCIO CHITTY, F. (1985): Algunas Plantas usadas en la Medicina empirca Venezolana. *Inparques, Direccion de Investigaciones biologicas, Division de Vegetación*. Litopar. Caracas

DENSLOW, J.S. & PADOCH, C. (Hrsg.) (1988): People of the Tropical Rain Forest. University of California Press. Berkeley

DER WALDWIRT (1999): Der Mond und die Forstwirtschaft. Welche Arbeiten bei welcher Mondphase durchgeführt werden sollten. In: *Der Waldwirt 11*: 18

DER ÜBERBLICK (1991): Der Informelle Sektor - Marktwirtschaft im Schatten. In: *Der Überblick 3*

DE SOTO, H. (1992): Marktwirtschaft von unten: die unsichtbare Revolution in Entwicklungsländern. Orell Füssli. Zürich

DEUTSCHER BUNDESTAG (Hrsg.) (1990): Schutz der tropischen Wälder: eine internationale Schwerpunktaufgabe. I.d.R.: *Zur Sache - Themen parlamentarischer Beratung10/90*. Bonn

DILLNER, E. (1961): Eisenerz in Venezolanisch-Guayana. In: LAUER, W. (Hrsg.): Beiträge zur Geographie der Neuen Welt. I.d.R.: *Schriften des Geographischen Instituts der Universität Kiel* 20. Selbstverlag der Univ. Kiel. Kiel: 169-188

DORE, E. (1996): Capitalism and ecological crisis: legacy of the 1980s. In: COLLINSON, H. (Hrsg.): Green Guerrillas: Environmental Conflicts and Initiatives in Latin America and the Caribbean. *Latin America Bureau*. London: 8-19

DOVE, M.R. (1986): Peasant versus government perception and use of the environment: a case-study of Banjarese ecology and river basin development in South Kalimentan. In: *Journal of Southeast Asian Studies 17*: 113-136

DOVE, M.R. (1996): So far from power, so near to the Forest: A structural analysis of gain and blame in tropical forest development. In: PADOCH, Ch. & PELUSO, N.L. (Hrsg.): Borneo in transition. People, forests, conservation and development. Oxford University Press. Oxford. Singapore. New York: 41-58

EARTHACTION (1999): Save Imataca. You can help protect a pristine Venezuelan Rainforest. Informationsblatt der NGO *Earthaction*. Chile. England. USA

EBLINGHAUS, H. & STICKLER, A. (1996): Nachhaltigkeit und Macht: zur Kritik von Sustainable Development. IKO-Verlag. Frankfurt

ECSIEP (EUROPEAN CENTRE FOR STUDIES INFORMAION AND EDUCATION ON PACIFIC ISSUES) (1996): Seminar on mining in the Pacific Rim of fire. Report of the Seminar in Driebergen, 25. Oktober 1996. Holland.

EHLERS, E. (1984a): Die agraren Siedlungsgrenzen der Erde: Gedanken zu ihrer Genese und Typologie am Beispiel des kanadischen Waldlandes. I.d.R.: *Erdkundliches Wissen* 69. Steiner-Verlag. Wiesbaden

EHLERS, E. (1984b): Bevölkerungswachstum - Nahrungsspielraum - Siedlungsgrenzen der Erde. Diesterweg-Verlag/Sauerländer-Verlag. Frankfurt/Main. Berlin. München

EHRLICH, P. & EHRLICH, A. (1972): Bevölkerungswachstum und Umweltkrise: die Ökologie des Menschen. Fischer Verlag. Frankfurt/ Main

ELITE (1995): En televisión y oro reinan los Cisneros. In: *Elite* 20/06/1995. Caracas: 15-17

EKKEHARD ET AL. (1995): Kleinbergbau in Bolivien. Aspekte einer marginalen Wirtschaftsform. In: *GR 5*: 319-325

ELLENBERG, H. (1984): Entwicklung ohne Rückschläge: Antworten eines Ökologen auf 20 Fragen im Hinblick auf die ländliche Entwicklung in den Tropen und Subtropen. *GTZ*. Eschborn

ELLENBROECK, A. (1996): Rainforests of the Guyana Shield: Evergreen or Forever Gone? In: BOS NIEUWSLETTER *15,2. (34):* The Guyana Shield. Recent Developments and Alternatives for Sustainable Development: 7-12

ELLNER, S. (1982): The Venezuelan Political Party System and its Influence on Economic Decision Making at the Local Level. In: *Inter-American Economic Affairs 36 (3):* 79-104

EL MINERO (1978): Formación de la compañía minera nacional anónima "El Callao". In: *El Minero 1*: 26-33

ELWERT, G. ET AL. (1983): Die Suche nach Sicherheit: Kombinierte Produktionsformen im sogenannten Informellen Sektor. In: *Zeitschrift für Soziologie 12 (4)*: 281-296

EMPRESA MINERA ALBINO C.A. (1997): Informe Anual 1997. Concesión Albino No. 1. Venezuela (unveröff. Unternehmensbericht)

ENZENSBERGER, H. M. (1973): Zur Kritik der politischen Ökologie. In: *Kursbuch 33*. Rowohlt. Berlin: 1-42

ESCOBAR, A. (1992): "Planning". In: SACHS, W. (Hrsg.) (1992): The Development Dictionary. Zed Books. London: 132-145

ESCOBAR, A. (1995): Encountering development: the making and unmaking of the Third World. Princton University Press. Princeton

ESCOBAR, A. (1996): Constructing nature: elements for a poststructural political ecology. In: PEET R. & WATTS, M. (Hrsg.): Liberation ecologies: Environment, development, social movements. Routledge. London: 46-68

ESPERANZA MARTÍNEZ, M. & GIRAUD, L. (1996): Horizontes de la innovación: Agendas de investigación, ambiente, salud y la problemática en fronteras. Ponencia presentada en el 1° Congreso Nacional de Fronteras. 18.-20.09.1996

ESTEVA, G. & PRAKASH, M. (1992): Grassroots resistance to sustainable development. In: *The Ecologist 22*: 46-68

EVERS, H.D. (1987): Subsistenzproduktion. Markt und Staat. Der sog. Bielefelder Verflechtungsansatz. In: *GR 3*: 136-140

FALKNER, R. (1991): Umweltzerstörung und ökonomische Entwicklung in der Dritten Welt - ein Verteilungsproblem. In. *Vierteljahresberichte 126*. Bonn: 393-407

FAO (1993a): Venezuela. National Environmental Management Projekt. Report 13/93 CP-Ven.13 PB. Vol. 1. (interner, unver. Bericht der FAO). Rom

FAO (1993b): Venezuela. National Environmental Management Projekt. Report 13/93 CP-Ven.13 PB. Vol. 2. (interner, unver. Bericht der FAO). Rom

FAO (1995a): NFAP update. National Forestry Action Programmes. Rom

FAO (1995b): Venezuela. National Environmental Management Projekt. Draft Pre-Preparation Report TCP/VEN4551. Vol. 1. Report 26/95 TCP-Ven.15. Vol. 1. (unver. Bericht der FAO). Rom

FAO (1995c): Venezuela. National Environmental Management Projekt. Field Reports Nos. 6-11. TCP/VEN4551. Vol. 2. Report 26/95 TCP-Ven. 15. Vol. 2. (interner, unver. Bericht der FAO). Rom

FAO (1997): State of the World's Forests. Oxford. Rom

FEARNSIDE, Ph. M. (1986): Human carrying capacity of the Brazilian rainforest. Columbia Univ. Press. New York

FERNANDEZ, P. & ALI, R. (1995): Exploración geofísica en el área de Bochinchito, Estado Bolívar, Venezuela. In: SIDDER, G.B. ET AL. (Hrsg.): Geology and mineral deposits of the Venezuelan Guayana Shield. *U.S. Geological Survey Bulletin 2124*. United States Government Printing Office. Washington: D1-D17

FERRER, O. & CARLOS, I. (Hrsg.) (1993.): Integración Latinoamericana y problemas fronterizos. I.d.R.: *Talleres Gráficos de la Facultad de Ciencias Forestales de la ULA*. Mérida

FIGUEROA, F. (1996): Historia económica y social de Venezuela II. *UCV*. Caracas

FIGUEROA, F. (1996): Historia económica y social de Venezuela III. *UCV*. Caracas

FINANCIAL TIMES (Hrsg.) (1996): Mining international year book. Catermill Publishing. England. USA. Kanada

FIP (FEDERACIÓN DE INDIGENAS DEL ESTADO BOLÍVAR) (Hrsg.) (1997): Impacto socioecológico de la minería sobre las comunidades indígenas del Estado Bolívar. Ciudad Bolívar

FISCHER, A. (1995): Forstliche Vegetationskunde. I.d.R. *Pareys Studientexte 82*. Blackwell Wissenschafts-Verlag. Berlin. Wien

FISCHER, H. (1988) (Hrsg.): Ethnologie: Einführung und Überblick. 2. Auflage. Dietrich Reimer Verlag. Berlin

FITZSIMMONS, M. (1989): The matter of nature. In: *Antipode 21 (2)*: 106-120

FLITNER, M. (1998): Konstruierte Naturen und ihre Erforschung. In: *Geographica Helvetica 3*: 89-95

FLITNER, M. AT AL. (Hrsg.) (1998): Konfliktfeld Natur. Biologische Ressourcen und globale Politik. Leske + Budrich. Opladen

FLITNER, M. & OESTEN, G. (2002): Über Disziplin und Interdisziplinarität in den Forstwissenschaften. In: *Allg. Forst- und Jagdzeitung 173(5)*: 77-80

FÖLSTER, H. (1994): Sustainable Management of a Natural Park: Venezuela. In: *Applied Geography and Development 44*: 32-39

FOUCAULT, M (1977/1998): Der Wille zum Wissen. I.d.R: *Suhrkamp-Taschenbuch Wissenschaft 716*. Suhrkamp Verlag. Frankfurt /Main

FOUCAULT, M. (1966/1999): Die Ordnung der Dinge: eine Archäologie der Humanwissenschaften. Suhrkamp Taschenbuch Verlag. Frankfurt/Main

FOUCAULT, M. (1974): Die Ordnung des Diskurses. Inauguralvorlesung am Collège de France, 02.12.1979. München

FOUCAULT, M. (1992): Was ist Kritik? Merve-Verlag. Berlin

FOUCAULT, M. (1996a): Die Wörter und die Bilder. In: FOUCAULT, M. & SEITTER, W. (1996): Das Spektrum der Genealogie. Philo. Bodenheim: 9-13

FOUCAULT, M. (1996b): Warum ich die Macht untersuche: Die Frage des Subjekts. In: FOUCAULT, M. & SEITTER, W. (1996): Das Spektrum der Genealogie. Philo. Bodenheim: 14-28

FOUCAULT, M. (1996c): Wie wird Macht ausgeübt? In: FOUCAULT, M. & SEITTER, W. (1996): Das Spektrum der Genealogie. Philo. Bodenheim: 29-47

FOUCAULT, M. & SEITTER, W. (1996): Das Spektrum der Genealogie. Philo. Bodenheim

FOWERAKER, J. (1981): The struggle for land: a political economy of the pioneer frontier in Brazil from 1930 to the present. I.d.R.: *Cambridge Latin American studies 39*. Cambridge University Press. Cambridge

FRANCO, W. (Hrsg.) (1997): La situación actual de la RFI y propuestas para orientar su ordenamiento. Facultad de Ciencias Forestales y Ambientales de la ULA. Impresora de la ULA. Mérida. Venezuela

FRIEDMANN, J. & WEAVER, C. (1979): Territory and Function. The Evolution of Regional Planning. Edward Arnold Verlag. London

FRIEDMANN, J. (1966): Regional Development Policy: A Case Study of Venezuela. Cambridge/Mass. London

FRIEDRICHS, J. (1985): Methoden empirischer Sozialforschung. 13. Auflage. Westdeutscher Verlag. Opladen

FÜRNKRANZ, W. (1994): Autopoiesis - Der Deus ex Machina der Systemtheorie. In: HÖRMANN, G. (Hrsg.): Im System gefangen. Zur Kritik systemischer Konzepte in den Sozialwissenschaften. Hans Zygowski Bessau Verlag. Münster

FÜRST, D. (1992): Regionalización de la planificación Venezolana. Informe preliminar (Tesis y Propuestas). Caracas (unver.)

FÜRST, D. & HESSE, J. (1990): Dezentralisierung der Raumordnungspolitik. In: BRUDER, W. & ELLWEIN, Th. (Hrsg.): Raumordnung und politische Steuerungsfähigkeit. I.d.R.: *Politische Vierteljahresschrift, Sonderheft 10.* Westdeutscher Verlag. Opladen: 177-194

GABALDON, A. J. (1992): La posición de Venezuela en la CNUMAD. In: *Ambiente 46*: 7-10

GABALDÓN, A. J. (1994): Comentario al caso venezolano. In: GARCÍA-GUADILLA, M. P. & BLAUERT, J. (Hrsg.): Retos para el desarrollo y la democracia: movimientos ambientales en América Latina y Europa. *Friedrich Ebert Stiftung*. Editorial Nueva Sociedad. Mexiko: 87-89

GABLER Wirtschafts-Lexikon (1988) 12. Auflage. Wiesbaden

GAGL, D. (Hrsg.) (1994): Aktionsforschung und Kleingewerbeförderung. Methoden partizipativer Projektplanung und -durchführung in der Entwicklungszusammenarbeit. Weltforum Verlag. Köln

GAILLARD, L. (1998): La minería aurífera en Bolivia. Impactos sobre el desarrollo humano sostenible. Nueva minería versus cooperativas. Maestría en Desarrollo Humano. La Paz/Bolivien

GALTUNG, J. (1992): Eine strukturelle Theorie des Imperialismus. In: SENGHAAS, D. (Hrsg.): Imperialismus und strukturelle Gewalt. Analysen über abhängige Reproduktionen. Suhrkamp. Frankfurt/Main

GARCÍA-GUADILLA, M. P. (1994): Efectividad simbólica, prácticas sociales y estrategias del movimiento ambientalista venezolano: sus impactos en la democracia. In: GARCÍA-GUADILLA, M. P. & BLAUERT, J. (Hrsg.): Retos para el desarrollo y la democracia: movimientos ambientales en América latina y europa. *Friedrich Ebert Stiftung.* Editorial Nueva Sociedad. Mexiko: 69-85

GAWORA, D. & MOSER, C. (Hrsg.) (1993): Amazonien - Die Zerstörung, die Hoffnung und unsere Verantwortung. Misereor. Aachen

GEIST, H. (1992). Die orthodoxe und politisch-ökologische Sichtweise der Umweltdegradierung. In: *Die Erde 123* (4): 283-295

GEIST, H. (1994): Politische Ökologie von Ressourcennutzung und Umweltdegradierung. In: *GR* 56 (12): 718-727

GERDES, C. (1992): Eliten und Fortschritt. Zur Geschichte der Lebenstile in Venezuela 1908-1958. In: *Editionen der Iberoamericana, Reihe 3, Monographien und Aufsätze 40.* Vervuert Verlag. Frankfurt/Main

GIDDENS, A. (1979): Central Problems in Social Theory: Action, Structure Contradiction in Social Analysis. Macmillan. London

GIDDENS, A. (1982): Profiles and Critiques of Social Theory. London

GIDDENS, A. (1995): Konsequenzen der Moderne. Suhrkamp. Frankfurt /Main

GIL, V. J. (1996.): Asociación Civil Agro-Minera Sifontes Ejercicio Económico de 01/01/96 al 31/12/ 96. o.O. (unver. Geschäftsbericht)

GILL, S. & LAW, D. (1988): The global political economy: Perspectives, problems and policies. Harvester Wheatsheaf. London

GILLIS, M. (1987): Multinational enterprises and environmental and resource management issus in the Indonesian tropical forst sector. - In: PEARSON, Ch. (Hrsg.): Multinational Corporations, environment, and the Third World: business matters. *Duke press policy studies, World Resources Institute*. NC. Duke University Press. Durheim, NC: 64-89

GLAESER, B. (1991): Ein humanökologischer Ansatz für Agrar- und Entwicklungspolitik. In: *Schr. d. Dt. Übersee-Instituts Hamburg* 7: 63-79

GLAESER, B. (Hrsg.) (1989): Humanökologie: Grundlagen präventiver Umweltpolitik. Westdt. Verlag. Opladen

GLAESER, B. (Hrsg.) (1992): Humanökologie und Kulturökologie: Grundlagen, Ansätze, Praxis. Westdt. Verl.. Opladen

GLAGOW, M. (1992): Die Nicht-Regierungs-Organisationen als die neuen Hoffnungsträger in der internationalen Entwicklungspolitik? I.d.R.: *Working Paper 169*. Fakultät für Soziologie der Universität Bielefeld. Bielefeld

GLAGOW, M. (1992): Die Nicht-Regierungsorganisationen in der internationalen Entwicklungszusammenarbeit. In: NOHLEN, D. & NUSCHELER, F. (Hrsg.): *Handbuch der Dritten Welt 1. Grundprobleme, Theorien, Strategien*. Verlag J.H.W. Dietz Nachf. GmbH. Bonn

GLASS CLELAND, R. (1949): Apron full of gold. The letters of Mary Jane Mequier from San Francisco, 1849-1856. Huntigton Library. San Marino.

GOMEZ, L.A. & MORALES, A. (1995): Die Calderokratie. In: *Lateinamerika Anders Panorama* 15: 10-11

GONZALEZ, A. (1989): Problemática del Territorio Federal Amazonas. In: *Sociedad de Ciencias Naturales La Salle* (Hrsg.): *Natura 86*. Caracas

GÖRG, CH. (1998): Die Regulation der biologischen Vielfalt und die Krise gesellschaftlicher Naturverhältnisse. In: FLITNER, M. ET AL. (Hrsg.): Konfliktfeld Natur. Biologische Ressourcen und globale Politik. Leske + Budrich. Opladen: 39-61

GREENWICH RESOURCES VENEZUELA, S.A. (1992): Consignación del cuestionario básico ambiental. Venezuela (unver. Unternehmensbericht)

GREENWICH RESOURCES VENEZUELA, S.A. (1996a): Concesión Minera Botanamo - Exposición de motivos complementaria a la solicitud de ocupación de territorio. Venezuela (unver.)

GREENWICH RESOURCES VENEZUELA, S.A. (1996b): Memorándum. Inspección realizada del 03 del presente a las concesiones Acarigua I, Botanamo y Botanamo II con 02 directivos de la Asociación Civil Agrominera Sifontes. Venezuela (unver.)

GREENWICH RESOURCES VENEZUELA, S.A. (1996c): Solicictud de inspección técnica. Concesiones mineras Botanamo y Botanamo II, parcelas mineras Acarigua I, II, III. Venezuela (unver.)

GREENWICH RESOURCES VENEZUELA, S.A. (1996d): Concesión minera Botanamo. Informe General año 1996. Venezuela (unver.)

GREENWICH RESOURCES VENEZUELA, S.A. (1997a): Area minera de Botanamo. Consideraciones y propuesta al proyecto de Plan de Ordenamiento y Reglamento de uso de la Reserva Forestal Imataca. Venezuela (unver.)

GREENWICH RESOURCES VENEZUELA, S.A. (1997b): Area de Botanamo. Concesiones Botanamo y Botanamo II, Paracelas Mineras Acarigua I, II y III. Venezuela (unver.)

GREENWICH RESOURCES VENEZUELA, S.A. (1997c): Parcela Minera Acarigua I. Venezuela (unver.)

GREGORY, D. (1998): Power, knowledge and geography. In: *Explorations in Critical Geography*. I.d.R. *Hettner Lecture 1*. Heidelberg: 9-40

GREIDER, T. & GARVICH, L. (1994): Landscapes: the social construction of nature and the environment. In: *Rural Society 59*: 1-24

GRILLET, R. H. (1987): Geografía del Estado Bolívar. Academia Nacional del la Historia. Caracas

GUADILLA, M. P. (Hrsg.) (1991): Ambiente, Estado y sociedad. Crisis y conflictos socio-ambientales en América Latina y Venezuela. Caracas

GUHA, R. (1989): The unquiet woods: Ecological change and peasant resistance in the Himalaya. Oxford University Press. Delhi

GUIMARAES, R. P. (1991): The ecopolitics of development in the Third World: politics and environment in Brazil. Lynne Rienner. Boulder

GULLEY, J. L (1959): The Turnerian Frontier. A study in the migration of ideas. In: *Tijdschrift voor economische en sociale Geografie 12*: 65-72; 81-91

GUPTA, S. ET AL. (1995): Public expenditure policy and the environment: a review and synthesis. In: *World Development 23*: 515-528

HÄRTLE, J. (1998): Bergbau und Umwelt. In: *Praxis Geographie. 11*: 4-10

HAHNE, U. & STACKELBERG, K. (1994): Regionale Entwicklungstheorien. Konkurrierende Ansätze zur Erklärung der wirtschaftlichen Entwicklung von Regionen. In: *EURES discussion paper dp-39*. Freiburg i.Br.

HAHNE, U. (1985): Regionalentwicklung durch Aktivierung intraregionaler Potentiale. Zu den Chancen "endogener" Entwicklungsstrategien. I.d.R.: *Schriften des Instituts für Regionalforschung der Universität Kiel 8*. Florentz Verlag. München

HALL, H. L. (1989): Developing Amazonia: deforestation and social conflict in Brazil's Carajas Programme. Manchester University Press. Manchester

HAMPICKE, U. (1992): Ökologische Ökonomie. Individuum und Natur in der Neoklassik. I.d.R.: *Natur in der ökonomischen Theorie 4*. Westdeutscher Verlag. Opladen

HARBOTH, J. (1989): Dauerhafte Entwicklung (Sustainable development). Zur Entstehung eines neuen ökologischen Konzepts. Eigenverlag. Berlin

HARCOURT, C.S. & SAYER, J.A. (1995): The conservation atlas of tropical forests: The Americas. Simon & Schuster. New York. London. Sydney. Tokio. Singapur

HARTMANN, G. (Hrsg.) (1989): Symposium über aktuelle Probleme und deutsche Forschungen im grössten Regenwaldgebiet der Erde. Amazonien im Umbruch. Reimer Verlag. Berlin

HARTMANN, H. (1962): Die "deutsche" Kolonie Turén. In: *Soziale Welt 13*: 304-321

HAUCHLER, I. (1993): Was Entwicklung ist, müssen die Menschen selbst bestimmen. Eckpunte einer neuen Politik gegenüber der Dritten Welt: Die inneren Potentiale stärken. In: *FR 26.04.1993*: 13

HECHT, S. & COCKBURN, A. (1989): The fate of the forests: developers, destroyers and defenders of the Amazon. Verso. London

HECHT, S. (1985): Environment, development and politics: capital accumulation and the livestock sector in eastern Amazonia. In: *World Development* 13: 663-684

HECHT. S. (1998): Tropische Biopolitik - Wälder, Mythen, Paradigmen. In: FLITNER ET AL. (Hrsg.): Konfliktfeld Natur. Biologische Ressourcen und globale Politik. Leske + Budrich. Opladen: 247-274

HECKHAUSEN, H. (1987): Interdisziplinäre Forschung zwischen Intra-, Multi- und Chimären-Disziplinarität. In KOCKA, J. (Hrsg.): Interdisziplinarität. Praxis - Herausforderung - Ideologie. Frankfurt/Main: 129-145

HEIMBERGER, B. (1994): Geldwirtschaftliche Analyse eines Rohstofflandes - Beitrag zur Erklärung der ökonomischen Entwicklung Venezuelas (1958-1993). Diplomarbeit am Institut für Politische Ökonomie der FU Berlin. Berlin

HEIN, W. (1998): Unterentwicklung - Krise der Peripherie. I.d.R.: *Grundwissen Politik 20*. Leske + Buderich. Augsburg

HENNESSY, A. (1978): The frontier in Latin American history. Edward Arnold Verlag. London

HENTSCHEL T. & PRIESTER, M. (1990): Quecksilberbelastungen in Entwicklungsländern durch Goldamalgamation im Kleinbergbau und aufbereitungstechnische Alternativen. In: *Erzmetall 43 (7/8)*: 331-336

HERKENDELL, J. & PRETZSCH, J. (1995): Die Wälder der Erde: Bestandsaufnahme und Perspektiven. Beck Verlag. München

HERNÁNDEZ, R. (1995): La Planificación del Futuro o el Futuro de la Planificación? Problemas y Perspectivas. In: LOPEZ, J.C. ET AL. (Hrsg.): Vigencia y Perspectivas de la Planificación en Venezuela. *Cendes*. Caracas: 11-29

HERNANDEZ, L. ET AL. (1997): Consideraciones sobre el Plan de Ordenamiento y Reglamento de uso de la Reserva Forestal Imataca. Informe elaborado a solicitud de la Comisión de Ambiente y Ordenamiento Territorial de la Cámara de Diputados del Congreso Nacional. o.O. (unver.)

HERRERA, A. O. ET AL. (1977): Grenzen des Elends. Das BARILOCHE-Modell: So kann die Menschheit überleben. Fischer Verlag. Frankfurt/Main

HERRERA, G. (1997):The environmental crisis and the task of history in Latin America. In: *Environment and History 3*: 1-18

HETTLER, J. (1991): Bodenschätze in den Gebieten der Tropischen Regenwälder. Chancen und Gefahren. In: NIEMITZ, C. (Hrsg.): Das Regenwaldbuch. Paul Parey Verlag. Hamburg: 29-50

HIRSCHMANN, A.O. (1967): Die Strategie der wirtschaftlichen Entwicklung. I.d.R.: Ökonomische Studien d. Inst. für Außenhandel u. Überseewirtschaft d. Univ. Hamburg. Fischer Verlag. Stuttgart

HITCHCOCK, C.B (1947): The Orinoco-Ventuari Region, Venezuela. In: *The Geographical Review 37 (4)*: 525-567

HOBSBAWM, E. J. (1996): The future of the state. In: *Development and Change 27*: 267-278

HOCHSTETLER, K. (1995): Social movements in institutional Politics: organizing about the environment in Brazil and Venezuela. Fort Collins (unv. Manuskript)

HOPPE, A. (Hrsg.) (1990): Amazonien: Versuch einer interdisziplinären Annäherung. I.d.R.: *Berichte der Naturforschenden Gesellschaft zu Freiburg i.Br. 80*. Eigenverlag. Freiburg i.Br.

HOYOS, J. F. (1994): Guia de arboles de Venezuela. *Sociedad de Ciencias Naturales La Salle*. Caracas

HUBER, O. (1995a): Geographical and Physical Features. In: BERRY, P. ET AL. (1995): *Flora of the Venezuelan Guayana 1*: Introduction. Timber Press. Oregon: 1-51

HUBER, O. (1995b): Vegetation. In: BERRY ET AL. (1995): *Flora of the Venezuelan Guayana 1*: Introduction. Timber Press. Oregon: 97-159

HUDSON, W.H. (1927): Green Mansions. A Romance of the Tropical Forest. Druckworth. London

HUECK, K. (1961): Die Wälder Venezuelas. Hamburg. Berlin

HUMBOLDT, A. von (1998): Die Reise nach Südamerika: vom Orinoko zum Amazonas. (Bearb. u. Hrsg. von STARBATTY, J.) 5. Aufl.. Lamuv-Verlag. Göttingen

HUNPHREYS, David (2000): A business perspective on community relations in mining. In: *Resources Policy 26*: 127-131

HURREL, A & KINGSBURY, B. (1992): The International politics of the environment: Actors, interests and institutions. Clarendon Press. Oxford

HYMER, S. (1972): Multinationale Konzerne und das Gesetz der ungleichen Entwicklung. In: SENGHAAS, D. (Hrsg.): Imperialismus und strukturelle Gewalt. Analysen über abhängige Reproduktion. Suhrkamp. Frankfurt/Main: 201-239

INSTITUTO DE GEOGRAFÍA Y DESARROLLO REGIONAL der UCV (Hrsg.) (1987a): Venezuela y su espacio fronterizo Vol.1. Academia Nacional de la Historia. Caracas

INSTITUTO DE GEOGRAFÍA Y DESARROLLO REGIONAL der UCV (Hrsg.) (1987b): Venezuela y su espacio fronterizo. Vol. 2. El Problema del Esequibo. Academia Nacional de la Historia. Caracas

JACKSON, Ch. (1960): The Manoa Company. In: *Interamerican Economic Affairs 13*: 12-45

JAMES, P.E. (1959): Latin America. Odyssey Press. 3. Ausg. New York

JOHNSTON, R. J. (1989): Environment problems: Nature, economy and state. Belhaven Press. London

JUNGEMANN, B. (1992): Dezentralisierung des Hochschulsystems und ländliche Entwicklung in Venezuela: eine vergleichende Fallstudie. I.d.R. *Politikwissenschaft 12*. Centaurus-Verlag. Pfaffenweiler

JUNGEMANN, B. (1998): Desarrollo regional y descentralización en America Latina en el marco del ajuste: una relación con muchas interrogantes. *Cendes*. Caracas

KASPERSON, J. (Hrsg.) (1995): Regions at risk: comparisons of threatened environments. I.d.R.: *UNU studies on critical environmental regions 848*. United Nations Univ. Press. Tokio

KATZMANN, M. (1977): Cities and Frontiers in Brazil: Regional Dimensions of Economic Development. Cambridge. Massachusetts. Harvard University Press. London

KLEIN, J.T. (1996): Crossing boundaries. Knowledge, disciplinarities and interdisciplinarities. Charlottesville. London

KNIGHT, J. (1997): Institutionen und gesellschaftlicher Konflikt. I.d.R.: *Die Einheit der Gesellschaftswissenschaften 99*. Mohr Verlag. Tübingen

KOHLHEPP, G. & PFEIFFER, G. (Hrsg.) (1984): Leo Waibel als Forscher und Planer in Brasilien. Vier Beiträge aus der Forschungstätigkeit 1947-1950. I.d.R.: *Erdkundliches Wissen 17*. Franz Steiner Verlag. Stuttgart

KOHLHEPP, G. (1976): Gelenkte Agrarkolonisation im Rahmen der Expansion des Kaffeeanbaus im Norden Paraná (Brasilien). In: NITZ, H.- J.(Hrsg.): Landerschließung und Kulturlandschaftswandel an den Siedlungsgrenzen der Erde. I.d.R.: *Göttinger Geographische Abhandlungen 66*. Erich Goltzke Verlag Göttingen

KOHLHEPP, G. (Hrsg.) (1987): Brasilien: Beiträge zur regionalen Struktur- und Entwicklungsforschung. I.d.R.: *Tübinger Geographische Studien 93 / Tübinger Beiträge zur Geographischen Lateinamerika-Forschung 1*. Eigenverlag des Geograph. Instituts der Univ. Tübingen. Tübingen

KOHLHEPP, G. (1989): Umweltprobleme in der Dritten Welt. Das Beispiel Amazonien. In: GORMSEN, E. & THIMM, A. (Hrsg): Ökologische Probleme in der Dritten Welt. I.d.R.: *Interdisziplinärerer Arbeitskreis Dritte Welt 2*. Mainz: 99-126

KOHLHEPP, G. (1991): Regionalentwicklung und Umweltzerstörung in Lateinamerika. Am Beispiel der Interessenkonflikte um eine ökologisch orientierte Regionalpolitik in Amazonien. In: KOHLHEPP, G. (Hrsg): Lateinamerika - Umwelt und Gesellschaft zwischen Krise und Hoffnung. I.d.R.: *Tübinger Beiträge zur Geographischen Lateinamerika-Forschung 8*

KOHLHEPP, G. & COY, M. (Hrsg.) (1998): Mensch-Umweltbeziehungen und nachhaltige Entwicklung in der Dritten Welt. In: *Tübinger Geographische Studien 119 / Tübinger Beiträge zur Geographischen Lateinamerika-Forschung 15*. Eigenverlag des Geograph. Instituts der Univ. Tübingen. Tübingen

KORTEN, D.C. (1995): When corporations rule the world. Earthscan. London

KRINGS, TH. (1993): Structural causes of famine in the Republic Mali. In: BOHLE, H.-G. ET AL. (Hrsg.): Coping with vulnerability. I.d.R.: *Freiburger Studien zur Geographischen Entwicklungsforschung 1*. Saarbrücken: 129-143

KRINGS, Th. (1994) Theoretische Ansätze zur Erklärung der ökologischen Krise in der Sahelzone Afikas. In: *Zeitschrift für Wirtschaftsgeographie* 38 (1/2): 1-10

KRINGS, Th. (1996): Politische Ökologie der Tropenwaldzerstörung in Laos. In: *Petermanns Geographische Mitteilungen* 140 (3): 161-175

KRINGS, Th. (1997): Hunger und Nahrungskrisen - ein neues Feld der wirtschaftsgeographischen Entwicklungsländeforschung - mit einer Fallstudie aus Mali/Westafrika. In: AUFHAUSER, E. & WOHLSCHLÄGL, H. (Hrsg.): Aktuelle Strömungen der Wirtschaftsgeographie im Rahmen der Humangeographie. I.d.R.: *Beiträge zur Bevölkerungs- und Sozialgeographie 6*: 26-36

KRINGS, Th. (1998): Mensch-Umwelt-Beziehungen in den Tropen unter besonderer Berücksichtigung der Politischen Ökologie als Gegenstand der geographischen Entwicklungsforschung. In: *Rundbrief Geographie 149*: 22-25

KRINGS, Th. (1999): Agrarwirtschaft und Umwelt in Laos. In: *Zeitschrift für Wirtschaftsgeographie 3-4*: 213-228

KRINGS, Th. & MÜLLER, B. (i.E.): Politische Ökologie: theoretische Leitlinien und aktuelle Forschungsfelder. In: REUBER, P. & WOLKERSDORFER, G. (Hrsg.): Politsche Geographie - Handlungs- und diskursorientierte Konzepte. Heidelberg

KROEBER, A. L. (1952): The nature of culture. Univ. of Chicago Press. Chicago

KUHN, Th. (1977): Die Entstehung des Neuen. Suhrkamp-Verlag. Frankfurt

LACABANA, M. A. (1995a): El impacto socioambiental de la minería del oro en la región Guayana. Caracas.

LACABANA, M. A. (1995b): Subsistema aurífero venezolano. Complejización económica y deterioro ambiental. Caracas

LACABANA, M. A. (1995c): La minería del oro en la Region Guayana, (unv. Manuskript eines Vortrages auf dem 20. lateinamerikanischen Soziologenkongress ALAS, 2.-6. Oktober 1995. Mexiko

LACOSTE, Y. (1990): Geographie und politisches Handeln: Perspektiven einer neuen Geopolitik. Id.R: *Kleine kulturwissenschaftliche Bibliothek 26*. Wagenbach. Berlin

LAUER, W. (1975): Das Wesen der Tropen: klimaökologische Studien zum Inhalt und zur Abgrenzung eines irdischen Landschaftsgürtels. I.d.R.: *Abhandl. der Akademie der Wissenschaften und der Literatur 3*. Wiesbaden

LAUER, W. (Hrsg.) (1961): Beiträge zur Geographie der Neuen Welt. Festschrift für Oskar Schmieder. I.d.R.: *Schriften des Geographischen Instituts der Universität Kiel 20*. Eigenverlag der Univ. Kiel. Kiel

LEACH, M. ET AL. (1997a): Environmental Entitlements: A Framework for Understanding the Institutional Dynamics of Environmental Change. I.d.R.: *IDS DiscussionPapers 395*. Brighton

LEACH, M. ET AL. (1997b): Challenges to community-based sustainable development. Dynamics, entitlements, institutions. In: IDS Bulletin 27 (4): 4-14.

LEWIS, M. W. (1992) Green delusions: An environmentalist critique of radical environmentalism. Duke University Press. Durham. North Carolina

LICHTE, M. (1991): Goldfunde in Brasilien. Bedeutung für die sozioökonomische Entwicklung. In: *GR 43 (3)*: 183-187

LIESEGANG, C.(1949): Deutsche Berg- und Hüttenleute in Süd- und Mittelamerika. Beiträge zur Frage des deutschen Einflusses auf die Entwicklung des Bergbaus in Lateinamerika. I.d.R.: *Ibero-amerikanische Studien 19*. Hansischer Gildenverlag Heitmann & Co. Hamburg

LIETH, H. & WERGER, M.J.A. (1989): Tropical Rain Forest Ecosystems. Biogeographical and ecological studies. I.d.R.: *Ecosystems of the world 2 (14B)*. Elsevier. Amsterdam. Oxford. New York. Tokio

LÖBEL, E. (1993): Informelle Aspekte des Bergbausektors in Bolivien. Funktionsweise, Bedeutung und Entwicklungsbeitrag von Kleinbergbauaktivitäten im Andenhochland Boliviens. Diss. an der RWTH Aachen. Aachen

LOCHER, E. (o. J.): Oro en Venezuela. (unver. Dokument aus dem Archiv des MEM)

LONG, N. & LONG, A. (1992): Battelfields of Knowledge. The interlooking of theory and practise in social science research and development. Routledge. London

LOPEZ, J. et al. (Hrsg.) (1995): Vigencia y Perspectivas de la Planificación en Venezuela. *Cendes*. Caracas

LOPEZ, J (1995): El rol de la planificación y de la política social en el actual crisis socio-economica del país. In: LOPEZ, J.C. ET AL. (Hrsg.): Vigencia y Perspectivas de la Planificación en Venezuela. *Cendes*. Caracas: 153-172

LOPEZ, V. M. ET AL. (1980): El diamante. Producciones Chimaras. Caracas

LOPEZ, V. M. (1981): El oro en el mundo. Producciones Chimaras. Caracas

LÜHRING, J. (1985): Kritik der (sozial)geographischen Forschung zur Problematik von Unterentwicklung und Entwicklung - Ideologie, Theorie und Gebrauchswert (Originalbeitrag 1977). In: SCHOLZ, F.: (Hrsg.): Entwicklungsländer. Beitrag der Geographie zur Entwicklungs-Forschung. I.d.R.: *Wege der Forschung 533*. Wissenschaftl. Buchgesellschaft. Darmstadt. Darmstadt: 139-162

LUIG, U. (1997): The making of African landscapes. In: *Paideuma 43*. Franz Steiner Verlag. Stuttgart

LUKES, S. (Hrsg.) (1986/1992): Power. Blackwell Publishers. Oxford

MACNAGTHEN , Ph. & URRY, J. (1998): Contested Natures. Sage Publications Ltd. London. Kalifornien. Neu Dehli

MADERSPACHER, F. & STÜBEN, P. (Hrsg.) (1984): Bodenschätze contra Menschenrechte: Vernichtung der letzten Stammesvölker und die Zerstörung der Erde im Zeichen des "Fortschritts". Junius-Verlag. Hamburg

MANN, M. (1984): The autonomous power of the state: its origins, mechanisms an results. In: *Archives européennes de sociologie 25*: 185-213

MANN, M. (1986): The sources of social power: A History of Power from the Beginning to AD 1760. Cambridge University Press. Cambridge

MANSHARD, W. & MÄCKEL, R. (1995): Umwelt und Entwicklung in den Tropen: Naturpotential und Landnutzung. Wiss. Buchgesellschaft. Darmstadt. Darmstadt

MANSILLA, H.C. (1984): Nationale Identität, gesellschaftliche Wahrnehmung natürlicher Ressourcen und ökologische Probleme in Bolivien. I.d.R: *Beiträge zur Soziologie und Sozialkunde Lateinamerikas 34*. Fink Verlag. München

MANSUTTI, A. (1981): Penetración y cambio social entre los Akawaio y Pemon de San Martin, Anacoco. *IVIC*. Caracas

MARGOLIS, M. (1979). Seduced and Abandoned: Agricultural Frontiers in Brazil and the United States. In: MARGOLIS, M. & CARTER, W. (Hrsg.): Brazil - Anthropolgical Perspectives. Essays in Honor of Charles Wagley. Columbia University Press. New York

MARGOLIS, M. & CARTER, W. (Hrsg) (1979): Brazil: Anthropological perspectives. Essays in honor of Charles Wagley. Columbia University Press. New York

MARITZA IZAGUIRRE, P. (o.J.): Ciudad Guayana y la estrategia del desarrollo polarzado. I.d.R: *Sociedad Interamericana de Planificación*. Ediciones Siap-Planteos. Caracas

MARIZ DA VEIGA, M. (1996.): Avoidance mercury pollution from artisanal gold mining operations in Bolívar State, Venezuela. o.O.

MARNR (1983): Region Guayana. Estado Bolívar, Vol. 1 und 2. I.d.R.: *Sistemas ambientales venezolanos. Proyecto VEN/79/001 / Serie VII Estudios Regionales. Documento 10, Codigo 7-10*. Caracas

MARNR (1992a): Ley Penal del Ambiente y sus normas técnicas. Caracas

MARNR (1992b): Un compromiso nacional para el desarrollo sustentable. Conferencia de las Naciones Unidas sobre el medio ambiente y el desarrollo 1992 (CNUMAD). Informe Nacional de Venezuela. Caracas

MARNR (1992c): Areas naturales protegidas de Venezuela. In: *Serie Aspectos Conceptuales y Metodológicos. DGSPOA/ACM/01*. Caracas

MARNR (1993): El Proceso de Deforestación en Venezuela, entre 1975 y 1988. In: *Serie de Informes Técnicos DGSIASV /IT /338*. Caracas

MARNR (1995): Balance ambiental de Venezuela 1994-95. Caracas.

MARNR (1996): Plan de Ordenamiento Reserva Forestal Imataca. (Documento preliminar). Caracas (unver.)

MARQUEZ, T. (1996): El Estado en Venezuela. Caracas

MASCARENO, C. (1996): Gestión y gerencia en las Gobernaciones Venezolanas. *Cendes/UCV*. Editorial Melvin. Caracas

MATHIS, A. & REGAAG R. (Hrsg.) (1994): Gold und die Folgen. Auswirkungen des Goldbergbaus auf Sozialgefüge und Umwelt im Amazonasraum. Volksblatt-Verlag. Köln

MATTOS de, C. (1982): The limits of the possible in regional planning. In: *CEPAL-Review 18*

MATTOS de, C. (1987): The state, decision-making and planning in Latin America. In: *CEPAL-Review 31*: 115-131

MAYER-TASCH, P. C. (1985): Aus dem Wörterbuch der Politischen Ökologie. Deutscher Taschenbuch-Verlag. München

MAYRING, Ph. (1990): Einführung in die qualitative Sozialforschung. Eine Anleitung zum qualitativen Denken. Psychologie Verlags Union. München

MD (Ministerio de Defensa) (1996): La Guardia Nacional de Venezuela en Síntesis. Caracas

MEADOWS, D. ET AL. (1972): Die Grenzen den Wachstums. Bericht des Club of Rome zur Lage der Menschheit. Deutsche Verlags-Anstalt. Stuttgart

MEARNS, R. & LEACH, M. SOONES, I. (1998): The institutional dynamics of community-based natural resource management: an entitlements aprroach.

MEJIAS, M. P. (1985): Diagnostico general de la Reserva Forestal Imataca, Zonas Central y Sur. Venezuela (unver. Studie des MARNR)

MEM (1996): Anuario estadistico minero 1995. Caracas

MENZEL, U. (1991): Das Ende der "Dritten Welt" und das Scheitern der großen Theorie. Zur Soziologie einer Disziplin in auch selbstkritischer Absicht. In: *PVS 32 (1)*: 4-33 (siehe auch anschliessende Debatte von 03.06.1991 bis 26.02.1992 in der FR)

MERCHANT, C. (1987): Der Tod der Natur: Ökologie, Frauen und neuzeitliche Naturwissenschaft. Beck Verlag. München

MESSNER, D. & NUSCHELER, F. (Hrsg.) (1996): Weltkonferenzen und Weltberichte: ein Wegweiser durch die internationale Diskussion. *Institut für Entwicklung und Frieden (INEF)*. Dietz-Verlag. Bonn

MEUSBURGER (Hrsg.) (1999): Handlungszentrierte Sozialgeographie. Benno Werlens Entwurf in kritischer Diskussion. Franz Steiner Verlag. Stuttgart

MEYER, G. (1987): Die Zabbalin von Kairo - Existenz auf Müll gebaut. In: *Bild der Wissenschaft 1*

MEYER-PETERS, H. (Hrsg.) (1990): Schutz für den Regenwald: Ursachen der Zerstörung und Konzepte zur Rettung. Verlag Die Werkstatt. Göttingen.

MEZQUITA, J. M. (1996): El ultimo minuto - el diamante más grande del Mundo. Talleres Tipográficos de Miguel Angel García. Caracas

MIGDAL, J. (1988): Strong societies and weak states: state-society relations and state capabilities in the Third World. Princeton University Press. Princeton

MIKESELL, M.W. (1960): Comparative Studies in frontier history. In: *Annals of the Association of American Geographers 50*: 62-74

MILLER, D.H. & STEFFEN, J. (1977): The frontier - comparative Studies. University of Oklahoma Press. Oklahoma

MIRANDA ET AL. (1998): All that glitters is not gold. Balancing conservation and development in Venezuelas Frontier Forests. World Ressource Institute. New York

MISRA, R. P. (o.J.): Target Groups and Regional Development. In: *Regional Development Dialogue* 1 (1): 21-57

MOHEIT, U. (Hrsg.) (1993): Alexander von Humboldt. Briefe aus Amerika 1799-1804. I.d.R.: *Beiträge zur Alexander-von-Humboldt-Forschung 16*. Akademie Verlag. Berlin

MOISÉS, N. & PINANGO, R. (1995): El caso Venezuela - una ilusión de armonía. 6. Auflage. Ediciones IESA. Caracas

MOLS, M. (1991): Entwicklungsdenken und Entwicklungspraxis in Lateinamerika, Südostasien und Indien. Gemeinsamkeiten und Unterschiede. In: MOLS, M. & BIRLE, P. (Hrsg.): Entwicklungsdiskussion und Entwicklungspraxis in Lateinamerika und Südostasien. I.d.R. *Politikwissenschaftliche Perspektiven 1*. Lit Verlag. Münster. Hamburg: 237-283

MONAGAS, A. J. (1996): La planificación en Venezuela. Entre el discurso y la praxis. Universidad de Los Andes. Consejo de Publicaciones. Merída

MONARCH (1993a): Informe técnico-ambiental Concesion "La Canaima" (unver. Unternehmensbericht)

MONARCH (1993b): Informe técnico-ambiental Concesion "La Camorra" (unver. Unternehmensbericht)

MONARCH (o.J.): Informe técnico-ambiental Concesion "La Bochinche" (unver. Unternehmensbericht)

MOODY; R. (1992): The Gulliver file. Mines, people and land: a global battleground. Minewatch. London

MOODY, D.S. (1993): Mining the world: the global reach of Rio Tinto Zinc. In: *The Ecologist 26*: 46-52

MOORE, D.S. (1993): Contesting Terrain in Zimbabwe's Eastern Highlands: Political Ecology, Ethnography and Peasant Resource Struggles. In: *Economic Geography 69(4)*: 380-401

MÜLLER, B. & AICHER, C. & GRIMMIG, M. (1998): State Resource Politics in the Realm of Crisis: The Forest Reserve Imataca under Dispute. I.d.R.: *Sefut Working Paper 4*. Univ. Freiburg. Freiburg i.Br.

MÜLLER, B. (1999): Goldgräbergeschichten: Eine politisch-ökologische Betrachtung des Gold- und Diamantenabbaus in den Wäldern Südost-Venezuelas. In: *Zeitschrift für Wirtschaftsgeographie 3-4*: 229-244

MÜLLER, B. (2000): Die Forschungsperspektiven der *Third World Political Ecology* am Beispiel des Gold- und Diamantenbergbaus im Südosten Venezuelas. In: BLOTEVOGEL ET AL. (Hrsg): Lokal verankert - weltweit vernetzt. Tagungsbericht und wissenschaftliche Abhandlungen des 52. Dt. Geographentages vom 4. bis 10. Oktober 1999 in Hamburg. Franz Steiner Verlag. Stuttgart: 423-430

MUNOZ, C.A. (1990): El Estado venezolano y su política regional. Impreso Editorial Venezolana. Mérida

MURGUEY, G.J. (1989): La explotación aurífera de Guayana y la conformación de la compañia minera de "El Callao" 1870-1900. Venezuela

NAGEL, G. (1980): Die Rolle strategischer Raumplanung für Entwicklungsländer. In: *Raumforschung und Raumordnung 1-2*: 1-2

NASH, R. (1982): Wilderness and the American mind. 3. Auflage. Yale University Press. New Haven. London

NASCHOLD, F. (1978): Alternative Raumpolitik. Ein Beitrag zur Verbesserung der Arbeits- und Lebensverhältnisse. I.d.R.: *Sozialwissenschaft und Praxis 2*. Athenäum Verlag. Kronberg im Taunus

NASSEHI, Armin (1998): Die "Welt"-Fremdheit der Globalisierungsdebatte. Ein phänomenologischer Versuch. In: *Soziale Welt* 49: 151-166

NAVA, J. (1965): The Illustrious American: the development of Nationalism in Venezuela under Antonio Guzmán Blanco. In: *The Hispanic American Historical Review 45*: 527-543

NEUMANN, R.P. & SCHRÖDER, R.A. (1995): Manifest ecological destinies. In: *Antipode 27*: 321-428

NIEMITZ, C. (Hrsg.) (1991): Das Regenwaldbuch. Paul Parey-Verlag. Hamburg

NITSCH, M. (1992): Amazonien und wir. In: *Klima global. Arte Amazonas.* Berlin. Brasilien: 44 - 50

NITSCH, M. (1993): Vom Nutzen des systemtheoretischen Ansatzes für die Analyse von Umweltschutz und Entwicklung - mit Beispielen aus dem brasilianischen Amazonasgebiet. In: SAUTTER, H. (Hrsg.): Umweltschutz und Entwicklungspolitik. Duncker & Humblot. Berlin

NITSCH, M. (1995): Geld und Unterentwicklung: Der Fall Lateinamerika. In: SCHELKELE, W. & NITSCH, M. (Hrsg.): Rätsel Geld. Annäherungen aus ökonomischer, soziologischer und historischer Sicht. Sonderdruck. Metropolis-Verlag. Marburg

NITSCH, M. (1996): Natural vs. social science concepts in applied research on Amazonia: A critical assessment. Revise paper for the international symposium "Diversidad biológica e cultural da Amazônia em um mundo em tranformacão", 23.-27. September. Belém

NITZ, H.-J. (1976). Landerschließung und Kulturlandschaftswandel an den Siedlungsgrenzen der Erde - Wege und Themen der Forschung. In: NITZ, H.-J. (Hrsg.): Landerschliessung und Kulturlandschaftswandel an den Siedlungsgrenzen der Erde. I.d.R.: *Göttinger Geographische Abhandlungen 66*. Erich Goltzke Verlag. Göttingen

NITZ, H-J. (Hrsg.) (1976): Landerschliessung und Kulturlandschaftswandel an den Siedlungsgrenzen der Erde. I.d.R.: *Göttinger Geographische Abhandlungen 66*. Erich Goltzke Verlag. Göttingen

NOHLEN, D. & NUSCHELER, F. (Hrsg.) (1992): Handbuch der Dritten Welt (1). Grundprobleme - Theorien - Strategien. 3. Auflage. J.H.W Dietz Nachf. Verlag. Bonn

OCCEI (1993*):* El Censo 90 en Venezuela. Caracas

OCCEI (1997*):* Encuesta de Hogares por muestro. Principales indicadores de fuerza de trabajo total Nacional. Informe Comparativo. 1er Semestre 1995 - 1er Semestre 1997. Caracas

OCHOA, J. (1995): Los mamiferos de la región de Imataca, Venezuela. In: *Zoologia, Acta Cientifica Venezolana 46*: 274-287

O'CONNOR, M. (Hrsg.) (1994): Is Capitalism sustainable? Political economy and the politics of ecology. Guilford Press. London

ODELL, P.R. (1974): Geography and economic development with special reference to Latin America. In: *Geography 59*: 208-222

ORLOVE, B. (1991): Mapping reeds and reading maps. The politics of representation in Lake Titicaca. In: *American Ethnologist 18*: 3-8

OßENBRÜGGE, J. (1983): Politische Geographie als räumliche Konfliktforschung. Konzepte zur Analyse der politischen und sozialen Organisation des Raumes auf der Grundlage anglo-amerikanischer Forschungsansätze. I.d.R.: *Hamburger Geographische Studien 40*. Hamburg

OSSENBRÜGGE, J. & SANDNER, G. (1994): Zum Status der Politischen Geographe in einer unübersichtlichen Welt. In : *GR*. 46 (12): 677-684

OTREMBA, E. (1954): Entwicklung und Wandlung der venezolanischen Kulturlandschaft unter der Herrschaft des Erdöls. In: *Erdkunde* VIII (3): 169-188

PACHNER, H. (1998): Dezentralisierung und nachhaltige Regionalentwicklung in Venezuela. In: *Tübinger Geographische Studien 119 / Tübinger Beiträge zur Geographischen Lateinamerika-Forschung 15*. Selbstverlag des Geograph. Instituts der Univer. Tübingen. Tübingen: 241-274

PAEZ, A. (1992): Impacto de la actividad aurífera en la región Guayana. In: *Revista del Servicio Autonomo Forestal (MARNR) 7*: 30-32

PASCA, D. (1995): Die Garimpeiros von Poconé. Soziale Organisation und Umweltbelastung der informellen Goldextraktion am Randes des Pantanal. In: KOHLHEPP, G. (Hrsg.): Mensch-Umwelt-Beziehungen in der Pantanal-Region von Mato Grosso/Brasilien. I.d.R.: *Beiträge zur angewandten geographischen Umweltforschung / Tübinger Beiträge zur geographischen Lateinamerika-Forschung 12*. Eigenverlag des Geograph. Instituts der Univ. Tübingen. Tübingen: 89-123

PDSVA (Petroleos de Venezuela, S.A.) (Hrsg.) (1993): Imagen de Venezuela. Una visión especial. Caracas

PEARSON, C.S. (1985): Down to Business: Multinational Corporations, The Environment and Development. World Resources Institute. Duke University Press. Washington (?)

PEARSON, Ch. (Hrsg.) (1987): Multinational Corporations, environment, and the Third World: business matters. *World Resources Institute*. Duke University Press. Durheim

PEET, R. (1985): The social origins of environmental determinism. In: *Annals of the Association of American Geographers 75*: 309-333

PEET, R. & WATTS, M. (1993): Introduction: development theory and environment in an age of market triumphalism. In: *Economic Geography 69*: 227-253

PEET, R. & WATTS, M. (Hrsg.) (1996): Liberation ecologies: Environment, development, social movements. Routledge. London

PELUSO, N. L. (1992): Rich Forests, poor people: Resource control and resistance in Java. University of California Press. Berkeley

PELUSO, N. L. (1993): Coercing conservation? The politics of state resource control. In: Global Environmental Change 3: 199-217

PELUSO, N.L. & CRAIG, R. & FORTMANN, L. (1994): The Rock, the Beach, and the Tidal Pool: People and Poverty in Natural Resource-Dependent Areas. In: *Society and Natural Resources 7*: 23-38

PELZER, K. (1945): Pioneer Settlement in the Asiatic Tropics

PEROZO, A. (1995): Escenario antropológico de la pequeña minería. La tradición tecnológica. In: *Pantepui 5*: 24-34

PETERS, P.E. (1984): Struggles over water, struggles over meaning: cattle, water and the state in Botswana. In: *Africa 54*: 29-49

PETERSON, G. & HEEMSKERK, M. (i.E.): Deforestation following small-scale gold mining in Suriname. http://limnology.wisc.edu/peterson/cv.html

PETRASCHECK, W. & POHL, W. (1982): Lagerstättenlehre. Eine Einführung in die Wissenschaft von den mineralischen Bodenschätzen. Nägele u. Obermiller. Stuttgart

PLACER DOME (1995): Proceso de desarrollo de una mina. Vancouver

PONTE de, A. (1994): Informe de la actividad minera. En defensa del Río Caroní. Caracas (unver.)

PONTE de, A. (1997): La explotación de oro y diamantes en la Cuenca Alta del Río Caroní. Caracas (unver.)

PRANCE, G.T. (1989): American Tropical Forests. In: LIETH, H. & WERGER, M.J.A. (1989): Tropical Rain Forest Ecosystems. Biogeographical and ecological studies. I.d.R.: *Ecosystems of the world 2 (14B)*. Elsevier. Amsterdam. Oxford. New York. Tokio

PRIESTER, M. & HENTSCHEL, Th. & BENTHIN, B. (1992): Pequeña minería - tecnicas y procesos. Vieweg Verlag. *GATE, GTZ* - Deutsches Zentrum für Entwicklungstechnologen. Braunschweig

RAPPAPORT, R. (1979): Ecology, meaning and religion. 2. Auflage. North Atlantic Books. Berkley

RAUCH, T. (1985): Peripher-kapitalistisches Wachstumsmuster und regionale Entwicklung. Ein akkumulationstheoretischer Ansatz zur Erklärung räumlicher Aspekte von Unterentwicklung (Originalbeitrag: 1982). In: SCHOLZ, F. (Hrsg.): *Entwicklungsländer. Beitrag der Geographie zur Entwicklungs-Forschung. I.d.R.: Wege der Forschung 533*. Wissenschaftl. Buchgesellschaft. Darmstadt. Darmstadt: 140-162

REDCLIFT, M. (1984): Development and the environmental crisis: red or green alternatives? Methuen. London

REDCLIFT, M. (1987): Sustainable development: Exploring the contradictions. Methuen. London

REED, D. (1996): Ajuste estructural, ambiente y desarrollo sostenible. Editorial Nueva Sociedad. Caracas

RENSKE, E. (1996): Botanical richness of a part of the Guyana Shield: the Guianas. In: BOS NIEUWS-LETTERS: *The Guyana Shield. Recent developments and alternatives for sustainable development 15,2 (34)*: 13-15

REPETTO, M. & GILLIS, M. (Hrsg.) (1988): Public policies and the missue of forest resources. *World Resources Institute.* Cambridge University Press. Cambridge. New York. New Rochelle. Melbourne. Sydney

REUBER, P. (1999): Raumbezogene politische Konflikte. Franz Steiner Verlag. Stuttgart

REUBER, P. (2000): Macht und Raum - Geographische Konfliktforschung am Beispiel von Gebietsreformen. In: Berichte zur Deutschen Landeskunde 74 (1). Deutsche Akademie für Landeskunde e.V.. Flensburg: 31-54

REUSSWIG, F. (1999): Syndrome des Globalen Wandels. In: *Zeitschrift für Wirtschaftsgeographie 3-4*: 184-201

REUSSWIG, F. & SCHELLNHUBER, H.J. (1997): Die globale Umwelt als Wille und Vorstellung. Zur transisziplinären Erforschung des Globalen Wandels. In: DASCHKEIT, A. & SCHRÖDER, W. (Hrsg.): Umweltforschung quer gedacht. Berlin

REVERON ESCOBAR, Z. (1999): El Estado y la descentralización en Venezuela. In: KONRAD-ADENAUER-STIFTUNG (Hrsg.): *Contribuciones 1*: 167-186

REVISTA GEOGRÁFICA VENEZOLANA (1986): Síntesis Geográfca. *Revista Semestral de la Escuela de Geografía de la Facultad de Humanidades y Educación de la UCV*. Caracas

REY, R. (1984): Venezuela sieht seinen Reichtum schwinden. Neue Regierung versucht Verschwendung einzudämmen. In: *FR. 09.05.1984*

RICHARDSON, H. W. (1980): Polarization Reversal in Developing Countries. In: *Papers of Regional Science Association*: 67-85

ROBINSON, D.J. (1968): El desarrollo de la explotación del oro y su impacto sobre el paisaje humanizado de la Guayana Venezolana en el siglo diecinueve. In: *Revista Geográfica 9 (21)*: 39-71

ROBINSON, K. (1996): The masculine character of mining. In: HOWITT, R. ET AL. (Hrsg.): Resources, nations and indigenous peoples. Oxford University Press. Oxford

RODRIGUEZ, P. (1980): Plantas de la medicina popular venezolana de venta en herbolarios. *Sociedad Venezolana de Ciencias Naturales*. Caracas

ROHR, J. (2000a): Das Jahrzehnt der Zerstöung. Die schrankenlose Expansion der Bergbauindustrie. In: *Food First - Fian-Magazin für die wirtschaftlichen, sozialen und kulturellen Menschenrechte 2*: 4-5

ROHR, J. (2000b): UN-Siegel für Menschenrechtsverletzer? Kofi Annans "Globaler Vertrag" und die Bergbauindustrie. *In: Food First - Fian-Magazin für die wirtschaftlichen, sozialen und kulturellen Menschenrechte 4*: 3

RONDÓN, G. (2000): Modificaciones recientes en las legislaciones de la América Latina: Venezuela como caso-estudio. http:/www.zeldweb.demon.co.uk-/sprondon.htm

ROUTLEGE, P. (1995): Resisting and reshaping in the modern: social movements and the development process. In: JOHNSTON, R. J. ET AL ( Hrsg.): Geographies of global change. Remapping the world in the late twentieth century. Oxford/Cambridge: 263-279

ROUTLEGE, P. (1996): Critical geopolitics and terrains of resistance. In: *Political Geography 15 (6/7)*: 509-531

SANCHEZ, B. (1997): Cómo ser competetivos a las puertas del Mercosur? Logística comercial en el eje Manaos - Ciudad Guayana. In: *El Nacional* 20.04 1997

SANDNER, G. & NUHN, H (1971): Ursachen und Konsequenzen wachsenden Bevölkerungsdrucks im zentralamerikanischen Agraraum. In: *Tübinger Geogr. Studien 34.* Tübingen: 279-292

SANDNER, G. (1985): Die Hauptphasen der wirtschaftlichen Entwicklung in Lateinamerika in ihrer Beziehung zur Raumerschließung (Originalbeitrag: 1971). In SCHOLZ, F. (Hrsg.): Entwicklungsländer. Beitrag der Geographie zur Entwicklungs-Forschung. I.d.R.: *Wege der Forschung 533.* Wissenschaftl. Buchgesellschaft Darmstadt. Darmstadt: 283-312

SANOJA HERNÁNDEZ, J. (1990): A las puertas del Dorado. CVG. Ciudad Bolívar

SAUER, C.O. (1930): Historical Geography and the Western Frontier. In: WILLARD, J.F. & GOODY-KOOTZ, C.B.: Trans-Mississippi West. Univ. of Colorado Press. Boulder: 267-289

SCHAEFFLER, S. ET AL. (Hrsg.) (1997): Wirtschaftsbrief Venezuela 16 (62). Caracas

SCHÄTZLE, L. (1984): Regionalpolitik zwischen Ökonomie und Ökologie. In: *Jahrbuch der Geographischen Gesellschaft zu Hannover. Sonderheft 11.* Hannover

SCHELLNHUBER, H.J. ET AL. (1997): Syndromes of Global Change. In: *Gaia 6 (1)*: 19-33

SCHMIED-KOWARZIK, W. (Hrsg.) (1981): Grundfragen der Ethnologie: Beiträge zur gegenwärtigen Theorie-Diskussion. Reimer Verlag. Berlin

SCHMIDT-WULFFEN, W. D. (1987): 10 Jahre entwicklungstheoretische Diskussion. Ergebnisse und Perspektiven für die Geographie. In: *GR. 39/3*: 130-135

SCHMIEDER, O. (1928): Die Entwicklung der Pampa zur Kulturlandschaft. In: *Verhandl. u. wiss. Abhandl. d. 22. Deutschen Geographentages zu Karlsruhe*: 76-86.

SCHMIEDER, O. (Hrsg) (1932): Länderkunde Südamerika. Leibzig. Wien

SCHMIEDER, O. (Hrsg) (1943): Nordamerika. Lebensraumfragen europäischer Völker

SCHMINK, M. & WOOD, C.H. (1987): The 'political ecology' of Amazonia. In: LITTLE, P.D. & HOROWITZ, M.M. (Hrsg.): Lands at risk in the Third World: Local-level perspectives. Westviews Press. Boulder. Colorado: 38-57

SCHMINK, M. & WOOD, C.H. (1992): Contested Frontiers in Amazonia. Columbia University Press. New York

SCHMITZ, A. (1996): Sustainable Development: Paradigma oder Leerformel? In: MESSNER, D. & NUSCHELER, F. (Hrsg.): Weltkonferenzen und Weltberichte: ein Wegweiser durch die internationale Diskussion. *Institut für Entwicklung und Frieden (INEF).* Dietz-Verlag. Bonn: 103-119

SCHNEE, L. (1984): Plantas comunes de Venezuela. Universidad Central de Venezuela. Caracas

SCHÖNENBERG, R. (1993): Konflikte und Konfliktregulation in Amazonien. Ursachen, Formen und Folgen ländlicher Konflikte in Süd-Pará. I.d.R. *Mundus Reihe Ethnologie. Bd. 74.* Holos Verlag. Dissertation an der FU Berlin. Bonn

SCHOLZ, F. (1985): Die geographische Entwicklungsländerforschung. In SCHOLZ, F. (Hrsg.): Entwicklungsländer. Beitrag der Geographie zur Entwicklungs-Forschung. I.d.R.: *Wege der Forschung 533.* Wissenschaftl. Buchgesellschaft. Darmstadt. Darmstadt: 17-18.

SCHOLZ, F. (1985): Entwicklungsländer. I.d.R.: *Wege der Forschung 533.* Wissenschaftl. Buchgesellschaft Darmstadt. Darmstadt

SCHÖNHUTH, M. & KIEVELITZ (Hrsg.) (1993): Partizipative Erhebungs- und Planungsmethoden in der Entwicklungszusammenarbeit: Rapid Rural Appraisal, Participatory Appraisal. Eine kommentierte Einführung. GTZ. Eschborn

SCHUHMANN, D. & PATRIDGE, W. (Hrsg.) (1989): The Human Ecology of tropical settlement in Latin America. Westview Press. Boulder. San Francisco. London

SCOTT, A. (1990): Ideology and the new social movements. I.d.R.: *Controversies in sociology 24*. Unwin Hyman. London

SCOTT, James C. (1985): Weapons of the weak: everyday forms of peasant resistance. Yale Unversity Press. New Haven

SCOTT, James C. (1990): Domination and the arts of resistance: hidden transcripts. Yale University Press. New Haven

SCOTT, John (1995): Sociological theory: contemporary debates. Edward Elgar Publishing Company. London

SEDLACEK (Hrsg.) (1982): Kultur-/Sozialgeographie: Beiträge zu ihrer wissenschaftstheoretischen Grundlegung. Schöningh-Verlag. Paderborn. München. Wien. Zürich

SEN, A.K. (1981): Poverty and Famines: an essay on entitlement and deprivation. Clarendon Press. Oxford

SENGHAAS, D. (Hrsg.) (1972): Imperialismus und strukturelle Gewalt. Analysen über abhängige Reproduktion. Suhrkamp. Frankfurt/Main

SENGHAAS, D. (1974): Peripherer Kapitalismus. Analysen über Abhängigkeit und Unterentwicklung. Suhrkamp. Frankfurt/Main

SENGHAAS, D. (1996): Wider dem entwicklungstheoretischen Gedächtnisschwund. In: E. + Z. 9

SEVILLA, R. (Hrsg.) (1988): Venezuela. Kultur- und Entwicklungsprobleme eines OPEC-Landes in Südamerika. I.d.R.: *Länderseminare des Instituts für wissenschaftliche Zusammenarbeit mit Entwicklungsländern*. Tübingen. München

SIDDER, G.B.; GARCÍA, A.E. & STOESER, J.W. (Hrsg.) (1995): Geology and mineral deposits of the Venezuelan Guayana Shield. *U.S. Geological Survey Bulletin 2124*. United States Government Printing Office. Washington

SIDDER, G.B. (1995): Mineral deposits of the Venezuelan Guayana Shield. In: SIDDER, G.B. ET AL. (Hrsg.): Geology and mineral deposits of the Venezuelan Guayana Shield. *U.S. Geological Survey Bulletin 2124*. United States Government Printing Office. Washington: O1-O20

SIEBENMANN, G. (1976): Lateinamerikas Identität. Ein Kontinent auf der Suche nach seinem Selbstverständnis. In: KELLENBENZ, H. ET AL. (Hrsg.): Lateinamerika-Studien 1. Wilhelm Fink Verlag. Nürnberg: 69-89

SIFONTES, H. (1985): El Conde Cattaneo y la querencia de Guayana. 2. Auflage. Ediciones Centauro. Caracas

SKURSKI, J. (1994): The Ambiguities of Authenticity in Latin America: Doña Bárbara and the Construction of National Identity. In: *Poetics today 15/4*: 605-640

SMITH BOWEN, E. (1987): Rückkehr zum Lachen. Rowohlt Taschenbuch-Verlag. Hamburg

SOJA, E. (1989): Postmodern Geographies: The Reassertation of Space in Critical Social Theory. London

SOMMER ET AL. (1990): Countdown für den Dschungel. Ökologie und Ökonomie des tropischen Regenwaldes. Schmetterling Verlag. Stuttgart

SOSA, I. (1999): Civil society and natural resource conservation in Venezuela: the case of Imataca. Abschlussarbeit für den *Master in Environmental Studies* an der York University Toronto. Ontario

SOYEZ, D. (1997): Raumwirksame Lobbytätigkeit. In: GRAAFEN, R. (Hrsg.): Raumwirksame Staatstätigkeit. Festschrift für Klaus-Achim Bosler zum 65. Geburtstag. I.d.R: *Collegium Geographicum 23*. Bonn: 217-232

SOYEZ, D. & BARKER, M.L. (1998): Transnationalisierung als Widerstand: Indigene Reaktionen gegen fremdbestimmte Ressourcennutzung im Osten Kanadas. In: *Erdkunde* 52: 286-300.

SPIRITTO, F. (1992): El Fondo Monetario Internacional y el Banco Mundial en la transición económica de Venezuela. In: UCV-INSTITUTO DE ESTUDIOS POLÍTICOS (Hrsg.) *Politeia 15*

STAUBER, J.C. & RAMPTON, S. (1995): 'Democracy' for hire: public relations and environmental movements. In: *The Ecologist 25*: 173-180

STEINER, D. (1986): Humanökologie und Geographie. In: *Züricher Geographische Schriften 28*

STEINER, D. (1992): Auf dem Weg zu einer allgemeinen Humanökologie: Der kulturökologische Beitrag. In: GLAESER, B. (Hrsg.): Humanökologie und Kulturökologie: Grundlagen, Ansätze, Praxis. Westdtsch. Verlag. Opladen

STEINLIN, H & PRETZSCH, J. (1984): Der tropische Feuchtwald in der internationalen Forstpolitik. In: *Holz-Zentralblatt 138 (Sonderdruck)*: 2-19

STEINLIN, H. (1994): The decline of tropical forests. In: *Zeitschr. f. Ausländ. Landwirtschaft*: 128-137

STEGER, H.-A. & SCHNEIDER, J. (1980) (Hrsg.): Venezuela - Kolumbien - Ekuador. Wirtschaft, Gesellschaft und Geschichte. Referate des 3. interdisziplinären Kolloquiums der Sektion Lateinamerika des Zentralinstituts 06. - I.d.R.: *Lateinamerika Studien 7*. Wilhelm Fink Verlag. München

STENZEL, K. & DOMINGO, S. (1980): Provinz in Venezuela. Zur politischen und ökonomischen Situation des venezolanischen Interior. In: STEGER, H.-A. & SCHNEIDER, J. (1980) (Hrsg.): Venezuela - Kolumbien - Ekuador. Wirtschaft, Gesellschaft und Geschichte. Referate des 3. interdisziplinären Kolloquiums der Sektion Lateinamerika des Zentralinstituts 06. I.d.R.: *Lateinamerika Studien 7*. Wilhelm Fink Verlag. München: 297-316

STERNBERG, H. (1988): Gegenwärtige Siedlungsfronten im brasilianischen Amazonien. Gedanken zur Umweltzerstörung. In: *GR 11 (440)*: 42-49

STÖHR, W. & TÖDTLING, F. (1977): Spatial equity - some anti-theses to current regional development doctrine. Id.R: *Papers of Regional Science Association*: 33-53

STÖHR, W. & TAYLORG, D. (Hrsg.) (1981): Development from above or below? The dialectics of regional planning in developing countries. New York

STOTT, Ph. (1999): Tropical rain forest: a Political Ecology of hegemonic mythmaking. I.d.R.: *IEA-Studies on the Environment 15*. London

SÜLBERG, W. (Hrsg.) (1988): Demokratisierung und Partizipation im Entwicklungsprozess - entwicklungspolitische Notwendigkeit oder Ideologisierung? Verlag für Interkulturellle Komunikation. Frankfurt/Main

SUNKEL, O. (1972): Transnationale kapitalistische Integration und nationale Desintegration: Der Fall Lateinamerika. In: SENGHAAS, D. (Hrsg.): Imperialismus und strukturelle Gewalt. Analysen über abhängige Reproduktion. Suhrkamp. Frankfurt/Main: 258-314

SWIFT, A (1993): Global Political Ecology: the crisis in Economy and Government. Pluto Press. London

SZ (1998): Konzentration in Südafrikas Goldbergbau. Anglogold und Gold Fields als neue Marktführer, 05.05.1998

THULA RANGEL, B. (1993): Guayana en el desarrollo nacional y global. UCV Imprenta Universitaria. Caracas

TRACHTENBERG, Z. (1997) The takings clause and the meanings of land. In: LIGHT, A. & SMITH, J. (Hrsg.): Philosophy and Geography 1: Space, Place and Environmental Ethics. Rowman and Littlefield Publishers. Boston: 63-87

TURNER, F.J. (1893): The significance of the frontier in Americans History. New York

TURNER, B.L. (1990): Two types of global environmental change: definitional and spatial-scale issues in their human dimensions. In: *Global Environmental Change 1*: 14-22

UDO (1997): Diagnóstico de situación, realizado en el Municipio Sifontes. Ciudad Bolívar

UNEG (1987): Pequeña minería. Actitudes de cambio tecnológico y salud ocupacional. Ciudad Bolívar

UNEG (1991): Pequeña Mineria: actitudes de cambio tecnológico y salud ocupacional. Ciudad Guayana

UNEG (o.J.): Proyecto multinacional de manejo forestal. Descripición de la propuesta por la Universidad Nacional Experimental de Guayana. Puerto Ordaz/Ciudad Guayana

UNESCO (1973): International Classification and Mapping of Vegetation. Ecology and Conservation. Paris

U.S. GEOLOGICAL SURVEY & CVG, TÉCNICA MINERA, C.A. (1993) (Hrsg.): Geology and mineral resource assessment of the Venezuelan Guayana Shield. *U.S. Geological Survey Bulletin 2062*. United States Government Printing Office. Washington

VARESCHI, V. (1980): Vegetationsökologie der Tropen. Eugen Ulmer Verlag. Stuttgart

VASCONI, T.A. ET AL. (1980): Venezuela: del Estado mediador-distribuidor al Estado organizador-de-la producción (1974-1978). In: STEGER, H.-A. & SCHNEIDER, J. (1980) (Hrsg.): Venezuela - Kolumbien - Ekuador. Wirtschaft, Gesellschaft und Geschichte. Referate des 3. interdisziplinären Kolloquiums der Sektion Lateinamerika des Zentralinstituts 06. I.d.R.: *Lateinamerika Studien 7*. Wilhelm Fink Verlag. München: 191-216

VAYDA, A. P. & WALTERS, B. (1999): Against Political Ecology. In *Human Ecology 27 (1)*: 167-179

VENECONSULTORES, S.C. & DATANALYSIS, C.A. (1994a): Estudio del impacto socioeconómico de la instalación de la empresa Placer Dome de Venezuela C.A. en la zona de influencia de la mina Las Claritas, Edo. Bolívar, Venezuela, Vol. 1 und 2 (unver. Unternehmensbericht)

VILA, P. ET AL. (1965): Geografía de Venezuela 2: El Paisaje Natural y el Paisaje Humanizado. Caracas

VILAR, P. (1984): Gold und Geld in der Geschichte: vom Ausgang des Mittelalters bis zur Gegenwart. Beck Verlag. München

VLADAR, L.V. (1981): Aspectos espaciales del desarollo regional en la Guayana Venezolana. In: *Revista Interamericana de Planificación 15 (57)*: 124-135

WAGLEY, C. (Hrsg) (1974): Man in the Amazon. Univ. Press of Florida. Gainesville

WAIBEL, L. (1984a): Die Grundlagen der europäischen Kolonisation in Südbraslien. In: KOHLHEPP, G. & PFEIFFER, G. (Hrsg.): Leo Waibel als Forscher und Planer in Brasilien. Vier Beiträge aus der Forschungstätigkeit 1947-1950. I.d.R.: *Erdkundliches Wissen 17*. Franz Steiner Verlag. Stuttgart

WAIBEL, L. (1984b): Die Pionierzonen Brasliens. In: KOHLHEPP, G. & PFEIFFER, G. (Hrsg.): Leo Waibel als Forscher und Planer in Brasilien. Vier Beiträge aus der Forschungstätigkeit 1947-1950. I.d.R.: *Erdkundliches Wissen 17*. Franz Steiner Verlag. Stuttgart

WAIBEL, L. (1984c): Was ich in Brasilien lernte. In: KOHLHEPP, G. & PFEIFFER, G.(Hrsg.): Leo Waibel als Forscher und Planer in Brasilien. Vier Beiträge aus der Forschungstätigkeit 1947-1950. I.d.R.: *Erdkundliches Wissen 17*. Franz Steiner Verlag. Stuttgart

WALKER, K. J. (1989): The state in environmental management: the ecological dimension. In: *Political Studies* 37: 25-38

WALTER, R. (1980) Die wirtschaftliche Entwicklung Venezuelas und die venezolanisch-deutschen Handelsbeziehungen in der ersten Hälfte des 19. Jahrhunderts. In: STEGER, H.-A. & SCHNEIDER, J. (Hrsg.): Venezuela - Kolumbien - Ekuador. Wirtschaft, Gesellschaft und Geschichte. Referate des 3. interdisziplinären Kolloquiums der Sektion Lateinamerika des Zentralinstituts 06. I.d.R.: *Lateinamerika Studien 7*. Wilhelm Fink Verlag. München: 51-108

WALTER, Th. & KAMMANN, W. (1980): Deutsche Forscher in Venezuela. In: STEGER, H.-A. & SCHNEIDER, J. (Hrsg.): Venezuela - Kolumbien - Ekuador. Wirtschaft, Gesellschaft und Geschichte. Referate des 3. interdisziplinären Kolloquiums der Sektion Lateinamerika des Zentral-instituts 06. I.d.R.: *Lateinamerika Studien 7*. Wilhelm Fink Verlag. München: 109-190

WASZKIS, H. (1994): Auf den Spuren Agricolas im südamerikanischen Bergbau. In: NAUMANN, F. (Hrsg.): Georgius Agricola - 500 Jahre: wissenschaftliche Konferenz vom 25.-27. März 1994 in Chemnitz, Freistaat Sachsen. Basel. Boston. Berlin: 362-369

WATTS, M. & BOHLE, H.-G. (1993): Hunger, famine and the space of vulnerability. In: *Geo-Journal 30/2*: 117-125

WATTS, M. (1993): Development I: power, knowledge, discursive practice. In: *Progress in Human Geography 17/2*: 257-272

WEAVER, C. & FRIEDMANN, J. (1979): Territory and function. Fletcher and Son Ltd. London

WEBB, W.P: (1960): Geogrphical-historical concepts in American history. In: *Annals of the Asociation of American Geographers 50*: 85-93

WEISCHET, W. (1980): Die ökologische Benachteiligung der Tropen. Teubner Verlag. Stuttgart

WELFORD, R. (Hrsg.) (1996): Corporate Environmental Management: Systems and Strategies. Earthscan. London

WELSCH, F. & WERZ, N. (1990): Venezuela: Wahlen und Politik zum Ausgang der 80er Jahre. I.d.R.: *Freiburger Beiträge zu Entwicklung und Politik 3*. Arnold-Bergstraesser-Inst.. Freiburg i.Br.

WELTBANK (1995): Characteristics of successful mining legal and investment regimes in Latin America and the Caribbean Region. In: *IENIM Staff Working Paper*. http://www.worldbank.org/-html/fpd/mining/m3_files/ienim/remyla2.htm

WELTBANK (1997): Weltentwicklungsbericht 1999. UNO Verlag. Bonn

WELTBANK (1998): The Imataca Forest Reserve and Environs: Issues in Resource Planning, Public Participation and Sustainable Development. Imataca Policy Note VE-SR-57617. (unver.). o.O.

WELTBANK (1999): Venezuela - the Imataca Forest Reserve and Environs: Issues in Resource Planning, Public Participation and Sustainable Management. Confidential Report No. 18159-VE. (unv.). o.O.

WERLEN, B. (1995): Sozialgeographie alltäglicher Regionalisierungen 1: Zur Ontologie von Gesellschaft und Raum. *Erdkundliches Wissen 116*. Franz Steiner Verlag. Stuttgart.

WERLEN, B. (1997): Sozialgeographie alltäglicher Regionalisierungen 2: Globalisierung, Region und Regionalisierung. *Erdkundliches Wissen 119*. Franz Steiner Verlag. Stuttgart

WERLEN, B. (1997a): Gesellschaft, Handlung und Raum: Grundlagen handlungstheoretischer Sozialgeographie. 3. überarb. Aufl.. Steiner Verlag. Stuttgart

WERZ, N. (1992): Das neuere politische und sozialwissenschaftliche Denken in Lateinamerika. I.d.R.: *Freiburger Beiträge zu Entwicklung und Politik 8*. Arnold-Bergstraesser-Institut. 2. Auflage. Freiburg i. Br.

WERZ, N. (1993): Nationalismus und Nationalstaat: zur neueren theoretischen Diskussion. Id.R: *Kultur, Identität, Kommunikation 2*. München

WESTON, R. (1983): Gold - A word survey. Croom Helm. London Ltd. Canberra

WILHELMY, H. (1961): Die Goldrauschstädte der "Mother Lode" in Kalifornien. In: LAUER, W. (Hrsg.): Beiträge zur Geographie der Neuen Welt. Festschrift für Oskar Schmieder zum 70. Geburtstag. I.d.R.: *Schriften des Geographischen Instituts der Universität Kiel 20*. Eigenverlag der Univ. Kiel. Kiel: 55-71

WILLIS, E. ET AL. (1999): The politics of decentralization in Latin America. In: *Latin American Research Review 34 (1)*: 7-56

WILLIS, M. (1971): Mit berühmten Entdeckern auf Abenteuer: Urwälder am Amazonas. Lecturama. Jugoslawien

WISNER, Ben (1993): Disaster vulnerability: scale, power and daily life. In: *Geogr. Journal 30 (2)*: 127-140

WOLCH, J. & DEAR, M. (Hrsg) (1989): The power of geography. How territory shapes social life. Unwin Hyman. London. Sydney. Wellington

WOLFF, J.(1977): Planung in Entwicklungsländern: eine Bilanz aus politik- und verwaltungswissenschaftlicher Sicht. I.d.R.: *Ordo politicus 16*. Duncker & Humblot. Berlin

WOLF, E. (1992) Ownership and political ecology. In: *Anthropolitical Quarterly 45*: 201-205

WOOD, H. (1970): Aspectos geográficos de la planificación en América Latina. In: *Revista de la Sociedad Interamericana de Planificación* 4 (15): 26-4

WOTRUBA, H. ET AL. (1998): Manejo ambiental en la pequeña minería. Aspectos estrategias generales; medidas técnicas para reducir la contaminación tomando como ejemplo el uso del mercurio en la pequeña minería aurífera. La Paz. Bolivien

WWF / IUCN (Hrsg.) (1999): Metals from the forests. o.O.

WYMAN, W. D. & KROEBER, C. (Hrsg) (1957): The frontier in perspective. Univ. of Wisconsin Press. Madison

WYNN, J.C. ET AL. (1995a): The cooperative project between the U.S. Geological Survey and the Corporacion Venezolana de Guayana, Tecnica Minera, C.A., in the Venezuelan Guayana Shield. In: SIDDER, G.B. ET AL. (Hrsg.): Geology and mineral deposits of the Venezuelan Guayana Shield. *U.S. Geological Survey Bulletin 2124*. United States Government Printing Office. Washington: A1-A7

WYNN, J.C. ET AL. (1995b): Analysis of Aeromagnetic data to improve Geologic maps of the Bochinche Mining district, Estado Bolívar, Venezuela. In: SIDDER, G.B. ET AL. (Hrsg.): Geology and mineral deposits of the Venezuelan Guayana Shield. *U.S. Geological Survey Bulletin 2124*. United States Government Printing Office. Washington: C1-C13

ZIMMERER, K.S. (1993): Discourses on soil erosion and social (dis)courses in Cochabamba, Bolivia: perceiving the nature of environmental degradation. In: *Economic Geography 69*: 312-327

ZIMMERER, K.S. (1994): Human geography and the 'new ecology': the prospect and promise of integration. In: *Annals of the Association of American Geographers 84*: 108-125

ZIMMERER, K.S (1996a): Discourses on soil loss in Bolivia. Sustainability and the search for socioenvironmental "middle ground". In: PEET, R. & WATTS, M. (Hrsg.): Liberation ecologies: environment, development, social movements. Routledge. London: 110-124

ZIMMERER, K.S (1996b): Ecology as Cornerstone and Chimera in Human Geography. In: EARL, C. & MATHEWSON, K. & KENZER, M.S. (Hrsg.): Concepts in Human Geography. Rowman & Littlefield. London: 161-188

## Abkürzungen der Zeitschriften

| | |
|---|---|
| E.+Z. | ENTWICKLUNG UND ZUSAMMENARBEIT |
| FAZ | FRANKFURTER ALLGEMEINE ZEITUNG |
| FIAN | MAGAZIN FÜR DIE WIRTSCHAFTLICHEN, SOZIALEN UND KULTURELLEN MENSCHENRECHTE |
| FR | FRANKFURTER RUNDSCHAU |
| GR | GEOGRAPHISCHE RUNDSCHAU |
| KZfSS | KÖLNER ZEITSCHRIFT FÜR SOZIOLOGIE UND SOZIALPSYCHOLOGIE |
| PVS | POLITSCHE VIERTELJAHRESHEFTE |
| SZ | SÜDDEUTSCHE ZEITUNG |

## Die wichtigsten venezolanischen Zeitschriften

| | |
|---|---|
| EL NACIONAL | (nationale Tageszeitung) |
| EL UNIVERSAL | (nationale Tageszeitung) |
| EL BOLIVARENSE | (regionale Tageszeitung) |
| CORREO DE CARONÍ | (regionale Tageszeitung) |
| EL MINERO | |
| MINAS HOY | |

## Gesetzestexte

| Gesetze | Veröffentlichungsort, -datum und -nummer |
|---|---|
| Constitución de la República de Venezuela | *Gaceta Oficial de La República de Venezuela* (1961/1983), Nr. 3119, Caracas |
| Ley Orgánica de la Administración Central | *Gaceta Oficial de La República de Venezuela* (1995), Nr. 5.025, Caracas |
| Ley Orgánica para la Ordenación del Territorio | *Gaceta Oficial de La República de Venezuela* (1983), Nr. 3.238, Caracas |
| Ley Orgánica de Descentralización, Delimentación y Transferencia de Competencias del Poder Público y su Reglamento. | *Gaceta Oficial de La República de Venezuela* (1993), Nr. 2.297, Caracas |
| Ley Orgánica del Territorios Federales | *Gaceta Oficial de La República de Venezuela* (1984), Nr. 3.404, Caracas |
| Ley Orgánica de las Fuerzas Armadas Nacionales | *Gaceta Oficial de La República de Venezuela* (1995), Nr. 4.844, Caracas |
| Ley Orgánica del Ambiente y sus Reglamentos | *Gaceta Oficial de La República de Venezuela* (1976), Nr. 31.004, Caracas |
| Ley Penal del Ambiente. | *Gaceta Oficial de La República de Venezuela* (1992), Nr. 4.358, Caracas |
| Ley de Minas y su Reglamento | *Gaceta Oficial de La República de Venezuela* (1945), Nr. 121, Caracas |
| Ley Forestal de Suelos y Aguas y su Reglamento | *Gaceta Oficial de La República de Venezuela* (1966/1989), Nr. 34.321, Caracas |
| Reglamento de la Ley General de Asociaciones Cooperativas. | *Gaceta Oficial de La República de Venezuela* (1976), Nr. 1.900, Caracas |
| Ley General de Asociaciones Cooperativas | *Gaceta Oficial de La República de Venezuela* (1977/1981). Nr. 32.309, Caracas |